KB170142

혜성

COMET

by Carl Sagan, Ann Druyan

사이언스 클래식 30

칼 세이건

앤 드루얀

혜성

comet

김혜원 옮김

킴 푸어 그림

10년이 넘게 우정과 성실함을 보여 준

셸리 아든에게 사랑과 감탄으로 이 책을 바칩니다.

1부 혜성의 본질

차례

2부 혜성의 기원과 운명

3부 혜성과 미래

1875

들어가는 말——빛나는 하늘의 방문객

지구가 형성되기 전에도 혜성은 존재했다. 그 후 오랫동안 혜성은 우리의 하늘을 아름답게 꾸며 왔다. 그러나 아주 최근까지도 혜성은 관중 없는 외로운 공연을 펼쳐 왔다. 아니 그것보다 아직 혜성의 아름다움에 경탄할 만한 의식이 존재하지 않았다는 게 옳을 것이다. 이 모든 것은 수백만 년도 더 된 일이지만 우리가 우리의 사고와 감정을 영구한 기록으로 남기기 시작한 것은 지난 1만 년 정도에 불과하다. 그 이래로 혜성이 지나간 자리에는 먼지와 기체 그 이상이 남았다. 혜성은 이미지와 시를 남겼으며 의문과 통찰을 남겼다. 이 책에서 우리는 그러한 흔적들을 되짚어 보고 우리가 현재 혜성에 대해 얼마만큼 이해하고 있는지, 그리고 그 밖에 무엇이 더 가능할지 살펴보고자 한다.

우리는 가장 화려한 (그리고 어김없이 찾아오는) 방문객들 중 하나인 핼리 혜성이 1985~1986년에 귀환했을 때 깊은 감명을 받았다. 이 책의 페이지 오른쪽 위에는 어떤 영화의 한 장면이 있다. 이것은 핼리 혜성이 태양 주변의 실제 궤도를 통과하는 모습을 보여 준다. 이 책을 오른손으로 잡고 페이지를 앞에서 뒤로 휙휙 넘길 때 움직이는 점은 핼리 혜성이고, 타원은 그 궤도이며, 오른쪽 아래에는 출현 연도가 표시되어 있다. 혜성이 태양에서 멀리 있을 때는 얼마나 느리게 움직이며 가까이 있을 때는 얼마나 빨리 움직이는지에 주목하자.

우리는 이 책에서 과학적 발견의 발전을 느끼게 만들고, 지금껏 기각된 혜성 이론들과 현재 잘 알려져 있는 이론들, 그리고 잘 알려지

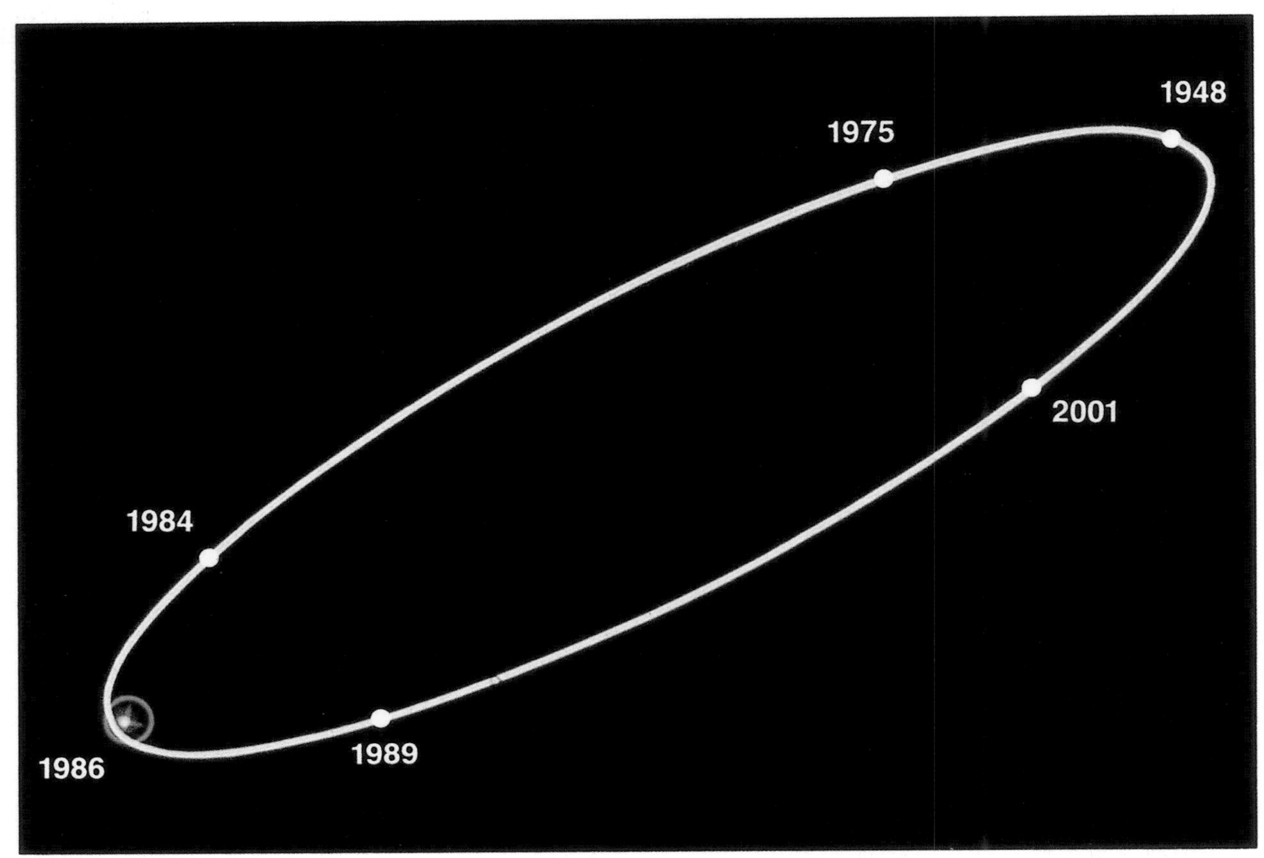

헬리 혜성의 궤도(흰색 선). 파란색 원은 지구의 태양 공전 궤도를 나타낸다. 헬리 혜성은 대부분의 시간 동안 외행성계에 있다가 76년마다 한 번씩 지구 궤도 안으로 들어온다. 가장 최근에 태양에서 가장 먼 지점(원일점)에 있었던 때가 1948년이다. 태양에 가장 가까이(즉 근일점에) 접근했을 때는 1985/86년이다. 이 도해에서 볼 수 있듯, 혜성은 태양에서 멀수록 느리게 움직이고, 태양에 가까울수록 빠르게 움직인다. 존 롬버그/BPS/머렌 레일라 쿡 그림.

지도 기각되지도 않은 이론들에 대한 찬반 증거를 제시하려고 노력했다. 부디 이 이론들이 명확히 표현되었기를 바란다. 특정 개념들과 용어들은 일반 독자들의 이해를 돕기 위해 한 번 이상 설명했다. 또 수학책은 아니지만 현대의 모든 과학이 숫자와 관련되어 있기에 곳곳에 약간의 산수가 포함되었다. 거리는 마일이나 베르스타((구)소련의 거리 단위로 약 1,067미터이다. — 옮긴이), 리그(거리 단위로 영국, 미국에서는 약 3마일(5킬로미터)이다. — 옮긴이) 등 어떤 것으로도 잴 수 있다. 자연은 어떤 측량자를 사용하든 똑같기 때문이다. 그러나 여기서는 과학 규정이자 대다수 국가가 채택하고 있는 미터법을 사용할 것이다. 1미터는 약 1야드이다. 1,000미터는 1킬로미터이며 1마일의 60퍼센트 정도다. 1미터를 100등분하면 각각은 1센티미터가 된다. 2.5센티미터를 조금 넘는 길이는 1인치이다. 1마이크로미터는 1미터의 100만분의 1로 너무 작아서 보이지도 않는다. 1만 개의 원자를 길게 늘어놓으면 1마이크로미터 길이가 된다. 사람의 손톱은 폭이 1만 마이크로미터 혹은 1센티미터 정도이다.

우리는 책의 두께와 가독성을 고려하여, 현재 살아 있는 혜성 과학자들 중에서도 극히 일부의 이름만 언급했다. 그들은 혜성이라는 주제를 현대 과학의 가장 흥미로운 분야 가운데 하나로 바꾸어 놓았다. 그러나 오늘날의 혜성 과학자들은 과거의 혜성 과학자들을 모두 합친 것보다도 훨씬 더 많아서 미처 언급하지 못한 과학자들이 많음을 너그럽게 이해해 주기 바란다. 관심 있는 독자는 이 책의 뒷부분에 있는 참고 문헌에서 논문 원본들을 찾아 들어가 이 전문가들의 이름을 알아낼 수도 있다. 참고 문헌에는 천문학에 관한 대중 교양서들과 과학 문헌에 실린 대표적이고 흥미로운 논문들을 모두 포함시켰다.

이 책을 준비하는 동안 내내 큰 아량을 베풀어 주신 세계 천문학계에 깊이 감사드린다. 미국의 소행성과 혜성 탐사 비행의 중심인물인 코넬 대학교의 조지프 베버카(Joseph Veverka)는 기술 고문 겸 검토자로 봉사해 주었을 뿐만 아니라 이 책에 필요한 많은 천문학 사진들을 제공해 주었다. 또 우리가 이러한 사진들을 얻을 수 있도록 도와준 메리 로스(Mary Roth), 존 카프릴리언(John Kaprielian), 그리고 마거릿 더못(Margaret Dermott)에게도 감사드린다. 마크 워시번(Mark Washburn)은 몇 가지 연구 과제를 언제나처럼 성실하고 뛰어나게 이행해 주었다.

마사 해너(Martha Hanner), 조지프 마커스(Joseph Marcus), 스티븐 소터(Steven Soter), 폴 와이즈먼(Paul Weissman), 그리고 도널드 K. 요먼스(Donald K. Yeomans)와 같은 동료들은 친절하게도 이 책의 초고를 읽어 주고 상세하고 귀중한 조언들을 해 주었으며, 도널드는 또 핼리 혜성의 미래 귀환 자료까지 계산해 주었다. 존 C. 브랜트(John C. Brandt), 도널드 브라운리(Donald Brownlee), 스티븐 제이 굴드(Stephen Jay Gould), 브라이언 마스든(Brian Marsden), 리처드 멀러(Richard Muller), 마샤 뉴게바워(Marcia Neugebauer), 레이 뉴번(Ray Newburn), 즈데넥 세카

니나(Zdenek Sekanina), J. 존 셉카우스키 주니어(J. John Sepkowski, Jr.), 유진 M. 슈메이커(Eugene M. Shoemaker), 리드 톰슨(Reid Thompson), 프레드 L. 휘플(Fred L. Whipple) 등은 전문가로서의 고귀한 조언을 아끼지 않았다. 이들 모두에게 깊이 감사드린다.

이 책을 쓰면서 가장 유쾌했던 경험 중 하나는 미국 의회 도서관 과학 기술부의 최고 과학자인 루스 S. 프라이태그(Ruth S. Freitag) 여사와의 만남이었다. 그녀는 최근 3,200개가 넘는 인용구가 담긴 핼리 혜성의 일대기를 출간했다. 루스의 방대한 지식과 열정, 많은 혜성 자료들을 제공해 주려는 의지는 국립 도서관의 가치를 더욱 높여 주었다.

『혜성』의 시각적 표현은 주로 해박한 과학 지식을 가진 예술가 존 롬버그(Jon Lomberg) 덕분이다. 캐나다 토론토에 위치한 벨 프로덕션 서비스(Bell Production Services, BPS)의 사이먼 벨(Simon Bell)과 제이슨 르벨(Jason LeBel)과 함께 제작한 그의 도해들은 쉽고 간결하다. 존은 원고를 꼼꼼히 살펴 주었고, 이 책에 필요한 그림들을 제작하는 데 다른 예술가들의 참여를 이끌었다. 우리는 여기에 세계 최고의 천체 예술가들의 작품을 싣게 된 것을 큰 자랑으로 여긴다.

마이클 캐럴(Michael Carroll)
돈 데이비스(Don Davis)
돈 딕슨(Don Dixon)
윌리엄 K. 하트먼(William K. Hartmann)
이와사키 가즈아키(Iwasaki Kazuaki)
패멀라 리(Pamela Lee)
존 롬버그
앤 노르시아(Anne Norcia)
킴 푸어(Kim Poor)
릭 스턴백(Rick Sternbach)

에드먼드 핼리의 생애를 다룬 장에는 런던에 있는 A. M. 히스(A. M. Heath)의 마이클 토머스(Michael Thomas)의 도움으로 입수한 수많은 이미지들이 첨부되었다. 또한 선사 시대의 동물과 고대 문자에 대해 도움을 준 머렌 레일라 쿡(Maren Leyla Cooke)과 스즈키 타카코(Suzuki Takako), 그리고 개인 소장품인 혜성 사진들을 이용할 수 있도록 허락해 준 도널드 K. 요먼스에게도 감사하고 싶다.

헌사에서 사의를 표했던 셜리 아든(Shirley Arden)은 원고를 잘 다듬어 주었다. 또한 여러 면에서 이 책에 크게 기여했던 팬도라 피보디(Pandora Peabody)와 마루자 파지(Maruja Farge)에게도 감사한다.

토론토 대학교 비교 문헌학과 교수인 퍼트리샤 파커(Patricia Parker)는 세계 혜성 문헌의 일치 가능성들을 제안함으로써 우리가 현명한 항해를 시작할 수 있도록 도와주었다. 우리는 실로 놀라운 깊이와 폭의 학식을 갖춘 코넬 대학교의 학자들로부터 큰 도움을 받았다. 영어 영문학과의 퍼트리샤 질(Patricia Gill)은 수많은 고대의 혜성 참고 문헌들 원문을 번역해 주었을 뿐만 아니라 앤 비숍(Ann Bishop), 밀래드 두에이이(Milad Doueihi), 마이클 D. 레인(Michael D. Layne), 짐 르블랑(Jim LeBlanc), 지나 사키(Gina Psaki), 해더 스미스(Heather Smith), 캐런 스웬슨(Karen Swenson), 그리고 시에 용(Xie Yong)을 포함해 유능한 연구자들과 번역가들을 모아 주었다.

이 책을 제작해 준 랜덤하우스 출판사의 하워드 커민스키(Howard Kaminsky), 제이슨 엡스타인(Jason Epstein), 로버트 올리치노(Robert Aulicino), 낸시 잉글리스(Nancy Inglis), 엘런 배누크(Ellen Vanook)에게 감사드린다. 편집을 맡아 준 데릭 존스(Derek Johns), 『혜성』 출간에 큰 도움을 준 스콧 메러디스 저작권 에이전시의 스콧 메러디스(Scott Meredith), 잭 스코빌(Jack Scovil), 조너선 실버먼(Jonathan Silverman), 빌 하스(Bill Haas)를 비롯한 다른 여러 분들에게도 감사한다. 또한 여러 가지로 도움을 아끼지 않았던 도리언 세이건(Dorion Sagan)에게도 감사드린다. 우리는 또한 켈 아든(Kel Arden), 데이비드 에일워드(David Aylward), 대니얼 부어스틴(Daniel Boorstin), 프랭크 브리스토(Frank Bristow), 브라이언 디아스(Brian Dias), 조지 핀레이(George Finlay), 앤드루 프래크노이(Andrew Fraknoi), 루이스 프리드먼(Louis Friedman), A. L. 게이브리얼(A. L. Gabriel), 어빙 그루버(Irving Gruber), 애니 게노(Annie Guehenno), 장마리 게노(Jean-Marie Guehenno), 시어

도어 헤스버그(Theodore Hesburgh), P. D. 힝글리(P. D. Hingley), 미셸앙리 르포트(Michel-Henri Lepaute), 밥 마르쿠(Bob Marcoux), 제러드 메츠(Jerred Metz), 낸시 파머(Nancy Palmer), 데이비드 페퍼(David Pepper), N. W. 피리(N. W. Pirie), 조지 포터(George Porter), 로알트 사그데예프(Roald Sagdeev), 앨런 스탈(Alan Stahl), 앤디 수(Andy Su), 피터 월러(Peter Waller), 진 윌슨(Jean Wilson), 엘리너 요크(Eleanor York), 그리고 로베르트 젠드(Robert Zend)에게도 감사드린다.

이 책을 비롯해서 우리가 태양계에 대해서 알게 된 많은 사실들은 미국 국립 항공 우주국(NASA)과 (구)소련 과학 아카데미 부속 우주 연구소가 소중한 정보를 공개해 준 덕분이다.

30번째로 기록된 핼리 혜성의 출현은 우리로 하여금 우리 시대의 중대한 문제에 직면하게 한다. 그 귀환은 우리가 우주를 여행할 수 있게 되자마자, 그리고 우리 스스로를 파괴할 수 있는 수단들을 고안해 내자마자 찾아왔다. 우리는 지구상에 혜성을 보고 경탄할 존재가 없었던 아득한 세월을 떠올려 본다. 그리고 적어도 태양이 운명을 다할 때까지 그런 일이 다시는 일어나지 않기를 바란다.

아이들이 혜성을 더 잘 볼 수 있도록 어깨 위로 들어 올리는 순간, 우리는 지금까지 기록된 기억의 한계를 훨씬 넘어서는 세대의 고리에 합류하게 된다. 저 오래되고 가장 귀중한 연속성을 보호하는 것보다 더 중요한 목적은 없으리라.

1985년 8월 6일

뉴욕 이타카에서

칼 세이건과 앤 드루얀

1부

혜성의 본질

어떤 혜성의 얼음 표면에서 바라본 지구. 이 혜성은 먼 과거의 어느 날 내행성계로 쏟아져 들어온 혜성우의 한 구성원일 게 틀림없다. 존 롬버그 그림.

1장

혜성에 걸터앉아

이 얼마나 엄청난 창조인가! 나는 행성들이 떠오르고 별들이 그 빛과 함께 옆으로 휙휙 지나가는 광경을 바라본다! 그렇다면 이들을 움직이게 하는 이 손은 과연 무엇일까? 높이 올라갈수록 하늘은 점점 더 광대해진다. 우주 만물이 내 주위를 빙글빙글 돈다. 나는 끊임없는 창조의 한가운데 있다.

아, 위대한 나의 영혼이여! 나는 저 아래 보이지도 않는 초라한 세계보다 우월하다는 느낌이 든다. 행성들이 내 주위에서 장난을 친다. 혜성은 이글거리는 꼬리를 앞으로 드리우고 지나갔다가 수백 년이 흐른 뒤 여전히 우주 공간을 말처럼 달리며 돌아온다. 이 광대함에 내가 얼마나 위로를 받는지! 그렇다. 이것은 정말로 나를 위해 만들어졌다. 사방이 온통 무한한 공간이다. 나는 그것을 느긋하게 바라보고 있다.

—귀스타브 플로베르, 『스마르』, 짐 르블랑 옮김, 1839년

성간의 어둠 속에서 얼어붙은 채 대기하고 있는 이것들은 태양계 탄생의 잔여물이자 지난 세월의 눈덩이들이다. 이곳 외곽에는 태양 주위에 둥둥 떠서 궤도를 도는 수조 개의 눈덩이들과 빙산들이 저장되어 있다. 이 눈덩이들이 나아가는 속도는 저 멀리 지구의 파란 하늘을 바쁘게 돌아다니고 있는 작은 프로펠러 비행기보다도 빠르지 않다. 이 눈덩이들의 느린 운동은 먼 태양의 중력과 균형을 이루고 있어서, 서로 경쟁하는 약한 힘들 사이에 균형을 유지하며 눈덩이들이 노란 광점 주위를 한 바퀴 도는 데는 수백만 년이 걸린다. 당신은 가장 가까운 별, 아니 더 정확히 말하면 두 번째로 가까운 별까지 거리의 3분의 1 정도 되는 곳에 나와 있다. 당신을 에워싸고 있는 까만 하늘의 깊고 칠흑 같은 어둠 속에서는 태양도 그저 무수한 별들 가운데 하나일 뿐이다. 태양은 심지어 하늘에서 가장 밝은 별도 아니다. 아직은 시리우스(Sirius)나 용골자리의 으뜸별 카노푸스(Canopus)가 더 밝게 보인다. 설사 태양이라는 별의 주위를 돌고 있는 행성들이 있다고 해도 이렇게 멀리서는 그 기미조차 찾아볼 수 없다.

둥둥 떠다니는 이 수조 개의 빙산들은 우주 공간의 막대한 부분을 채우고 있다. 가장 가까운 빙산은 당신에게서 30억 킬로미터나 떨어져 있다. 이것은 대략 지구에서 천왕성까지의 거리다. 많은 빙산들이 있지만, 그것들이 채우고 있는 우주 공간, 즉 태양을 에워싸고 있는 두꺼운 껍질은 무한히 광대하다. 빙산들 대부분은 태양계가 시작된 이후 저 아래에서 일어나고 있을지도 모르는 그 어떤 재난으로부터도 완전히 고립된 채, 이 황량한 태양 변두리 지역에서 줄곧 살아왔다.

은하수 은하(Milky Way Galaxy, 우리 은하) 반대편 끝에 있는 붕괴된 별에서 이따금 흘러나오는 우주선(宇宙線, cosmic ray)조차 전혀 미치지 않는 이곳은, 거의 아무 일도 일어나지 않는 매우 평화로운 동네다. 그러나 지금은 중력 침투(gravitational intrusion)라는 엄청난 일이 **일어나고 있다.** 태양이나 그 주위에 존재할지도 모르는 행성들 때문이 아니라 또 다른 별 때문이다. 그 별은 천천히 다가왔으며 가장 가까이 접근했을 때도 아주 가깝지는 않았다. 당신은 저 너머에서 태양보다 훨씬 더 희미한 붉은 빛으로 빛나고 있는 그 별의 모습을 볼 수 있다. 이 빙산들의 구름은 우리 은하수 은하 속에서 태양과 함께 움직여 왔다. 그러나 다른 별들은 나름대로의 운동을 하고 있으며, 때로 우연히 우리에게 다가오기도 한다. 따라서 이따금 지금처럼 작은 중력적 동요가 일어나서 빙산 구름을 흔들어 놓기도 한다.

당신이 걸터앉아 있는 빙산은 태양에 아주 약하게 묶여 있으므로 약간만 밀치거나 잡아당겨도 새로운 궤도로 벗어날 수 있다. 이웃하는 빙산들 — 너무 작고 멀어서 육안으로는 볼 수 없는 — 도 유사한 영향을 받아 왔으며, 이제 사방으로 급히 움직이고 있다. 일부 빙산들은 이제 자신을 태양에 구속시켜 왔던 오랜 중력의 굴레에서 벗어나 광대한 성간 공간으로의 긴 방랑길에 오른다. 그러나 당신의 빙산은 다른 운명에 처해 있다. 처음에는 느리지만 점점 빠르게, 수많은 작은 세계들이 공전하고 있는 저 노란 광점으로 끌려간다.

당신이 만약 지금 딛고 있는 빙산만큼 끈기 있고 오래 살며 수천 년에서 수백만 년의 여행에 필요한 생명 유지 장치를 갖고 있다고 상상해 보자. 당신은 밝은 노란색 별 쪽으로 떨어지고 있다. 당신의 작은 세계와 그 형제들에게는 '혜성'이라는 이름이 붙었다. 당신의 혜성은 얼음 왕국에서 태양 근처의 지옥으로 보내진 사자(使者)이다.

이곳 외곽에서 혜성은 그저 하나의 빙산일 뿐이다. 이 빙산은 나중에 '핵'이라고 불리는 혜성의 한 부분이 될 것이다. 전형적인 혜성의 핵은 지름이 수 킬로미터 정도이며 표면적은 작은 도시 정도의 크기다. 당신이 만약 혜성의 핵 위에 있다면 매우 진한 적갈색 얼음으로 만들어진, 우아하게 조각된 작은 언덕들이 부드럽게 휘어지는 지형을 볼 것이다. 이 작은 세계에는 공기도 없고 액체도 없으며, 적어도 당신이 볼 수 있는 한, 당신 자신을 제외하고는 살아 있는 생명도 없다. 당신은 향후 수백만 년에 걸쳐 혜성의 모든 구석구석과 모든 산과 모든 틈새를 탐험할 것이다. 하늘이 더할 나위 없이 맑다면, 그리고 특별히 다급

내행성계

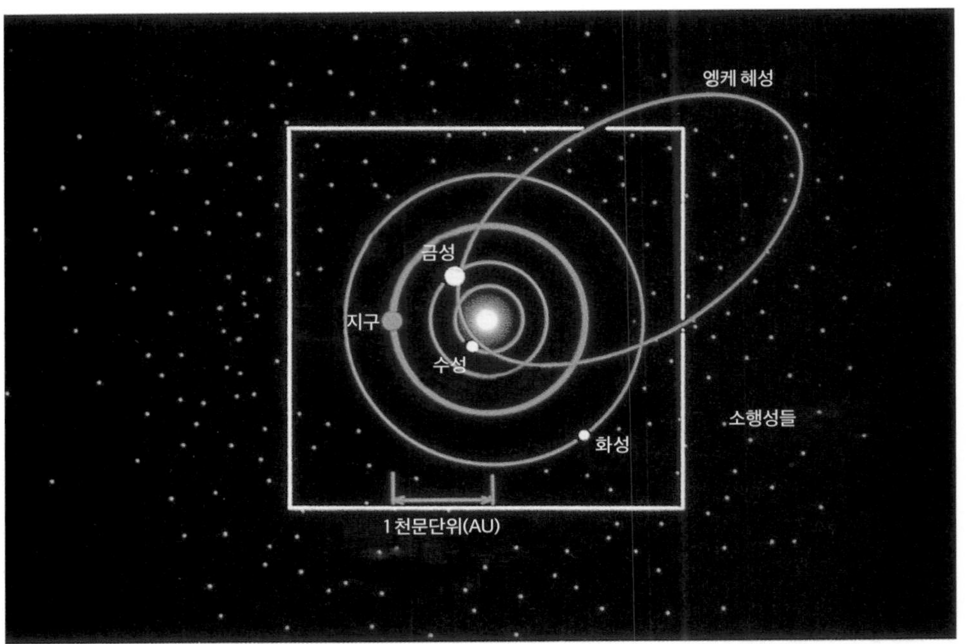

외행성계

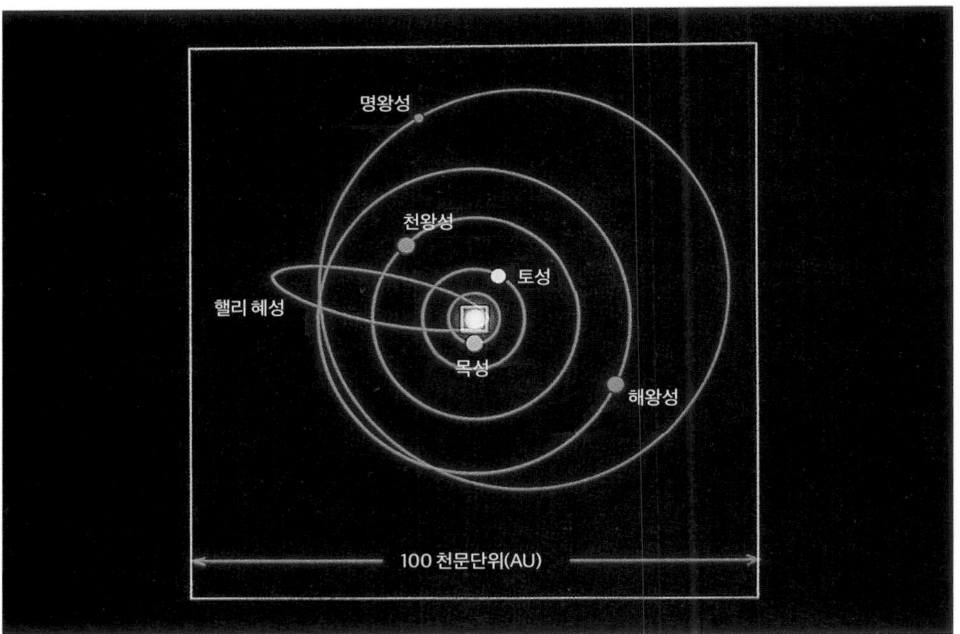

태양계의 규모
위: 태양을 한가운데에 두고 있는 내행성계와, 네 개의 동심원으로 나타낸 지구형 행성들의 궤도. 각각 수성, 금성, 지구(파란색), 화성의 궤도를 나타낸다. 화성 궤도 너머에는 점으로 표시된 작은 소행성 구름이 있다. 엥케 혜성의 타원 궤도도 보인다. 태양에서 지구까지의 거리 — 1억 5000만 킬로미터 — 를 1AU(Astronomical Unit, 천문단위)라고 하며 이를 기준으로 표시되어 있다.
아래: 오늘날 알려져 있는 태양계 행성 영역. 위 그림은 이 도면 중심에 있는 작은 노란색 사각형에 해당된다. 목성(노란색), 토성, 천왕성(초록색), 해왕성뿐만 아니라 더 작은 행성인 명왕성 — 오랫동안 태양계의 가장 바깥쪽 행성이었지만 최근에 해왕성보다 태양에 약간 더 가까워졌다. — 까지 목성형 행성들의 동심원 궤도가 그려져 있다. 핼리 혜성의 궤도는 대단히 길쭉한 타원형으로 원일점에서는 해왕성의 궤도를 넘어가기도 한다. 이 도면의 척도는 100AU이다.

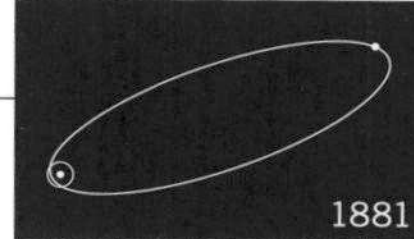

오르트 구름의 안쪽 가장자리

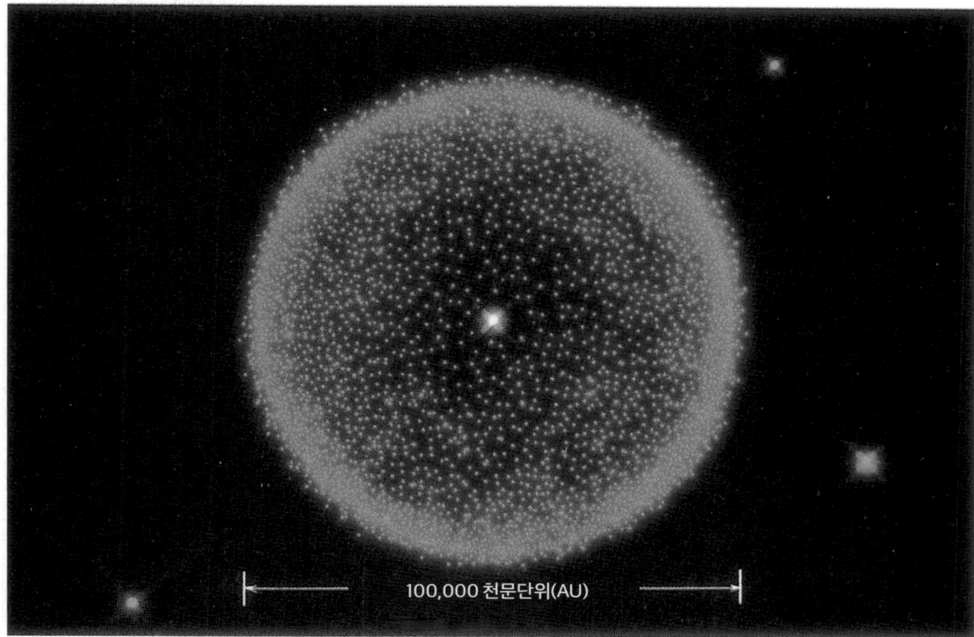

오르트 구름

위: 오르트 구름의 안쪽 가장자리. 태양계 행성 영역은 중앙에 있는 작은 노란색 사각형 안에 포함되어 있으며, 장주기 혜성 무르코스(Mrkos)의 궤도가 대단히 길쭉하다. 점들은 아마도 태양에서 1,000AU 정도 떨어진 곳, 또는 그보다 더 가까운 곳에서 시작하는 혜성 구름의 안쪽 가장자리를 나타낸다.
아래: 가장 광대한 규모로 본 태양계. 이 그림 한가운데의 한 점에 앞의 세 그림이 모두 포함되지만 태양과 행성들은 너무 작아서 보이지 않는다. 오르트 구름이라고 불리는 거대한 구형의 혜성 집단이 100,000AU 거리까지 태양 주위를 에워싸고 있다. 이 거리는 가장 가까운 별들까지의 절반에 이른다. 존 롬버그/BPS 도해.

한 일이 없다면 당신 주위에 멋지게 늘어선 반짝이지 않는 밝은 별들을 찬찬히 살펴보는 것도 좋다.

당신의 발자국은 깊다. 왜냐하면 당신의 발밑에 있는 눈이 무르기 때문이다. 몇몇 곳은 지구의 표사에서처럼 괜히 건방지게 걸어 다녔다가는 깊숙이 가려진 몇 미터 아래의 얼음 위로 뚝 떨어질 정도로 무르다. 그러나 당신은 지루하게 느낄 정도로 느리게 떨어질 것이다. 당신이 혜성 위에서 느끼는 중력 가속도는 지구의 중력 가속도(1g)의 1만분의 몇에 불과하기 때문이다.

중력이 이렇게 작으므로 좀 더 단단한 땅에서는 마치 굉장한 운동선수가 된 기분이 들지도 모른다. 그러나 아주 조심하지 않으면 안 된다. 성큼성큼 걸어 다녔다가는 혜성에서 완전히 떨어져 나갈 수도 있다. 당신은 조금만 세게 뛰어도 제자리에서 우주 공간으로 30킬로미터는 족히 뛰어오를 수 있으며, 최고점에 도달하는 데 거의 일주일이 걸린다. 그 높이에서 당신은 부드럽게 흔들리면서 자전축이 우연히도 거의 태양 쪽을 향한 채 천천히 돌고 있는 혜성의 모습을 볼 수 있다. 그리고 혜성이 완벽한 구형과는 거리가 먼 울퉁불퉁한 모양임을 알아차린다. 당신은 어쩌면 너무 많이 뛰어올라서 다시 혜성으로 떨어지지 않고 홀로 영원히 우주 공간을 떠돌게 될까 봐 걱정할지도 모른다. 그러나 그런 일은 일어나지 않는다. 당신이 혜성을 벗어나는 속도는 점차 감소해서 결국 이런 운동을 한 지 10일이나 12일이 지나면 다시 어둠침침한 눈덩이 위로 사뿐히 내려앉으리라는 것을 곧 알게된다. 이 세계에서 당신은 (중력이 약하기 때문에) 위험할 정도로 강하다.

한 걸음을 뗄 때마다 몸이 작은 포물선 궤적으로 날아오르기 때문에 팀 스포츠 경기는 매우 느린 동작으로 이루어지며 운동선수들은 마치 자몽 주위의 모기떼처럼 혜성 주위의 우주 공간에서 솟아오르고 빙글빙글 돌기를 반복한다. 이런 식으로라면 야구 경기를 한 번 하는 데도 수년이 걸릴 테지만, 어차피 100만 년 정도는 할 일이 없는 곳이니 해 볼 만하다. 하지만 경기 규칙은 완전히 다를 것이다.

당신은 기묘하고 거무칙칙한 눈덩이를 뭉쳐서 다시는 혜성으로 돌아오지 않도록 날려 보낼 수도 있다. 또 팔을 쭉 펴서 던지지 않고 손목을 가볍게 한 번 탁 치는 것만으로도 새로운 혜성을 태양계 안으로 떨어지는 기나긴 궤도로 보내 버릴 수도 있다. 혜성의 적도 상공에서 눈덩이를 살짝 던져서 혜성 표면 위의 똑같은 지점에서 영원히 떠돌게 할 수도 있다. 또한 혜성 표면 위에 여러 개의 물체를 3차원 배열로 늘어놓고 정지 상태로 머무르게 할 수도 있다.

1,000년이 지나면, 당신은 노란 별이 점차 더 강렬하게 빛나서 마침내 하늘에서 단연 가장 밝은 별이 되었음을 알아차린다. 당신이 아무리 대단한 인내심을 타고났다고 해도 수백만 년 동안 거의 아무 일도 일어나지 않는 여행의 초기 단계는 지루했을 것이다. 그러나 이제는 주위가 점점 선명하게 보이기 시작한다. 그동안 당신 밑에 있는 얼음 땅은 거의 변하지 않았고, 여행은 많은 가까운 별들의 위치 변화뿐만 아니라 밝기까지도 다 알아낼 수 있을 정도로 길었다. 하지만 이제 당신의 세계는 조금 빠르게 움직이기 시작했다. 다른 모든 것들은 여전히 고요하고 조용하며 차갑고 어둡고 변함이 없다.

당신의 혜성은 마침내, 손짓하고 있는 저 광점에 역시 중력으로 속박되어 있는, 훨씬 더 큰 다른 종류의 천체들의 궤도를 가로지르기 시작한다. 이 세계들 옆으로 가까이 지나갈 때 당신의 몸은 눈에 띄게 기울어진다. 이 세계들은 무거운 대기를 유지할 정도로 중력이 크다. 반대로 당신의 혜성은 어떤 기체든 분출되는 즉시 우주 공간으로 달아나 버릴 정도로 중력이 약하다. 여러 가지 색깔의 구름을 가진 거대한 기체 행성들이 더 작고 공기도 없는 세계들을 거느리고 다닌다. 그중 얼음으로 만들어진 일부는, 당신의 하늘을 가득 채우는 거대한 수소 천체보다 혜성들과 훨씬 더 유사한 종족의 세계들이다.

당신은 태양의 온기가 증가하는 걸 느낄 수 있다. 혜성도 그걸 느낀다. 눈으로 덮인 작은 땅들이 동요하고 거품이 일면서 불안정해진다. 땅 위로는 먼지 알갱이들이 떠오른다. 이렇게 중력이 약할 때는 부드러운 한 줄기의 기체라도 얼음과 먼지 알갱이들을 위로 소용돌이치게 할 수 있다. 땅에서 강력한 제트(jet, 혜성 핵에서 기체가 빠른 속도로 분출되는 현상 — 옮긴이)가 뿜어져 나오면서 미세한 입자들이 분수처럼 머리 위로 높이 솟구친다. 얼음 결정들이 햇빛을 받아 아름답게 반짝인다. 한참 뒤 땅은 가벼운 눈으로 덮인다. 태양의 원반이 쉽게 보일 정도로 가까이 다가가면, 그러한 분출은 더욱 잦게 일어난다. 어쩌면 혜성 표면에서 위로 높이 올라가 있는 동안 당신은 땅에서 간헐적으로 뿜어져 나오는 활발한 제트를 볼 수도 있다. 당신은 제트를 피해 멀리 떨어진 곳에 내린다. 그러나 제트는 당신에게 이 작은 세계의 불안정성 — 정확하게는 휘발성 — 을 상기시킨다.

혜성의 앞쪽과 양옆에 길게 늘어서 있는 결정들은 보이지 않은 힘으로 인해 우주 공간 저 멀리 밖으로 날아간다. 마침내 당신이 타고 여행하고 있는 혜성의 핵은 먼지 입자와 얼음 결정과 기체로 이루어진 구름으로 둘러싸이고, 당신 뒤로 날아가는 물질은 서서히 거대하고도 우아한 꼬리를 만들어 낸다. 간헐천들을 만들어 내는 불안정한 얼음이 아니라 딱딱한 땅 위에 서 있다면 당신은 여전히 상당히 맑은 하늘을 볼 수 있을 테고, 별들을 보고 당신의 운동을 추적할 수도 있다. 대형 제트들이 멈출 때는 땅이 움직이는 걸 느낄 수 있다. 여기저기에서 얼음이 깎이거나 갈라지거나 떨어져 나가면서 복잡하게 층을 이룬 다양한 색깔과 어둠의 층들 — 수십억 년 전의 성간 부스러기들로부터 혜성을 만들어 낸 역사적인 기록 — 이 드러난다. 당신은 별들을 바라보면서 당신의 작은 세계가 약간 빠르게 질주하고 있으며 새로운 간헐천이 분출할 때마다 그 반대 방향으로 움직인다는 걸 알 수 있다. 미세한 입자들의 분수가 땅 위로 엷은 그림자를 드리우며 점점 더 많아지면서 검은 얼음들의 분포가 마침내 얼룩덜룩한 모습을 띄게 된다.

미세한 얼음 알갱이들은 점점 더 강렬해지는 햇빛에 가열되어 금방 증발하고, 그 안에 있는 단단하고 거무스름한 알갱이들만 남는다. 혜성 물질이 당신의 눈앞에서 기체로 바뀐다. 그리고 기체가 햇빛을 받아 섬뜩하게 빛난다. 당신은 이제 꼬리가 한 개가 아니라 여러 개라는 걸 알게 된다. 기체로 이루어진 푸른빛의 곧은 꼬리도 있고, 먼지로 이루어진 노란빛의 구부러진 꼬리도 있다. 제트가 처음에 어느 방향에서 뿜어져 나오든, 보이지 않는 손이 그것을 태양 반대 방향으로 보낸다. 제트가 시작과 중단을 반복하고, 혜성의 회전 때문에 당신 위에 있는 가늘고 긴 구름들이 휘어지면서 화려한 공중 무늬가 만들어진다. 그러나 위에 떠 있는 모든 것들은 보이지 않는 힘인 태양의 빛과 압력 때문에 끊임없이 방향이 바뀐다. 태양풍은 때때로 중단되기도 하는 것 같다. 점차 길어지는 꼬리는 서로 합쳐지기도 하고 분리되기도 하며 넓게 흩어지고, 주변보다 밝은 덩어리들이 생겨나서 가속과 감속을 반복하며 태양 반대 방향으로 진행한다. 그리고 태양 쪽으로는 기체와 미세 입자들의 층이 시시때때로 변하는 아주 복잡하고 섬세한 장막을 형성한다. 이것은 일종의 도원경이며 당신은 그 아름다움에 취해 잠시 그 세계가 얼마나 위험해졌는지 잊고 만다.

너무나 많은 얼음이 증발해서 고갈된 간헐천들 부근의 땅은 물러서 부서지거나 무너지기 쉽다. 그것은 종종 수십억 년 전에 뭉쳐진 미세 입자들의 덩어리에 지나지 않는다. 머지않아 무수한 세월 동안 끈덕지게 괴롭힌 햇빛에 완강히 버텨 왔던 눈 덮힌 언덕들이 동요의 기미를 보이기 시작한다. 내부의 움직임이 일어난다. 땅이 뒤틀린다. 기체들이 조금씩 우주 공간으로 날아가 버린 뒤 많은 간헐천들이 동시에 분출하면서 당신은 이 혜성 핵의 표면 어디에도 안전한 피난처가 없다는 사실을 알게 된다. 혜성은 이제 40억 년간의 기나긴 몽환 상태에서 깨어나 거친 광란 상태로 들어선다.

나중에 당신이 태양을 지나 성간 어둠 속으로 물러나면 혜성은 꼬리를 잃고 진정된다. 혜성은 먼 훗날 궤도를 따라 다시 내행성계로 진입할 것이다. 어쩌면 지금으로부터 몇 백만 년 후 태양을 지나갈 때에는 외곽의 모든 얼음층들은 이미 열 때문에 증발되어 오직 먼지와 암석 물질만 남았기 때문에 혜성의 표면이 더 안전할지도 모른다. 태양을 여러 번 통과하고 나면 혜성의 움직임은 둔해지고 분출도 더 적어지며 꼬리도 그다지 멋지지 않다. 혜성은 나이를 먹으면서 점차 안정을 찾는다. 그러나 당신은 신생 혜성을 타고 있으며, 소용돌이치는 간헐천들이 하늘에 먼지를 흩뿌리고 있다. 처녀 여행이 가장 위험하다.

당신은 과감히 태양에 훨씬 더 가까이 다가간다. 머리 위 하늘이 구름으로 뒤덮여 있지만, 온도는 계속 올라간다. 그러나 햇빛을 산란시키는 주위의 밝은 미세 입자 무리가 햇빛을 우주 공간으로 반사시키고, 얼음이 증발하는 데 에너지가 사용되므로 혜성이 많이 가열되지는 않는다. 만약 이런 보호 장치가 없었다면 혜성의 핵과 당신은 위험할 정도로 뜨거워졌을지도 모른다.

당신은 이제 태양을 돌아 이 위험한 지역을 맹렬히 질주한다. 당신은 과거 어느 때보다 빠르게 움직인다. 땅이 삐걱거리며 뒤틀리고 새로운 분수들이 격렬히 분출된다. 당신은 태양을 향하고 있는 쪽이 무너지고 증발하면서 그 파편들이 우주 공간으로 날아가고 있는, 작은 얼음 언덕의 그늘진 기슭에 피난처를 차린다. 마침내 그 활동은 잠잠해지고 하늘은 부분적으로 맑아진다. 이전에는 당신 앞에 있던 태양이 이제는 뒤에 있다. 혜성의 핵 반대편이 태양을 마주본다.

당신은 주위를 에워싸고 있는 뿌연 안개의 틈새로, 하얀 구름이 있는 작고 파란 세계와 일그러진 달 가까이로 지나가고 있음을 깨닫는다. 그것은 미지의 시대의 지구다. 그곳에는 어쩌면 고개를 들어 이 불가사의한 하늘의 유령을 올려다보는 존재가 있을지도 모른다. 또는 우주 공간으로 분출되는 미세한 알갱이 물질들의 복잡한 바람개비 형상이나, 태양으로부터 뻗어 나가는 이 멋진 파란색과 노란색의 꼬리들을 기록하는 존재가 있을지도 모른다. 심지어 그들 중 일부는 그것이 무엇인지를 궁금해할지도 모른다.

당신은 놀라울 정도로 가까이 지나가고 있으며 머릿속에는 갑자기 머지않아 어떤 혜성이 이 작은 행성과 정면으로 충돌할지도 모른다는 생각이 스쳐 지나간다. 그러한 충돌이 발생하면 어떤 종은 멸종하고 어떤 종은 새로이 번성기를 맞이하는 식의 작은 변화가 분명 있을 테지만 그럼에도 지구는 살아남을 것이다. 그러나 혜성은 살아남지 못한다. 혜성이 지구 대기로 깊숙이 떨어지면서 표면의 언덕들이 거대한 파편들로 쪼개지고 불길들이 널름거리며 틈새를 따라 내부로 급속히 번진다. 정말로 큰 혜성은 살아남아서 엄청난 폭발을 일으켜 땅에 커다란 구멍을 내고, 표면에 먼지 구름을 일으킬 것이다. 그러나 혜성 자체에 있던 얼음은 이미 모두 증발해 버렸기 때문에, 남은 거라고는 이 외계의 땅에 새 모이나 녹탄(꿩이나 물오리 따위의 사냥용 대형 산탄)처럼 흩어진 거무스름한 미세 알갱이들뿐일 것이다.

그러나 당신은 어떤 세계로 질주해 들어가는 일은 절대 없을 거라고 스스로를 안심시킨다. 어쨌든 태양 옆으로 지나가는 이런 바쁜 여행을 하는 동안 당신은 듬성듬성 흩어져 있는 아주 작은 행성 간 먼지보다 더 큰 것과 충돌하는 일은 절대로 없을 것이다. 그 먼지들은 불의 영역을 빠르게 통과하면서 자신의 물질을 소진하던, 과거 혜성들의 잔재이다. 당신은 파란 세계를 마지막으로 한 번 흘끗 돌아보면서 조용히 그곳에 살고 있는 거주자들의 안녕을 빌어 본다. 어쩌면 그들은 당신의 혜성이 떠나고 나면 자신들의 하늘이 비교적 단조롭고 생기가 없다고 생각할지도 모른다. 그러나 당신은 이제 치명적인 열과 빛에서 벗어나 귀환 궤도에 올라 다시 평온한 추위와 어둠으로 향하게 된 것을 다행으로 여긴다. 그곳에서는 운 나쁘게 지나가는 별과 충돌하지만 않는다면 혜성들이 영원히 살 수 있다.

이제 길고 아름다운 꼬리는 당신 앞쪽에 놓여 있다. 뒤에서는 태양풍이 불어온다.

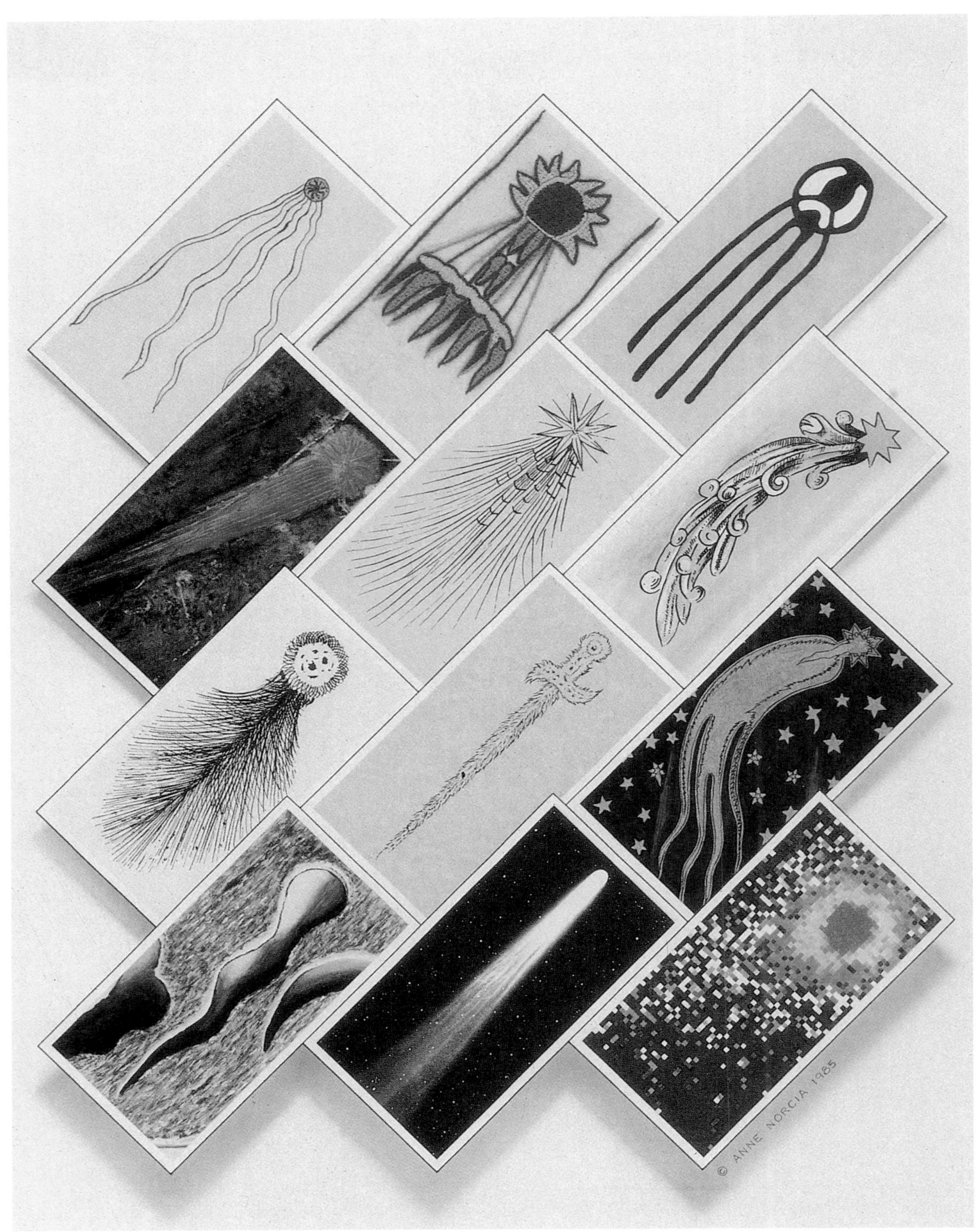

다양한 시대, 다양한 문화에서 묘사한 혜성. 자세한 내용은 474쪽에 나온다. 앤 노르시아 그림.

2장

불길한 징조

만약 그대가 올 때 왕자들이 사라진다면,
혜성이여! 매일같이 오시오.…… 그리고 1년 내내 머무시오.

— 새뮤얼 존슨, 「스레일 부인에게 보내는 편지」, 1783년 10월 6일

사람들은 100만 년 이상을, 이따금 지구의 하늘을 아름답게 꾸미는 혜성들을 관측하며 그 장엄한 광경에 경탄했다. 육안으로도 볼 수 있는 인상적인 혜성들은 평균 10년에 한 번 꼴로, 평생에 단 몇 번만 나타난다. 지구상에 인간이 출현한 이후 수십만 번 이상, 우리의 조상들은 며칠 밤에 걸쳐 밝게 빛나고 때로는 가장 밝은 별들보다도 더 강렬하게 빛나다가 몇 주 혹은 몇 달 뒤에는 천천히 희미해지는 널리 퍼지는 빛줄기를 보았을 게 틀림없다. 수십만 번의 출현. 그러나 인류는 지난 3만, 4만 년보다 더 일찍 찾아온 혜성에 대해서는 전혀 기억하지 못한다. 이런 의미에서 우리는 건망증이 심한 종족이다. 우리는 과거로부터 너무 멀리 있다. 고요하기만 하던 하늘에 갑자기 너무나 눈부신 빛줄기가 나타났을 때 우리 조상들이 어떤 생각을 했는지는 그저 짐작만 할 수 있을 따름이다.

그 대부분의 시간 동안 인간은 현재의 우리보다 하늘과 훨씬 더 친밀한 관계를 맺고 있었다. 저 위에 실제로 무엇이 존재하는지에 대해서는 우리가 더 많이 알고 있을지 몰라도, 그들은 하늘의 일부나 다름없었다. 그들은 별들 사이에서 잠을 청했다. 그들은 야영 시기와 이동 시기, 이동하는 사냥감과 비나 모진 추위가 닥치는 시기를 알기 위해 하늘을 관찰했다. 그들은 자신들의 삶이 하늘에 달려 있기라도 한 듯 하늘을 열심히 살폈지만, 그것은 또한 하늘이 복잡한 아름다움으로 가득 차 있는 수수께끼이기 때문이기도 했다. 그들이 바라본 하늘에는 우리가 신화라고 부르는 가설과 해석, 은유가 있었다. 밝은 혜성의 출현은 반복되는 경이와 사색의 기회였으며, 따라서 우리가 의식을 깨쳐 나가는 데 일부나마 도움이 되기도 했다.

혜성은 낯선 대상을 일상 언어로 설명해야만 하는 일종의 심리 검사 같았다. 자이르의 치이 족(Tshi)은 혜성을 '털 달린 별'이라고 부르는데, '혜성(comet)'이라는 말 — 현대의 많은 언어에서 동일한 — 자체가 털 혹은 머리카락을 뜻하는 그리스 어에서 유래했다. 중국인들은 혜성을 '빗자루 별' 등 여러 가지로 불렀다. 다른 문화권에서는 혜성

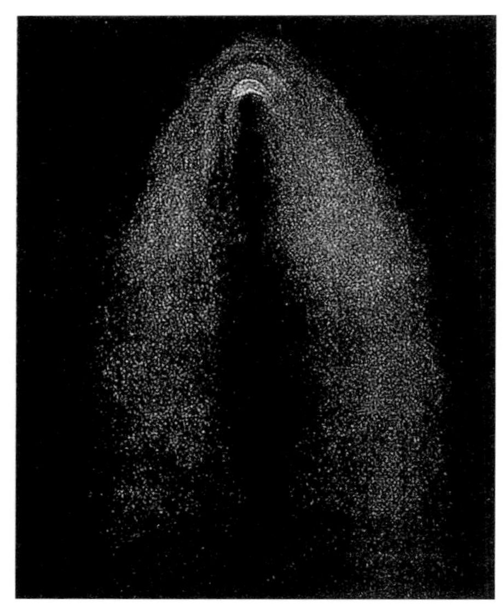

1858년 9월 29일의 도나티 혜성. 혜성의 꼬리는 흐르는 머리카락처럼 보인다. 하버드 대학교 천문대의 G. P. 본드(G. P. Bond) 관측.

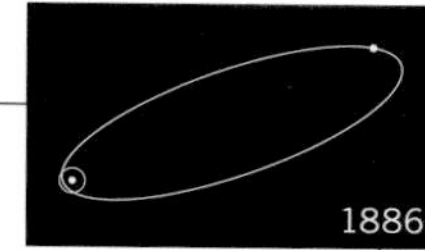

을 '꼬리별'이나 '긴 깃털을 가진 별'로 부르기도 한다. 과학자들은 오늘날도 여전히 혜성을 '꼬리'가 있는 별로 묘사한다. 통가 인들은 혜성을 훨씬 더 사실에 가깝게, '먼지로 만들어진 별'이라 불렀다. 아스텍 인들은 혜성을 '연기가 피어오르는 별'로 보았다. 반투-카비론도(Bantu-Kavirondo) 사람들 사이에서 모든 혜성은 하나의 혜성, 즉 "파이프를 물고 있는 무서운 혜성 아워리(Awori)"의 반복 출현이었다.

과거에 거의 모든 사람들은 혜성을 자신들의 일로 받아들였다. 혜성의 출현을 신이 그 지역 사람들에게 보내는 메시지로 해석하려는 이러한 경향은 사실상 16세기까지의 모든 혜성 기록에 스며 있다. 사실 지구 곳곳에 있는 그 많은 다양한 문화들이 이렇게 완전히 일치하는 경우도 드물다. 세계 역사에서 많은 사회들이 길운의 전조 혹은 이도 저도 아닌 중립적인 것보다는, 근친상간이나 유아 살해와 같이 부정적인 것과 혜성을 관련지어 생각했다. 지구상 어디에서나 단 몇 곳을 제외하고는 혜성을 바람직하지 못한 변화와 불운과 재앙의 전조로 여겼다. 그것은 누구나 알고 있는 상식이었다.

아프리카 부족들의 신화를 통해 우리는 혜성에 대한 원초적인 인식을 살펴볼 수 있다. 동부 아프리카의 마사이 족(Masai)에게는 혜성이 기근을, 남아프리카의 줄루 족(Zulu)에게는 전쟁을, 나이지리아의 에그합 족(Eghap)에게는 역병을, 자이르의 드자가 족(Djaga)에게는 천연두를, 그리고 그들의 이웃 부족인 루바 족(Luba)에게는 족장의 죽음을 의미했다. 오늘날 나미비아의 북오무람바에 있는 !쿵 족(!Kung)만이 낙관론을 취하고 있었다. 그들은 혜성을 태평 시대의 도래로 보았다. 이것은 !쿵 족이 도대체 어떤 부족인지 궁금할 정도로 드물게 기분 좋은 해석이다. (!은 'k'를 발음하는 순간 혓바닥이 입천장에 닿으면서 나는 혀 차는 소리를 나타낸다. 이렇게 하려면 약간의 연습이 필요하다.) !쿵 족은 오늘날의 어떤 다른 문화보다도 인간의 장기적 표준에 근접한 풍부한 문화를 가진 수렵 채집인이다. 따라서 어쩌면 !쿵 족이 우리가 잊었던 자연이나 자신에 대해 뭔가 알고 있지 않았을까 하는 생각이 들기도 한다.

혜성에 관한 문헌들에는 헤어날 수 없는 슬픔이 배어 있다. 일관되게 우울한 어조와 함께 이 재난의 기록은 아주 흔하게 발견된다. 지구상의 어떤 장소, 어떤 시대에 관측된 어떤 혜성이든 비극을 가져올 것으로 믿어졌다. 혜성과 재앙의 이러한 관계는 현존하는 혜성 관련 기록 중 가장 오래된 것인, 기원전 15세기 중국에서 쓰인 단 한 줄의 문장에서 비롯된다.[1]

> 계(하(夏)나라 걸왕(桀王) — 옮긴이)가 충성스러운 고문들을 처형하자 혜성 하나가 나타났다.

관공리의 배반 행위와 살인을 천문학의 초기 사건들과 관련시키는 이러한 말들은 모세의 탄생 200년 전에 쓰였다. 300년 뒤 또 다른 작가는 이렇게 언급했다.

> 무왕(武王)이 주왕(紂王) 토벌 전쟁을 일으켰을 때 은나라 사람들 쪽으로 꼬리를 드리운 혜성 하나가 나타났다.

은나라 사람들은 곤경에 처했다.

혜성이 재앙을 가져온다는 생각을 한다는 점에서는 동일했지만 혜성을 보았을 때 어떤 대책을 세워야 하는지에 대해서는 의견이 제각각이었다. 기원전 400년과 250년 사이에 쓰인 좌구명(左丘明)의 『춘추좌씨전(春秋左氏傳)』에는 "안자(晏子)가 혜성의 재난을 막기 위해 제사를 지내는 것을 반대했다."라는 제목이 붙은 장이 있다.

> 그해(기원전 516년)에 제(濟)나라에 혜성이 출현했다. 제왕 경공(景公)은 대

1 가장 최근의 많은 혜성 기록들에서도 마찬가지다. 3,500년 뒤에도 혜성은 계속 대격변과 연결된다. 15장과 16장에서 우리는 혜성이 공룡 등 생물 종의 멸종을 야기하는가에 대한 현대의 과학적 논쟁을 다룰 것이다. 심지어 오늘날 혜성이 하늘에 나타나는 현상을 표현하는 '출현(apparition)'이라는 말조차 불길하고 초자연적인 함축을 담고 있는데, 이는 혜성에 대한 우리의 오래된 믿음을 반영한다.

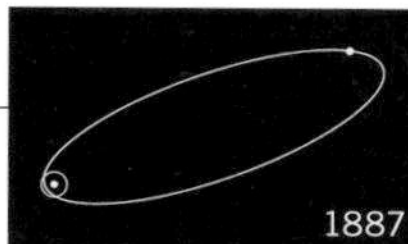

신들을 보내 하늘에 제사를 올리기를 바랐다. 그러나 안자는 왕에게 그렇게 하지 말 것을 진언했다. "제사를 드려 봤자 아무 소용이 없습니다. 그것은 어리석은 행동입니다. 하늘이 폐하께 재앙을 내릴지 행운을 내릴지는 이미 정해져 있습니다. 그것은 절대로 변하지 않을 것입니다. 폐하께서는 어떻게 제사장이 그것을 바꿀 수 있을 거라고 생각하십니까? 혜성은 빗자루와 같습니다. 그것은 악을 일소한다는 징후입니다.[2] 폐하께서 어떤 사악한 행동도 하신 적이 없다면, 무엇 때문에 기도가 필요하겠습니까? 폐하께서 만약 사악한 행동을 하신 적이 있다면 기도로도 재앙을 피할 수는 없을 것입니다. 제사장의 기도가 운명을 바꾸지는 못할 것입니다."

왕은 이 말을 듣고 크게 기뻐하면서 기도를 멈추라고 명령했다.[3]

일본어로 쓴 혜성. 스즈키 타카코의 서예.

혜성 관측이 시작된 초기 1,000년 동안의 역사를 살펴보면, 중국인을 제외한 모든 사람들이 잠자리에 일찍 들었던 것 같다. 중국인은 대략 기원전 1400년부터 기원후 100년까지 적어도 338개의 독립적인 혜성 출현을 기록했으며, 기원전 240년 이후로는 기원전 164년에 있었던 핼리 혜성의 귀환을 딱 한 번만 놓쳤을 뿐 모두 기록했다. 그들의 이웃인 한국인과 일본인도 귀중한 관측을 했지만 관측 횟수는 훨씬 적었다. 서양에서는 15세기까지 체계적인 혜성 관측을 했다는 증거가 전혀 없다.

1970년대에 중국 창사(長沙) 근처에 있는 마왕퇴(馬王堆) 3호묘에서 혜성의 형태들이 그려진 교본이 발견되었다. 이것은 기원전 300년 무렵에 편찬된 것으로, 구름, 신기루, 달(해)무리, 무지개에 이르는 광범위한 연구의 일부였다. 겉모습과 각각이 예고하는 재난의 종류에 따라 분류된 29개의 혜성이 비단에 그려져 있으며, 중국인들에게 알려진 35가지 혜성 이름들 가운데 18개가 바로 여기에 실려 있다. 꼬리가 네 개 달린 혜성은 '세계에 질병을 가져올' 전조이며, 꼬리가 세 개

17세기 일본도의 칼코등이(손잡이 부근에 손을 보호해 주는 안전장치 — 옮긴이). 스미요시 사당 위, 초승달 바로 밑에 혜성 같은 게 보인다. 데이비드 페퍼/토론토 오카메 골동품(Okamé Antigues) 제공.

2 이것은 말장난이다. 중국에서 혜성을 표현하는 말들 가운데 하나가 '빗자루 별'이다.

3 해더 스미스와 시에 용 옮김

중국의 빗자루 별 혜성. 스즈키 타카코의 서예.

소사명(少司命)

화려한 미궁인 가을 난초들이
복도 밑에 생명을 퍼뜨리네.
초록빛 나뭇잎, 하얀 꽃
진하고 향기로운 향내가 그대를 유혹하네.
모든 이에게서 사랑스러운 아이들이 태어나네.
아아, 그럼에도 이토록 슬픔이 사무치는 까닭은 왜일까?

싱싱하고 푸른 가을 난초들
초록빛 나뭇잎, 자줏빛 줄기.
복도가 사랑스러운 이들로 가득하네.
갑자기 나와 단 둘이 의미심장한 눈길을 주고받네.

그는 한마디 말도 없이 왔다가 작별 인사도 없이 떠났네.
소용돌이를 타고, 구름 깃발을 휘날리면서.
슬픔보다 더한 슬픔은 인생의 이별이라네.
기쁨보다 더한 기쁨은 새로운 친구들이라네.

연꽃 저고리, 향긋한 바질 허리띠
갑자기 왔다가 급히 떠났네.
신들의 영역인 그의 저녁 숙소들.
그대는 구름 언저리에서 누구를 기다리는가?

그대의 숙녀와 함께 화합의 풀에서 목욕을 하네.
태양 아래서 그녀의 머리카락을 말리네.
나는 사랑하는 여인을 위해 하늘을 탐색하네 — 그가 왜 아직 오지 않는 걸까?
나는 희미한 바람을 마주하고 서서 소리 높여 노래 부르네.

공작새의 깃털 덮개, 물총새의 파란 깃

아홉 번째의 하늘로 올라가 혜성을 위로하네.

그가 긴 검을 쥐고 어린애를 보호하고 길들이네.

인류에 정의를 가져오는 일은 오직 신께서만 할 수 있네.

— 굴원(屈原), 해더 스미스와 시에 용 옮김

정치가이자 중국의 가장 사랑받는 고대 시인들 가운데 하나인 굴원은 귀양살이를 하는 동안 강물에 스스로 몸을 던져 자살했다. 중국에서는 매년 5월 5일이면 물고기들이 그의 시신을 먹지 못하게 한다는 상징적인 제스처로, 특별히 준비한 쌀을 강물에 던진다. 이 시에서 혜성은 잃어버린 연인에 대한 은유인 동시에 현자와 자비로운 신을 연결하는 고리이다. 표면적으로는 전혀 무관해 보이는 이미지들 — '구름 깃발', '파란 깃' 같은 — 은 사실 중국인들이 불렀던 수많은 혜성의 이름들을 암시한다.

달린 혜성은 '나라에 재난을 가져올' 전조이다. 오른쪽으로 휘어지는 꼬리 두 개를 가진 혜성은 '작은 전쟁'을 예고하지만 적어도 '곡식은 풍작을 거둘 것'임을 알린다.

29가지 혜성 목록을 모아 정리하는 데 얼마나 오랜 시간이 걸렸을까? 현존하는 중국의 실록에서 3,000년에 걸쳐 338개의 목격 사례들이 기록된 것으로 볼 때, 평균 발견율은 육안으로 보이는 밝은 혜성이 10년에 하나 꼴로 현재의 값들과 다르지 않다. 만약 29가지 혜성 각각이 똑같은 빈도로 출현한다고 하면, 이들을 모두 보기 위해서는 29×10=290년을 기다려야 한다. 그러나 어떤 혜성은 다른 혜성에 비해 훨씬 띄엄띄엄 나타난다. 따라서 묘사된 모든 형태가 서로 다른 혜성에 해당한다면, 마왕퇴 도감은 수백 년 혹은 수천 년 전부터 계속된 체계적인 관측 전통에서 나온 게 틀림없다. 따라서 혜성의 형태를 기록하는 이 위대한 전통은 기원전 1500년 혹은 더 이른 시기로 거슬러 올라

유럽 인들의 혜성 인식은 1528년에조차 환각적 요소를 뚜렷이 나타낸다. 그해의 혜성을 표현한 이 목판화에는 참수된 목들과 잡다한 전쟁 도구들이 뒤섞여 있다. 이 그림은 혜성에 대한 앙브로즈 파레(Ambroise Paré)의 묘사에 근거하고 있었다. 아메데 기유맹(Amédée Guillemin)의 『혜성의 세계(*The World of Comets*)』(파리, 1877년)에서.

하지만 트로이의 정복과 그 후손들의 전멸 뒤, …… 그녀는 자매들과 떨어져 북극이라는 곳에 살게 되었다는 고통 때문에 오랫동안 머리를 풀어 헤치고 슬피 우는 모습이 목격되었는데 그녀가 혜성이라는 이름을 얻게 된 것은 바로 이 때문이었다.

— 하이지누스(Hyginus), 『천문학(*De Astronomia*)』. 밀래드 두에이이 옮김, 기원전 약 35년

가야만 한다. 혜성에 관한 가장 오래된 성문 기록과 도해 역시 동일한 시대 혹은 적어도 그 즈음으로 거슬러 올라간다. 어쩌면 당시에 그들의 관심을 끄는 놀라운 혜성이 출현했는지도 모른다.

마왕퇴 비단에 그려진 혜성이 대략적으로나마 현대의 혜성 사진들과 일치하는 형태를 지니고 있다는 점은 참으로 감탄할 만한 일이다. 관측자들은 눈에 보이는 것을 그렸다. 1528년의 혜성(왼쪽 그림 참조)을 표현한 유럽 목판화와 비교해 보면 그들이 얼마나 합리적이었는지 알 수 있다. 거기에는 용도 악마도 고문 도구도 없다. 오직 혜성뿐이다.

중국이 오랫동안 혜성에 열중한 것을 살펴보노라면 우리는 중국에서 일찍부터 발달했던 불꽃놀이를 떠올리게 된다. 고대 중국인들은 다음 혜성이 방문할 때까지 길고 지루한 기다림의 시간 동안 하늘 높이 솟아올라 하늘을 아름답게 꾸며 줄 불꽃을 고안해 냈던 게 아닐까? 비록 그 당시에는 이런 불꽃과 혜성 사이에 연관성이 없었을 수도 있지만 오늘날에는 확실히 관련이 있다(6장과 18장 참조).

고대 중국인들은 혜성에 관한 방대하고 정확하고 상세한 자료를 모아 정리했다. 그들의 목록에는 혜성의 출현 날짜와 종류, 처음 발견된 별자리, 그 후의 운동, 색깔과 겉보기 길이, 지속 기간 등 많은 정보가 담겨 있다. 때로는 혜성 꼬리의 길이 변화를 날마다 기록하기도 했다. 그러나 그 자료에는 혜성의 실체가 무엇인가에 대한 암시는 전혀 없다. 오랜 시간이 걸리기는 했지만 이것은 전적으로 서양인들이 알아냈다. 르네상스 시대 이전에 서양의 혜성 천문학은 훨씬 더 오래되고 훨씬 더 널리 퍼져 있는 무지와 미신과 망상의 어둠 속에서 때때로 등장하는 하늘의 빛을 — 특히 이오니아와 아테네와 로마에서 — 연대순으로 기록한 것이 전부였다.

서양에서 혜성에 대해 처음으로 분명하게 언급하고 있는 기록은 오늘날의 이라크 지역에서 발견되었다. 현재까지 남아 있는 바빌로니아 사람들의 단편적 기록들은 우리에게 아프리카와 중국의 것들을 상기시킨다. 기원전 12세기인 네부카드네자르 1세(Nebuchadnezzar Ⅰ)의

1889

세계 변화의 기록

혜성은 불길한 별이다. 혜성이 남쪽에 나타나면 재난이 일어나 옛것이 파괴되고 새로운 것이 정착된다. 또 혜성이 나타나면 고래들이 죽는다. 송(宋)과 제, 진(陳) 시대에 혜성이 북두칠성에 나타나자 모든 병사들이 대혼란으로 죽었다.……

혜성이 북극성에 나타나면 황제가 바뀐다. 혜성이 북두칠성 끝에 나타나면 곳곳에서 수년 동안 폭동과 전쟁이 계속된다. 혜성이 북두칠성의 우묵한 부분에 나타나면 왕자가 황제를 조종하며, 황금과 보석의 가치가 없어진다. 악당들이 귀족들을 해치며, 혼란을 일으키는 자들이 나타나고, 대신들이 황제를 폐할 반역을 꾀한다는 이야기도 있다.……

혜성이 북쪽을 통과하며 남쪽을 향할 때는 나라에 큰 재난이 닥친다. 서양 나라들이 침략하고, 이후 홍수도 일어난다. 혜성이 동쪽을 통과하며 서쪽을 향할 때는 동쪽에서 폭동이 일어난다.

…… 혜성이 처녀자리에 나타나면 일부 지역이 침수되고 심한 기근이 발생한다. 사람들이 서로 잡아먹는다. 혜성이 전갈자리에 나타나면 폭동이 일어나며, 궁궐에 있는 황제에게 많은 근심거리가 찾아온다. 쌀값이 치솟는다. 사람들이 이주한다. 메뚜기 재앙이 닥친다.

…… 혜성이 안드로메다자리에 나타나면 홍수가 일어나고, 사람들이 이주한다. 물가가 올라가고, 내전으로 나라가 분열된다. 혜성이 물고기자리에 나타나면 처음에는 가뭄이, 나중에는 홍수가 일어난다. 쌀값이 오른다. 가축들이 죽고 전염병이 군대를 덮친다.

혜성이 윤달■ 중순에 황소자리로 움직이면 유혈 사태가 벌어져 땅바닥에는 시체들이 널린다. 3년 안에 황제가 죽고, 나라가 혼란에 빠진다. 혜성이 오리온자리에 나타나면 큰 폭동이 발생한다. 왕자와 대신들이 황제가 되기 위해 음모를 꾸민다. 황제에게 많은 근심거리가 생긴다. 도처에 전쟁으로 인한 참사가 벌어진다.……

혜성이 바다뱀자리에 나타나면, 황제를 폐위시키기 위한 전쟁과 음모가 벌어진다. 생선과 소금이 비싸진다. 황제가 죽는다. 쌀도 비싸진다. 나라에 황제가 없다. 사람들이 삶을 혐오하며 삶에 대해 말하기조차 싫어한다.

— 이순풍(李淳風), 『관상완점(觀象玩占)』, 해더 스미스와 시에 용 옮김

■ 이 시기의 중국 달력은 음력이었지만, 양력과 맞추기 위해 해마다 '윤달'이 있었다.

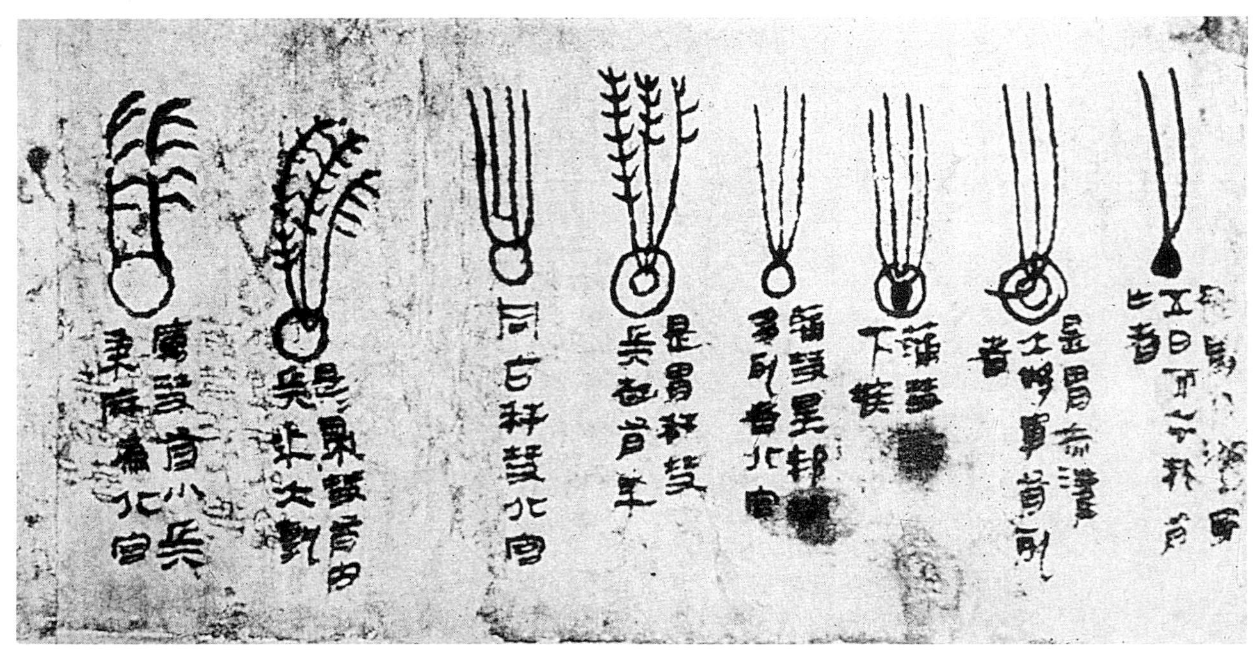

세계 최초의 혜성 도감인 마왕퇴 비단의 일부. 기원전 300년경. 『마왕퇴 한묘 백서(馬王堆 漢墓 帛書)』 2권(베이징 문물 출판사, 1978년)에서.

시대를 생각해 보자.

> 혜성이 태양의 길에 도달하면, 간바(Gan-ba)는 줄어들고 소란은 두 배로 늘어날 것이다…….

간바의 감소는 나쁜 소식이라는 것을 확신할 수 있다. 그러나 동일한 시대, 동일한 장소에서 혜성이 길조를 나타내기도 한다.

> 별 하나가 반짝이고 그 광휘가 낮의 빛만큼이나 밝다면, 그리고 전갈 같은 꼬리를 달고 있다면 이는 왕실의 주인이 아니라 나라 전체에 행운이 찾아온다는 상서로운 징조다.

대낮의 하늘에서 보일 정도로 밝은 혜성은 지구나 태양에 매우 가까이 접근했을 게 틀림없다.

이들 고대 점성학적 견해들의 대담성은 인상적이다. 망설임도 모호함도 신중함도 없다. 이 문제를 결정하기 위해 관측에 의지하기는커

녕 상반되는 두 가설의 대조조차 찾아볼 수 없다. 과학은 아직 발명되지 않았다.

시칠리아의 디오도루스(Diodorus)와 로마의 루키우스 안나이우스 세네카(Lucius Annaeus Seneca)의 저작에는 이집트 인들과 바빌로니아 인들이 혜성을 과학적으로 이해했다는 — 그저 풍문일지도 모르지만 — 간접 증거가 있다. 디오도루스는 이렇게 썼다.

> 기나긴 관측의 결과, 그들(이집트 인들)은 지진과 홍수, 혜성의 출현, 그리고 일반인이 알지 못하는 모든 일들에 대해 우수한 지식을 갖게 되었다.

고대 이집트 인들은 해마다 반복되는 나일 강 계곡의 범람 시기를 잘 알고 있었다. 동물들의 기이한 행동을 보고 지진을 미리 예측하여 생명을 구하는 것은 — 현대 중국인들이 입증해 왔듯이 — 가능한 일이다. 그러나 혜성의 출현을 정확히 예측하는 일은 훨씬 어렵다. 누군가가 운 좋게 맞힐 수는 있지만 말이다.

세네카에 따르면, 바빌로니아 인들은 혜성을 행성 같은 천체라고 믿었다. 이에 대한 상세한 설명은 없다. 이집트 인들과 바빌로니아 인들이 수학에 독창적 기여를 한 것은 사실이다. 그러나 초자연적 현상에 대한 호기심에서 방향을 틀어 세계를 변화시키는 방법, 바로 과학을 최초로 발명한 것은 기원전 15세기의 그리스 인이었다.

우리가 이 새로운 사고방식을 가진 발명가들에 대해 알고 있는 모든 사실은 간접적인 통로를 통해서다. 데모크리토스(Democritos, 기원전 460년 무렵에 태어났으며 매우 장수했던 것으로 생각된다.)는 적어도 70편의 저작을 남겼지만 모두 파괴되거나 분실되었다. 데모크리토스에 대해서 알려진 사실은 대개, 그를 대단히 존경했으면서도 실제로 그의 말에 전혀 동의하지 않았던 아리스토텔레스(Aristoteles)를 통해 전해진 것이다. 데모크리토스는 '별'이 또 다른 별 옆으로 지나갈 때 혜성이 만들어진다고 믿었다. 그러나 그가 피타고라스의 학설을 신봉하는 사람들처럼 혜성을 실제 천체로 인정했는지는 분명하지 않다. 오히려 그는 그 효과를 광학적 착시 현상이라고 생각했을 가능성이 더 크다.

아리스토텔레스는 생전에 목성이 쌍둥이자리에 있는 별 가까이 왔었지만 혜성을 만들어 내지는 않았다는 말로 이 가설의 오류를 증명할 수 있을 거라고 믿었다. 아리스토텔레스는 그 별이 행성 뒤로 수 광년 떨어져 있으며, 오직 우리의 눈에만 별들이 서로의 '근처를' 지나가는 것처럼 보인다는 사실을 알지 못했다. 다른 대부분의 경우와 마찬가지로 이 경우에도, 데모크리토스가 더 나은 과학자였던 것 같다. 그러나 아리스토텔레스의 논의는 신화나 전통적인 지혜가 아닌 관측에 기반한 것이었으며, 그 논쟁은 과학적이었다. 또한 이것은 혜성이 목성 때문에 흘러들었을 가능성을 언급한 최초의 사례인지도 모른다. 이 아이디어는 죽지 않고 계속 살아남았으며, 얼마 전에는 미국과 소련 양국에서 맹렬한 논쟁을 일으키기도 했다.

아리스토텔레스가 혜성이 행성들 사이에 존재할 수 없다고 믿었던 데는 다른 이유가 있었는데, 그 이유들은 부분적으로 관측에 근거했다. 아리스토텔레스는 대단한 과학적 가설 하나를 고안해 냈는데, 다음과 같다. 황도대는 대부분이 동물의 이름을 딴 별자리들이 늘어서 있는 길로, 월과 년에 걸쳐 행성들과 해와 달이 이곳을 통과한다. (낮에는 물론 태양이 어떤 별자리에 놓여 있는지 볼 수 없지만 성도가 있다면 저녁 어스름이나 새벽녘에는 볼 수 있다.) 황도대는 지평선에 대해 비스듬히 기울어진 하늘 위의 길들을 지나간다. 고대인들은 아마 행성들과 달과 해가 일생 동안 하늘에 있는 모든 별자리를 지나갈 거라고 생각했을 것이다. 그러나 그런 일은 일어나지 않으므로 모든 행성들은 동일한 평면 안에 매우 가까이 놓여 있어야만 한다. 반대로 혜성들은 때로 황도대 안으로 여행하는 게 관측되기는 하지만 때로 황도대 훨씬 바깥에서 관측되기도 한다. 더욱이 행성과 달리 혜성은 며칠 뒤에 관측자들의 눈앞에서 모양을 바꾸기도 한다. 따라서 혜성은 행성과 공통점이 없을 것이다. 그렇다면 혜성은 달 밑, 즉 지구의 대기 안에 있는 존재여야만 한다. (아리스토텔레스는 달이 대기가 미치는 가장 먼 한도를 나타낸다고 생각했다.) 결론은 명백했다. 혜성은 날씨의 형태였다. 일찍부터 논쟁이 벌어지기는 했지만 이러한 견해가 2,000년 동안 지배적이었다.

아리스토텔레스의 천문학은 모두 하늘이 "혼란과 변화와 외부의 영향으로부터 자유롭다."라는 깊은 확신 속에서 예측되었다. 그는 지구가 마치 못이 박힌 듯 우주 공간에서 전혀 움직이지 않는다고 믿었다. 반면에 하늘은 하루에 한 번씩 지구 주위를 기운차게 휙휙 돌고 있다. 대기 아래쪽은 명확히 지구와 함께 정지해 있다. 그러나 대기 위쪽은 하늘과 함께 돌아야만 한다. 이제 지구의 갈라진 틈새나 화산에서 흘러나온 뜨겁고 건조한 기체의 발산을 상상해 보자. 그는 이 기체가 위로 올라가 하늘에 도달하면 태양 때문에 데워져서 갑자기 확 타오를 것이라고 생각했다. 불타는 기체는 하늘 영역에 도달했기 때문에 이제 별과 행성들과 함께 움직여야만 한다. 이것이 바로 혜성에 대한 아리스토텔레스의 설명이었다. 그리고 그 당시 과학의 한계를 고려할 때 이것은 전혀 어리석은 생각이 아니었다.

아리스토텔레스는 북극광 심지어 유성조차도 똑같은 종류의 사례들이라고, 즉 지구 내부에서 별들로 올라가는 기체의 발산이며 혜성은 모든 기체가 타 버릴 때까지 살아남는다고 가르쳤다. 새로운 혜성은 새로운 발산에서 비롯되었다. 따라서 혜성이 새로 생겨나고 없어지는 것에는 어떤 균형이 있다는 생각이 혜성을 이해하는 데 중심이 되었다. 아리스토텔레스는 혜성의 숫자가 적은 이유에 대해서, 지구에서 나오는 연소 가능한 기체 대부분이 다른 곳 — 은하수 은하라고 불리는 연속적인 불의 고리를 만드는 데 — 에 사용되기 때문이라고 주장했다. 반대로 데모크리토스는 은하수 은하가 엄청난 수의 별들로 이루어져 있는 것은 사실이지만 너무나 멀리 떨어져 있어서 하나하나 볼 수는 없다고 결론 내렸다. 정확한 견해였다.

아리스토텔레스의 과학적 주장들은 준(準)종교적 교리에 바탕을 두고 있었다. 아리스토텔레스가 혜성의 근원이 지구에 있다고 주장할 수밖에 없었던 것은, 새로 태어나는 천체도 없고 늙어 죽는 천체도 없는 '불변하는 하늘'이라는 자신이 정해 놓은 전제 때문이었다. 하늘이 변하지 않는다는 아리스토텔레스의 주장은 천문학 역사에 가장 큰 영향을 미친 오류로, 이로 인해 혜성의 실체를 밝히는 일이 거의 2,000년이나 지연되었다. 그러나 다음 세대들이 아리스토텔레스의 견해를 그대로 받아들인 것까지 그의 탓으로 돌릴 수는 없다.

스페인 코르도바의 부유한 명문에서 태어난 세네카는 비록 예수와 만난 적은 없지만 그와 동시대의 인물이었다. 세네카의 형은 사도 바울(Saint Paul)과 면식이 있었다. 젊은 청년 세네카는 로마로 가서 문법과 수사학, 법학과 철학을 공부했다. 그는 칼리굴라(Caligula)의 여동생과 동침을 했다는 이유로 코르시카로 추방당했으며, 41세까지는 작가와 웅변가로서 명성을 누렸다. 세네카는 유배 생활 내내 글을 쓰고 철학과 자연 과학을 연구하며 지냈다.

49세가 되었을 때 그는 다시 로마로 소환되어 가르치는 일을 하게 되었다. 그러나 가정 교사로서의 세네카의 성공은 자신의 유일한 제자가 장래의 네로(Nero) 황제가 되면서 혼란에 빠져 버렸다. 17세의 나이에 네로가 제왕의 자리에 오르자, 세네카는 황제와 국무 대신의 정치 고문이 되었다. 그리고 향후 8년 동안 친위대의 지휘관인 섹스투스 아프라니우스 부루스(Sextus Afranius Burrus)와 함께 사실상 로마 제국을 지휘했다. 두 사람은 재정과 사법 개혁을 단행하고 많은 노예들의 고통을 덜어 주는 등 어느 모로 보나 그 역할을 잘 수행했다. 그러나 네로는 점점 더 폭군이 되어 갔고, 부루스는 사망 — 아마도 살해당했을 것이다. — 했으며, 세네카의 정치력은 시들어 갔다. 그는 결국 공직에서 물러났고, 65세에 반역 음모 연루설에 휘말려 자살을 하라는 황제의 명령을 받을 때까지 그의 가장 유명한 몇몇 저작들을 집필하는 데 전념했다. 세네카는 의연하고 평화롭게 죽음을 맞았다.

세네카는 여러 주제에 관한 저작들을 남겼지만 여기서 우리에게 중요한 것은 그가 마지막 여생 동안 집필한 『자연의 의문들(*Natural*

헬레니즘 시기에 제작된 세네카 청동 조각상. 네이플 국립 박물관 소장.

(혜성이) 이상한 모양의 생소한 별이며 …… 주위로 길게 늘어진 꼬리 불이 보인다는 사실에는 대부분 동의할 것이다.

— 세네카, 『자연의 의문들』 7권 '혜성'

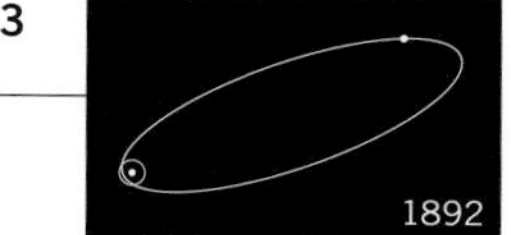

Questions)』이다. 7권에는 '혜성'이라는 제목이 붙어 있으며, 세네카는 그 실체를 상당히 정확하게 표현해서 아리스토텔레스에게 성공적으로 도전했다. 그는 혜성이 대기의 교란일 리가 없다고 주장한다. 혜성은 위엄 있게 규칙적으로 움직이며 바람이 불어도 흩어지지 않는다. 따라서 "나는 혜성이 그저 돌연한 불이 아니라 영원히 변치 않는 자연의 작품들 가운데 하나라고 생각한다." 세네카는 혜성이 황도대에 제한되어 있지 않기 때문에 행성일 수 없다는 아리스토텔레스의 주장에 이의를 제기하면서 『구약 성서』의 「욥기」를 흉내 내어 질문한다.

> 누가 행성들의 경계를 정하는가? 누가 좁은 우주 공간에 신의 물건들을 가두는가? (행성들은) …… 서로 다른 궤도를 갖고 있다. 그렇다면 왜 행성에서 멀리 떨어져 그것의 통로로 들어왔던 다른 별들이 없겠는가? 하늘 어딘가에 통로가 없어야 할 이유가 무엇인가?

한편 세네카는, 혜성 사이로 별이 보이는 것으로 미루어 혜성은 실체가 없는 구름 같은 것이라는 주장에 대하여, 혜성의 꼬리는 투명하지만 머리는 반드시 그렇지 않다고 반박한다.

가장 매혹적인 구절 중 하나는 그 외 분야에서는 잘 알려져 있지 않은 기원전 4세기의 그리스 학자, 민도스의 아폴로니오스(Apollonios of Myndos)의 한 견해를 세네카가 설명하고 평론한 것이다.

> 많은 혜성은 행성이며, …… 해와 달처럼 그 자체로 하나의 천체다. 혜성은 뚜렷한 형체를 갖고 있으며, …… 원형에 머물지 않고 퍼지고 길게 늘어져 있다.…… 혜성은 우주의 위쪽 지역을 헤치고 나아가며, 그 뒤 마침내 그 궤도의 가장 낮은 지점에 도달할 때 보이게 된다.…… 크기는 매우 다르고 다양하지만 색깔은 그렇지 않다.…… 어떤 것은 위협적인 핏빛을 띠며 — 이것들은 다가올 유혈 사태의 전조를 담고 있다. — 또 어떤 것은 밝기가 감소하거나 증가하기도 한다. 이는 마치 별들(행성들)이 아래로 내려

> 와 가까워졌을 때는 더 밝고 크게 보이고, 멀리 물러날 때는 작고 희미하게 보이는 것과 같다.

전조로서의 혜성에 대한 관심사를 제외하면, 아폴로니오스의 견해 — 세네카가 공유하고 확장한 — 는 놀라울 정도로 현대적이다.

『자연의 의문들』 7권 '혜성'에서 세네카의 문체는 너무 직설적이어서 거의 귀에 대고 말하는 그의 목소리를 듣고 있는 것 같다. 그는 계속해서 말한다. "우리는 진리를 발견한다는 확신도 없이 그러나 희망을 버리지 않고, 이 존재들을 조사하고, 가설을 가지고 어둠 속을 더듬어 찾을 따름이다."

> 우리에게 알려져 있지 않은 많은 것들을 후대 사람들은 알게 될 것이다. 많은 발견들이 다가올 시대를 위해 보전되어 있다.…… 자연은 미스터리들을 단 한 번만 드러내지 않는다. 우리는 스스로를 자연의 전수자라고 믿지만 우리는 그저 앞마당을 어슬렁대고 있을 뿐이다.

그리고 사원 앞마당에서 어슬렁거리는 사람들은 점점 줄어들고 있었다. 세네카는 "철학에 대한 흥미"가 감퇴되었다며 자신이 생전에 보았던 것을 한탄한다. "고대인들이 부분적으로 조사한 채 남겨 두었던 이 과제들로부터 밝혀진 게 너무나 적어서 발견된 많은 것들이 잊히고 있다." 어떤 이유에서인지 그는 어렴풋이 자신의 세계에서 점점 커지는 지적 권태를 느꼈다. 이성에 대한 믿음, 객관적인 증거를 기초로 한 대안들 사이에서 답을 얻고자 하는 그의 의지는 다음 세대 — 예컨대 세네카의 조카인 루카누스(Lucanus) — 의 접근과 현저한 대조를 이룬다. 루카누스는 이렇게 썼다. "활활 타오르는 횃불들이 우주의 깊숙한 곳까지 사방으로 가로지르는 하늘은 마치 불타고 있는 것처럼 보인다. 지구의 힘들에 혼란을 가져오는 무서운 별 혜성이 불쾌한 머리카락을 보여 주었다." 아니면 세네카와 동시대 인물인 자연주

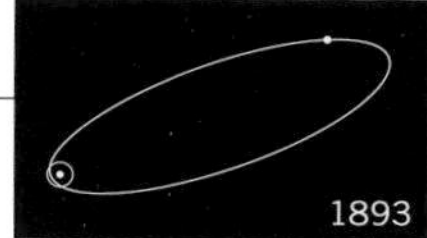

의자 대(大)플리니우스(Plinius the Elder)의 견해를 떠올려 보자.

> 혜성은 무서운 별이며, 옥타비우스(Octavius)가 집정관이었던 시절의 내전 말기에 나타났던 것처럼 쉽게 진정되지 않는다. 혜성은 폼페이우스(Pompeius)와 카이사르(Caesar)의 전쟁 무렵에도 다시 나타났으며, 그리고 클라우디우스 카이사르(Claudius Caesar)가 독살되어 로마 제국이 도미티아누스(Domitianus)에게 맡겨졌던 시대에도 불타는 듯한 혜성이 나타났다.

루카누스와 플리니우스는 미래의 물결이었다.

요세푸스(Josephus)는 그의 저서 『유대 인의 역사(*History of the Jews*)』에서 베스파시아누스(Vespasianus) 황제 시대에 예루살렘이 몰락한다는 예언을 하며, 그 도시에 1년 내내 '검'이 걸려 있었다고 언급한다. 이것은 아마도 66년의 핼리 혜성 출현과 관련되어 있는지도 모른다. 그러나 어떻게 천체가 1년 내내 어떤 도시 위에 걸려 있을 수 있다는 말인가? 지구는 돈다. 혜성은 별들과 함께 뜨고 질 것이므로, 절대 지구 표면에 있는 어떤 장소 위에 "걸려 있다."라고 묘사될 수는 없다. 유성은 번개처럼 질주해 순식간에 사라지고, 행성은 검처럼 보일 리 없으며, 북극광은 너무 멀리 북쪽에 있고, 심지어 인공위성조차도 적도 부근이 아닌 예루살렘 위를 맴돌 수는 없다. 기적이 아니고서야 요세푸스의 걸려 있는 검 — 당대의 다른 어떤 기록에도 남아 있지 않은 — 은 그의 다른 기록들과 함께 좀 의심스럽다.

고대의 학문이 수세기에 걸쳐 약화되면서 두 황제의 사망은 미신이 승리한 상징으로 보였다. '79년의 혜성은 베스파시아누스 황제가 사망할 전조'라는 소문이 나돌았으며, 황제는 이미 자신이 혜성의 영향을 받고 있다고 생각했다. 비록 자신의 제국 점령을 정당화하고 공인하는 예언들을 잘 고안해 내는 계략가라고는 하나, 이 경우 베스파

혜성을 검으로 표현한 그림. 이 그림은 플리니우스의 묘사에 따라 아주 오랜 시간이 흐른 뒤에 그려졌다. 헤벨리우스의 『혜성지(*Cometographia*)』(1668년)에서.

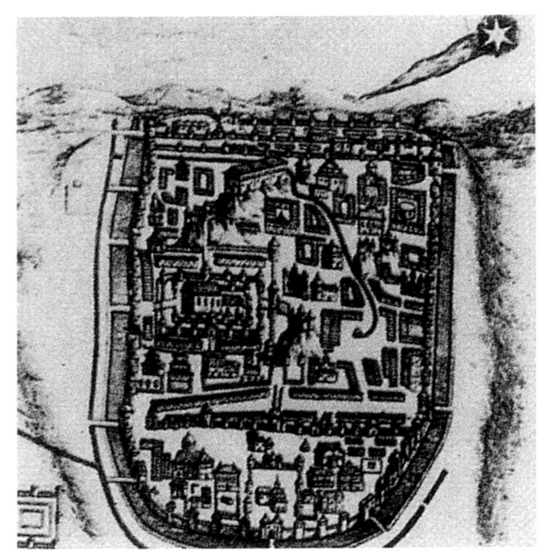

요세푸스의 설명처럼 예루살렘에 걸려 있는 17세기의 혜성 목판화. 스타니 스와프 루비에니에츠키(Stanisław Lubieniecki)의 『혜성 극장(*Theatrum cometicum*)』(1668년)에서. D. K. 요먼스 소장.

시아누스가 보여 준 회의주의는 상당히 타당한 편이었다. "저 털이 난 별이 내게 재앙을 예고하지 않는다. 그것은 오히려 파르티아의 왕을 위협한다." 파르티아의 왕은 베스파시아누스의 오랜 숙적이었다. 베스파시아누스는 그 이유를 이렇게 설명했다. "그는 털이 많지만, 나는 대머리이기 때문이다." 그러나 베스파시아누스의 회의론은 그를 구하지 못했다. 그는 혜성이 출현한 해에 사망했다. 중세 초기까지 혜성과 왕자의 죽음 사이에는 아주 밀접한 관계가 있다고 여겨졌기 때문에, 통치자가 사망했는데 어떤 불길한 일도 일어나지 않으면 — 814년에 샤를마뉴(Charlemagne) 대제가 사망한 경우처럼 — 사람들은 보이지 않는 황제의 새로운 혜성이 하늘에서 타오르고 있다고 생각했다.

혜성론에 푹 빠져 있는 중세인들에게 데모크리토스나 아폴로니오스, 아리스토텔레스나 세네카의 목소리가 들릴 리 없었다. 그들은 혜성이 그저 자연의 일부일 뿐이며 불길한 사건에 대한 경고가 아닐 수도 있다는 생각은 꿈에도 하지 않았다. 그 시대의 서적들은 예언과 전조, 조짐과 피, 신화와 미신으로 가득 차 있다. 심지어 점성술과 점술가를 공공연히 비난했던 세비야의 주교인 역사가 이시도루스(Isidorus)조차도 혜성이 "계시와 전쟁과 유행병"을 예고한다고 믿었다.

684년에 뉘른베르크라는 도시에 출현한, 훗날 핼리 혜성이라고 불리게 될 천체의 묘사. 이 목판화는 이 천체가 출현하고 한참 뒤에 제작되었다. 『뉘른베르크 연대기(*The Nuremberg Chronicle*)』(1493년)에서. 애스터, 레녹스, 틸든 재단의 뉴욕 시립 도서관 희귀본 부서 제공.

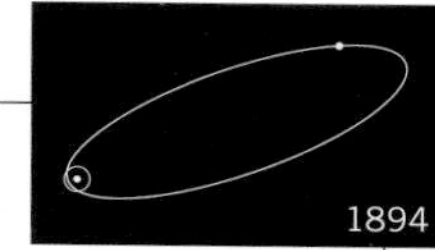

1,000년 넘게 어떤 반대 견해도 없었으며, 심지어 가끔씩 이루어지는 순전히 사실에 입각한 성명 — 서쪽 하늘에서는 혜성이 보인 적이 없다는 성 비드(Venerable Bede)의 성명 같은 — 조차도 간단한 관측에서부터 완전히 잘못되어 있었다.

그러니 르네상스와 계몽 운동이 시작되자, 혜성을 비롯한 많은 문제들에 대한 미신과 무지에 책임이 있는 교회를 신봉하는 새로운 부류의 학자들이 나타났다. 스페인 태생의 보르지아 인 칼릭스투스 3세(Callixtus Ⅲ)는 1455년에 77세의 나이로 교황이 되었다. 그 시대에 이데올로기의 대립은 자본주의와 공산주의 간의 냉전만큼이나 격심하고 편협해지고 있었고, 터키 족으로부터 콘스탄티노플을 되찾아야 한다는 집념은 그의 말년에 거의 강박 관념이 되었다. 양측 모두 자신만만하게 신에게 간청했으며, 승리의 불가피성을 공공연히 선언했다.

1456년, 중국의 하늘뿐만 아니라 유럽의 하늘에도 멋진 혜성 하나가 나타났다. 그 혜성은 포위 공격을 받은 기독교계에 공포감을 불러일으켰던 것 같다. 우리는 그들이 보고 있는 것이 핼리 혜성의 주기적인 귀환이라는 사실을 알고 있지만, 칼릭스투스와 그의 동시대 사람들은 그렇지 못했다. 칼릭스투스는 소문대로 그 방문객이 터키 족의 주장과 관련이 있는 불길한 전조라고 확신했다. 따라서 그는 이 방문객을 파문하고, 성모 마리아에게 올리는 기도에 "신이시여, 사탄과 터키 족과 혜성으로부터 우리를 구해 주소서."라는 정성 어린 탄원을 끼워 넣도록 명령했다.

많은 설명에 따르면, 칼릭스투스는 터키 족에게 포위된 기독교의 관할 도시 베오그라드에 4만 명의 수비군을 파병했다고 한다. 그 도시에는 1456년 8월 6일에 핼리 혜성이 머리 위에 걸려 있었으며, 이틀 동안 교전이 계속되고 있었다. 후세의 한 역사가는 그 교전을 이렇게 기술했다. "무장하지 않고 손에 십자가를 든 프란체스코회 수도사들이 앞줄에서 혜성을 물리치는 로마 교황의 액막이 주문을 외며, 그 당시 어느 누구도 감히 의심하지 않았던 신의 노여움을 적에게 돌리고 있

바이외 태피스트리(Bayeux Tapestry)에 묘사된 1066년의 혜성. 이 혜성의 출현 직후 완성된 것이다. 노르만 침략자들에 의해 폐위되기 직전에 있는 영국 왕 해럴드(Harold)가 혜성의 전조를 마음에 두고 있고, 구경꾼들(왼쪽)은 혜성에 감탄하고 있다. 국제 핼리 관측 협회 제공.

었다." 모하메드 2세(Mohammed Ⅱ)의 군대는 격퇴되었고, 혜성과 터키 족 모두가 퇴각했다. (터키 족은 혜성에 대한 유명한 이미지를 만들었는데, 특히 멋진 보기는 28쪽 오른쪽 아래에서 두 번째 그림에서 볼 수 있다.) 하지만 기독교인들이 다시 콘스탄티노플을 수복하는 일은 일어나지 않았다.

여러 천문 저술가들이 터키 족과 혜성의 이러한 관련성을 언급하였으나 바티칸 기록 보관소에는 이러한 기도나 저주에 대한 어떤 기록도 없으며, 기독교 교리에 따랐을 리 만무한 혜성에 대해 칼릭스투스가 파문 결정을 내렸다는 증거도 없다. 6월 29일에 십자군의 성공을 기원하는 대중 기도자들에게 성직을 준다는 로마 교황의 교서가 내려지긴 했으나, 이 교서에는 7월 중순까지 육안으로는 보이지 않았던 혜성에 대해서는 한 마디 언급도 없었으며, 터키 족과의 전투에서 결정적으로 승리한 것은 몇 주일 뒤의 일이었다.

대부분의 천문학 저술가들이 들려주는 칼릭스투스와 혜성 이야기는 뒷부분에서 다시 만나게 될 피에르시몽 라플라스 후작(Pierre-Simon, Marquis de Laplace)의 『세계의 체계(*The System of the World*)』로 거슬러 올라간다. 라플라스는 물리학과 천문학 역사에 불후의 업적을 남긴 훌륭한 학자로 프랑스 혁명과 그 합리주의적 토대의 열성적인 지지자이기도 했다. 그의 저서 『세계의 체계』는 프랑스 공화국 4년(1796년)에 출간되었다. 교회가 부르봉 왕가의 잔인한 정권과 친밀한 관계를 유지하고 있었으므로 라플라스는 칼릭스투스 3세를 그다지 관대하게 대하고 싶지 않았다. 그러나 라플라스가 그 이야기를 꾸며 낸 것은 아니었으며, 혼동은 바티칸의 사서 플라티나(Platina)의 『로마 교황의 삶(*Lives of the Popes*)』이라는 1475년의 저작으로 거슬러 올라가는 것 같다. 아무리 거짓이라고 해도 로마 교황이 근엄하게 혜성을 파문하는 이미지는 혜성에 대해 널리 퍼져 있는 세속적이면서도 종교적인 견해들과 일치했다.

한 세대 뒤에 바티칸에서 멀리 떨어져 있는 테노치티틀란에서 아스텍의 황제 몬테수마 2세(Montezuma Ⅱ)는 하얀 수염을 기른 위대한 신 케트살코아틀(Quetzalcoatl)을 기다리고 있었다. 그 신이 멕시코로 돌아와 그의 제국을 교화시킬 것이라는 예언이 있었기 때문이었다. 두 개의 밝은 혜성이 잇따라 도착해 하늘에서 만나는 것처럼 보이자, 몬테수마는 이를 케트살코아틀이 오는 중이며 아스텍 제국이 더 이상 자신의 것이 아니라는 확실한 전조로 받아들였다. 몬테수마는 모든 불과 폭풍과 자연의 기이한 현상들을 더 많은 전조로 받아들이며 왕궁에 틀어박힌 채 수심에 잠겨 있었다. 당시 서방 세계 최대 제국의 황제가 두 개의 혜성과 그 예언 때문에 꼼짝 못하고 있는 꼴이었다. 그리고 1519년에 하얀 수염을 기른 정복자 에르난 코르테스(Hernán Cortés)가 동쪽 바다에서 600명의 원정군과 몇 마리의 말을 이끌고 도착하자 몬테수마는 아스텍 제국을 케트살코아틀에게 기꺼이 넘겨주었다. 아스텍이 코르테스의 작은 무리에게 무기력할 수밖에 없었던 것

멕시코의 몬테수마 2세가 하늘에서 불길한 전조를 보고 괴로워하고 있다. 1519년에 에르난 코르테스가 나타났을 때, 몬테수마는 그의 도착을 무서운 혜성 예언의 실현으로 여겼다. 『프라이 디에고 두란의 일러스트레이션(*Los Tlacuilos de Fray Diego Durán*)』(멕시코, 1975년)에 실린 이 그림은 그 후 60년 뒤에 그려졌다. 미국 의회 도서관의 루스 S. 프라이태그 제공.

이 물론 이 한 가지 이유 때문만은 아니었겠지만, 멕시코의 정복과 약탈, 그리고 아스텍 문명의 붕괴는 어느 정도 혜성에 대한 숙명적인 공포에서 기인했다.

곧 대서양 건너편까지 종교 개혁이 진행되었다. 많은 신학 문제들로 분열되어 싸우던 교파들이 혜성 문제에 대해서는 완벽한 하모니를 이루었다. 적어도 이 문제에 대해서만은 종교 개혁의 주창자와 선동자들이 몬테수마 2세와 완전히 일치된 견해를 보였다. 마르틴 루터(Martin Luther)는 예수의 재림 설교에서 그들 모두에 대해 이렇게 언급했다. "이교도는 혜성이 자연적인 이유로 솟아오른다고 했지만 신은 확실한 재난의 전조가 되지 않는 것은 만들지 않는다." 여기에는 어떤 주저함이나 망설임도 없다. 알트마크의 영향력 있는 루터 교 주교인 안드레아스 셀리시우스(Andreas Celichius)는 1578년에 혜성을 다음과 같이 묘사했다.

> 신의 얼굴 앞에 악취와 공포로 가득 차 있는 인간 원죄의 짙은 연기는 매일, 매시, 매분 커지고 점점 더 짙어지면서 곱슬곱슬 땋은 긴 머리털을 가진 혜성이 되어, 마침내 최후의 심판의 뜨겁고 격렬한 분노에 의해 밝게 타오른다.

1577년 11월 14일이라는 날짜가 새겨진 네덜란드의 동전. 그해의 대혜성이 묘사되어 있다. '분노한 신의 별'이라는 뜻의 라틴 어가 새겨져 있다. 미국 화폐 협회(American Numismatic Society) 제공.

혜성을 신의 분노에 의해 발화되는 얼어붙은 원죄로 보는 이러한 견해는 아리스토텔레스(셀리시우스가 영향을 받은 게 분명한)의 시대 이후 과학이 얼마나 많이 후퇴했는지를 보여 준다. 이듬해에는 안드레아스 두디스(Andreas Dudith)가 반론을 제기한다. "만약 혜성이 인간의 원죄 때문에 생긴다면 하늘에 혜성이 없는 날은 없을 것이다."

이러한 모든 사실로 판단할 때, 16세기 중반에 혜성이나 그 밖의 많은 것에 대한 인간의 깨달음에 혁명이 일어날 기미는 전혀 보이지 않는다. 루터가 사망한 해에 덴마크에서는 그가 공공연히 비난해 왔던 '이교도'가 태어났다. 그 이교도의 이름은 튀코 브라헤(Tycho Brahe)

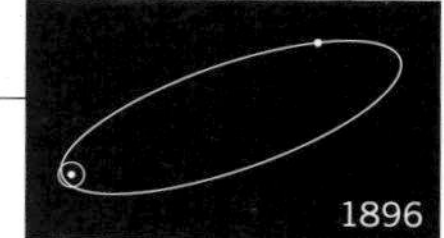

였다. 황금인지 황동인지로 만든 인조 코에, 난쟁이들로 이루어진 동아리며, 전설적인 음주 파티, 그리고 호화로운 섬 관측소까지 그는 우리가 상상하는 전형적인 천문학자는 아니었다.

튀코의 시대에도 혜성의 권위자는 여전히 아리스토텔레스였다. 하늘이 고정되어 있고 변하지 않기 때문에 혜성이 지구의 대기에 한정되어있다는 그의 학설은, 세속적이고 종교적인 권위자들이 지지한 16세기 우주 모형의 기초였다. 어떠한 논쟁의 여지도 없었다. 식견 있는 전문가들은 누구나 아리스토텔레스의 견해에 찬동했다. 처음으로 진정한 의심이 제기된 것은 1572년 어느 날 밤이었다. 그날 밤 카시오페이아자리를 올려다보던 튀코는 과거에는 별이 하나도 보이지 않던 곳에서 '금성보다도 밝은' 별 하나가 빛나고 있는 것을 발견했다. 이 새로운 별은 지구 대기 훨씬 너머에 있는 것으로, 오늘날 튀코 초신성(Tycho's Supernova)으로 알려져 있다. nova는 새롭다는 뜻의 라틴 어다. 놀랍게도 하늘은 변하지 않는 게 아니었다. 아리스토텔레스와 교회의 생각이 틀렸던 것이다. 1572년의 초신성은 유럽의 천문학자, 그리고 곧 전 세계 정신문명의 기상 신호가 되었다.

5년 뒤, 유럽의 하늘을 가로지르며 멋진 혜성이 타오르자 그렇지 않아도 조금씩 흔들리고 있던 아리스토텔레스의 견해는 완전히 뒤집혔다. 1577년의 혜성은 오랜 기간 보였기에 튀코와 동료들은 정보를 나누며 서로의 가설을 시험할 수 있었다. 튀코는 1572년의 초신성에 고무되어 혜성을 대기의 교란이 아닌 천체로 생각하고 접근했다.

혜성을 올려다보면 더 멀리서 빛나고 있는 별들이 보인다. 시간이 계속 흐르면 혜성이 다른 별자리로 움직이겠지만(55쪽 그림 참조) 며칠 동안은 한 별자리 안에 고정되어 있는 듯이 별들과 함께 뜨고 진다. 튀코는 혜성이 단순히 대기의 교란이며 지구에 가깝다면 어떻게 보일지, 또 그것이 행성들이나 별들처럼 지구에서 멀리 떨어진 천체라면 어떻게 보일지 자문해 보았다. 그의 머릿속에 모순된 두 가지 생각이 동시에 떠올랐다. 코앞에 손가락 하나를 놓고 오른쪽 눈과 왼쪽 눈을

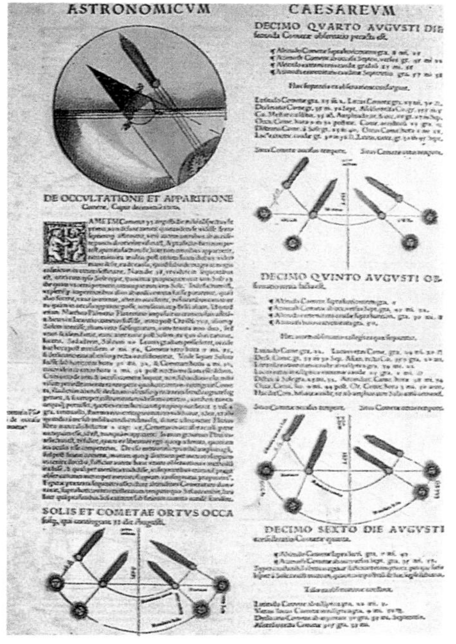

아피아누스(Apianus)의 『황제의 천문학(*Astronomicum Caesareum*)』(1540년)에 묘사된 1531년의 핼리 혜성. 이 혜성의 꼬리가 올바르게 태양 반대편을 가리키고 있다는 점을 주목하자. 미국 의회 도서관의 루스 S. 프라이태그 제공.

혜성이 아리스토텔레스의 주장대로 지구의 대기 안에 있는 무언가라면 멀리 떨어져 있는 두 지점에서 볼 때 배경 별들이 아주 다를 것이다(53쪽 아래 그림). 여기서 파란색 원뿔들은 두 관측자의 시선을 나타낸다. 그러나 혜성이 매우 멀리 있다면(위 그림) 관측자들이 멀리 떨어진 곳에서 혜성을 보더라도 배경 별들이 거의 똑같을 것이다. 그러므로 동시에 혜성을 관측해서 지구와 혜성 간의 거리를 구할 수 있다. 존 롬버그/BPS 도해.

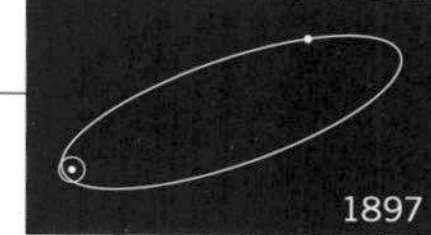

번갈아 깜박여 보자. 손가락이 배경에 대해 움직이는 것처럼 보인다. 이제 손가락을 팔 길이까지 올리고 눈을 다시 깜박여 보자. 손가락은 여전히 움직이지만 조금 덜 움직인다. 이 겉보기 운동을 시차(parallax)라고 한다. 이것은 그저 왼쪽 눈과 오른쪽 눈의 원근 변화에 지나지 않는다. 손가락이 몸에 더 가까울수록 배경에 대한 시차, 즉 겉보기 운동은 증가한다. 마찬가지로 손가락이 몸에서 더 멀수록 시차는 더 작아진다.

튀코는 멀리 떨어진 두 관측소에서 관측할 수만 있다면 혜성에도 이와 똑같은 원리가 적용될 수 있다는 사실을 깨달았다. 혜성이 만약 지구에 가깝다면 두 관측소 사이에서 원근이 크게 변할 테고, 각 관측자는 혜성이 매우 다른 별자리 앞에 있는 걸 보게 될 것이다. 그러나 혜성이 만약 지구에서 멀리 떨어져 있다면 두 관측소는 혜성을 똑같은 별자리 앞에서 볼 것이다. 시차를 통해 지구에서 혜성까지의 거리를 측정하는 것도 가능하다. 망원경은 필요하지 않다. 그저 조명탄과

혜성에 대한 태도의 변화를 보여 주는 주화의 모습. 이 주화는 1686년에 '함부르크의 헛된 포위 공격' 때문에 덴마크 인들에게 불만을 품은 네덜란드 인들이 발행한 것이다. 이 혜성 위에는 "두렵게 하는 모든 것이 해로운 것은 아니다."라는 라틴 전설의 문구가 적혀 있는데 이는 덴마크의 왕과 혜성 모두를 지칭하는 것이다. 이웃하는 도시들의 군대가 함부르크의 도움으로 왔을 때, 덴마크 왕은 후퇴했다. 미국 화폐 협회 제공.

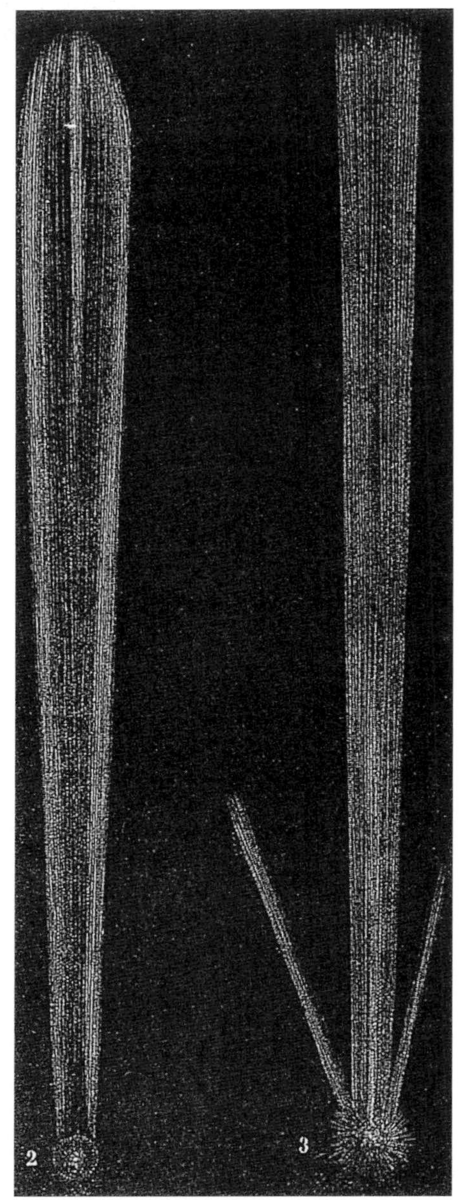

튀코와 뉴턴의 혜성. 코르넬리우스 게마(Cornelius Gemma)가 관측한 1577년의 대혜성(왼쪽)과 J. C. 스트룸(J. C. Strum)이 관측한 1680년의 대혜성(오른쪽). 아메데 기유맹의 『하늘(*The Heavens*)』(파리, 1868년)에서.

각도기만 있으면 된다. 튀코는 천문학 망원경이 발명되기 직전 세대에 살았으며, 그와 같은 측정은 이전의 수천 년 동안 언제라도 미숙하게나마 이루어질 수 있었을 것이다. (오류투성이의 시차 측정이 100년도 더 전인 1456년의 핼리 혜성 귀환 때 시도된 적이 있었다.)

1577년의 혜성에 대해 이러한 측정을 하고 이러한 계산을 했던 사람은 비단 튀코만이 아니었다. 그와 동시대 사람들 가운데 일부 — 어쩌면 여전히 아리스토텔레스의 사고방식에 빠져 있는 사람들이었을 것이다. — 는 잘못된 답을 얻고 혜성이 지구의 대기 안에 있다고 추론하기도 했다. 그러나 튀코의 엄밀한 측정과 계산은 시간의 시험대에 올라섰다. 혜성이 만약 지구의 대기 안에 있었다면 꽤 큰 시차가 발견되었을 것이다. 하지만 튀코는 의미 있는 시차를 전혀 찾아내지 못했다. 그의 측정이 정확하다면 1577년의 혜성은 지구에서 달보다 훨씬 더 멀리 떨어져 있어야만 했다. 혜성은 그러므로 행성과 별들 사이, 저 위 어딘가에 있어야만 했다. 국제적인 협력과 기초 수학과 간단한 관측을 결합한 결과, 튀코는 전통적인 지식이 2,000년 동안 완전히 틀려 있었다는 사실을 발견했다.

만약 이전 세대들이 혜성이 정말로 얼마나 멀리 떨어져 있는지 알았더라면 혜성을 그렇게 두려워하지는 않았을 것이다. 튀코는 혜성을 아리스토텔레스가 가두어 두었던 지구 주위의 좁은 범위에서 해방시켜 우주 공간으로 날려 보냈다. 그리고 이제 과학 역시 자유롭게 비상했다. 신비주의자들이 항상 혜성과 관련시켜 왔던 대격변이 마침내 1577년의 혜성으로 정당화되었다.

이 시기까지 혜성에 영감을 받아 행해진 수많은 예언들 가운데 우리의 감탄을 자아내는 것이 딱 하나있다. 그것은 예언자도 성직자도 아닌 과학자가 한 예측이다. 그 과학자는 바로 세네카였다.

그렇다면 우리는 왜 우주에서 그렇게 드문 장관인 혜성이 아직도 불변의 법칙들로 설명되지 않으며, 엄청난 간격을 두고 되돌아오는 혜성의 시작과

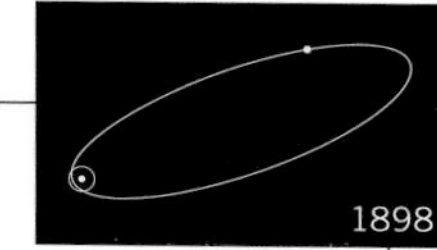

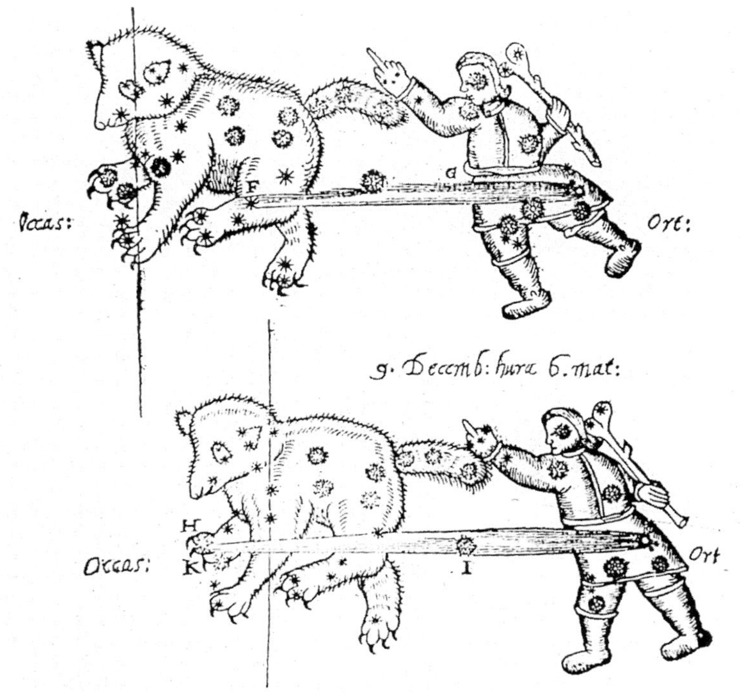

혜성을 망원경으로 보이는 대로 그린 최초의 그림들 가운데 하나. 1618년의 혜성이 이틀 동안 다른 두 그림으로 그려졌다. 이 혜성은 큰곰자리와 목동자리를 통과하고 있다. J. B. 시샛(J. B. Cysat)이 망원경으로 보고 그린 그림. 『수리 천문학(*The Mathematica Astronomica*)』(잉골슈타트, 1619년)에서. D. K. 요먼스 소장.

덧없이 떠도는 혜성을 보는 이는, 그것이 드물기 때문에 이상하게 여깁니다.

그러나 하늘과 화합하는 운동을 하는 새로운 별, 그것은 기적입니다.

새로운 것은 존재하지 않기 때문입니다.

— 존 던(John Donne), 「헌팅던 백작 부인에게(To the Countess of Huntingdon)」, 1633년

던의 천문학은 56년이나 뒤져 있었다. 튀코 이후 모든 초신성과 모든 혜성은 하늘에 "새로운 것은 없다."라는 아리스토텔레스의 견해를 반증했다.

끝이 알려져 있지 않다는 사실에 놀라는가? …… 매우 오랜 기간에 걸쳐 부지런히 연구한다면 지금까지 감춰져 있던 사실들이 밝혀질 시기가 반드시 올 것이다…… 먼 훗날 혜성이 어느 지역에 궤도를 갖고 있는지, 혜성이 왜 다른 천체들로부터 그렇게 먼 곳에서 여행하는지, 혜성이 얼마나 크며 어떤 종류가 있는지 밝혀 줄 사람이 반드시 나타날 것이다.

튀코는 천문학을 원래의 방향으로 되돌려 놓았다. 그러나 세네카가 예언했던 그 사람은 바로 에드먼드 핼리(Edmund Halley)였다.

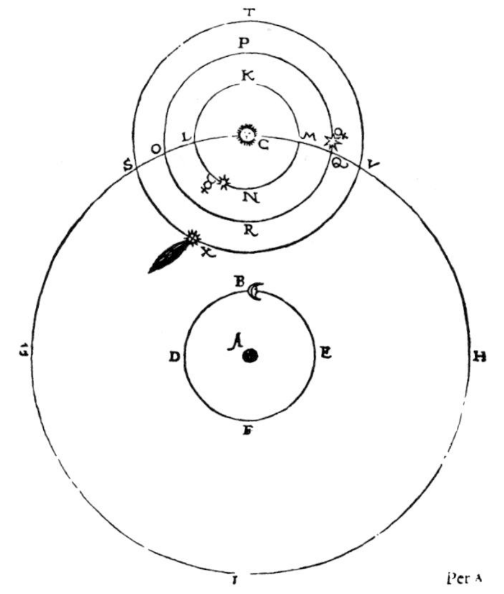

1577년의 혜성(X)에 대해 튀코가 직접 그린 그림. 튀코의 잘못된 태양계 그림에서 혜성은 태양(C) 주위를 돌고 태양은 지구(A) 주위를 돈다. 튀코 브라헤의 『에테르 세계에 대하여(*De Mundi Aetherei*)』(1603년)에서. D. K. 요먼스 소장.

30세의 에드먼드 핼리. 토머스 머레이(Thomas Murray) 그림. 런던 왕립 학회 제공.

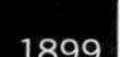

3장

핼리

(핼리는) 친구들의 사랑을 받는 데 필요한 자격을 갖추고 있었다. 무엇보다도 그는 그들을 사랑했다. 열정적이고 열렬한 기질을 타고난 그는 한없이 따뜻한 온정을 가진 그들의 존재에 고무된 것처럼 보였다. 그들을 보고 있다는 기쁨만으로도 그런 영감을 얻는 것 같았다. 그는 교제를 할 때 마음을 활짝 열었으며, 시간을 반드시 지켰다. 판단은 솔직했고, 태도는 한결같았으며, 무엇 하나 나무랄 데가 없었다. 다정하고 상냥했으며, 항상 대화할 준비가 되어 있었다.

—장 자크 도르투 드 메랑. 「핼리를 위한 비가」, 『왕립 과학 아카데미 회상록』, 파리, 1742년

에드먼드 핼리에 대해서 생각할 때, 우리는 먼저 그와 동일한 이름을 가진, 인류가 가장 좋아하는 혜성을 떠올린다. 대략 75년 주기로 작동하는 핼리 혜성은 그를 떠올리게 하는 일종의 연상 도구가 되었다. 우리 대부분은 핼리를, 특별한 시즌이나 잊을 수 없는 한 경기에서 최고 기록을 위해 매진했던 운동선수와 같이 기억한다. 우리는 과학이라는 건축물에 한두 개의 벽돌을 쌓았던 수많은 일꾼들 중 하나를 발견하게 되리라 생각하며 이 기록들을 볼지도 모른다. 하지만 그 대신 우리는 거장 건축가를 만나게 될 것이다.

핼리의 출생 시기는 분명하지 않지만 본인은 1656년 10월 29일이라고 믿었다. 당시에는 런던 외곽의 농촌 지역이었지만 그 후 도시의 확장으로 런던 시에 포함되는 해크니의 버러에서 그의 삶은 시작되었다. 그의 어린 시절을 엿볼 수 있는 단 한 편의 일화도, 심지어 출처가 의심스러운 자료 하나도 없지만, 그는 이 시절 처음으로 장래의 희망을 꿈꿨을 것이다. "아주 어렸을 때부터 나는 천문학에 푹 빠져 있었다." 핼리는 자신의 어린 시절을 이렇게 회상했다. "(천문학은 나에게) 경험해 본적이 없는 사람에게는 도저히 설명할 수 없는 커다란 기쁨을 안겨 주었다." 과학을 생계가 아닌 환희로 생각하는 핼리의 태도는 한 번도 변한 적이 없었다. 그의 소년기에 두 혜성이 출현했는데, 하나는 일반적으로 런던 대역병의 징조로 여겨졌던 1664년의 혜성이었고, 또 다른 하나는 런던 대화재와 관련된 1665년의 혜성이었다. 핼리가 이 방문객들을 목격했다는 기록은 어디에도 없지만 그런 성향과 능력의 젊은이라면 1664년과 1665년의 혜성에 큰 영향을 받았을 게 틀림없다. 그 혜성들에는 불길한 전조와 불행과 재앙이 깊이 스며들어 있는 것 같았다.

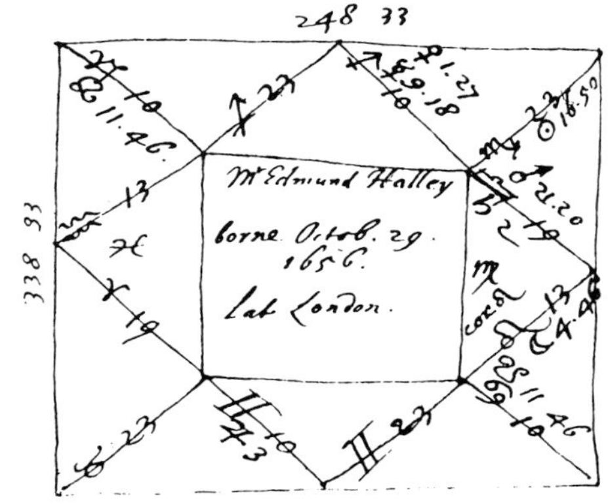

에드먼드 핼리가 만든 당대의 별자리 표. 그러나 핼리는 이것을 점성술에 이용하지 않았다. 원본은 영국 옥스퍼드 대학교 보들리언 도서관(Bodleian Library)에 있다. 조지프 베버카 제공.

핼리와 마찬가지로 에드먼드라는 이름을 가졌던 핼리의 아버지는 런던에서 수익성 있는 자산을 소유한 비누 제조업자이자 제염업자였다. 1666년의 대화재가 그가 소유하고 있던 부동산을 삼켜 버리기는 했지만 다른 사업들은 날로 번창했다. 바로 얼마 전에 발생했던 림

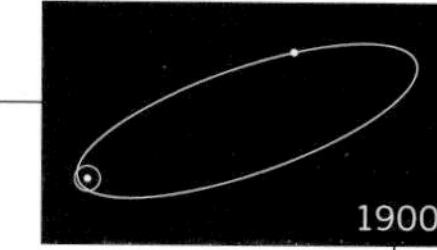

프절 페스트(bubonic plague, 흑사병의 일종으로 중세 유럽을 강타한 치명적인 전염병이었다. — 옮긴이)에 대한 공포 때문에 런던 사람들이 개인위생에 관심을 갖게 되면서 비누 제조업이 급속도로 성장했다. 게다가 날로 팽창하는 영국 해군은 항해 중인 해군들의 건강 유지를 위해 염장된 육류를 필요로 했다. 사업이 번창하자 핼리의 아버지는 아들의 장래를 위해 기꺼이 많은 재산을 내놓았다.

그는 아들을 영국 최고의 명문 중 하나인 성 바울 학교에 입학시켰고, 에드먼드는 아주 훌륭한 학생이었다. 1671년에 그는 학교 학생회장으로 선출되었다. 이것은 그가 학교 친구들에게 인기 있는 뛰어난 학생이라는 증거였다. 핼리의 어머니에 대해서는 이름이 앤 로빈슨(Anne Robinson)이고, 아들이 옥스퍼드의 퀸스 칼리지로 떠나기 9개월 전인 1672년 10월 24일에 사망했다는 사실 외에 알려진 게 없다. 핼리의 아버지가 많은 재산을 증여했다는 것은 핼리가 칼리지로 싣고 간 천문학 장비들의 양과 질만 살펴봐도 알 수 있다. 그 장비들 중에는 핼리가 즉시 사용할 수 있는 약 7미터 길이의 망원경도 있었다.

우리가 이 사실을 알게 된 것은 1675년 3월 10일에 18세의 에드먼드 핼리가 대담하게도 영국 제일의 왕립 천문학자인 존 플램스티드(John Flamsteed)에게, 당국에서 출판한 목성과 토성의 위치에 대한 표들이 틀렸다는 편지를 보냈기 때문이다. 이 청년은 튀코 브라헤가 발표한 별들의 위치에서도 오류를 찾아냈다. 그러나 핼리가 보낸 편지의 어조는 전설적인 무법자에게 도전하는 철모르는 카우보이의 말투가 아니었다. 그는 앞선 천문학자들에게 경의를 표할 줄 아는 훨씬 더 청년다운 열성가였고, 무엇보다도 우주의 진정한 본질을 발견하기를 간절히 열망하고 있었다. 플램스티드의 반응이 어떠했는지는 정확히 알려져 있지 않지만 플램스티드가 이듬해에 핼리의 첫 번째 과학 논문을 도와주었던 것으로 보아 긍정적이었음을 짐작할 수 있다. 이 논문은 오늘날까지도 영국의 주요 과학 학회로 자리하고 있는 런던 왕립 학회(Royal Society of London)의 학회지 《철학 회보(*Philosophical*

원뿔 곡선들. 원뿔을 다양한 각도에서 자르면, 원뿔 곡선이라고 불리는 여러 도형이나 곡선이 생긴다. 여기에 제시된 네 개의 조각을 모두 모으면 원뿔이 다시 조립된다. 원뿔의 맨 꼭대기는 꼭짓점이라고 하며, 원뿔이 서 있는 편평한 바닥은 밑면이라고 한다. 밑면에 평행하게 자르면 원이 만들어진다. 그리고 비스듬히 자르면 달걀처럼 생긴 길쭉한 원이 만들어지는데 이것이 타원이다. 밑면에 수직으로 잘랐을 때 생기는 면은 쌍곡선이다. 쌍곡선은 원이나 타원과 달리 곡선이 다시 맞물리지 않는다. 여기에 보이지 않는 곡선이 하나 더 있는데 타원과 쌍곡선 사이에 놓여 있으며 포물선이라고 불린다. 이 아름다운 원뿔 곡선들을 처음으로 묘사한 사람은 기원전 3세기 중반의 인물인 페르가의 아폴로니오스였다. 행성과 혜성이 정확히 이러한 경로들을 따라 태양 주위를 움직이고, 공기 중에 던져진 돌멩이의 궤적이 포물선을 그린다는 사실을 알게 된 것은 놀라운 일이었다. 뉴턴은 중력의 역제곱 법칙 때문에 물체가 공간에서 움직일 때 원뿔 곡선을 따른다는 사실을 입증했다. 추상적인 것처럼 보이는 수학과 실제 세계가 움직이는 방식 사이의 이러한 관련은 현대 과학의 틀을 형성했던 발견들의 특징이다. 존 롬버그와 제이슨 르벨/BPS 도해.

Transactions)》에 실렸고, '각운동의 동일성을 가정하지 않고, 주요 행성들의 원일점과 이심률, 그리고 균형을 산출하는 직접적이고 기하학적인 방법'이라는 제목이 붙어 있다.

이 논문의 내용은 무엇이었을까? 튀코의 제자였던 요하네스 케플러(Johannes Kepler)의 연구 이후, 각 행성은 타원 궤도를 따라 움직이는 것으로 알려져 있었다(10쪽 그림 참조). 이심률은 타원이 얼마나 길쭉한가를 나타내는 척도인데, 이심률이 0인 타원은 원이고 이심률이 1 이상인 타원은 폐곡선이 아닌 포물선이나 쌍곡선이다(위 그림 참조). 지구 궤도의 이심률은 0.017로 육안으로는 원과 거의 구분이 되지 않는다. 반대로 수성의 궤도 이심률은 0.21로 상당히 길쭉하다. 여러 해가 지난 뒤, 혜성의 기원을 설명하는 열쇠 중 하나인 혜성의 타원 궤도 운동을 밝힌 이 논문은 핼리의 업적들 가운데 하나가 되었다.

지구처럼 원형에 가까운 궤도에 있을 때 우리는 태양으로부터 거의 일정한 거리에 놓여 있다. 그러나 매우 길쭉한 타원 궤도에서는 움직이는 천체가 궤도의 어느 부분에 있느냐에 따라 태양까지의 거리가 크게 변한다. 태양에 가장 가까운 지점에서는 행성이나 혜성이 가장 빠르게 움직이는데, 이 점을 근일점(perihelion, 복수형은 perihelia)이라고 부른다. 천체가 태양 주위를 휙 지나갈 때는 근일점을 통과하고 있다고 한다. 이 말은 마치 세계 최대의 크루즈 회사 P&O의 증기선을 타는 것 같은 느낌이 들게 한다. 궤도에서 가장 먼 지점은 원일점(aphelion, 복수형은 aphelia)이라고 부른다. 궤도가 더 길쭉할수록 원일점과 근일점의 차이는 커진다. 어쩌면 혜성은 지구 가까이에 근일점이 있고 가장 멀리 있는 행성을 훨씬 지나서 원일점이 있는 궤도를 갖고 있는지도 모른다. 그러나 이때는 핼리가 혜성 연구를 시작하기 전이었다. 핼리는 자신의 첫 번째 논문에서 행성들의 궤도를 계산하는 새롭고 더 정확한 방법을 제시했다.

이 논문은 여러 차례 다시 쓰였다. 부분적으로는 핼리의 경험 미숙 탓이기도 했지만, 그와 정반대 이론을 폈던 솔즈베리의 주교가 핼리의 논문을 개인적 모욕으로 오해할지도 모른다는 말을 들었기 때문이었다. 핼리는 누군가의 기분을 상하게 할 의도가 전혀 없었으므로 제안된 사항을 기꺼이 수정했다. 그러나 핼리의 과학적 연구가 교회의 감정을 상하게 한 것은 이것이 마지막이 아니었다.

궤도에 대한 논문으로 세계 천문학계의 주목을 받았던 바로 그해에, 핼리는 학위도 취득하지 않은 채 옥스퍼드를 떠나 머나먼 아프리카 서부의 세인트헬레나 섬으로 갔다. 최초의 남반구 하늘 지도를 만들기 위해서였다. 북반구에서 볼 수 있는 별자리들은 남극 근처에서 볼 수 있는 것들과 거의 완전히 다르다. 그러나 적도에서는 북반구와 남반구의 별자리가 모두 보인다. 세인트헬레나 섬은 당시 대영 제국의 최남단 전초 기지로, 남반구의 하늘뿐만 아니라 지도에 실린 북반구의 별들 일부도 관측할 수 있는 매우 유리한 지점이었다. 이런 지정학적 특성은 매우 중요했다. 핼리가 제시한 남반구 하늘의 지도가 유럽

천문학자 에드먼드 핼리와 그의 아버지가 함께 거주했던 런던의 윈체스터 거리. 청년 핼리는 이 거리의 지붕에서 천문 관측을 했다. 이 19세기 초 그림이 보여 주는 거리는 핼리의 시대와 크게 다르지 않을 것이다. 앤 로넌 그림 도서관(Ann Ronan Picture Library).

천문학자들에게 유용하려면 이전에 알고 있던 별의 위치들을 참고할 수 있어야 했기 때문이다. 세인트헬레나 섬은 위도 이외에 또 다른 장점을 갖고 있었다. 들리는 바에 따르면, 이 섬의 날씨는 언제나 맑았다. 이는 천문 관측에 있어 가장 중요한 조건 중 하나였다.

왕립 학회에 있는 핼리의 새로운 친구들은 정부에 탐험 계획을 건의하고 그 지원을 요청하는 편지를 썼고, 곧 찰스 2세(Charles Ⅱ)의 허락을 받았다. 그러나 왕은 세인트헬레나 섬에서 멀리 떨어져 있는 유명무실한 군주였다. 실제로 그 작은 섬은 동인도 회사의 영지였기 때문이다. 그러나 찰스 2세의 영향력이 전혀 없었던 것은 아니어서, 동인도 회사의 관리자들은 왕의 서신을 받은 뒤 핼리와 또 다른 과학자의 통행을 자발적으로 지원하고 나섰다. 핼리의 아버지는 "(아들 에드먼드의) 호기심을 만족시킬 수 있다는 기꺼운 마음에" 핼리에게 그 당시 최고의 관측 장비 비용을 비롯해 혹시 필요할지도 모르는 다른 경비들도 포함하는 엄청난 액수의 자금을 제공해 주었다.

1676년 11월, 핼리는 유니티(Unity)라는 선박을 타고 항해를 시작했다. 그 여행은 거의 1만 킬로미터의 바닷길을 따라 3개월이나 걸릴 예정이었다. 핼리의 목적지는, 130년 뒤 영국이 포로가 된 나폴레옹 황제(Emperor Napoleon)를 유폐시킬 수 있는 유일한 장소로 생각할 정도로 외딴 곳이었다. 거의 200년 동안 유럽의 항해자들이 남반구의 바다를 항해하며 눈에 띄는 해안마다 지도를 작성해 오기는 했지만, 그중 어느 누구도 머리 위에 있는 매우 다른 별자리의 위치를 정확히 짚어 내지는 못했다. 핼리는 바로 이 점에 주목했고 이 험한 항해를 결정한 이유도 바로 이런 하늘의 절반을 찾기 위함이었다. 당시 그의 나이는 21세였다.

그러나 여행자들의 말과는 달리 세인트헬레나 섬의 날씨는 궂기만 했다. 핼리는 몇 주일을 기다려서야 겨우 1시간 동안 별을 볼 수 있었다. **영국**의 날씨도 이보다는 나았다. 영국에서라면 날씨가 궂은 날 다른 일이라도 할 수 있으련만 핼리는 망망대해 한복판에 떠 있는 돌

멩이에 지나지 않았다. 그러나 핼리에게는 구름과 무료함보다 더 큰 장애물이 있었다. 광인으로 알려진 세인트헬레나 섬 총독이 그를 몹시 못마땅하게 여겼던 것이다. 그 총독의 행동은 나중에 본국으로 소환되어 면직을 당할 정도로 기괴했지만, 핼리가 머무는 동안에는 직무를 수행하고 있었다. 그러나 핼리는 여러 가지 난관에도 불구하고 세인트헬레나 섬에서의 고된 1년을 무사히 보냈고, 마침내 최초의 남반구 하늘 지도와 훨씬 더 많은 자료를 들고 귀국했다. 그는 유럽 천문학자들이 전혀 몰랐던 별들과 성운들을 발견했으며, 태양을 가로지르는 수성의 통과도 관측했는데, 이는 후에 지구에서 태양까지의 거리를 결정하는 데 매우 중요한 자료가 되었다. 그는 남반구 하늘에는 남극성이 없으므로, 영국에서 보정된 시계로 세인트헬레나 섬에서 정확한 시간을 재려면 그 진자를 짧게 해야 한다는 사실도 확인했다. (핼리는 당시에 그 이유를 알지 못했다. 이는 지구의 자전 때문에 중력을 상쇄시키는 힘인 원심력이 위도가 증가할수록 약해지기 때문이다.)

핼리의 남반구 하늘 목록은 로버트 훅(Robert Hooke)을 거쳐 왕립학회에 제출되었다. 훅은 망원경으로 목성의 대적반을 최초로 발견했을 뿐만 아니라 현미경으로 살아 있는 세포를 들여다본 최초의 인물이다. (그는 생물학 교재에 '세포(cell)'라는 말을 처음으로 사용한 장본인이기도 하다.) 훅은 물리학, 천문학, 생물학, 공학에 무수한 공헌을 했다. 왕립 학회의 평의원들은 즉각 핼리의 업적을 높이 평가하고 나섰지만 옥스퍼드 대학교에서는 그 역시 한 명의 중퇴생에 지나지 않았다. 그들은 핼리가 필수 실습 기간을 마치지 않고 세인트헬레나 섬으로 떠났다는 이유를 들어 학위 취득을 위한 그의 복학을 허락하지 않으려 했다. 그것은 너무나 심각한 학칙 위반이어서 칙령이 아니고서는 사태를 바로잡을 수가 없었다. 핼리는 찰스 2세에게 다시 한 번 호소했고, 찰스는 "이전 혹은 차후에 그와 동일한 어떤 사정이 있었던지 불문하고" 그에게 석사 학위를 수여하라고 요청하는 편지를 썼다. 옥스퍼드 대학교 부총장은 결국 복학을 허락했고, 핼리는 학위를 받는 것과 거의 동시

핼리의 남반구 하늘 지도. 별을 나타내는 점들이 연결되어 공상적이고 신화적인 패턴인 별자리를 이루고 있다. 지도 가장자리에는 북반구 천문학자들에게 알려져 있는 별자리들이 있고, 중심에는 오직 남반구 하늘에서만 보이는 별자리들이 있다. 앤 로넌 그림 도서관.

별들의 위치를 측정하는 육분의. 헤벨리우스와 그의 아내가 살펴보고 있다. 핼리는 이런 종류의 기법을 검토하기 위해 단치히에 왔다. 왕립 천문 학회 제공.

에 왕립 학회의 평의원으로 선출되는 영예를 안았다. 젊은 청년 핼리에게는 대단한 영광이 아닐 수 없었다.

핼리는 곧 훅과 플램스티드, 그리고 단치히라는 자유 도시에 사는 당시의 탁월한 관측 천문학자 요하네스 헤벨리우스(Johannes Hevelius)가 휘말려 있는 격렬한 논쟁에 관심을 갖게 되었다. 훅과 플램스티드는 측량 장비 위에 설치되었을 때 별들의 상대적 위치를 결정할 수 있도록 정확도를 향상시킨, 최신 망원경을 완전히 신뢰하고 있었다. 하지만 연장자인 헤벨리우스는 새로운 기술의 도입을 거부했으며 소총의 조준기처럼 간단한 장치만을 이용한 육안 관측을 계속 고수했다. 훅과 플램스티드는 헤벨리우스에 대해 점차 목소리 높여 반대 운동을 벌이는 한편, 귀 기울이는 모든 사람에게 헤벨리우스의 관측 자료들을 신뢰할 수 없다고 떠들고 다녔다. 헤벨리우스는 공격을 받고 있다고 느끼기 시작했다. 헤벨리우스 역시 왕립 학회의 평의원이기는 했지만, 그는 훅과 플램스티드가 별난 주장을 펴고 다니는 선술집과 응접실에서 멀리 떨어진 단치히에 살고 있었다. 그는 평의원들에게 편지를 써서 모든 과학자가 최고의 학문인 천문학에 자유롭게 기여할 수 있어야 하고, 그 결과들은 반드시 검증되어야 하며, 오로지 그 업적에 의해서만 판단되어야 하고, 뒷받침하는 증거가 없다는 이유로 동료의 연구를 비방하는 일은 옳지 않다고 호소했다. 그는 30년 넘게 육안 관측을 해 왔고, 그것이 튀코 브라헤에게 충분했던 것처럼 자신에게도 충분하지 못할 이유가 없다고 생각했다. 왕립 학회는 헤벨리우스의 확신을 지지하고 훅과 플램스티드에게 사례를 증명해 보이거나 아니면 비난을 중단하라고 공식적으로 요구했다. 그러나 두 사람은 어느 쪽도 이행하지 않으려 했으므로 당사자들은 교착 상태에 빠졌다.

헤벨리우스의 방법을 시험하는 데, 재치와 성실성과 관측에 대한 천재성을 (그리고 아버지의 재력까지) 겸비한 핼리보다 더 적격인 인물은 없었다. 핼리는 헤벨리우스에게 방문 초청장을 보내 달라는 요청서와 함께 자신의 남반구 별 목록의 사본을 동봉해 보냈다. 헤벨리우스는

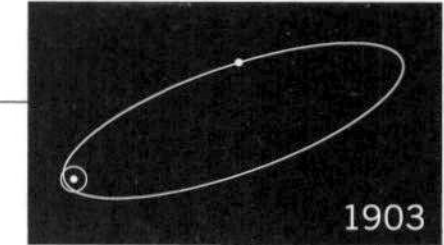

흔쾌히 동의했고 핼리는 1679년 5월에 단치히에 도착했다. 그리고 두 사람은 열흘 동안 함께 관측했다. 핼리는 곧 구식 육안 관측을 하는 헤벨리우스가 최신 기술 장비를 이용하는 플램스티드와 훅보다 시종일관 더 좋은 결과를 얻고 있다고 확신하게 되었다. 핼리는 즉각 플램스티드에게 편지를 써서 헤벨리우스의 관측에서 결점을 찾아내려는 자신의 성실하고 체계적인 노력을 설명했다. "진실로 저는 똑같은 거리가 한 치의 오차도 없이 수차례 되풀이되는 걸 보았습니다." 핼리는 그 결과를 몹시 궁금해했을 게 틀림없는 자신의 은사에게 이렇게 보고했다. "따라서 저는 감히 그분(헤벨리우스)의 정확성을 더 이상 의심하지 않습니다."

헤벨리우스의 정확성을 입증하는 핼리의 편지에도 불구하고 플램스티드와 훅은 좀처럼 사과하거나 누그러질 기세를 보이지 않았으며, 이 '육안 관측' 논쟁은 헤벨리우스가 사망하고 8년이 지난 후에도 사그라지지 않았다. 그러나 핼리의 행동은 진실을 위해 강력한 친구들의 불만까지도 감수하는 공평과 정직의 모델이 되었다.

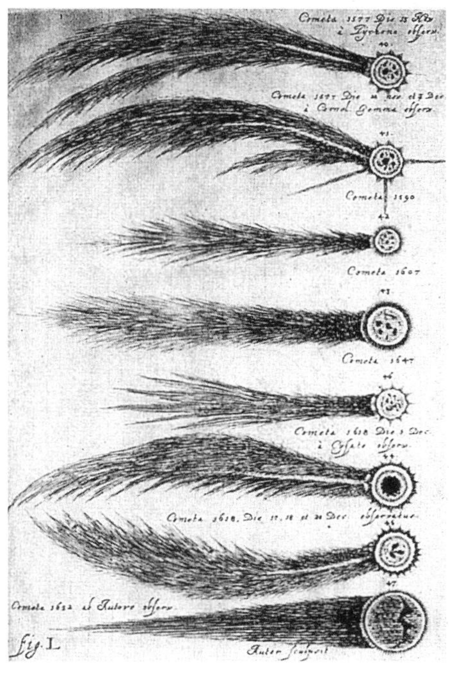

단치히의 요하네스 헤벨리우스는 혜성 관측자이기도 했다. 이 그림은 그의 저서 『혜성지』(1668년)에 실린 1577년과 1652년 사이에 관측된 혜성의 다양한 형태들이다. 중국의 혜성 도감(이 책 38쪽)과 비교해 보자.

유럽 하늘에 굉장한 혜성 하나가 나타난 1680년은 아직 과학이 자연을 이해하는 좋은 접근 방법으로 널리 받아들여지지 않은 시기였다. 에드워드 기번(Edward Gibbon)은 전환기 세계관의 더할 나위 없이 좋은 예로 "신의 분노의 증거는 (1680년 혜성의) 머리가 아닌 꼬리라는 걸 인정하지 않을 수 없었던" 어떤 천문학자를 언급한다. 심지어 그해의 대혜성을 발견한 독일의 천문학자 고트프리트 키르히(Gottfried Kirch) 조차도 혜성의 초자연적 성질을 확신했다.

> 나는 이교도와 기독교의 책, 종교적이고 세속적인 책, 루터 교회와 가톨릭 책 등 혜성에 관한 책들을 두루 많이 읽어 왔지만, 그것들은 모두 혜성을 신의 분노의 증거로 단언하고 있다.…… 그런 믿음에 반대하는 사람들이 다소 있기는 하지만 그들은 중요한 인물들이 아니다.

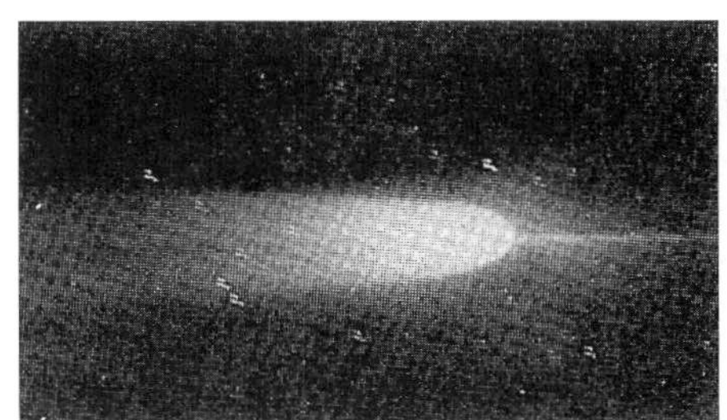

태양 쪽으로 뻗어 있는 긴 못의 형상으로 유명한 아랑-롤랑(Arend-Roland) 혜성(1957 III). 1590년의 혜성에 대한 헤벨리우스의 묘사와 비교해 보자(위 그림에서 두 번째 혜성). 1957년 4월 24일에 F. D. 밀러(F. D. Miller)가 미시간 대학교의 망원경으로 촬영. NASA 제공.

토성과 그 고리들 사이에 뚜렷이 보이는 카시니 간극, 그리고 토성의 몇몇 위성들을 합성한 사진. 토성의 위성들 중 넷은 17세기에 J. D. 카시니가 발견했다. 보이저 1호 사진. NASA 제공.

핼리 역시 1680년의 대혜성을 보았지만 그의 반응은 키르히와 달랐다. 도버와 칼레 사이의 어딘가에서, 영국 해협을 페리 호를 타고 건너던 핼리는 구름이 흩어질 때 무심코 하늘을 올려다보다가 밝게 빛나는 무언가를 발견했다. 핼리는 프랑스에 도착하자마자 급히 파리 천문대로 달려가 천문대장을 만났다.

토성의 네 위성뿐만 아니라 토성 고리의 커다란 틈새를 발견한 인물이기도 한 장도미니크 카시니(Jean-Dominique Cassini)는 『남반구의 별 목록(*Catalogus Stellarum Australium*)』의 젊은 저자를 융숭하게 맞았다. 카시니는 핼리를 환대하고, 친구와 동료들에게 소개시켜 주는가 하면, 천문대 장비와 도서관을 무한정 사용할 수 있도록 허락해 주었다. 무엇보다도 핼리에게 한 가지 중요한 아이디어를 제안했다. 핼리는 훅에게 쓴 1681년 5월자 편지에 이렇게 적었다.

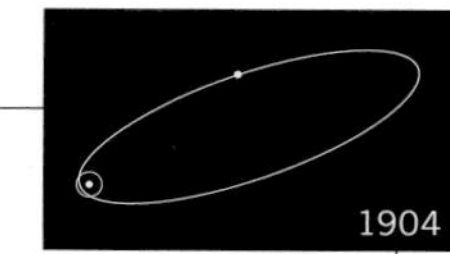

카시니 선생께서는 제가 도시를 떠나기 직전에 친절하게도 그 혜성에 관한 관측 기록을 주시며 3월 18일까지의 관측을 토대로 이 혜성의 움직임이 1577년 튀코가 관측한 혜성과 동일하다는, 다시 말해서 이 혜성이 지구 바깥쪽으로 커다란 궤도 운동을 한다는 가설을 제시하셨습니다.

핼리는 세 혜성의 출현에 관한 상세한 설명을 덧붙인다.

이것이 카시니 선생이 제시한 가설의 개요이며, 그분은 이 가설이 1665년 4월의 혜성과 똑같은 두 혜성의 운동을 충분히 설명할 거라고 말씀하십니다. 저는 귀하께서 그분의 이런 견해를 받아들이는 데 어려움이 있으리라는 걸 알지만 세 혜성이 하늘에 있는 동일한 경로를 그렇게 정확하게 그리고 동일한 속도로 따라간다는 것은 대단히 놀라운 일이 아닐 수 없습니다.

어느 누구도 혜성의 궤도를 결정한 적이 없었지만, 카시니는 세 혜성이 하늘의 똑같은 지역에서 유사한 속도로 이동했다는 사실을 깨닫고, 동일한 혜성이 긴 시간 간격을 두고 지구로 돌아온다는(과학 문헌에는 전례가 없고,[1] 오직 아프리카의 반투-카비론도 족의 민속 전통에만 명백히 남아 있는) 대담한 제안을 했다.

핼리는 계속해서 훅에게 보낸 편지에서, 하늘을 가로지르는 혜성의 겉보기 운동에 대한 카시니의 개요를 기초로 해서 1680년 혜성의 경로를 그리려고 시도했으나 실패했으며, 가까운 장래에 다시 도전해 보고 싶다는 의사를 밝혔다. 그리고 핼리는 마지막 문장에서 여담으로 보험 통계학의 기본 원리를 제시한다. 그는 파리와 런던에 대해 생년월일, 결혼, 사망, 그리고 인구 밀도 — 핼리가 직접 파리라는 도시를 보측하여 얻은 — 의 비교 통계를 요약한 뒤 이렇게 결론짓는다.

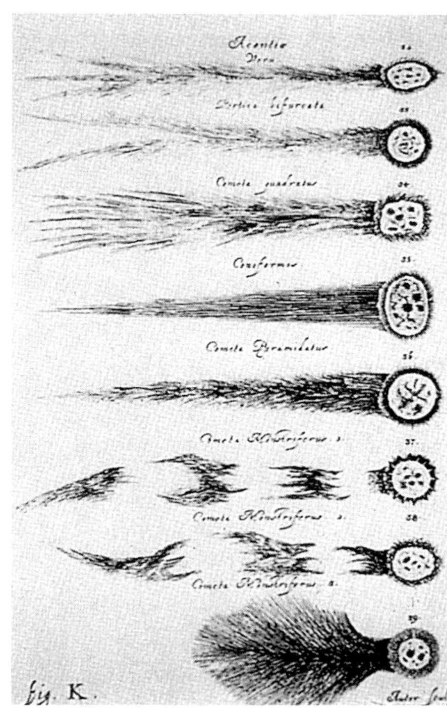

헤벨리우스의 또 다른 혜성들의 형태. 찢어진 꼬리를 가진 혜성들을 주목하자. 밑에서 세 번째는 한때 널리 퍼져 있던 혜성의 신비주의를 반영하는 이른바 '괴물을 수송하는' 혜성이다. D. K. 요먼스 소장.

피타고라스 학파라고 불리는 일부 이탈리아 인들은 이 혜성이 행성들 가운데 하나라고 말하지만, 이 천체는 커다란 시간 간격을 두고 나타나며 지평선 위로 아주 조금만 떠오를 뿐이다.

— 아리스토텔레스, 『기상학(*Meteorology*)』 1권 6장

비록 명확하지는 않지만, 이 말에는 이 혜성들의 주기적인 귀환도 함축되어 있는 듯하다.

1 그러나 이 아이디어에 대한 일부 암시는 (이런 생각을 단호히 거부한) 아리스토텔레스와 (우리가 앞서 보았듯이 혜성이 지구처럼 움직인다는 민도스의 아폴로니오스의 제안을 받아들인) 세네카의 저서에서도 찾을 수 있다.

> 인구 밀도가 항상 똑같다고 가정한다면, 인류의 절반이 미혼이므로 그 밀도를 유지하기 위해서는 각 기혼 부부가 대체로 네 명의 자녀를 가져야 할 것입니다.

핼리가 이 아이디어를 한층 발전시킨 건 10년이 지난 뒤였고, 그가 혜성 문제로 돌아온 것은 훨씬 더 오랜 세월이 흐른 뒤였다. 그는 6개월 동안 이탈리아로 휴가를 떠났고, 영국으로 다시 돌아온 뒤 핼리는 자신의 인생에서 첫 번째 위대한 발견을 하게 된다.

그녀의 이름은 메리 툭(Mary Tooke)이었다. 메리는 재무성 회계 감사원의 딸이었다. 당시의 한 기록에는 메리가 "상냥한 젊은 숙녀이며, 장점이 많은 사람"이라고 묘사되어 있다. 또 다른 찬사는 그녀를 "외모에서 풍기는 매력과 자질 모두가 호감을 주는 숙녀"라고 표현한다. 두 사람은 핼리가 코네티컷에서 돌아온 지 채 석 달도 되지 않아, 가출한 연인들이 찾는 곳으로 유명한 세인트 제임스 교회에서 결혼식을 올렸다. 집안에서 결혼 반대가 있었던 것 같지도 않고, 메리가 임신을 한 것도 아니었다. 두 사람이 세인트 제임스 교회를 선택한 것은 어쩌면 단 1시간도 허비하고 싶지 않았기 때문인지도 모른다. 두 사람의 결혼과 사랑은 55년 뒤 메리가 사망할 때까지 지속되었다. 남아 있는 몇몇 기록을 보면, 두 사람은 깊고 지속적인 행복을 누렸던 것으로 보인다. 1682년에 두 사람이 함께 보낸 첫 번째 여름이 끝나갈 무렵, 에드먼드는 1680년의 대혜성에 비하면 그다지 인상적이지 않은 또 하나의 혜성을 목격했다. 어쩌면 메리가 그 자리에 함께 있었는지도 모른다. 핼리는 자신이 본 것을 기록하기 위해 몇 가지 메모를 했다. 그가 먼 훗날 자신의 이름을 갖게 될 이 혜성을 바라본 건 그때가 처음이자 마지막이었다.

핼리의 어머니가 사망하고 몇 년 뒤, 핼리의 아버지 에드먼드는 재혼을 했으나, 결혼 생활은 불행했다. 핼리의 새 어머니는 낭비벽이 심하며, 남편과 의붓아들을 무시한다는 소문이 돌았다. 부자 간의 대조

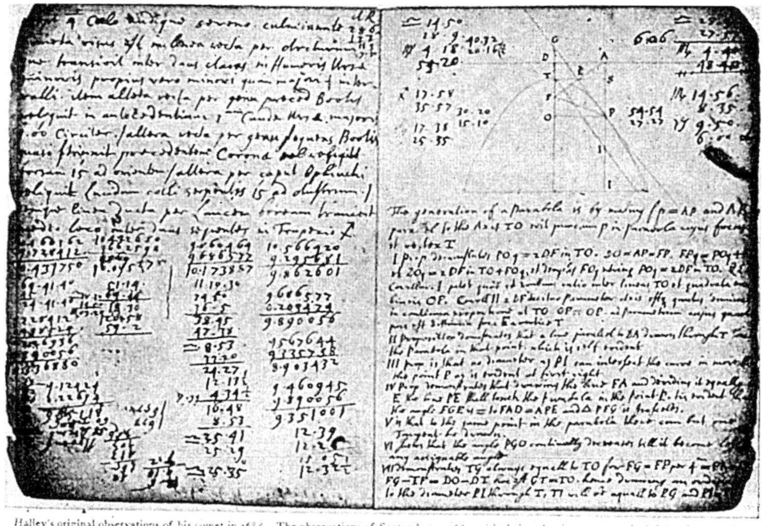

Halley's original observations of his comet in 1682. The observations of September 4, 1682, with their reductions, occupy the left-hand page; the right-hand page contains notes on the parabola

먼 훗날 자신의 이름을 갖게 될 혜성에 대한 핼리의 관측 기록. 왼쪽 페이지에는 1682년 9월 4일의 관측 기록이 있고, 오른쪽 페이지에는 그가 오랜 세월 뒤에 혜성의 궤도로 고려했던 몇몇 후보들 가운데 하나인 포물선에 관한 메모들이 담겨 있다. 여기에 혜성과 포물선을 나란히 놓은 것은 우연의 일치에 불과할 수도 있지만, 어쩌면 핼리는 어떤 예감 때문에 즉시 연구를 수행하지 않았는지도 모른다. 이 페이지들은 아서 스탠리 에딩턴의 논문 「핼리의 1682년 핼리 혜성 관측(Halley's observations on halley's comet, 1682)」(《네이처(*Nature*)》 83권, 1910년, 73쪽)에 게재되었다. ©1910 맥밀란 저널 리미티드(Macmillan Journals Limited).

적인 결혼 생활이 두 사람 모두에게 고통을 주었을 게 틀림없다. 1684년 3월 5일 아침, 핼리의 아버지가 신발이 너무 꽉 낀다고 불평하자, 조카가 신발 안감을 잘라 주었다. 그러자 신발이 좀 편해진 것 같다며, 핼리의 아버지는 아내에게 밤에 돌아오겠다고 하고는 외출했다. 당시의 신문 기사는 그다음에 일어난 일을 상세히 설명해 준다.

> 밤에 돌아오겠다던 남편이 늦게까지 돌아오지 않자 아내는 불안해지기 시작했다. 다음날 이리저리 수소문해 보았지만 며칠 뒤에도 아무런 소식이 없자, 아내는 결국 실종 광고를 냈다. 3월 5일 수요일부터 4월 14일까지 가능한 모든 노력과 수색에도 불구하고 그의 행방은 묘연하기만 했다. 그러나 월요일, 마침내 그가 로체스터 근처의 스트로우드 패리시에 있는 사원 농장의 강가에서 발견되었다. 강가를 걷던 한 가난한 소년이 신발과 양말만 신고 있을 뿐 완전히 발가벗은 채 죽어 있는 남자의 시체를 발견한 것이다. 소년은 몇몇 다른 사람들에게 그 사실을 알렸고, 《가제트(*Gazet*)》에서 실종 광고를 읽은 한 신사가 이를 알게 되었다. 신사는 즉시 런던으로 왔고, 핼리 부인에게 그 사실을 알려 주었다. 신사는 자신은 보상을 바라고 한 일이 아니라 더 고귀하고 훌륭한 도덕적 견지를 따른 것이므로 돈을

받을 생각은 추호도 없다고 했다. 그러나 남편을 발견한 가난한 소년에게는 보상금 전액이 지급되기를 바란다고 말했다.

핼리 부인은 남편의 시신 확인을 위해 핼리의 신발을 수선해 주었던 조카를 급히 보냈다. 얼굴이 완전히 부패되어 있었으므로 그것은 매우 섬뜩한 일이었을 게 틀림없다. 신문 기사는 이렇게 계속된다.

모든 조사 결과, 핼리 씨는 실종된 직후 강가에서 죽지는 않았다는 결론이 내려졌다. 만약 그랬다면 시신은 더 심하게 부패했을 것이다. 조카는 신발과 양말로 핼리 씨를 알아보았다. 신발은 조카가 안감을 잘라 냈던 바로 그 신발이었고, 한 쪽 다리에는 네 개의 양말이 신겨져 있었지만, 다른 쪽에는 세 개의 양말 위에 납포[2]가 감겨 있었다. 검시관은 검시 결과, 그가 살해되었다는 결론을 내렸다.

핼리 아버지의 죽음은 여전히 미스터리로 남아 있다. 여분의 양말을 면밀히 조사해서 이전 5주 동안의 행방을 추론할 수 있을 만한 셜록 홈스는 없었다. 이 사건이 발생한 지 250년이 흐른 뒤, 저명한 핼리 연구자인 유진 페어필드 맥파이크(Eugene Fairfield MacPike)는 "우리가 확보한 증거에 따르면 일시적인 정신착란을 일으킨 것처럼 보인다."라고 말하며 조심스럽게 자살론을 제기했다. 그럴지도 모른다. 그러나 이 증거는 어쨌든 재난이나 살인일 가능성도 배제하지 못한다.

또 한 가지 미스터리는 부친의 죽음에 대한 아들 핼리의 반응이다. 핼리는 기사에 전혀 언급되지 않은 것으로 보아, 시신 확인이나 검시관의 검시같이 부친을 찾는 수색 작업에서 아무런 역할을 하지 않은 것 같다. 핼리의 전 생애는 강력한, 아니 거의 강박적인 호기심에 사로잡혔다고 할 만한 연구 사례감이다. 그런데도 핼리가 자신의 지적

2 밀랍을 먹인 천으로 붕대로 쓰인다.

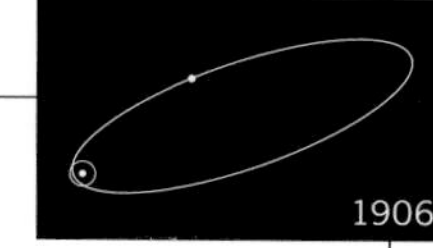

계발을 너무도 관대하게 장려하고 지원해 주었던 부친의 사망에 대해서 그 의문을 풀어 보려고 시도했다는 기록은 전혀 남아 있지 않다.

이 불행한 사건들의 꼴사나운 종결부에서 핼리의 두 번째 부인에게 남편의 시신 소식을 전해 주었던 '신사'는, "돈을 바랄 생각은 추호도 없다."라고 주장하면서도, 100파운드가 지불되지 않았다며 소송을 제기하는 촌극을 벌였다. 이 소송 사건이 제프리(Jeffrey) 판사의 귀에 들어갔다. 제프리 판사는 피고들을 너무나 괴롭히고 가혹하게 다루는 것으로 악명 높은 인물이었다. 이 특별한 소송 사건에서 제프리 판사는 핼리 부인에게 '신사'에게는 20파운드만 주고 나머지 80파운드는 시신을 발견했던 '가난한 소년'에게 지급하라고 명령했다. 10년 뒤 에드먼드는 낭비벽이 심한 의붓어머니를 법정에 세웠는데, 이는 아버지의 유산을 보호하려는 노력으로 설명된다.

부친이 실종될 즈음에 핼리는 행성의 운동을 더 깊이 이해하기 위해 애쓰고 있었다. 케플러는 행성이 태양 주위를 한 번 도는 데 걸리는 주기(행성의 1년)와 태양에서 행성까지의 거리가 정확히 비례한다고 지적해 왔다(72쪽 그림 참조). 태양에 가까운 수성의 1년은 88지구일밖에 되지 않는다. 태양에서 멀리 떨어진 토성의 1년은 거의 30지구년이다. 외행성계에 있는 행성의 주기가 1지구년보다 긴 것은 그 행성이 더 큰 궤도로 돌 뿐만 아니라 더 느리게 움직이기 때문이다. 왜 그럴까? 핼리를 비롯해 몇몇 다른 천문학자들은 행성들이 그렇게 움직이는 것이 두 힘의 균형 때문이라는 것을 알고 있었다. 한 힘은 태양 바깥쪽으로 작용하고 행성 자체의 속도 때문에 생긴다. 또 다른 힘은 태양 쪽으로 작용하고 이전에는 발견되지 않은 태양의 중력 때문에 생긴다. 거리가 멀수록 태양의 중력은 줄어들기 때문에, 멀리 떨어진 행성은 천천히 움직이면서도 중력과 균형을 이룰 수 있다. 관측된 행성의 운동을 설명하려면 태양에서부터 멀어짐에 따라 중력이 얼마나 빨리 감소해야 할까? 핼리와 동료들은 직관적으로 — 혹은 빛의 전파에서 잘못 유추

한 것을 가지고 — 중력이 역제곱 법칙을 따른다고 주장했다. 태양으로부터의 거리가 두 배 멀어지면 힘은 원래 크기의 4분의 1로 감소하며, 세 배 멀리 떨어지면 힘은 9분의 1로 줄어든다는 것이다. 중력 법칙은, 그것이 무엇이든 간에, 하늘을 지배하고 있었다. 이 문제는 우리가 자연을 이해하는 데 매우 중요했다.

헬리와 훅과 크리스토퍼 렌(Cristopher Wren) — 천문학자였으나, 대화재 이후 런던을 재건한 건축가로 돌아섰다. — 은 1684년 1월에 왕립 학회 회의를 마치고 카페에 앉아 이 역제곱 법칙을 입증하는 문제를 숙고했다. 훅은 자신이 이미 알아냈다고 호언장담했지만, 증거를 제시하지 않으려 했다. 두 달 안에 증거를 제시할 수 있는 사람에게는 40실링이 넘지 않는 책을 상으로 주겠노라고 제안했던 것으로 보아, 렌은 미심쩍게 여겼던 게 분명하다. 또 훅은 계속해서 해답을 찾았다

행성이나 혜성이 태양 주위를 완전히 한 바퀴 도는 데 걸리는 시간은 — 대각선으로 묘사된 특정 자연 법칙에 따라 — 태양에서 멀리 떨어져 있을수록 증가한다. 궤도 주기는 지구년으로 주어져 있고, 태양으로부터의 거리는 천문단위(AU)로 주어져 있다. 그래프의 왼쪽 아래에서 우리는 태양에서 1AU 떨어져 있는 천체가 태양 주위를 공전하는 데 1년이 걸린다는 걸 알 수 있는데, 지구가 여기에 해당한다. 태양에서 100AU 거리에 있는 혜성은 궤도를 한 번 도는 데 1,000년이 걸릴 것이며, 점들로 묘사된 외부 오르트 구름의 혜성(11장 참조)은 태양을 한 번 공전하는 데 수백만 년이 걸릴 것이다. 뉴턴과 핼리의 연구에서 핵심이 되는 이 관계는 요하네스 케플러가 발견했으며, 오늘날 케플러의 제3법칙이라고 불린다. 존 롬버그/BPS 도해.

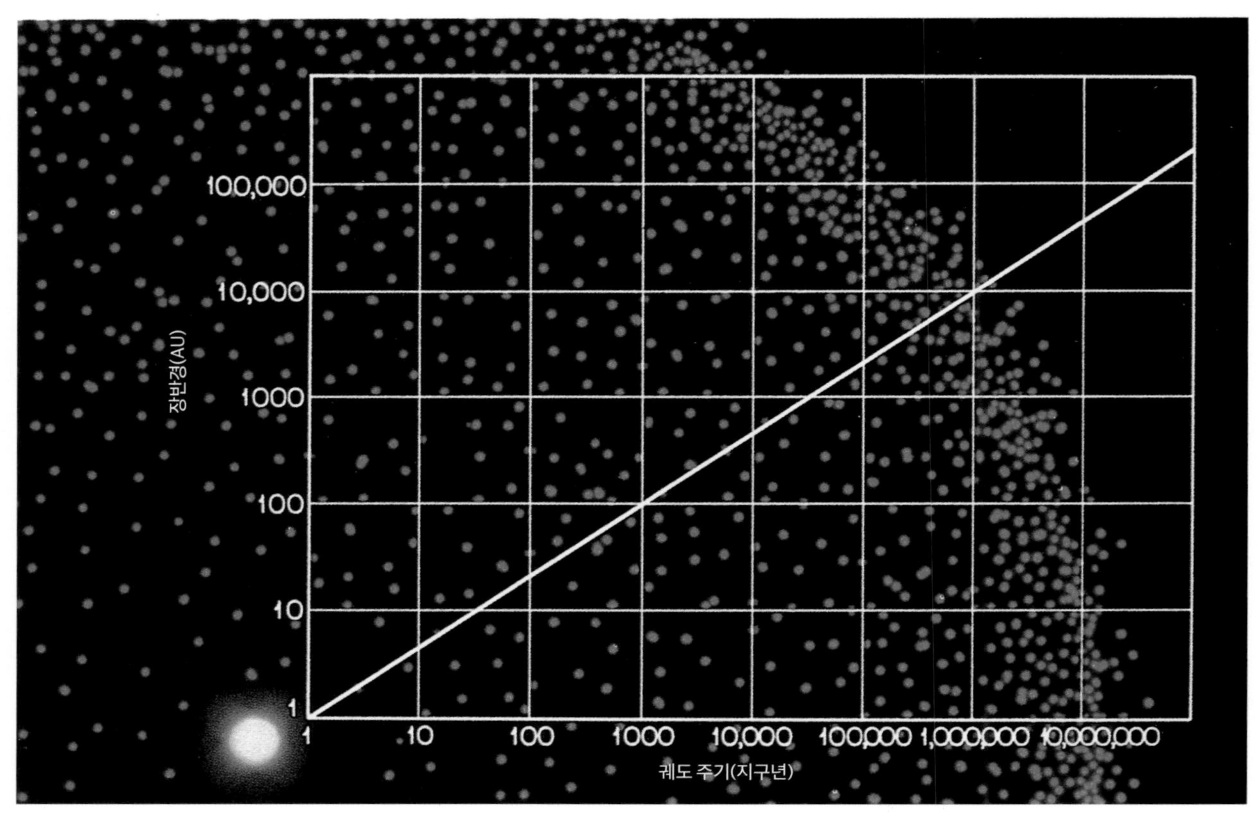

고 주장하면서도, 그 연구의 어려움과 중요성을 판단할 수 있도록 결과를 보여 주는 일은 계속 미루었다. 따라서 렌은 이 두 사람에게 40실링을 잃을 위험이 없었다.

몇 달이 지나도 답이 없자 핼리는 케임브리지의 트리니티 칼리지를 방문하기로 결심했다. 그곳에는 이 문제를 해결할 수 있을 것 같은 어떤 사람이 있었다. 이 학자는 자연의 빛과 색에 관한 훌륭한 논문을 발표하여 천재로 여겨졌던 인물이다. 그러나 그것은 오래전 일이었으며, 한동안 연금술 비법 연구와 삼위일체의 전통적 교리를 확립하는 데 크게 기여한 초기 기독교 교회 신학자인 아타나시우스(Athanasius)를 신랄하게 공격하는 데 천재성을 낭비했다. 그는 아타나시우스가 계획적인 왜곡과 역사적 사기 행위를 저질렀다고 믿었다. 이 학자는 어느 누구와도, 특히 여성들과 정상적인 관계를 유지할 수 없었으며 편집증과 우울증 증세까지 보였다. 더욱이 그는 무엇 하나 완성할 수 없는 깊은 무기력증에 빠져 있었다. 그럼에도 그는 훌륭한 수학자로 알려져 있었다. 케임브리지는 런던에 있는 핼리의 집에서 그리 멀지 않았다. 따라서 1684년 8월 어느 날 아침, 핼리는 아이작 뉴턴(Isaac Newton)이라는 이 학자를 방문하기 위해 길을 나섰다.

핼리와 뉴턴의 만남은 핼리와 뉴턴의 입장에서, 또 과학적 측면에서, 그리고 수없이 많은 면에서 세계의 운명에 커다란 분수령이 되었

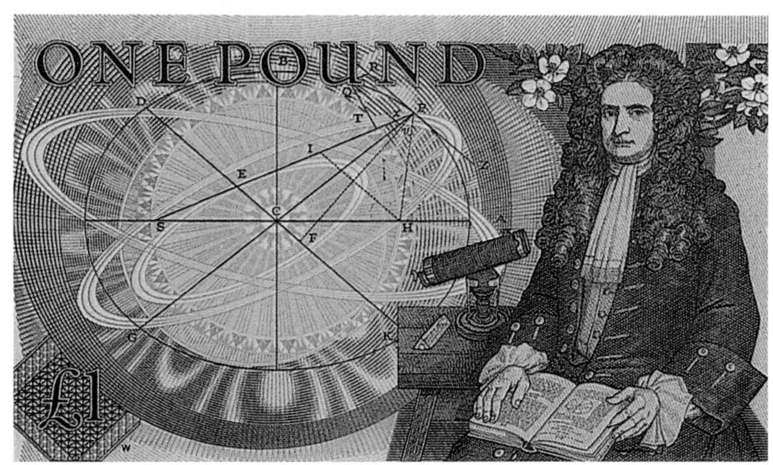

1파운드 지폐에 인쇄된 영국의 위대한 과학자 아이작 뉴턴

다. 수학자 아브라함 드무아브르(Abraham de Moivre)는 몇 년 뒤 이 중대한 만남에 대해 뉴턴에 초점을 맞춰 이렇게 적었다.

> 박사(핼리)는 태양 쪽으로 향하는 인력이 행성들이 태양에서 떨어져 있는 거리의 제곱에 역비례한다고 가정할 때 행성이 그리는 곡선이 무엇이 될지 물었다. 경(뉴턴)은 즉시 타원이라고 대답했다. 박사는 기뻐하기도 하고 놀라기도 하면서 그걸 어떻게 알았는지 물었다. 아이작 경이 계산을 했다고 대답하자 핼리 박사는 지체 없이 계산 결과를 보여 달라고 요청했다. 아이작 경이 서류들을 뒤적여 보았지만 찾지 못했다. 그러나 그는 다시 계산을 해서 보내 주겠노라고 약속했다.

이런 약속은 대개 의례적인 것으로 빈말인 경우가 많다. 그러나 뉴턴은 혹이 얼버무리고 넘어갔던 부분에서 결과를 내놓았다. 11월에 뉴턴의 「천체들의 궤도 운동에 관하여(De motu corporum in gyrum)」 사본 하나가 핼리의 손에 들어왔다. 9쪽밖에 안 되는 이 논문은 역제곱 법칙에 관한 것으로 역학이라는 새로운 과학의 씨앗뿐만 아니라, 케플러의 세 법칙 모두를 설명하는 증거를 포함하고 있었다. 핼리는 뉴턴이 이룬 업적을 바로 알아보았다. 핼리는 급히 케임브리지로 달려갔고, 뉴턴으로부터 그의 아이디어를 한 권의 책으로 발전시키는 작업에 신속히 착수하겠다는 약속을 받아 냈다.

핼리의 첫 방문으로 뉴턴은 일종의 몽환 상태에서 깨어나게 되었다. 이제 뉴턴은 불면증인가 싶을 정도로 완전히 깬 채 먹지도 않고 오직 이 새로운 과제에만 몰두했다. 그리고 다음 1년 반 동안은 집안에 틀어박혀 중력과 행성의 운동 문제에 편집광적으로 전념했다.

한편, 핼리는 다시 런던으로 돌아와 자신의 지위를 낮추는 일에 열심이었다. 왕립 학회는 설립 초기인 1660년대 초반에는 과학적 주제에 관심 있는 사람들을 위한 소규모 비공식 모임이었다. 그러나 1685년에 이르러 과학 혁명이 일어나면서 회원들의 자원봉사만으로는 감당할

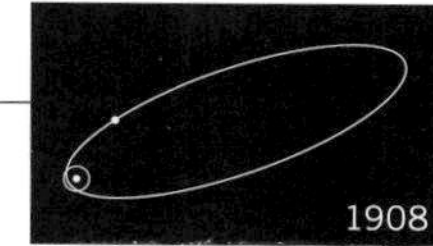

수 없는 규모가 되었다. 증가하는 서신을 처리하고, 회의의 세부적인 사항들을 조정하며,《철학 회보》를 편집할 만한 전담 유급 비서가 절실했다. 핼리는 이 자리가 과학계에서 벌어지고 있는 모든 일을 알 수 있는 더할 나위 없이 좋은 기회라고 판단했다. 핼리는 1686년 초에 두 번째 투표에서 이 비서직에 선출되었다. 그러나 그가 왕립 학회로부터 봉급을 받는다는 것은 가발을 쓰는 높은 영예인 평의원직을 포기하고 테이블의 더 낮은 쪽에 앉는다는 것을 의미했다.

곧 핼리는 만족할 줄 모르는 호기심을 지질학, 지리학, 생물학, 의학, 식물학, 기상학, 수학, 천문학으로 돌렸다. 그는 왕립 학회를 하나의 모임에서 과학적 아이디어들이 모이는 세계적인 정보기관으로 부상시키는 데 중대한 역할을 하는 동시에, 자신만의 독창적인 논문들을 많이 펴냈다.

뉴턴의 걸작 완성이 임박하자 핼리는 두 사람이 그 책을 출간한다는 건의서를 들고 왕립 학회에 교섭을 시작했다. 그 책이 중요하다는 데 모두가 만장일치로 동의했으므로 일반적인 상황에서라면 학회는 출간 비용을 다 지원할 정도로 기뻐했을 것이다. 그러나 학회는 그동안 예상 독자층을 찾지 못해서 오랫동안 기다려 온『어류의 역사(*History of Fish*)』라는 책에 이미 출판 기금 전부를 쏟아 부은 뒤였다. 핼리는 자신의 호주머니를 털어 뉴턴의 논문을 출간하기로 결심했다. 그렇다, 그의 봉급도 왕립 학회 입장에서는 문제가 되었다. "정말 미안하지만, 당신의 가발을 희생하면서 얻게 된 봉급을『어류의 역사』떨이 책으로 받아 가면 안 될까요?" 핼리는 기꺼이 책 75권을 받아서 집으로 끌고 갔다. 이 무렵에는 의붓어머니가 아버지의 유산을 가로챈 상태여서 핼리는 더 이상 부자가 아니었지만 그는 급여 형태를 문제 삼지 않기로 했다.

출간을 앞두고 있는 뉴턴의 논문을 둘러싼 기대는 로버트 훅을 견딜 수 없게 했다. 훅은 역제곱 법칙이 자신의 아이디어라는 주장을 또 되풀이했다. 훅은 자신이 중력 법칙을 먼저 발견했다는 사실이 뉴턴의 책 서문에 실리기를 강력히 원했다. 핼리는 이미 그 책의 대리인, 편집자, 발행인, 교정자로서의 책임들을 맡고 있었지만 이제 저자의 심리 상담 치료사라는 또 다른 역할까지 맡아야 했다. 핼리는 뉴턴이 혹시라도 생각 없는 사람들의 말을 통해 훅의 고소에 대한 소문을 들을까 봐 노심초사하면서 그에게 편지를 썼다. 그 편지는 감탄과 감사의 표현들로 시작했지만 결국 요점으로 들어갔을 때는 핼리의 염려를 담고 있었다.

> 귀하께 꼭 알려 드려야 할 사실이 한 가지 더 있습니다. 다름이 아니라 훅 선생이 중력이 중심으로부터의 거리의 제곱에 역비례한다는 y^e법칙의 발명에 대한 권리를 주장하고 있습니다. 훅 선생은 귀하께서 자신의 생각을 표절했다고 말합니다.

뉴턴은 즉각적인 반응을 보이지는 않았지만, 생각할수록 분노가 치밀었다. 훅과의 불쾌한 논쟁에 휘말리느니 차라리 그 연구의 세 번째 책 출간을 그만두고 싶을 정도였다. 그러나 3권은 대단히 중요했다. 리처드 S. 웨스트폴(Richard S. Westfall)은 자신이 쓴 뉴턴의 일대기 3권에서 이렇게 쓰고 있다.

> 한 마디로 그 책은 (중력적) 인력의 원리를 바탕으로 한 정량적 과학이라는 새로운 이상을 보여 주었다. 그 원리는 자연의 모든 현상뿐만 아니라 이상적인 패턴에서 벗어난 미미한 편차까지도 설명해 줄 것이었다. 여태껏 이어지던 자연 철학의 기초 지식을 거스르는 이것은 만유인력의 아이디어 못지않게 혁명적인 개념이었다.[3]

3권은 또한 혜성에 관한 뉴턴의 중요한 연구도 포함하고 있었다.

3 리처드 S. 웨스트폴, 『아이작 뉴턴(*Never at Rest*)』, 케임브리지 대학교 출판부, 1980년.

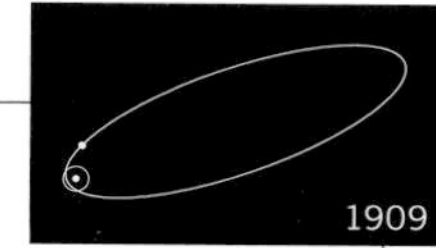

그는 그동안 런던, 아비뇽, 로마, 보스턴, 자메이카 섬, 파도바, 뉘른베르크, 메릴랜드의 패튜젠트 강기슭을 포함하는 광범위한 지역에서 1680년 혜성의 관측 자료들을 수집해 왔다. (그 당시에도 세계적인 협력은 혜성을 이해하는 데 대단히 중요했다.) 그는 그 자료들이 모두 거의 포물선에 가까울 정도로 이심률이 큰 궤도를 가리킨다는 걸 입증했다(60쪽 그림 참조). 뉴턴은 혜성의 역사를 고찰함으로써, 혜성이 태양 반대편보다 태양 근처의 하늘에서 훨씬 더 자주 관측된다는 것에 주목했고, 1680년의 혜성뿐만 아니라 혜성들이 일반적으로 태양 주위의 궤도상에 있으며, 태양에 가장 가까워졌을 때 밝아진다는 사실을 깨달았다. 튀코는 혜성이 행성들 사이에서 움직인다는 사실을 입증했다. 이제 뉴턴은 핼리의 촉구로 혜성이 행성과 같은 종류의 궤도(원뿔 곡선, 60쪽 그림 참조)를 갖는다는 사실을 입증했다.

"혜성은 태양 빛을 반사해서 반짝인다." 뉴턴은 이렇게 썼다. "꼬리는 …… 혜성으로부터 피어올라 (우주 공간으로) 흩어지는 연기에 의해 반사된 태양 빛이나 그 자신의 머리의 빛 때문에 생기는 게 틀림없다.…… 혜성의 몸통은 분명 그 대기 밑에 감춰져 있을 것이다."

핼리로서는 뉴턴이 혹시라도 훅의 허영심과 자만심에 자칫 흥분해서 이 중요한 업적들이 세계에서 사라져 버리는 일을 상상도 할 수 없었다. 핼리는 훅의 주장을 진지하게 받아들이는 사람은 아무도 없다고 뉴턴을 안심시키며 지난 1684년에 있었던 렌의 내기 사건을 들려주었다. 또한 3권이 없다면 그 연구가 오직 수학자들에게만 이해될 것이며 훅의 요구들은 다른 사람들의 말을 거치면서 과장된 것이라고 주장했다. 결국 뉴턴은 누그러졌고 전체 연구의 출간을 허락했다.

바로 이렇게 해서 근대 과학의 중요 고전이자, 별과 행성과 혜성을 비롯해 훨씬 더 많은 것들을 이해할 수 있는 기반이 된 『프린키피아(*Principia*)』(『자연 철학의 수학적 원리(*Philosophiae Naturalis Principia Mathematica*)』)가 탄생했다. 알려진 대로 1687년 7월에 인쇄된 『프린키피아』의 초판 서문에는 핼리가 뉴턴에게 헌정한 경건한 찬사의 시 한

그러나 그(핼리)에게는 그 연구가 언제 써지든 언제 출간되든 대수롭지 않았을 것이다.

— 오거스터스 드 모르간(Augustus De Morgan), 뉴턴의 『프린키피아』에 대한 핼리의 공헌에 대하여

편이 실려 있다. 그 시의 마지막 행들은 다음과 같다.

> 뉴턴을 찬양하는 데 그대의 달콤한 목소리를 빌려주오.
>
> 모든 신비로운 미로를 헤매며 진리를 찾아낸 이,
>
> 뉴턴, 모든 좋은 영감을 받아
>
> 활활 타오르는 태양의 모든 빛으로,
>
> 뉴턴, 정복할 수 없는 전선인
>
> 인간과 신 사이의 멋진 장벽에 도달했네.

그러나 후세의 판단은 핼리와는 전혀 다르다. 이 책의 부차적인 산물들 가운데에는 대륙 간 탄도 미사일의 기본적인 아이디어뿐만 아니라 미적분학의 발명과 행성 간 우주 비행 이론까지 포함되어 있다.

더할 나위 없는 조력으로 뉴턴의 『프린키피아』를 탄생시킨 지 1년 뒤, 핼리는 메리와 함께 두 딸 캐서린(Katherine)과 마거릿(Margaret)의 부모가 되었다. 이즈음 핼리는 성서에서 이야기하는 '노아의 홍수'에 관한 훅의 주장에 자극받았는데, 훅에 따르면 성서의 홍수는 지구의 자전축이 변화하여 근동 지역이 바다의 적도 지역 밑으로 밀려 들어갔기 때문에 발생했다. 핼리는 뉘른베르크라는 도시의 아주 작은 위도 변화에 대해 수백 년에 걸쳐 이루어진 관측 자료들을 잘 알고 있었고, 위도의 아주 작은 변화도 빙하 작용처럼 느리게 일어나므로 천지 창조와 노아의 홍수 사이의 시간은 성서의 해석과는 달리 창세기에서 허락되는 기간보다 훨씬 더 길었을 게 틀림없다고 추론했다. 그러나 노아의 홍수에 대한 구약 성서와 고대 바빌로니아의 기록 모두에서, 사건들은 순식간에 진행되고 회복은 1년도 채 걸리지 않는다. 따라서 핼리는 고대 근동 지역의 급속한 범람이 어떻게 일어날 수 있었는지 상상해 보려고 애썼다. 그는 만약 혜성이 지구에 너무 가까이 접근했다면 중력으로 인해 조석력이 커져 바닷물(혹은 그저 페르시아 만)이 성서에 기술된 사건들을 설명할 정도로 충분히 넓은 육지에 밀려들었을 것이

A DISCOURSE tending to prove at what Time *and* Place, Julius Ceſar *made his firſt Deſcent upon* Britain: *Read before the* Royal Society *by* E HALLEY.

THough *Chronological* and *Hiſtorical* Matters, may not ſeem ſo properly the Subject of theſe Tracts, yet there having, in one of the late Meetings of the *Royal Society*, been ſome Diſcourſe about the Place where *Julius Ceſar* Landed in *Britain*, and it having been required of me to ſhew the Reaſons why I concluded it to have been in the *Downs*; in doing thereof, I have had the good fortune ſo far to pleaſe thoſe worthy Patrons of Learning I have the honour to ſerve, that they thought fit to command it to be inſerted in the *Philoſophical Tranſactions*, as an inſtance of the great Uſe of *Aſtronomical Computation* for fixing and aſcertaining the Times of memorable Actions, when omitted or not duly delivered by the Hiſtorian.

The Authors that mention this Expedition with any Circumſtances, are *Ceſar* in his *Commentaries lib.* 4, and *Dion Caſſius* in *lib.* 39; *Livies* account being loſt, in whoſe 105*th.* Book, might poſſibly have been found the ſtory more at Large. It is certain that this Expedition of *Ceſars*, was in the Year of the *Conſulate* of *Pompey*, and *Craſſus*, which was in the Year of Rome 699. or the 55th before the uſual Era of Chriſt: and as to the time of the year, *Ceſar* ſays that *Exiguâ parte æſtatis reliquâ*, he came over only with two Legions, *viz.* the 7*th.* and 10*th*, and all Foot, in about 80 Sail of Mer-

G chant

III. *Some Account of the Ancient State of the City of* Palmyra, *with ſhort Remarks upon the Inſcriptions found there. By* E. Halley.

THE City of *Tadmor*, whoſe Remains in Ruines do with ſo much evidence demonſtrate the once happy Condition thereof, ſeems very well to be proved to be the ſame City which *Solomon* the Great King of *Iſrael* is ſaid to have founded under that Name in the *Deſart*, both in 1 *King.* 9. 18. and 2 *Chron.* 8. 16. in the Tranſlation of which, the *Vulgar Latin Verſion*, ſaid to be that of St. *Jerom*, has it, *Condidit Palmyram in Deſerto.* And *Joſephus* (in *lib.* 8. *Antiq. Jud.* wherein he treats of *Solomon* and his Acts) tells us, that he built a City in the Deſart, and called it *Thadamora*; and the *Syrians* at this day (ſays he) call it by the ſame Name: but the *Greeks* name it *Palmyra.* The Name is therefore Greek, and conſequently has no relation to the Latin *Palma*, and ſeems rather derived from Παλμυρὶς or Πάλμυς,

핼리의 관심은 역사학과 고고학으로도 확장되었다. 이 논문은 각각 《철학 회보》에 실린 율리우스 카이사르의 브리튼 정복과 팔미라라는 고대 극동 도시에 관한 것이다. 런던 왕립학회 제공.

라고 주장했다. 핼리는 또한 혜성이 때로 지구와 충돌해서 훨씬 더 끔찍한 결과들을 낳았을지도 모른다고 생각했다. 앞으로 알게 되겠지만 그는 혜성이 만약 지구 옆으로 아주 가까이 지나간다면 어떤 일이 벌어질지에 대해 의문을 가진 최초의 과학자였던 것 같다. 그런 질문은 오늘날 여러 과학 분야에서 중요하게 다뤄지고 있다.

핼리의 관심들은 그 어느 때보다도 넓어졌다. 그는 처음으로 일기도를 고안해 오늘날 텔레비전 기상 예보에서 볼 수 있는 탁월풍 표기 기호들을 만들었으며, 원자의 크기를 측정하려고 시도했다. 그는 자기, 열, 식물, 조가비, 시계, 캐비아, 빛, 로마의 역사, 공기 역학, 오징어의 습성에 대해 중요한 관측들을 했고 한겨울에 팔리는 넙치를 계속 살아 있게 만드는 방법을 고안해 냈다. (마지막의 두 가지 노력은 어쩌면 엉겁결에 사게 된 『어류의 역사』를 읽고 고무되었는지도 모른다.) 핼리는 자신이 아편을 사용했다는 사실도 고백했다. 그는 왕립 학회의 한 회의에서 마약에 대한 개인적 경험을 강연했지만, 아편이나 다른 마약으로 인해 이른바 무기력증과 허무감에 빠지는 등의 증후군은 거의 겪지 않았던 것처럼 보인다. 또한 그는 최초로 실용적인 잠수종(diving bell) 중 하나를 발명해 이를 발전시켜 시험까지 했다. 그의 기록에 따르면 "이 방법으로 세 사람이 전혀 불편함 없이, 지상에 있었을 때만큼이나 자유롭게 행동하면서 물속에 1시간 45분 동안 머물렀다." 그 잠수종은 너무 잘 작동해 핼리가 부업으로 차린 인양 회사가 주식을 상장해서 일반 대중에게 팔 정도로 번창했다.

바로 그해에 핼리는 드문 일이지만 금성이 태양의 원반을 가로질러 통과하는 시간을 측정함으로써 태양에서 지구까지의 거리를 구하는 방법에 관한 논문을 출간했다. 그리고 훨씬 뒤인 1716년에는 또 하나의 논문을 출간하면서, 금성의 다음 통과 기간 동안 국제적 공동 탐험대를 조직할 것을 천문학계에 간청했다. HMS 인데버호(HMS endeavor)를 타고 떠난 제임스 쿡(James Cook) 선장의 첫 번째 탐험은 특히 1769년 6월 3일에 타히티에서 금성의 통과 경로를 측정해 보자

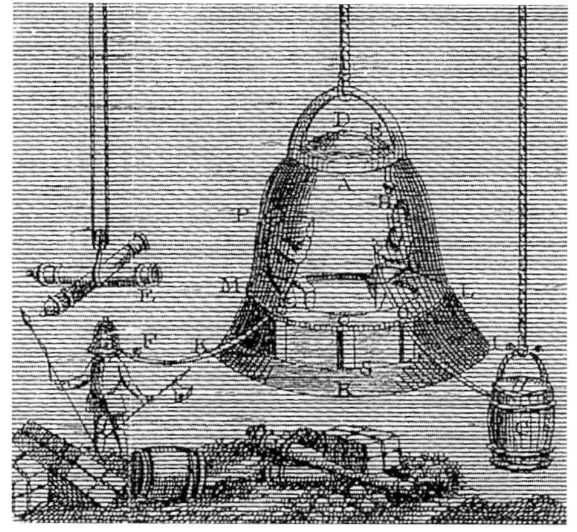

두 명의 잠수 기술자가 타고 있는 에드먼드 핼리의 잠수종. 위에 있는 배에서 신선한 공기가 담긴 통이 아래로 보내진다. 해저 탐험가는 호흡관에 의해 이 잠수종에 밧줄로 묶여 있다. 이 기술은 성공적으로 시험되었으며, 초창기의 유인 우주비행과 유사한 점을 갖고 있다. W. 후퍼(W. Hooper)의 『합리적인 재창조(*Rational Recreations*)』(런던, 1782년)에서. 앤 로넌 그림 도서관.

는 핼리의 간청으로 이루어진 것이었다. 이것 하나만으로도 (그리고 다른 면에서도) 핼리는 지구의 탐험 역사에 많은 기여를 했다. 또한 1761년과 1769년의 통과 관측 결과를 토대로 한 핼리의 계산법을 이용해, 지구와 태양 사이의 거리인 1AU가 약 9300만 마일(1억 5000만 킬로미터)이라는 사실이 밝혀졌는데, 이는 오늘날 알려져 있는 사실과 거의 같다. 핼리가 우리에게 태양계의 규모를 알려 준 것이다.

1691년에 핼리는 옥스퍼드 대학교 천문학과의 새빌리언 석좌 교수직 후보에 올랐다. 비준은 지금과 마찬가지로 성공회의 최고 자리에 있는 영국 군주의 승인을 필요로 했다. 그러나 핼리는 "세계의 불멸을 단언했다."라는 이유로 비난을 받았다. (이러한 기준으로 본다면, 많은 과학자들과 모든 힌두교도들은 오늘날 새빌리언 교수직의 자격이 없다.) 핼리의 죄는 성서의 대홍수의 원인을 고찰했던 것이었다. 오늘날이라면 종교 문제에 대한 핼리의 해석이 천문학을 가르치는 자격과 하등 관련이 없다고 여겼을 것이다. 더욱이 성공회 당국자들이 핼리의 탓으로 돌렸던 견해들은 그의 진정한 견해를 왜곡한 것이었다. 핼리는 지구가 형성되었다는 사실이나 심지어 창조되었다는 사실을 전혀 의심치 않았으며, 그의 연구 활동들은 성서의 시간 규모 혹은 적어도 노아의 대홍수 기간이 진실이라고 상정했다.

여전히 왕립 천문학자로 국왕의 천문학 최고 고문을 맡고 있었던 플램스티드는 이 사건에서 파렴치한 역할을 했던 것으로 보인다. 그는 핼리가 바다의 조수에 대해 자신과 다른 의견을 가지고 있다는 사실에 너무나 분개한 나머지(어쩌면 헤벨리우스의 논쟁에 대해서도 여전히 분개하고 있었는지 모른다.), 하룻밤 사이에 친구를 적으로 돌렸다. 플램스티드는 젊은이들이 핼리의 '추잡함' 때문에 타락하게 될 것이라고 주장했다. 점잖기로 소문난 뉴턴조차도 이러한 비난에는 진지하게 대응할 수가 없었다. 그는 플램스티드에게 핼리와의 의견 차이를 조정할 것을 촉구했지만 이 왕립 천문학자는 좀처럼 들으려 하지 않았다. 이제 핼리가 추잡할 뿐만 아니라 아이디어를 훔친 표절자라는 비난들까지 쏟

혜성이 지상의 증기나 공중의 유성에 지나지 않다는 아리스토텔레스의 견해가 그리스 인들 사이에 너무나 널리 퍼져 있어서, 천문학에서 가장 빼어난 이 부분이 완전히 무시되고 있었다. 어느 누구도 직접 관측을 해서 에테르 속을 떠다니는 증기의 불확실한 방랑길을 설명하는 것이 가치 있는 일이라고 생각하지 않았기 때문이다.

— 에드먼드 핼리, 《런던 왕립 학회 회보(*Transactions of the Royal Society of London*)》 24호, 1706년, 882쪽

아졌다. 핼리는 시종 분노를 자제했다. 그는 답변할 때도 절대로 격한 단어를 쓰지 않았으며, 자신의 연구에 있어서 정직성이 공격을 받을 때도 답변을 그 논의의 과학적 가치로 한정했다.

플램스티드와 성공회의 반대 운동은 성공을 거두었고, 핼리는 결국 새빌리언 교수직에 임명되지 못했다. 핼리는 자신이 주장하는 이단적 믿음들에 대한 질문이 계속되는 동안 비위를 맞추는 비굴한 행동

헤벨리우스의 『혜성지』 표지. 17세기의 세 학자가 각기 들고 있는 도면으로 혜성의 운동에 대한 여러 가설들을 비교하며 장점들을 토론하고 있다. 학자들이 논쟁을 벌이는 동안 하늘에 진짜 혜성 하나가 나타난다. 학자들은 알아채지 못한 것 같지만, 관측소 지붕에 있는 그들의 조수들이 혜성을 쫓고 있다. 국회 도서관의 루스 S. 프라이태그 제공.

은 조금도 하지 않았다. 질의자인 벤틀리(Bentley) 목사는 상당히 격분했던 모양이다. 그는 40년 뒤 핼리를 공격하는 열변으로 널리 알려져 있는 「정신 분석가, 혹은 이단적 수학자에게 보내는 강연(The analyst, or a discourse addressed to an infidel mathematician)」이라는 소논문을 출간했다.

벤틀리 목사의 비난에도 불구하고, 핼리는 그 경험으로부터 유쾌하게 벗어났으며 그의 과학적 신념 또한 전혀 손상되지 않았던 것으로 보인다. 그는 계속해서 지구의 나이를 조사했으며, 이번에는 해수의 염도를 바다가 형성된 시간에 시작되었던 일종의 시계로 이용했다. 그는 해수를 정기적으로 측정한다면 시간이 지나면서 염도가 점점 높아질 것이라고 생각했다. 강물은 핼리가 대강 계산한 속도로 소금을 바다로 실어 간다. 따라서 해수가 담수였던 시간을 거꾸로 추정한 핼리는 세계가 성서에 기록된 것보다 훨씬 더 오래되었다는 사실 ― 6,000년이 아니라 적어도 1억 년 정도 ― 을 발견했다. 그러나 해수가 오랫동안 소금으로 포화되어 있었기 때문에, 핼리의 방법으로 지구의 정확한 나이를 구할 수는 없었다. 그렇기는 해도 당시로서는 이것이 지구가 최소한 언제 생성되었는지 알아보기에 가장 좋은 방법이었다. 더욱이 이것은 현대의 광범위한 암석 연대 측정 기술들에 앞선 훌륭한 발견으로(16장 참조), 다음 세대의 지질학자와 생물학자들은 지구와 생물이 인간의 상상보다 오래되었다는 증거를 발견했을 때 흥분을 감추지 못했다. 오늘날 지구를 비롯해 태양계 구성원들의 나이는 독립적인 다양한 증거들을 보건대 45억 년이 조금 넘는 것으로 밝혀졌다.

핼리는 39살이 되었을 때 그의 주요 업적으로 기억되는 연구를 시작했다. 뉴턴은 혜성이 행성처럼 원뿔 곡선(60쪽 그림 참조) 모양의 궤도로 움직인다는 사실을 입증했지만, **어떤** 원뿔 곡선인지가 논란이 되었다. 뉴턴 자신은 혜성이 열린 포물선 궤도를 따라 움직인다는 견해를 갖고 있었다. 아니 적어도 그는 계산할 때 포물선을 타원의 근사치로 사용했다. 그러나 카시니는 원을 선호했다. 그리고 핼리의 첫 논문에 기분 상할 뻔했던 솔즈베리의 주교는 타원 쪽으로 기울었다. 게다가 쌍곡선을 주장하는 사람들도 있었다. 그러나 작은 망원경을 가진 지상의 관측자들은 혜성이 태양에 가까이 왔을 때에만 볼 수 있었으므로 누가 옳은지 알기가 어려웠다. 그 여정에서 가장 짧고 가장 빨리 지나가는 동안 혜성의 경로가 그리는 작은 호는 비록 원이 옳다고 입증하기가 좀 더 어렵기는 해도 거의 어떤 원뿔 곡선(60쪽 그림 참조)으로도 설명될 수 있었다.

핼리는 엄청난 탐정 실력을 발휘해 혜성이 보이지 않는 시간 동안 그 행방을 재구성하는 식으로 이 문제에 접근했다. 그는 이와 관련해 기록되어 있는 모든 증거, 즉 플리니우스와 세네카의 시대까지 거슬러 올라가 남아 있는 모든 목격 진술을 연구하는 데 열중했다. 핼리는 또 뉴턴이 미적분학과 중력 이론을 통해 제공해 준 탐지 기술을 잘 알고 있었다. 그리고 약간의 운도 따라 주었다. 혜성이 많이 출현해서 혜성의 운동에 대해 비교적 정확한 최신 증거를 많이 확보할 수 있는 시대에 살았던 것은 핼리에게 행운이었다.

핼리는 1682년의 혜성 관련 자료에 대해서 플램스티드가 가장 믿을 만한 관측자라고 판단하고, 뉴턴에게 편지를 써서 "저의 부탁이라면 거절하겠지만 귀하의 부탁은 거절하지 않을 것"이라며 플램스티드에게서 관측 자료를 얻어 줄 것을 부탁했다. 뉴턴은 핼리의 부탁을 들어주었다. 핼리는 그 뒤 1531년과 1607년과 1682년 혜성의 궤도 특성들을 비교했고 놀라운 유사점들을 많이 발견했다(84쪽 표 참조). 세 혜성은 황도면에 대해 궤도가 기울어져 있는 정도(2장 참조), 근일점에서 태양까지의 거리, 근일점이 나타나는 하늘의 지역, 그리고 그 궤도가 황도면을 가로지르는 장소(교점)가 모두 유사했다. 이러한 유사성은 동일한 혜성이 서로 다른 시기에 세 차례 출현하여 관측되었다는 사실을 암시하기에 충분했다. 핼리는 이 혜성들의 출현 일자를 비교했고 — 뉴턴 이론이 혜성이 타원 궤도상에 있다고 했을 때 예측했던 바

핼리가 비교 분석한 혜성들의 궤도 요소들

지금까지 확인된 모든 혜성들의 포물선 궤도에서의 천문학적 운동 요소들

근일점의 통과 (런던 시간)			근일점의 황경	상승 교점의 황경	궤도의 경사	근일점에서 태양까지의 거리
1337년	6월 2일	6시 25분	37° 59′	84° 21′	32° 11′	0.40666
1472년	2월 28일	22시 23분	45° 34′	281° 46′	5° 20′	0.54273
1531년	**8월 24일**	**21시 18분**	**301° 39′**	**49° 25′**	**17° 56′**	**0.58700**
1532년	10월 19일	22시 12분	111° 7′	80° 27′	32° 36′	0.50910
1556년	4월 11일	21시 23분	278° 50′	175° 42′	32° 6′	0.46390
1577년	10월 26일	18시 45분	129° 32′	25° 52′	74° 83′	0.18342
1580년	11월 28일	15시 00분	109° 6′	18° 57′	64° 40′	0.59628
1585년	9월 27일	19시 20분	8° 51′	37° 42′	6° 4′	1.09358
1590년	1월 29일	3시 45분	216° 54′	225° 31′	29° 41′	0.57661
1596년	7월 31일	19시 55분	228° 15′	312° 12′	55° 12′	0.51293
1607년	**10월 16일**	**3시 50분**	**302° 16′**	**50° 21′**	**17° 2′**	**0.58680**
1618년	10월 29일	12시 23분	2° 14′	76° 1′	37° 34′	0.37975
1652년	11월 2일	15시 40분	28° 19′	88° 10′	79° 28′	0.84750
1661년	1월 16일	23시 41분	115° 59′	82° 30′	32° 36′	0.44851
1664년	11월 24일	11시 52분	130° 41′	81° 14′	21° 18′	1.02576
1665년	4월 14일	5시 16분	71° 54′	228° 2′	76° 5′	0.10649
1672년	2월 20일	8시 37분	47° 0′	297° 80′	83° 22′	0.69739
1677년	4월 25일	0시 38분	137° 37′	236° 49′	79° 3′	0.28059
1680년	12월 8일	0시 6분	262° 40′	272° 2′	60° 56′	0.00612
1682년	**9월 4일**	**7시 39분**	**302° 53′**	**51° 16′**	**17° 56′**	**0.58328**
1683년	7월 3일	2시 50분	85° 30′	173° 23′	83° 11′	0.56020
1684년	5월 29일	10시 16분	238° 52′	268° 15′	65° 49′	0.96015
1688년	9월 6일	14시 33분	77° 0′	350° 35′	31° 22′	0.32500
1698년	10월 8일	16시 57분	270° 51′	267° 44′	11° 46′	0.69129

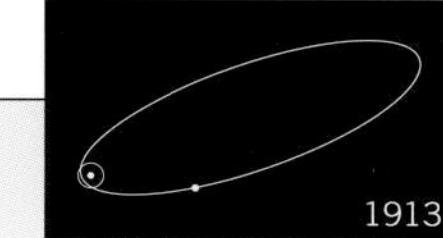

핼리의 논문에서 발췌된 이 표는 여기에 진한 글씨로 표시된 세 번의 출현이 동일한 혜성을 나타낸다는 그의 주장을 뒷받침한다. 핼리가 1531년, 1607년, 1682년 혜성의 궤도 요소를 비교했을 때 발견한 것을 직접 살펴보자. 날짜들은 일, 시, 분으로 주어져 있고, 하늘에서의 각도는 도(°)와 분(′)으로, 그리고 근일점 거리는 천문단위로 표시되어 있다. (지구는 태양에서 1AU 떨어져 있다.) 상승 교점은 혜성의 궤도가 황도면을 가로지르는 두 지점 가운데 하나이다.

와 같이 — 주기적인 귀환 같은 것을 발견했다.[4] 이제 문제는 거의 풀린 것이나 다름없었다.

그러나 핼리는 혜성의 출현 때마다 궤도 요소들이 조금씩 달라지는데 그 차이가 관측의 잘못으로 돌리기에는 너무 크다는 점을 걱정했다. 예컨대 원일점의 황경(黃經)은 하늘에서 1도 이상 변했음에도 측정치들은 몇 분까지 정확했다. 더욱이 1531년과 1607년의 출현 사이의 간격은 1607년과 1682년의 출현 사이의 간격보다 1년이 더 길었다. 따라서 핼리는 태양 주위의 타원 궤도를 돌고 있는 고립된 혜성의 규칙적인 패턴 이외에도 출현 때마다 혜성을 교란시켜 다른 경로로 움직이게 하는 어떤 영향이나 힘이 작용하는 게 틀림없다고 믿었다.

뉴턴은 아직 발견되지 않은 혜성들의 중력적 인력이 이 혜성들의 주기를 변화시키는 힘이라고 제안한 바 있었다. 그러나 핼리는 목성과 토성이 서로 중력적으로 영향을 받는다는 사실을 알고 있었고, 이 두 거대한 행성보다 질량이 훨씬 더 작은 혜성은 다른 혜성을 가까이 지나갈 때보다 두 행성 중 하나를 멀리서 지나칠 때 훨씬 더 큰 영향을 받는다고 생각했다. 그는 목성과 토성의 중력이 혜성의 운동에 미치는 영향들을 대강 어림했고, 그것들이 측정된 불일치와 잘 들어맞는다는 사실을 알게 되었다. 핼리는 1531년과 1607년과 1682년 혜성

4 카시니도 우리가 알기로는 적어도 지금까지는 돌아온 적이 없는 아주 다른 혜성들의 출현에 대해서 유사한 제안을 했다.

의 궤도 요소 차이가 거의 설명되었다고 결론 내렸다. 이 세 차례의 방문객은 모두 동일한 혜성인데, 모든 여행자가 그렇듯이 우회로와 정체, 그리고 도로 상태의 영향을 받았을 뿐이다.

핼리의 혜성 연구는 1337년과 1698년 사이에 근일점을 통과했던 24개 혜성의 궤도 계산을 필요로 하는 엄청난 작업이었다. 핼리는 아리스토텔레스와 세네카처럼 혜성의 변칙적인 성향에 주목했다.

> 혜성의 궤도는 일정한 질서 없이 배치되어 있다.…… 혜성은 행성처럼 황도대에 한정되어 있지 않으며 …… 역행과 순행을 가리지 않고 어느 방향으로든 움직인다.[5]

핼리가 연구했던 혜성들은 근일점 통과 시 태양으로부터의 거리가 대략 1AU에서 0.01AU — 이것은 태양을 거의 스치고 지나갔던 1680년의 대혜성의 거리였다. — 에 걸쳐 있었다. 그리고 원일점에서는 혜성들이 — 1682년의 혜성을 포함해 — 그 당시에 가장 멀리 있는 행성으로 알려져 있던 토성의 궤도보다 훨씬 멀리 배치되어 있다는 사실을 발견했다.[6]

1705년에 핼리는 '그동안의 엄청난 노력'으로 얻은 결과들을 모아 『혜성 천문학 개론(*A Synopsis of the Astronomy of Comets*)』으로 출간했다. 뉴턴 자신이 밝혔듯이, 이 논문은 뉴턴 이외의 다른 과학자가 천문학의 미스터리를 풀기 위해 우주의 법칙들을 적용한 첫 사례였다. 이로써 과학의 역사에서 핼리의 지위는 충분히 보장되었다. 그러나 핼리는 여기서 멈추지 않고 한 단계 더 도약함으로써 결국 문명의 역사에서도 중요한 인물로 자리매김했다. 수천 년 동안 혜성은 대중에게 **실재하는 존재**라기보다는 불길한 전조와 상징, 악령으로 보는 신비주의자들의 전유물로 여겨졌다. 그러나 핼리는 과거에 어떤 과학자도 해 본

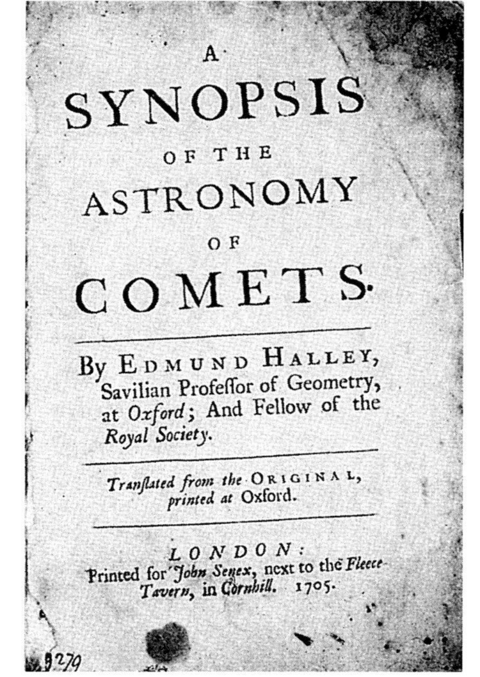
A SYNOPSIS OF THE ASTRONOMY OF COMETS.

By EDMUND HALLEY, Savilian Profeſſor of Geometry, at Oxford; And Fellow of the Royal Society.

Tranſlated from the ORIGINAL, printed at Oxford.

LONDON: Printed for John Senex, next to the Fleece-Tavern, in Cornhill. 1705.

에드먼드 핼리가 1705년에 출간한 책의 표지. 혜성의 궤도들이 계산되어 있으며, 나중에 핼리의 이름이 붙여진 혜성이 주기적으로 돌아올 것이라는 예언이 적혀 있다. 런던 왕립 학회 제공.

5 즉 북극 상공에서 관측했을 때 시계 방향으로든 시계 반대 방향으로든 움직인다.

6 사실, 그는 궤도들을 열린 포물선으로 근사시켰기 때문에 원일점들이 사실상 무한대 거리에 있었다.

적이 없는 예언이라는 게임에서 승리함으로써 이 전유를 완전히 깨뜨렸다. 핼리는 1531년과 1607년과 1682년에 관측된 혜성이 50년 이상 뒤에 다시 돌아올 것이라고 예측했다. 그는 어떤 변명의 여지도 남겨두지 않고 그 혜성이 1758년 말에 — 특정 궤도 요소들을 가지고 하늘의 특정 지역으로부터 — 돌아올 것이라고 단언했다. 신비주의자들도 이렇게 정확한 예언을 하는 경우는 드물었다. 그는 평생 민족주의하고는 거리가 멀었지만 다소 맹목적인 애국주의에 빠져 이야기했다. "그러므로 우리가 이미 언급했던 대로 그 혜성이 1758년에 다시 돌아온다면, 정직한 후손은 영국인이 이것을 처음 발견했다는 사실을 인정하지 않을 수 없을 것이다."

1696년 봄에 뉴턴은 왕립 조폐국장으로 임명되었다. 조폐국은 그에게 런던 탑 안에 거주할 것을 요구했다. 그의 임무는 왕국의 화폐 주조 단계에서 금속을 잘라 내거나 깎아 내는 일을 방지하는 것이었다. 몇 개월 뒤 뉴턴은 막 혜성 연구를 시작한 핼리를 체스터 화폐 주조소의 부감사관으로 지명했다. 런던 탑의 조폐국장 밑에는 각 지방 화폐 주조소의 소장과 감독과 감사관 등이 있었다. 핼리는 체스터에서 동전의 생산 과정을 감독하면서 비참한 2년을 보냈다. 핼리와 그곳의 감독은 두 명의 직원이 고가의 금속들을 착복하는 현장을 발견하고 곧바로 이를 공개해 문제화시켰다. 그러나 핼리는 직속상관인 체스터 화폐 주조소장이 그 직원들로부터 뇌물을 받고 있다는 사실을 미처 몰랐다. 매서운 싸움이 이어졌고 결투의 위협까지 있었다. 그러나 이 화폐 주조소들은 결국 1698년에 폐쇄되었고, 핼리는 갑갑한 생활에서 벗어나 다시 런던으로 돌아갔다.

핼리는 그 뒤에 마음에 드는 일에 지명되었다. 후에 표트르 대제(Peter the Great)로 알려지게 될 26세의 러시아 차르가 자국의 서구화 방법을 배우기 위해 영국에 와 있었다. 차르는 뎁포드 조선소 근처에 있는 한 웅장한 저택에서 신분을 숨긴 채, 영국 조선술의 진수를 직접 경험하기 위해 육체노동을 하고 있었다. (사람들은 상상도 못 하겠지만 오늘

리처드 필립스(Richard Phillips)가 그린 중년의 에드먼드 핼리 초상화. 연도 미상. 런던 국립 초상화 미술관(National Portrait Gallery, London).

날에도 이와 같은 일이 종종 있다. 미국의 한 대통령은 티우라탐(Tyuratam) 우주 탐사선 조립 작업에 참가했으며, 러시아의 대통령은 케이프커내버럴의 건설 노동자로 몇 개월 동안 일하기도 했다.) 표트르 1세는 뉴턴과 시간을 보내기를 희망했지만, 뉴턴은 핼리를 대신 보냈다. 이 영국 천문학자와 러시아 황제는 금방 허물없는 친구가 되었고, 함께 브랜디를 마시며 지식의 열정을 나누었다. 표트르 1세가 영국에 머무르는 기간 내내 핼리는 그의 수석 과학 자문관이자 술친구였다. 동시대인의 기록에 따르면, 핼리가 한밤중에 이 러시아의 황제를 외바퀴 수레에 태워 뎁포드의 거리로 밀기도 했다고 한다. 만취한 상태였던 두 사람은 잘 다듬어진 울타리를 들이받기까지 했다.

같은 해에 핼리의 아내 메리는 에드먼드(Edmund)라는 이름의 아들을 낳았으며, 강조 표시가 많은 당시의 기록을 보면 핼리가 또 다른 일을 시작했음을 알 수 있다.

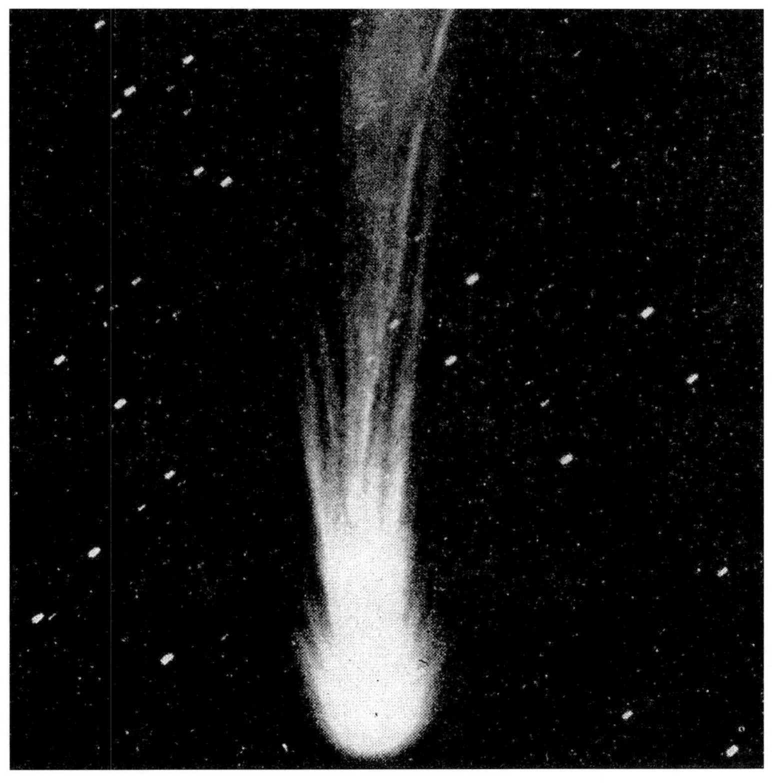

장관을 이루는 모어하우스 혜성(1908 III). 막스 볼프(Max Wolf)가 하이델베르크 천문대에서 촬영.

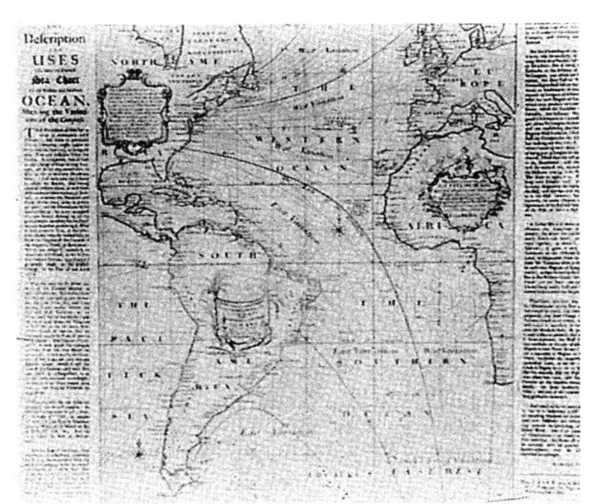

자기량을 나타내는 선들이 표현되어 있는 핼리의 대서양 지도. 1701년경. 왕립 천문 학회 제공.

1698년에 핼리 선생의 독창적인 자기 바늘 이론에 대해 전해 들은 폐하(윌리엄 3세(William Ⅲ))께서는 항해술의 발전을 위해, 대서양의 다양한 지역에서 나침반 눈금의 변화가 주의 깊게 관측되기를 바랐다. 그 목적을 위해 1698년 8월 19일에 폐하께서는 핼리 선생을 폐하의 선박 파라무어 핑크(Paramoor Pink)[7]의 함장으로 임명했다. **그리고 관측을 통해 나침반 바늘의 변동 규칙을 찾는** 동시에, **아메리카에 있는 폐하의 정착지에 들러 그곳의 정확한 위도와 경도를 파악하고 북대서양 남쪽에 어떤 섬들이 있는지 알아내라는** 명령을 내렸다.

쿡 선장이(핼리의 목적지를 찾아) 항해를 나서기 70년 전에, 핼리는 영국 왕의 위임을 받은 최초의 해양 과학 탐험대를 지휘하고 있었다. 파라무어호는 스페인, 카나리아 제도, 아프리카, 브라질, 그리고 서인도 제도를 항해했다. 그러나 이후 핼리가 부사령관 역할을 맡은 것에 대해 반란이 일어나서 파라무어호는 예정에 없이 영국으로 복귀하지 않을 수 없었다. 군법 회의가 진행되는 가운데, 불만을 품었던 중위가 왕립 학회에 자기학에 관한 논문을 제출했다가 수준 미달로 기각당한 이론가였다는 사실이 밝혀졌다. 앙심을 품고 있던 중위는 풋내기 뱃사람 핼리가 그의 상관으로 임명되자 더 이상 분노를 참지 못했던 것이다. 핼리는 해양 탐험가의 임무를 떠맡고 선박을 조종해 무사히 고국으로 돌아왔다는 사실에 큰 자부심을 느꼈다.

핼리는 파라무어호를 두 번 더 지휘했다. 그중 한 번은 많은 위험 속에 남아메리카 해안을 따라 트리니다드(서인도 제도에 있는 섬 — 옮긴이)를 지나 케이프코드(미국 매사추세츠 주의 반도 — 옮긴이)로 항해하는 것이었다. 하지만 낸터컷 근처의 바다가 너무 험했기 때문에 뉴펀들랜드(캐나다 동해안에 있는 섬 및 이 섬과 래브라도 지방을 포함하는 주 — 옮긴이) 쪽으로 항로를 바꾸었다가 파라무어호를 해적선으로 오인한 영국 어선으

이 자기 해도와, 이미 출간된 바람과 장마와 해수 증발의 물리적 상호 작용에 관한 연구로 핼리는 근대 지구 물리학의 창시자로 확실히 인정받게 되었다. 이는 국제 지구 물리학의 해인 1957년에 왕립 학회가 공인한 사실이며, 그해에 왕립 학회는 남극 대륙에 있는 영국 과학 기지의 이름을 '핼리 만'으로 명명했다.

— 콜린 로넌(Colin Ronan), 『에드먼드 핼리: 식의 천재(*Edmond Halley: Genius in Eclipse*)』, 1969년

7 또는 'Paramour'라고 쓸 수 있다. 핼리의 시대에는 철자 규정이 다소 덜 엄격했다.

로부터 포화를 받는 해프닝이 벌어지기도 했다. 이번에도 그는 선박을 이끌고 영국으로 안전하게 귀환했으나, 아쉽게도 선원 모두가 돌아오지는 못했다. 선실에서 일하던 소년 하나가 카나리아 제도(아프리카 북서 해안 근처 스페인령 — 옮긴이) 근처에서 폭풍을 만나 갑판 바깥으로 떨어져서 실종되는 사건이 일어난 것이다. 핼리는 그 후로도 그 소년의 죽음에 대해 이야기할 때마다 눈물을 흘리고는 했다.

핼리는 「폐하의 명령으로 1700년에 관측한, 서쪽과 남쪽 바다에서의 나침반의 변화를 보여 주는 새롭고 정확한 해도(A New and Correct Chart Shewing the Variations of the Compass in the Western and Southern Oceans as Observed in ye Year 1700 by his Maties Command)」를 완성함으로써 왕이 명한 공식 임무를 마무리했다. 그 지도에는 핼리가 지구 자기장이 동등한 지점들을 나타내기 위해 고안한 점선 표기 방식이 사용되었는데, 이 방법은 오늘날의 자기 지도에서도 여전히 사용된다. 핼리는 그의 대서양 지도를 세계 지도로 확장시켰으며, 이 지도는 그 후 100년 동안 수정을 거치면서 계속 발행되었다.

1701년, 파라무어호의 함장으로서 마지막 세 번째 항해를 마친 후에야 핼리는 집으로 돌아올 수 있었다. 이번 항해에서 핼리의 목적은 영국 해협의 조수를 연구하는 것이었다. 비록 그의 비망록에는 스페인의 왕위 계승 전쟁 전날 프랑스 해안을 정찰했음을 암시하는 내용이 들어 있기는 하지만 말이다. 이듬해에 앤 여왕(Queen Anne)은 핼리를 유럽 군주들에게 외교 사절로 특파했다.

다시 영국으로 돌아왔을 때 핼리는 놀랍게도 옥스퍼드 대학교의 새빌리언 교수직을 다시 제안받았다. 그러나 천문학이 아닌 기하학 교수직이었다. 13년 전 핼리의 새빌리언 교수 임명을 결사 반대했던 플램스티드는 이번에도 두 사람 모두의 친구에게 편지를 써서, 핼리가 그 자리에 적합하지도 않고 가능성도 없다고 넋두리를 늘어놓으며 "그는 이제 함장처럼 말하고 함장처럼 맹세하며 함장처럼 브랜디를 마신다."

라고 불평했다. 그러나 플램스티드가 뭐라 하건 그즈음의 핼리는 대단히 존경받고 있었고, 1704년에 마침내 교수로 임명되었다.

교수 취임 후 핼리의 첫 공개 강의는 동료들의 기하학적 업적에 대한 애정 어린 찬사였다. 물론 가장 아낌없는 찬사를 받은 인물은 뉴턴이었다. 핼리는 새빌리언 교수로서 재직하는 기간 대부분을 고대의 기하학 창시자를 재발견하는 데 전념했는데, 그중에는 기원전 3세기 후반에 전성기를 누렸던 수학자이자 천문학자인 페르가의 아폴로니오스(Apollonios of Perga)도 포함되어 있었다. 알렉산드리아라는 대도시에서 아폴로니오스는 에우클레이데스(Eukleides)가 기하학에서 했던 일을 원뿔 곡선에 대해 적용해서 포물선과 쌍곡선과 타원을 기술한 최초의 인물이 되었다(60쪽 그림 참조). 핼리는 혜성의 궤도를 구하는 데 이 곡선들의 특징을 이용함으로써 아폴로니오스의 연구에 새 생명을 불어넣어 이 고대 수학자에게 진 빚을 갚고 싶었다. 그러나 알렉산드리아 도서관의 화재로 아폴로니오스에 대한 그리스 어 원본 자료는 단 한 편도 남아 있지 않았다. 그나마 남아 있는 논문들은 하나같이 아랍 어로만 쓰여 있었다. 하는 수 없이 핼리는 49세의 나이에 직접 아랍 어를 배웠다. 핼리는 처음에 데이비드 그레고리(David Gregory)와 공동 연구를 했다. 그레고리는 핼리가 거절당했던 천문학과 새빌리언 교수로 임명된 인물이었다. 그러나 아폴로니오스 프로젝트가 시작된 직후 그레고리가 사망하자, 핼리는 이미 많은 동양학자들에게 좌절을 안겨 주었던 일을 혼자 계속했다. 그리고 결국 성공을 거두어 정확성과 통찰력을 겸비한 그 당시 최고의 동양학자를 깜짝 놀라게 했다. 어쩌면 기하학을 알고 있었다는 사실이 도움이 되었는지도 몰랐다.

바로 이 기간 동안 핼리는 일반 독자를 위해, 왕립 학회의《철학 회보》가운데 가장 흥미로운 논문들을 엮어 세 권짜리 책으로 새로 편집했다. 일반인도 물리학과 생물학 세계에 대해 알고 싶어 할 것이라고 생각했기 때문이었다.

한편, 야비한 플램스티드는 여전히 왕립 천문학자의 자격으로 그리니치 왕립 천문대에 남아 있었고, 그곳에서 천문학계와 공동 관측을 하도록 되어 있었다. 그러나 그는 끝까지 공동 관측을 거부했다. 그의 이런 명백한 직무 태만 행위는 오랫동안 허용되어 왔지만 1704년쯤에는 더 이상 용인할 수 없는 상태에 이르고 말았다. 그 당시 왕립 학회장이었던 뉴턴은 관측 상태를 알아보기 위해 그리니치로 가서 플램스티드를 방문했다. 왕립 천문학자로서 30년을 보내면서도 플램스티드는 논문을 거의 출간하지 않았다. 뉴턴은 플램스티드가 평생의 저작인 『영국의 하늘 역사(*The British History of the Heavens*)』 출간을 눈앞에 두고 있다고 여기며 런던으로 돌아갔으나 이는 거짓말이었다. 그의 논문이 완성된 건 몇 년이 더 지난 뒤였다.

왕립 천문학자의 늑장과 오만은 뉴턴을 크게 격분시켰다. 두 사람의 편지에는 서로에 대한 증오심을 생생히 보여 주는 증거들이 남아 있다. 그러나 상대방만이 유일한 적은 아니었다. 양측의 불만은 모두 정당했지만 우위에 있던 뉴턴은 자신의 힘을 고약하게 사용했다. 그 후 10년 동안 뉴턴은, 이 무렵 병들고 절망에 빠져 있던 플램스티드를 괴롭히는 일에서 추악한 기쁨을 느끼는 것 같았다.

핼리는 이제 터무니없는 적의로 자신에게 해를 입히기 위한 반대 운동을 펼쳤던 사람에게 직접 복수할 수 있는 절호의 기회를 갖게 되었다. 그러나 핼리는 복수에 관심이 없었다. 사실 핼리는 뉴턴의 요구에 따라 『영국의 하늘 역사』 원고에 직접 매달려 오류를 고치고 많은 필요한 계산들을 하는 등 그 책의 출간을 끝까지 도왔다. 그러나 이 모든 일은 분명 플램스티드의 바람에 반하는 것이었다. 1711년 6월에 핼리는 그에게 편지를 썼다.

> …… 격정을 누르는 데는 기도가 도움이 될 것입니다. 제가 귀하를 위해 했던 일들을 직접 보고 숙고해 보신다면, 어쩌면 귀하가 오랫동안 제게 베푸셨던 대접보다 제가 훨씬 더 나은 대접을 받을 만하다고 생각하실지도 모릅니다.

귀하의 옛 친구이자 아직은 방탕한 적(귀하가 절 부르는 호칭)이 아닌

에드먼드 핼리 드림

이 책은 너무 희미해서 망원경이 없이는 보이지 않던 많은 별들을 포함시켜 북반구 하늘의 지도를 1,000개의 별에서 3,000개의 별로 확장했고, 수세기 동안 천문학자들의 높은 평가를 받았다. 그럼에도 불구하고 플램스티드는 핼리가 1712년에 펴낸 『하늘의 역사(*Historia Coelestis*)』를 보고 격노했다. 결국 그는 1714년까지 존재하는 거의 모든 책을 불태워 버렸고, 제목에 '영국'이라는 단어가 붙어 있는 공식판은 유작이 나온 1725년까지 출간되지 않았다.

플램스티드의 반대 의견에도 불구하고 한 서신을 살펴보면, 플램스티드가 1719년 사망할 때까지 핼리가 그에게 신중한 태도를 보였음을 알 수 있다. 그 뒤 아이러니하게도 직접 나서서 핼리를 비판해 왔던 플램스티드의 후임으로 핼리가 임명되었다. 운명의 변제 같은 것이었다. 핼리는 왕립 천문학자가 되었다. 그러나 직무를 인계받기 위해 도착했을 때 그는 그리니치 왕립 천문대에 넘겨받을 천문학 장비가 하나도 없다는 사실을 알게 되었다. 플램스티드의 미망인은 원래 있던 장비들이 모두 플램스티드의 사재였다고 말했고 그것은 사실이었다. 플램스티드는 육분의와 사분의까지 모두 개인 돈으로 샀던 것이다.

핼리는 이제 63세가 되었지만 과학에 대한 호기심과 열정만은 변함이 없었다. 그의 논문 「1719년 3월 19일에 잉글랜드 도처에서 관측된 놀라운 유성에 대한 설명(An account of the extraordinary METEOR seen all over england on the 19th of march 1719)」을 읽으면서 우리는 오늘날의 과학 문헌에서 사실상 무시되어 온 육안 관측의 감격과 만날 수 있다. 핼리는 "이 멋진 밝은 유성"이라는 말로 시작해 "그러나 나는 운이 없어서 그것을 보지 못했다."라고 슬퍼한다. 그러나 그는 다른 사람들의 목격담을 충실히 옮겨 적었다. 왕립 학회의 부학회장인 한스 슬론(Hans Sloan) 경도 그 행운아들 가운데 하나였다. 한스 경은 갑자기

그는 모든 사람들의 표본이라고 할 수 있다.

— 허버트 딩글(Herbert Dingle), 1956년 4월 24일 옥스퍼드 대학교에서 열린 '핼리 강연'에서

밤하늘에서 달보다도 훨씬 더 밝은 무언가를 발견하는데, 처음에는 플레이아데스성단 근처에 있다가 그 뒤엔 오리온자리의 허리띠 밑으로 내려왔다. 유성이 어찌나 밝았던지 한스 경은 눈이 부셔서 얼굴을 돌리지 않을 수 없었다. 한스 경은 유성이 30초도 되지 않는 시간 동안 하늘에서 20도를 가로질렀다고 어림했다. 천문학 관측을 할 준비가 되어 있지 않은 사람치고는 상당히 자세한 증언이었다. 그러나 핼리는 마음에 차지 않았다. "한스 경께서 붙박이별들 사이에서 이 유성의 경로 상황을 더 각별히 주시해서 살펴보시고 그것이 플레이아데스성단 위에서 오리온자리의 허리띠 아래로 얼마나 많이 지나갔는지 알려 주셨으면 합니다 ……." 핼리는 궁금해서 견딜 수가 없었다. 핼리는 유성에 대한 모든 걸 알고 싶었다. 얼마나 높이 있는지, 얼마나 빨리 움직이는지, 어떤 소리를 내는지, 얼마나 큰지, 무엇으로 만들어져 있는지 등 모든 것을 알고 싶었다. 오늘날 우리는 이 궁금증에 대한 답변(13장 참조)을 들을 수 있는 특권을 누리고 있다. 그것들을 핼리와 공유할 수 있다면 좋을 텐데 말이다.

핼리는 65세의 나이에 더할 나위 없이 낙관적인 태도로 18년 주기를 갖는 일식에 대한 야심 찬 연구에 착수했다. 핼리는 보험 통계표의 발명자였으니 자신이 그 프로젝트를 완성할 정도로 오래 살 것이라고는 기대하지 않았을 것이다. 그러나 그는 보험 통계표의 확률을 깨뜨리고 84세 때 그 프로젝트를 완성했다.

핼리의 생산성과 장수는 또 다른 면에서 특별했다. 물리학자들은 독창적인 기간이 아주 잠깐뿐이어서 마치 하루살이 같다는 말이 있다. 사실, 주요 발견들의 상당수는 35세 이전에 이루어진다. 실험 물리학보다 이론 물리학이 더 그렇다. 어쩌면 30세가 지나면 집중력이 떨어지는지도 모른다. 그러나 수십 년 동안 핼리는 우리가 우주라는 가장 큰 규모의 자연을 이해하는 데 도움이 되는 중요한 이론적 진전을 이루어 냈다. 그는 이른바 붙박이별들이 사실상 서로에 대해 움직이고 있다는 사실을 발견했다. 그 발견은 어쩌면 플램스티드의 책에 몰

아내 메리의 사망 직전 80세인 에드먼드 핼리의 초상화. 마이클 달(Michael Dahl) 그림. 런던 왕립 학회 제공.

두하면서 고무되었는지도 모른다. 별의 고유 운동에 대한 핼리의 발견은 천문학 장비가 발달한 100년 뒤에나 옳은 것으로 입증될 수 있었다. 마지막 몇 년 동안 쓴 또 다른 논문에서, 핼리는 중심이 없는 끝없는 우주를 주장하며 훨씬 더 이후에 이루어질 발견들을 예견했다. 그리고 마침내 핼리는 무한대를 믿는 죄를 범하고 말았다.

아내 메리는 핼리가 80세가 되던 해에 사망했다. 그 직후에 그는 뇌졸중과 아들을 먼저 보내는 고통을 겪었다. 그러나 이러한 정신적 충격에도 불구하고, 핼리는 1742년 1월 14일에 86세를 일기로 세상을 떠나기 몇 주 전까지 천문학 관측을 하고 과학 회의에 참석하는 일을 멈추지 않았다. 그가 임종 시 마지막으로 한 말은 와인 한 잔을 마시고 싶다는 것이었다. 그는 의자에 앉은 채 와인을 마셨다. 그리고 잔이 다 비워지자 소리 없이 숨을 거두었다.

핼리는 영원히 메리 곁에 눕기를 바랐다. 그의 딸들은 부모의 묘비에 다음과 같은 찬사(원래는 라틴 어로 되어 있지만 여기에 번역해 두었다.)를 새겨 넣었다.

> 의심할 여지없이 당대 최고의 천문학자인 에드먼드 핼리 박사가 사랑하는 아내와 함께 이 대리석 밑에 평화롭게 잠들어 있다. 그러나 이 위대한 인간의 비범함을 제대로 이해하고 싶다면, 이 글을 읽는 이는 그의 저서에 의존해야만 한다. 그 안에는 거의 모든 과학이 가장 아름답고 가장 통찰력 있게 설명되고 개선되어 있다. 생전에 그가 사람들의 경애를 받았던 것처럼, 그는 후대에도 계속 존경받을 것이다. 1742년에 두 분의 사랑하는 어린 딸들이 최고의 부모를 기억하며 이 비석 앞에 서 있다.

에드먼드 핼리는 단순히 혜성을 발견한 인물이 아니었다. 아니, 오히려 혜성의 발견은 그가 하지 않은 몇 가지 일들 가운데 하나였다.

보통 자연의 복잡성을 깊이 이해하는 과정에서 고독과 소외는 필연적으로 치러야 하는 대가라고 생각한다. 과학적 천재성과 사랑을 주고받는 능력 사이에는 마치 역제곱 관계 같은 것이 존재한다는 것이다. 아이작 뉴턴의 삶이 이 법칙의 가장 극적인 실례라고 한다면 뉴턴의 천재성을 누구보다도 잘 이해했던 에드먼드 핼리의 삶은 아마도 이 법칙의 중요한 예외로 여겨질 수 있을 것이다.

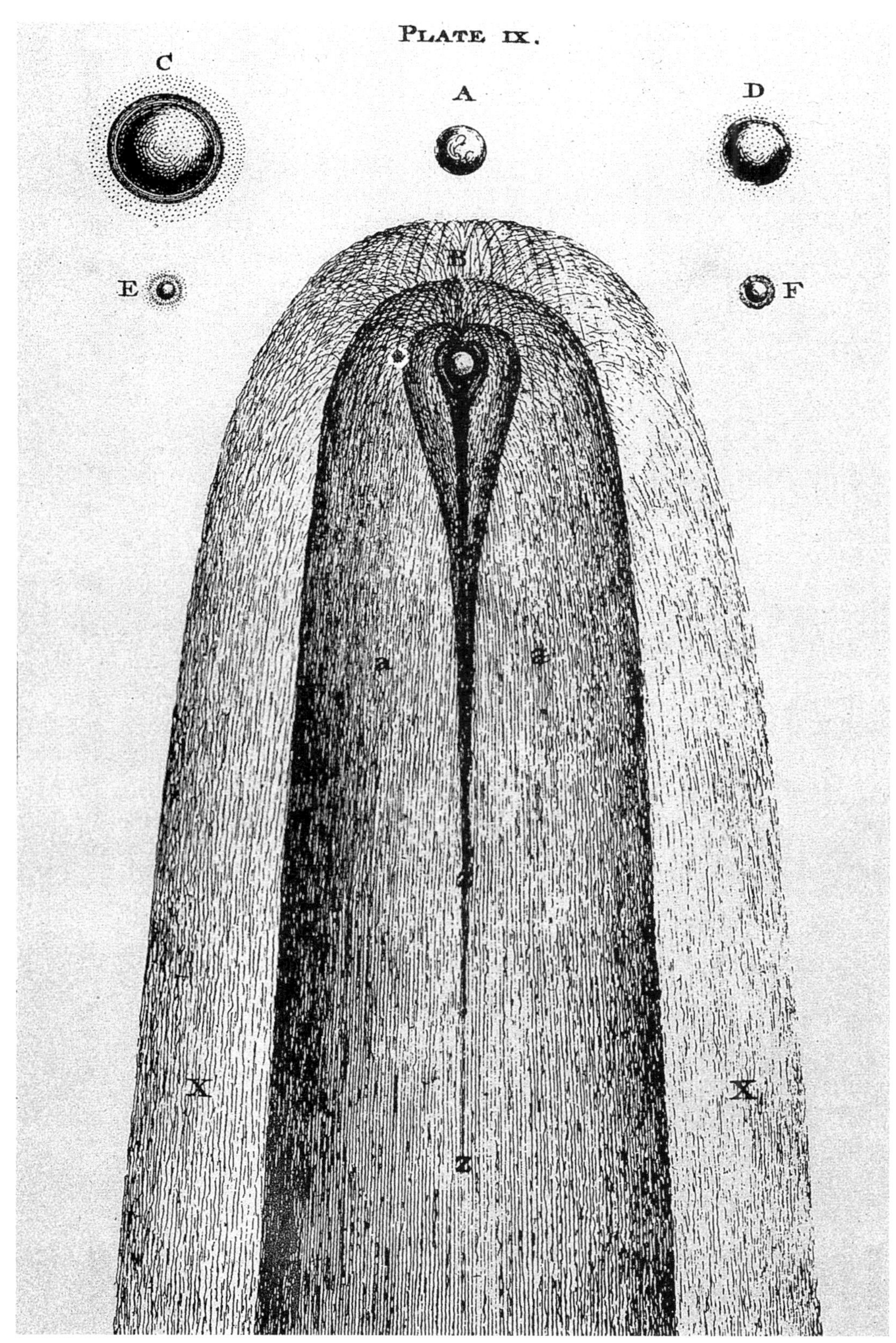

1680년 대혜성의 핵과 코마와 꼬리, 그리고 지구와 다른 네 혜성의 핵을 묘사한 그림. 더럼의 토머스 라이트가 저술하고 마이클 A. 호스킨(Michael A. Hoskin)이 편집한 『우주에 관한 독창적 이론, 또는 새로운 가설』(런던, 1750년, 그리고 뉴욕, 1971년)에서. 마이클 A. 호스킨 제공.

4장

귀환 시기

달의 수호자이자 친구인 지구를, 혜성들은 잊지 않고 찾아오네.
실로 측정할 수도 없는 머나먼 거리를 돌아 다시 그대를 찾아오네!

—새뮤얼 테일러 콜리지, 「지구에 대한 찬가」, 1834년

중국은 티베트와 투르키스탄을 침략했다. 프랑스 군대는 오하이오 계곡을 탈취했다. 영국은 프랑스에 선전 포고를 했다. 프로이센은 오스트리아를 격퇴시켰고, 그 후에는 오스트리아가 프로이센을 격퇴시켰다. 러시아군은 독일을 점령했다. 영국 점령군에 대한 인도의 혁명이 무자비하게 진압되었다. 이런 점에서 1750년대의 10년은 다른 시대와 거의 구별되지 않았다. 그러나 그때는 계몽의 시대이기도 했다. 프랑스에서는 디드로(Diderot)의 『백과전서(*L'Encyclopédie*)』가 출간되었고, 영국에서는 새뮤얼 존슨(Samuel Johnson)의 『사전(*Dictionary*)』이 출간되었다. 흄(Hume)과 루소(Rousseau)와 볼테르(Voltaire)는 독창적인 저서를 썼고, 바흐(Bach)가 사망하고 모차르트(Mozart)가 태어났다. 로모노소프(Lomonosov)가 모스크바 대학교를 창립했다. 베를린에서는 프로이센 과학 아카데미(Prussian Academy of Sciences)가, 런던에서는 최초의 정신 병원이 문을 열었다. 『트리스트럼 섄디(*Tristram Shandy*)』가 집필되고 있었고, 도쿄에서 호쿠사이(ほくさい, 일본 만화의 원조 화가 — 옮긴이)가 태어났으며, 조지 워싱턴(George Washington)이라는 버지니아의 무명 측량사가 마사 커스티스(Martha Custis)라는 과부와 결혼을 했다.

과학사에서는 만약 에드먼드 핼리의 예측이 옳다면, 혜성 하나가 돌아올 시기였다. 1750년대 상반기에 대단한 과학 논문 두 편이 출간되었는데, 모두 혜성의 본질을 다루고 있었으며, 놀랍게도 각각이 우주에 대해 시대를 앞서가는 견해를 제시하고 있었다.

더럼(잉글랜드 북부의 주 — 옮긴이)의 토머스 라이트(Thomas Wright)는 완전히 독학으로 공부한 인물이지만 타고난 천문학자였다. 1711년에 영국 북부에서 목수의 아들로 태어난 라이트는 "말을 심하게 더듬는 언어 장애로" 어린 시절 정상적인 학교 교육을 받지 못했다. 그는 또한 불량스러운 행동 때문에 학교에서 퇴학당했던 것 같다. 그는 스스로 "매우 거칠며 심한 장난을 즐겼다."라고 고백했다. 라이트는 당시의 관례에 따라 13세에 시계공의 도제로 들어갔지만, 아버지가 미쳤다고 생각할 정도로 대부분의 시간을 천문학 문헌을 탐독하며 보냈다. 에

1793년 1월《젠틀맨 매거진(*Gentlemen's Magazine*)》의 한 판화에 묘사된 더럼의 토머스 라이트. 이 초상화는 영원 불멸을 상징하는 입에 꼬리를 물고 있는 뱀으로 둘러싸여 있다. 103쪽 위 그림과 비교해 보자. 앤 로넌 그림 도서관.

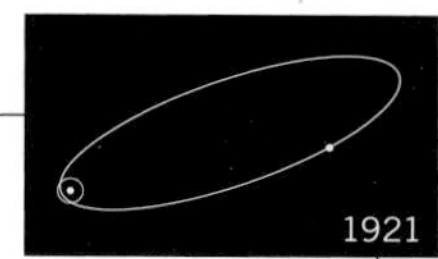

드먼드 핼리의 아버지와 달리 라이트의 아버지는 아들의 책을 불태워 버림으로써 그의 진로에 영향력을 행사하려고 했던 것 같다. 그 후 이 젊은이는 성직자의 딸과 사랑에 빠지는 결코 가볍지 않은 추문을 일으켰고 결국 도제 신분까지 박탈당하고 말았다. 비밀 결혼을 추진하려던 계획은 무산되었고, 여자는 만날 수 없게 되었다. 그는 몹시 상심해서 서인도 제도로의 탈출을 시도했지만 이마저도 격분한 부친에 의해 좌절되고 말았다.

이런 와중에도 라이트는 측량술과 항해술을 독학하고, 귀족 자녀들의 가정 교사가 되었으며, 상트페테르부르크에 있는 러시아 제국 아카데미의 교수직을 거절하고 천문학 책 집필에 몰두했다. 그중 가장 뛰어난 저서는 바로 『우주에 관한 독창적 이론, 또는 새로운 가설(*An Original Theory or New Hypothesis of the Universe*)』이다. 1750년에 출간된 이 책은 은하수의 진정한 본질과 기하 구조에 대해 최초의 현대적인 설명을 제시하고 있다. 즉 은하수는 신의 길도, 천상에 흐르는 신의 우유도, 하늘을 떠받치고 있는 지지대도 아니며, 우주라는 바다에 떠 있는 태양과 같은 별들로 이루어진 편평한 원반이라는 것이다. 데모크리토스의 시대부터 은하수가 너무 희미하고 너무 멀어서 개별적으로 분리되어 보이지 않는 무수한 별들로 이루어져 있다고 추측한 사람들은 몇몇 있었다. 그리고 이러한 생각은 최초의 소형 망원경으로 관측한 갈릴레오(Galileo)가 입증한 바 있었다. 결국 밀턴(Milton)의 시대에 와서는 시인들이 은하수를 "별들이 흩뿌려진" 은하로 묘사할 수 있게 되었다. 그러나 은하수가 태양을 포함하는 별들이 편평하게 모여 있는 것으로 보는 아이디어는 라이트가 처음으로 제시한 것이다. 라이트는 심지어 "행성들이 태양의 주위를 돌고 있듯이" 별들도 은하의 중심을 기준으로 공전한다고 상상했다.

라이트의 저서에는 신비주의적인 요소들이 있었고, 그가 『우주에 관한 독창적 이론, 또는 새로운 가설』에서 제안한 모든 내용이 시간의 시험대를 확실히 통과한 것은 아니었지만 은하수에 대한 그의

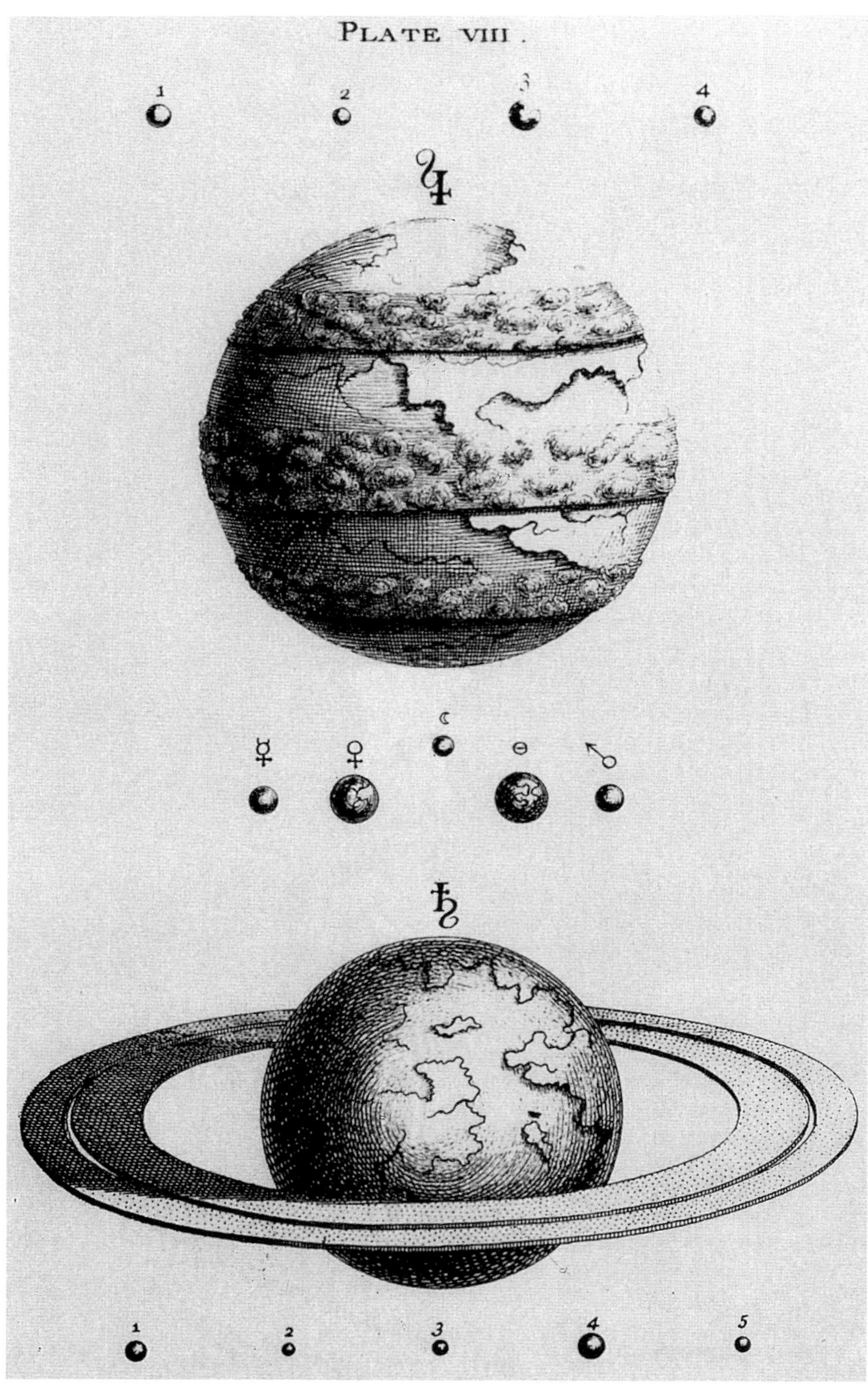

윗부분에는 목성과 목성의 네 위성이, 아랫부분에는 토성과 토성의 다섯 위성이, 그리고 가운데에는 수성, 금성, 지구, 화성 — 중간에 지구의 달도 있다. — 이 그려져 있다. 토성의 고리에 카시니 간극이 보이지만, 목성과 토성의 표면에 있는 세부 사항들은 완전히 공상이다. 더럼의 토머스 라이트가 저술하고 마이클 A. 호스킨이 편집한 『우주에 관한 독창적 이론, 또는 새로운 가설』(런던, 1750년, 그리고 뉴욕, 1971년)에서. 마이클 A. 호스킨 제공.

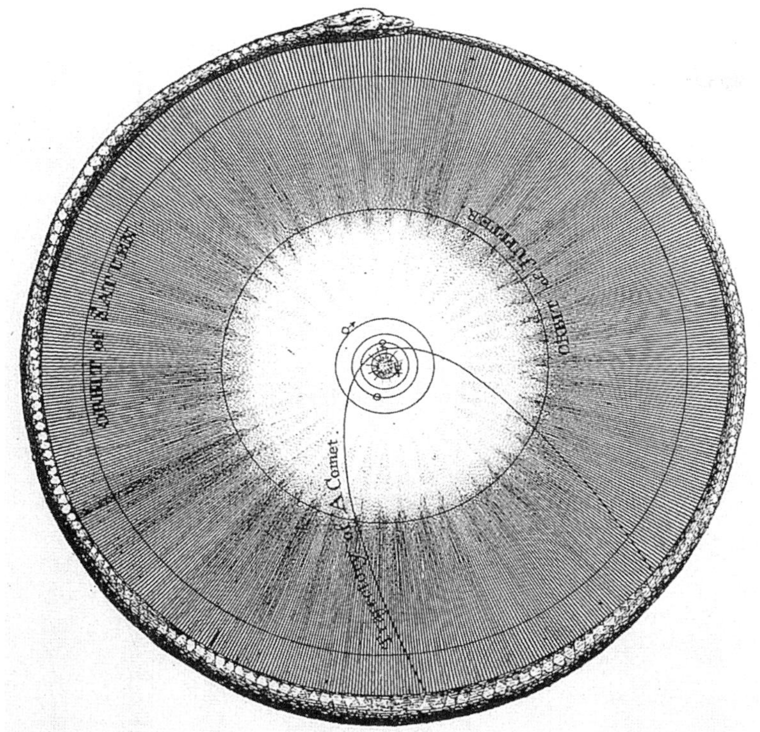

위: 어떤 혜성의 궤도가 토성의 궤도 바로 밖에서 뱀으로 에워싸여 있는 태양계를 가로지른다. 더럼의 토머스 라이트가 저술하고 마이클 A. 호스킨이 편집한 『우주에 관한 독창적 이론, 또는 새로운 가설』(런던, 1750년, 그리고 뉴욕, 1971년)에서. 마이클 A. 호스킨 제공.

아래: 당시에 알려진 대로 태양계를 묘사한 토마스 라이트의 멋진 그림. 중심에는 수성, 금성, 지구, 화성이 있는데, 각각이 천문학적 상징으로 표현되어 있으며, 태양의 광선 바로 바깥에는 목성과 토성의 궤도가 있다. 그림에서 보이는 세 개의 혜성 중 1680년의 혜성은 뉴턴이 최초로 궤도를 계산했던 혜성이며, 1682년의 혜성은 핼리가 — 이 책이 출간되고 채 10년도 지나기 전에 — 돌아올 거라고 예측했던 바로 그 혜성이다. 더럼의 토머스 라이트가 저술하고 마이클 A. 호스킨이 편집한 『우주에 관한 독창적 이론, 또는 새로운 가설』(런던, 1750년, 그리고 뉴욕, 1971년)에서. 마이클 A. 호스킨 제공.

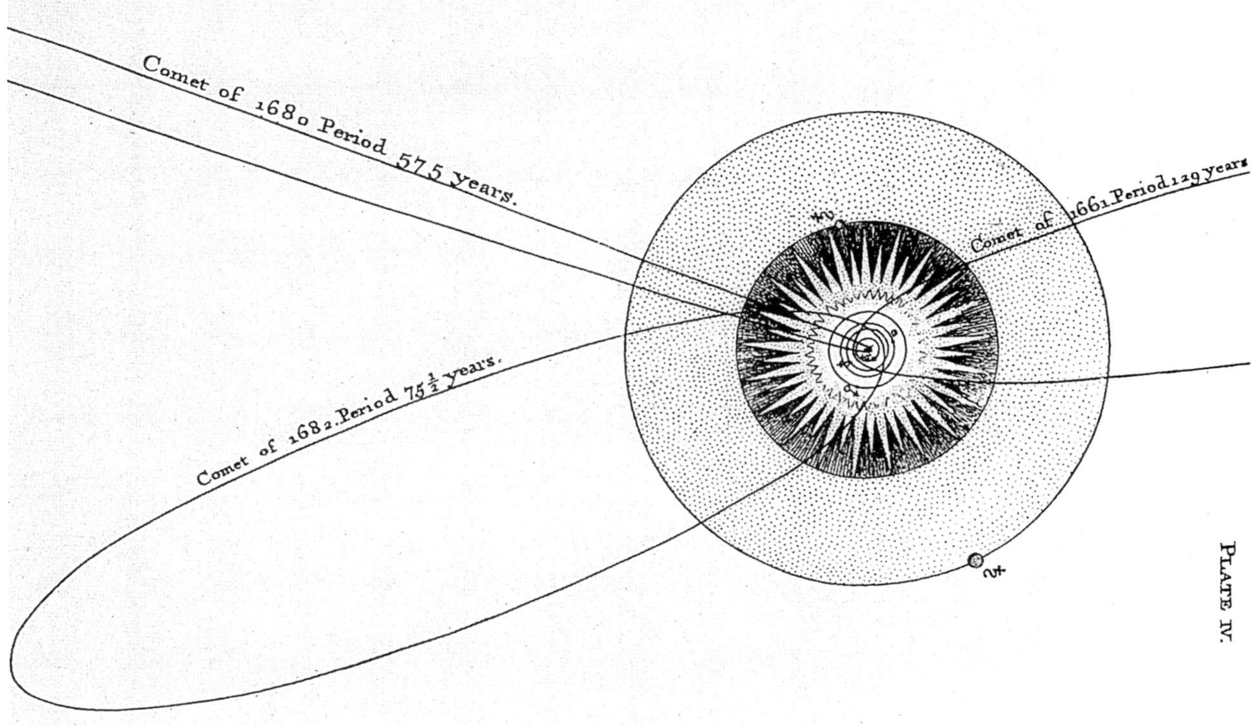

통찰은 천문학에서 획기적인 사건이었다. 이 저서는 저자가 정규 교육을 전혀 받은 적이 없다는 사실 때문에 더욱 놀라웠다. 은하가 움직이는 별들로 가득 차 있다는 이러한 통찰은, 나중에 알게 되겠지만, 혜성의 본질과 기원을 이해하는 데 핵심이 되었다.

『우주에 관한 독창적 이론, 또는 새로운 가설』에서 당연히 혜성도 논의되었다. 라이트는 제도가와 측량사로서의 재능을 발휘해 혜성들이 유난히 많은 태양계의 멋진 도면을 디자인했다. 그는 핼리가 표로 만들어 놓은 혜성의 궤도들을 정확한 크기와 방향으로 보여 주고(103쪽 그림 참조), 행성의 궤도가 혜성의 것에 비해 얼마나 작은지를 최초로 보여 주는 게 기쁘기만 했다. 라이트는 당시에 알려진 세계들의 상대적 크기들을 보여 주려고 시도했다(102쪽 그림 참조). 거대한 행성인 목성과 토성이 이 그림을 주도한다. 당시에 알려져 있는 아홉 개의 위성들과 내행성들 — 지구의 달과 함께 수성, 금성, 지구, 화성 — 은 두 거대한 행성 옆에서 보잘것없어 보인다. 목성은 이미 구름으로 뒤덮여 있는 것으로 관측되었으나, 라이트는 이 구름 사이로 보이는 약간의 땅과 바다를 보여 주고 싶은 마음을 참지 못했던 것 같다. 그는 그러한 세계들이 손짓을 한다고 생각했다.

이러한 순탄한 시작과 함께, 라이트는 당시에 가능했던 관측을 바탕으로 혜성의 지도를 비례에 맞게 그려 보려고 시도했다. 그 결과가 이 장 맨 앞에 있는 그림이다. A는 지구를 나타내며, C, D, E, F는 각각 1682년과 1665년과 1742년과 1744년 혜성의 핵을 나타낸다. 사실 라이트의 시대에 관측되었던 것은 — 오늘날에도 대체로 마찬가지지만 — 혜성의 핵이 아니라 코마(coma, 혜성의 핵 주변을 에워싼 기체 — 옮긴이)였다. 라이트가 사용한 핵이라는 용어는 혜성의 중심에 있는 밝은 고체를 가리키는 말로 혜성의 꼬리를 이루는 미세한 입자나 기체가 나오는 곳으로 추정된다. 그러나 우리는 핵을 둘러싸고 있는 물질 구름인 코마 때문에 핵을 직접 볼 수 없다. 라이트의 혜성 '핵' 그림에 세부 묘사가 거의 없는 것은, 핵이 코마로 에워싸여 있음을 암시하는 것일 수도 있다. 핵은 코마보다 훨씬 작아서 설사 물질 장막으로 싸여 있지 않아도 세부를 판별할 수 없을지도 모른다. 그림이 나타내듯이 지구 근처에 있는 혜성들의 코마는 지구만큼 혹은 지구보다 훨씬 더 클 수 있다.

1680년의 대혜성에 관한 라이트의 묘사는 이 장 맨 앞 그림에서 두드러진다. 이 혜성은 뉴턴이 『프린키피아』에서 혜성이 원뿔 곡선을 따라 태양 주위를 돌면서 만유인력의 법칙을 따르고 있음을 너무나 기발하게 입증해 주었던 바로 그 혜성이다. 또한 이 혜성은 핼리가 혜성에 관심을 갖는 데 일조하기도 했다. 라이트가 다른 사람들이 글로 기술한 것을 그림으로 그린 것인지, 아니면 망원경으로 본 것을 그림으로 옮긴 것인지는 알 수 없지만, 많은 혜성들이 여기에 묘사된 그림과 비슷한 모양을 하고 있다(7장, 9장, 10장 참조).

라이트는 aa라는 표시가 붙은 지역을 "혜성의 자연적 대기"라고 기술했고, 중앙의 수렴선들은 물질이 더 밀집되었음을 나타낸다고 설명했다. XX는 "태양 근처에서 팽창하면서 불타고 있는 대기와 꼬리"를 나타낸다. 이미 말했듯이 그림에 묘사된 1680년 혜성의 '핵'은 내부 코마에 불과하다. 그 위로는 잇따른 혜성 관측을 통해 흔히 핵에서 연속 분출된다고 알려져 있는 동심형 모양의 물질 갓 세 개가 있다. 이 외부 코마에 있는 섬세한 선들의 장식 무늬는 마치 혜성 핵에서 햇볕이 드는 쪽의 우주 공간으로 물질 분수가 뿜어져 나오는 것 같은 기이한 모양을 하고 있다.

그 뒤 라이트는 독자의 재미와 즐거움을 위해 태양계의 규모를 축약한 세 종류의 도해를 만들었다(106~107쪽 그림 참조). 맨 위 그림(Figure 1)에서는 수성 궤도에 비례해 태양이 그려져 있다. 가운데 그림(Fig 3)에서는 행성계 전체가 중앙의 점으로 묘사되어 있으며, 장미 모양의 혜성 궤도가 행성들의 위치를 암시해 줄 뿐이다. 맨 아래 그림(Fig 2)에서는 라이트의 시대에 알려진 행성들인 수성, 금성, 지구, 화성, 목성, 토성의 궤도가 수성 궤도에 비례해 호로 묘사되어 있다.

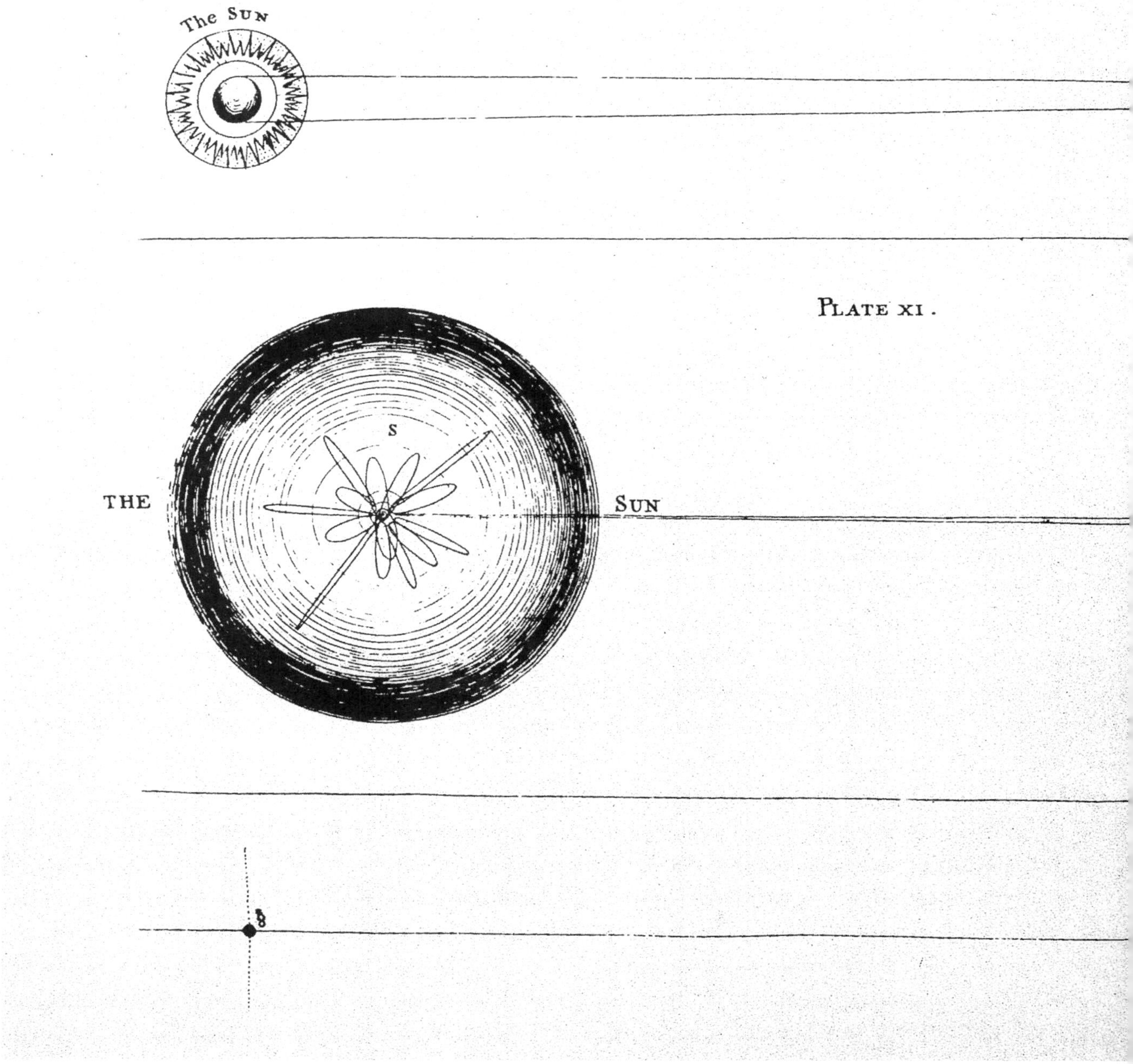

토머스 라이트가 그린 태양계의 규모. 20~21쪽의 그림과 비교해 보자. 가운데 그림(Fig 3)에 있는 장미 모양의 혜성 궤도는 보어의 원자 모형를 생각나게 한다. 더럼의 토머스 라이트가 저술하고 마이클 A. 호스킨이 편집한『우주에 관한 독창적 이론, 또는 새로운 가설』에서. 마이클 A. 호스킨 제공.

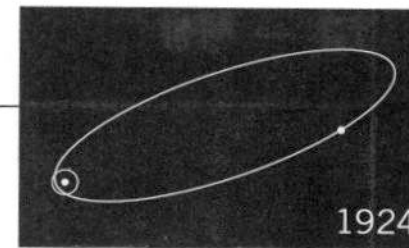

Figure 1.

P

ORBIT of MERCURI.

Fig. 3.

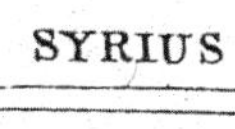

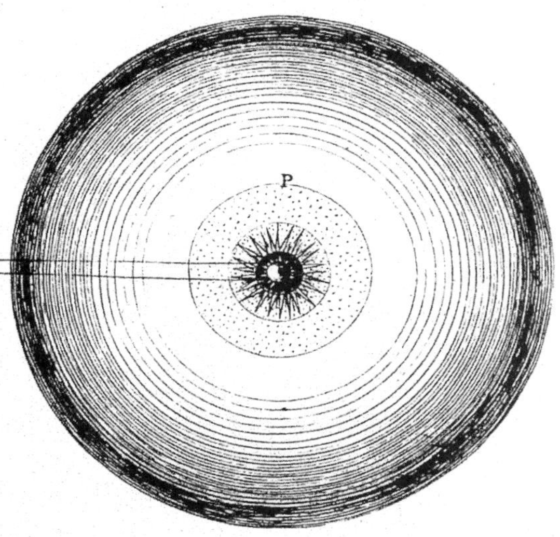

Fig. 2.

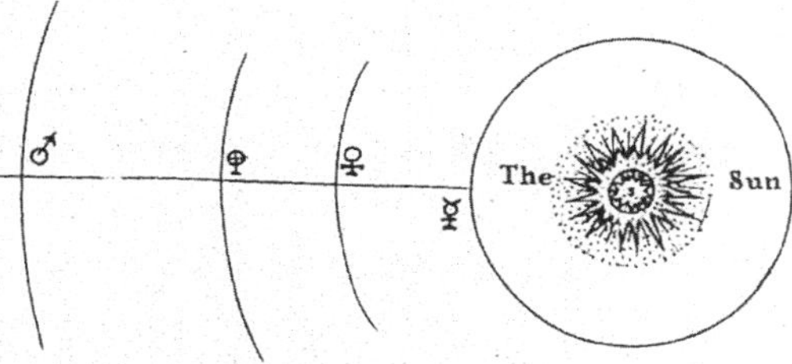

라이트는 태양계의 바깥 경계가 그 당시 가장 멀리 있다고 알려져 있는 혜성의 궤도에서 가장 긴 거리보다 약간 너머에 있다고 설정했다. 그리고 그 당시 태양과 가장 가까운 별로 여겨진 시리우스까지의 거리를 '최소 가능 거리'로 그렸다. (우리는 태양계의 바깥 경계와 태양에서 시리우스까지의 거리 모두가 라이트의 시대에 상상했던 것보다 훨씬 더 광대하다는 사실을 알고 있다.) 그는 먼 지점에서 시리우스와 태양 모두를 보고, 태양계에 도달해 혜성과 행성의 배치를 관찰하는 "새로 창조된 정신, 혹은 심오한 무지 상태에서 생각하는 존재"를 생각해 냈다. 이 존재는 시리우스 주위의 궤도에서 과연 무엇을 상상할까? 라이트는 "그야 물론 우리 같은 행성들"과 혜성들이라고 유쾌하게 대답한다.

라이트의 책은 천문학자의 시각과 천문학의 미래에 막대한 영향을 미쳤다. 그러나 이 책이 가장 중대한 영향을 미치게 된 것은 다음 해(1751년)에 《과학과 역사의 발전을 위한 자유로운 의견과 정보(*Free Opinion and Information for the Advancement of Science and of History in General*)》라는 독일의 잡지에 한 논평이 실리게 되면서였다. 쾨니히스베르크라는 대학 마을에 살고 있던, 아이작 뉴턴의 연구 범위와 정밀함에 매료되어 있던 27살의 대학원생 이마누엘 칸트(Immanuel Kant)는 이 기사를 읽은 독자 중 하나였다. 칸트는 후에 철학사에 우뚝 선 인물이 되지만, 1750년대 초에는 주로 과학에 관심을 갖고 있었다. 우주에 관한 라이트의 통찰력에 자극을 받았음에도 불구하고, 라이트의 책에 대한 논평은 단 한 편밖에 읽지 않았던 칸트는 1755년에 『일반 자연사와 천계의 이론(*Allgemeine Naturgeschichte und Theorie des Himmels*)』을 출간했다. 이 책에서 칸트는 라이트에게 큰 감명을 받았음을 밝힌다. 칸트의 책은 핼리 혜성이 돌아올 거라고 예측된 해보다 4년 전에 출간되었다.

1798년 V. H. 슈노르(V. H. Schnorr)가 그린 초상화를 따라 J. F. 바우제(J. F. Bause)가 그린 이마누엘 칸트의 초상화.

칸트와 라이트의 학문적 여정은 닮은 면이 많았지만 사생활은 판이하게 달랐다. 칸트는 선천적으로 뛰어난 머리 이외에는 타고난 이점이 거의 없었지만 라이트와 달리 부모의 아낌없는 지원을 받았다. 1미터 50센티미터도 되지 않는 작은 키에 기형의 가슴을 갖고 있었던 칸트는 일평생 건강이 좋지 않아 주로 걷기이기는 했어도 정기적으로 운동을 해야 했다. 칸트의 아버지는 말안장을 만드는 사람이었다. 라이트는 적어도 교구 목사의 딸과 사랑의 도피를 **계획하기**까지 했지만 칸트는 어머니 이외에는 다른 어떤 여자와도 가까운 관계를 맺지 못했던 것 같다. 라이트는 머나먼 미국에서 입신출세의 길을 찾아갈 준비가 되어 있었지만 칸트는 평생을 쾨니히스베르크에서 100킬로미터 이상 벗어난 적이 없었다. 라이트는 경솔하게 추문을 일으켰지만 칸트는 품위가 있었으며 다소 금욕적이었다. 라이트는 학교에서 퇴학당했지만, 칸트는 모든 선생들에게 칭찬받는 대단히 모범적인 학생이었다. 라이트와 칸트는 전혀 다른 문화에서 자란 전혀 다른 사람들이었다. 그럼에도 두 사람 모두 수많은 별과 수많은 세계가 만유인력의 법칙에 철저히 복속되어 있어서 그들의 먼 과거를 재구성하고 미래의 위치까지도 예측할 수 있다는 뉴턴의 위대한 비전에 사로잡혀 있었다.

칸트의 『일반 자연사와 천계의 이론』[1]은 많은 문제들을 다루었다. 칸트는 은하수가 평행한 두 평면에 구속된, 별들로 가득 차 있는 납작한 우주 공간이라는 라이트의 견해를 받아들였다. 칸트는 현대 천체물리학의 주요 논제인 은하의 기원과 진화를 숙고한 최초의 인물이었다. 그리고 그는 은하수가 수많은 은하들 가운데 하나이며, 각각의 은하는 별과 행성과 생명으로 가득 차 있다는 매우 대담한 추론을 전개했다. 이런 생각은 1920년대가 되어서야 완전히 증명될 만큼 매우 앞선 시각이었다. 라이트도 그러한 통찰력을 가지고 있었지만 그것을 이해하지는 못했다. 칸트는 안드로메다자리의 M31과 같은 나선 성운이 멀리 있는 은하수라고 정확히 제안했다(110쪽 그림 참조). 우리가 수많은 태양들로 이루어진 은하들의 우주에 살고 있다는 사실은 아마도 현대 천문학에서 중요한 발견일 것이다.

1 완전한 제목은 '일반 자연사와 천계의 이론, 혹은 뉴턴의 법칙에 따라 다뤄진 우주 전체의 구성과 역학적 기원에 관한 에세이'로, 다소 거창한 제목이었지만 칸트는 기대에 어긋나지 않았다.

안드로메다자리 '안'에 (하지만 훨씬 더 너머에) 있는 거대한 은하 M31. 이 사진에서 보이는 전경 별들은 모두 안드로메다자리에 있다. 200만 광년 정도 떨어져 있는 이 은하는 우리 은하에 가장 가까운 나선 은하이다. 이 사진에서는 M31의 어떤 별도 보이지 않지만, 이 은하는 수천억 개의 별을 포함하고 있다. 만약 이것이 멀리서 찍은 우리 은하의 사진이라면 태양의 위치는 이 사진의 가장자리에 있을 정도로 중심에서 굉장히 멀리 떨어져 있을 것이다. M31이 더 작은 두 개의 위성 은하를 동반하고 있는 게 보인다. 헤일 천문대, 워싱턴 카네기 연구소(Carnegie Institution of Washington), 캘리포니아 공과 대학교 제공.

『일반 자연사와 천계의 이론』에는 태양계가 널리 퍼진 성간 물질로부터 형성되었다는 최초의 추론을 비롯하여 수많은 놀라운 사실들이 가득하다. 이 아이디어는 오늘날 칸트-라플라스 가설로 알려져 있으며, 물질 구름은 이제 태양계 성운(solar nebula)이라고 불린다. 핼리가 혜성이 다시 돌아올 것이라고 예측한 1750년대에 천문학에 대한 글을 쓰는 사람에게는 너무도 당연한 일이겠지만, 칸트 역시 혜성에 대해 논의했다.

> 혜성의 가장 뚜렷한 특징은 이심률이다…… 혜성의 대기와 꼬리는 태양에 아주 가까워졌을 때 태양열 때문에 멀리까지 퍼지는데 …… 무지의 시대에는 무섭고 이상한 천체였으며, 일반 사람들은 이 천체를 상상의 운명

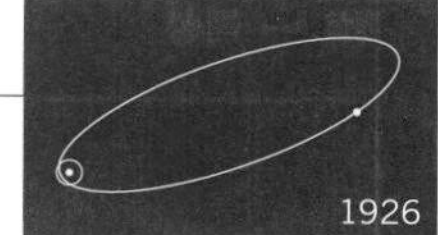

을 미리 알려 주는 전조로 여겼다.…… 그러나 혜성을 행성들과 종이 전혀 다른 특별한 천체로 여길 수는 없다.

칸트는 혜성이 "중심에서 멀리 떨어진 우주 공간에 있어서 (중력적) 인력으로 인해 약하게 움직이는 시원 물질로부터 응축한다."라고 설명한다. 그는 혜성이 행성과 달리 온갖 기울기의 궤도를 갖는다고 상상했으며, 이런 상황을 "무법의 자유"라고 묘사했다. 그는 "따라서 혜성은 어느 지역에서든 우리에게 온다."라고 언급했다.

사실 혜성의 밀도, 즉 화학적 조성을 논의하는 칸트의 출발은 깜짝 놀랄 만하다.

은하수 안에 있는 우리의 위치에서 가까운, 궁수자리 — 전경 별들을 제공한다. — 너머로 우리 은하의 중심이 보인다. 기체와 먼지로 이루어진 거대한 구름들이 이 사진을 대각선 방향으로 가로지르며 은하면을 나타낸다. 데이비드 탤런트(David Talent) 사진. 국립 광학 천문대 제공.

> 혜성에서 생성되는 물질의 특정 밀도는 그 질량의 크기보다 더 주목할 만하다. 혜성은 우주의 가장 먼 지역에서 형성되기 때문에 그 구성 입자들은 아마도 가장 가벼운 종류일 것이다. 분명 이것이 바로 혜성이 하늘의 다른 천체와 구별되는 증기 머리와 꼬리를 갖는 주요 원인일 것이다.

그러나 이제 잘못된 방향으로 나아간다.

> 혜성에서 이렇게 물질이 소실되는 이유를 태양열만으로 설명할 수는 없다. 왜냐하면 일부 혜성은 태양에 지구 거리만큼도 접근하지 않을뿐더러, 대부분은 지구와 금성의 궤도 사이까지 접근했다가 다시 돌아가기 때문이다. 만약 이 정도의 약한 열이 이 천체들의 표면 물질을 와해시키고 증발시킨다면, 혜성이 다른 어떤 것보다도 열에 약한 아주 가벼운 물질로 이루어져 있어야 하지 않을까?

칸트의 문제는 태양과 지구 사이에서 증기로 변하는 고체 물질을 찾는 것이었다. 이 글을 쓰는 바로 그 순간에 얼어붙은 프레겔 강 위로 피어오르고 있는 증기 구름을 보았다면 칸트는 답이 얼음이라는 사실을 알았을 것이다. 그것은 보통 물의 얼음이다. 지구상의 색다른 물질이 언 것도 아니고 특별한 하늘의 물질이 언 것도 아닌, 그냥 얼음 말이다.

물론, 그렇게 젊은 나이에 혜성 물질에 대한 놀라운 통찰을 보여 준 칸트에게 이런 때늦은 비난을 하는 것은 공정하지 않다. 우리는 칸트의 시대와 우리 시대 사이에 살았던 수많은 유능한 과학자들의 혜택을 입은 사람들이다. 손에 깃펜을 들고 이 놀라운 '가장 밝은 물질'이 무엇인지 궁금해하며 그 본질을 이해하려고 애쓰는 그의 모습을 상상해 보자. 수세기를 거슬러 가서 그에게 한 마디 격려의 말을 해 주고 싶기도 하다. 물론 더 간단한 설명이 있을 수 있다. 어쩌면 그의 서재에는 창문이 없었는지도 모른다. 아니 어쩌면 그는 그 여름에 『일반 자연사와 천계의 이론』 2부의 3장을 쓰고 있었는지도 모른다.

책의 다른 부분에서 칸트는 전혀 예상하지 못한 경로를 통해 거의 올바른 대답에 도달한다. 그는 과거에 지구가 토성처럼 고리로 아름답게 꾸며져 있었다고 상상한다. 그는 토성의 고리가 개별적인 궤도를 돌고 있는, 아마도 얼음들로 이루어진 작은 세계들일 거라고 올바로 추론했다. 그는 고리를 갖고 있는 지구의 하늘이 얼마나 아름다웠을지 상상하며 크게 기뻐한다.

> 지구의 고리라니! 천국 같은 지구에 살도록 창조된 존재들에게 이 얼마나 아름다운 광경이겠는가! 모든 방향에서 미소를 보내는 자연 앞에서 사람들은 얼마나 행복하였을 것인가!

그 순간, 그러한 고리가 어쩌면 「창세기」에서 말하는 '천계의 물' — 어떤 의미에서는 천계 고유의 물 — 에 대한 이상한 구절을 설명하는 건지도 모른다는 생각이 그의 머리를 스치고 지나간다. 칸트는 이 아이디어가 "이미 성서 주석자들 — 즉 물리학과 성서를 조화시키는 사람들 — 에게 아무런 문제도 일으키지 않았다."라고 언급한다. 토마스 아퀴나스(Thomas Aquinas)는 『신학 대전(*Summa Theologica*)』에서 바로 이 질문에 오랜 시간을 쏟았다. 칸트는 성서 해석학자들에게 한 가지 암시를 던졌다.

> 이 고리가 그들을 난관에서 벗어나게 하는 데 이용될 수 없을까? 이 고리는 분명 수증기로 이루어져 있으며, 최초의 지구 거주자들에게 이점을 제공했을 뿐만 아니라, 필요하다면 해체되어서 그러한 아름다움을 소유할 자격이 없는 세계를 대홍수로 벌하는 성질을 갖는다.

우리는 토성의 고리처럼, 개별적으로 궤도를 돌고 있는 위성들로 구성되어 있으며, 물로 이루어진 지구의 고리계라는 이미지를 선물받

철학자와 왕

이마누엘 칸트의 『일반 자연사와 천계의 이론』을 프리드리히 대제에게 바칩니다.

프리드리히,

가장 침착하고, 가장 강력한 왕이자 군주이시고,

프로이센의 왕이시며, 브란덴부르크의 후작이시고,

신성 로마 제국의 대법관이자 선제후이시고,

슐레지엔의 지배자이자 대공이신 분,

저의 가장 자비로우신 왕이자 군주이시며, 가장 침착하시고,

가장 위대하신 왕이시며, 가장 자비로우신 왕이자 군주이시여!

저의 부족함과 군주의 탁월하심에 대한 생각이 저를 소심하고 주눅 들게 하지는 않지만, 가장 자비로우신 군주께서 모든 신하들에게 똑같은 아량으로 베푸시는 은혜에 의지하여 저의 무모함이 탐탁지 않게 보이지 않기를 바랍니다. 폐하의 발 앞에 엎드려 여기에 증정하는 이 책은 폐하의 학자들이 폐하의 격려와 보호 속에서 다른 나라의 과학과 우열을 다투고 있다는 작고 미미한 증명이 될 것이라고 생각합니다. 만약 한없이 미천하고 보잘것없는 제가 조국의 발전에 조금이나마 도움이 되기 위하여 쓴 이 소론이 우리 군주의 고귀한 동감을 얻게 된다면 더 이상 행복할 수가 없겠습니다. 죽기까지 깊은 헌신을 약속드리며 저는 폐하의 가장 미천한 시종입니다.

1755년 3월 14일

쾨니히스베르크에서

저자 올림

았다. 『일반 자연사와 천계의 이론』에서 칸트는 실제로 지구에 가까운 우주 공간에 있는 물 — 고체든 액체든 기체든 — 로 이루어진 천체들이 있음을 제안한다. 혜성이 얼음으로 이루어져 있을지도 모른다는 사실은 전혀 고려하지 않았지만 아슬아슬할 정도로 진실에 가까이 접근한 것이다.

칸트는 혜성이 토성의 궤도 너머에 이심률이 크고 온갖 방향으로 기울어져 있는 천체들의 구름 속에서 응축된 것으로, 혜성이 내행성계로 들어와 지구 궤도에 접근하면 태양열 때문에 데워져 표면에서부터 증발이 일어난다고 주장했다. 또한 꼬리는 이러한 증기로 이루어져 있으며, 태양의 어떤 전기적 작용 때문에 태양 반대편으로 불려 날아간다고 주장했다. 혜성이 얼음으로 이루어져 있다는 사실에 근접한 추론은 말할 것도 없고, 칸트의 이러한 주장도 1755년 당시에는 이해하기 어려운 설명이었다.

칸트가 31세 때 인쇄된 이 책은 프리드리히 대제(Friedrich the Great)에게 헌정되었다. 그러나 안타깝게도 이 책은 이 프로이센의 황제를 비롯한 다른 어느 누구에게도 배포되지 못했다. 책의 인쇄가 끝나 발행되는 단계에서 발행인이 파산했기 때문이다. 당국에 아첨하는 헌정의 글은 그 시대의 특징이었다. 이 헌정의 글 「철학자와 왕(The Philosopher and the King)」은 114쪽에 실어 두었다. 사실 칸트는 프리드리히의 열렬한 지지자도 아니었으며, 18세기 말에는 미국과 프랑스의 반귀족주의 혁명에 대해 강력한 공감을 표명하기도 했다. 칸트는 조국이 전쟁에만 몰두하고 교육에는 전혀 신경을 쓰지 않는다고 여러 차례 불평하기도 했다.

칸트는 또한 종교적인 문제에도 매우 신중했다. 뉴턴의 물리학을 기초로 한 태양계의 자연적 진화에 대한 설명이, 혹시라도 널리 보급되어 있는 기독교적 신앙을 모독하는 주장으로 들릴까 봐 걱정했다. 그는 국교 신봉자들이 다음과 같이 주장할 것이라고 예측했고, 그것은 정확히 들어맞았다.

> 만약 그 모든 질서와 아름다움을 갖고 있는 세계의 구조가 그저 그 자체의 우주의 운동 법칙에 맡겨진 물질의 효과일 뿐이라면, 그리고 만약 자연의 보이지 않는 역학이 혼란으로부터 그렇게 놀라운 창작품을 발달시킬 수 있다면, 우주의 아름다운 광경에서 이끌어 낸 신성한 조물주의 증거는 그 힘을 완전히 잃는다. 따라서 자연은 그 자체만으로도 충분할 것이며 신의 정부는 필요하지 않게 된다……

따라서 우주가 어떻게 작동하는가에 대한 진실이 교리를 파멸시키는 결과를 초래한다면 그 진실을 탐구하는 게 위험할 수도 있다. 이 논의는 지금도 여전히 계속되고 있다. 이런 사실에 비추어 칸트는 이렇게 말한다. "나는 내 스스로가 종교의 의무를 중시한다는 사실을 확신할 때까지 이 일에 착수하지 않았다." 칸트는 만약 자신의 과학적 아이디어를 전통적인 종교의 교리에 맞출 수 없었다면 이를 언급하지 않았을 거라고 주장한다.

그런 조심스러운 태도에도 불구하고 칸트는 1788년에 평생 처음으로 정치적이자 종교적인 논쟁에 휘말리게 되었다. 프리드리히 대제의 계승자인 프리드리히 빌헬름 2세(Friedrich Wilhelm Ⅱ)가 유럽 문화에 과학과 합리주의를 가져왔던 계몽 운동의 유해한 가르침들을 근절시키자는 운동을 벌이기 시작한 것이다. 칸트는 1794년에 비밀 명령을 받고 자신의 철학이 '오용'되고 있음을 개탄했다. 철학의 용도에 대해 더 많이 알고 있는 사람이 프로이센의 황제겠는가 이마누엘 칸트이겠는가? 그러나 칸트는 그의 가르침들은 널리 퍼져 있는 기독교적 지혜를 충분히 존중하지 않는다는 이유로 분명한 경고를 받았다. "만약 귀하께서 계속 이 명령에 이의를 제기한다면, 확실히 좋지 못한 결과가 초래될 것입니다." 칸트는 곧 자신의 복종을 입증하고자 시도했다. "변설과 인간의 내부 모순의 부인은 비열하지만, 현재와 같은 경우에는 침묵하는 것이 신하의 의무입니다. 그리고 인간이 말하는 모든 것이 반드시 진실이어야 하더라도, 모든 진실을 공공연히 말하는 것이 인간의 의무라고 할 수는 없습니다." 그는 이 문제에 있어서 약자에 지나지 않았다.

1899년에 칸트의 전기를 썼던 프리드리히 파울젠(Friedrich Paulsen)은 20세기 전기에 독일이 겪은 비극적 역사에 비추어 다소 흥미로운 인물 평가를 한다.

> 어쩌면 우리는 칸트의 도덕론과 프로이센의 본질 사이에 내밀한 관계가 있다고 말해야 할지도 모른다. 봉사로서의 삶이라는 개념, 모든 것을 법칙에 따라 규제하려는 경향, 인간의 본성에 대한 확실한 불신, 그리고 삶의 자연적 충만의 부족 같은 것이 둘 사이의 공통된 특징이다. 여기서 우리가 만나는 것은 대단히 존경할 만한 인간의 특성이지 결코 매력적인 인간 특성이 아니다. 이 특성은 의무의 외적 수행과 딱딱한 교조적 도덕성으로 타락할 냉정하고 엄격한 뭔가를 갖는다.

칸트의 철학은 세계에 대해 뉴턴의 통찰이 일반적으로 함축하는 바를 이해하려는 시도에서 시작되었다. 칸트의 철학 대부분은, 완전이라는 망상 아래 과장되고 형식주의적이며 인간 중심적인 세계관으로 광범위한 영향력을 미치고 있던 고트프리트 빌헬름 라이프니츠(Gottfried Wilhelm Leibniz)의 철학과 지속적으로 대립했다. (라이프니츠는 뉴턴이 장기적인 싸움을 시작했던 많은 사람들 가운데 하나였다.) 칸트는 『순수이성 비판(*Kritik der Reinen Vernunft*)』에서 자신이 철학에서 코페르니쿠스(Copernicus)와 같이 획기적인 혁명을 이루어 냈다고 공표했다. 코페르니쿠스는 태양과 달과 별들의 겉보기 운동이 실은 관측자의 운동 때문임을 입증했던 인물이다. 라이프니츠가 단언했던 일부 쟁점들 — 불멸과 자유와 신을 포함하는 — 은 이해하기 쉬웠다. 그러나 칸트는 이것들이 본질적으로 인간이 완전히 경험할 수 없는 것들이며 사실상 대개 미지수라고 주장하면서, 라이프니츠가 실체가 아닌 망상을 제시한다고 논박했다. 이런 주장은 자극적이었고, 당국은 칸트의 사상을 불온한 것으로 여겼다.

철학사에서 칸트는 대단히 권위 있는 역할을 수행하고 있지만, 만약 그가 젊은 시절의 훌륭한 과학적 연구를 계속했더라면, 그리고 철학은 다른 이들의 몫으로 남겨 두었더라면 더 좋지 않았을까 생각한다. (물론 이것이 이단적인 견해라는 사실을 인정한다.) 칸트의 묘비에는 그가 남긴 말이 새겨져 있다.

> 별이 빛나는 하늘과 내면의 도덕률이 그 어느 때보다 새롭고 커가는 감탄과 경외로 정신을 채우네 …….

에드먼드 핼리는 1682년의 혜성이 1758년 말에 돌아올 거라고 예측했다. 그의 예언이 왜 당시에 사람들을 전혀 흥분시키지 못했는지는 쉽게 알 수 있다. 1758년은 반세기도 넘는 미래였다. 1742년에 사망한 핼리의 사망 기록에는 그가 어떤 혜성의 귀환을 예측했다는 언급이 전혀 없다. 대신 그의 탐험 항해와 그가 발명한 잠수종에만 많은 관심이 쏠려 있다.

그러나 1757년 무렵, 뉴턴의 중력 물리학이 미래를 예측하는 데 이용될 수 있다고 믿는 사람들이 있었다. 그들 가운데는 13세에 첫 번째 논문을 출간한 프랑스의 뛰어난 수학자 알렉시 클레로(Alexis Clairaut)도 포함되어 있었다. 클레로는 1682년 혜성의 궤도에 대한 핼리의 표와 그 혜성의 예측된 귀환 시점을 개선해 보기로 결심했다. 물론 "관측과 계산이 설득력을 얻기 위해서는" 개선된 예측이 혜성이 돌아오기 전에 발표되어야만 했다. 그러나 이 혜성은 빠르게 접근하고 있었고, 150년이라는 기간에 걸친 목성과 토성과 지구와 혜성의 중력적 상호 작용을 엄밀하게 계산하는 것은 너무 엄청난 일이었다. 클레로는 천문학자 조제프 제롬 드 랄랑드(Joseph Jérôme de Lalande)가 그 일을 도와주기로 약속했다고 주장했지만 랄랑드의 말을 들어 보면 오히려 그 반대였다. 클레로는 세 번째 멤버에 대해서는 공식적인 언급

V.

Anzeige
daß der im Jahre 1682 erſchienene
und von Halley
nach der Newtonianiſchen Theorie
auf gegenwärtige Zeit
vorherverkündigte Comet
wirklich ſichtbar ſey;
und was derſelbe in der Folge der Zeit
für Erſcheinungen haben werde,
von
einem Liebhäber der Sternwiſſenſchaft.

Der Comet, welchen die Aſtronomen bisher ſo ſehnlich erwartet haben, derjenige nämlich, welcher 1682 ſichtbar geweſen, und nach der Newtonianiſchen Theorie von Halley am erſten unter allen Cometen mit Zuverläßigkeit auf die gegenwärtige Zeit vorher verkündiget worden, iſt wirklich erſchienen; wiewol man ihn itzo nicht anders, als nur durch Ferngläſer, (wobey ich mich eines dreyſchuhigen aſtronomiſchen Tubi bedienet) wahrnehmen kann. Man wird ihn aber in der Folge der Zeit deſto anſehnlicher erblicken, ja er wird unter die ſo genannten großen Cometen mit Recht zu zählen ſeyn, nur
U 5 daß

"대단해! 대단해! 핼리의 혜성이 예정대로 돌아오다." 이 말은 사실이지만 1759년 1월 말 《함부르크 매거진(*Hamburgisches Magazin*)》 1면에 실린 내용을 그대로 번역한 것은 아니다.

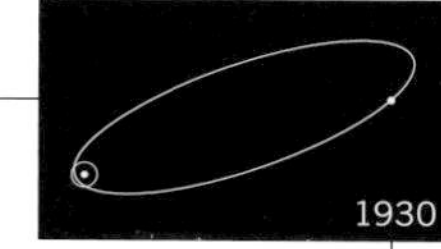

을 하지 않았다. 그럼에도 — 랄랑드가 후에 시인했던 것처럼 — 그 사람이 없었더라면 두 사람은 감히 혜성이 돌아오기 전에 계산을 완료할 엄두도 내지 못했을 것이다.

우리는 놀라운 생애를 살면서도 한없이 조심스러웠을 니콜렌 에타블 드 라 브리에르 르포트(Nicole-Reine Etable de la Brière Lepaute)의 삶을 상상할 수 있다. 그 당시는 상류 사회의 여성들이 외모와 가사 경영 능력과 활발한 사교 능력으로 평가받던 시대다. 르포트 부인은 이러한 이상들을 충족시켰을 뿐만 아니라 훌륭한 수학자이기도 했다. 이 점에 관해서는 랄랑드의 저서인 『천문학 서지(*Astronomical*

니콜렌 에타블 드 라 브리에르 르포트의 초상화. 기욤 부아리오(Guillaume Voiriot) 그림. 미셸앙리 르포트(Michel-Henri Lepaute) 제공.

는 오래전에 사망한 핼리가 뉴턴의 법칙들을 이용해 성공적으로 미래를 예측했다는 사실을 첫 번째로 확인했다. 이 혜성은 정확한 시간에 어김없이 찾아왔고, 핼리가 예측한 바로 그 하늘에 나타났다. 혜성 천문학에 기여한 많은 사람들 가운데 하나인 열성적인 아마추어 천문학자 팔리치는 이 사실을 서둘러 전 세계에 보고했다. 핼리의 탕아 혜성이 돌아왔다. 이 혜성은 클레로, 랄랑드, 르포트가 예측했던 날짜에서 한 달 정도 앞선 1759년 3월 13일에 근일점에 도달했다. 과학은 신비주의자들이 실패한 바로 그 지점에서 성공을 거두었고 뉴턴의 예언은 실현되었다.

많은 사람들이 핼리와 그의 작업을 이은 프랑스 계승자들이 이루어 낸 업적을 알아보았다. 그들은 과학의 미래를 위한 계획과 목적과

사무엘 스콧(Samuel Scott)이 그린 1759년의 핼리 혜성. 《일러스트레이티드 런던 뉴스(*Illustrated London News*)》(235권, 1959년 10월 31일)에서. 미국 의회 도서관의 루스 S. 프라이태그 제공.

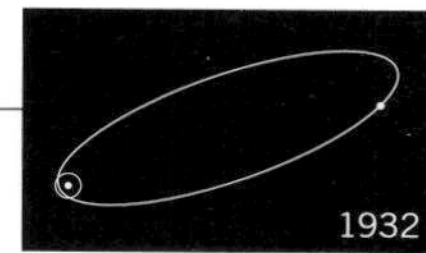

이상을 확립시켰다. 라플라스는 "천문학이 혜성의 운동을 통해 보여 준 규칙성은 모든 현상에 어김없이 존재한다."라고 결론 내렸다.

목성 옆을 지나가는 혜성 핵의 조각들. 목성의 극 지역이 보인다. 이 불규칙한 커다란 얼음 조각들은 내행성계 쪽으로 접근하는 동안 각각 꼬리를 발달시킬 것이다. 마이클 캐럴 그림.

5장

방랑자 혜성들

그대 또한, 아름답고 맹렬한 혜성이여,
이 덧없는 우주의 심장부로 다가오네.
그대 자신을 향해, 저 격동 속에서 산산이 부서질 때까지,
끌어당기고 밀쳐내기를 번갈아 하며,
오, 푸른 하늘로 또다시 떠가네!

—퍼시 셸리, 「에피사이키디온」, 1821년

1758년에 핼리 혜성이 성공적으로 귀환함으로써, 우리가 규칙적인 우주에 살고 있다는 뉴턴의 견해가 전 세계 사람들에게 입증되었다. 많은 사람들은 예측 가능한 행성들의 운동과 핼리 혜성(그리고 나중에는 그 형제들)의 주기적인 출현에서 신의 손을 보았다. 새로운 혜성을 찾고 그 궤도를 결정하는 일은 이제 유행하는 오락이 되었다. '이성의 시대'를 낙관적으로 찬양했던 미국 독립 전쟁과 프랑스 혁명 시기에, 혜성의 규칙적인 운동은 인류가 지독한 미신으로부터 점차 탈출하고 있음을 암시하는 동시에, 장엄하고 기품 있는 신의 목적이 혜성의 모든 궤도에 뚜렷하게 나타나는 것으로 생각되었다.

그러나 더 많은 수의 혜성을 조사해 보니 다소 기이한 특징과 뉴턴 역학의 규칙성에서 벗어나는 불온한 이탈이 발견되었다. 태양 주위를 몇 년마다 한 번씩 도는 단주기 혜성 부류는 모두 내행성계에 있는 혜성들 사이에서 발견되었다. 예컨대 1786년에 발견된 엥케 혜성은 태양 근처로 올 때마다 태양계 가장 안쪽에 있는 행성인 수성보다도 태양에 더 가깝게 지나갔다. 1819년에 J. F. 엥케(J. F. Encke)는 나중에 자신의 이름을 갖게 될 이 혜성의 반복되는 귀환을 연구하는 중이었다. 이 혜성은 주기가 3.3년밖에 되지 않으므로 관찰해야 할 궤도들이 많았다. 그런데 놀랍게도 엥케는 이 혜성이 근일점을 통과할 때마다 2시간씩 일찍 도착한다는 사실을 발견했다. 심지어 목성과 다른 행성들이 일으키는 섭동 작용을 적절히 고려해도 이 사실에는 변함이 없었다. 뭔가 중요한 미스터리가 있는 게 분명했지만 엥케는 풀지 못했고 이 문제는 새로운 천문학을 곤경에 빠뜨렸다. 혜성은 그동안 정확하고 보편적인 중력 법칙의 증거로 선전되어 왔는데, 적어도 이 혜성만은 그 법칙을 따르지 않았기 때문이다. 뉴턴조차도 모든 혜성이 시간을 어기지 않고 운행하도록 만들 수는 없었다. "중력 법칙을 따르지 않는다."라는 표현의 유래는 이 시대까지 거슬러 올라간다. 당시 대부분의 과학자들은 설사 여기에 어떤 특별한 힘이 추가로 작용하더라도 뉴턴의 중력 법칙은 유효할 것이라고 생각했다. 그러나 그게 도대체 무엇이

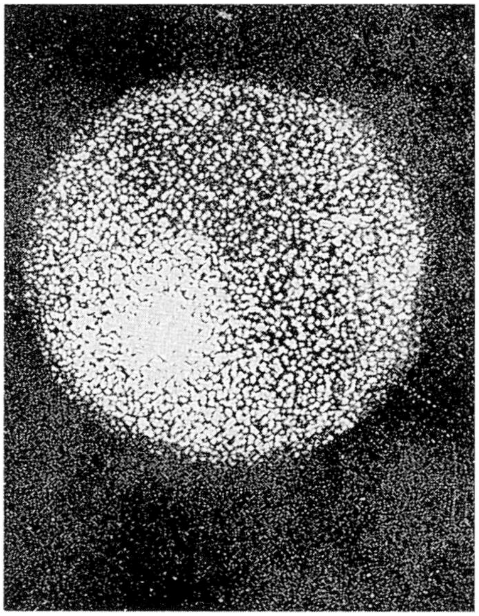

1828년 11월 30일에 관측된 엥케 혜성의 코마를 묘사한 그림. R. A. 리틀턴(R. A. Lyttleton)이 그의 책『혜성과 그 기원(*The Comets and Their Origin*)』(케임브리지 대학교 출판부, 1953년)에서 제공.

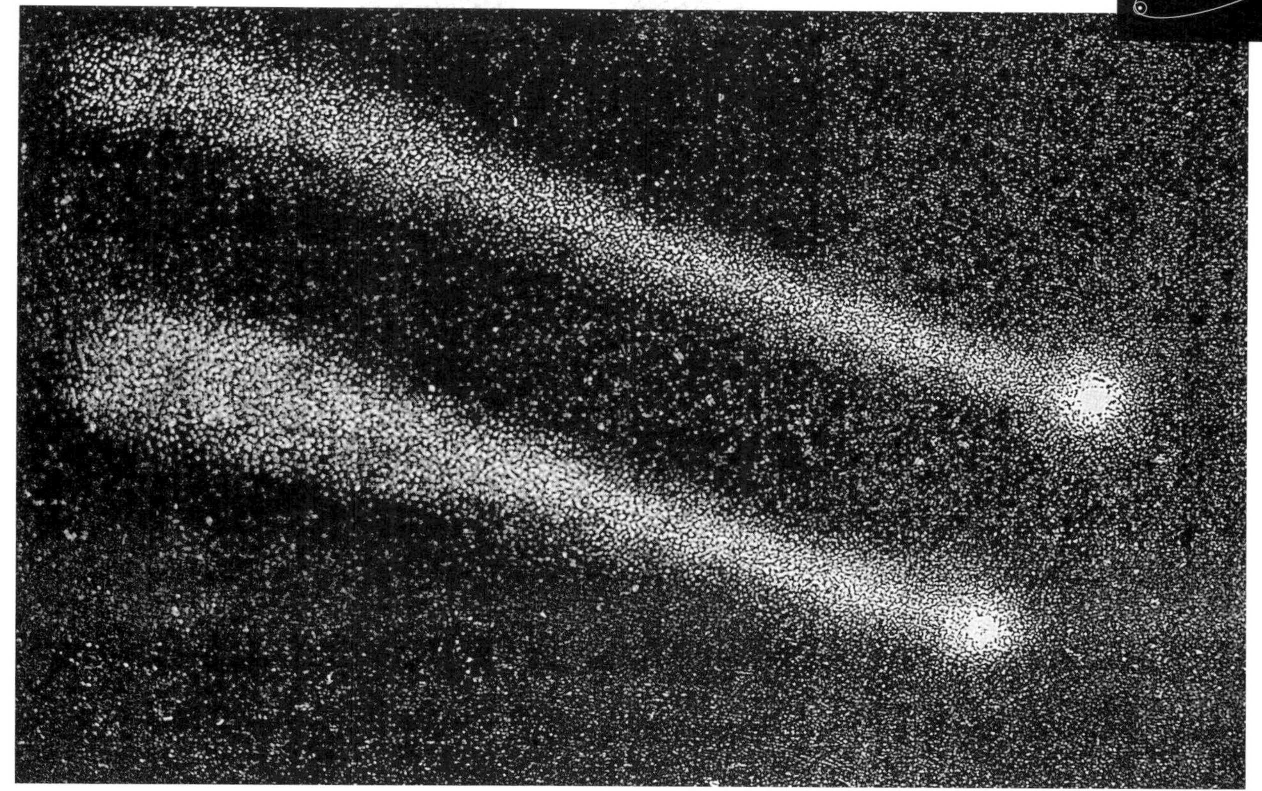

1846년의 출현 때 망원경으로 관측된 비엘라 혜성과 강바르 혜성을 묘사한 그림. 이 혜성은 1832년의 출현 이후 둘로 쪼개졌다. 카미유 플라마리옹의 『대중 천문학(*Astronomie Populaire*)』(파리, 1880년)에서.

란 말인가?[1]

1826년 2월 27일에 빌헬름 폰 비엘라(Wilhelm von Biela)라는 한 오스트리아군 소령이 남아프리카에서 하늘을 올려다보다가 새로운 혜성처럼 보이는 것을 발견했다. 열흘 뒤 프랑스의 천문학자 장 펠릭스 아돌프 강바르(Jean Felix Adolphe Gambart)가 마르세유에서 이 혜성을 다시 발견했다. 두 사람 모두 궤도를 계산했고, 7년이 조금 안 되는 주기를 이끌어 냈다. 또한 두 사람 모두 1772년과 1805년과 1826년에 관측된 혜성들이 똑같은 천체라는 사실을 알아보았다. 그 뒤 두 사람 사이에는 혜성 발견의 우선권을 놓고 불쾌하고 인색한 논쟁이 벌어졌

1 제안된 가능성들 가운데에는, 검출되지 않는 엄청난 양의 성간 먼지로 인한 마찰력, 한때 빛을 전달하는 매개물로 생각되었던 가상의 물질인 '에테르'의 저항, 그리고 역제곱 법칙으로부터 중력의 작은 이탈 등이 있었지만 모두 잘못된 것이었다.

다. 이것을 비엘라 혜성이라고 불러야 할까 강바르 혜성이라고 불러야 할까? 한편 강바르는 **자신의** 혜성이 1832년 10월 29일 무렵에 돌아와서 지구와 충돌할 것이라는 불안한 예측까지 했다. 이 혜성은 예정대로 출현하기는 했지만 지구와 충돌하지는 않았다. 상상컨대 1832년 가을 마르세유 천문대에 모인 사람들은 몇몇 이유들로 두려움에 떨고 있었을지도 모른다.

이 혜성은 다시 돌아와 1839년에 근일점을 통과할 것으로 예측되었으나, 지구에 가장 가까이 접근했을 때 하늘에서의 위치가 태양에 매우 가까워서 빛 때문에 혜성이 전혀 보이지 않았다. 그러나 1846년에 출현했을 때는 관측하기가 더 좋았고, 천문학자들이 놀라서 망원경을 들여다보고 있을 때 한 개가 아닌 두 개의 혜성이 각각 꼬리를 달고 거의 동일한 경로에 나타났다. 다음 몇 주 동안 두 혜성은 서로 번갈아 가며 더 밝게 빛나는 식으로 그 상대 밝기를 계속 변화시켰다. 한동안은 두 혜성을 모두 감싸는 공통 코마까지 볼 수 있었다. 이런 혜성의 모습이 어찌나 기이했던지 이 쌍둥이 혜성을 최초로 발견한 천문학자는 망원경의 내부 반사로 치부해 버리는 실수를 범하고 말았다. 혜성이 어떻게 자신과 똑같은 것을 만들어 낼 수 있었는지는 숙고해야 할 미스터리였지만, 적어도 이 발견은 비엘라와 강바르 사이의 우

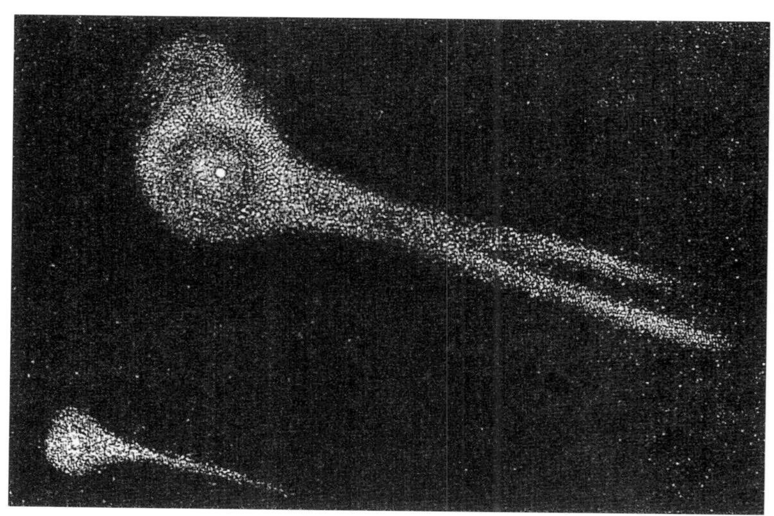

망원경으로 관측된 쪼개진 비엘라 혜성의 모습. 아메데 기유맹의 『하늘』(파리, 1868년)에 실린 스트루브(struve) 그림.

선권 싸움에 '솔로몬식 해결책'을 제공했다. 1852년의 출현 때에도 두 혜성은 200만 킬로미터쯤 떨어져 있기는 해도, 여전히 거의 동일한 궤도를 여행하고 있는 것으로 관측되었다. 두 혜성은 그 후 다시는 관측되지 않았다. 일찍 혹은 늦게 도착한 혜성들, 쪼개져서 스스로를 재생산한 혜성들, 사라진 혜성들, 이 모두는 혜성만이 뉴턴의 시계 장치에 전적으로 부합한다는 견해를 약화시켰다.

비록 비엘라/강바르 혜성이 다시 돌아오지는 않았지만 그럼에도 이 혜성은 당황한 지구의 천문학자들에게 한층 더 큰 놀라움을 안겨주었다. 이 혜성이 영원히 사라져 버리고 수십 년 뒤, 지구에서 안드로메다자리 유성우 — 수천 개의 밝은 '별똥별들'이 가을밤을 밝게 비추는 — 라고 불리는 11월의 유성우가 시작되었다. 그런데 안드로메다자리 유성군에 있는 유성들의 궤도를 추적해 보았더니 정확히 비엘라/강바르 혜성과 같은 경로를 갖는 것으로 드러났다. 여하튼 두 혜성은 기본적으로 동시에 붕괴했고, 이 혜성과 우리 행성의 궤도가 교차할 때 지구 대기 속으로 들어올 수많은 미세한 파편들을 남겼다. 그때 이후부터 두드러진 유성우의 대부분은 혜성의 궤도와 연관되었다. 유성 — 전 세계에서 별똥별이라고 불리는 — 은 하늘을 질주하다가 몇 분 뒤에는 꼬리가 사라진다. 그러나 혜성은 질주하지 않는다. 또 가장 밝은 혜성의 경우 몇 달 동안 육안으로도 볼 수 있다. 이러한 차이점에도 불구하고 유성과 혜성이 관련된 것처럼 보이기 시작했다. 혜성이 사실은 자체 중력으로 인해 모인 미세한 입자 무리라는 아이디어가 뿌리를 내렸다. 즉 미세한 입자들이 모두 함께 모여 한 무리로 움직이면 혜성으로 보이지만, 지구 대기에 개별적으로 진입하면 유성으로 보인다는 것이었다. 혜성의 핵을 궤도 운동을 하는 자갈 또는 모래 무리로 보는 모형이 천문학자들의 마음을 사로잡았다.

1744년에 드 슈조(de Chesaux) 혜성이 화려하게 출현했다. 꼬리가 여섯 개의 똑같은 '광선'으로 갈라져 있었고, 유럽 인들은 지평선 위에서 혜성의 꼬리를 볼 수 있었다. 혜성의 머리(그리고 태양)는 지평선 밑에

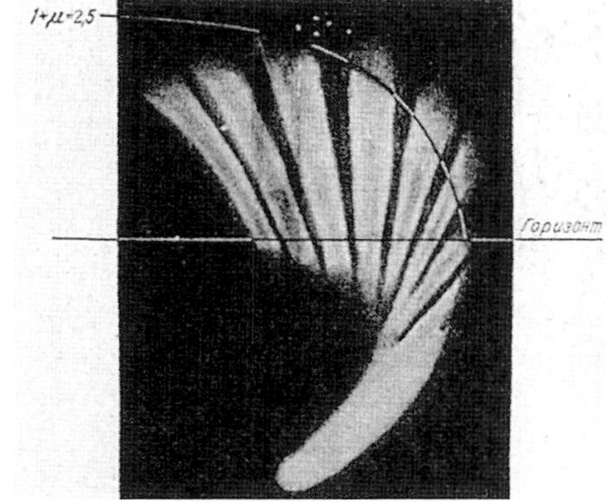

1744년의 드 슈조 혜성 그림. 수평선은 지평선을 나타낸다. S. V. 오를로프(S. V. Orlov)의 『혜성의 본질에 대하여(*On the Nature of Comets*)』(소련 과학 아카데미, 1960년)에서.

놓여 있었다. 이 혜성은 석판 인쇄와 과학 도해, 그리고 화폐 주조로 기념되었다. 이제 수십 년마다 밝은 혜성 하나가 지구로 접근한다는 일반적인 예상이 확립되고 있었다.

처음으로 기록된 단주기 혜성은 '헬프렌츠라이더(Helfrenzrieder) 1766 Ⅱ'라고 불리는 것이다. 그러나 이 혜성은 지구 옆을 한 번 지나간 뒤 영원히 사라졌다. 두 번째 단주기 혜성은 1770년에 지구에 매우 가까이 다가온 렉셀(Lexell) 혜성이다. 앤더스 렉셀(Anders Lexell)은 이 혜성의 궤도를 계산했고, 5년이 조금 넘는 주기를 이끌어 냈다. 이 혜성은 지구 옆을 너무나 가까이 지나가는 바람에 일시적으로 우리 행성의 중력에 잡혀 그 주기가 거의 3일이나 — 훨씬 더 큰 지구의 주기는 한 해에 1초도 변하지 않았으나 — 감소되었다. 1776년에는 렉셀 혜성이 보이지 않았는데, 이는 이전 출현 때보다 지구에서 훨씬 더 먼 거리

지평선 위로 보이는 1744년의 드 슈조 혜성의 꼬리. 머리는 지평선 밑에 있다(129쪽 그림 참조). 아메데 기유맹의 『하늘』(파리, 1868년)에서.

에 있었기 때문이다. 천문학자들은 1781년에는 이 혜성을 확실히 볼 수 있을 거라고 대중들을 안심시켰다. 그러나 1781년이 다 지나도록 렉셀 혜성은 돌아오지 않았고, 나중에 혜성의 궤도에서 어떤 유성우도 발생하지 않았다. 무슨 일이 벌어졌던 걸까?

이 의문을 푼 사람은 바로 렉셀 자신과 라플라스였다. 사실상 두 사람은 거대한 수학적 태양계[2]를 구상하고, 단 한 번의 출현이 있었던 1770년을 기준으로 렉셀 혜성(그리고 행성들)의 운동을 계산하기 시작했다. 컴퓨터가 등장하기 전이었으므로 계산하는 일이 쉽지는 않았다. 두 사람은 이 혜성이 1781년에 다시 출현하지 않았던 것은 2년 전에 목성에 극도로 가까이 접근해서 이 거대한 행성의 커다란 네 위성 사이를 헤치고 지나갔기 때문이라는 사실을 알아냈다. 일찍이 핼리도 목성에서 훨씬 더 멀리 떨어져 지나가는 그의 혜성의 궤도 특성들이 목성의 중력에 이끌려 조금 변한다는 걸 발견했다. 그러나 여기에 있는 렉셀 혜성은 목성에 너무 가까이 지나가는 바람에 궤도가 극적으로 변했던 게 틀림없었다. 이 혜성은 또 다른 궤도로 던져져서 지구 근처 어디로도 돌아오지 못했다. 어쩌면 태양계에서 완전히 밀려났거나 목성이나 그 위성 하나와 충돌했는지도 모른다. 렉셀 혜성은 지구와 목성 모두에 가까이 접근했을 때 그 혜성에 걸터앉아 있을지도 모르는 관측자에게 아주 놀라운 광경을 보여 주었을 것이다. 라플라스는 때때로 혜성이 행성과 충돌할지도 모른다는 생각을 하지 않을 수 없었고, 혜성이 만약 지구와 충돌한다면 어떤 결과가 빚어질지 궁금해했다(15장 참조).

라플라스의 시대인 19세기 초에는 알려진 혜성들이 세 부류로 나뉘었다. 단주기 혜성들(렉셀 혜성, 엥케 혜성, 그리고 나중에 발견된 비엘라/강바르 혜성)은 수년의 주기를 갖고 있었고, 완전히 내행성계에서만 살았다. 수백 년의 주기를 갖는 것으로 측정되는 장주기 혜성들(1680년의 대혜

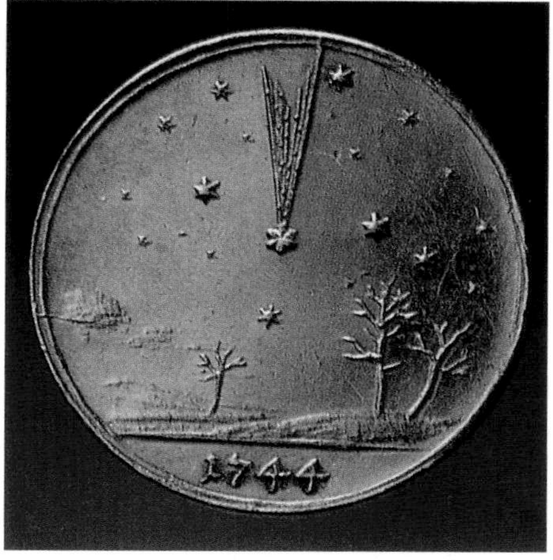

브레슬라우에서 우연히 발견된 1744년의 한 독일 메달. 여섯 개의 꼬리를 가진 드 슈조 혜성을 묘사하고 있다. 이 혜성은 가장 밝은 별들보다도 더 밝게 나타나 있다. 실제로 1744년 3월에 이 혜성은 대낮에도 보일 정도로 밝았다. 미국 화폐 학회 제공.

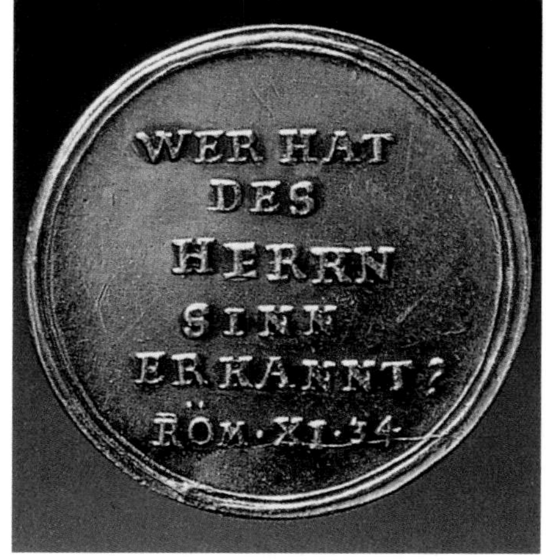

드 슈조의 혜성을 기념하는 독일 메달의 뒷면. 「로마서」 11장 34절에 나오는 구절인 "누가 신의 마음을 알겠는가?"가 새겨져 있다. 미국 화폐 협회 제공.

2 위성들과 행성들의 주기와 거리가 표현된 태양계의 수학적 모형을 말한다. 라플라스와 렉셀은 어떤 기계 모형도 만들지 않았으며 두 사람의 태양계는 순수한 수치 계산의 산물이었다.

성)은 그 당시 알려진 가장 먼 행성 너머로 뻗는 궤도를 갖고 있었다.[3] 그러나 대부분의 혜성은 '새로운' 것들이었는데, 그들의 궤도 주기는 가용 데이터를 이용해 구할 수 없을 정도로 길었다. 이러한 세 혜성 부류는 구성 물질도, 기원도 다를까? 아니면 한 부류의 구성원들이 또 다른 부류로 진화해 나가는 식으로 서로 관련되어 있을까? 서방 세계 도처에서 혁명의 분위기가 감돌고 있었고, 절대 군주제가 참여 민주주의와 같은 것으로 빠르게 바뀔 수 있다는 생각이 퍼지자, 많은 사람들은 지금까지는 터무니없는 것으로 여겨졌던 어떤 특별한 변화들이 자연의 다른 영역에서는 가능하지 않을까 하는 생각에 빠졌다. 동시대 사람들 대부분이 우주의 주요 특징들 — 반드시 신이 만들었다는 증거로서 — 을 영원히 변하지 않는 것으로 여기고 있을 때, 라플라스가 진화론적 관점에서 얼마나 성공적으로 사고했는지만 보아도 그의 천재성을 엿볼 수 있다.

라플라스는 목성의 중력이 근처를 돌아다니는 새로운 장주기 혜성들을 잡아 단주기 혜성으로 변환시킨 뒤 내행성계에 머물게 하는 일종의 그물이라고 주장했다. 이 주장에 대한 현대적 해석은 다음과 같다. 단주기 혜성의 60퍼센트가 목성 궤도 가까이에 원일점을 가진다. 또 목성에 가까운 한 개의 궤도 교점 — 혜성의 궤도면이 태양 주위를 도는 행성의 궤도면과 만나는 지점 — 을 갖는 혜성은 훨씬 더 많다. 반대로 새로운 혜성들이나 장주기 혜성들의 궤도는 목성과 아무런 관련을 보여 주지 않는다. 또한 일부 단주기 혜성 — 예컨대 완전히 지구형 행성들의 영역에만 한정되어 있는 혜성 — 들은 목성에 대해 전혀 모른다. 그러나 목성과 관련된 궤도 특성을 갖는 단주기 혜성들이 너무 많으므로 이들은 목성족 혜성이라고 불린다.

그렇다면 목성은 목성족 혜성과 어떤 관련이 있을까? 일찍이 일부 천문학자들은 바로 목성이 이 혜성들의 **출처**이며, 혜성들이 이 가

프랑스의 유명한 수학자이자 물리학자이며 천문학자인 라플라스는 혜성 궤도의 성질과 진화를 이해하는 데 중요한 역할을 했다. 과학에 대한 라플라스의 기여는 크고 다양했다. 그는 1780년에 라부아지에와 함께 호흡이 연소의 한 형태라는 사실 또한 입증했다.

3 핼리 혜성은 200년 미만의 주기를 갖고 있으므로 오늘날 단주기 혜성으로 분류된다.

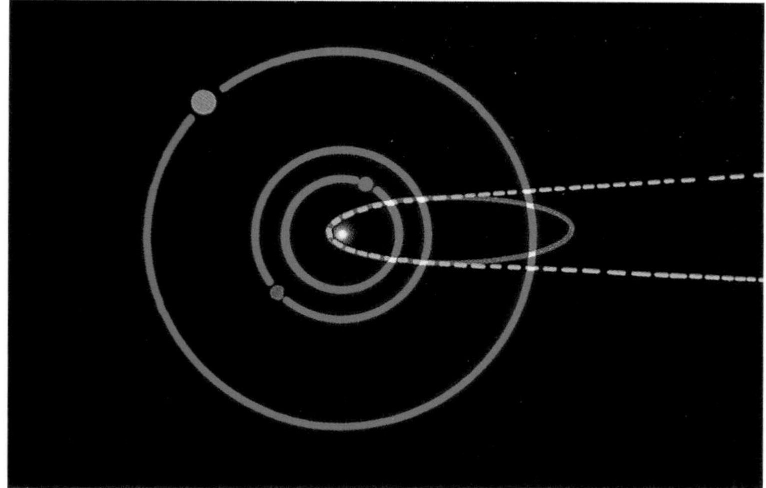

혜성이 태양에 근접할 때만 추적할 수 있다면 우리는 그 궤도를 구할 수 없을 것이다. 여기에 있는 동심원들은 지구와 화성과 목성의 궤도를 보여 준다. 이 도해에서 포물선이나 쌍곡선 궤도로 성간 우주로부터 도달하는 혜성(노란색 점선)은 타원 궤도로 오는 혜성(빨간색 폐곡선)과 쉽게 구별되지 않는다.

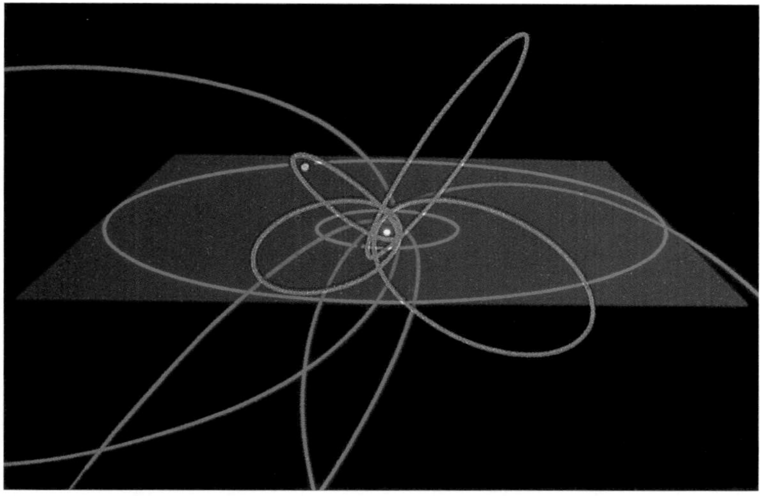

혜성 궤도의 경사. 어두운 파란색으로 채색된 황도면은 거의 원형인 행성 궤도(지구와 목성)를 포함하고 있다. 단주기 혜성의 궤도(빨간색 선)는 황도면 근처에 놓여 있는 경향이 있다. 장주기 혜성의 궤도(원형이 아닌 파란색 선)는 불규칙적으로 분포되어 있는 경향이 있다. 그러나 황도면에 큰 각도로 기울어져 있는 단주기 혜성의 궤도나, 우연히 황도면에 놓인 장주기 혜성의 궤도도 보인다.

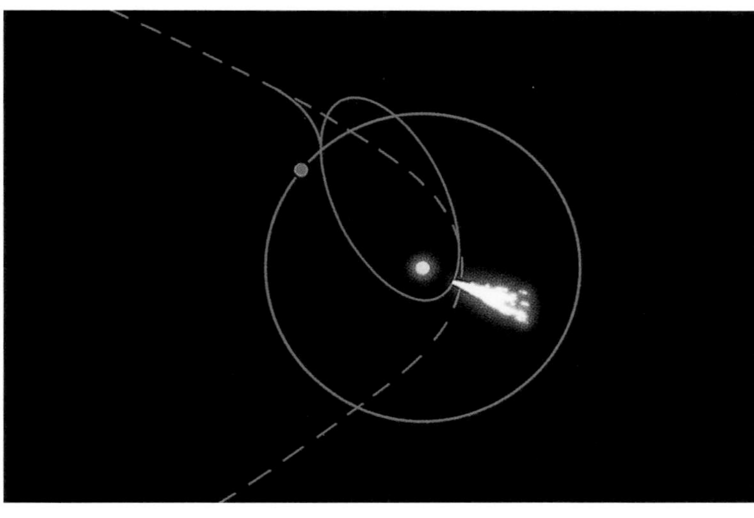

목성 통과 후 장주기 혜성에서 단주기 혜성으로의 전환. 목성은 태양 주변의 원형 궤도에 보이는 주황색 점이다. 혜성이 왼쪽 위에서 점선으로 표시된 궤도를 따라 태양에 접근한다. 목성이 없었다면 이 혜성은 태양 주위를 돌아 왼쪽 아래로 연장되는 궤도를 따라 태양계 외곽으로 나갔을 것이다. 그러나 목성의 인력이 혜성을 교란시켜 실선으로 표시된 타원 궤도로 이끈다. 이 혜성의 꼬리는 근일점을 통과할 때 완전히 발달된다. 존 롬버그/BPS 도해.

장 큰 행성의 내부로부터 분출되어 나왔음을 의미한다고 생각했다. 우리가 이 견해에 대해 말할 수 있는 가장 편견 없는 사실은 이런 관련성이 아직 완전히 입증되지 않았다는 것이다. 그렇다면 또 어떤 가능성들이 있을까?

혜성이 태양을 향해 무서운 속도로 달려와 목성의 궤도로 접근하고 있다. 혜성은 어쩌면 목성이 태양의 반대편에 있었던 과거에도 수십 차례나 그렇게 했지만 성가신 어떤 일도 일어나지 않았는지도 모른다. 그러나 이번에는 우연히도 목성의 궤도를 가로지를 때 목성이 가까이 있다. 목성은 가장 거대한 행성이고, 혜성은 이에 비하면 약간의 기체로 에워싸인 한 줌의 먼지 덩어리에 불과하다. 목성의 중력이 혜성을 끌어당긴다. 혜성을 목성 안으로 끌어들이기에는 충분하지 않지만(이 혜성은 초당 수십 킬로미터의 속도로 여행하고 있다.) 목성 쪽으로 편향시켜서 궤도를 바꾸기에는 충분하다. 혜성은 여전히 태양 주위의 타원에서 여행하지만, 목성과의 중력적 조우로 궤도가 극적으로 바뀌게 된다.

이와 유사한 방법이 파이오니어(Pioneer) 10호와 11호, 그리고 보이저(Voyager) 1호와 2호 등 1970년대에 발사된 네 우주 탐사선에 성공적으로 적용되었다. 목성을 향해 날아간 이 우주 탐사선들은 돌팔매를 던지는 것과 같은 원리로 목성의 중력을 이용해 높은 가속도를 얻어 우주에서 원하는 방향으로 빠르게 날아갈 수 있도록 절묘하고 정확하게 고안된 궤도를 가졌다. 예컨대 보이저 2호는 목성의 중력 가속도를 이용해 불과 2년 만에 토성 근처를 지날 수 있었다. (토성을 지날 때에도 같은 방법을 써서 1986년에 천왕성까지 갈 수 있었으며, 천왕성을 통과할 때에도 그 중력을 이용해 1989년에 해왕성을 지날 수 있도록 계획되었다.) 이제 파이오니어호나 보이저호의 궤도들이 머지않아 거꾸로 움직일 거라고 상상해 보자. 탐사선이 외행성계에서 목성으로 접근한다. 그러나 목성 주위로 질주하던 탐사선은 새로운 궤도를 타고 지구로 향한다.

중력이 만드는 이런 종류의 당구공들은 목성족 혜성을 설명해 준다. 내행성계에는 많은 혜성들이 흩어져 있는데, 그중 몇몇 혜성이 우연히 목성 가까이 온다. 목성과의 조우로 어떤 것은 즉시 태양계 밖으로 밀려나기도 하고, 어떤 것은 목성이나 그 위성들 가운데 하나와 충돌하기도 하지만, 대부분은 궤도가 변해서 목성의 궤도 근처에 원일점과 교점이 있는 약간 기울어진 단주기 혜성이 된다. 대부분의 단주기 혜성은 어쩌면 목성과의 중력적 조우를 여러 차례 반복했거나 혹은 더 먼 행성들과 여러 차례 조우한 뒤 마침내 목성과의 조우로 그 궤

목성의 궤도(흰색 원)와 관련 있는 것으로 알려진 혜성들의 궤도. 이 그림에서는 엥케 혜성(붉은색 타원)과 핼리 혜성이 보인다. 단주기 혜성들의 궤도가 갖는 원일점이 이들 기원의 단서인 목성의 궤도에 얼마나 자주 가까이 놓이는지 주목하라. NASA 제공.

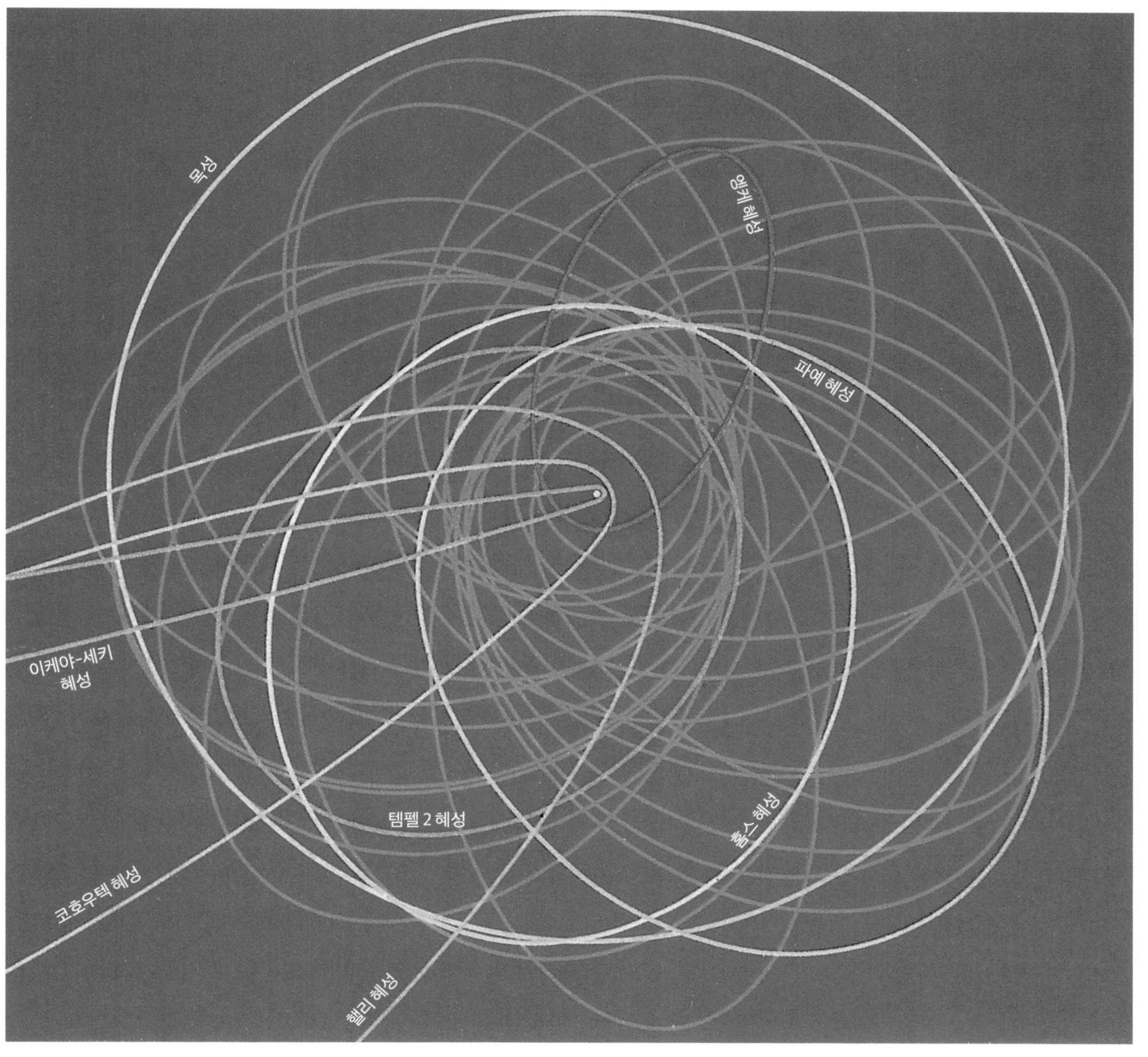

1882년의 대혜성. 아마도 그때까지 얻은 혜성 사진 중 최초의 성공적인 사진일 것이다. 남아프리카에서 데이비드 질(David Gill) 촬영.

> 망원경이 있다면 대부분의 혜성 머리에서 아주 작은 밝은 점을 발견할지도 모른다. 언뜻 보기에 대단치 않아 보이는 이 점은 사실 완전한 실체의 본질이자 핵심이다. 어쩌면 그것이 바로 혜성인지도 모른다. 중력 법칙을 엄격하게 따르는 것은 이 작은 부분뿐이다.…… 우리가 만약 근일점의 화려한 장식을 벗어 버리고 멀리서 방황하고 있는 멋진 혜성 하나를 볼 수 있다면, 그것은 대단히 수수한 천체이며, 핵 하나만으로 이루어져 있을 것이다.…… 태양의 영향으로 태양열에 노출되는 쪽의 핵으로부터 밝은 제트가 나온다. 그러나 태양 쪽으로 움직이고 있을 때는 이 제트들이 나오자마자 진행을 억제당해 밝은 갓을 형성한다. 그리고 이 갓의 물질은 마치 격렬한 역풍이 불고 있기라도 한 것처럼 흘러나와 꼬리가 되는 듯하다. 이제 한 가설은 이러한 생김새가 혜성에서 일어나는 진짜 현상에 부합하며 핵에서 분출된 기체 물질과 태양 사이에서 작용하는 어떤 종류의 반발력이 존재한다고 가정한다.…… 때로 대규모의 전기 교란이 일부 핵 물질의 증발과 관련된 태양 활동으로 고무되며 …… 꼬리는 태양의 반발력 때문에 쓸려 가는 물질로 아마도 전기 방전과 관련되어 있는 것 같다…….
>
> 혜성은 물론 핵이 흩어진 꼬리 물질을 다시 원래의 모습으로 그러모을 수 없기 때문에 근일점으로 돌아올 때마다 많은 물질을 잃게 될 것이다. 그리고 이러한 견해는 어떤 단주기 혜성도 상당히 큰 꼬리를 갖지 않다는 사실과 일치한다.

실제로 허긴스의 이런 설명 하나하나는 혜성에 대한 현대의 이해와 대체로 일치한다. 일부는 그의 시대의 지식수준보다 훨씬 더 앞서 있기도 했다. 이 과제는 훌륭하고 완성된 것으로 여겨졌다. 그럼에도 불구하고 혜성에 대한 중요한 사실, 즉 혜성의 조성과 놀라운 모양 변화의 본질은 어렴풋이 감지되고 있을 뿐이었다. 그 당시의 문헌을 읽다 보면, 이것들이 미래의 발견을 기다리고 있는 중요한 문제로 인식되지 않았다는 사실에 당황하지 않을 수 없다.

행성들 옆으로 휙휙 지나가는 무모한 운전자로 표현된 핼리 혜성. 《플리겐데 블래터(*Fliegende Blätter*)》(1910년 5월)에 실린 헤르만 포겔(Hermann Vogel)의 만화.

두 가지 얼음 구조물. 혜성이 남극 대륙을 지나간다. 킴 푸어 그림.

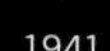

6장

얼음

땅을 완전히 뒤덮고 있는 소름끼치는 얼음.

—한스 에게데, 「그린란드의 묘사」, 1745년

혜성에 대한 기본적인 의문 가운데 하나이며 많은 미스터리의 열쇠는 바로 혜성의 구성 물질이다. 혜성은 무엇으로 만들어졌을까? 모두 동일한 물질로 이루어졌을까? 16세기와 17세기에는 대개 혜성을 여전히 아리스토텔레스가 그랬던 것처럼 기체와 증기, 다시 말해 지구 혹은 태양과 행성들에서 나온 '증발기'로 생각했다. 그러나 선견지명이 있는 뉴턴은 이번에도 역시 다르게 생각했다. 그는 1680년의 혜성이 태양에 매우 가까이 접근했다는 사실에 주목했다. 근일점에서 거리가 100만 킬로미터가 조금 못 되는 0.006AU였다. 뉴턴은 이 정도 거리라면 혜성이 작열하는 철의 온도까지 달구어졌을 것이라고 판단했고, 이 사실로부터 혜성이 오직 증기만으로 구성되어 있을 리가 없다고 추론했다. 그렇다면 근일점을 통과하는 동안 혜성은 금방 흩어져 버릴 것이기 때문이다. 그러므로 그는 "혜성이 행성처럼 딱딱하고 빽빽하게 차 있고 응고되어 있고 내구력이 있다."라고 결론 내렸다. 이 혜성의 꼬리가 근일점에 도달하기 이전보다 직후에 "훨씬 더 멋졌으므로" 뉴턴은 태양열이 꼬리를 생기게 하며, "꼬리는 혜성의 핵이나 머리가 태양열 때문에 방출하는 아주 미세한 증기에 지나지 않는다."라고 결론 내렸다.

상당히 정확한 추측이었다. 그렇다면 핵은 무엇으로 이루어져 있을까? 꼬리를 구성하고 있는 이 '미세한 증기'는 무엇일까? 이것이 바로 칸트와 다른 많은 사람들이 해결하려고 고심했던 문제다. 혜성이 1680년의 대혜성만큼 태양 가까이 다가간다면 사실상 보통 물질은 어떤 것이라도 증발하기 시작할 것이다. 그러나 많은 혜성은 화성과 목성 궤도 사이에 있을 때 코마와 꼬리를 발달시키기 시작한다. 혜성들이 우주 공간으로 증기를 뿜어내기 시작할 때, 햇빛에 가열된 이 혜성들의 온도는 섭씨 영하 100도 정도이다. 고온에 도달할 때까지 증발하지 않는 철과 같은 금속들은 비휘발성 혹은 내화성 물질이라고 부른다. 비교적 온건한 가열 이후 기체로 변하는 얼음 같은 물질은 휘발성 물질이라고 부른다. 그러므로 혜성은 휘발성이 강한 물질로 구성되

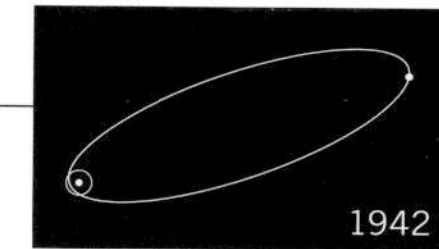

어 있어야만 한다. 도대체 무엇일까?

일부 혜성이 쪼개지기도 하는 것을 보면 핵이 그리 강하게 압축되어 있는 것은 아니라는 사실을 알 수 있다. 핵의 결합력은 다소 약한 게 틀림없다. 지금까지 보아 왔듯이 때때로 혜성은 내행성계에 도착하는 시간이 예정 시간을 벗어나기도 하며, 심지어 태양 쪽으로 떨어지는 과정에서 보이는 느린 뉴턴 역학적 운동과는 전혀 다른 짧고 빠른 운동을 하기도 한다. 혜성의 이런 변덕스럽고 예측할 수 없는 비중력적 운동은 혜성을 우주의 바다를 질주하는 물고기로 본 케플러의 이미지를 연상시킨다. 엥케는 자신의 혜성이 뉴턴의 중력으로 기술되는 운동에서 '심하게' 벗어나 있다고 말하고[1], 이런 변칙적이고 예측 불가능한 운동이 일어나는 것은 행성 간 공간에서 그 운동을 방해하는 어떤 기체 저항이 존재하기 때문이라고 생각했다. 그러나 가속도는 너무 급격하게 변하는 반면, 행성들 사이에서 혜성의 운동에 탐지 가능한 영향을 미칠 만한 물질이 거의 없다는 사실을 우리는 이제 알고 있다. 따라서 매우 다른 어떤 설명이 필요하다.

상당히 최근까지 혜성의 모습에 대한 일반적인 생각은 이미 알고 있는 혜성과 유성 사이의 관계 — 비엘라/강바르 혜성이 사라졌을 때 그 결과로 안드로메다자리에 유성우를 남기는 것과 같은 것 — 에 따라 좌우되었다(5장 참조). 1945년까지도, 미국의 주요 대학교에서 쓰는 천문학 교재는 혜성이 "행성 간 공간에서 평행한 궤도를 돌고 있는 독립적 입자들의 엉성한 무리"라는 생각을 아무 의심 없이 받아들였다. 어떤 과학자들은 작은 유성 무리가 중력으로 인해 묶여서 혜성의 핵을 구성한다고 믿었고, 또 다른 과학자들은 핵 안에는 혜성을 결합시킬 만한 질량이 없으며, 엄청난 수의 작은 입자들이 아주 바짝 붙어서 동일한 궤도를 따라 우주 공간을 여행하고 있을 뿐이라고 생각했다.

1 과장된 표현이다. 비중력적 힘은 엥케 혜성의 주기를 궤도마다 하루 정도밖에 바꾸지 않는다. 이 혜성의 궤도 주기는 1,200일이다. 따라서 이 효과는 1,200분의 1, 즉 0.1퍼센트보다 더 정밀한, 거의 완벽한 측정이 이루어졌을 때에만 겨우 확인될 정도이다.

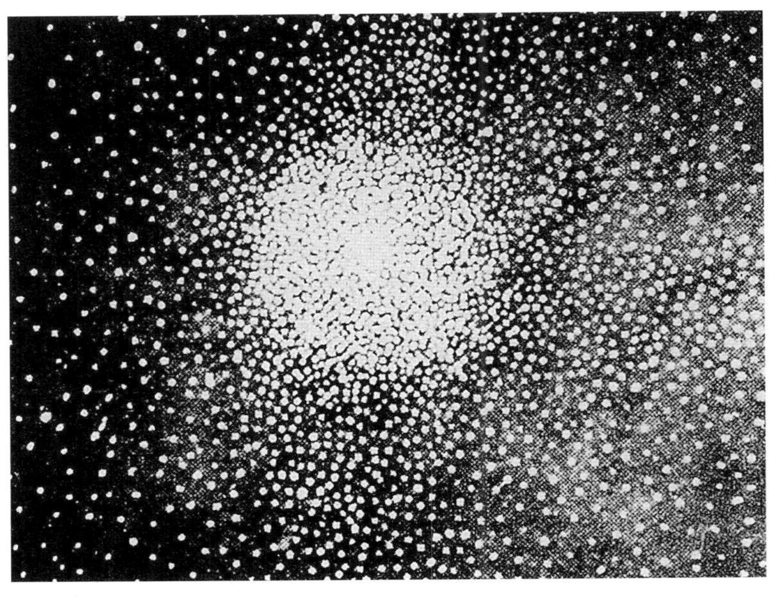

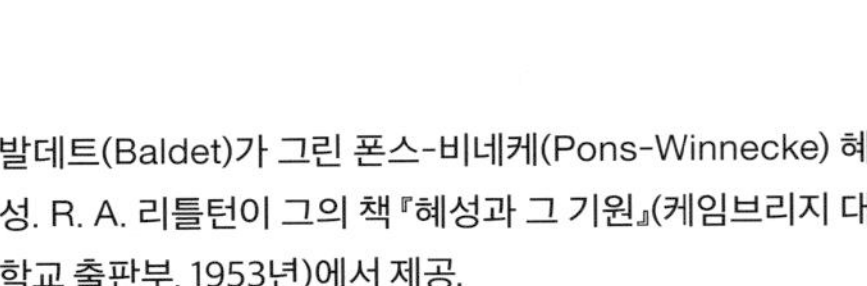
발데트(Baldet)가 그린 폰스-비네케(Pons-Winnecke) 혜성. R. A. 리틀턴이 그의 책『혜성과 그 기원』(케임브리지 대학교 출판부, 1953년)에서 제공.

이 날아가는 자갈 무리 모형을 옹호하는 사람들은 혜성 머리를 점묘화처럼 묘사하고는 한다.

자갈 혹은 모래 무리 모형은 늙어 가는 혜성이 왜 먼 훗날 미세한 입자 무리로 바뀌는지를 능숙하게 설명했다. 유성이 지구 대기에서 확 타오를 때 볼 수 있는 유성의 스펙트럼은 지구 암석의 대표적인 구성 물질인 철, 마그네슘, 알루미늄, 실리콘 같은 물질들의 존재를 보여 준다. 만약 유성이 암석 물질로 이루어져 있고, 혜성 또한 주로 유성들로 이루어져 있다면 혜성은 바위와 돌덩이로 구성되었다는 결론이 나온다. 그렇다면 코마와 꼬리에 대해서는 뭐라고 말할 수 있을까? 태양 근처에서 증발해 버리는 휘발성 고체로 둘러싸인 모래 입자들 또는 돌덩이들이 가열될 때 분출되는 기체라는 설명이 제기되었다. 그러나 혜성의 코마와 꼬리가 애당초 모래 알갱이를 감싸고 있는 얇은 막이거나 암석질 입자의 표면 가까이에 붙잡혀 있는 기체일 뿐이라면, 단 한 번이라도 태양 가까이 지나간 뒤 이런 많은 물질 — 그게 무엇이든 — 이 남아 있을 수 있을지 의문이었다. 그리고 다른 어려움들도 있었다. 예를 들어 제트 분수는 엉성하게 묶여 있는 자갈 무리로 설명할

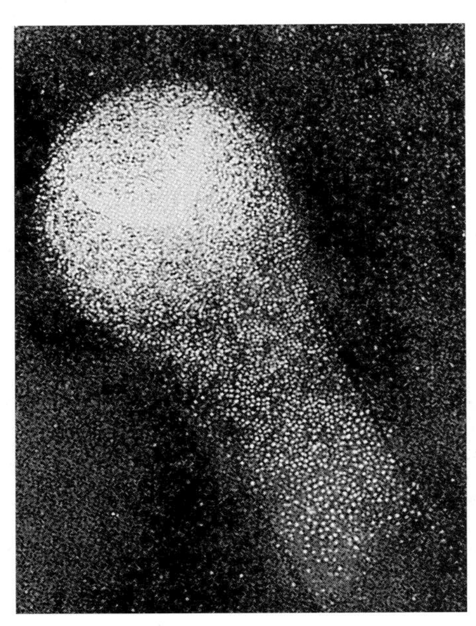
1835년에 출현한 핼리 혜성을 점묘법으로 표현한 그림. R. A. 리틀턴이 그의 책『혜성과 그 기원』(케임브리지 대학교 출판부, 1953년)에서 제공.

수 없었다.

이런 문제는 우리 시대에 와서야 확실히 해결된다. 예컨대 엥케 혜성의 경우, 지상에 있는 대형 전파 망원경을 통해 레이더로 관측했을 때, 입자들의 무리가 아니라 단단한 한 개의 핵을 보여 주었다. 레이더로 탐지된 핵의 크기 — 반지름이 1 내지 2킬로미터 — 는 다른 어림들과 일치한다. 몇몇 다른 혜성의 핵 역시 레이더로 탐지되었고, 그 결과 궤도를 도는 자갈 무리 모형은 소멸되었다.[2] 1950년 이전에는 혜성이 고밀도의 핵을 가지고 있다는 생각조차 확정적이지 않았으며, 혜성의 휘발성에 대해서도 어렴풋하게만 인식되고 있는 상태였다.

프레드 L. 휘플(Fred L. Whipple)은 자신을 천문학자가 된 아이오와의 시골뜨기라고 표현한다. 휘플은 하버드 대학교의 천문학과장을 비롯해서 오랫동안 매사추세츠 주 케임브리지에 있는 스미스소니언 천체 물리학 연구소장을 지낸 인물이었다. 그는 수년 동안 지구의 대기로 진입하는 유성의 물리학과 혜성(그는 여섯 개의 혜성을 발견했다.)의 본질을 포함해 태양계 안에 있는 작은 천체들에 대해 연구해 왔다. 1940년대 말에 휘플은 근일점 근처에서 혜성으로부터 다량 — 모래알 주위의 얼음이나 모래알 속에 갇혀 있던 기체가 나오는 것으로 설명할 수 있는 양보다 훨씬 많은 양 — 의 물질이 쏟아진다고 확신했다. 또한 혜성이 그 궤도를 따라 태양으로부터 멀리 떨어진 곳으로 가서 휘발성 물질을 다시 공급받는다고 하기에는 행성 간 공간이 너무나 진공에 가까웠다(허긴스와 다른 많은 사람들이 지적해 왔듯이 말이다.). 이 문제는 태양 가까이 지나갈 때 매우 따뜻해지고 근일점을 여러 차례 통과했던 엥케 혜성 같은 경우에 특히 심각했다.

휘플은 편리하게 비휘발성 물질을 '먼지'로, 휘발성 물질을 '얼음'으로 불렀다. 그리고 만약 수용되고 있는 모래 무리 모형보다 혜성 핵

혜성 핵에 대해, 더러운 얼음 모형을 주창한 프레드 L. 휘플. 프레드 L. 휘플 제공.

개요는 (얼음 복합체) 혜성 모형의 성공적인 관측을 정성적으로 그리고 정량적으로 간략히 설명하고 있는데, 이 모형의 놀라운 점은 그 모호성에도 불구하고 매우 유용하다는 사실이다 …….

— 프레드 L. 휘플, 「얼음 복합체 혜성 모형의 현재 상태(Present status of the icy conglomerate model)」, 하버드 스미스소니언 천체 물리학 연구소, 논문 초고 1966년(1984년)

2 그러나 또 다른 혜성의 경우 핵이 파편들을 동반하고 있다는 증거가 있다. 자갈 무리 모형에 약간의 생존 가능성이 남아 있을지도 모르지만, 이는 혜성의 핵 모형을 대체하는 것이 아니라 보조적인 의미를 갖는다.

에 더 많은 얼음이 있다면 이 문제가 풀릴 거라고 단정했다. 그는 이 아이디어가 "틀림없다."라고 설명했지만 놀랍게도 전에는 이렇게 대담하게 언급된 적이 없었다. 뉴턴, 칸트, 라플라스 같은 선각자들 모두 유사한 문제를 다룬 바 있었지만 이 아이디어를 명료하고 분명하게 언급한 것은 휘플이 처음이었다. 그 뒤 휘플은 다른 수많은 미스터리들이 — 혜성의 분열, 유성우로의 소산(消散), 그리고 혜성의 운동에 작용하는 걱정스러운 비중력적 힘 등을 포함한다. — 우리가 생각을 바꾸어서 혜성의 핵을 광물 알갱이들과 여러 다른 물질들이 곳곳에 흩어져 있는 더러운 얼음 덩어리라고 상상한다면 모두 설명될 수 있음을 입증했다.

만약 혜성이 정말 더러운 얼음으로 이루어져 있다면, 우리는 혜성을 이해하기 위해 얼음을 이해해야만 한다. 우선, 혜성이 보통의 물 얼음으로 이루어져 있다고 가정하자. 자연적으로 존재하는 원자의 종류는 92가지가 있으며 그 가운데 가장 풍부한 원자는 수소, 헬륨, 산소, 탄소, 질소 원자 등이다. 이 원자들은 통칭해서 화학이라고 부르는 특정 법칙에 따라 서로 결합한다. 우주에는 수소 원자가 단연 많기 때문에 전형적인 차가운 우주 물질 조각들에는 수소 원자가 풍부하다. 산소, 탄소, 질소 원자들은 종종 그들이 수용할 수 있는 만큼의 수소 원자와 결합한다. 예컨대 산소 원자는 두 개의 수소 원자와 결합해 H_2O로 상징되는 분자를 이루는 것을 좋아한다. 여기서 H는 수소를 나타내고 O는 산소를 나타내며, 너무나도 유명한 이 분자가 바로 물이다. 질소 원자 한 개는 수소 원자 세 개와 결합해 암모니아(NH_3)를 이루기를 좋아한다. 그리고 탄소 원자는 네 개의 수소 원자와 결합해 역시 잘 알려져 있는 메탄(CH_4)을 이루는 것을 좋아한다. 이 약어들은 원자들이 어떻게 결합되어 있으며, 그 분자가 실제로 어떻게 보이는지 — 당신이 만약 그것을 볼 수 있다면 — 를 설명하는 일종의 속기다. 그 밖에 간단한 결합들이 많이 있다. 일산화탄소(CO), 이산화탄소(CO_2), 시안화수소(HCN), …… 그리고 $HCOOCH_3$, CH_3CCCN, $HC_{10}CH$같이

얼음 혜성의 원형들

뉴턴은 혜성이 주로 물로 이루어져 있음을 완곡하게 암시했고(17장, 아래 참조), 라플라스는 무심코 혜성이 얼음으로 이루어졌을지도 모른다고 언급한 적이 있다. 두 사람은 자신들의 논의를 명확하게 설명하지 않았으므로 이러한 제안들은 대개 잊혀졌다. 그러나 20세기 중반에 이 아이디어가 다시 부상했다. 예컨대 1945년의 《천체 물리학 연보(*Annales d'Astrophysique*)》에 벨기에의 천문학자 폴 스윙스(Pol Swings)의 논문 하나가 실렸다. 이 논문에서 스윙스는 (대략적인 번역으로) "태양에서 멀리 떨어져 있을 때 혜성의 모든 고체들은 매우 낮은 온도에 있으므로 그 안에 포함되어 있는 모든 '기체'는 수소와 헬륨을 제외하고는 틀림없이 고체 상태로 발견될 것이다."라고 말한다. 각주는 이러한 통찰이 더 이른 1943년에 《함부르크 스테른바르데 천문대 소식지(*Mitteilungen der Hamburger Sternwarte Bergedorf*)》에 실린 독일의 천문학자 K. 뷔름(K. Würm)의 논문에 등장한다고 지적한다. 그러나 뷔름의 논문에 있는 이 설명의 출처는 체코 출신의 독일 화학자 파울 하르테크(Paul Harteck)가 뷔름에게 비공식적으로 전한 의견인 것으로 밝혀졌다. 1942년과 1943년에 하르테크는 나치를 위한 원자폭탄을 제조하느라 바빴다. 혜성의 얼음에 관한 하르테크의 설명들은 다른 긴급한 직무로부터의 기분 전환이었다.

더 복잡하고 엄청나게 다양한 분자들이 있다.[3]

우주에 비교적 드문 원자들 역시 화학 결합을 이룬다. 만약 규소 원자를 Si로 표시한다면, 보통 석영 모래는 이산화규소(SiO_2)로 이루어져 있다. 공기 중에 있는 산소의 분자식은 O_2이다(O로 표시되는 산소 원자와 구별된다.). 이런 식으로 자연 세계의 모든 사물을 그 구성 원자들로 이해할 수 있다. 우리 인간 역시 복잡하고 멋지게 조립된 원자들의 집합체이다.

3 첫 번째 분자는 아세트산이라고 불린다. 다른 두 분자의 이름은 거의 발음이 불가능하며 분자식보다 훨씬 더 길다. 혜성과 성간 공간에서 발견된, 알려진 모든 분자들이 8장 201~203쪽 도해에 나온다.

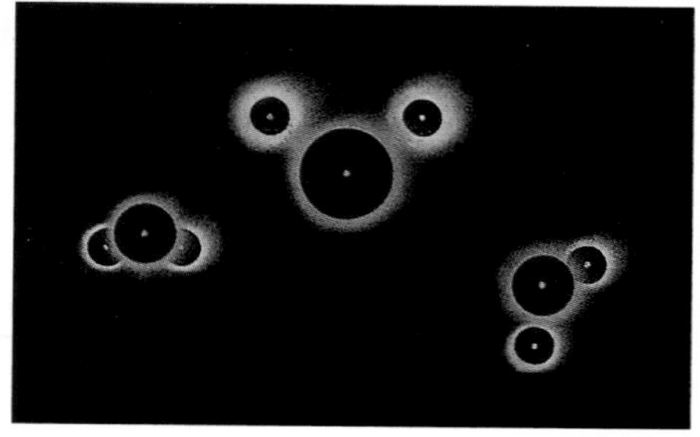

수증기 분자 세 개. 각각이 산소 원자 하나와 더 작은 수소 원자 두 개를 갖고 있다. 이 분자들은 다른 동료 분자들과 연결되어 있지 않고 기체 상태로 자유롭게 움직이고 있다. 이것들은 찻주전자에서 나오는 증기 분자들일 수도 있고, 따뜻한 날에 눈 쌓인 마당에서 증발하는 분자들일 수도 있다. 존 롬버그 그림.

보통 물 얼음의 분자 구조. 내부에 아주 작은 원자핵을 갖고 있는 원이 원자 각각의 전자구름을 나타낸다. 커다란 주황색 원은 산소 원자를, 작은 노란색 원은 수소 원자를 의미한다. 원들 사이의 분자력이 원자들을 모아 육각형의 결정 격자무늬를 이루게 만든다. 이 그림은 연결된 얼음 분자들의 연속적인 평행면들 가운데 두 개를 표현하고 있다.

그런데 물 같은 분자에서 원자들은 서로 아무렇게나 붙어 있는 게 아니다. 고립된 한 개의 물 분자는 항상 두 개의 작은 수소 원자가 더 큰 산소 원자에 정확한 각도로 붙어 있어서 그 모양이 꼭 커다란 귀를 가진 미키마우스(왼쪽 위 그림 참조)의 얼굴처럼 보인다. 원자들은 자연의 미와 질서를 분명히 나타내는 정확하고 일정한 법칙에 따라 화학적 힘으로 결합된다. 이 법칙들은 모든 원자를 에워싸는 전자구름에 의해 정해지지만, 여기서는 원자들을 거의 꿰뚫을 수 없는 구로 가정한다. 두 원자를 서로 가까이 가져가면 일정한 법칙에 따라 쉽게 결합하지만 너무 가까이 갖다 대면 서로 밀어낸다. 한 개의 고립된 물 분자 — 예컨대 겨울철에 입에서 나오는 — 는 공기 중에서 상하좌우로 마구 움직이다가 앞에 있는 다른 분자들과 충돌하면 튕겨 나온다. 이 물 분자는 공기 중에 있는 다른 분자들과 쉽게 결합하지 않는다. 왜냐하면 각 분자들을 구성하는 원자들이 이미 강력한 화학적 힘으로 결

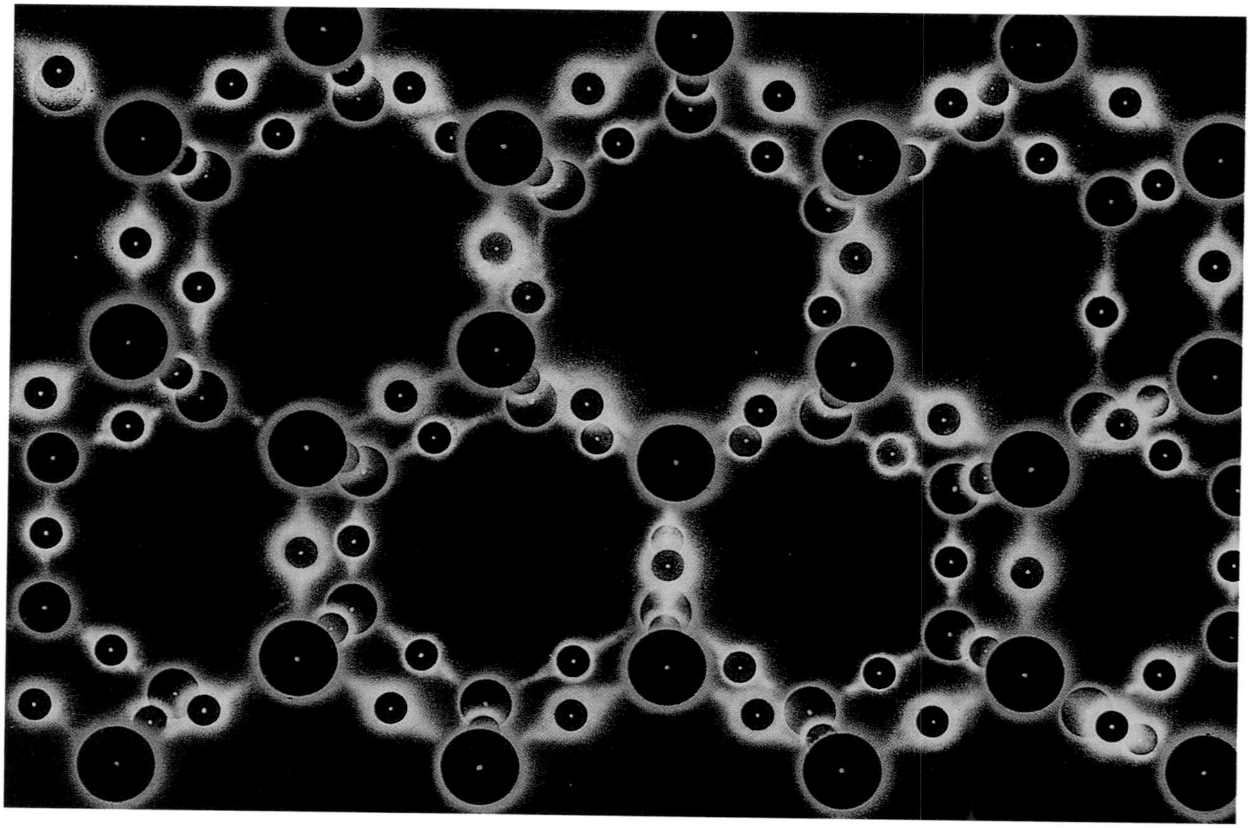

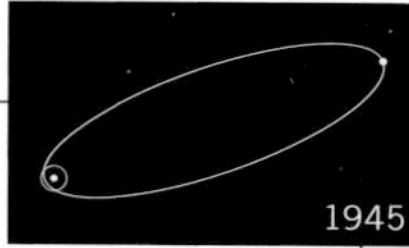

합되어 있기 때문이다.

온도는 분자 운동의 척도에 지나지 않는다. 온도가 높으면 분자들이 자유분방한 상태가 되어 돌진하고 뒹굴고 충돌하고 되튀는 등 광란의 활동을 벌인다. 반면 온도가 떨어지면 분자들은 차분한 상태가 되어 거의 움직임이 없어진다. 충분히 낮은 온도에서는 물 분자들이 결합된다. 물 분자들이 너무나 느리게 움직이기 때문에 단거리 분자력이 개입하여 인접한 물 분자들을 서로 약하게 결합시키는 것이다. 이런 일이 벌어질 때 — 예를 들어 비 오는 날 — 우리는 기체가 응결해 액체인 물이 되었다고 말한다. 더 낮은 온도(어는점 밑으로)에서는 분자들이 혼란스러운 상태가 아닌 결정격자라고 하는 멋진 반복 패턴을 이루며 응결한다. 이것이 얼음의 숨은 구조다(148~149쪽 아래 그림 참조). 그러한 격자 구조에서는 모든 물 분자가 특정 장소에 놓여 이웃하는 분자들과 연결되어 있다.

얼음 결정격자를 이루는 원자들의 옆 모습. 만약 이것을 옆에서 보면, 148쪽에 나오는 육각형 구조를 다시 보게 된다. 존 롬버그 그림.

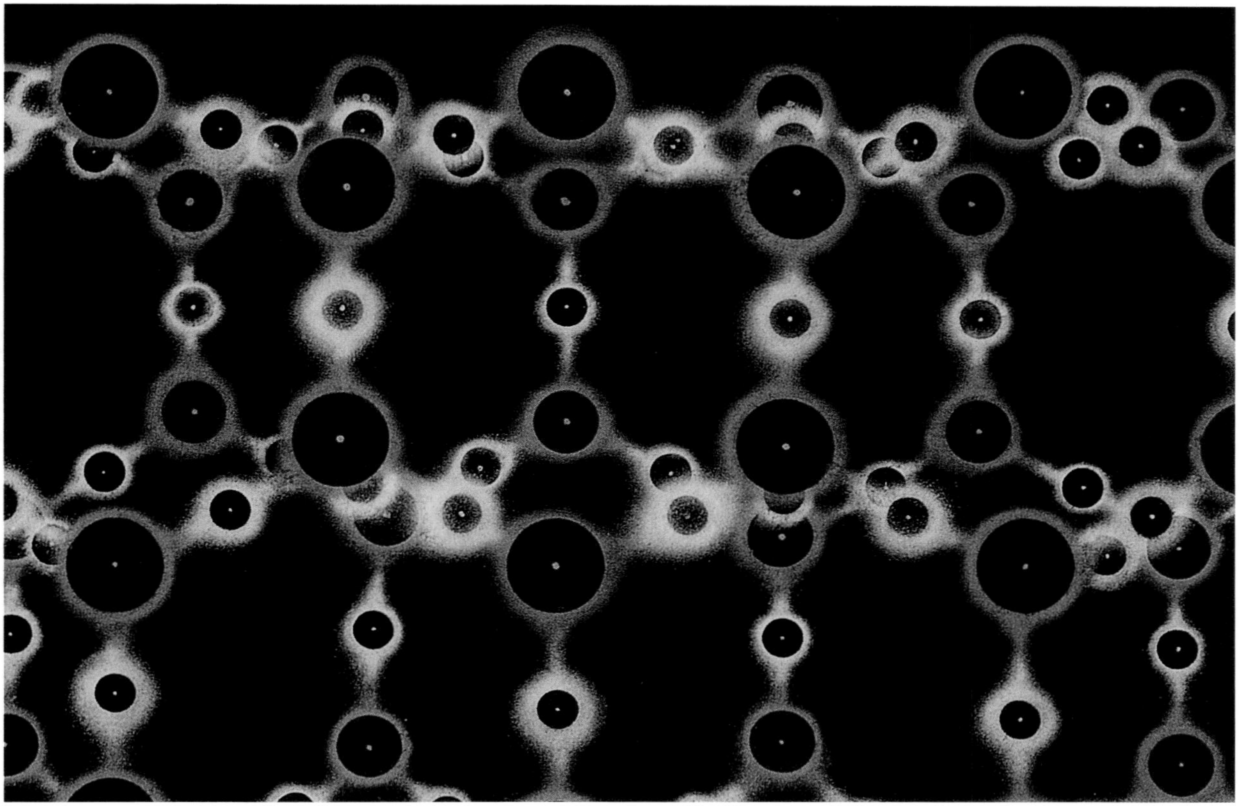

2차원에서는 이 패턴이 욕실 바닥의 타일 같은 육각형이다. 모든 육각형은 여섯 개의 산소 원자와 거기에 붙어 있는 작은 수소 원자들로 이루어져 있다. 정말 정밀한 현미경이 발명된다면 아마도 그러한 구조를 직접 볼 수 있을 것이다. 또 오른쪽으로든 왼쪽으로든 100만 개의 원자들을 지나가더라도 정확히 똑같은 구조를 발견할 수 있을 것이다. 3차원으로 보면 이 결정격자는 일종의 육각형 새장처럼 생겼다. 그 구조는 우리 앞에 있는 산소 육각형 너머에 수소 원자로 연결된 다른 산소 육각형이 있고, 그 너머에 또 다른 육각형이 있고, 이런 식으로 계속 이어진다. 머리를 거의 120도로 돌려도 그 패턴에는 변화가 없다. 분자 수준에서의 이 육각형 대칭은 거시적인 수준까지 계속 확장된다. 눈송이의 섬세한 육면 대칭 — 참 이상하게도 이 사실을 최초로 발견한 사람이 천문학자 요하네스 케플러였다. — 도 바로 이 구조에서 비롯된다.

만약 그러한 격자를 가까이 들여다볼 수 있다면, 구성 원자들이 정지되어 있지 않고 제자리에서 진동하고 있다는 사실을 발견하게 될 것이다. 온도를 낮추면 진동이 잦아들고, 온도를 높이면 진동이 격렬해진다. 얼음의 결정격자가 유지되는 데에는 특별한 화학적 결합력이 있다. 특정 온도에서는 구성 원자들이 너무 격렬하게 진동하고 있어서 결합의 일부가 깨지고 결정격자의 작은 조각 — 고립된 물 분자 — 이 동료들로부터 떨어져 나와 굴러다닌다. 통계적으로 이런 일은 낮은 온도에서도 가끔 일어나지만, 온도가 높아지면 더 자주 일어난다. 충분히 높은 온도에서는 진동이 너무 격렬해져서 위쪽 얼음층에서부터 분리되기 시작해 엄청나게 많은 분자들이 갑자기 쏟아져 나오기도 한다. 만약 이런 일이 혜성의 핵에서 일어난다면 물 분자들이 근처의 행성 간 공간에 떠돌아다닐 것이다. 이 과정은 증발, 기화, 발산, 승화라고 다양하게 불린다. 근본적으로 이것은 얼음이라는 고체 상태의 물이 중간의 액체 상태를 거치지 않고 증기라는 기체 상태의 물로 바로 변하는 현상이다.

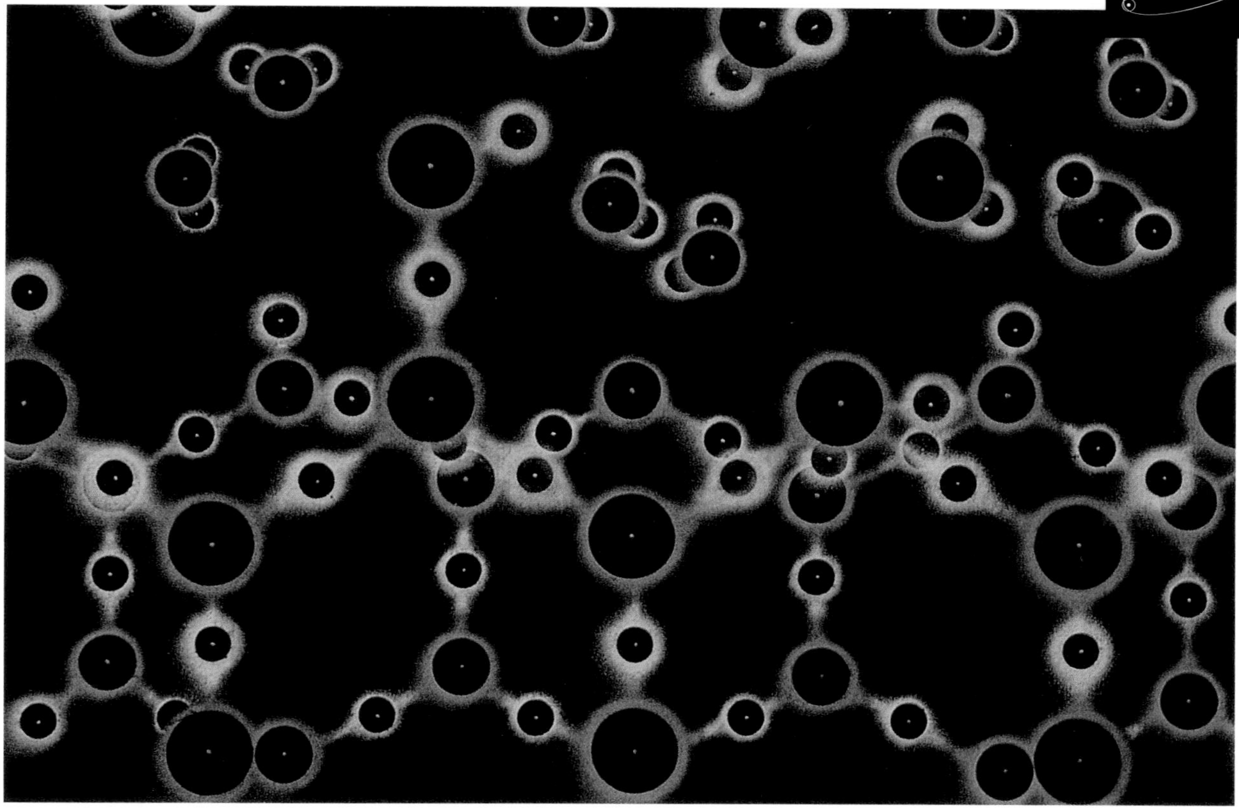

증발하는 얼음. 그림의 아랫부분에는 얼음의 결정 구조가 남아 있지만, 따뜻해지고 있는 표면(그림의 가운데)에는 얼음의 가장 작은 조각 — 단순한 물 분자 — 들이 주변 공간으로 쏟아져 나오고 있다. 이 과정은 증발 또는 승화라고 불린다. 존 롬버그 그림.

닫힌 용기 속에 얼음 조각을 넣고 가열시키면 특정 온도에서 물 분자들이 본격적으로 공기 중에 흩어지기 시작한다. 그러나 이 물 분자들은 밖으로 빠져나갈 수 없으므로 용기의 벽에 부딪히거나 서로 되튀다 결국 얼음의 표면에 다시 달라붙는다. 그리고 얼음에서 나오는 물 분자와 다시 되돌아가는 물 분자 사이에 평형이 이루어진다. 이러한 상황에서는 얼음이 수증기로 변환되는 속도가 느리며 이런 현상은 지구상에서 흔히 일어난다. 뚜껑이 덮인 용기 안에 들어 있는 얼음 조각은 열려 있는 용기 안에서보다 천천히 사라진다. 그러나 혜성에는 공기가 없으며 거의 완벽한 진공에 가깝다. 따라서 혜성의 얼음은 일단 충분히 따뜻해지면 우주 공간으로 급속히 그리고 영원히 물 분자들을 잃기 시작한다.

얼음은 물 얼음만 있는 게 아니다. 일산화탄소나 메탄도 충분히

방출된다.

이 알갱이가 수백만 년에 걸쳐 점점 자라나면, 이 알갱이는 주로 물 얼음으로 이루어져 있을 것이다. 왜냐하면 이 알갱이에 붙어 응결되는 물이 다른 어떤 것보다도 단연 많기 때문이다. 그러나 다른 물질들은 클래스레이트에 갇힐 것이고, 표면 위에는 다른 얼음들 — 훨씬 더 복잡한 분자들로 형성되는 얼음뿐만 아니라 메탄 얼음이나 암모니아 얼음이나 이산화탄소 얼음의 조각들 — 이 형성된다. 이 알갱이들이 계속 자라 또 다른 알갱이들과 충돌하면서 점점 더 커다란 구조를 형성하다 보면 결국 혜성의 작은 핵 같은 것이 발달한다. 이것은 순수한 얼음이 아니다. 가능한 많은 종류의 물질이 포함되어 있으며, 그 가운데 일부는 나중에 언급할 것이다. 대신 지금은 얼음으로만 이루어져 있는 혜성의 핵을 가정하고, 이것이 내행성계로 돌진하고 있다고 상상해 보자. 핵의 표면 온도가 천천히 따뜻해진다. 얼음은 좋은 열 전도체가 아니므로 혜성 핵의 내부는 오랫동안 차가운 성간 온도에 머물러 있다. 그러나 바깥쪽은 계속해서 따뜻해진다. 결국 얼음의 화학적 결합이 부서질 정도로 따뜻해져서 얼음의 바깥층들이 혜성을 떠나 우주 공간으로 흘러나온다.

구성 물질이 다른 얼음들은 다른 온도, 그러니까 태양으로부터 다른 거리에서 이런 격렬한 증발을 경험한다. 혜성이 해왕성의 궤도를 가로지를 때 태양에 가까워지면 순수한 메탄 얼음 조각이 살짝 데워지다가 화학적 결합이 깨지면서 메탄 기체가 우주 공간으로 조금 날아간다. 토성 궤도를 가로 지를 때에는 약간의 암모니아 얼음이 증발해 날아간다. 토성과 목성 사이의 어딘가에서는 이산화탄소 얼음이 본격적으로 증발하기 시작한다. 보통의 물 얼음은 혜성이 목성과 화성 사이에 있는 소행성대에 가까워져서야 비로소 본격적으로 증발하기 시작한다.

그러나 혜성의 코마 대부분이 형성되는 것은 정확히 소행성대 근처에서 관측된다. 이것이 본질적으로 물 얼음이 혜성을 구성하고 있

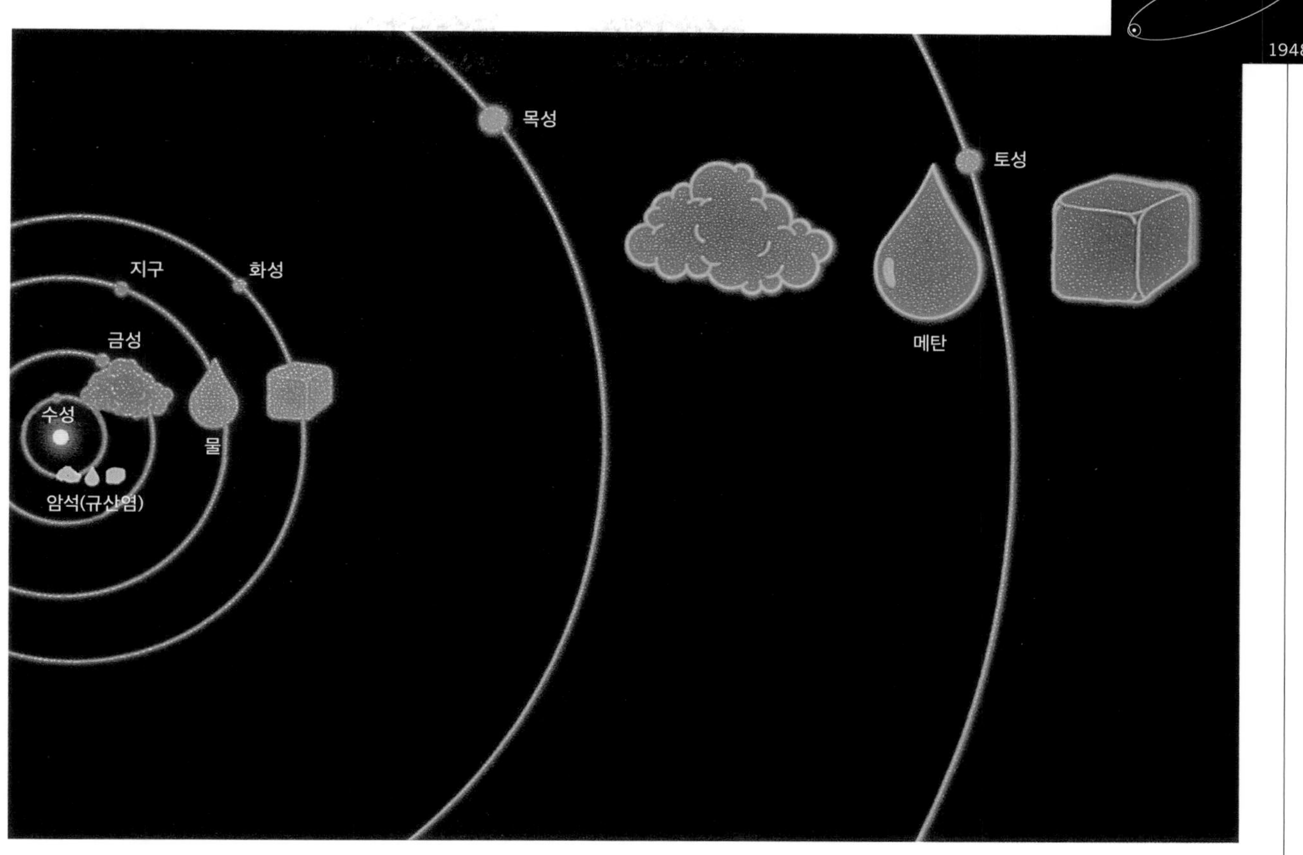

태양으로부터 거리에 따라 태양계에 물질이 분포되어 있는 상태. 태양에서부터 바깥쪽으로 나가는 동심원 궤도는 차례로 수성, 금성, 지구, 화성, 목성, 토성을 나타낸다. 세 종류의 물질 — 규산염, 물, 메탄 — 이 태양계에서 기체(구름), 액체(방울), 고체(육면체)로 있는 영역이 표시되어 있다. 규산염은 수성 궤도 내부에서 증발된다. 물은 지구 근처에서 액체로, 화성을 넘어가면 고체로 존재한다. 메탄은 토성 궤도까지는 액체이지만 더 멀리 떨어져 있을 때는 고체다. 따라서 혜성을 구성하는 고체 메탄과 물과 규산염의 혼합물은 토성 궤도 근처에서 제일 먼저 메탄을 증발시키고 화성 궤도 근처에서 물을 본격적으로 증발시키며 수성 궤도 안에서 규산염을 증발시킨다. 존 롬버그/BPS 도해.

는 주요 휘발성 물질이며, 수증기와 그것이 사라지면서 생기는 생성물들이 혜성 코마의 주요 구성 요소라는 증거다. 곧 알게 되겠지만 오늘날에는 혜성의 핵에 대한 더 직접적인 증거들이 많이 존재한다.

때때로 우리는 혜성이 소행성대 바깥쪽에 있을 때 기체가 분출되어 적어도 일시적인 코마를 비롯해 꼬리까지 형성하는 것을 본다. 그러한 활동이 왠지 다른 종류의 얼음들, 이른바 메탄이나 이산화탄소 같은 색다른 얼음들의 증발 때문에 일어나는 게 아닐까 싶다. 그러나 이런 폭발들이 태양에서 더 멀리 떨어진 곳에서 일어날수록 지구상에 있는 몇 안 되는 천문학자들이 발견할 가능성은 더욱 줄어들기 마련이다. 다른 종류의 얼음 조각들 — 물 얼음, 메탄 얼음, 암모니아 얼음, 이산화탄소 얼음 — 로 표면이 이루어져 있고, 처음에는 천왕성이나 해왕성 근처까지만 오는 혜성을 상상해 보자. 이 혜성이 근일점을 통과할 때마다 메탄 얼음(그리고 만약 조금이라도 있다면 질소 얼음과 일산화탄소 얼음도)이 증발될 것이다. 그러나 이렇게 뿜어 나온 기체는 상당한 규모라고 할지라도 지구상에서 발견되지도 기록되지도 않을 것이다. 근일점을 여러 번 통과한 뒤에는 메탄 — 적어도 혜성 핵의 바깥층에 있는 — 이 완전히 사라져 버린다. 그리고 혜성은 메탄이 빠져나가면서 비휘발성이 된다. 메탄을 잃을 때마다 혜성에는 상대적으로 물의 양이 더 많아진다. 이제 이런 혜성이 교란되어 — 예컨대 해왕성에 가까이 다가감으로써 — 내행성계 안으로 들어온다면, 암모니아를 조금이라도 갖고 있을 경우 토성을 지날 때 그 기체를 잃을 것이다. 그러나 이 혜성은 화성 궤도 안쪽으로 들어와 충분히 데워져 얼음의 강력한 격자 구조가 붕괴되고 풍부한 휘발성 물로 이루어진 엄청난 구름이 쏟아져 나올 때 가장 쉽게 관측될 것이다. 따라서 혜성에서 물 얼음이 두드러지는 것은 ①우주 안에 물이 풍부하고, ②혜성 궤도의 초기 단계에서 다른 휘발성 물질들이 소실되었을 가능성이 있으며, ③혜성이 내행성계 안으로 들어와 지구 관측자들이 볼 수 있을 정도로 충분히 가

액체 물의 분자 구조. 물 분자들이 단단한 결정격자로 배열되어 있지 않고 불규칙한 방향으로 늘어서서 자유롭게 움직이고 있다. 존 롬버그 그림.

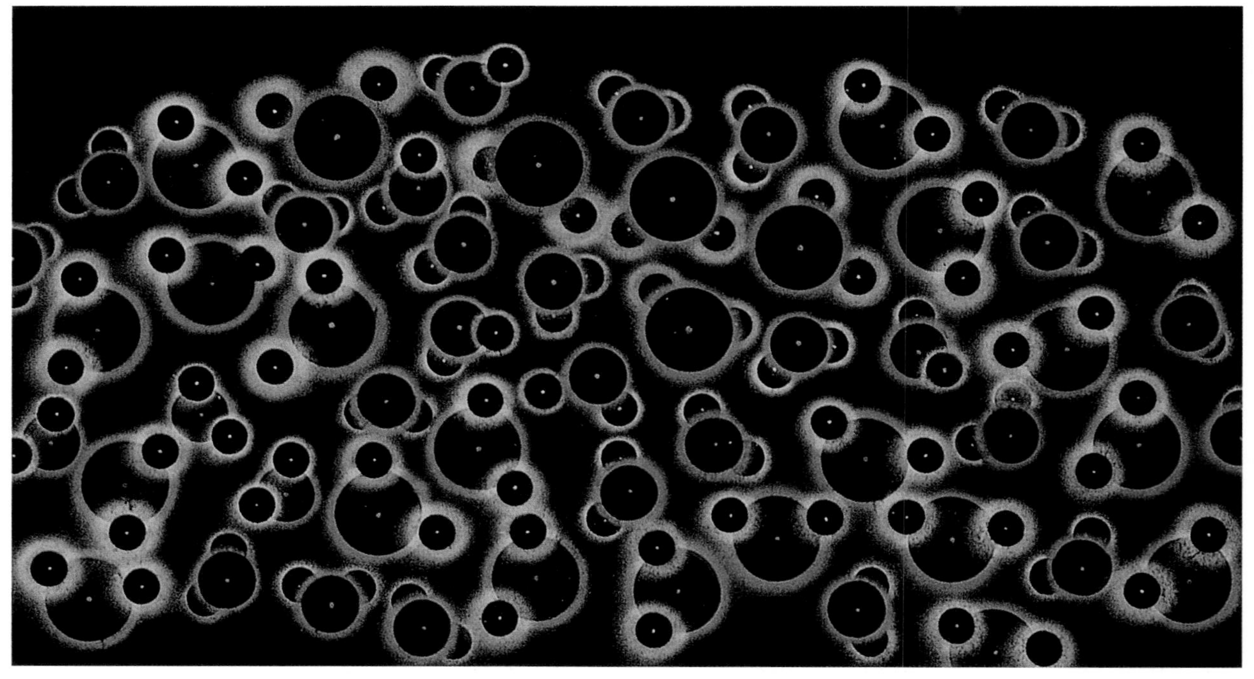

액체 물

우리가 설명해 왔던 물 얼음은 매우 흔하다. 그러한 육각형 결정격자는 지구상에서 눈과 빙산과 빙하, 그리고 겨울철 거리의 얼음에서 발견되는 구조이다. 이 구조는 실로 대단히 놀랍다. 얼음은 그 구조 속에 있는 커다란 빈 공간이나 구멍들 때문에 액체 물보다 밀도가 더 낮다. 물이 액체 물 위에 둥둥 떠 있는 것도, 얼음이 얼 때 팽창하는 것도 바로 이 때문이다. 액체 상태의 물 분자(156쪽 그림 참조)는 질서정연한 얼음 격자를 형성하기에는 너무 빨리 움직인다. 물 분자들이 바쁘게 뒹굴고 충돌하고 있기 때문에 내부에는 빈 공간이 별로 없다. 그러나 온도가 떨어지면 이 운동이 조금 느려지고 인접한 물 분자들 사이에 결합력도 생긴다. 육각형 격자가 형성되고 밀도가 훨씬 낮은 물질이 형성된다. 물이 액체 상태일 때는 밀도가 세제곱센티미터당 1그램이지만, 고체 얼음이 되면 밀도가 줄어들어 세제곱센티미터당 0.92그램이 되는데, 자연의 물질 중 이런 특성을 가진 것은 오직 물뿐이다. 다른 물질들의 경우, 고체는 거의 항상 액체보다 밀도가 커서 즉시 가라앉는다. 예컨대 주요 액체가 암모니아 혹은 메탄 같은 탄화수소인 행성에서는 둥둥 떠 있는 빙산과 얼음으로 뒤덮인 강 이야기를 들어 볼 수 없을 것이다.

얼음이 직접 증기로 증발하지 않고 중간의 액체 상태를 유지하기 위해서는 대기가 필요하다. 기체 분자층과의 충돌은 증발을 억제한다. 대기가 없으면 충돌도 없고 그러한 억제도 없으며, 따라서 액체도 없다. 혜성 표면보다 기압이 수천 배나 높은 화성조차도 오늘날 노출되어 있는 액체 물을 유지할 수 없다. 혜성의 핵에는 액체 물이 존재할 수 없다. 왜냐하면 심지어 코마가 가장 두드러질 때라도 혜성의 핵은 지구를 기준으로 보면 거의 진공 상태에 놓여 있기 때문이다. 온도가 충분히 높으면 액체 물이 쉽게 형성될 수 있는 혜성의 내부 주머니를 상상할 수 있다. 그러나 만약 열원이 오직 외부에서 오는 햇빛뿐이라면 혜성의 내부로 깊이 들어갈수록 온도는 더 차가워질 것이다. 현대의 혜성 생명체 연구는 혜성 핵의 내부 깊숙이 있는 액체 물, 어쩌면 심지어 지하에 액체 바다가 존재할 가능성과 밀접하게 관련되어 있다.

까워졌을 때에만 얼음이 증발하기 때문이다.

휘플을 비롯한 다른 과학자들은 만약 혜성이 얼음으로 이루어져 있다면 매우 많은 양의 분자와 작은 입자들을 공급해 코마와 꼬리를 형성할 수 있다는 사실을 입증했다. 혜성의 핵은 아마도 근일점을 통과할 때마다 1미터 이상의 물질을 잃을 것이다. 혜성이 만약 1킬로미터의 반지름으로 시작했다면 근일점을 1,000번 통과한 뒤에는 그 물질이 다 소모된다는 이야기다. 남겨진 것이라고는 비휘발성 광물 알갱이들 같은 물질밖에 없을 테고, 그 일부도 어쩌면 지구에 휩쓸려 유성우가 되었을 것이다. 근일점은 모두 지구 궤도 근처에 있지만 원일점과 태양 주위를 도는 공전 주기는 서로 다른 두 혜성을 생각해 보자. 둘 중 하나는 단주기 혜성으로 궤도를 한 바퀴 도는 데 5년이 걸린다고 하자. 그러면 이 혜성이 내행성계에 도착하는 순간부터 완전히 증발되어 유성으로 전환되는 순간까지 5,000년이 걸린다. 하지만 100년의 주기를 가진 장주기 혜성은 모든 휘발성 물질을 잃는 데 10만 년이 걸린다. 근일점을 통과할 때마다 햇빛에 직접 노출되는 새로운 얼음 표면이 있을 경우, 이것이 혜성의 전형적인 예상 수명이다. 혜성은 근일점을 통과할 때마다 얇은 층들이 벗겨져서 마침내 남는 게 하나도 없게 될 것이다. 그러므로 단주기 혜성 집단은 라플라스와 다른 사람들이 계산했던 것처럼 더 멀리 있는 혜성 창고로부터 충원되어야만 한다(5장 참조).

휘플은 또한 자신의 더러운 얼음 모형이 엥케 같은 혜성의 기이한 비중력적 운동을 가장 자연스럽게 설명할 수 있음을 깨달았다. 공기로 채워진 장난감 풍선의 주둥이를 묶어 떨어뜨려 보자. 풍선의 하향 궤적은 느리고 한결같다. 그러나 똑같은 풍선의 주둥이를 엄지와 검지로 눌러 막은 채로 머리 위에 들고 있다가 손을 놓으면 풍선이 갑자기 홱 돌아 거친 소리를 내면서 방 안을 가로질러 날아간다. 이것이 로켓 효과(rocket effect)이다. 주둥이로 공기가 빠져나가면서 풍선이 반대 방향으로 질주한다. 그 원리는 뉴턴의 제3운동 법칙이다. 즉 모든 작용

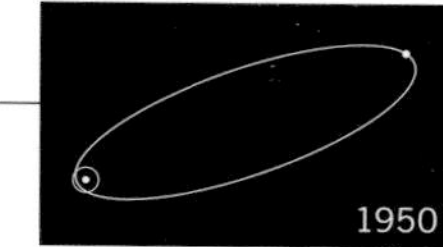

에는 크기는 같지만 방향이 반대인 반작용이 존재한다는 것이다. 로켓도 정확히 이 원리로 움직인다. 로켓의 배기가스는 땅이나 다른 어떤 것을 밀어내지 않는다. 로켓은 진공에서도 똑같이, 사실 더 잘 움직인다. 또 다른 유사한 사례는 라이플 소총의 반동으로, 총알이 앞으로 나가면 개머리판이 어깨 뒤로 밀려난다.

혜성 안의 얼음은 풍선 속의 공기, 로켓 속의 연료, 그리고 총 안의 총알과 유사하다. 이제 암석 물질과 그보다 많은 휘발성 얼음들이 표면을 덮고 있는 빙산 하나가 태양 쪽으로 굴러가고 있다고 상상해 보자. 태양에 접근하면 이 혜성의 표면이 가열된다. 얼음의 일부가 데워져 증발한다. 약간의 메탄이나 암모니아 기체가 우주 공간으로 분출되는 모습 — 어쩌면 그 물질의 더 깊숙한 줄기를 드러낼 수도 있고, 그저 암석질의 모암만 드러낼 수도 있다. — 을 상상할 수 있다. 그러나 이러한 기체의 분출이 핵의 표면 전체에서 한 번에 균일하게 일어나지는 않는다. 메탄 얼음의 일부가 해왕성의 궤도 거리에서 증발할 때(작용), 이 혜성은 살짝 흔들릴 뿐이다(반작용). 태양에 더 가까워지면, 암모니아나 이산화탄소 일부가 군데군데 유사한 로켓 효과를 일으킬 수 있다. 세부 연구에 따르면 단주기 혜성에서 일어나는 미량의 비중력적 운동이 이 혜성의 표면에 있는 물 얼음의 승화 작용으로 인한 로켓 효과로 쉽게 설명될 수 있다.

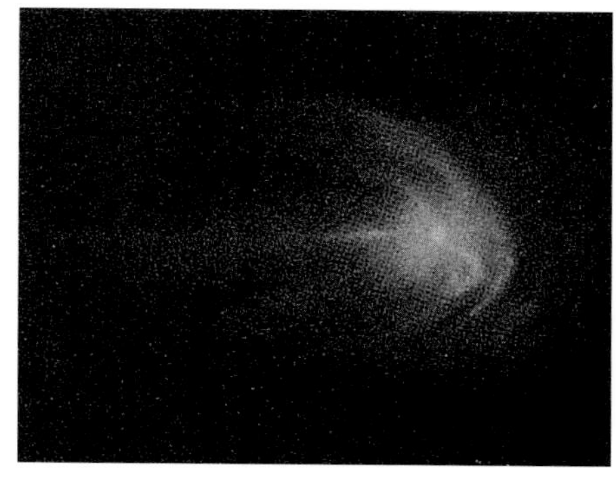

1910년 핼리 혜성의 핵에서 분수처럼 솟구치는 혜성 물질. 1910년 5월 25일 이집트 헬완 천문대의 망원경으로 보고 그린 그림. NASA 제공.

지구에서는 태양이 가장 높이 떠 있는 정오보다 오후에 더 기온이 높다. 지면이 데워지는 데 약간의 시간이 걸리기 때문이다. 마찬가지로 혜성이 가장 많이 데워져서 얼음이 증발되어 우주 공간으로 날아가는 때는 오후이다. 그리고 혜성이 자전하는 방향에 따라 증발이 궤도 운동을 가속시키거나 감속시킬 것이다.

혜성은 때로 충돌이나 급속한 자전 때문에 구조가 약해져서 응집력에도 불구하고 둘 이상으로 쪼개지기도 한다. 햇빛에 노출된 얼어붙은 새로운 휘발성 물질들은 훨씬 더 많은 기체와 먼지 제트를 만들어 내고, 혜성 조각들도 덩달아 조금 더 뒹굴고 더 질주한다.

태양에 가까이 다가오지 않는 혜성에서도 유사한 일이 벌어질 수 있다. 가장 유명한 경우는 슈바스만-바흐만 1(Schwassmann-Wachmann 1) 혜성이다. 이 혜성은 목성과 토성의 궤도 사이에 있는데, 때로 단 며칠 만에 수천 배나 밝아지는 일시적인 폭발을 일으키기도 한다. 그러나 그러한 폭발이 없을 때는 탄소를 함유한 물질이 풍부한 소행성과 아주 유사한 검붉은 천체다. 한 견해에 따르면, 슈바스만-바흐만 1 혜성이 폭발한 것은 깊숙이 묻혀 있는 색다른 얼음들이 태양열로 인해 점차 가열되었기 때문이다. 햇빛이 결국 얼음주머니를 휘발시켜 수증기가 표면으로 분출된다. 쏟아지는 수증기와 함께 나오는 작은 얼음과 먼지 알갱이들이 그 천체 주위에 일시적인 구름 — 먼 코마 — 을 일으키는데, 우리 눈에는 그것이 일시적으로 밝기가 증가한 것처럼 보인다는 설명이다. 이 혜성의 원형 궤도는 이 천체가 태양계의 이 지역에 오랫동안 존재했음을 말해 준다. 그렇다면 이 색다른 얼음은 왜 표면에 여전히 남아 있는 걸까? 이것은 어쩌면 색다른 얼음이기 때문이 아니라 뭔가 다른 상황 — 말하자면 궤도 안에 있는 커다란 옥석 크기의 물체와의 충돌, 혹은 여전히 직접적으로는 탐지되지 않는 핵의 여러 구성 성분들 사이의 충돌 — 때문인지도 모른다. 슈바스만-바흐만 1 혜성이 정말로 왜 폭발했는지는 여전히 미스터리로 남아 있다. 이 혜성은 외행성계의 다른 천체들, 예컨대 토성과 천왕성 사이에 있는 작은 천체인 키론(Chiron)이나 거대한 행성들의 차가운 위성들에 대한 의문으로 이어진다. 이들 가운데 하나라도 먼 훗날 갑자기 구름 속에 휩싸여 매우 밝아지는 일이 있을까?

1835년에 핼리 혜성의 핵에서 방출되고 있는 제트를 목격한 독일의 수학자 F. W. 베셀(F. W. Bessel)은 어쩌면 이 혜성에 작은 비중력적 운동이 일어날 것이라고 생각했다. 그러나 이 아이디어는 휘플이 오늘날 부활시킬 때까지 115년 동안 침체 상태에 머물러 있었다. 우리는 오늘날 행성 간 우주선의 자세 제어 제트처럼 따뜻한 혜성의 핵에서 물질들이 불규칙적으로 뿜어져 나오는 제트 현상을 볼 수 있다. 이 거

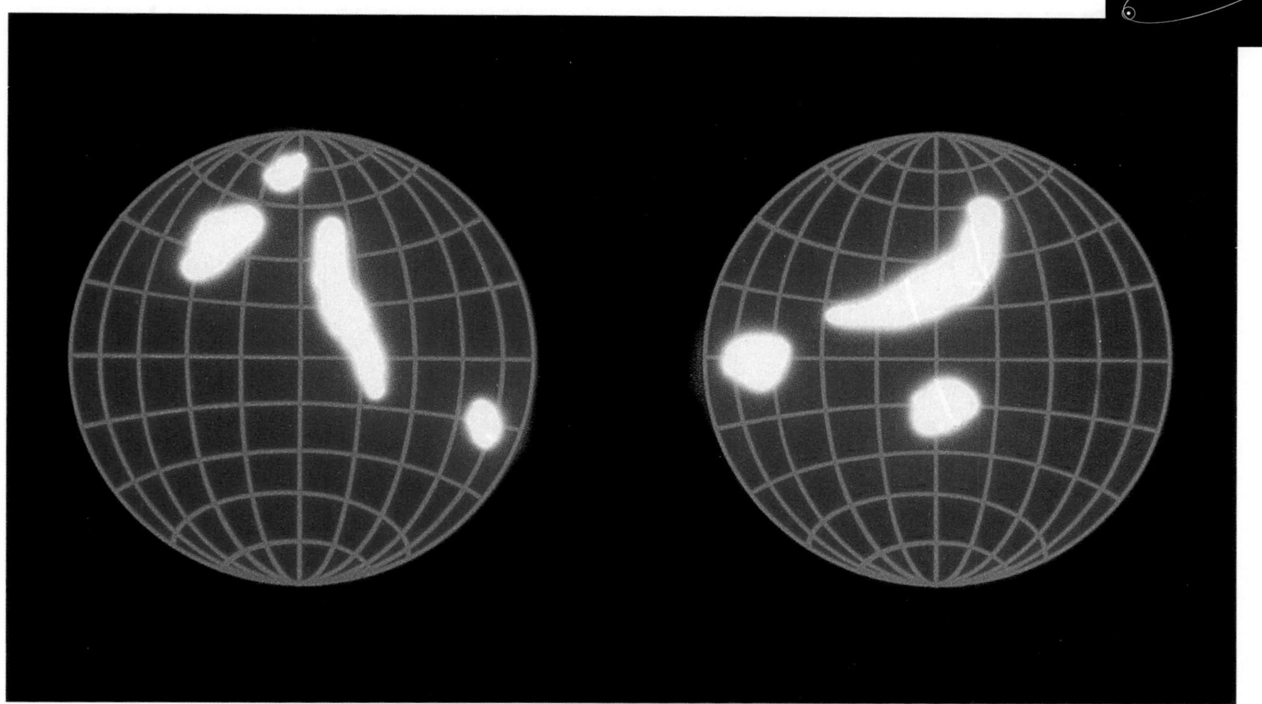

위: 스위프트-터틀 혜성의 핵에 있는 제트들의 위치. 이 혜성은 여기서 구형으로 상상되었으며, 그림에서 보이는 밝고 하얀 지역들이 근일점 근처에서 제트가 분출하는 지점들이다. 1862년에 제트 추진 연구소의 즈데넥 세카니나가 그 위치들을 결정했다. 존 롬버그/BPS 도해.

아래: 혜성의 핵을 구성하는 더러운 얼음. 마이클 캐럴 그림.

대한 분수가 우주 공간으로 쏟아져 나올 때마다 혜성의 궤도는 약간씩 회전한다. 심지어 스위프트-터틀(Swift-Turttle) 혜성의 경우처럼 혜성 핵에서 분출되는 제트들의 위치를 지도로 만들 수도 있다(161쪽 위 그림 참조).[6]

따라서 더러운 얼음 모형은 코마와 꼬리의 형성 시기와 범위, 혜성의 비중력적 운동, 그리고 적어도 토머스 라이트의 시대 이후 주목받아 온 혜성 핵의 폭발적인 제트를 한 번에 설명해 준다. 그리고 곧 알게 되겠지만 물 얼음을 우리가 관측하는 혜성들의 주요 구성 성분으로 보는 직접적인 증거가 있다. 프레드 휘플의 과학 전통에 따른 '명료한' 설명은 약간의 가설로부터 정확한 예측을 이끌어 낸다.

따라서 혜성은 **정말로** 태양 주위를 질주하는 거대한 얼음 덩어리들처럼 보인다. 그게 얼마나 많은 얼음일까? 1년에 내리는 모든 눈을 청소하는 제설기를 지구 곳곳에 설치해 놓았다고 하자. 그리고 이 모든 눈을 거친 공 모양으로 뭉쳐 우주 공간으로 가져가 차가운 창고 속에 넣어 둔다고 하자. 그러면 지름이 10킬로미터인 혜성의 핵 같은 게 만들어질 것이다. 그리고 이 정도의 눈만 있어도 보통의 혜성 핵을 100개는 만들 수 있을 것이다. 또 다른 방법으로 설명하면, 전형적인 혜성의 핵에는 동유럽이나 북아메리카 지역에 매년 내리는 눈의 양 정도가 함유되어 있다. 그렇게 많은 양은 아니다.

보기에 따라서 휘플의 눈덩이 가설이 실망스럽다고 느낄 수 있다. 뉴턴과 핼리는 혜성을 두려운 전조에서, 비록 보이지는 않지만 명백한 신의 명령에 따르는 자연의 평범한 존재로 전환시켰다. 그러나 혜성이 그저 궤도를 도는 눈덩이에 불과하다면 과연 남겨진 미스터리가 있을까? 이제 혜성은 평범하다 못해 싫증 나는 존재로 전락해 버린 게 아닐까? 놀랍게도 새로운 해석은 혜성이 태양계와 생명과 우리 인간의

6 주기 혜성인 스위프트-터틀 혜성(1862 Ⅲ)은 페르세우스자리 유성우의 원천이다. 161쪽 위 그림에서 보여 주는 제트들이 미래의 페르세우스자리 유성들을 혜성 주변의 우주 공간으로 몰아낸다. 13장에서 논의하겠지만 머지않아 이 유성들이 이 혜성의 궤도 대부분을 채우게 될 것이다.

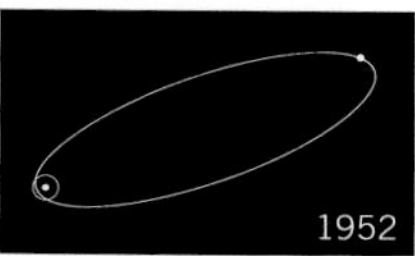

기원, 그리고 우리가 알고 있는 세계 대부분의 피상적 특징들을 설명 해 주는 중요한 열쇠임을 암시한다.

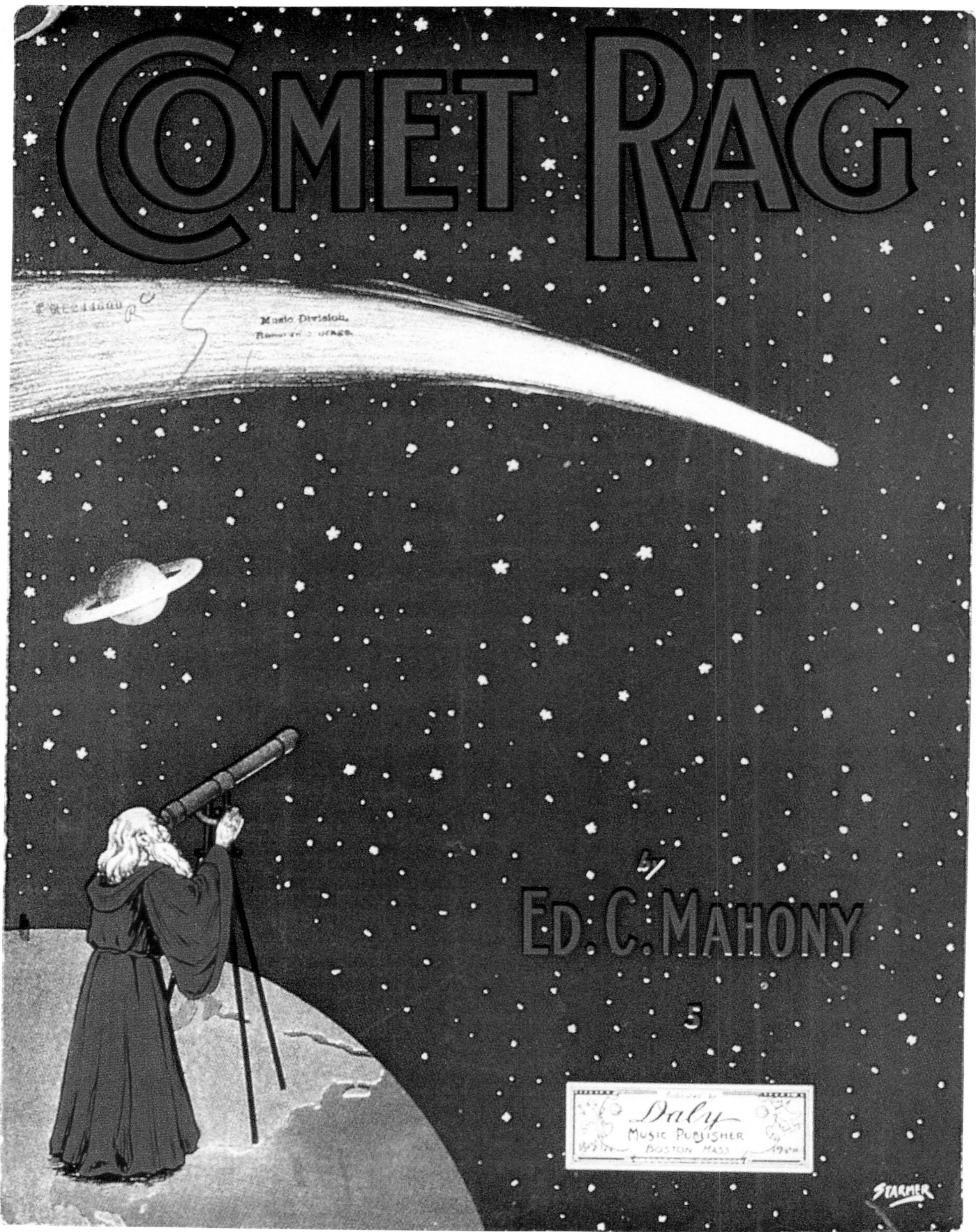

지구의 한 천문학자가 혜성의 구조에 어리둥절해하고 있다. 1910년에 한 장의 악보로 발행된 음반의 표지. 미국 의회 도서관의 루스 S. 프라이태그 제공.

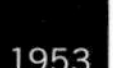

7장

혜성의 구조

하늘에 또 하나의 징조가 나타났으니, 보라 저 거대한 붉은 용을……
그 꼬리가 하늘에 있는 별들의 3분의 1을 드리운다.

—「요한계시록」 12장 3~4절

혜성이 무엇이고 어디서 왔으며 우리에게 어떤 중요성을 갖는지 이해하려고 애쓰고 있다는 점에서 우리는 지구 곳곳에 있는 사람들의 수천 년에 걸친 참을성 있는 관측과 그 보존된 기록의 수혜자들이다. 혜성의 특성들을 사실적으로 언급하는 중국의 한(漢)나라 왕조나 바빌로니아 셀레우시드(Seleucid) 왕조의 공식적인 기록은 수천 년이 흐른 뒤 우리가 뉴턴의 중력 이론이나 새로운 혜성 출현율의 불변성을 시험할 수 있도록 도와준다.

인간의 역사에서 기록된 혜성은 채 1,000개가 되지 않고, 태양과 지구 옆을 한 번 이상 지나간 것은 불과 수백 개에 지나지 않는다. 플리니우스는 육안으로 볼 수 있는 혜성은 일주일에서 6개월 동안 볼 수 있다고 했고, 이 말은 여전히 대체로 들어맞는다. 대부분의 경우에 혜성은 희미하며 마치 은하수에서 떨어져 나간 한 줌의 빛처럼 하늘의 밝은 얼룩으로 간신히 인지된다. 그러나 이러한 혜성이라도 작은 망원경이나 심지어 쌍안경만 있으면 아주 크게 볼 수 있다.

혜성은 하늘을 질주하지 않으며 별들과 함께 뜨고 진다. 혜성이 질주한다는 생각은 유성과 헷갈렸거나, 그림 또는 사진에서 보는 즉각적인 인상에서 오해한 것이다. 일상 경험에 비추어 볼 때 그런 모양의 천체들은 보통 질주하기 때문이다. 우리는 혜성의 사진을 보자마자 길고 곧은 머리카락이 바람에 흩날리는 여인의 모습을 떠올린다. 앞서 언급했듯이 혜성이라는 이름 자체도 머리카락을 뜻하는 그리스어에서 유래했다. 그러나 사물을 흩날리게 할 바람이 있는 여기 지구상에 혜성이 존재하는 게 아니다. 혜성은 거의 완벽한 진공이라고 할 수 있는 행성 간 공간에 존재한다. 그리고 꼬리를 항상 뒤로 늘어뜨리고 있지도 않다. 근일점을 통과한 뒤 혜성이 태양을 떠날 때는 꼬리가 진행 방향 쪽으로 뻗는다. 뭔가 다른 일이 일어나고 있는 것이다.

혜성이 지구로 접근할 때 밝기와 꼬리의 길이가 모두 증가한다. 그리고 근일점을 통과할 때는 혜성이 태양 빛 속으로 사라졌다가 태양과 지구와 혜성의 상대적 기하 구조에 따라 더 밝게 또는 더 희미하게

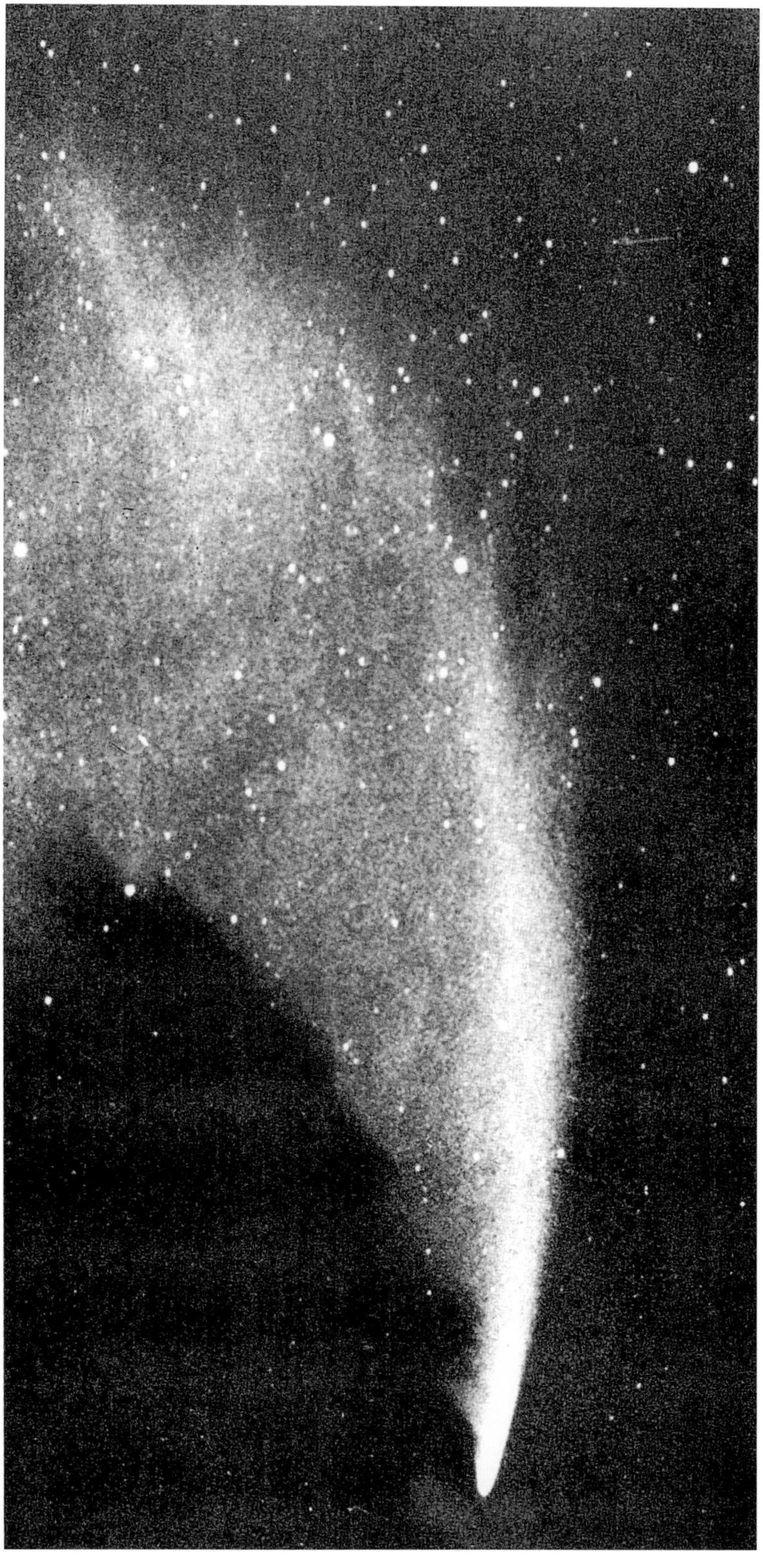

1910년의 대일광 혜성. 헨리 노리스 러셀(Henry Norris Russell)의 『태양계의 기원(*The Origin of the Solar System*)』(프린스턴 대학교 출판부, 1935년)에서.

한 번 더 나타난다. 육안으로 보이는 일부 혜성의 경우 꼬리가 지평선에서 천정까지 뻗기도 한다.

목성과 화성의 궤도 사이 어딘가에 있는 밝은 혜성은 지구상에 있는 육안 관측자에게 어쩌면 처음으로 하나의 광점 — 상당한 안개로 에워싸여 있는 4등급 혹은 5등급의 별 — 으로 보일지도 모른다. 그러나 그러한 출현은 드물다. 혜성의 밝기는 대단히 다양하다. 대부분은 대형 망원경으로만 볼 수 있으나 어떤 것은 육안으로도 볼 수 있으며, 때로는 — 수년마다 한 번씩 — 세계적인 법석을 일으킬 정도로 두드러진 혜성도 있다. 평균적으로 한 사람의 평생에 한 번쯤은, 태양에 아주 근접했을 때조차 대낮에도 볼 수 있는 밝은 혜성이 나타난다. 1910년의 대혜성(1910 I) — 사람들의 기억 속에서 때로 그해 후반부에 도착한 핼리 혜성과 혼동되기도 한다. — 도 그러한 것이었다. 이 혜성은 '대일광 혜성(Great Daylight Comet)'이라고 불렸다.

대부분의 혜성은 프로든 아마추어든 천문학자들이 발견했다. 때로 개기 일식 동안 태양 근처에서 태양의 코로나 빛에 잠겨 있던 — 태양의 눈부신 빛에 가려서 이전에는 알려지지 않았던 — 혜성이 발견되기도 한다. 일식이 끝나면 이 혜성은 다시 보이지 않게 된다. 그러나 이런 경우는 드물다.[1] 오히려 혜성은 눈부신 태양 빛에서 벗어나 있을 때 태양 부근에서 발견되거나, 태양에서 멀리 떨어진 곳에서 발견되는 경우가 더 많다. 장시간 노출을 줘서 밤하늘의 한 부분을 촬영해 보면 표준 성도에는 없는 다소 희미한 성운 같은 천체가 나타난다. 새로운 혜성 탐색에 열성적인 아마추어들은 때로 한 번에 하늘의 넓은 부분을 볼 수 있는 특수 망원경을 이용해 하늘을 체계적으로 훑는다. 최근의 한 혜성은, 거실에 앉아서 가망성이 별로 없는 영국의 하늘을 쌍안경으로 살피던 아마추어 천문가가 발견했다. 어떤 아마추어들은 평생을 헌신해서 12개 이상의 혜성을 발견하기도 했다.

1 우주 탐사선 고도에서 불투명 원반을 이용해 태양 빛을 차단함으로써 그러한 식을 인공적으로 만들 수는 있다.

1955

혜성의 이름 짓기

혜성의 이름은 종종 이케야-세키(Ikeya-Seki) 혜성이나 웨스트(West) 혜성처럼 발견자의 이름을 따서 짓는다. 한편 중국에서는 개인의 업적이 인정되지 않던 시절이 있었는데 이때 발견된 혜성에 '자금산 천문대 혜성(Purple Mountain Observatory Comet)'이라는 이름을 붙였다.

때로는 발견자의 이름이 아니라 두 번 이상 관측된 천체가 동일한 혜성의 귀환임을 처음 알아낸 사람의 이름을 따서 명명하기도 한다. 핼리 혜성이 바로 이러한 경우이며 엥케 혜성도 마찬가지다.

또한 혜성에는 1858 VI나 1997 I처럼 로마 숫자가 붙기도 하는데 이는 해당 연도에 혜성들이 근일점을 통과한 순서를 나타낸다.

대기 오염과 도시의 불빛 때문에 이러한 풍습이 이제는 그다지 유행하지 않지만, 한때는 하늘의 지도를 자신의 손바닥처럼 훤히 들여다보고 있어서 흘끗 보는 것만으로도 이전에 별이 보이지 않았던 곳에 새로운 광점이나 얼룩이 나타났다는 사실을 알 수 있는 사람들이 적지 않았다. 때로 폭발하는 별인 신성이 이런 식으로 발견된다. 그리고 혜성도 종종 그렇게 발견된다. 밝은 혜성의 경우 천문학자가 아닌 사람들이 육안 관측으로 먼저 발견하기도 한다. 남아프리카의 철도 노동자 세 명이 발견한 1910년 1월의 대일광 혜성이 전형적인 예이다. 그 당시에도 핼리의 시대처럼 남반구의 하늘을 조사하는 천문학자는 거의 없었다.

평균적으로 매일 밤 지구 어딘가에서 적어도 한 명의 천문학자가 망원경으로 혜성을 들여다보고 있다. 그러나 이것은 대부분 혜성을 발견하는 과정의 일부가 아니라 혜성의 본질을 이해하려는 훨씬 더 복잡한 연구 활동의 일환이다. 천문학자는 그 조성이나 운동에 대한 실마리를 찾기 위해 혜성의 사진을 찍거나 그 빛을 분광기로 보내거

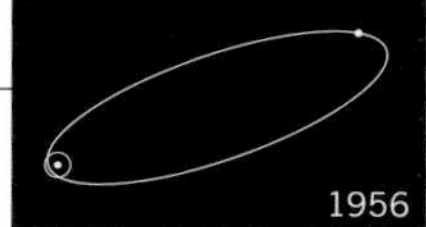

혜성의 구성 성분들. 위 그림은 크기 비교를 위해 혜성의 코마 바깥 가장자리 근처에 지름이 수 킬로미터인 전형적인 혜성의 핵을 보여 준다. 170쪽 그림은 지구와 내행성계의 코마를 비교해서 보여 준다. 이 코마는 산란 기체와 미세 입자들로 이루어져 있으며, 이 경우 중앙에 보이지 않는 점에 불과한 핵을 갖고 있다. 아래 그림은 잘 발달된 혜성의 꼬리가 지구의 궤도에서부터 화성의 궤도까지 뻗어 있는 모습이다. 존 롬버그/BPS 도해.

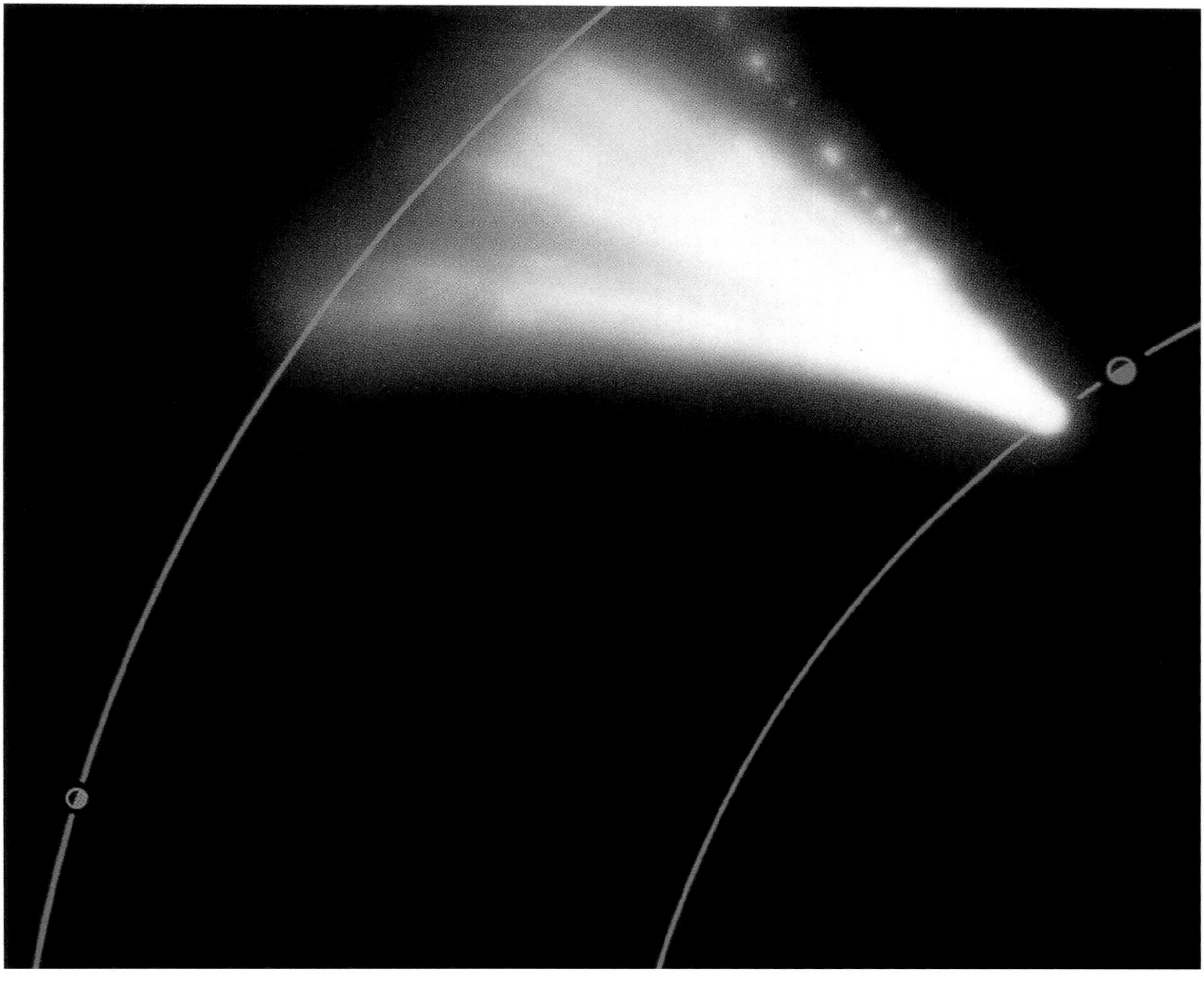

나 코마가 방출하는 열을 측정한다. 따라서 대부분의 혜성은 망원경의 접안렌즈가 아니라 전혀 다른 목적을 위해 망원경으로 찍은 하늘 사진을 통해서 발견된다.

당신이 태양에서 멀리 떨어진 혜성을 발견했다고 할 만한 상황은 무엇일까? 당신은 먼저 희미한 광점을 발견할 것이다. 그것은 사진의 감광 유제가 만들어 낸 흔적일지도 모른다. 사진을 또 한 장 찍어 보자. 그것이 당신의 하늘 지도에 기록되어 있지 않은 다소 다른 종류의 광점 — 성운이나 먼 은하 — 일 수 있을까? 사진을 또 한 장 찍어 보자. 그것이 만약 별들에 대해 적당한 속도로 움직인다면, 당신은 아마도 혜성을 발견한 것인지도 모른다. 만약 뿌옇게 보이지 않는다면 그것은 소행성일 수도 있다.

프로 천문학자들이 혜성을 발견하는 것은 대부분 혜성이 접근하고 있을 때나, 더 드물기는 하지만 혜성이 근일점을 통과한 뒤 태양에서 멀리 떨어져 있을 때인 경우가 많다. 거의 항상(이미 알려진 혜성을 '기록하고' 있을 때를 제외하면) 그러한 발견들은 전혀 다른 연구 과정에서 얻은 우연한 부산물이다. 반대로 아마추어 천문학자들의 발견은 혜성이 태양에 가까이 있을 때 — 일몰 이후나 새벽 이전 몇 시간 이내 — 가장 자주 이루어진다. 1910년의 대일광 혜성처럼 혜성은 밝기가 불규칙하게 변할 수도 있으므로, 태양에서 멀리 떨어져 있을 때 대형 천체 망원경으로 탐지되지 않았던 혜성이 태양에 가까이 있을 때 매우 간단한 장비나 심지어 육안으로 발견될 수 있다.

가까운 장래에 지구에 접근할 것으로 여겨지는 확실한 궤도 주기를 가진 것으로 입증된 몇 개의 혜성이 '발견'되었다고 하자. 당신이 보고 있는 것이 몇 년 전에 관측된 혜성과 동일한 것이라고 어떻게 확신할 수 있을까? 일반적으로 혜성에는 눈에 띄는 뚜렷한 특성이나 연대의 기반, 특유의 격자무늬 같은 것이 없다. 그러나 방법은 있다. 에드먼드 핼리의 선구적인 연구를 따라, 더 일찍 출현한 혜성과 현재 혜성의 궤도 특성들, 예컨대 주기, 이심률, 태양으로부터 근일점까지의 거리, 궤도의 기울기 같은 것들을 비교하면 된다. 1986년에 귀환한 핼리 혜성에 대해 천문학자들은 이 혜성이 궤도상 있어야 할 위치를 정확히 계산했다. 이 혜성은 근일점을 통과하기 3년 이상 전인 1982년 10월 16일, 토성의 궤도 너머에 있을 때 대형 망원경을 통해 발견되었다. 이 혜성은 예측된 위치로부터 달의 겉보기 크기의 1퍼센트도 벗어나 있지 않았다.

혜성의 발견은 때로 미확인 상태로 남아 있기도 하는데, 이는 주로 그 궤도 주기가 불확실하거나 너무 길기 때문이다. 이따금 확실한 주기를 갖는 단주기 혜성들이 다음 출현 때 발견되지 않는 일도 있다. 그러한 경우들은 수없이 많은데, 아마도 천문학자들의 실수 때문이라기보다는 혜성에서 기체와 먼지의 갑작스러운 분출이 일어나고 있지만 너무 희미해서 보이지 않기 때문이다. 이 활동이 끝나면 혜성은 다시 어두워진다. 이런 발견되지 않은 혜성들은 우리에게 엄청 거대한 미발견 혜성 집단이 있음을 상기시킨다.

축적된 막대한 양의 천문 관측을 통해 우리는 혜성의 해부학적 구조 전반에 대한 그림을 그릴 수 있게 되었고 심지어 혜성의 생리 현상까지도 조금 알게 되었다. 우리는 이 그림의 다양한 구성 성분들을 언급했다. 이제 처음부터 차근차근 살펴보자.

혜성은 지금까지 태양계에서 나타난 천체들 중 가장 크고 가장 변화무쌍한 존재이다.[2] 작은 핵은 종종 풍부한 코마와 태양보다 훨씬 더 큰 거대한 꼬리를 일으킨다. 그러나 두 혜성이 태양으로부터 같은 거리에 있다 해도 하나에는 거대한 꼬리가 있고 다른 하나에는 전혀 없을 수도 있다. 토머스 라이트의 용기와 선례를 본받아(4장 참조), 170~171쪽에 전형적인 혜성의 핵과 코마와 꼬리의 상대적인 크기를 제시해 놓았다. 관측이 가능하다면 혜성의 핵은 망원경으로 보았을

2 태양풍과 목성의 자기장과의 상호 작용이 목성의 자기권 꼬리를 형성하는데, 그 하전 입자들이 토성의 궤도까지 뻗어 있다. 목성의 자기권 꼬리는 여태까지 알려진 어떤 혜성의 꼬리보다도 크다. 그러나 이 꼬리는 우주 탐사선이 목성을 통과할 때에만 관측할 수 있다.

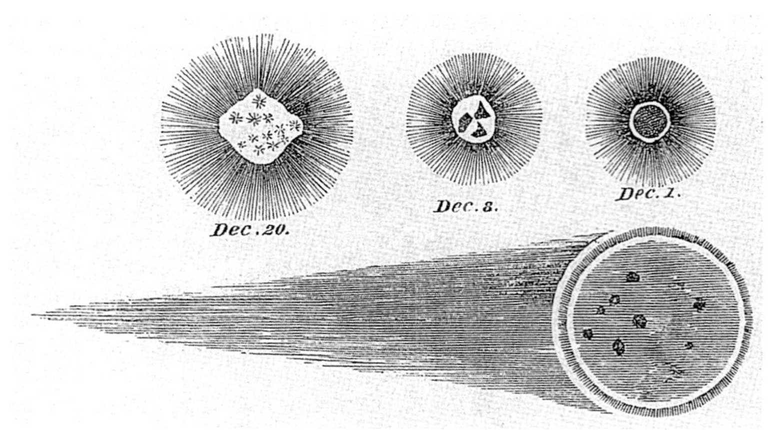

그림 윗부분은 시샛이 서로 다른 세 날짜에 망원경을 보고 그린 1618년의 혜성의 핵을, 아랫부분은 헤벨리우스가 1652년의 혜성(12월 27일)을 그린 것이다. 초기의 천체 망원경으로 작업했을 이 관측자들이 실제로 본 것은 혜성의 핵이 아니라 코마였다. 묘사된 코마 내부의 세부는 아마도 17세기 렌즈의 결함이 만들어 낸 잘못된 상일 것이다. 아메데 기유맹의『혜성의 세계』(파리, 1877년)에서.

때 별 같은 광점으로 보일 것이다. 혜성의 지름은 일반적으로 수 킬로미터에 불과하지만, 내행성계에 있는 이웃한 행성 궤도들 사이의 거리보다도 더 긴 뚜렷한 꼬리를 만들어 낼 수 있다. 1억 킬로미터 길이의 꼬리가 달린 1킬로미터의 천체는 마치 볼티모어까지 이르는 꼬리를 달고 워싱턴 D. C.에서 햇볕을 쬐며 춤추는 한 줌의 티끌과 같다.

초기의 과학 문헌에는 혜성 핵의 지름이 수백이나 수천 킬로미터라는 관측 기록이 남아 있다(위 그림 참조). 이러한 측정들은 사실상 코마가 가장 밝은 때 — 혜성이 지구에 가장 가까이 접근했을 때 — 이루어진 게 틀림없다. 훨씬 더 작은 핵 자체는 틀림없이 내부에 숨어 있었을 것이다. 소수의 관측자들은 핵이 어떤 별 앞을 지나갈 때에도 그 별이 깜빡거리는 걸 볼 수 있다고 주장해 왔다.

때로 혜성은 우연히 지구에서 태양까지 이어지는 시선을 따라 여행하기도 한다. 만약 그 핵이 거대하다면 — 지름이 1,000킬로미터 정도라면 — 태양의 원반을 배경으로 까만 작은 점 하나가 움직이고 있는 것처럼 보일지도 모른다. 그러나 관측을 시도할 때마다 — 예컨대 1882년의 대혜성이나 1910년에 핼리 혜성이 태양을 통과할 때처럼 — 핵은 너무 작아서 전혀 보이지 않았다.

이따금 혜성이 두꺼운 코마 없이 지구에 접근하기도 하는데, 이때 코마 속에서 작고 밝은 점이 관측되는 경우가 있기도 한다. 이것은 혜성의 핵일 수도 있지만 그저 먼지 알갱이로 이뤄진 짙은 내부 코마일 지도 모른다.

지구에 다가오는 혜성은 장막을 둘러 호기심 많은 천문학자들의 시야로부터 몸을 가린다. 일반적으로 혜성은 목성의 궤도 너머 어둠 속에서 옷을 벗는다. 만약 태양에서 멀리 떨어져 있는, 코마를 만들어 내기 전의 혜성을 발견할 수 있다면, 발가벗은 혜성의 핵을 살짝 볼 수 있을지도 모른다. 그러나 혜성이 태양에서 멀리 떨어져 있을 때는 너무 작기 때문에, 아무리 밝더라도 광점만을 볼 수 있을 뿐이며, 표면을 세세히 식별하기란 불가능하다. 지상 망원경의 분해능과 미세한 세부를 식별할 수 있는 우리의 능력에는 본질적으로 한계가 있다. 그렇다면 발가벗은 핵의 크기를 어떻게 알 수 있을까? 천문학자들은 또 다른 방법을 찾아냈다.

핵에서 지구로 다시 반사되는 햇빛의 양을 측정한다. 만약 핵이

격렬한 분출로 인해 혜성이 수많은 작은 조각으로 부서진다. 얼음의 증발은 혜성을 파괴한다. 윌리엄 K. 하트먼 그림.

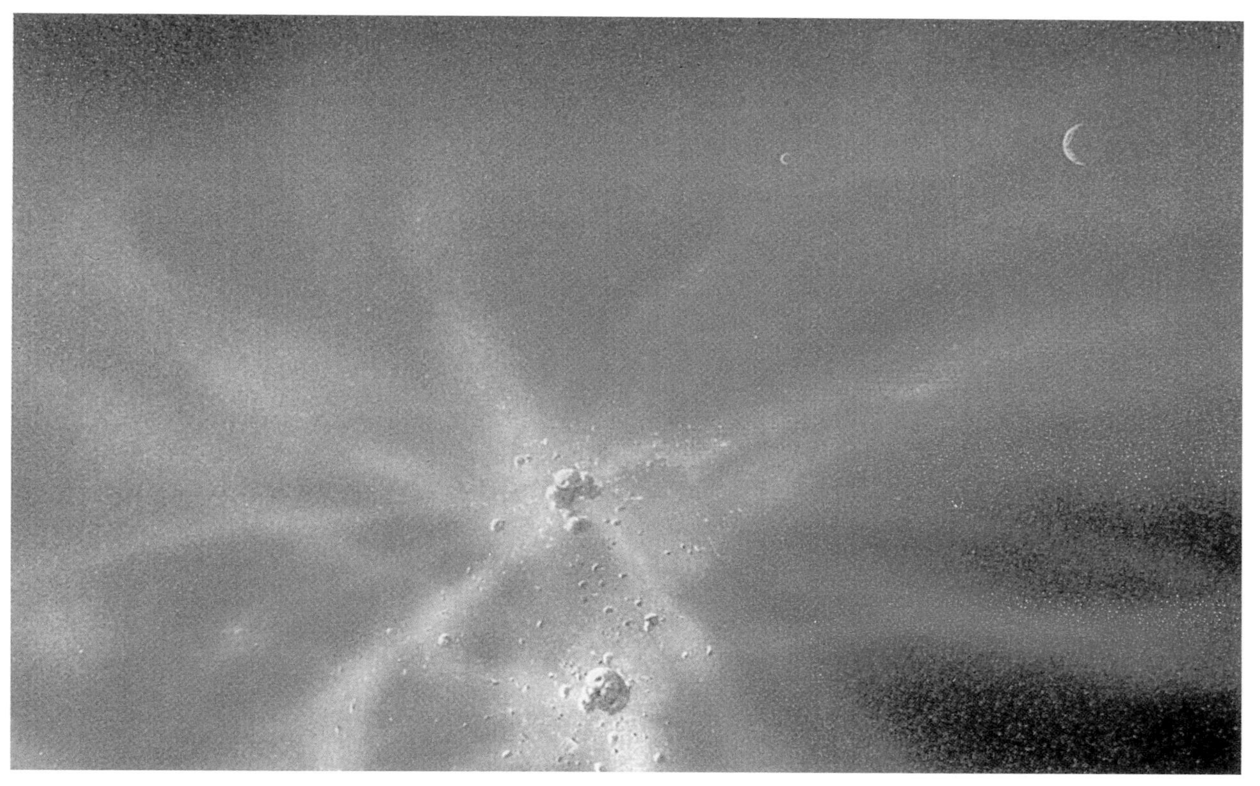

얼마나 어두운지만 알고 있으면 우리가 측정한 햇빛의 양을 반사하기 위해 핵이 얼마나 커야 하는지 계산할 수 있다. 한편 물체의 크기는 반사되는 빛의 양과 비례한다. 일정량의 반사된 빛을 측정했을 때, 표면의 반사율이 높을수록 그 물체는 더 작을 것이고, 역으로 반사율이 낮을수록 그 물체는 더 클 것이다. 어둡고 더러운 혜성 핵들의 경우, 다른 증거도 있지만, 계산된 지름의 크기가 수 킬로미터 미만이다.

혜성 핵의 크기를 구하는 보다 직접적인 방법은 지구에서 전파를 보내 혜성에서 반사되게 하는 것이다. 금성처럼 대기가 짙은 행성조차도 이러한 레이더 탐사를 이용하면 환히 들여다볼 수 있다. 이 전파들은 코마를 전혀 어려움 없이 통과하기 때문이다. 고도의 레이더 천문학이 도래한 이후 지구에 충분히 가까이 다가온 몇몇 혜성들을 측정한 결과, 다른 방법들로 구한 최적의 어림과 상당히 일치하는, 지름 200미터에서 수 킬로미터 사이의 핵을 확인했다. 그러나 핵의 크기를 측정하는 가장 직접적인 방법은 코마를 뚫고 날아가는 우주선 카메라로 핵의 크기를 측정하는 것이다.

지름이 5킬로미터 — 오늘날 핼리 혜성의 어림된 핵 크기에 맞먹는 — 인 혜성의 핵도 그렇게 큰 것은 아니다. 그러나 이 혜성이 이 지구의 해저에 가만히 놓인다면(아래 그림 참조), 그것은 녹아 버리기 전까지 해수면 위로 불쑥 튀어나온 이상한 종류의 열대 섬이 될 것이다.

그렇게 측정이 이루어진 혜성은 알려진 혜성의 1퍼센트도 안 된

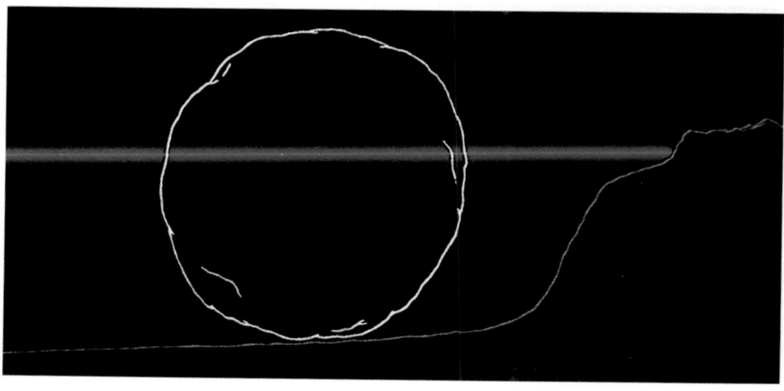

혜성 핵(예컨대 핼리 혜성의 핵 같은)의 크기를 바다의 깊이와 비교한 그림. 존 롬버그/BPS 도해.

다. 훨씬 더 작거나 훨씬 더 큰 혜성이 존재할 가능성은 얼마나 될까? 지름이 수 킬로미터라면 도시 하나의 크기다. 그러면 집만큼 작은 혜성이나 룩셈부르크나 브루나이만큼 큰 혜성도 있을까? 내행성계 안에 있는 아주 작은 혜성들은 어쩌면 탐지가 불가능할지도 모른다. 또한 얼음이 금방 증발해 버리고 혜성 자체가 빨리 부서져 버리기 때문에 그 수명은 매우 짧을 것이다. 혜성이 쪼개지거나 해체될 때는 확실히 집 한 채만 한 또는 그보다 더 작은 파편들이 방출되지만 그것들은 오래 살지 못한다. 천문학자들이 더 희미한 천체들을 조사한다고 해서 작은 혜성들이 점점 더 많이 발견되는 것은 아니다. 어떤 사람들은 단지 더 작은 혜성을 찾는 게 더 어렵기 때문이라고 생각하지만, 또 어떤 사람들은 축구장보다 작은 혜성(지름이 수백 미터)은 정말로 없기 때문이라고 생각한다. 그 원인은 아무도 모른다.[3]

가끔 돌아오는 장주기 혜성들의 지름은 수백 킬로미터 이상으로 상당히 크다는 간접적인 증거가 있다. 가장 유명한 사례는 1729년의 대혜성이다. 이 혜성은 근일점이 소행성대의 바깥으로 거의 목성의 궤도에 있었음에도 불구하고 육안으로 볼 수 있었다. 이 행성이 계속해서 지구 근처까지 왔다면 한밤중에도 신문을 읽을 수 있을 정도로 밝았을 것이다.

그렇게 멀리 있는데도 그렇게 밝았던 걸 보면 이 혜성은 대단히 클 뿐만 아니라 상당한 양의 색다른 얼음들을 증발시키고 있었음에 틀림없다. 목성 부근에서는 보통의 물 얼음이 증발하기에는 온도가 너무 낮기 때문이다. 앞에서 보았듯이 얼어붙은 질소나 일산화탄소나 메탄의 빙산은 명왕성의 궤도 근처나 그 너머에서 격렬하게 증발하기 시작한다. 그러한 물질로 만들어진 혜성은 관측이 가능할 만큼 지구에 가까워지기 전에 물질 대부분을 다 써 버렸을 것이다. 암모니아나 이산화탄소로 이루어진 혜성은 목성과 토성의 궤도 사이에서 왕성하게 증

3 하지만 작은 혜성들의 수가 이렇게 적다는 것이 사실이라면, 46억 년 전에 태양계를 만드는 과정에서 일어났을 사건들의 메아리로 볼 흥미로운 가능성도 있다(12장 참조).

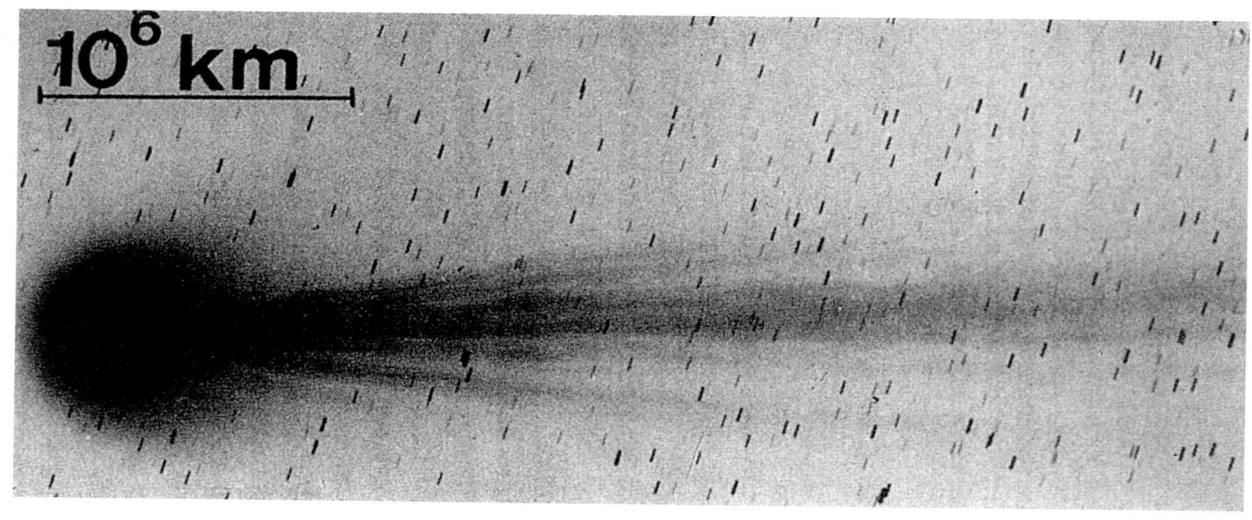

이케야 혜성(1963 I)의 음화 사진. 혜성이 배경에 있는 더 먼 별들에 대해서 약간 움직이고 있었기 때문에, 이런 장시간 노출을 준 사진에서는 별들이 짧고 어두운 선으로 나타난다. 꼬리 사이로 별들이 보인다는 것은 이 혜성이 투명하다는 것을 말해 준다. 수평 길이 단위는 백만 킬로미터이다. 1963년 2월 24일에 남아프리카 보이든 천문대의 E. H. 가이어(E. H. Geyer) 촬영. K. 조커스(K. Jockers) 제공.

발할 것이다. 그러나 이 혜성들이 특별히 큰 경우가 아니라면 지구에서 그들의 기체 분출 현상과 제트 현상을 탐지할 수 없을 것이다.

태양에서 훨씬 더 멀리 떨어져 있을 때에도 대단히 밝은 빛을 발하던 코호우텍(Kohoutek) 혜성이 1973년 12월에 지구 가까이 지나갈 때에는 얼마나 밝을 것인지에 대해, 미리부터 결론들이 공공연히 떠돌아 다녔다. 그러나 이 혜성의 출현은 전혀 화려하지 않았다. 코호우텍 혜성은 지상에서 육안으로도 보였지만, 지구 궤도를 돌고 있는 스카이랩(미국의 유인 우주 실험실 — 옮긴이)의 우주 비행사들이 훨씬 더 똑똑히 관측할 수 있었다. 코호우텍 혜성이 태양에서 그렇게 멀리 떨어져 있었을 때 그렇게 밝았던 것은 이 혜성에서 색다른 얼음들이 증발하고 있었기 때문이었다. 하지만 이 혜성이 지구에 가까이 다가왔을 때에는 그 증발 작용이 완전히 끝난 상태였다.

혜성의 핵이 코마 내부에 깊숙이 들어앉아 있어도 제트의 주기적인 출현을 보면서 그 자전 주기를 계산할 수 있었다. 오늘날에는 혜성 수십 개의 자전율이 이런저런 방법들로 측정된다. 전형적인 혜성은 지구의 하루 길이와 크게 다르지 않은 15시간마다 한 번씩 자전하는 것으로 밝혀졌다. 하늘에서 자전축의 방향은 전혀 일정치 않은 것처럼 보인다. 예컨대 혜성의 자전축이 주로 북극성 쪽을 가리키지는 않는

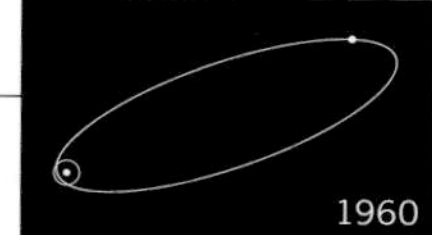

도나티 혜성(1858 VI)의 낮 반구에서 드리운 연속적인 동심원 모양의 장막. 1858년 10월 4일에 G. P. 본드가 하버드 대학교 천문대에서 망원경으로 보고 그린 그림.

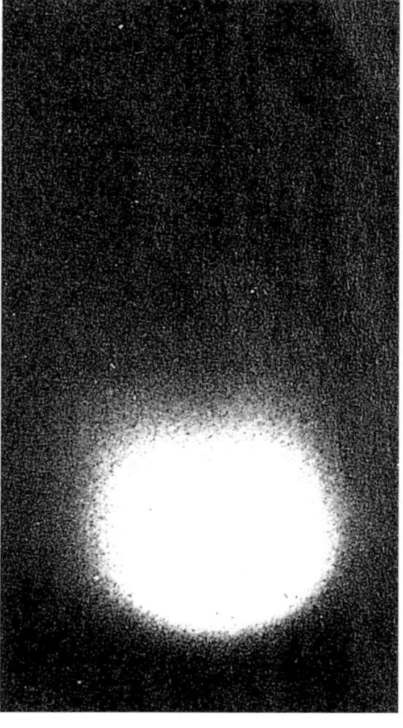

웨스트 혜성(1976 VI). 왼쪽은 지상 망원경을 이용해 보통의 가시광선으로 촬영한 코마와 꼬리다. 오른쪽은 높은 고도의 대기 상공에서 잠시 동안 수소 원자에 의해 방출된 자외선을 촬영한 것이다. 두 그림 모두 척도는 동일하다. 이러한 비교로 내행성계에서 혜성과 함께 오는, 보통은 눈에 보이지 않는 거대한 수소 구름의 존재를 확인할 수 있다. 폴 D. 펠드먼(Paul D. Feldman) 제공.

다는 이야기다. 일부 혜성들에 대해서는, 과거 100년 동안의 관측 자료들을 사용해 자전율을 구할 수 있다. 예를 들어 엥케 혜성은 140년 동안, 공전 주기는 얼음의 로켓 효과(6장 참조) 때문에 불규칙했지만 자전 주기는 많이 변하지 않았다.

전형적인 혜성은 너무 작기 때문에 중력적 인력이 아주 작다. 당신이 만약 혜성의 핵 표면에 서 있다면 당신의 몸무게는 지구상에 있는 강낭콩만큼 가벼워질 것이다. 우리가 1장에서 상상했던 것처럼 당신은 하늘로 수십 킬로미터를 쉽게 뛰어오를 수 있고, 눈송이를 탈출 속도로 던질 수도 있다. 지구를 비롯한 다른 행성들이 거의 구형이 되는 것은 뉴턴이 입증했듯이 중력이 주요 힘이기 때문이다. 중력은 모든 것을 똑같이 지구의 중심으로 끌어당기며, 지구 자체도 중력으로 인해 유지된다. 지구의 구형 표면 위로 튀어나와 있는 산들은, 지구 모형 표면 위에 칠해진 페인트층이나 에나멜층보다도 완벽한 구로부터의 편차가 적다. 설령 에베레스트 산 꼭대기에 커다란 산 하나를 더 올려놓을 수 있다고 해도 그 산을 성층권 높이까지 솟아오르게 만들 수는 없다. 에베레스트 산 위에 얹은 산의 무게 때문에 산의 바닥이 무너져 내릴 것이므로, 새로 쌓은 산은 지금의 에베레스트 산보다 높아지기 전에 폭삭 주저앉을 것이다. 지구의 중력은 우리의 행성이 완벽한 구로부터 허용하는 편차의 정도를 엄격하게 제한한다.

반면에 혜성은 중력이 너무 작아서, 기이하고 울퉁불퉁한 감자 같은 형태가 구형으로 모이지 않는다. 화성, 목성, 토성, 천왕성, 해왕성의 작은 위성들이 모두 그런 모양이라는 것은 이미 잘 알려져 있다(181쪽 그림 참조). 당신은 전형적인 혜성 위에 우주 공간으로 100만 킬로미터까지 치솟는 탑을 올릴 수 있고, 이 탑은 혜성의 자전 때문에 우주 공간으로 날아가 버릴 게 확실하기는 해도, 혜성의 중력 때문에 내려앉는 일은 없을 것이다. 작은 위성들과 혜성의 핵들은 모두 중력이 작기 때문에 불규칙한 모양으로 남아 있다. 그런데 이것들의 모양이 **울퉁불퉁**한 데는 또 다른 이유들도 있다. 위성들은 과거에 다른 천체들과 충

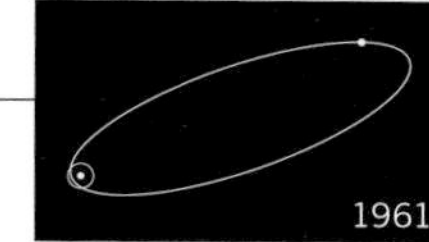

돌했기 때문에, 그리고 혜성들은 불규칙적으로 굳어졌거나 표면의 얼음들을 불균등하게 증발시켰기 때문에 그렇다.

혜성 핵의 중심 압력은 얼마나 될까? 반지름이 1킬로미터인 혜성을 생각해 보자. 지하 1킬로미터 깊이에서 느끼는 위쪽의 암석 무게가 엄청나다는 것은 누구나 알고 있는 사실이다. 탄광의 버팀목이 무너지면 광부들은 압사하게 된다. 그러나 만약 중력이 3만 배 더 작다면 그 위에 놓인 암석은 3만 배 더 가벼울 것이다. 또 달리 이야기하면 이 혜성의 중심 압력은 지구로 말하자면 1킬로미터의 3만분의 1, 즉 3센티미터 깊이에 해당하는 압력과 똑같다. 따라서 혜성의 중심 압력은 거의 솜털 이불이나 얇은 담요 밑에 있는 것과 같다. 따라서 혜성의 핵

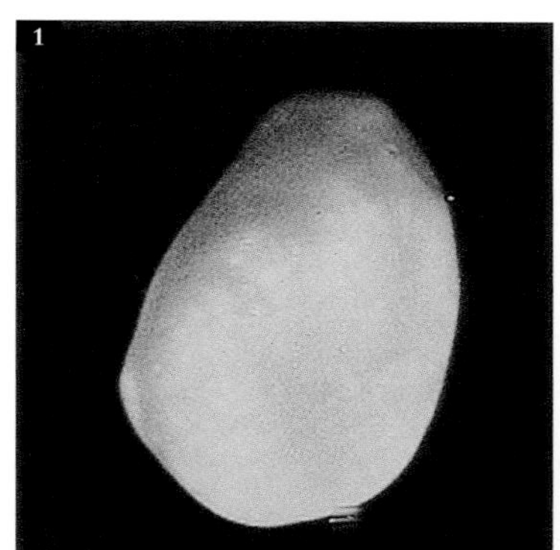

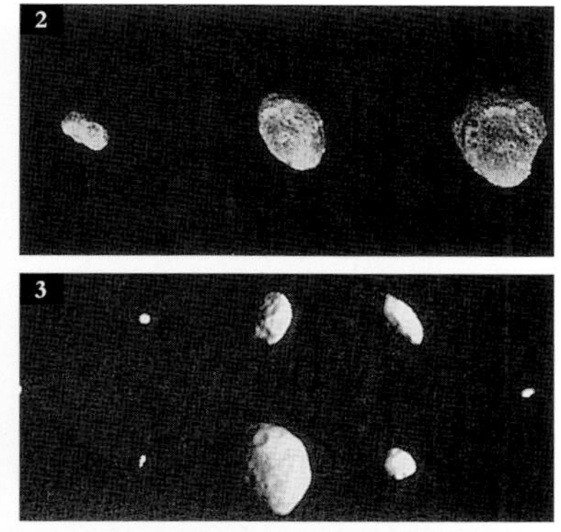

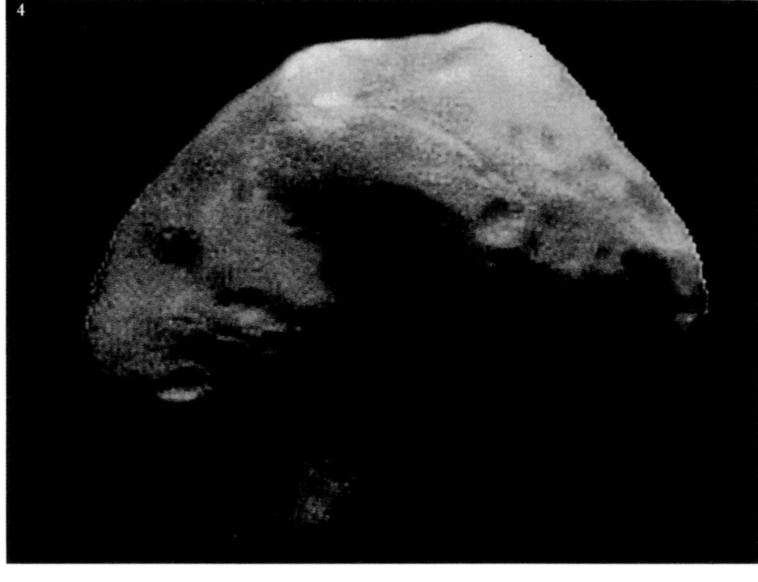

태양계에 있는 불규칙한 모양의 작은 위성들. 이 위성들은 중력이 너무 약해 구형으로 압축되지 않았다. 그림 1은 화성의 가장 바깥쪽에 있는 위성 데이모스(Deimos), 그림 2는 토성의 위성 하이페리온(Hyperion)을 세 가지 다른 시점에서 본 모습, 그림 3은 토성의 작은 위성들, 그림 4는 화성의 가장 안쪽에 있는 위성 포보스이다. 혜성의 핵 모양도 여기에 나타난 것과 유사하리라고 예상된다. 바이킹호(Viking)와 보이저호가 그 역사적인 탐사 비행 동안 얻은 사진들. NASA 제공.

은 구조가 부실해도 살아남을 수 있다.

어떤 혜성이 암석질의 내핵이나 지하 호수 같은 내부 구조를 갖고 있다고 가정하자. 우리가 그것을 어떻게 알 수 있을까? 혜성이 태양 옆을 아주 가까이 지나가다가 쪼개지면 그 내부가 갑자기 우주 공간에 노출된다. 그러면 다른 종류의 얼음이 증발하고 있는 게 관측될까? 우리는 분열 이후의 혜성 스펙트럼에서 이전에 발견된 분자들을 볼 수 있을까? 작은 먼지 입자들의 경우 기체의 비율이 다를까? 이 모든 물음들에 대한 답변은 “아니오.”일 것이다. 비록 비휘발성인 핵을 배제하기 어렵다 할지라도 이런 혜성들의 내부는 적어도 외부와 똑같은 물질로 이루어져 있는 것 같다. 사실 쪼개질 때 조사된 혜성은 몇 개뿐이므로, 지난 세기 동안 태양에 가까이 온 적이 없어서 이런 시험을 치른 적이 없는, 외부와 내부가 전혀 다른 아주 다른 혜성들이 상당히 많을지도 모른다. 아마도 전혀 균일하지 않은 더 큰 혜성들이 모여 있

혜성 핵의 표면에서 일어나는 폭발적인 분출. 연속적으로 근일점을 통과하는 동안 얼음이 증발하면서 암석질의 퇴적물만 남는다. 윌리엄 K. 하트먼 그림.

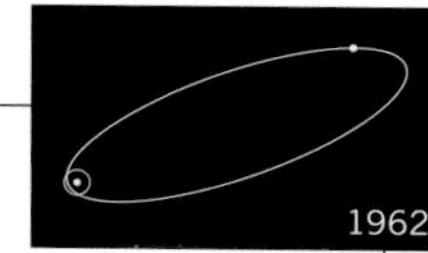

는 거대한 집단이 있을 것이다. 다만 우리가 그러한 혜성을 아직 본 적이 없을 뿐이다.

우주 공간에서 보면 지구의 대기는 중력에 붙들려 지평선을 감싸고 있는 얇고 푸른 띠에 지나지 않는다. 혜성에서는 반대로 중력이 애처로울 정도로 작아서 대기가 핵 자체의 크기보다도 훨씬 더 큰 거리까지 퍼지므로 지름이 수만 킬로미터인 코마를 만들어 낸다. 사실 혜성 대기의 대부분은 전혀 핵에 구속되어 있지 않다. 멋지게 뿜어 나오는 제트 분수의 속도는 탈출 속도를 훨씬 초과하는 초속 1킬로미터에 이른다. 혜성 핵 표면의 대기는 지구 상공 75킬로미터에서의 대기만큼이나 희박하다.

혜성 핵 주위의 기체는 목성이나 지구에서처럼 영구적인 대기를 형성하지 않는다. 이 기체들은 승화하는 얼음들로부터 생성되어 행성 간 공간으로 탈출하는 중간의 전이 상태에 놓여 있다. 중력이 너무 작아서 가장 무거운 기체들조차도 혜성에 붙잡아 둘 수가 없다. 혜성의 상황은 지구와 다르다. 지구에서는 눈이 증발하거나 화산 또는 분기공에서 기체가 분출하더라도 일반적으로 두꺼운 지구 대기의 전체적인 조성이나 압력이 거의 변하지 않는다. 반면에 혜성에서는 핵에서 나오는 기체들의 변화에 혜성의 대기가 반응하면서 코마와 꼬리에 극적인 변화가 나타난다. 관측된 사실은 정확히 이렇다.

코마는 종종 혜성 핵의 태양 쪽 반구에서 발달하는 비대칭 갓이다. 코마는 때로 뚜렷한 경계를 가지며, 연이은 기체 분출로 인해 껍데기들이 규칙적으로 연속해서 형성된다. 윌리엄 허긴스는 코마를 "핵을 에워싸고 있는 밝은 안개"라고 묘사했다. 또한 내행성계에는 각 혜성을 감싸고 있으며 자외선에서 강하게 빛을 내는, 햇빛으로 인한 수증기의 와해로 생긴 OH와 수소 원자로 구성된 무리가 넓게 퍼져 있다. 일반적으로 이 무리는 태양보다도 더 크다. 1970년대 초에 지구 궤도 망원경이 출현할 때까지는 아무도 수소 코로나를 본 적이 없었다. 심지어 가시광선으로 볼 때도 혜성의 머리 — 꼬리를 뺀 핵과 코마를 말한다. — 가 태양보다 더 클 수 있다. 1811년의 대혜성이 바로 그런 사례에 속한다. 혜성은 지구 궤도에 접근할 때 더 활동적인데도, 그 코마의 크기는 줄어든다.

새로운 혜성들과 장주기 혜성들이 단주기 혜성들보다 더 밝고 더 큰 이유는 외행성계에서 갓 만들어진 이후 아직 태양의 열을 경험한 적이 없는 휘발성 얼음들을 싣고 있기 때문이다. 이 혜성들은 잇따른 근일점 통과로 많은 얼음을 증발시킨 뒤 더 작아지고 더 느려진다.

핵에서 흘러나오는 기체는 행성 간 진공 속에서 부는 일종의 바람이 되어 혜성의 먼지 입자를 운반한다. 어떤 혜성은 먼지투성이이고 어떤 혜성은 비교적 깨끗하다. 늙은 혜성의 핵조차 여전히 국지적으로는 제트와 미세 먼지 공급원을 갖는다. 예측할 수는 없지만 혜성이 태양에 가까울수록 제트 현상과 비중력적 힘 모두가 증가하는 경향이 있는데, 이는 얼음의 증발과 로켓 효과와 일치한다.

먼지가 많은 혜성은 매초마다 행성 간 공간으로 수 톤의 미세한 입자를 쏟아 내는 것으로 관측되어 왔으며, 대부분의 경우 고체 물질보다 몇 배 더 많은 물이 사라진다. 제트로 인해 우주 공간으로 휩쓸려 나가는 아주 작은 개개의 먼지 입자들 이외에도 부서지기 쉬운 덩어리들이 또 있을지 모른다. 혜성의 핵을 에워싸고 있는, 적어도 수 센티미터의 지름을 갖는 입자들의 구름이 레이더로 관측되어 왔다. 혜성 핵의 표면에 있는 먼지와 얼음의 상대적 양은 혜성마다 다르다.

항상 목성 너머에서 태양을 돌고 있는 슈바스만-바흐만 1 혜성은 1년에 평균 두 번 꼴로, 알려진 것만 해도 100번 이상의 폭발을 일으켰다. 어떤 혜성들은 근일점을 통과할 때마다 1미터 정도씩 얼음을 잃은 뒤 폐점하는 것 같다. 이제 얼음과 함께 우주 공간에 뿜어 나오지 않았던, 열에 잘 견디는 암석 물질이 혜성 핵의 대부분을 차지하게 된다. 그 결과 햇빛이 차가운 내부를 뚫지 못할 뿐만 아니라, 혹시 따뜻해졌다고 해도 안에 묻혀 있는 얼음들이 표면으로 나오지 못한다. 연속적인 증발을 겪은 뒤, 일부 혜성의 표면은 여전히 얼어붙어 있는 깊은 얼

혜성이 나타나면 우리에게 불행한 일이 일어날 거라고 생각하지만, 불행한 쪽은 오히려 혜성이다.

— 베르나르 드 퐁트넬(Bernard de Fontenelle), 『세계의 복수성에 관한 문답(*Entretiens sur la Pluralité des Monde*)』, 파리, 1686년

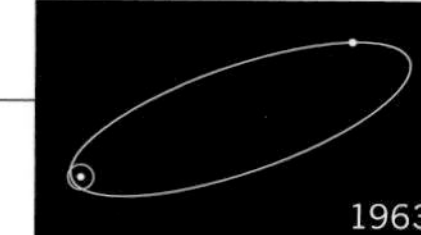

음층을 비휘발성의 암석 물질이 뒤덮고 있는, 빙하 위의 퇴적물 저장소와 닮았을지도 모른다. 그러나 대부분의 혜성들은 근일점을 통과할 때마다 층층으로 쌓인 얼음들을 계속 잃는다. 이 혜성이 코마와 꼬리의 물질을 다시 포획하는 일은 없으므로 혜성은 점차 작아진다. 그리고 연속된 층이 계속 벗겨져 우주 공간으로 사라지면서 내부를 드러내 보이기도 한다. 어쨌든 우리가 보는 혜성은 모두 죽어 가고 있다.

지구와 달이 은하수를 배경으로 혜성의 꼬리를 통과하고 있다. 릭 스턴백 그림.

8장

독가스와 유기 물질

활활 타오르는 혜성의 비행을 본 적이 있는가?
이 장엄한 이방인이 지나가면서 공포가 퍼지고
엄청난 길이의 불타는 꼬리를
두려움으로 바라보는 국가들,
에테르의 심연을 뚫고 수많은 세계를 거쳐,
태양보다도 더 화려하게,
광대한 하늘의 웅장한 곳을 돌아 지구를 다시 방문하네.
1,000년의 기나긴 여행으로부터 …….

— 에드워드 영, 『야상』, 1741년

윌리엄 허긴스는 세계를 놀라게 했다. 그러나 완전한 우연이었다. 어느 누구도 그것을 예측하기란 불가능했을 것이다. 허긴스는 자신의 일에만 열중하고 있었고, 그게 우연히도 천문학이 되었다. 그러나 허긴스 때문에, 1910년에 일본과 러시아에서는 전국적인 공포가 수주일 동안이나 지속되었으며, 잠옷을 입은 수십만 명의 사람들이 콘스탄티노플의 옥상을 가득 채웠고, 시카고의 아파트 주민들은 양탄자를 문 밑으로 열심히 쑤셔 넣었으며, 교황 비오 10세(pius X)는 로마의 산소통 축적을 비난했다. 전 세계의 보도를 대표하는 켄터키 렉싱턴의 한 특파원은 "흥분한 사람들이 오늘밤 철야 예배를 올리며 마음의 준비를 하고 …… 기도를 올리고 노래를 부르며 …… 그들의 운명을 받아들

혜성이 방출하는 빛이 망원경으로 들어가 프리즘을 통과한다. 프리즘에서는 빛을 이루는 성분들이 주파수에 따라 분해되어 가시광선의 무지개 스펙트럼이 만들어진다. 여기에 도식적으로 보여 준 다섯 색깔은 C_2 — 아래에 나타난 탄소 원자 두 개로 이루어진 분자 — 의 뚜렷한 다섯 방출 띠에 해당한다. 혜성의 스펙트럼은 다른 여러 분자들의 방출 띠와, 그 분자들이 햇빛을 반사하면서 특정 빛을 흡수하는 고유의 성질이 있음을 보여 준다. 존 롬버그/BPS 도해.

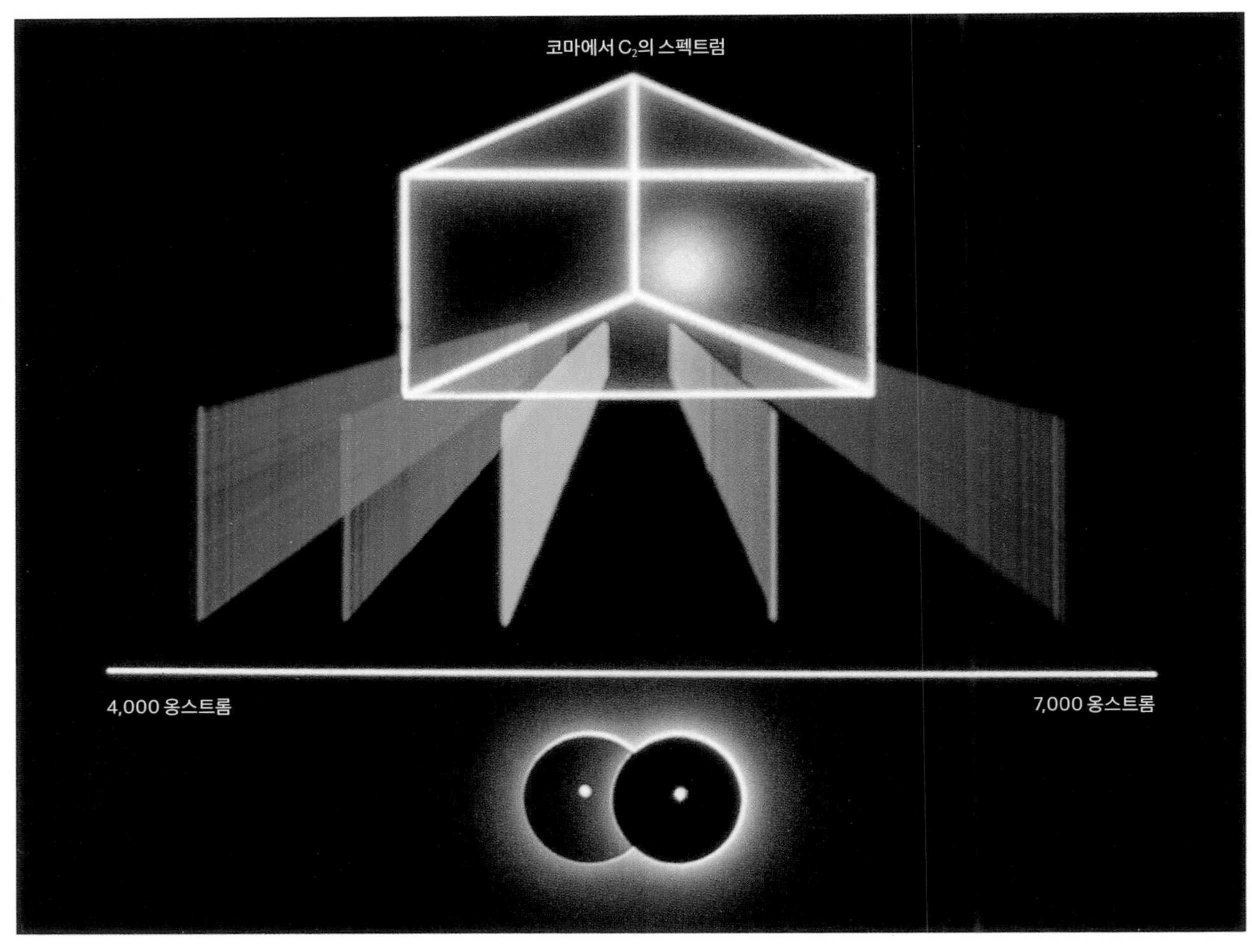

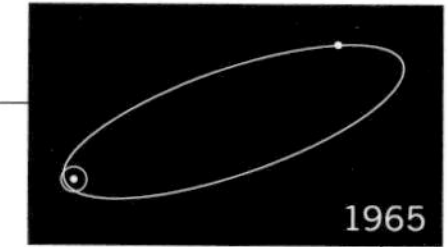

이고 있다."라고 전했다. 어설픈 지식으로 인해 많은 사람들이 임박한 대격변의 공포를 이기지 못하고 자살을 했다. 그러나 이것들은 모두 너무 성급한 행동이었다.

허긴스는 최초의 분광 천문학자 가운데 하나였다. 분광 천문학자는 빛을 색깔이나 주파수로 분해해서 멀리 있는 천체의 운동과 조성을 추정한다. 분광학은 아이작 뉴턴의 또 다른 위업이기도 하다. 뉴턴은 암실로 들어온 광선을 유리 프리즘과 슬릿(slit)에 통과시켜 보통의 백색광이 사실은 여러 가지 색깔을 가진 빛의 혼합임을 입증했다. 프리즘을 통과할 때, 서로 다른 색깔의 빛은 서로 다른 각도로 휘어져서 프리즘 반대편의 표면에 퍼진다. 처음에 그 표면은 하얀 판지 같은 종류였지만, 나중에는 감광 유제로 바뀌었다. 이 프리즘을 에워싸는 기계가 바로 분광기이며, 프리즘으로 만들어진 무지개 패턴이 이른바 스펙트럼(spectrum, 복수형은 spectra)이다.

분광이 더 잘 되는 분광기를 사용하자 햇빛 속에는 무지개 패턴 이외에도, 해당 주파수의 빛이 없음을 나타내는 불규칙한 간격의 검은 띠들이 발견되었다. 곧이어 태양의 보다 깊숙한 층의 뜨거운 빛이 태양을 에워싸고 있는 차갑고 높은 대기층에 흡수될 때 이러한 선들이 만들어진다는 결론이 내려졌다. 각 화학 원소는 각기 다른 주파수를 가진 빛을 흡수해서 다른 검은 선들을 만든다. 실험실에서 혼합된

윌리엄 허긴스의 혜성 스펙트럼. 혜성에서 방출되었음을 나타내는 세 무리의 밝은 선들 위에 중첩된 태양의 어두운 흡수선들(K, H, h, G 등)이 보인다. 《왕립 연구소 회보(*Proceedings of The Royal Institution*)》(10호)에서.

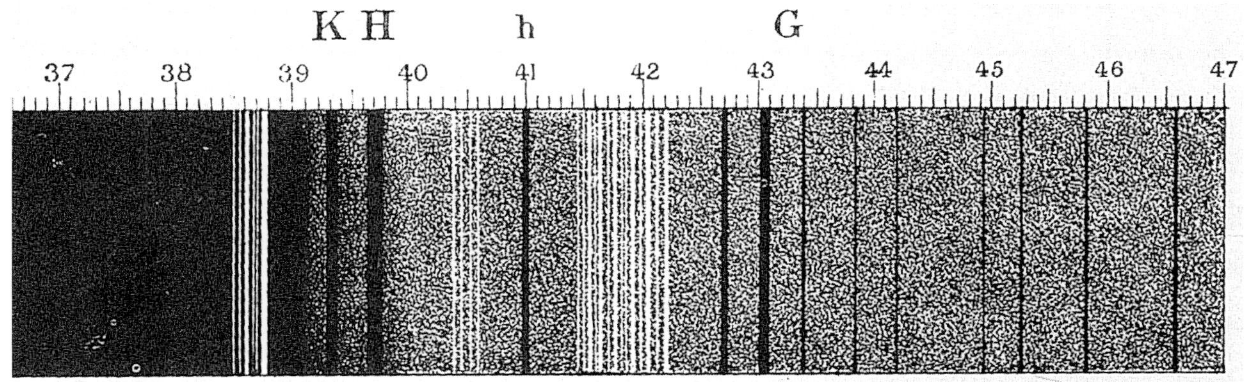

화학 원소들(그리고 단순한 분자들)의 스펙트럼을 관찰하여 모든 구성 원자들의 검은 선들을 확인할 수 있다. 그렇게 실험실에서 얻은 지구상에 흔한 물질들의 흡수 스펙트럼들과 비교하여 햇빛의 스펙트럼선 일부의 정체를 알아낼 수 있게 되었다.

각 화학 원소는 스펙트럼에 고유의 지문을 남긴다. 따라서 그러한 지문들을 목록으로 만들어 모아 두면, 태양의 스펙트럼에서 그 구성 원자들이 무엇인지 알 수 있다. 과학자들은 놀랍게도 자신들이 태양과 별들의 구성 물질을 측정했다는 사실을 깨달았다. 분광학은 당시의 과학, 무엇보다도 천문학에 혁명을 가져왔다.

허긴스는 막 발달하고 있는 분광 기술의 수혜자였다. 그는 분광기를 대형 망원경의 초점에 놓고 보이는 모든 것을 살펴보았다. 그는 별들이 지구나 태양과 똑같은 화학 원소로 이루어져 있다는 사실을 처음으로 입증한 인물이었다. 그는 특정한 성운들이 빛을 내는 거대한 기체 구름이라는 에드먼드 핼리의 추측도 입증했다. 비네케 혜성이 1868년에 지구 옆을 지나갔을 때, 허긴스가 그 코마의 스펙트럼을 조사한 것 또한 대단한 사건이었다. 허긴스는 1864년에 도나티(Donati, 이탈리아의 천문학자 — 옮긴이)가 또 다른 혜성을 통해 발견한 사실, 즉 혜성 스펙트럼의 청색 영역에 세 개의 **밝은** 띠가 있다는 그의 주장이 옳았음을 증명했다. 또 허긴스는 혜성의 스펙트럼에 두 개의 성분 — 그가 정확하게 반사된 햇빛이라고 추측했던 어두운 흡수선들이 군데군데 박혀 있는 색깔 연속선과, 도나티가 발견했던 세 개의 밝은 띠 — 이 있다는 사실을 발견했다. 검은 선이 어떤 원자나 분자가 빛을 흡수하고 있음을 의미한다면, 밝은 선 하나 혹은 일련의 밝은 선들은 무언가가 빛을 방출하고 있음을 의미했다. 도대체 무엇일까?

이 물음에 대답하기 위해서는 오로지 실험실에서 다양한 물질의 방출 스펙트럼을 조사하는 방법밖에 없었다. 1868년에 허긴스는 놀라운 발견을 했다. 그는 에틸렌(C_2H_4) — 가정의 오븐에서 사용되는 천연가스 같은 것 — 을 발화시켜 분광기로 조사했고, 혜성의 방출 스펙

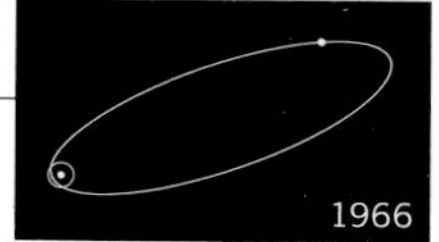

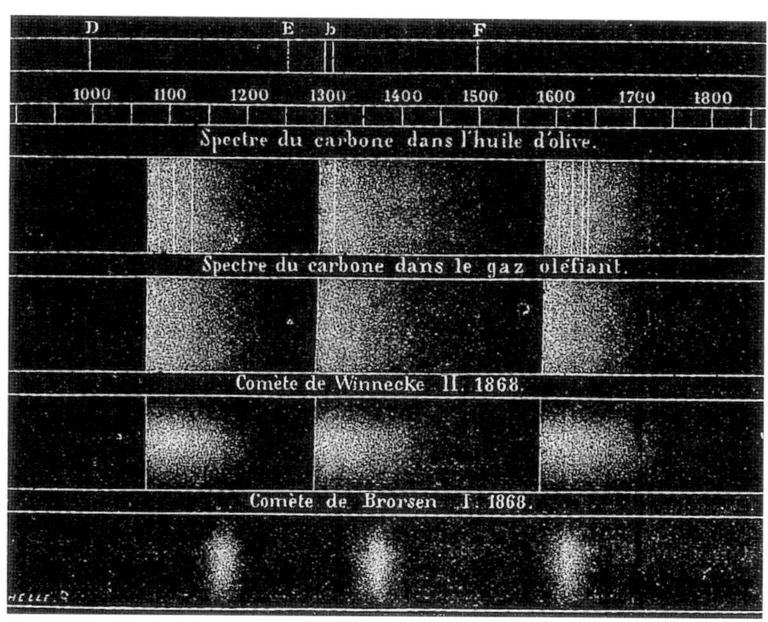

19세기 여러 물질과 혜성의 스펙트럼. 첫 번째는 올리브 오일, 두 번째는 에틸렌, 세 번째와 네 번째는 각각 비네케 혜성과 브로르센(Brorsen) 혜성의 방출 띠를 보여 준다. 비네케 혜성은 브로르센 혜성보다 올리브 오일과 더 공통점이 많아 보인다. 이 비교는 올리브 오일, 에틸렌, 혜성의 핵이 가열되거나 빛을 받으면 C_2와 같은 분자들을 방출한다는 것만 말해 줄 뿐이다. 카미유 플라마리옹의 『대중 천문학』(파리, 1880년)에 실린 도해.

트럼에서 검출되었던 것과 정확히 똑같은 세 개의 밝은 띠를 발견했다. 허긴스는 다음과 같이 결론 내렸다.

> 혜성 물질들의 화학적 성질이 우리가 사용하는 가스와 동일하다는 점에서 더 이상 의문의 여지가 없다. 예컨대 탄소는 여러 가지 형태 혹은 여러 가지 화합물의 형태로 혜성 물질 내에 존재하고 있다.

오늘날 이 세 개의 밝은 띠는 탄소 원자 두 개가 결합된 탄소 분자 조각(C_2)이 만드는 것으로 알려져 있다. 이것은 에틸렌(C_2H_4)에 불꽃을 쬐어 그 분자를 떨어뜨릴 때 만들어진다.

1881년의 대혜성이 출현했을 때 허긴스는 다시 스펙트럼을 조사했고, 우리는 오늘날 이 스펙트럼에서 C_2뿐만 아니라 C_3와 CH와 CN의 존재를 알아볼 수 있다. 혜성의 스펙트럼을 처음으로 조사한 것 치고는 대단한 성과였다. (허긴스 자신은 C_2와 CN을 확인했고, 가장 간단한 탄화수소 형태인 CH의 존재를 주장했다.) 우리는 이제 코마의 C_2와 C_3와 CN의 분광학적 특성 **없이는** 혜성을 발견하기가 어렵다는 사실을 알고 있다. 허

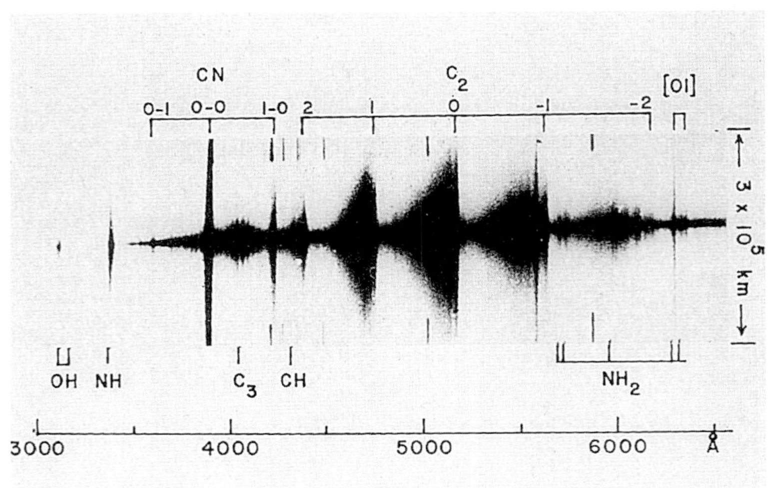

현대의 혜성 스펙트럼. 고바야시-버거-밀론(Kobayashi-Berger-Milon) 혜성은 C_2와 CN에 의해서 생긴 뚜렷한 스펙트럼선들을 보여 준다. 다른 분자 조각들의 스펙트럼선들 역시 나타나 있다. 아래에는 가시광선 영역의 파장 범위가 표시되어 있다. 이스라엘 미츠페 라몬 소재 와이즈 천문대에서 관측. S. 위코프(S. Wyckoff)와 P. A. 위힝어(P. A. Wehinger) 제공.

긴스는 우연히 혜성 물질이, 지구상의 생물학적 기원임에 분명한 유기물질과 유사하다는 사실을 발견했다. 많은 과학자들은 허긴스가 혜성의 코마에서 발견한 탄소 화합물이, 그와 동시대의 한 인물이 썼듯이, "유기체 분해의 결과"라고 조심스럽게 결론지었다. 그러나 "그러한 '유기체'가 생물학적 존재였을까?"라는 중요한 물음에 대한 대답은 명쾌하게 언급되지 않았다.

허긴스와 그의 후임자들의 이러한 발견은 사실상 지구가 핼리 혜성의 꼬리를 막 스치고 지나갈 것처럼 보였던 1910년까지는 어느 누구의 주목도 받지 못했다. 탄소 원자가 질소 원자에 붙어 있는 분자 조각 CN은 그때까지 많은 혜성의 코마와 꼬리에서 검출되어 왔었고, 그 뒤 핼리 혜성에서도 확인되었다. CN은 이른바 시안기였다. 그러나 화학적으로 결합해서 염이 될 때는 시안화물이라는 또 다른 이름을 갖는다. 시안화칼륨 알갱이 한 개를 혓바닥에 닿게 하는 것만으로도 성인 한 명을 죽이기에 충분하므로, 지구가 시안화물 구름 속으로 비행하고 있다는 생각은 막연한 불안감을 일으켰다. 사람들은 독가스에 질식해서 숨이 멎고 죽어 가는 상상을 했다.

핼리 혜성 꼬리의 독가스에 대한 세계적인 대혼란은, 답답하게도 당연히 더 잘 알고 있어야 할 몇몇 천문학자들이 부추긴 면도 있었다.

천문학의 대중화에 앞장섰던 인물로 널리 알려진 카미유 플라마리옹(Camille Flammarion)은 "시아노겐 기체가 (지구의) 대기로 침투해서 지구상의 모든 생물을 절멸시킬" 가능성을 제기했다. 이보다 앞선 강바르와 라플라스의 유사한 발표와, 선사 시대까지 거슬러 올라가는 혜성에 대한 전통적인 공포가 더해져 세계는 그야말로 혜성 열풍으로 뒤덮였다.

사실 지구가 핼리 혜성의 꼬리 안으로 지나갈지조차도 분명하지 않았다. 어쨌든 혜성의 꼬리는 진공 속의 연기처럼 대단히 엷었다. 게다가 시아노겐은 혜성 꼬리를 구성하는 아주 소량의 성분에 지나지 않는다. 지구가 설사 1910년에 혜성의 꼬리를 **통과했다고 해도**, 시아노겐 분자는 공기 분자 1조 개 중 하나에 지나지 않았을 것이다. 이것은 산업과 자동차 배기가스가 도시에서 훨씬 멀리 떨어진 곳에서 일으킬 수 있는 오염보다도 적은 양이다(그리고 핵전쟁으로 불타는 도시에서 발생할 수 있는 오염보다도 훨씬 더 적은 양이다.). 지구는 반세기 전에 1861년의 혜성 꼬리 속을 통과했지만 특별한 영향은 없었다.

세계 천문학계는 이 모든 것을 해명하려고 했지만 — 스카이랩 위성이 무고한 행인들 머리 위로 떨어질 것이라는 1979년의 세계적인 불안과 마찬가지로 — 과학자들이 보증하는 이런 말들은 아무 효과가 없었다. 전 세계 사람들이 왜 그렇게 민감한 걸까? 이미 우리는 산업 오염과 호흡기 질병이 급격히 증가하고 있는 시대에 살고 있다. 어쩌면 그 공포는 저 위 혜성에 있는 독가스보다는 오히려 이 아래에 있는 국가 병기고에서 비롯되었는지도 모른다. H. G. 웰스(H. G. Wells)의 『우주 전쟁(*The war of the worlds*)』에서 지구를 침략한 화성인들은 화학무기를 사용했다. 『우주 전쟁』은 파괴적인 독가스 공격이 생생히 그려지는 미래 전쟁에 관한 당시 수많은 소설들 가운데 하나였다. 그러나 이 작품들은 단순히 공상 과학 작가들이 꾸며 낸 이야기가 아니라 실망스러운 현실을 반영한 것이었다. 적어도 1910년의 핼리 혜성이 출현하기 몇 년 전까지 유럽의 군사 회담에서 화학전의 새로운 접근 방법

카미유 플라마리옹의 저서 『대중 천문학(*Astronomie Populaire*)』(파리, 1880년)에 나오는 혜성 섹션의 수수한 표제지.

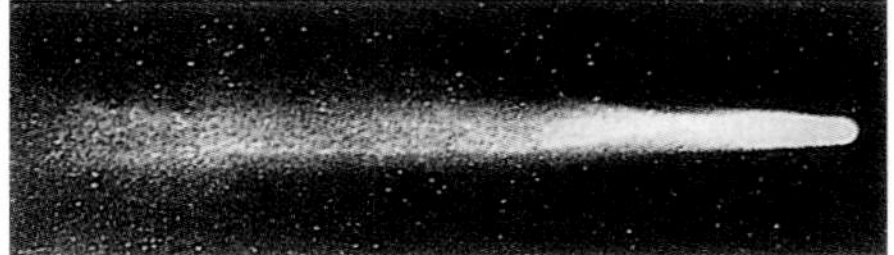

1910년 핼리 혜성이 연이은 밤에 나타난 두 모습. 이때 지구는 이 혜성의 꼬리를 스치고 지나갔을지도 모른다. 국제 핼리 관측 협회 제공.

"DETECTIVE KEENEYES' SOLUTION," A STRANGE MYSTERY STORY, NEXT. YOU WILL FIND IT FASCINATING AND REMARKABLE. DON'T MISS THIS ONE

THE CHICAGO LEDGER

VOL. XXXVIII. NO. 19. CHICAGO, ILL., SATURDAY, MAY 7, 1910. SINGLE COPIES 5 CENTS.

In the Comet's Track;

—Or—

Strange Adventures in Space

By Will Lisenbee

CHAPTER VI.
LOVE AMONG THE STARS.

CHAPTER VII.
THE FLIGHT THROUGH SPACE.

1910년에 출현한 핼리 혜성에 대한 모든 관심이 독가스와 관련되어 있었던 건 아니다. 미국 의회 도서관의 루스 S. 프라이태그 제공.

들이 적극 모색되고 있었다. 1899년의 헤이그 회의에서 특정 화학 무기를 금지하는 안들이 발의되었지만 미국 국무장관 존 해이(John Hay)의 반대로 무산되고 말았다. 포탄에 질식 가스를 주입하는 것을 금지하는 결의안이 채택되었지만 미국은 서명하지 않았다. 핼리 혜성이 지나가고 4년 뒤 제1차 세계 대전이 발발했을 때, 독일과 프랑스, 그리고 더 적은 양이기는 하지만 미국이 12만 톤의 독가스를 사용해 125만 명의 사상자를 냈다. 제1차 세계 대전 당시 미군 전체 사상자의 4분의 1 이상이 독가스 때문이었다. 하지만 시안화물을 사용한 독가스는 극

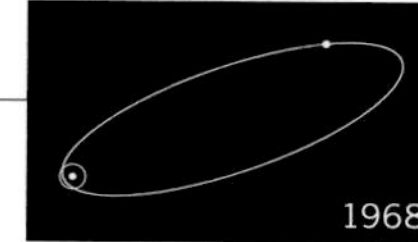

히 일부분에 지나지 않았다.

그러나 핼리 혜성이 지나갔던 1910년에는 아무도 질식되지 않았으며 지구에는 어떤 나쁜 일도 일어나지 않은 것 같았다. 고감도의 시험으로도 대기 중에 시아노겐이 증가한 흔적을 잡아내지 못했다. 비록 혜성의 시아노겐을 발견하는 즐거움은 얻을 수 없었지만 이 사실은 많은 사람을 크게 안심시켰다. 수백만 명을 놀라게 했던 윌리엄 허긴스 경은 핼리 혜성이 지구에 가장 가까이 접근하기까지 채 일주일도 남겨 두지 않고 86세를 일기로 세상을 떠났다.

이후 혜성에는 유기물 이외에도 얼어붙은 물과 규산염 무기물이 존재한다는 강력한 증거가 나타났다. 지금까지 발견된 다양한 분자들

《하퍼스 위클리(*Harper's Weekly*)》(1910년 5월 14일)에 실린 R. 제롬 힐(R. Jerome Hill)의 「세상의 종말을 기다리며(Waiting for the End of the World)」

윌리엄 허긴스 경. 캘리포니아 대학교 릭 천문대의 메리 리 셰인 기록 보관소(Mary Lea Shane Archives) 제공.

의 목록이 201쪽의 그림에 제시되어 있다. 그러나 이 간단한 분자들과 분자 조각들 대부분은 혜성의 핵에 그 자체로 존재하지 않는다. 오히려 혜성에서 떨어져 나와 태양 복사 때문에 우주 공간으로 방출된 분자 부스러기들이다. 이 부스러기들은 원래 이른바 모분자라는 더 큰 분자의 일부다. 모분자들은 그 정체가 짐작되기는 해도 여전히 미지의 물질로 남아 있다.

보통의 가시광선에서 코마의 스펙트럼은 주로 C_2의 청색 방출이 차지하는 경향이 있다. 이 분자가 생소한 것은 충돌하자마자 해체되거나 다른 분자들과 결합하기 때문이다. 공기 속에 조금 남아 있다 해도 그리 오래 가지는 않을 것이다. 그러나 혜성의 코마나 꼬리의 밀도가 아주 낮아서 C_2가 또 다른 분자와 충돌하기까지 오랜 시간이 걸린다. 태양 복사에 노출된 채 우주 공간에 놓여 있는 C_2 분자 하나를 상상해 보자. 청색 광자가 부딪혀서 이 분자를 이른바 들뜬 상태로 만든다. 충돌이 없으므로 이 분자는 여분의 에너지를 충돌로 제거할 수 없다. 잠시 동안 이 분자는 청색 광자를 토해 낼 때까지 불규칙하게 진동하면서 코마 속에 그저 머문다. C_2 분자는 태양이 어디 있는지 전혀 기억하지 못한다. 따라서 태양의 청색광이 코마에 충돌한 뒤 이 빛의 일부가 지구로 재복사되는데, 이 과정을 형광이라고 한다.

혜성 속의 먼지와 얼음도 햇빛을 반사시키거나 산란시키므로 혜성에서 오는 빛에는 산란된 햇빛과 형광 이렇게 두 가지 광원이 있으며, 뉴턴은 이 둘을 모두 예상했다. 다른 분자들은 훨씬 더 약하게 형광을 발하거나 지표에서 쉽사리 탐지되지 않는 다른 파장의 빛에서 형광을 발할 수도 있다. 따라서 혜성의 스펙트럼에서 C_2 같은 특정 분자의 형광이 반드시 이 분자가 혜성에 매우 풍부함을 의미하지는 않는다. 그러나 이 분자들이 풍부하다는 것은 코마가 나오는 혜성의 핵에 상당한 양의 모분자들 — 탄소 또는 유기 분자들 — 이 존재한다는 사실을 나타낸다. 훨씬 더 흔한 것은 물(HOH 혹은 H_2O)이 분해되면서 만들어지는 분자 조각 OH이다.

로켓을 비롯해 더 뒤인 1970년대 초에 지구의 대기 상공에 궤도 관측선들이 들어설 때까지 혜성은 스펙트럼의 자외선 영역에서 아무것도 관측되지 않았다. 이 영역에서의 최초 관측들은 태양에서 멀리 있는 혜성이 핵에서 수백만 킬로미터나 뻗어 나가는 수소 기체 덩어리를 갖고 있음을 입증했다. 수소와 함께, 혜성의 핵에 있는 물이 해리되어 만들어졌다고 추정되는 OH도 발견된다. 혜성에서 이온화된 물인 H_2O^+(음전자 하나를 잃어버린 물 분자)가 확인된다는 것은 물을 혜성 핵의 주요 성분으로 보는 일련의 증거에 또 하나의 연결 고리가 된다. 이 결과들은 정성적으로나 정량적으로 혜성의 핵에 대한 휘플의 더러운 얼음 모형을 강력히 뒷받침한다.

지구 대기의 상공으로 쏘아 올린 로켓과 궤도 관측선들의 잇따른 자외선 관측들은 혜성에서 최초로 발견된 황(S)과 황화합물인 일황화탄소(CS)를 비롯해서 많은 새로운 분자와 분자 조각들을 밝혀냈다. 일황화탄소의 모분자로 가장 유력한 것은 이황화탄소(CS_2)이며, 이 분자 역시 어쩌면 황을 포함하는 더 복잡한 유기 분자로부터 파생된 건지도 모른다. 대부분의 경우, 우리는 혜성의 스펙트럼을 통해 쉽게 확인할 수 있는 간단한 분자에서 더 복잡하고 더 불확실한 모분자들로 거꾸로 추적해 나간다. 이것들은 성간 먼지 알갱이나 기체에서 발견되는 것과 같은 종류의 복잡한 유기 분자일 수도 있다.

혜성(예컨대 코호우텍 혜성)의 코마와 꼬리의 적외선 스펙트럼은 암석의 주요 성분인 규산염에 기인한 분광 방출 특성을 보여 준다. 9월의 대혜성(1882 II)을 비롯해 태양에 매우 가까이 다가온 혜성들에서는 금속들의 분광 지문들이 발견되었다. 다른 혜성에서는 한 번도 발견되지 않은 크롬이나 니켈, 구리 원자들이 검출될 수도 있다. 그 이유는 분명하다. 아이작 뉴턴이 처음으로 지적했듯이 태양을 스치고 지나가는 천체들이 태양에 아주 가까이 다가오면 심지어 철 원자조차도 몹시 들뜨게 된다. 개개의 무기질 알갱이들이 증발하고 끓어서, 금속 원자들로 이루어진 기체가 혜성의 코마 속으로 쏟아지면 지구의 천문학자들이 보게 된다. 혜성 물질이 햇빛 때문에 증발되기 전, 혜성의 고향인 차고 어두운 곳에서는 이 금속들이 아마도 규산염과 산소에 화학적으로 구속되어 있었는지 모른다.

심지어 태양에 가까이 오지 않는 혜성들의 경우에도 혜성을 구성하는 먼지 알갱이들과 유기 분자들은 근일점을 통과하는 동안에 일종의 폭발 용광로 안에 있는 것 같은 상태 — 태양에서 먼 차분하고 안전한 환경에 비하면 — 가 된다. 태양의 고에너지 광자와 하전 입자들

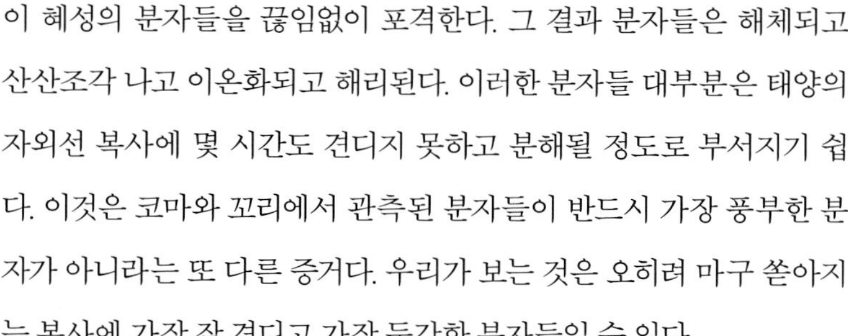

이 혜성의 분자들을 끊임없이 포격한다. 그 결과 분자들은 해체되고 산산조각 나고 이온화되고 해리된다. 이러한 분자들 대부분은 태양의 자외선 복사에 몇 시간도 견디지 못하고 분해될 정도로 부서지기 쉽다. 이것은 코마와 꼬리에서 관측된 분자들이 반드시 가장 풍부한 분자가 아니라는 또 다른 증거다. 우리가 보는 것은 오히려 마구 쏟아지는 복사에 가장 잘 견디고 가장 둔감한 분자들일 수 있다.

외행성계에는 메탄(CH_4) 얼음이 풍부한 것으로 생각되며, 이 기체를 CH_2 같은 분자 조각들의 모분자로 여기는 것은 그럴듯하다. 그러나 혜성 핵이 내행성계로 진입할 때 새로운 메탄 얼음 줄기가 우연히 노출되지 않는 이상에야 메탄이 내행성계와 같이 높은 온도에서 존재할 수 있을 것 같지는 않다. 따라서 우리는 메탄이 얼음 결정격자의 클래스레이트(6장 참조)에 갇혔다고 생각해 볼 수 있다. 그러나 메탄 클래스레이트의 양은 더 복잡한 유기물에서 파생되어야만 하는 C_2와 C_3 같은 분자들은 전혀 설명하지 못한다. 따라서 CH 같은 혜성의 가장 간단한 유기 물질조차도 메탄이 아닌 더 복잡한 유기물로부터 파생되었을 것이다.

가시광선과 자외선과 적외선 스펙트럼 영역 이외에도 전파 영역에서의 분광학이 있다. 이것은 프리즘 같은 것을 사용하지 않지만 특정 원자나 분자에서 기인한 흡수선이나 방출선을 정확하게 구별할 수 있다. 알려진 바로는 혜성을 전파 망원경으로 관측한 최초의 시도는, 1910년 5월 18일 핼리 혜성이 지구에 가장 가까이 접근하는 동안, 현대 라디오 발전의 대들보인 3극 진공관의 발명가 리 디 포리스트(Lee De Forest)가 했다. 포리스트는 안테나와 자신이 만든 새로운 수신기로 워싱턴 시애틀에 있는 한 건물의 옥상에서 관측을 시도했고, 혹시 자신이 탐지했다고 여겼던 딱딱거리는 높은 소리의 출처가 혜성이 아닌가 하고 생각했다. 오늘날의 전파 관측소들은 혜성에서 물 분자가 해체되어 생성되었을 거라고 예상되는, 풍부한 OH를 발견했다. 더욱이 이 전파 관측소들은 혜성에 시안화수소(HCN)와 아세토니트릴

(라푸타 섬 주민들의) 불안은 그들이 두려워하는 몇 가지 천체의 변화로부터 시작된다. 예컨대 …… 지난번에는 지구가 혜성 꼬리와의 충돌을 아슬아슬하게 모면했다. 만약 충돌했다면 지구는 틀림없이 잿더미로 변해 버렸을 것이다. 그리고 이 혜성이 다시 지구를 찾아오는 130년 뒤에는 어쩌면 우리를 파괴할지도 모른다.

— 조너선 스위프트(Jonathan Swift), 『걸리버 여행기(*Gulliver's Travels*)』, 1726년

(CH_3CN)이 존재함을 입증했다. 그 시안화물들이 1910년에 수백만 명을 놀라게 했던 시아노겐의 모분자일 수도 있다. 혜성의 스펙트럼에서 발견되었던 분자와 분자 조각들이 201쪽에 제시되어 있다.

1970년대에 성간 공간에서 다양한 외계 분자들이 발견되면서 전파 분광학은 새로운 장을 열었다. 예컨대 먼 전파원 — 말하자면 우리 은하의 중심 — 을 바라보면 전파원과 전파 분광기 사이에 흩어져 있는 기체가 만드는 새로운 스펙트럼선들을 발견할지도 모른다. 별들 사이에 있는 기체는 매우 엷지만 수천 광년 동안 관측하다 보면 훨씬 더 희귀한 분자들도 찾을 수 있을지 모른다. 대부분이 유기물인, 오늘날 알려져 있는 성간 분자들의 '노다지'는 202~203쪽에 나와 있다.

천문학자들은 유기물이라는 말에 불안해하는 경향 — 그것이 어쩌면 또 다른 세계에 있는 생물의 증거로 오인될지도 모른다는 우려 — 이 있다. 그러나 '유기물'이란 그저 탄소에 기초한 분자를 의미할 뿐이다. 그리고 유기 화합물은 우주에 생명체가 전혀 없다고 해도 생산되거나 파괴될 수 있다. '탄소를 함유하는' 같은 완곡한 표현들이 흔히 사용되지만 우리는 여기에서 정확한 화학 용어인 유기물이라는 말을 쓸 것이다. 유기 화학은 어떤 의미에서도 생물학을 함축하지 않지만 그럼에도 불구하고 만약 우주 어딘가에서 만들어진 복잡한 유기 분자들이 있다면 다른 어딘가에 있는 생명, 혹은 심지어 여기 지구상의 생명과 다소 관계가 있을지도 모른다. 사실 생명은 선재하는 유기 분자들에서 시작했을 게 틀림없다. 그것은 당연히 살아 있는 생물이 만들 수 있는 것이 아니다.

혜성들은 주로 행성들에서 멀리 떨어진 성간 공간에 살고 있으므로, 혜성이 성간 물질로 이루어져야 하는 것은 당연하다. 혜성이 그저 성간 규산염들과 얼음들 — 얼어붙은 물, 메탄, 암모니아, 이산화탄소 등 — 로 구성되고 태양 복사로 인해 분자들이 쪼개진다고 가정할 경우, 계산 결과 다른 분자들에 비해 C_3와 CN이 충분히 생산되지 않는다는 사실이 밝혀졌다. 규산염들과 얼음들만으로는 윌리엄 허긴스가

혜성(위 그림)과 성간 기체(202~203쪽 그림)에서 확인된 분자와 분자 조각들의 조성. 특히 성간 기체의 분자들은 놀라울 정도로 다양하고 복잡하다. 혜성과 성간 기체의 분자들은 상당히 유사하지만, 혜성에서 확인된 분자들이 훨씬 더 단순한 편이다. 존 롬버그 그림.

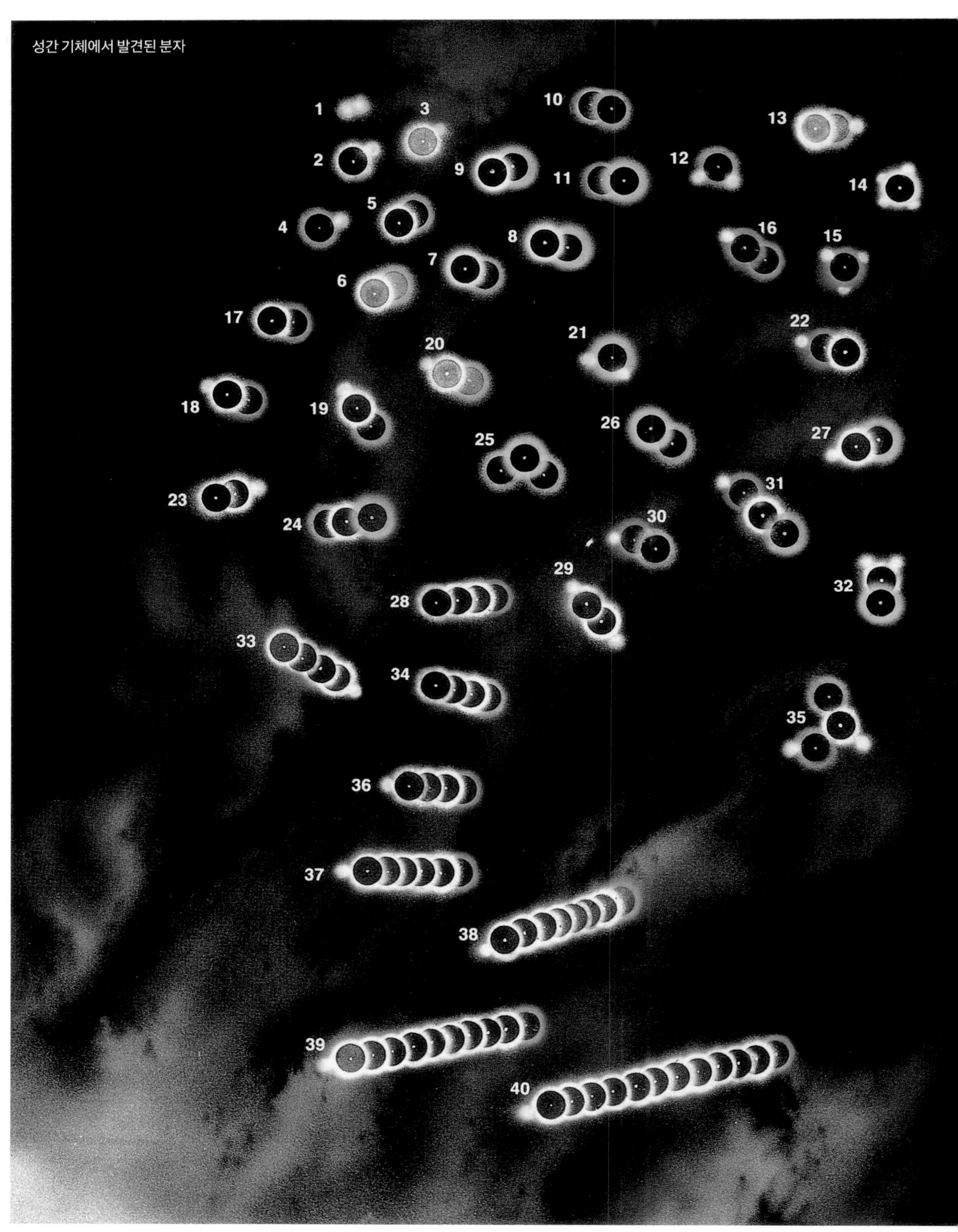
성간 기체에서 발견된 분자
1
2
3
4
5
6
7
8
9
10
11
12
13
14
15
16
17
18
19
20
21
22
23
24
25
26
27
28
29
30
31
32
33
34
35
36
37
38
39
40

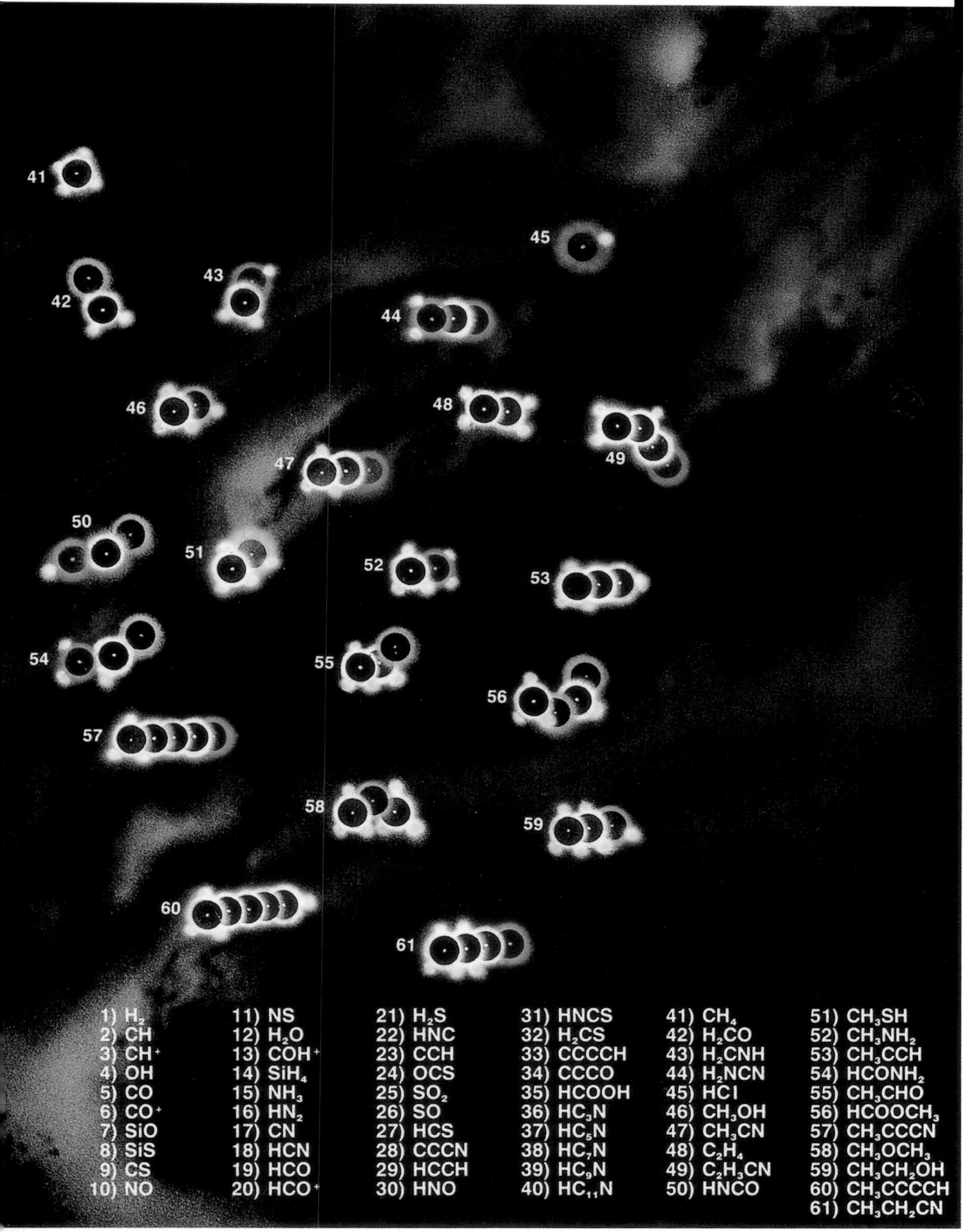

1) H_2
2) CH
3) CH^+
4) OH
5) CO
6) CO^+
7) SiO
8) SiS
9) CS
10) NO
11) NS
12) H_2O
13) COH^+
14) SiH_4
15) NH_3
16) HN_2
17) CN
18) HCN
19) HCO
20) HCO^+
21) H_2S
22) HNC
23) CCH
24) OCS
25) SO_2
26) SO
27) HCS
28) CCCN
29) HCCH
30) HNO
31) HNCS
32) H_2CS
33) CCCCH
34) CCCO
35) HCOOH
36) HC_3N
37) HC_5N
38) HC_7N
39) HC_9N
40) $HC_{11}N$
41) CH_4
42) H_2CO
43) H_2CNH
44) H_2NCN
45) HCl
46) CH_3OH
47) CH_3CN
48) C_2H_4
49) C_2H_3CN
50) HNCO
51) CH_3SH
52) CH_3NH_2
53) CH_3CCH
54) $HCONH_2$
55) CH_3CHO
56) $HCOOCH_3$
57) CH_3CCCN
58) CH_3OCH_3
59) CH_3CH_2OH
60) CH_3CCCCH
61) CH_3CH_2CN

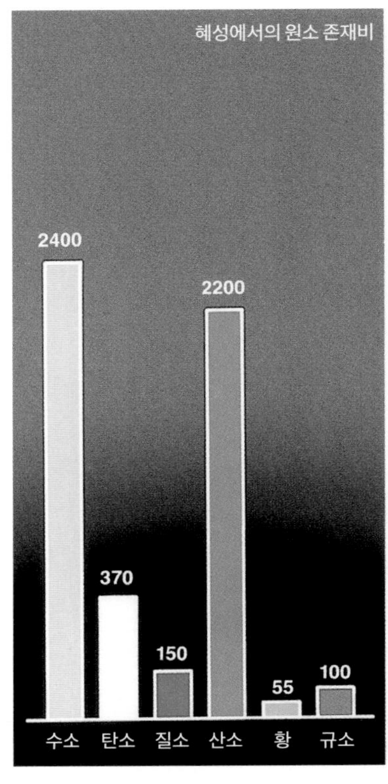

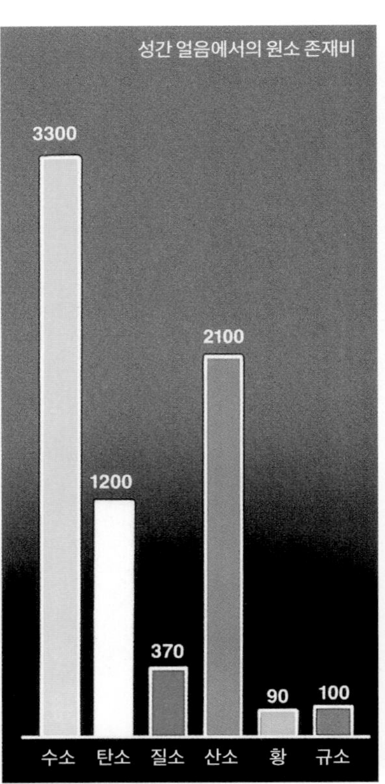

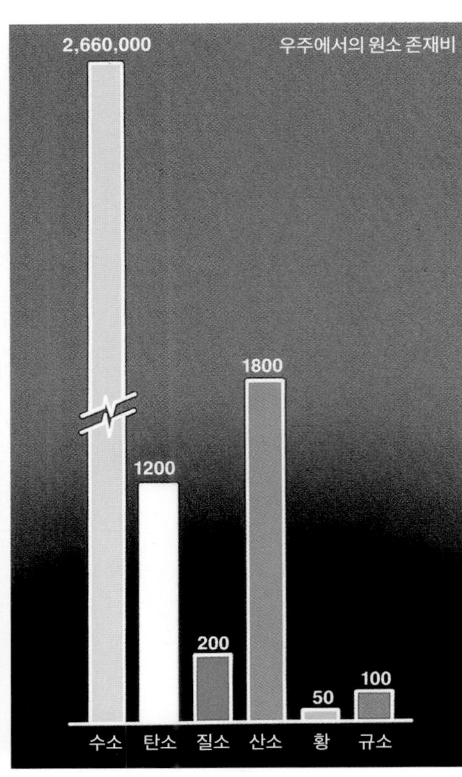

혜성의 얼음(왼쪽)과 성간 얼음(가운데), 그리고 일반적인 우주(오른쪽)에 있는 중요한 화학 원소들의 상대적인 양을 보여 주는 막대그래프. 원자들은 수소(연노란색), 탄소(흰색), 질소(파란색), 산소(주황색), 황(진노란색), 규소(갈색)이다. 수소는 성간 얼음이나 혜성의 핵에 비해 우주에 상당히 많다. 이런 비교는 혜성의 얼음들이 원자 조성에 있어서 성간 얼음과 매우 유사함을 보여 준다. 존 롬버그/BPS 도해.

발견한 유기물 파편 모두를 설명할 수 없는 것이다. 그러나 궁극적으로는 202~203쪽에 나왔던 유기물이 풍부한 성간 물질에서 혜성이 생성된다고 가정할 수 있다면, 혜성의 코마와 꼬리에서 탐지된 분자들이 이해될 수 있다.

혜성의 규산염들은 어쩌면 본질적으로 복잡한 유기 화합물들과 섞여 있거나 유기 화합물들로 덮여 있는지도 모른다. 지금까지 알려진 바로는 혜성에 비교적 풍부한 원자들은 성간 먼지 알갱이와 기체(위 막대그래프 참조)에서도 흔한 것 같다. 혜성의 스펙트럼에서는 성간 알갱이 스펙트럼에서보다 상대적인 존재 비율을 따져 보았을 때 탄소가 덜 탐지된다. 비휘발성이거나 혹은 쉽게 인지할 수 있는 분광학적 특성들을 갖지 않는 복잡한 유기 분자들(혹은 그저 순수한 탄소)이 혜성의 핵에 다량 함유되어 있다는 설명도 가능하다. 만약 이러한 해석이 옳다면 혜성은 10퍼센트 정도의 유기물을 함유하고 있을지도 모른다. 검은 유

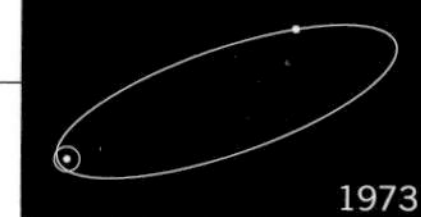

기물이 단 몇 퍼센트만 있어도 혜성의 눈덩이를 관측과 일치하도록 검고 붉게 만들기에 충분하다. 그러나 혜성의 유기 물질과 탄소에 대한 가장 좋은 증거는 우주 탐사선의 근접 비행과, 13장에서 다룰 주제인 채집한 혜성의 작은 파편들에서 획득할 수 있다.

허긴스와 그의 후임자들이 분광학 연구를 통해 알게 된 상황은 다음과 같다. 혜성은 작은 무기물 알갱이들과 복잡한 유기 물질로 가득 찬 눈덩이다. 유기 분자들은 혜성 도처에 분포되어 있지만 아마 표면층에 집중되어 있을 것이다. 유기물의 양은 몇 퍼센트 정도 — 아마도 10퍼센트 — 면 이 눈덩이를 매우 검게 그리고 다소 붉게 만들기에 충분하다. 이러한 화학적 조성은 우리가 별들 사이에 있는 분자들에 대해 알고 있는 것과 유사하므로 혜성이 성간 물질로부터 형성되지 않았다면 이해하기가 어렵다. 따라서 혜성이야말로 우리가 접근할 수 있는 천체들 가운데 가장 확실한 성간 공간의 사절일 것이다.

밤하늘의 빛들 사이를 배회하는 혜성. 미국 의회 도서관의 루스 S. 프라이태그 제공.

9장

꼬리

검은 하늘에 매달려, 낮을 보내고 밤을 맞는다!
혜성이여, 시간과 상태의 변화를 불러오며,
하늘에 수정 같은 머리카락을 휘둘러라 …….

—윌리엄 셰익스피어, 『헨리 4세』, 1부

1744년 드 슈조 혜성의 여러 꼬리 너머 멀리 별들이 보인다. 아메데 기유맹의 『하늘』(파리, 1868년)에서.

이 장은 무(無), 아니 우리가 일상생활에서 볼 수 있는 그 어떤 것보다도 작은 거의 무에 가까운 것을 다룬다. 1세제곱센티미터는 각설탕 하나의 부피다. 만약 코앞에 있는 공기 1세제곱센티미터를 택해 아주 가까이 들여다본다면 서로에게서 맹렬히 달아나고 있는 3×10^{19}개의 아주 작은 분자들을 발견할 것이다. 반면에 혜성의 꼬리 1세제곱센티미터 안에 들어 있는 원자나 분자들의 목록을 만들 수 있다면, 고작 1,000개 정도를 찾을 수 있을 것이며, 이는 거의 존재하지 않는 것과 다름없다고 말할 수 있다. 혜성의 밝은 꼬리는 지구상에서 우리의 기술로 만들 수 있는 어떤 진공 실험실보다도 훨씬 더 완벽한 진공에 가깝다. 그러나 혜성 꼬리가 차지하는 전체 크기는 엄청난 부피이다. 세상 끝에서 끝까지 뻗어 있는 혜성의 꼬리는 때로 『아라비안나이트(*Arabian Nights*)』의 거인 요정 지니처럼 황금 램프 속에 밀봉될 수 있다고들 한다. 뉴턴은 "혜성의 기체 부분, 즉 꼬리가 반지름이 수십억 킬로미터에 이른다고 할지라도 지구와 같은 정도의 밀도로 압축시킨다면 적당한 크기의 골무 안에 쉽게 들어갈 수 있을 것"이라고 했다. 그러나 1세제곱센티미터당 단 한 개의 분자만 있어도 뉴턴이 상상했던 막대한 꼬리를 담으려면 골무의 지름은 족히 3킬로미터는 되어야 할 것이다. 실로 '상당한 크기'다.

1843년에 출현한 이 혜성의 꼬리 너머로 별들이 보인다. 아메데 기유맹의 『혜성(*Les Comètes*)』(파리, 1875년)에서.

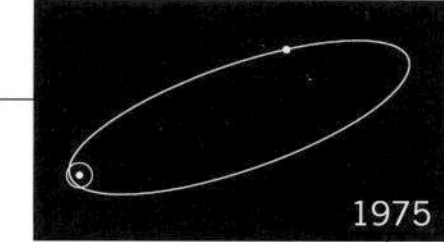

꼬리는 거의 투명에 가깝다. 꼬리가 밝은 별 앞으로 지나갈 때는 항상 그 뒤에 있는 별을 볼 수 있다. 그래도 거의 진공에 가까운 혜성의 꼬리를 육안으로 볼 수 있다는 사실은 놀라워 보일지도 모른다. 강한 바람이 불 때 쉽게 느낄 수 있듯, 공기는 실제로 존재하는 **어떤 것**이다. 반면에 혜성의 꼬리는 거의 무에 가깝다. 그렇다면 무는 또렷이 보이는데 실제로 존재하는 공기는 어떻게 보이지 않을 수 있을까? 여기서 중요한 사실은 혜성은 까만 하늘을 배경으로 보지만 대낮의 하늘은 거의 균일하게 밝다는 점이다. 뉴턴은 혜성의 밝기를 기억했다가 실험실 실험에서 관측되는 밝기와 비교하는 대단히 어려운 실험을 했다.

> 대부분의 혜성 꼬리는, 암실 창문 셔터의 구멍으로 들어오는 한줄기 햇빛을 반사시키는, 3~5 센티미터 두께의 공기보다도 밝지 않다.

널리 흩어진 많은 수의 입자들은 그 위의 대기로 인해 압축된 동일한 수의 입자들뿐만 아니라 빛도 반사시킨다. 까만 배경 속에서 햇빛을 받아 빛나는 약간의 공기는 밤하늘의 혜성 꼬리만큼 밝다. 그러나 혜성의 꼬리를 바라볼 때 우리가 보는 것은 무엇일까?

만약 운 좋게도 맑은 하늘에서 혜성을 보게 된다면, 태양에 대한 혜성 꼬리의 방향을 주목하자. 일출 직전이라면 꼬리가 동쪽 지평선의 희미한 새벽빛의 반대 방향으로 흘러갈 것이다. 일몰 직후라면 꼬리는 서쪽 지평선 바로 밑에 위치한 태양의 반대 방향을 가리킬 것이다. 그리고 만약 정말로 운이 좋아서 대낮의 멋진 혜성을 목격한다면 혜성의 꼬리가 태양 반대편으로 향해 있다는 사실을 분명히 확인하게 될 것이다. 이 법칙에 예외는 없다. 혜성과 태양을 잇는 직선과 혜성의 꼬리가 이루는 정확한 각도는 혜성마다 다소 다르기는 해도 이러한 규칙은 초승달의 양쪽 끝이 항상 태양 반대편을 향한다는 것만큼이나 불변하는 사실이다.

혜성의 꼬리는 혜성이 태양으로 접근하고 있든 태양으로부터 후

…… 그리고 코르크 마개가 천장 쪽으로 날아가고, 혜성 와인이 앞으로 뿜어져 나온다.
— 알렉산드르 푸시킨(Aleksandr Pushkin), 『예브게니 오네긴(*Eugene Onegin*)』

…… 혜성 와인/비나 코메티(Viná Kométi), 불어로는 핀 드 라 코메테(Fin de la Comète), 혜성이 나타난 해의 와인을 말한다. 1811년의 (대)혜성을 암시한다. 이 해는 아주 훌륭한 와인이 생산된 해이기도 하다.
— 블라디미르 나보코프(Vladimir Nabokov), 『예브게니 오네긴』에 대한 논평, 뉴욕, 볼링겐 재단, 1964년

1910년의 모에&샹동(Moet&Chandon) 광고. 미국 의회 도서관의 루스 S. 프라이태그 제공.

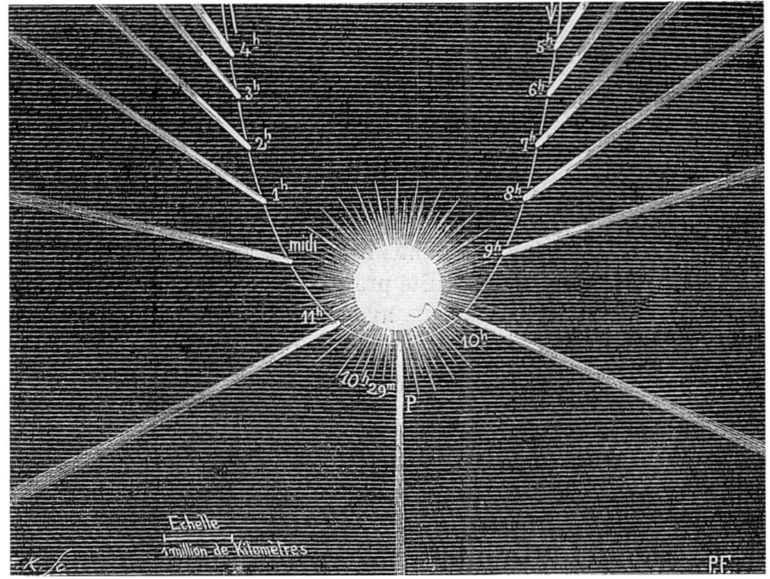

태양 주변에서 가속하는 1843년 대혜성의 꼬리 위치. P는 근일점을 나타낸다. 꼬리는 항상 태양 반대쪽을 향한다. 카미유 플라마리옹의『대중 천문학』(파리, 1880년)에서.

퇴하고 있든 언제나 태양 반대편을 향하고 있다. 이 사실은 837년에 출현한 핼리 혜성을 관측하면서 중국의 천문학자들이 최초로 이끌어 낸 결론이다. 이 혜성은 근일점을 통과한 뒤 태양계 밖을 향해 처음으로 꼬리를 날린다. 혜성의 꼬리는 어느 바람 없는 날 자전거를 타고 언덕 아래로 활강하는 사람의 뒤로 나부끼는 긴 머리카락이라기보다는, 바람이 몹시 부는 날에 공장 굴뚝에서 불려 날아가는 연기의 모습과 훨씬 더 유사하다. 꼬리의 방향을 결정하는 것은 저항하는 기체를 통과하는 혜성의 운동이 아니라 태양에서 불어오는 바람 같은 것으로 추정된다.

타고-사토-코사카(Tago-Sato-Kosaka) 혜성. 1970년 1월 1일에 미시간 대학교 천문대에서 F. D. 밀러 촬영. NASA 제공.

혜성의 꼬리에는 두 종류가 있다. 하나는 태양의 정반대 방향을 가리키고 있는 길고 곧고 푸르스름한 꼬리이고, 또 하나는 대개 더 짧고 휘어져 있는 누르스름한 꼬리이다. 이 꼬리들은 본질이 이해되기 전에 각각 Ⅰ형과 Ⅱ형으로 불렸으며(211쪽 아래 그림 참조), 여전히 이렇게 사용되고 있다. Ⅱ형 꼬리가 노란빛을 띠는 것은 햇빛을 다시 반사하기 때문이지만, Ⅰ형의 꼬리는 가시광선에서는 대개 그렇게 두드러지지 않는 그 자체의 푸른빛을 방출한다(216쪽 그림 참조). 혜성은 임의

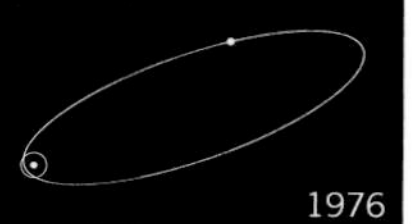

1910년 근일점 통과 시 핼리 혜성 사진들. 실제 궤도에서 위치에 따라 특정 방향으로 배치되었다. 존 롬버그/BPS 도해.

의 시간에 둘 중 어느 한 유형의 꼬리를 가질 수도 있고 아예 갖지 않거나 혹은 두 유형의 꼬리를 모두 가질 수도 있다. I형 꼬리는 종종 달의 지름보다도 좁지만 1000만 킬로미터나 되는 똑바른 유광(流光)들이 복잡하게 춤추는 패턴을 보여 주기도 한다.

I형 꼬리는 혜성에 따라 변할 뿐만 아니라 동일한 혜성에서도 시각에 따라, 날에 따라, 주에 따라 변한다. 혜성도 도마뱀처럼 새로운 꼬리를 자라게 할 수 있다. 주변 페이지에는 그림과 사진으로 된 예들이 실려 있다. 혜성은 재빨리 변장하는 예술가이다. 이 그림들 가운데 일부는 음화로 인쇄되어 있는데, 백색 바탕에 검은색은 세밀한 부분을 두드러지게 하는 경향이 있기 때문이다. 예컨대 1908년에 모어하우스(Morehouse) 혜성 — 이 혜성은 꽤 큰 파편들이 핵에서 떨어져 나온 뒤 각각 꼬리를 방출한 것으로 보고되었다. — 은 옥스퍼드의 학회장에 모여 있던 천문학자들을 깜짝 놀라게 했다.

베넷 혜성의 I형 꼬리와 II형 꼬리. 1970년 3월 16일에 미시간 대학교 천문대에서 F. D. 밀러 촬영. NASA 제공.

꼬리의 형성은 지속적이라기보다 때때로 중단된 것처럼 보입니다. 핵에서는 때로 격변이나 폭발이 일어나는 것 같으며, 이때 꼬리에는 커다란 덩어리가 형성되어 밀려 나가고 혜성은 당분간 짧은 꼬리를 갖게 됩니다.…… 이 격변이 곧 일어날 것이라는 징조 또한 관측될 수 있습니다.

아서 스탠리 에딩턴(Arthur Stanley Eddington)이라는 영국의 젊은 천문학자는 모어하우스 혜성에 관한 연설에서 새롭게 개량된 영사용

1858년 10월 5일 파리 상공에 있는 도나티 혜성의 가늘고 곧은 I형 꼬리와 휘어진 II형 꼬리. 아메데 기유맹의『혜성』(파리, 1875년)에서.

슬라이드를 사용했다.

> 이것은 동일한 혜성의 하루 뒤의 모습입니다. 모든 게 완전히 변해 있습니다. 우리는 이 사진에 있는 꼬리에서 하나의 특성을 지적하고 그것이 이전 사진에 있는 어떤 특징에 해당한다거나, 전날의 꼬리가 변해서 다음날의 꼬리가 되었다고 말하기 어렵습니다. 판단하건대 이 꼬리는 전혀 새로운 것입니다.……

Ⅰ형 꼬리는 주변보다 더 밝은 물질로 이루어진 작은 '덩어리들'을 보여 준다. 관측 결과 이 덩어리들은 태양 반대 방향으로 펼쳐진 꼬리를 따라 가속 운동을 하고 있었다. 에딩턴은 모어하우스 혜성에 대해 말하는 동안, 변덕스럽게 시작과 중단을 반복하는 가속에 대해 매우 곤혹스러워했다. 빠른 연속 사진을 찍어 보면 이 덩어리들이 얼마나 빨리 움직이는지 측정할 수 있다. 이 덩어리들의 속도는 초속 250킬로미터 혹은 그 이상에 달하며, 가속도(덩어리와 함께 움직이고 있다면 느끼게 되는)는 지구의 중력이 자유 낙하하는 물체에 주는 가속도인 1g만큼 높을 수 있다. 또한 아주 작은 속도나 가속도를 갖는 덩어리들도 있을 수 있다. 혜성 꼬리에 있는 덩어리들의 운동은 날씨만큼이나 예측이 불가능하다.

가시광선 분광법으로 Ⅱ형 꼬리를 살펴보면 태양 빛이 이 꼬리에서 고유의 스펙트럼 특징을 추가로 얻거나 잃지 않고 관측자에게 다시 반사됨을 알 수 있다. 이것이 먼지의 특성이다. 그리고 일부 혜성 꼬리의 적외선 스펙트럼에는 지구상에 있는 보통 암석의 주요 성분인 규산염의 지문이 있다. 이런 이유 때문에 Ⅱ형 꼬리는 먼지 꼬리라고 불리지만, 점착성의 어두운 유기 물질과 미세한 규산염 먼지 입자들이 본질적으로 관련된 것 아닌가 하는 생각도 든다.

Ⅱ형 꼬리는 수많은 미세 입자들로 이루어져 있는 게 분명하다. 만약 뉴턴의 중력만 작용하고 있다면 이 미세 입자들은 하나의 천체

> 혜성의 꼬리는 태양열 때문에 혜성 표면에서 증발하고, 태양 빛에 밀려서 먼 공간으로 사라져 버리는 아주 휘발성이 큰 분자들로 이루어져 있는 것으로 보인다.…… 이 분자들의 휘발성, 크기, 밀도들이 서로 다른 경우, 그것들이 그리는 곡선 또한 달라야 할 것이다. 이로 인해서 혜성의 꼬리는 모양과 길이와 굵기가 다양하게 관측될 수밖에 없다. 만약 이러한 효과들을 혜성의 회전 운동으로부터 생기는 다른 효과들과 결합시킨다면 …… 혜성의 희미한 꼬리로 표현되는 기이한 현상들의 원인을 일부나마 이해할 수 있을지도 모른다.
>
> **— 피에르시몽 라플라스 후작, 『세계의 체계』, 파리, 1799년**

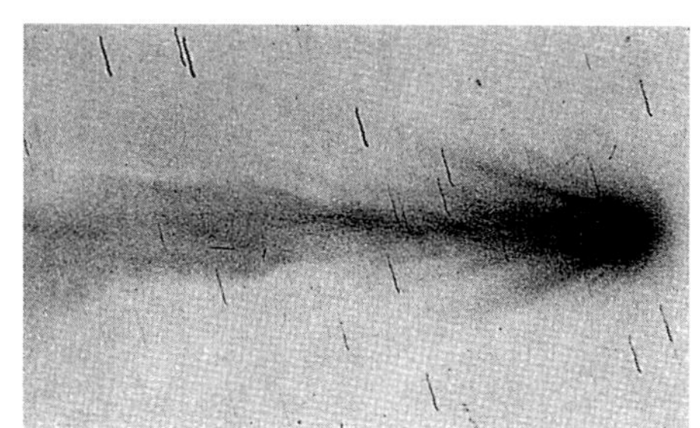

모어하우스 혜성(1980 III)의 음화 사진. 별들이 지나간 자국이 보인다. 1908년 9월 30일에 그리니치 왕립 천문대 촬영. NASA 제공.

1819년 7월의 혜성과 비에타 부인

오, 큰 곤경에 빠졌어요!
내가 남편과 나를 이런 몹쓸 곤경에 빠지게 하고 말았어요!
내가 2주일이나 늦었어요.……
그러니까 …… **당신은** 아실 거예요. 비에타 부인!

그리고 이거 아세요? 이 모든 문제들이 바로 혜성 때문이었어요!
그 꼬리를 보고 모든 사람이 황홀해했어요.
똑같은 일이 아멜리에게도 생겼고,
지나와 비나와 바베타에게도 일어났어요.

그리고 눈지아다는 한 달이 꼬박 늦었어요.
그 애가 약간 멍청하다는 건 당신도 알잖아요.
한 번 상상해 보세요. 저 은밀한 혜성을요!

그리고 기억나세요? 우리가 그곳에서
저 엄청난 꼬리를 보고 좋아하면서
그 밑에서 놀던 일들을요! 그럴 수가 있을까요?

— 19세기 시, 작자 미상, 지나 사키 옮김

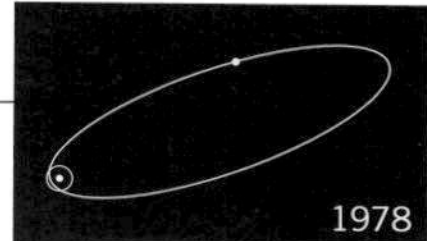

처럼 우주 공간을 여행할 수 없고, 대신 거의 완벽한 진공 속에서 움직이는 초미니 행성처럼 태양 주위의 독립된 궤도상에 존재할 것이다. 혜성을 떠나는 먼지 알갱이들의 초기 속도는 이들을 휩쓸어 가는 기체의 성질과 방향에 의존하기 때문에, 어떤 것은 혜성보다 좀 더 빨리 움직이고 또 어떤 것은 좀 더 느리게 움직인다. 궤도를 돌 때 화성은 지구보다, 지구는 금성보다 더 느리게 운행한다. 마찬가지로 빠른 입자들은 바깥쪽 궤도로 움직이면서 느려지는 반면 느린 입자들은 안쪽 궤도로 떨어지면서 가속된다. 이런 완만한 속도물매는 정성적으로 그리고 정량적으로 Ⅱ형 꼬리의 특징적인 곡률을 설명한다. 크게 휘어진 혜성의 노란 꼬리는 바로 그 모양 때문에 태양 주위의 독립된 궤도에 개개의 작은 입자들이 있음을 암시한다.

아주 작은 입자들 — 훨씬 더 작은 규산염과 유기물 티끌들 — 은

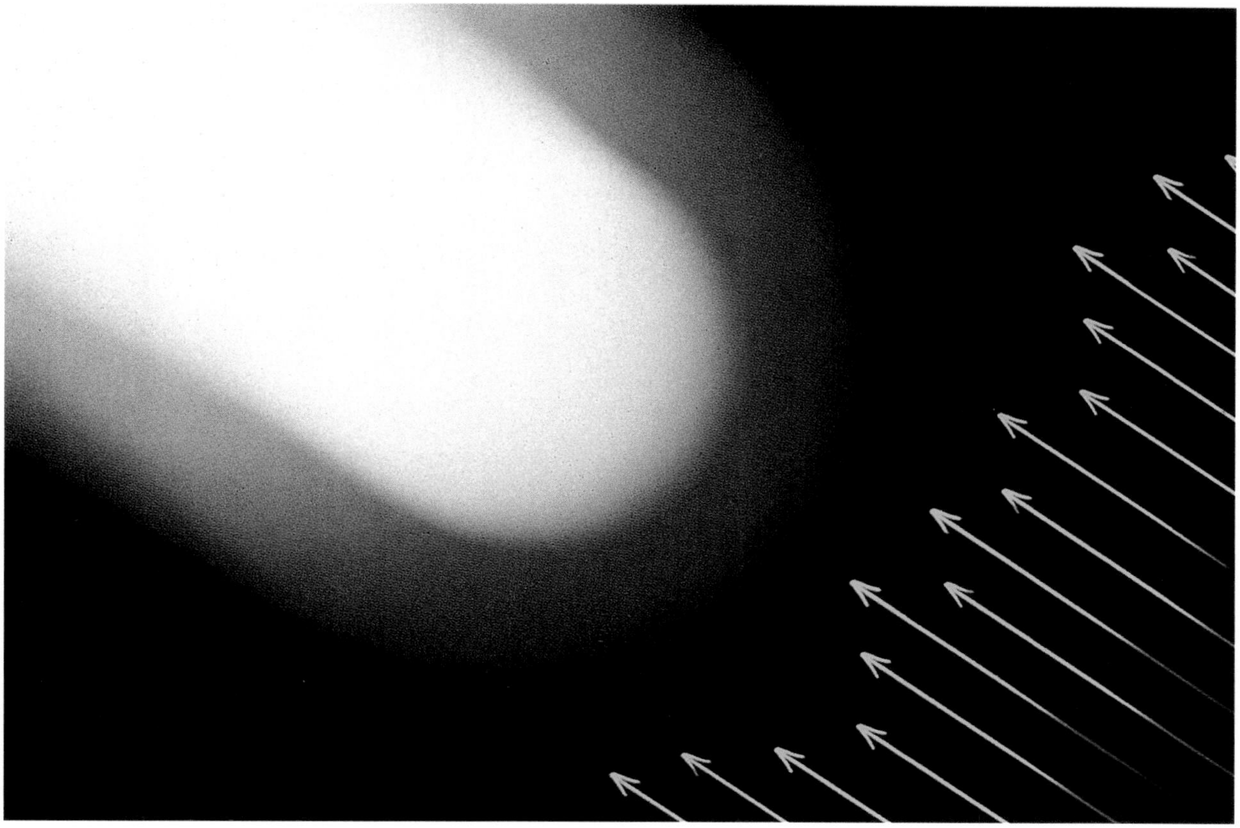

혜성의 코마 안에 있는 기체와 미세한 입자들을 뒤로 날려 보내서 꼬리를 만드는 햇빛의 압력을 도식적으로 표현했다. 존 롬버그/BPS 도해.

웨스트 혜성(1976 VI)의 곧은 청색 이온 꼬리와 휘어진 황색 먼지 꼬리. 1976년 3월 8일에 촬영. 데니스 디시코(Dennis diCicco)/《하늘과 망원경(*Sky&Telecope Magazine*)》 사진. © 1976 데니스 디시코.

혜성의 핵에서 분출되어 태양 반대쪽으로 날아간다. 그 뒤 뉴턴의 중력 때문에 우아하게 휘어진 꼬리를 형성한다. 그러나 입자들을 날아가게 하는 이 불가사의한 힘은 무엇일까? 이 물음에 대해 최초로 올바른 답을 생각해 낸 인물은 요하네스 케플러였다. 케플러는 혜성의 꼬리가 밀려나는 것은 햇빛의 압력 때문이며 그 결과 혜성이 결국 성간 기체 속으로 흩어질 것이라고 주장했다.

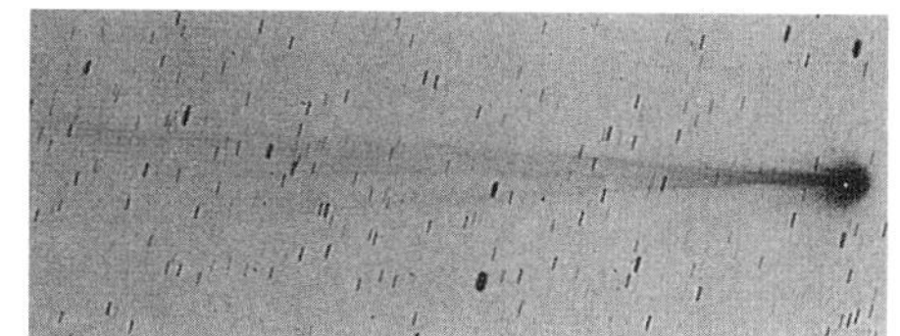
핀슬러(Finsler) 혜성(1937 V). 1937년 8월 9일에 로웰 천문대에서 촬영. NASA 제공.

복사압은 일상생활에서 흔히 볼 수 있는 게 아니다. 아무리 가냘픈 사람이라 해도 구름 한 점 없는 날에 문밖으로 나섰다가 햇빛 때문에 땅바닥으로 내동댕이쳐지는 일은 없다. 복사압은 지표에서 원자 하나로 이루어진 한 층의 무게와 같다. 복사압은 거의 무에 가깝다. 만약 우리가 애당초 거의 무로 만들어졌다면 복사압은 우리를 마음대로 다룰 수 있다. 우리에게 미치는 햇빛의 전체 힘은 우리가 얼마나 많은 면적을 차지하는가에 달려 있지만, 햇빛이 마음대로 다루려고 할 때 우리가 햇빛에 저항하는 힘은 질량에 의존한다. 작은 입자일수록 질량에 비해 보여 주는 면적이 크다. 결국 텅 빈 공간에서 충분히 작은 입자는 그것을 태양 쪽으로 끌어당기는 중력보다 태양으로부터 몰아내는 복사압을 더 강하게 느낀다.

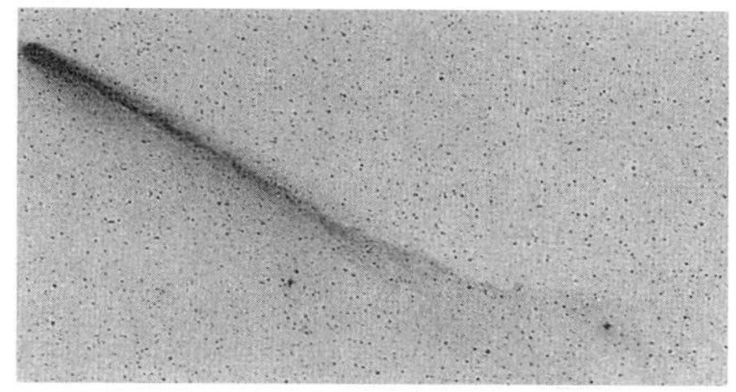
코호우텍 혜성의 음화 사진. 이 사진에서는 배경 별들이 선이 아니라 점으로 보이는데, 이는 코호우텍 혜성이 장시간 노출을 필요로 하지 않을 정도로 충분히 밝았기 때문이다. 1974년 1월 20일에 뉴멕시코의 혜성 연구 연합 천문대(Joint Observatory for Comet Research)에서 촬영. 혜성 연구 연합 천문대, 천문학 및 태양 물리학 연구소(Laboratory for Astronomy and Solar Physics), NASA/고더드 우주 비행 센터(Goddard Space Flight Center), 뉴멕시코 탐광 기술 연구소(New Mexico Institute of Mining and Technology) 제공.

복사압과 중력은 모두 태양으로부터 거리의 제곱에 반비례한다. 따라서 복사압이 주도할 정도로 작은 입자는 계속해서 태양계 밖으로 밀려난다. 복사압이 수성 궤도에서의 태양의 중력보다 클 경우, 이 입자는 복사압으로 인해 태양계를 벗어나 가장 가까운 별의 중간 거리까지 밀려난다. 그러나 이 경우 먼지 입자는 매우 작아야만 한다. 크기가 1센티미터의 1만분의 1보다 작아서 일반 현미경으로 보기 어려울 정도가 되어야 복사압이 입자들을 내행성계 밖으로 밀어낼 수 있다. 그러므로 혜성 핵에서 제트로 인해 빠져나간 먼지 입자들 중 가장 작은 것들만 태양 복사압의 영향을 받아 바깥쪽 우주로 돌아가게 된다. 충분한 탈출 속도를 가진 덕분에 혜성에서 빠져나오기는 했지만, 태양의 중력에서 탈출하지 못한 큰 입자들은 각각 태양 중심의 공전

브룩스(Brooks) 혜성(1893 IV)의 꼬리에 나타난 난류. 캘리포니아 대학교 릭 천문대 제공.

궤도를 갖게 된다.

입자가 위에서 언급한 작은 입자보다도 훨씬 작다면, 즉 태양 빛의 파장들보다도 작다면, 이들은 태양 빛 파장의 굴곡 사이로 빠져나가므로 태양 복사압으로 인해 밀려나지 않는다. 이 때문에 복사압의 영향으로 태양계 바깥으로 밀려나는 입자들은 노란빛 파장과 비슷한 크기를 갖는 것들에 국한된다. 따라서 우리 태양계 공간에는 이 정도 크기의 입자들이 극히 적게 분포해야 한다.

Ⅱ형 꼬리가 먼지로 만들어져 있다면, 더 길고 더 두드러지는 Ⅰ형 꼬리의 성분은 무엇일까? 아리스토텔레스는 혜성의 꼬리가 북극광과 다소 유사하다고 생각했고, 칸트 역시 같은 견해를 보였다.

> 지구에도 혜성의 증기와 꼬리의 팽창과 비교될 수 있는 것이 있다. 북극의 빛, 즉 북극광이 그것이다.…… 만약 지구에도 가장 미세하고 가장 휘발성이 강한 입자들이 혜성만큼 풍부한 것으로 밝혀진다면, 북극광을 만드는 것과 똑같은 태양 광선의 힘이 꼬리가 있는 증기를 만들어 낼 것이다.

이 말이 아리스토텔레스나 칸트의 시절에는 이해되지 않았지만 오늘날 우리는 지구의 북극과 남극에서 주로 관측되는 오로라 — 하늘에서 빛이 시간에 따라 화려한 색깔로 변하는 패턴으로, 때로 활발히 움직이는 휘장과도 유사하다. — 에 대해 어느 정도 알고 있다. 오로라가 극 지역에 나타나는 것은 하전 입자들 — 특히 태양에서 오는 광자들 — 이 지구의 자기장에 유도되기 때문이다. 광자가 지구의 양극 상공의 대기로 쏟아져 공기 분자들을 다소 떼어 놓으면서 빛이 나게 된다. 오로라가 변하는 것은 광자의 공급이 변하기 때문이다. 오로라와 Ⅰ형 꼬리의 모양이 정말로 유사한지는 명확하지 않지만 둘 모두를 이해하는 데 전기와 자기가 중요한 것은 분명하다.

코마의 스펙트럼은 주로 앞에서 언급했듯이 C_2와 C_3와 CN 같은 분자 조각들을 보여 준다. 그러나 망원경을 코마에서 멀리 떨어진 꼬

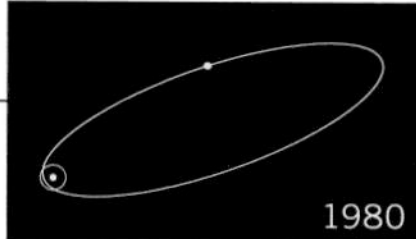

알래스카 밤하늘에서 휘날리는 북극광이 휘장처럼 보이는 빛의 패턴을 만든다. NASA 제공.

리 쪽으로 돌리면 CO^+의 선들이 주도하는 전혀 다른 스펙트럼이 관측된다. CO^+는 전자 하나가 제거된 일산화탄소의 분자이다. 이렇게 전기적으로 대전된 입자들을 **이온**이라고 한다. CO^+는 선택적으로 태양의 청색광을 흡수하는데, 이것은 형광 작용을 통해 똑같은 청색광을 사방으로 다시 재복사한다. Ⅰ형 꼬리가 이온 꼬리로 불리고 또 푸른빛을 내는 것은 바로 이 때문이다. 어떻게든 이러한 특정 주파수의 청색광을 차단시킬 수만 있다면 먼지 꼬리는 거의 똑같게 보이는 반면에 이온 꼬리는 보이지 않을 것이다. 코마의 꼬리에 있는 비교적 소량의 CO^+를 제거한다면 청색 이온 꼬리는 H_2O^+에 기인한 훨씬 더 희미한 적색 이온 꼬리로 바뀔 것이다.

분자들은 대개 원자 바깥에 있는 음으로 대전된 전자들의 수와 원자 내부에 있는 양으로 대전된 양성자의 수가 균형을 이루고 있으므로 전기적으로 중성이다. 물 분자 하나가 지구 근처의 행성 간 공간에 놓여 있다고 가정하자. 태양에서 오는 자외선의 광자(혹은 양성자)와 충돌하면 이 분자의 전자 하나가 우주 공간으로 빠져나간다. 그러므로 이 분자는 양으로 대전된다. 즉 전자보다 양성자를 더 많이 갖게 된

1910년 4월 샌프란시스코의 도시 위에 걸려 있는 핼리 혜성의 꼬리. 밝기와 범위가 과장되어 표현되었다. © 제러드 메츠, 『1910년의 핼리 혜성: 하늘의 불(*Halley's Comet, 1910: Fire in the Sky*)』

1973년 12월 19일에 태양 표면에서 분출한 거대한 홍염. 이 사진은 이온화된 헬륨 원자의 빛에서 얻어졌다. 헬륨은 수소 다음으로 태양에 가장 풍부한 원자이다. 지구 궤도에 있는 스카이랩에서 촬영. NASA 제공.

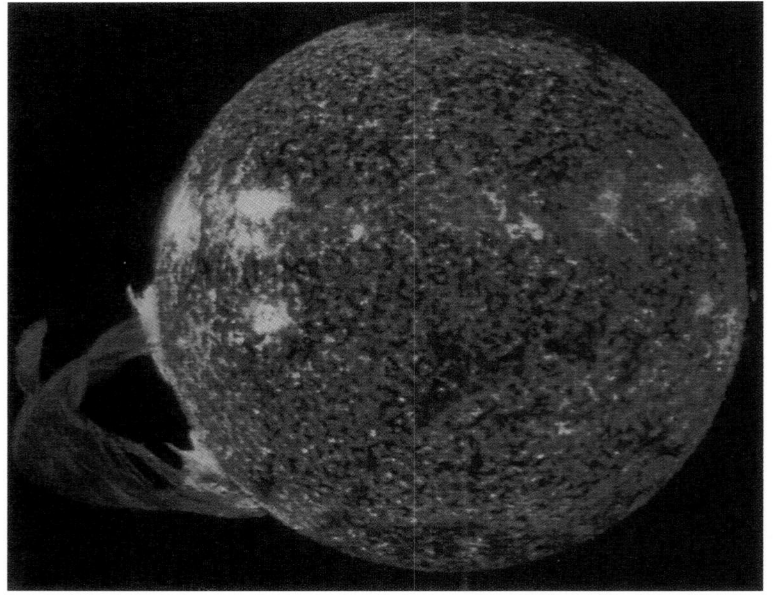

사진에서 푸른색으로 보이는 부분은 양성자와 전자와 헬륨 이온의 홍염이 태양에서 뿜어져 나와 태양 코로나에 교란을 일으키는 부분이다. 훨씬 더 왕성한 분출이 일어나면 태양에서 나온 하전 입자들이 태양 플레어 현상을 일으킨다. NASA 제공.

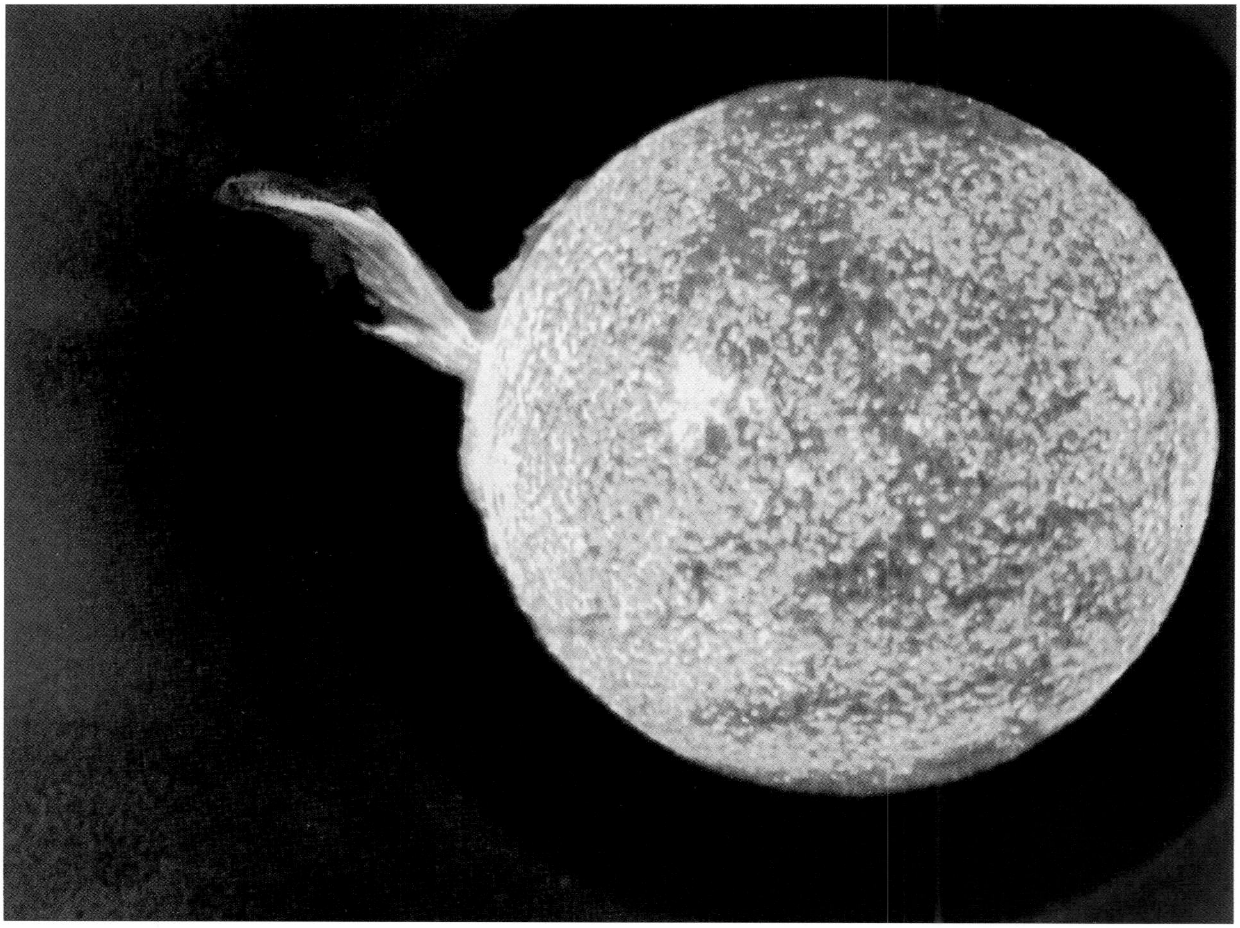

다. 대전된 분자를 이온이라고 하며, 전자를 제거하는 과정을 이온화라고 한다. 만약 전자 하나가 제거된다면 그러한 물 분자를 H_2O^+와 같이 표현할 것이다. 여기서 +는 양전하 하나 과잉, 혹은 전자 하나의 부족을 나타낸다. 만약 전자 두 개가 제거되었다면 H_2O^{++}로 쓸 수 있다. CH^+, N_2^+ 혹은 CO^+의 경우도 마찬가지다.

이제 혜성의 핵에서 우주 공간으로 빠져나간 CO 분자 하나가 햇빛의 습격을 받고 실랑이 끝에 전자 하나를 잃는다고 하자. 이 분자가 이제 왜 태양으로부터 곧장 되돌아오는 걸까? 이온 꼬리의 덩어리들이 왜 불규칙적으로 가속되는 걸까? 먼지 알갱이는 보지 못하는데 이온은 보는, 태양의 방출 물질은 무엇일까?

복사압은 너무 약하므로 이온 꼬리 덩어리들의 가속을 설명할 수 없다. 또 덩어리의 가속은 시간에 따라 변하지만 태양에서 나오는 빛은 지극히 일정하다. 태양이 우주 공간에 복사하는 빛 이외에 태양이 혜성의 꼬리에 영향을 미칠 수 있는 뭔가 다른 방법이 있는 게 틀림없다. 만약 몇 개월의 기간을 두고 덩어리를 연구한다면, 때로 혜성에서 관측되는 것처럼 태양의 자전 주기와 거의 같은 가속의 주기성을 발견하게 될 것이다. 결론은 간단하다. 그 영향은 태양 전체가 아니라 태양의 특정 지역으로부터 나온다. 그 영향은, 무엇이든 간에, 태양의 활동 지역이 혜성 쪽을 향해 있을 때만 혜성에 미친다. 태양이 자전하면서(지구에서 관측할 때 27일마다 한 번씩) 태양의 활동 지역이 혜성의 반대 방향을 향하게 되면 이온 꼬리의 가속이 진정되었다가, 그 지역이 다시 돌아올 때에야 되살아난다.

태양이 하전 입자들을 주기적으로 방출한다는 사실은 오랫동안 알려져 있었다. 태양의 플레어는 장거리 전파 통신을 방해하는 '자기 폭풍'이 지구를 강타한 사흘 뒤에 망원경으로 관측된다. 운 좋게도 1943년 3월 29일에 휘플-페트케-테브자체(Whipple-Fedtke-Tevzadze) 혜성의 이온 꼬리가 뚜렷한 덩어리 가속을 보여 주었고, 같은 날에 굉장한 자기 폭풍이 지구에 도달했다. 그러한 관측들로부터 제2차 세계

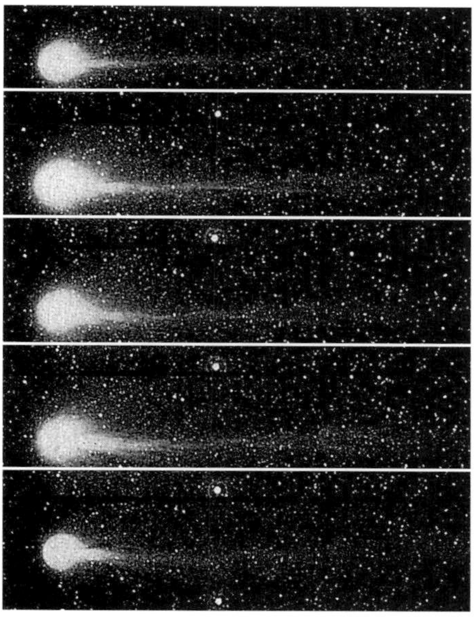

1943년 3월 8일과 9일에 휘플-페트케-테브자체 혜성(1943 I)을 약 1시간 간격으로 찍은 다섯 장의 사진. 전시 나치 독일의 조네베르크 천문대에서 C. 호프마이스터(C. Hoffmeister) 촬영. N. B. 리히터(N. B. Richter)의 『혜성의 본질(*The Nature of Comets*)』(메수엔, 1963년)에서.

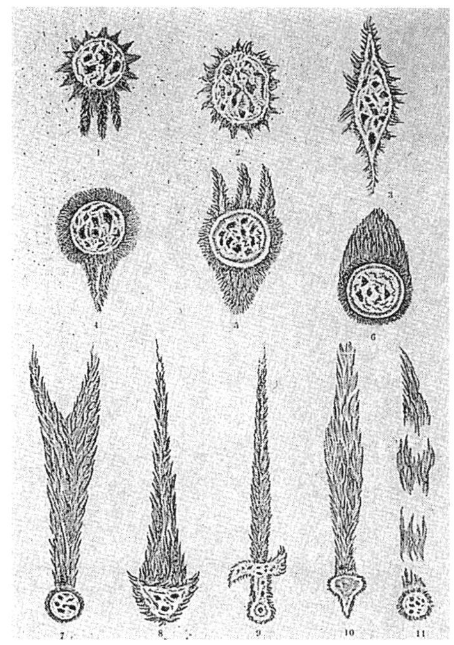

플리니우스의 서면 묘사에 따라 그려진 혜성의 형태들. 아메데 기유맹의 『혜성의 세계』(파리, 1877년)에서.

대전 동안과 그 후에 독일에서 연구하고 있던 천체 물리학자 루트비히 비어만(Ludwig Biermann)이 태양에서 이처럼 폭발적으로 나오는 하전 입자들의 특성을 계산했다. 그는 항상 태양의 바깥쪽으로 불며, 혜성의 이온 꼬리를 태양 반대편으로 몰아내는 일정한 태양풍이 있는 게 틀림없다고 결론 내렸다. 그러나 이온 꼬리의 일시적 가속에는 뭔가 다른 원인도 있어야 한다. 오늘날 그 원인은 태양 코로나의 구멍들에서 쏟아져 나와 태양의 자전에 한몫하는 태양풍이 증가했기 때문이라고 알려져 있다.

태양풍은 1959년에 (구)소련의 우주 탐사선 루나(Luna) 3호가 최초로 직접 탐지했고, 나중에 미국의 탐사선 익스플로러(Explorer) 10호와, 특히 1962년에 최초로 지구에서 금성까지 역사적인 비행을 했던 행성 간 탐사선 마리너(Mariner) 2호도 탐지했다. 측정 결과 태양풍은 주로 양성자와 전자로 구성되어 있는 것으로 드러났다. 이 입자들은 지구 근처에서 1세제곱센티미터당 몇 개밖에 없다. 하지만 그들은 태양에서부터 방사상으로 뻗어 나가며, 그 속도는 초속 수백 킬로미터에 달했다. 또한 더 빠르고 더 밀도 높은 폭발들도 발견되었다. 게다가 태양 표면에서 때때로 일어나는 플레어를 비롯한 다른 격렬한 사건들은 고에너지의 양성자와 전자 무리를 우주 공간으로 쏟아 낸다. 태양에서 불어 나오는 이런 바람은 자기장을 수반하는데, 자기장은 그 진행 경로에 있는 이온들을 휩쓸어 간다. 어떤 분자는 햇빛을 받아 이온화되자마자 태양풍에 수반된 자기장에 포획되기도 한다. 그러나 이온화되지 않고 전기적으로 중성인 채 남아 있는 분자들은 자기장의 영향을 받지 않는다. 항상 뒤로 곧게 부는 혜성의 이온 꼬리는 태양풍의 풍향계이다. 그러나 때로 태양에서 오는 불규칙적인 자기 구름이 혜성의 꼬리에 있는 이온들을 흔들어 놓기도 한다.

이온 꼬리는 먼지 꼬리보다 휘발성이 크며, 어떤 때는 구조도 더 복잡하다. 가늘고 곧은 광선들은 몇 시간 주기로 변하고 합쳐지고 흩어질 수 있다. 이온 꼬리의 순간적인 모습은 복잡한 형태를 보이는데,

때로 예각이나 직각의 불연속 형태를 가질 때도 있고 수백만 킬로미터 길이의 나선 형태를 가질 때도 있다. 일부 꼬리 패턴은 혜성이 마치 미국 독립 기념일의 연막탄들처럼 방향을 변덕스럽게 바꾸는 모습을 보여 준다(예를 들어 217쪽 맨 아래 그림 참조). 그러나 혜성은 거의 완벽한 타원 궤도상에서 움직이고 있으므로, 그러한 패턴은 태양풍에 기인한다. 때로 꼬리 전체가 핵에서 떨어져 나와 흐릿해지면서 천천히 뒤로 떠나가다가 완전히 사라지기도 한다(오른쪽 위 그림 참조). 핵은 전형적으로 분리된 이후 새로운 꼬리를 형성하며, 예전의 꼬리와 새로운 꼬리가 상호 작용하거나 심지어 잠깐 동안 뒤얽힐 수도 있다. 혜성 꼬리의 복잡성과 변동성은 마치 생명체를 보는 듯한 느낌을 준다. 일반적으로 천문학자들은, 이온 꼬리 안에 있는 전기적으로 대전된 분자들과 대단히 변덕스러운 태양풍과의 상호 작용이 혜성 꼬리의 이상한 행동들 대부분을 설명한다고 보고 있다. 물론 혜성 자체가 가진 일부 특성들, 예컨대 기체와 먼지 폭발의 시기와 규모가 그 원인이 되기도 한다. 그러나 우리는 혜성의 이온 꼬리에서 나타나는 형태 변화를 상세하게 이해하지 못하고 있다.

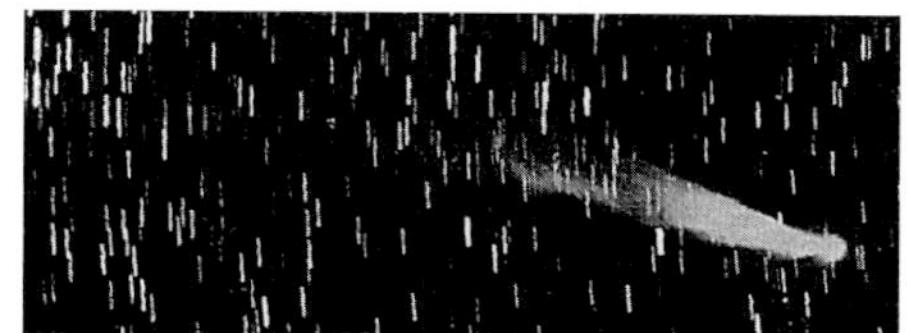

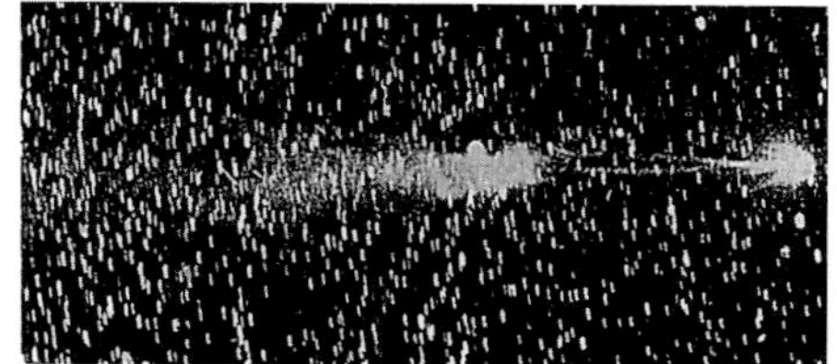

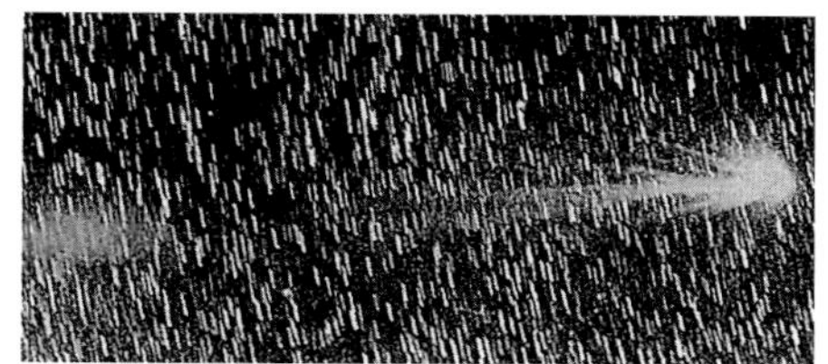

모어하우스 혜성(1908 III)의 꼬리 단절 사건. 이 세 장의 사진은 1908년 9월 30일, 10월 1일, 10월 2일에 연이어 촬영한 것이다. 이온 꼬리의 주요 부분이 떨어져 나가 뒤쪽으로 사라졌다. 점선은 노출 시간 동안 지나간 배경 별들이다. 시카고 대학교 여키스 천문대 제공.

천문학자들은 이런 현상의 근원적인 물리적 메커니즘을 밝혀내기 위해, 오랜 시간 동안 동일한 혜성 꼬리의 사진들을 적당한 시간 순서로 배열하고, 확대경에서부터 컴퓨터 대조 화질 향상 시스템에 이르는 장비를 사용해 작은 흔들림까지 하나하나 조사한다. 대전된 혹은 중성인 기체들이 자기장을 수반하는 양성자들의 흐름을 통과하는 것은 우리가 일상생활에서 흔히 경험할 수 있는 것이 아니기 때문에 이해하기 어렵다. 이것은 정밀한 3차원 자기 유체 역학적 계산들, 그리고 전기적으로 대전된 플라스마(plasma)가 혜성의 핵을 닮도록 만들어진 어떤 고체(예를 들어 밀랍 덩어리)와 상호 작용하는 실험실 시뮬레이션을 필요로 한다.

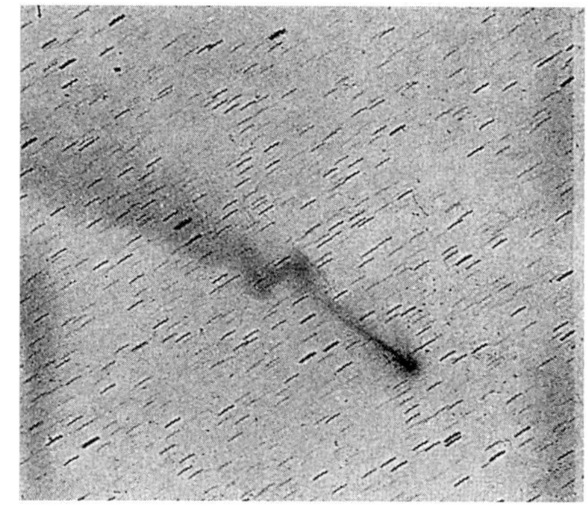

위에서 본 꼬리 단절 사건 후 2주 뒤에 본 모어하우스 혜성(1908 III). 인디애나 대학교 사진. NASA 제공.

태양 중력장에서의 혜성의 운동은 본질적으로, 공중으로 던져졌다 다시 땅으로 떨어지는 돌멩이와 같은 종류의 물리 현상이다. 일상

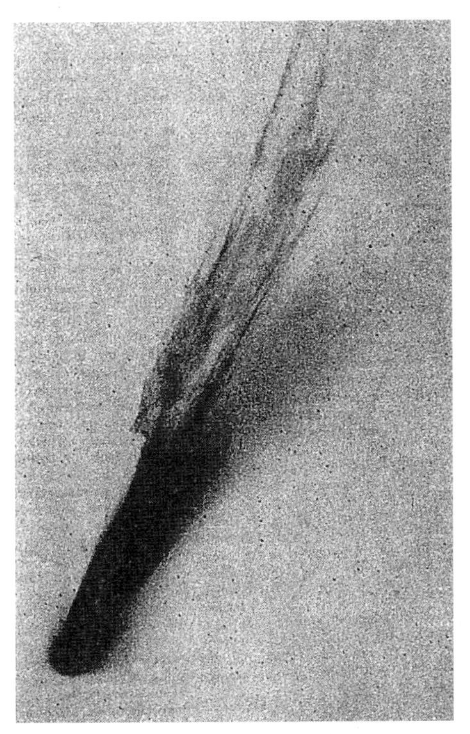

팔로마 산 천문대에서 1957년 8월 3일에 48인치 슈미트 망원경으로 찍은 무르코스 혜성. 이렇다 할 구조가 없는 희미한 먼지 꼬리와 매우 복잡한 이온 꼬리의 형태를 주목하자. 팔로마 산 천문대 촬영.

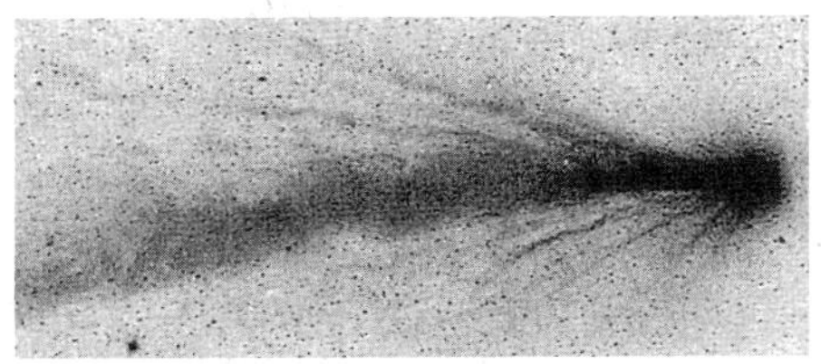

휴메이슨(Humason) 혜성(1962 Ⅷ) 사진. 방사 구조를 주목하라. 팔로마 산 천문대 촬영. NASA 제공.

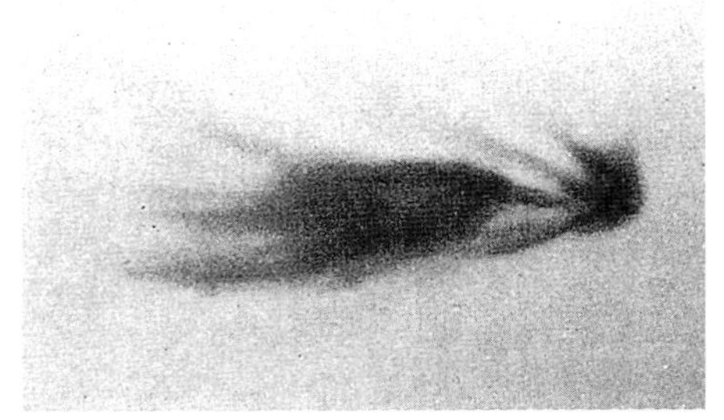

휴메이슨 혜성(1962 Ⅷ) 그림. 엘리자베스 로머(Elizabeth Roemer)의 사진을 기초로 그렸다. NASA 제공.

생활에서도 유사한 사례를 찾아볼 수 있다. 행성 간 진공에서 혜성 핵의 얼음이 증발하는 것은, 화창한 날에 지구의 대기로 눈이 증발하는 것과 크게 다르지 않다. 우리가 이 현상을 쉽게 이해하는 것은 일상생활의 일부이기 때문이다. 그러나 혜성 꼬리의 플라스마 물리학은 북극광과의 먼 관련 이외에는 지구상에서 쉽게 찾을 수 있는 유사한 사례를 갖고 있지 않으므로, 우리가 그 신비한 양상들을 이해하는 데 무리가 따를 수밖에 없다. 그러나 결과적으로 혜성의 꼬리는 우리가 플라스마 물리학에 대해서 알고 있는 지식들을 시험할 수 있는 자연 실험실이다.

혜성의 이온 꼬리에 대한 우리의 지식은 새로우며 어떤 면에서는 여전히 모호하지만 앞선 시대의 천문학자들의 예측들을 충분히 만족시킨다. 미국의 천문학자 E. E. 바너드(E. E. Barnard)는 1909년에 이렇게 썼다.

> 혜성의 이러한 특징들을 확실히 설명하려는 어떤 시도에서도 우리는 매우 위험한 지면을 밟고 있다고 할 수 있다. 왜냐하면 수용된 혜성 이론에는 이것들을 설명할 이론이 없으며, 어쩌면 태양과 행성들 부근의 공간에 존재하는 조건들에 대한 우리의 모든 생각을 거스를지도 모르는 미지의 양들을 가정해야만 하기 때문이다. 그러나 다른 설명이 전혀 없는 것처럼 보이므로, 가능한 원인을 탐색하다가 극단으로 치닫는다는 바로 그 사실이, 어쩌면 결국 큰 곡선을 그리며 움직이는 혜성의 넓은 꼬리 없이는 결코 알려지지 않았을 행성 간 조건들을 알려 주는지도 모른다.

오늘날 우리는 이온 꼬리들이 태양풍의 충격이라고 이해하고 있다. 태양풍은 아마도 이온 꼬리가 아니었다면 우리의 주목을 전혀 받지 못했을지도 모르는 행성 간 기상 조건의 탐침(探針)이다.

혜성에서 기체가 빠져나오기 시작하고 코마가 형성된 뒤, 태양풍과 그것의 자기장이 혜성의 대기와 충돌한다. 코마의 외곽층에 있는 분자들은 태양의 자외선으로 인해 이온화된다. 태양풍이 이 이온들을 휩쓸어 코마의 태양 쪽 부분을 지나 멀리 실어 간다. 이때 비행기의 속도가 초음속에 도달할 때와 유사한 충격파가 생긴다. 이것은 전단 충격파(bow shock, 태양풍과 행성 자기장의 상호 작용으로 인해 행성 간 공간에 일어나는 충격파 — 옮긴이)라고 불리는데, 혜성에서 태양풍이 불어오는 쪽으로 수백만 킬로미터 거리까지 존재한다. 태양풍이 불어 가는 쪽으로 휩쓸린 이온들은 태양으로부터 1억 킬로미터까지 뻗어 나갈지도 모른다. 그것들은 기괴한 푸른색을 띠며 상하로 움직일 것이다. 때로 세찬 바람이 불거나 태양풍에서 나온 폭풍이 덮쳐, 완벽하게 방사상으로 뻗어 있던 꼬리가 파괴되기도 한다.

혜성 꼬리의 급격하고도 예측할 수 없는 변화와 기술적이고 조직적인 연구의 한계 때문에 시간에 따라 변하는 혜성 꼬리의 모습을 영상화하기는 쉽지 않았다. 그러나 이제는 지상에서도 우주 탐사선에서도 이것이 가능해졌다. 심지어 이제 컬러로 된 입체 동영상도 가능하다. 더욱이 오늘날에는 행성 간 공간에서 태양풍과 그 변화를 정기적으로 측량하는 관측소들이 많이 있다. 우리는 이제 길고 우아한 혜성 꼬리를 포괄적으로 이해하기 위해 행성 간 기상 상태에 대한 지식을 이용할 준비가 거의 되어 있다.

모어하우스 혜성(1908 III). 1908년 11월 25일에 그리니치 왕립 천문대에서 촬영. NASA 제공.

1909년에 한 장의 악보로 발행된 음반의 표지에 보이는 대일광 혜성. 미국 의회 도서관의 루스 S. 프라이태그 제공.

10장

혜성 모음집

예전에 없던 이상한 모양을 한 것(혜성)이 나타나면 사람들은 그것이 무엇인지 알고 싶어 하며, 이 새로운 존재에 감탄해야 할지 두려워해야 할지 확신하지 못한 채 하늘의 다른 현상들은 거들떠보지도 않고 오직 이것에 대해서만 묻는다. 왜냐하면 공포를 만들어 내고 극단적인 의미들을 예언하는 사람들이 넘쳐나기 때문이다.

— 세네카, 『자연의 의문들』 7권 '혜성'

천문학자들은 …… 형태의 기이함보다 운동 법칙에 더 많은 주의를 기울인다.

— 이마누엘 칸트, 혜성에 대하여, 『일반 자연사와 천계의 이론』, 1755년

혜성은 마치 바다 깊숙이 뛰어들기 전에 물위로 뛰어오르는 고래처럼 햇빛을 잠깐 즐기다가 사라진다. 혜성은 밤하늘에서 밝기와 크기와 형태를 변덕스럽게 변화시키면서 춤을 춘다. 때로 우리는 핵 부근에서 일어나는 놀라운 활동을 본다. 무리가 만들어져서 주위로 퍼졌다가 사라진다. 기체와 먼지를 우주 공간으로 흩뿌리는 여러 개의 분수가 관측될 수도 있다. 혜성은 대개 몇 시간마다 한 번씩 자전하기 때문에 유광들의 곡률이 두드러진다. 복사압과 태양풍 때문에 모든 것이 태양 반대쪽으로 흩뿌려진다.

어떤 혜성은 갓 모양의 코마들을 규칙적으로 잇따라 우주 공간에 내보내기도 한다. 도나티(Donati) 혜성은 유명한 예다. 가장 편리한 설명은 햇빛을 받아 폭발적으로 증발하는 얼음 구역이 표면에 있다는 것이다. 혜성이 자전을 하기 때문에 표면에서 낮에 해당하는 부분은 계속 바뀌게 되고, 자전을 할 때마다 햇빛이 비추는 부분에서 새로운 코마가 만들어진다.

여기에 우리는 중세의 작가들이 사람들을 놀라게 하고 기쁘게 하고 심지어 가르치기 위해 정리한 동물 우화집 같은 일종의 혜성 모음집을 마련해 두었다. 중세 작가들이 표현한 대부분의 동물은 실재했으며, 특이한 것들이 많았다. 전달 과정에서 오류로 설명이 왜곡되거나 — 예컨대 유니콘은 아프리카 코뿔소에서 기인했다. — 의도적으로

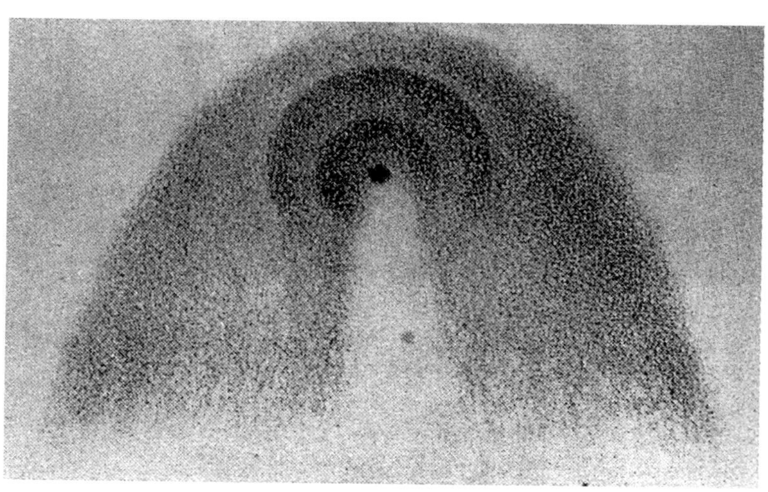

도나티 혜성(1858 VI)의 핵에서 분출된 기체의 연속적인 덮개. 그해 10월 5일에 슈미트가 망원경으로 보고 그렸다. NASA 제공.

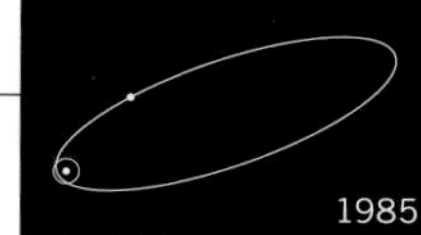

날조된 부분도 있으나 애정 어린 눈길과 다소간의 재미로 되돌아보면 이 동물 우화집이 현대 동물학 교재의 선구자라는 사실을 알게 된다.

우리는 이와 같은 심정으로 여기에 혜성의 형태에 대한 다양한 모습을 실어 둔다. 이것들은 망원경으로 찍은 사진일 수도 있고, 그림일 수도 있다. 특히 코마 내부의 제트에 주의를 기울였다. 또 혜성의 모습이 자전축에서 내려다본 것일 수도, 옆에서 본 것일 수도 있다. 어떤 경우든 태양이 어디에 있는지는 쉽게 알 수 있다. 그림들은 대비 효과를 증대시키기 위해 흑백으로 표현되었다.

천문학자는 망원경을 통해 요동치는 공기의 바다를 들여다보고 있으므로 만들어지는 상은 항상 뒤틀려 있다. 망원경들이 대기가 거의 없는 높은 산의 정상에 자리 잡고 있는 이유 가운데 하나는 이러한 시정(視程)을 향상시키기 위함이다. 대형 망원경의 초점을 맞출 때 천문학자의 눈은 사진 건판보다 훨씬 유리하다. 천문학자는 방금 전 대기의 안정 상태를 기억할 수 있으므로 혜성의 세부를 희미하게나마 감지할 수 있다. 천문학자는 그러한 순간들을 기억하고 보이는 것을 그림으로 그려서 종종 동일한 망원경에 부착된 카메라로는 얻을 수 없는 세부 사항들을 묘사할 수 있다. 그러나 이 방법의 단점은 사람이 불완전한 기록 장치이고, 분해능의 한계선에서 눈이 장난을 칠 수도 있다는 사실이다. 그럼에도 불구하고 독립적인 관측자들의 그림을 비교하고, 그림과 사진을 맞춰 보고, 영상 화질을 개선시키는 새로운 기술들을 이용해 초기의 혜성 관측자들이 무엇을 표현하고자 했는지 알아낼 수 있다.

이 혜성들의 형태 하나하나는 햇빛이 대형 얼음덩어리를 폭격하고 있는 일순간을 보여 주는, 혜성의 삶과 죽음을 순간 포착한 사진이라고 할 수 있다. 전시물들 각각은 적어도 부분적으로는 기체와 먼지 유광, 자전, 복사압, 그리고 태양풍의 국지적 기상 조건들이 만들어 낸 것이다. 이 유광들과 코마는 전형적으로 수천 킬로미터 이상을 가로지른다. 남겨진 모습을 보고 그 원인이 되는 사건들을 추론하는 것은

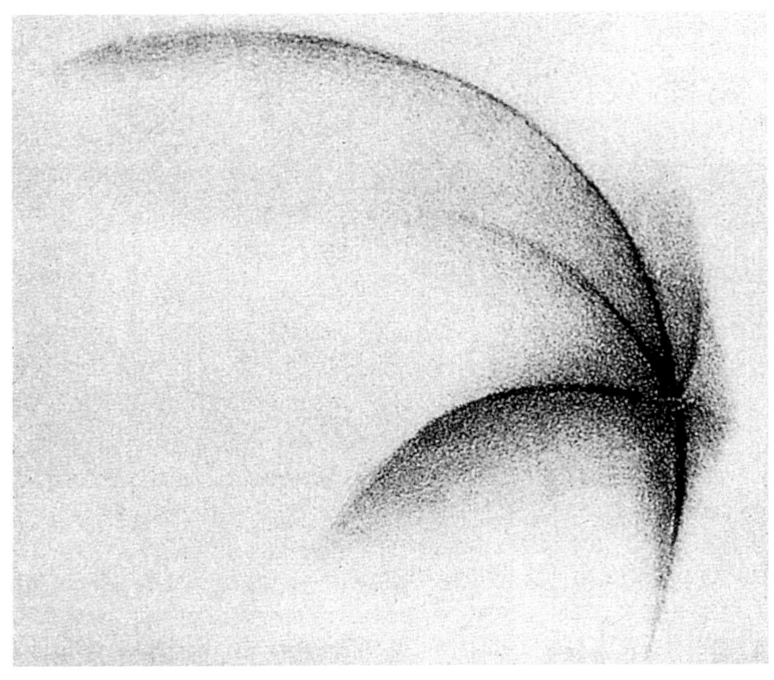

테벗(Tebbutt) 혜성(1861 II)의 핵에서 나오는 다섯(혹은 여섯) 개의 제트. 슈미트 그림. NASA 제공.

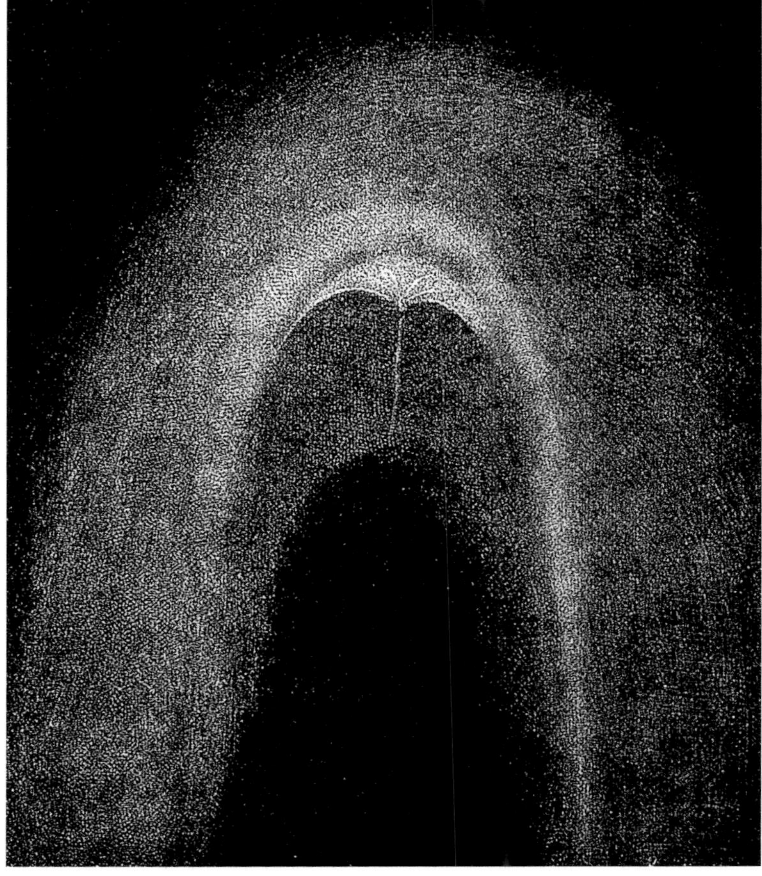

1861년 혜성 핵에서 태양 쪽으로 뿜어져 나오는 다중 분수. 1861년 7월 2일에 워런 드 라 루(Warren de la Rue) 그림. 아메데 기유맹의 『하늘』(파리, 1868년)에서.

탐정들의 임무이자, 현장 지질학자들의 일이기도 하다. 여기에 제시된 다양한 형태의 혜성을 두루 살펴보고 각각의 경우에 어떤 일이 벌어지고 있는지 그럴듯한 설명을 해 보자.

230쪽 위 그림은 핵에서 다섯 개 혹은 여섯 개의 유광이 태양 반대편으로 불려 나가는 모습을 옆에서 바라본 것이다. 230쪽 아래 그림은 분수들이 혜성 핵에서 태양 쪽을 바라보는 가열된 반구에 한정됨을 알려 준다. 종종 유광들의 곡률에서 자전 방향이 추론되기도 한다(아래 그림 참조).

230쪽 아래 그림은 1861년의 대혜성의 낮 쪽에서 분출되고 있는 다중 분수를 옆에서 바라본 것이다. 그러나 혜성이 지구로 접근할 때 그 극이 우연히 우리 쪽을 향하고 있다고 상상해 보자. 그러면 우리는 혜성의 자전축을 곧장 바라보게 될 테고 우리가 지켜보는 동안 분수들이 바람개비 모양으로 돌고 있을 것이다(오른쪽 위 그림 참조).

다행히 지구의 중력은 지나가는 혜성을 끌어당기기에 불충분하다. 그러나 혜성은 우연히 지구 가까이 접근할 수도 있다. 이것은 그저 기다림의 문제일 뿐이다. 아주 오랜 시간 — 1억 년 정도 — 을 기다리면, 매우 기이한 혜성들을 볼 가능성도 있다. 예컨대 토성과 천왕성의 궤도 사이에는 1977년에 캘리포니아 헤일 천문대의 찰스 코월(Charles

이 그림에서 왼쪽은 제트가 분출되고 있는 혜성 핵을 옆에서 본 모습을, 오른쪽은 자전축에서 내려다본 모습을 도식적으로 표현한 것이다. 존 롬버그/BPS 도해.

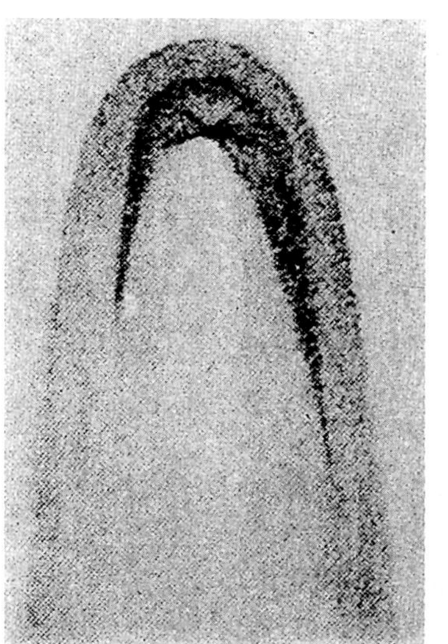

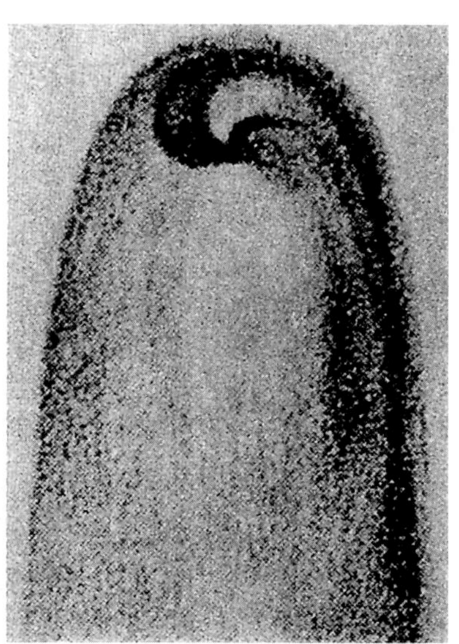

1910년 5월 5일 다른 시간에 본 핼리 혜성의 내부 코마의 두 모습. 왼쪽은 R. T. A. 이네스(R. T. A. Innes)가, 오른쪽은 W. M. 워셀(W. M. Worsell)이 요하네스버그에서 그렸다. 우리의 눈에 오른쪽 그림은 혜성이 시계 반대 방향으로 회전하는 것처럼 보인다. NASA 제공.

그 생각 자체는 (꼬리 유광의) 곡선들이 아마도 혜성이 유광들을 방출하고 있는 동안 혜성 핵의 자전으로 인해 만들어진 나선형 곡선임을 암시한다.

— 아서 스탠리 에딩턴

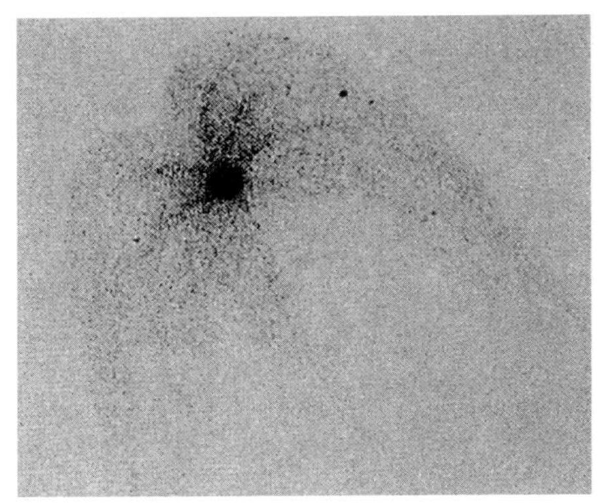

1835년의 핼리 혜성. 하인리히 슈바베(Heinrich Schwabe) 그림. NASA 제공.

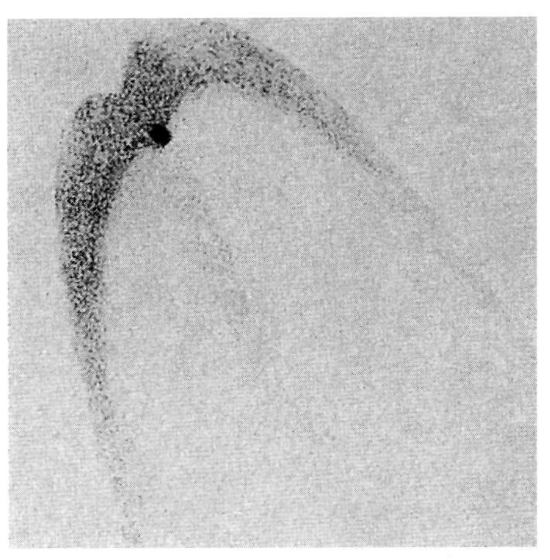

4일 뒤에 슈바베가 동일한 혜성을 그렸지만 이번에는 박쥐 같은 모습이다. NASA 제공.

Kowal)이 발견한 키론이라는 대단히 이상한 천체가 있다. 이아손(황금 양털을 획득한 영웅)과 아킬레스를 가르쳤던 켄타우루스의 이름을 따서 명명된 키론은 지름이 300~400킬로미터로, 대형 소행성들에는 미치지 않지만 지금까지 알려진 어떤 혜성보다도 크다. 키론이 주로 명왕성 너머에 사는, 이전에 알려지지 않은 거대한 혜성 집단에서 가장 잘 보이는 구성원은 아닐까? 키론은 검붉다. 외행성계에는 복잡한 유기물질로 인해 어둡고 붉은 천체들이 있다. 키론도 이 경우에 해당하는지 모른다. 분명한 것은, 그 표면에 오염되지 않은 깨끗한 얼음은 없는 것 같다. 어쩌면 이 천체들은 표면의 메탄 얼음과 외계의 다른 휘발성 물질들이 증발하고 검은 유기질 모암만 남은 혜성인지도 모른다.

키론은 수천 년마다 그 궤도가 불안정한 것으로 여겨지는 토성 옆을 멀찌감치 아주 여러 번 지나간다. 키론은 어쩌면 천천히 태양 쪽으로 나아가고 있는지도 모르며, 먼 훗날에는 단주기 혜성이 될지도 모른다. 토성, 목성과의 반복적인 조우 이후 키론이 언젠가 내행성계로 진입한다고 상상해 보자. 만약 슈바스만-바흐만 1 혜성이 여전히 목성과 토성 궤도 사이의 그 한적한 곳에서 폭발을 일으킨다면, 만약 1729년의 대혜성이 목성 거리 부근에 있을 때 육안으로 보인다면, 키론 같은 천체가 만약 태양계 최외각에서 막 도착해 지구 옆을 가까이 지나가고 있다면, 이들은 어떻게 보일까? 키론에는 물 얼음이 존재할 것으로 여겨지며, 이 얼음은 키론이 태양에 접근하면서 폭발적으로 증발할 것이다. 어쩌면 상당히 붉을지도 모르지만, 매우 거무스름하고 지름이 수백 킬로미터에 이르고 여러 개의 먼지 분수와 막대한 꼬리를 갖고 있는 혜성이 지구 옆으로 지나간다면 장관일 것이다. 그러나 그러한 출현에 대해서는 역사적 기록이 전혀 없는 것 같다. 그것은 확실히 드문 사건이다.

그렇다면 좀 더 현실성 있는 질문을 해 보자. 어떤 종류든 회전하면서 제트를 방출하는 혜성의 핵이 지구에 가까이 접근했다는 기록이 있는가? 모어하우스 혜성(1908 Ⅲ)의 경우, 제트를 가진 내부 코마는 지름이 대략 달 정도의 크기인 4,000킬로미터로 다소 전형적인 수치다. 만약 이러한 혜성이 지구에 달만큼이나 가까이 온다면 코마는 시지름(육안으로 본 어떤 천체의 지름을 의미하며 각지름이라고도 한다. 천체간의 상대적 거리는 모두 각도로 나타냈다. — 옮긴이)이 대략 0.5도로 달만큼이나 크게 보일 것이다. 1983년 5월 11일에 IRAS-아라키-올콕(IRAS-Araki-Alcock, 한 로봇과 두 사람의 이름을 따서 명명되었다.) 혜성은 우리 행성에서 500만 킬로미터 거리 이내로 지나갔다. 이것은 지구에서 달까지 거리의 12배였다. 우리는 새로운 혜성이 내행성계에 도착할 때 관측된 주파수로부터 이 혜성이 달만큼 가까이 오려면 얼마나 오래 기다려야 하는지 계산할 수 있다. 그런데 계산 결과는 기껏해야 수천 년이다. 만약 4,000~5,000년을 기다릴 준비가 되어 있다면 당신은 상당히 더 가까운 거리에서 여러분 옆을 지나가는 혜성의 핵을 볼 수 있다. 하얀 덮개를 토해 내고 있는 칙칙하고 붉은 울퉁불퉁한 천체와, 우주 공간으로 흐르는 가물거리는 휘어진 분수들, 그리고 지평선에서 지평선으로 뻗는 거대한 꼬리에 휩쓸려 가는 물질들, 이 모든 것들이 지배하는 하늘을 상상해 보자. 이것은 정말 잊을 수 없는 사건이 될 것이다.

예상 밖의 하늘 지역에서 지구로 접근하는 경우를 제외하고, 이 혜성은 전 세계 모든 문화에서 관측된다. 확실히 이러한 출현이 들어맞을 신화적 틀 — 종종 세계관이라고 부르는 것 — 이 있을 것이다. 사람들은 당연히 이러한 출현이 어떤 사건의 전조 혹은 의미를 갖는다고 생각할 것이다. 그러므로 어떤 혜성의 형태는 많은 문화에서 예술의 일부가 될 것이고, 어쩌면 중추적인 역할을 하고 있는지도 모른다. 시간이 흐르면서 진짜 사건들에 대한 기억은 희미해지고 이야기들도 모호해지지만, 그 혜성의 형태는 여전히 이전 세대들의 예술과 기록에서 지배적인 모티프가 된다. 만약 우리가 그러한 출현을 우리에게 주는 어떤 메시지라고 믿는다면 결코 그것을 무시하는 태도를 취하지는 못할 것이다. 수천 년이 흐른 뒤 이 혜성의 상징은 기괴하고 두려운 기원으로부터 완전히 단절될지도 모른다. 과학과 문자가 발달하기 이

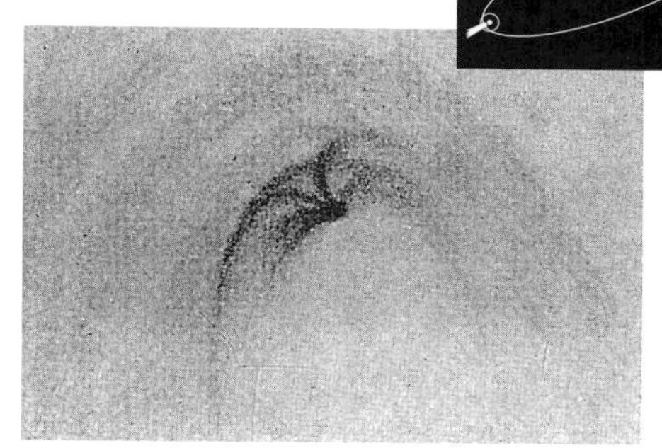

1910년에 다시 등장한 핼리 혜성. 리코(Ricco) 그림. NASA 제공.

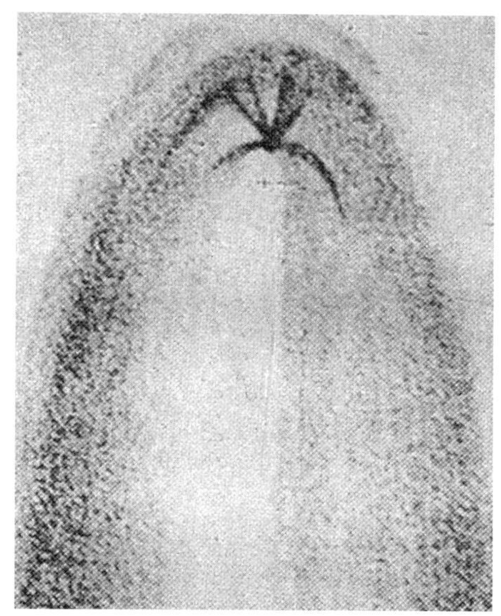

1910년에 출현한 핼리 혜성을 이네스가 그린 그림. NASA 제공.

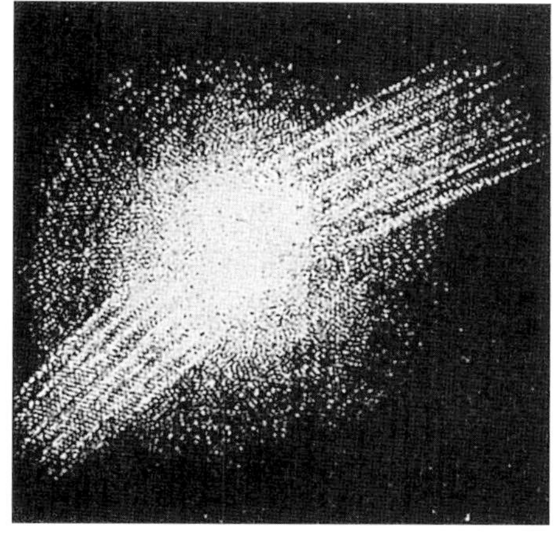

1823년의 혜성. R. A. 리틀턴이 그의 책『혜성과 그 기원』(케임브리지 대학교 출판부, 1953년)에서 제공.

전의 사회에서 처음 본 신기한 자연 현상에 대한 설명은, 이후 수천 년 동안 나름대로의 생명력을 갖고 변천한다.

수세기에 걸쳐서 대중서들과 기사들이 빈약한 증거를 근거로 만든 터무니없는 주장들 때문에, 지구와 혜성과 충돌로 인해 역사적인 대격변이 일어났다는 견해는 늘 좋지 못한 평가를 받아 왔다. 그러나 적어도 핼리의 시대부터는 혜성과 지구와의 근접 조우, 혹은 충돌이 일어날 수 있을 것처럼 보였다. 우리가 만약 충분히 오래 기다리기만 한다면 말이다. 모든 과학적 물음이 그렇듯 신빙성은 결국 증거의 질이 결정한다. 우리는 신중하게 진행할 필요를 느낀다.

이 문제에 대해 고찰하고 싶은 유혹은 쉽게 이해된다. 만약 혜성이 지난 몇 세대 동안, 그리고 인류의 역사에서 가까이 접근했던 적이 있다면, 정말로 큰 혜성이 생생한 기억 속의 다른 어떤 것보다도 훨씬 더 놀라운 모습으로, 대담하게 매우 가까이 왔었던 것이 틀림없다. 따라서 당신은 혜성에 기인하는 것처럼 보이는 뭔가를 발견할 때까지, 이 신화와 관련된 예술 작품과 문헌, 혹은 지질학적 기록들을 뒤져 본다. 그 뒤 책을 쓴다. 이그네이셔스 도널리(Ignatius Donnelly) — 국회 의원, 미국 미네소타 주 부지사, 인간의 권리와 자연 보호의 열정적인 옹호자 — 는 1883년에 『라그나로크(*Ragnarok*)』라는 대단한 흥분을 일으켰던 작품에서, 혜성이 특정 궤도를 도는 모래 무리 모형(6장 참조)에 따라 형성되었다고 보고 지구가 혜성을 통과할 때 세계 곳곳의 하늘에서 걸쭉한 진흙 침전물들이 떨어졌다고 기술했다. 그러나 진흙은 지질학적 과정들을 통해 쉽게 만들어지며, 원자나 분자의 조성 측면에서 봐도 외계에서 기원했다는 어떤 흔적도 보여 주지 않는 경우가 대부분이다. 또한 혜성의 모래 무리 모형이 도널리의 시대에는 전문가들 사이에서 옳다고 여겨졌을지 몰라도 이제는 타당하지 않다고 알려져 있다. 또 다른 사례로, 임마누엘 벨리콥스키(Immanuel Velikovsky)라는 러시아계 미국인 정신 의학자는 이집트의 역병과 하늘에서 내린 만나(manna, 이스라엘 사람들이 광야를 헤맬 때 신이 내려 준 음식 — 옮긴이)와 고대 신화의 다른 단편적 지식들이 지구에 너무 가까이 다가온 혜성에서 비롯되었다고 제안했다. 그러나 혜성이 그러한 이야기들에 대한 유일하고 가장 개연성 있는 설명은 아니며, 벨리콥스키의 가설은 다른 여러 측면에서도 심각한 오류에 빠져 있다.

그럼에도 불구하고 때로는 보통의 혜성 사건들뿐만 아니라 놀라운 혜성 사건들에 대해 정확한 기술이 이루어졌다고 생각하는 몇 가지 이유가 있다. 예컨대 기원전 4세기의 역사가 에포루스(Ephorus)는 기원전 371년에 둘로 쪼개진 혜성을 보고했다. 그 후의 작가들은 비록 상당히 회의적이었음에도 불구하고 계속해서 에포루스를 인용했다. 세네카와 플리니우스의 시대에 이르도록 분열되는 혜성들에 대한 다른 어떤 기록들은 없었지만, 그럼에도 한때 둘로 쪼개졌던 혜성의 기록은 무사히 우리 시대까지 전해졌다. 오늘날 우리는 혜성이 분열할 수도 있다는 사실 — 비엘라/강바르 혜성과 태양 옆을 스치고 지나가는 천체들에서처럼 — 을 알고 있다. 에포루스가 옳았음이 입증된 것이며, 우리는 유별난 혜성 사건들이 1,000년 동안 정확히 그대로 전해질 수 있음을 알게 되었다.

금세기 들어 핼리 혜성의 궤도에 대한 뉴턴 역학적 계산이 매우 활발하게 이루어졌다. 그 결과 기원전 240년까지 거슬러 올라가는 이 혜성이 언제, 하늘의 어디에서 등장했는지 알게 되었다. 고대의 연대기에는 이런 계산된 출현 시점과 장소에서 밝은 혜성이 정말로 등장했다는 신빙성 있는 증거가 존재한다. 이러한 이론과 관측의 일치는 이미 대단히 설득력 있는 뉴턴의 중력 이론에 대한 확신을 증대시킬 뿐만 아니라 고대의 중국, 한국, 일본, 바빌로니아, 그리고 유럽의 연대기를 새삼 존중하지 않을 수 없게 한다. 비록 용이나 검, 혹은 얼굴과 함께 어지럽게 표현된 혜성에 관한 묘사들까지 다 믿을 수는 없지만(36쪽 그림 참조), 생각건대 혜성의 형태들에 대한 역사적 묘사 속에 우주 깊숙한 곳에서 찾아온 이 외계 방문객들의 자연사가 보전되어 있을지도 모른다.

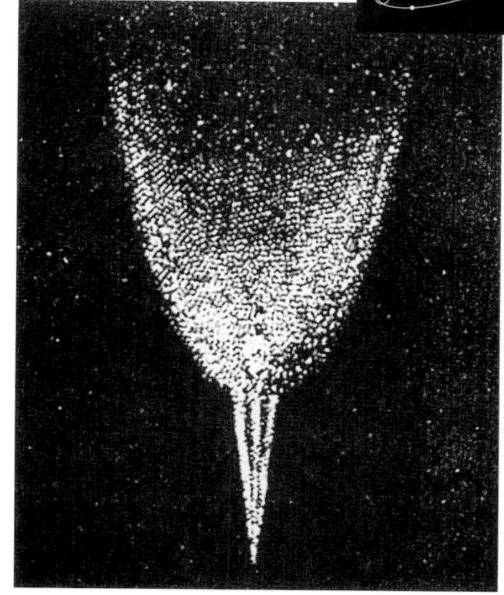

1851년의 혜성. R. A. 리틀턴이 그의 책『혜성과 그 기원』(케임브리지 대학교 출판부, 1953년)에서 제공.

1957년 4월 25일의 아랑-롤랑 혜성(1957 III). H. 네켈(H. Neckel) 촬영. N. B. 리히터의『혜성의 본질』(메수엔, 1963년)에서.

1861년의 대혜성. 1861년 7월 2일에 워런 드 라 루 그림. 아메데 기유맹의『혜성의 세계』(파리, 1877년)에서.

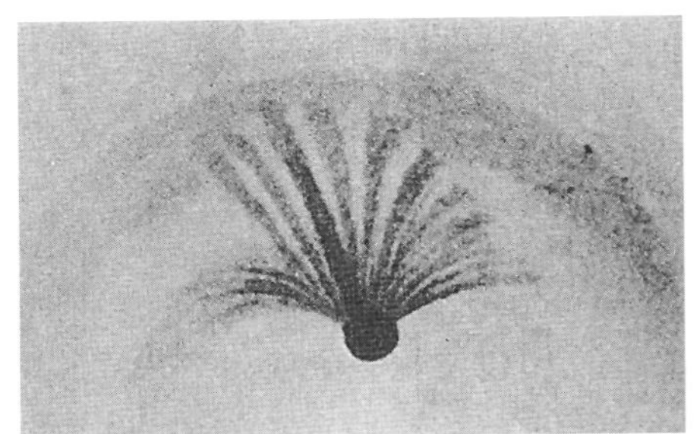

세키(Secchi)가 그린 테벗 혜성(1861 II). NASA 제공.

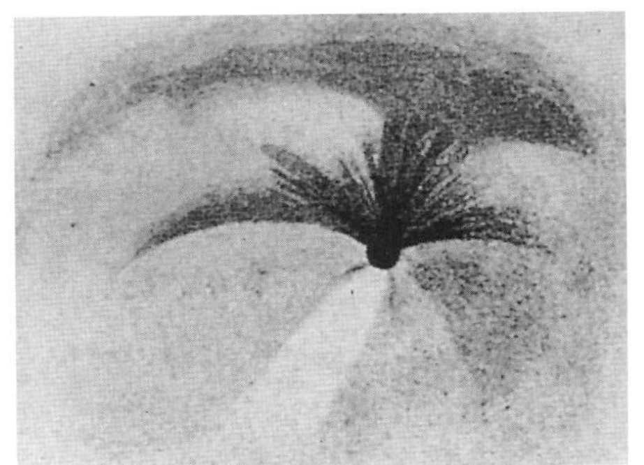

이틀날 세키가 그린 테벗 혜성(1861 II). NASA 제공.

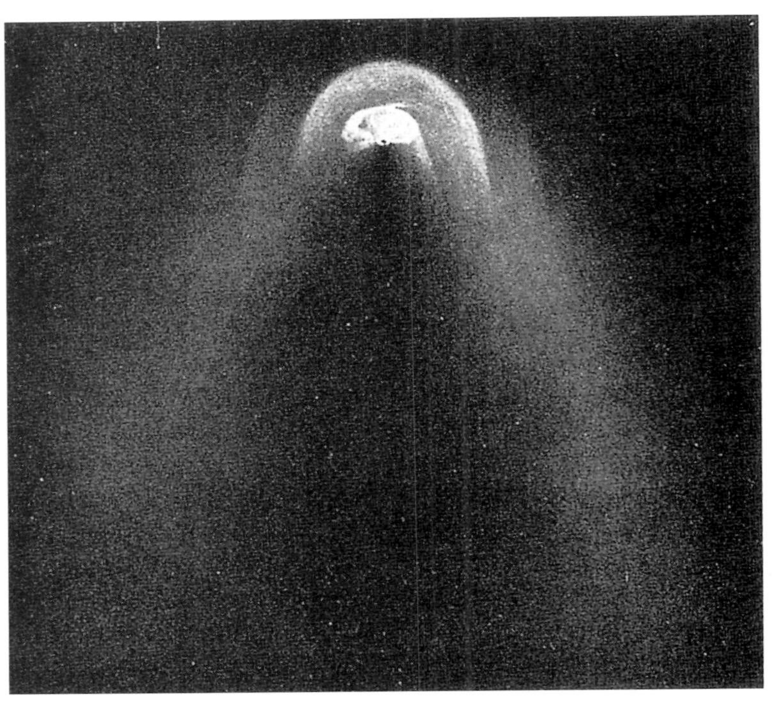

제트를 분출하고 있는 도나티 혜성의 핵 근처에서 보이는 복잡하고 거의 생물학적인 형태들. 858년 10월 5일에 G. P. 본드가 하버드 대학교 천문대의 망원경으로 보고 그린 그림. NASA 제공.

워런 드 라 루가 하루 뒤에 그린 1861년의 대혜성. 아메데 기유맹의 『혜성의 세계』(파리, 1877년)에서.

플리니우스는 혜성의 모습이, "너무 밝아서 직접 바라볼 수 없다. 그것은 하얀색으로 은빛 머리카락을 갖고 있으며, 인간의 형상을 한 신을 닮았다."라고 언급했다. 이런 묘사에서 우리는 무엇을 알 수 있을까? 혜성이 그렇게 밝으려면 코마로 둘러싸여 있어야만 하고, 지구 옆을 가까이 지나가야만 한다. 불가능한 일은 않다. 코마의 형태는 복잡할 수도 있고 인간의 형상을 암시할 수도 있다(예를 들어 위에 있는 본드가 그린 도나티 혜성 그림에서 코마의 형태는 태아를 닮았다.). 그러나 은빛 머리카락을 가진 혜성 신은 확실히 지구의 신화와 예술에 널리 퍼져 있는 이미지는 아니다.

플리니우스는 또 다른 종류의 혜성을 이런 말로 묘사했다. "말의 갈기 같은 이것은 마치 자신을 축으로 자전하고 있는 원처럼 매우 빠른 속도로 원운동을 하고 있다." 자전이라는 주제는 때때로 고대 기록 속에 있는 혜성들과 관련되어 있다. 에피제네스(Epigenes)는 혜성이 회오리바람에서 태어난다고 제안했다. 세네카는 몇 가지 타당한 이유를 들어 이 견해를 간단히 무시해 버렸지만, 자전하면서 제트를 방출하는 혜성 핵을 가까이서 보면 회오리바람과 유사하게 보일지도 모른다. 세네카의 반대 이유들 가운데는 회오리바람의 지속 시간이 짧고, 지구 주위의 하늘을 빠른 속도로 통과하다 보면 회전 운동이 없어진다는 사실 등이 포함되어 있다. 세네카는 지구가 돈다는 사실을 알지 못했다. 그는 "회오리바람은 동그란 모양이며 …… 그러므로 (가정된 혜성의 회오리바람 안에) 싸여 있는 불길은 회오리바람처럼 되어야만 한다. 그럼에도 최초의 불길은 길게 늘어져 있고 흩어져 있으며 전혀 동그란 모양이 아니다."라고 했다. 어쩌면 세네카와 에피제네스는 혜성의 다른 부분을 말하고 있는 것인지도 모른다. 즉 세네카는 코마와 꼬리를 묘사하는 것이고, 에피제네스는 빠르게 회전하고 있는 핵을 가까이서 바라보고 있던 것이다. (망원경이 발명되기 이전에, 도는 모습이 보일 정도로 혜성이 지구에 매우 가까이 다가왔던 게 틀림없다.) 그러므로 우리는 널리 퍼져 있는 고대의 기호 중 하늘과 관계가 있으면서 회전을 상징하는 것이 없는지 의문을 가져 볼 수 있다. 그리고 매우 조심스럽게 '만(卍)' 자 기호를 생각해 볼 수 있다.

코기아(Coggia) 혜성(1874 II). 체임버스(Chambers) 그림. NASA 제공.

구부러진 네 개의 팔이 동일한 중심에서 나오고 있는 이 기호는 독일 나치 정권이 공식적으로 채택하면서 공포와 동의어가 되었다. 나치가 저지른 반인류 범죄들은 비록 완벽하지는 않지만 비교적 잘 기록되어 있다. 나치 정권이 종말을 고한 지 오랜 시간이 흘렀음에도 나치는 여전히 국가들 사이의 우호 관계에 해로운 독이다. 그러나 구부러진 십자 문양은 나치 시대 훨씬 이전부터 지구상의 거의 모든 문화에 알려져 있었다. 가능하면 이 기호와 나치와의 관련을 무시하고 그 자체만 생각해 보자.

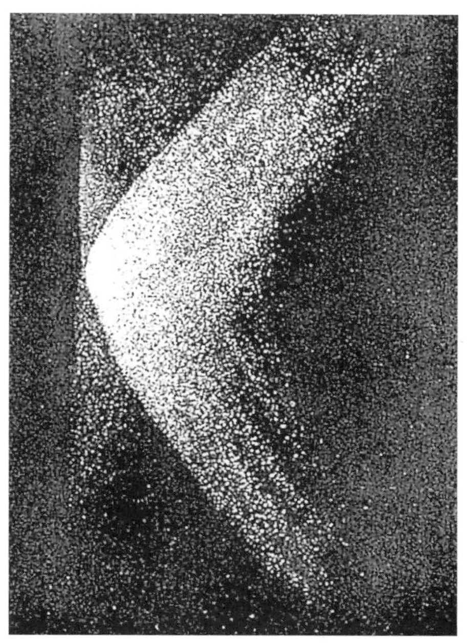

1871년의 엥케 혜성을 그린 그림. R. A. 리틀턴 제공.

1979년에 우리는 텔레비전 시리즈 「코스모스(Cosmos)」에서 '퐁갈(Pongal)'이라는 신년 축하 행사를 촬영하는 일로 인도에 갔다. 우리는 드라비다 어권인 인도 남부에 위치한 탄자부르의 한 힌두 마을에서

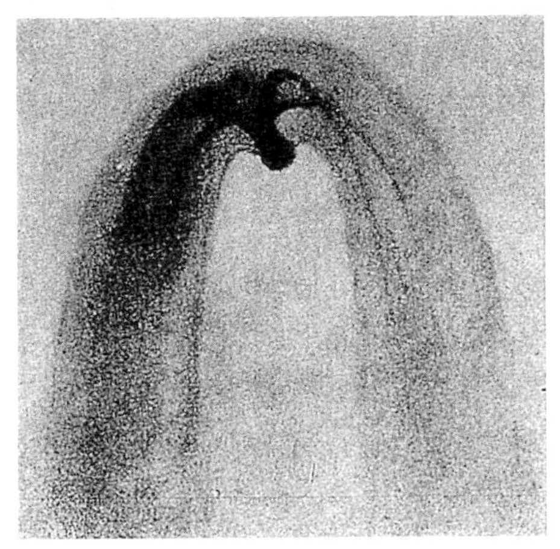

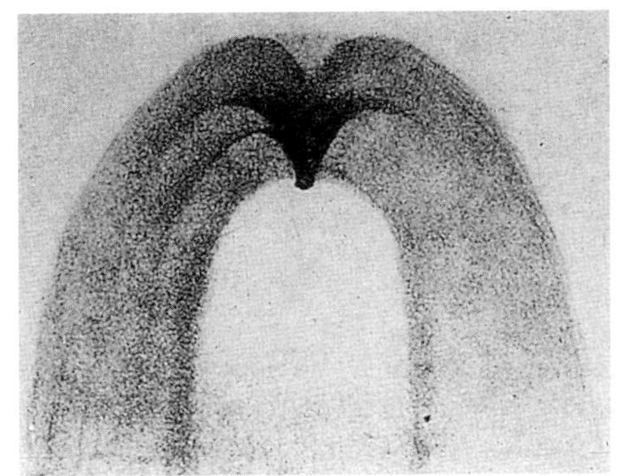

대니얼(Daniel) 혜성(1907 IV)을 그린 울프(Wolf)의 두 그림. NASA 제공.

주민들이 베풀어 준 관대함과 친절에 깊은 감동을 받았다. 그러나 우리는 그들이 분필로 문간에 즐겁게 만 자를 표시하는 것을 보고 소스라치게 놀랐다. 그들은 그것이 고대로부터 내려오는 길운의 상징이라고 설명했다. 실제로도 그랬다.

청동기 시대 초기인 기원전 3000년까지 거슬러 올라가는 트로이의 가장 깊고 오래 된 두 지층에서는 만 자에 대한 어떤 증거도 발견되지 않았다. 그러나 트로이를 발견한 하인리히 슐리만(Heinrich Schliemann)이 '제3의 도시' 혹은 '타 버린 도시' 라고 부른, 기원전 2000년 초기로 거슬러 올라가는 지층 도처에서 이 기호들이 발견되었다. 복구된 수백 개의 유물들, 특히 회전 운동으로 작동되는 굴대들이 만 자들로 장식되어 있었다. 중국의 당(唐) 왕조에서는 이 중요한 기호의 대중적인 오용을 막고자, 비단에 만 자 인쇄를 금하는 칙령을 포고하기까지 했다. 인도 서부에는 부처의 성지로 섬기는 동굴들이 있다. 그런데 암벽 조각들 대부분이 만 자로 시작되거나 만 자로 끝난다. 자이나교도들 — 모든 생명의 신성을 존중한다는 점에서 나치와 정반대에 서 있는 — 은 만 자를 '축복과 은총의 표시'로 사용하였고, 같은 이유로 일본인 역시 만 자를 관 위에 올려놓았다. 1904년에 런던의 《타임스(*The Times*)》에 실린 티베트에 관한 한 기사는, "줄지어 늘어선 하얗고 좁다란 몇 채의 오두막, …… 오두막의 문마다 하얀색의 만 자가 흔들리고 있고, 그 너머에는 태양과 달을 표현하는 천문학의 상징인 조잡한 공과 초승달 그림이 있다."라고 기술한다. 또한 담요와 구슬 장식과 도기를 비롯한 여러 유물들은 만 자가 한때 북아메리카 원주민들 사이에서 흔히 사용되던 대표적인 기호였음을 보여 준다. 미국 국립 박물관의 선사 시대 담당 큐레이터인 토머스 윌슨(Thomas Wilson)은 1896년에 이렇게 썼다.

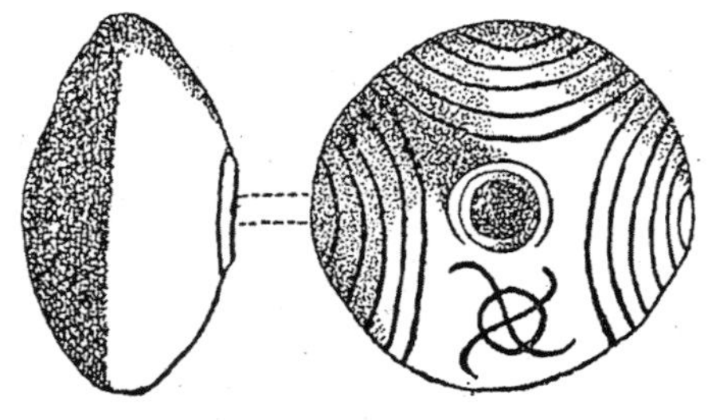

만 자로 장식된 갈돌. 트로이에서 슐리만이 발견한 수백 개 중 하나이다. 토머스 윌슨의 『만 자, 가장 초기에 알려진 기호와 그 전파: 선사 시대 특정 산업들의 전파에 관한 관측과 함께(*The Swastika, the Earliest Known Symbol, and its Migrations: with Observations on the Migration of Certain Industries in Prehistoric Times*)』,(스미스소니언 연구소, 1896년)에서.

> 우리는 그것이 은총이나 길운의 부적인 종교적 상징으로 의도된 것인지 그저 장식에 지나지 않는지 알지 못한다. 우리는 또한 그것이 어떤 감춰진

신비로운 혹은 상징적인 의미를 갖고 있는지 알지 못한다. 어찌됐든 북아메리카 대륙 내부에 있는 미국의 커다란 사막 지대 원주민들의 신비로운 의식에는 아주 순수하고 간단한 선사 시대의, 혹은 동양의 만 자가 나타나 있다.

어떻게 이 기묘한 기호가 고대의 인도와 중국, 미국 남서부, 마야 멕시코, 브라질, 영국, 터키를 비롯한 다른 여러 문화에 동일하게 자리잡게 되었을까? 만 자는 일반적으로 북극에서부터 지중해에 이르는 유럽에서 청동기 시대에 사용되었고, 철기 시대에는 에트루리아, 미케네, 트로이, 히타이트 문명으로 전파되었다. 만 자는 본래 산스크리트어다.

어원인 '스바스티(svasti)'를 글자 그대로 해석하면 행복이라는 뜻이다. 만 자의 **기호**는 그런 **이름**을 갖기 오래전부터 존재했던 게 틀림없다. 아마도 불교나 산스크리트 어가 나타나기 훨씬 전에 존재했을 것이다.……

선사 시대의 전반을 훑어보면, 만 자가 작고 비교적 중요하지 않은 것들, 예를 들어 꽃병, 항아리, 약, 기구, 연장, 가정용품, 부엌 세간 같은 물품들과, …… 자주는 아니지만 동상이나 제단 같은 곳에 사용되었음을 알 수 있다.…… 이탈리아에서는 죽은 사람의 재가 묻히는 납골 단지에, 스위스에서는 호숫가에 있는 도기에, 스칸디나비아에서는 브로치와 핀에, 아메리카에서는 옥수수를 가는 갈돌에 사용되었다. 브라질의 여성들은 무화과 나뭇잎 모양의 도기에 만 자를 걸었다. 푸에블로 인디언은 댄스용 방울에, 아칸소 주와 미주리 주에서 무덤을 쌓던 시대에 살았던 북아메리카 인디언은 도기에 나선형의 만 자를 그려 넣었다. 테네시 주에서는 조가비에 만 자를 새겼으며, 오하이오 주에서는 동판에서 가장 소박한 모양으로 만 자를 잘라 냈다.…… 아메리카에서는 원주민의 종교적 기념 건조물이나 고대의 신이나 우상, 또는 성스러운 물건에 만 자가 표현되어 있는 걸 발견하지 못했으므로, 이곳에서는 만 자가 종교적 상징으로 사용되지 않았

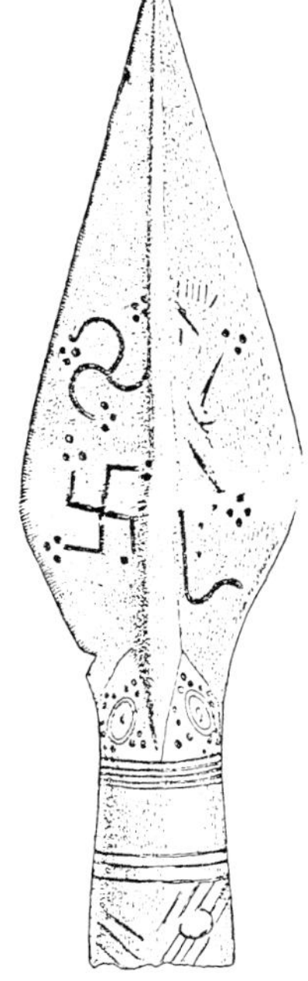

독일 브란덴부르크 부근에서 발굴된 철기 시대의 창. 팔이 네 개인 직각의 만 자는 왼쪽 날 아래에, 팔이 세 개인 S자 모양의 곡선 만 자는 그 위에 나타나 있다. 윌슨으로부터.

에트루리아의 황금 '인장'에 있는 만 자 기호. 윌슨으로부터.

> 다고 주장해도 무방하다.…… 만 자가 흔히 사용되었음을 뒷받침하는 증거들은 이렇게 많지만, 불교 신자와 초기의 기독교인들, 그리고 북아메리카 인디언들의 다소 신성한 의식들을 제외하면 만 자가 종교적인 성질을 갖는다는 주장은 포기되어야 한다.

이는 만 자의 민족지학에 관한 윌슨의 고전 논문에서 나왔다. 또한 그는 만 자가 문화에서 문화로 전파되었다는 생각에 회의적이었다.

> 그 기호가 만약 미국 원주민들 사이에서 인도에서 지니고 있는 것과 똑같은 이름인 '만'을 갖고 있다면 접촉과 교제의 대단히 강력한 증거가 될 것이다. 그리고 인도의 종교가 미국에서도 발견된다면 증거의 사슬은 완벽하다고 볼 수 있다.

그러나 실제로는 그렇지 않다. 한편 윌슨은 만 자가 세계 도처에서 우연히 발생할 수 있을 정도로 간단한 디자인은 절대 아니라고 주장한다.

> 이것에 대한 증거로 나는, 만 자가 일반적으로 사용되고 있지 않고, 기독교인들 사이에는 거의 알려져 있지 않으며, 어떤 디자인에도 포함되어 있지 않고, 장식에 관한 현대 유럽이나 아메리카 작품 어디에도 언급되어 있지 않고, 다른 나라의 예술가나 장식가에게 알려져 있지도, 그들이 사용하지도 않는다는 사실을 말하고자 한다.……
>
> 직선, 원, 십자, 삼각형은 쉽게 만들어지는 간단한 형태들이다. 아마도 시대에 따라 독립적인 발명품으로 크든 작든 의미를 가지며, 민족에 따라 혹은 동일한 민족의 서로 다른 시대에 따라 다른 사물을 의미하면서, 모든 시대 모든 지역에서 발명되고 재발명되었을 것이다. 그것들은 정착되거나 명확한 의미를 갖지 않았을지도 모른다. 그러나 만 자는, 아마도 명확한 의도로 만들어지고, 그 지식이 사람들 사이에 전해지면서 지속적인 혹

은 연속적인 의미를 갖게 된 최초의 기호일 것이다.……

예술가의 마음속에 저절로 생기지도 않으며, 근본적으로는 문화에서 문화로 전해지지도 않은 수천 년이나 된 기호, 이것은 진정한 수수께끼다. 슐리만조차도 당황해서 "이 문제는 설명할 수 없다."라고 말했다. 어쩌면 정말 그런지도 모른다. 하지만 만약 만 자가 원래 하늘에 있는 무언가라면, 멀리 떨어진 문화에서 공통적으로 목격할 수 있는 무언가라면 이 미스터리는 풀릴지도 모른다. 그렇게 보면 이 기호는 외부에서 각 문화에 도착한 것이면서도, 다른 문화로부터 전파된 것은 아니라고 여길 수 있다.

더 오래된 만 자의 표현들 가운데는 종종 팔들이 굽어져 있지 않고 곡선을 그리는 것들이 있다. 이것은 S자 모양의 만 자라고 불린다. 슐리만은 자신이 고대 트로이 유적에서 발견했던 만 자들의 중요성에 대해 생각하면서, 자신이 본 것은 회전을 묘사하려는 시도라고 여기고, 운동 방향은 회전으로 인해 팔이 뒤처지는 방향에 따라 결정된다고 주장했다. 그러나 그는 회전하고 있는 것이 무엇인지에 대해서는 어떤 추론도 제시하지 않았다.

만 자에 대한 학술서들에서 나타나는 또 하나의 딜레마는, 그 기호가 명확히 태양과 별개인 무엇이면서 하늘에서 빛나는 어떤 물체와 연관되어 있는 것 같다는 사실이었다. 고블레 달비엘라(Goblet d'Alviella) 백작은 1891년에 만 자의 팔들이 '움직이고 있는 광선'이라고 주장하며 만 자의 이런 양상에 대한 복잡한 학문적 논쟁을 가열시켰다. 만 자와 가장 밀접하게 관련 있는 상들은 태양이나 태양신을 표현하고, 때로 만 자는 태양의 표현을 대체하기도 한다. 이것으로부터 달비엘라는 만 자가 태양을 의미한다고 추론한다. 결정적인 증거는 날(日)을 의미하는 말이 만 자 기호로 대체된 트라키아의 주화이다. 백작은 이것이 만 자와 '빛이나 날에 대한 개념'이 완벽히 같다는 증거라고 믿는다. 그러나 비평가들은 태양을 의미하는 부가 기호는 전혀 필요하

세 다리 도자기 꽃병에 나타난 확장된 곡선 만 자. 콜럼버스 이전 시대의 것으로 아칸소에서 발견되었다. 윌슨으로부터.

미케네의 목각 단추. 곡선 만 자 옆에 팔이 네 개인 십자가 두 개가 접해 있다. 윌슨으로부터.

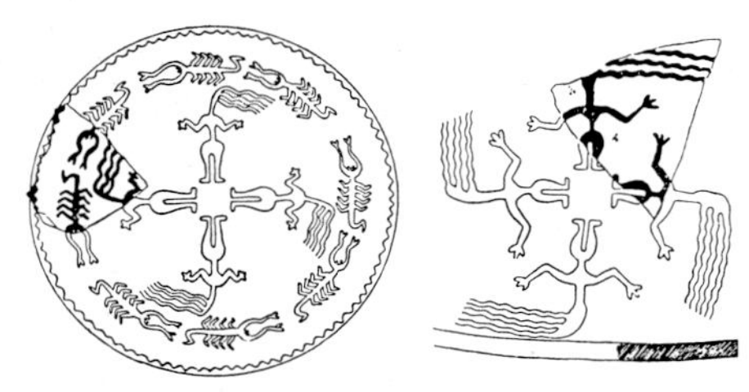

고대 사마리아의 도기. 검은 무늬가 있는 사금파리 조각에서 완전한 패턴을 재구성해 보았다. 고블레 달비엘라의 『기호의 전파(*The Migration of Symbols*)』(파리, 1891년)에서.

지 않으며 만 자는 태양과 전혀 닮지 않았다고 주장한다. 인도의 일부 화폐에는 만 자가 태양을 상징하는 커다란 바퀴와 함께 동등한 중요성을 가지고 표시되어 있다. 막다른 골목이다.

그러나 한때 지구의 하늘에서 세계의 모든 사람들이 돌고 있는 밝은 만 자를 목격했다고 하면 이 모든 어려움들은 해결될 것이다. 대개 이 생각은 천문학적 현실과 너무 거리가 먼 것처럼 보여서, 만 자의 기원에 대해 궁금했던 다른 사람들이 잠깐 고려하기는 했지만 오늘날 하늘에는 타오르는 만 자 같은 게 전혀 없다는 간단한 이유 때문에 어느 누구도 더 이상 파고들지 않았다. 그러나 우리는 여러 세대에 걸쳐 천문학자들이 기록한, 혜성의 핵에서 뿜어 나오는 분수들에 대한 스케치나 사진 들을 조사한 결과, 그런 경이로운 일이 있었을 가능성을 깨닫게 되었다.

다음을 상상해 보자. 때는 기원전 2000년 초, 아마도 바빌로니아는 함무라비(Hammurabi)가, 이집트는 세소스트리스 3세(Sesostris Ⅲ)가, 크레테는 미노스(Minos)가 다스리고 있었을 것이다. 당시 이 유명한 인물들 사이에는 아무런 교류나 관련이 없었을 것이다. 지구상의 모든 사람들이 일상에 몰두하고 있을 때 네 개의 유광을 갖고 빙글빙글 도는 혜성이 나타난다. 사람들은 그 회전축의 끝지점을 정면으로 보고 있다. 낮 동안 천구의 적도에 등장한, 대칭적으로 놓인 네 개의 제트는 — 혜성의 빠른 회전 때문에 — 정원 살수기같이 휘어진 유광을 일으킨다. 통상의 만 자 표현들은, 관측자들이 시계 반대 방향으로 도는 팔을 가진 바람개비를 본 경우에 해당할 것이다. 네 개의 제트 모두가 동시에 발생하기만 하면, 지구의 거주자들은 낮 하늘에서 원근법 때문에 약간 축소된 밝은 만 자를 보았을지도 모른다.

만 자에 대해서는 인격화된 무언가가 있다. 우리는 만 자를 운동하고 있는 팔과 다리로 해석한다. 만 자는 간단하면서 강한 흥미를 돋우는, 보통 자연에서 발견되지 않는 몇 안 되는 기호들 중 하나이다. 자체 추진되고, 활동적이고, 목적이 있는 먼지의 장막과 분수에 에워싸

오른쪽 그림은 회전하는 혜성 핵의 밝은 반구에 대칭적으로 놓인 네 개의 제트를, 왼쪽 그림은 회전하지 않는 혜성 핵의 반구에서 뻗어 나가는 네 개의 제트를 보여 준다. 만약 핵이 빠르게 회전(이 도해에서는 회전 방향이 시계 반대 방향이다.)하고 있다면 팔들이 회전을 따라가며 만 자와 같은 것을 만들 것이다. 존 롬버그/BPS 도해.

여 이 비슷한 것이 밤하늘에 서서히 나타난다면, 확실히 그것은 중요한 경험이 될 것이다. 당신은 그것의 의미와 종교적 중요성과 전조에 대해 생각한다. 사람들은 다른 사람들이 그것에 대해 알도록, 따라서 이 경이로운 일이 잊히지 않도록 이 기호를 그려 놓는다. 길조로 보든 재앙의 전조로 보든 간에 굳이 그 존재가 중요하다는 사실을 설명할 필요는 없다.

만 자의 형태는 많은 혜성에서 관측되고 대형 망원경으로 단기간 노출시킨 사진에 나타난 바람개비 구조와 크게 다르지 않다. 베넷(Bennett) 혜성(1970 II)은 최근의 사례다. 적어도 베넷 혜성의 경우, 이 바람개비의 색깔은 이 구조가 먼지 속에 싸여 있음을 암시하는 노란색이었다. 당신은 이 형태들을 보고서 회전하면서 제트를 뿜어내는 혜성이 지구 옆을 지나가면 조만간 만 자 같은 형상이 나타날 수도 있다고 인정할지도 모른다. 그러나 이 주장만으로는 이 기호의 기원이 혜성에 있다는 사실을 납득시키기에 충분하지 않다. 이렇게 순이론적인 문제의 경우 적어도 하나 이상의 직접적인 증거가 필요하다.

이런 상황에서 또 하나의 혜성으로서의 만 자에 대한 정직하고 명

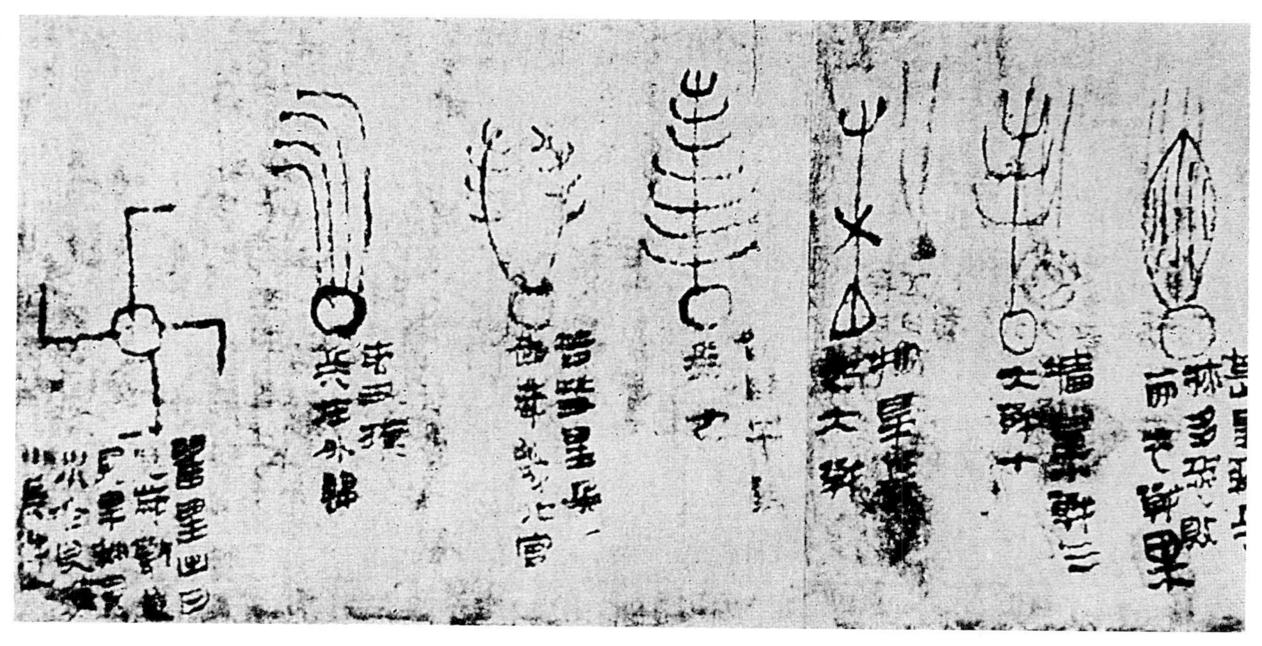

기원전 3, 4세기 것으로 추정되는 중국의 마왕퇴 도감에 묘사된 마지막 일곱 개의 혜성. 만 자 모양을 하고 있는 첫 번째 형태와 다른 혜성들이 근본적으로 다르게 여겨진다는 사실을 암시하는 내용은 없다.『마왕퇴 한묘 백서(馬王堆 漢墓 帛書)』2권(베이징 문물 출판사, 1978년)에서.

백한 묘사를, 혜성을 주의 깊게 관측하는 가장 긴 전통을 가진 문화에서 발견한 것은 매우 흥미로운 일이다. 중국의 마왕퇴 유적에서 발굴된 고대의 도감에 실린 혜성의 형태들 가운데 29번째이자 마지막 혜성의 경우가 바로 그것이다(위 그림 참조). 이 도감은 기원전 3, 4세기부터 시작되지만 훨씬 더 오래되었을 게 틀림없는 관측들의 선집이다. 29번째 혜성은 이른바 '디싱(Di-Xing)', 즉 '긴 꼬리가 달린 꿩 별'이다. 이 설명문이 29개의 혜성들 가운데 가장 긴 것은 만 자 혜성이 다른 해석을 필요로 하기 때문이다. 이 혜성은 변화와 관련이 있다. "봄에 나타나는 것은 풍년을, 여름에 나타나는 것은 가뭄을, 가을에 나타나는 것은 홍수를, 겨울에 나타나는 것은 작은 전쟁을 의미한다." 물론 이런 전조들은 공상적이지만 혜성의 출현에서 만 자가 유래했다는 것을 설득력 있게 제시한다. 우리는 이러한 관련을 거의 주목받지 못한 고대의 다른 유물들에서 이끌어 낼 수 있지 않을까 생각한다.

만 자는 오래전에 세계적으로 퍼져 있었으며 일반적인 혜성의 특징과 달리 거의 모든 곳에서 길조로 여겨졌다. 그러나 수천 년 뒤, 인종차별주의와 약탈을 일삼는 나치가 일어나 그들이 주장하는 바에 따른 우월자, 그들이 주장하는 바에 따른 인종적으로 동질인 북유럽 민족들을 표현할 어떤 기호를 찾는다. 그들은 스스로를 기원전 2000년 중반에 어두운 피부색의 인도인을 공격했던 밝은 피부색을 가진 페르시아 인들의 후예인 아리아 인이라고 부른다. 나치는 만 자로 유니폼과 무기와 문방구와 비행기와 각종 기장들을 꾸민다. 세계 곳곳의 아이들이 이 기호를 그리는 연습을 한다. 나치는 만 자의 깃발 아래 수천만 명을 살인하며 인간들이 지구 문명과 어쩌면 인류 전체도 파괴할 수 있는 시대를 예고한다. 증발하는 얼음의 바람개비 하나가 지구의 하늘에 장대하게 나타나고 3,500년 혹은 4,000년 후에 그 형상 — 그 사이에 있는 모든 세대의 인간들을 통해 기억된 — 은 여전히 선과 악 모두를 상징하는 데 사용된다. 우주 안을 자세히 들여다보는 것은 우리 자신의 다양한 본질을 되돌아보는 것이다.

이 밝은 분출 형태와 핵에서 분출되는 방향 모두 기묘하고 변덕스럽게 변해서, 연이은 두 밤에 나타난 모양이 전혀 비슷하지 않을 정도로 빠르게 다른 상들이 잇따라 나타난다. 한때는 방출된 제트가 단 하나이고 핵으로부터 좁다란 발산 지역에 한정되어 있었으나, 다음 순간에는 납작한 구멍에서 분출되는 가스 불꽃과 유사한 부채 모양 혹은 제비 꼬리의 형태를 보여 주었다. 그리고 어떤 때는 두 개나 세 개 혹은 훨씬 더 많은 제트가 각기 다른 방향으로 분출되고 있었다.

— 존 허셜(John Herschel), 「1835년 핼리 혜성의 출현에 대하여(On the 1835 apparition of halley's Comet)」, 『천문학 개론(*Outlines of Astronomy*)』, 런던, 1858년

2부

혜성의 기원과 운명

1993

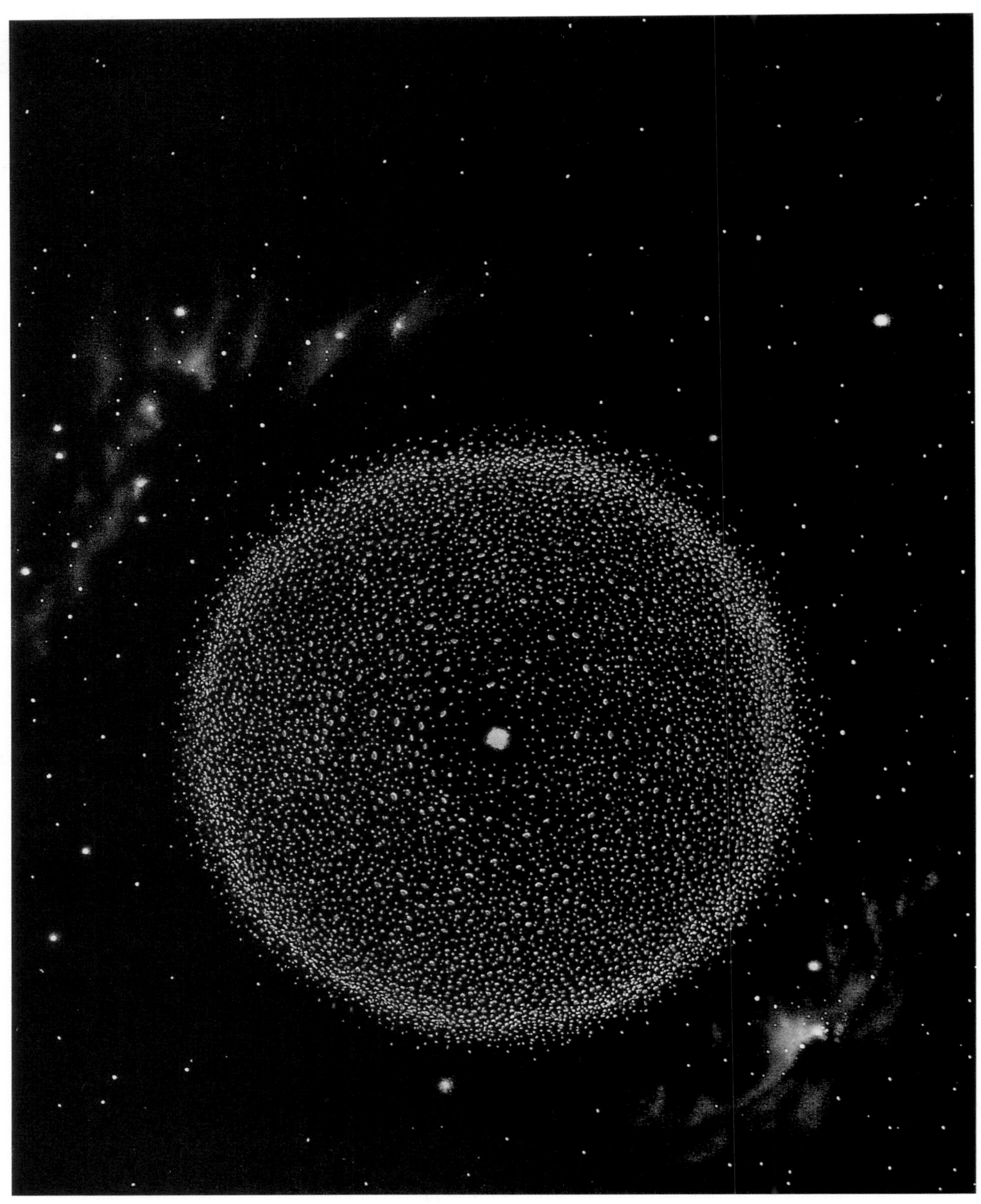

태양을 에워싸고 있는 오르트 혜성 구름의 도식적 표현. 외부 오르트 구름에 있는 무수한 혜성들 가운데 아주 작은 일부분만 제시되어 있다. 이들 대부분은 태양과 가장 가까운 별 사이 거리의 3분의 1 지점에 놓여 있다. 태양에 훨씬 더 가까운 안쪽에는 아마도 훨씬 더 많은 수의 내부 오르트 구름 혜성 집단이 있을 것이다. 존 롬버그 그림.

11장

무수한 세계의 한가운데서

이들 혜성 말고도 인간의 눈에는 보이지 않지만 남몰래 움직이고 있는 천체들이 무수히 많으리라! 왜냐하면 신이 모든 사물을 인간을 위해 만든 것은 아니기 때문이다.

— 세네카, 『자연의 의문들』 7권 '혜성'

분명 태양에서 훨씬 더 멀리 떨어진 곳에서 희미하거나 꼬리가 없기 때문에 우리에게 관측되지 않는 상당히 많은 혜성들이 더 존재할 것이다.

— 에드먼드 핼리, 《런던 왕립 학회 회보》 24호, 1706년, 882쪽

고대인들은 행성이 보이지 않는 기계 — 정밀하게 연결되고 조정되는 투명한 수정 공들 — 에 붙어 있다고 상상했다. 우리는 이제 고대인들이 틀렸다는 걸 알고 있다. 행성은 오직 뉴턴 역학의 중력이라는 보이지 않는 손의 지배만 받는다. 일부 세계는 돌덩이와 약간의 기체, 그리고 약간의 얼음으로 이루어져 있을 뿐이며, 수성에서 명왕성까지 그 어디에도 수정 공 같은 것은 존재하지 않는다. 그러나 우리가 직접 어떤 불가능한 속도로 태양계를 떠나 가장 바깥쪽 행성의 궤도조차도 너무 작아서 보이지 않을 때까지, 심지어 태양조차 지구에서 보이는 가장 밝은 별들보다 더 밝지 않은 희미한 광점으로 보일 때까지 여행한다고 상상해 보자. 그러면 우리는 수정 공같이 생긴 산산이 부서진 조각들 — 작은 세계들 각각이 별들 사이의 어둠 속에서 희미하게 빛을 내는, 도시 하나 크기의 수많은 얼음 파편들 — 과 비슷한 무언가를 만나게 될 것이다.

우리는 우리 눈으로 다 볼 수 없을 정도로 엄청나게 많은 세계의 한가운데에 살고 있다. 이것은 마치 뉴에이지 종파의 가르침처럼 들린다. 그러나 비유적인 뜻으로 세계들에 대해 말하는 게 아니다. 1조 개가량의 이 세계들 각각은 우리가 살고 있는 세계처럼 실재하고, 태양에 구속되어 있으며, 표면과 내부, 때로는 대기까지 갖고 있다.

만약 실내에 있다면 밖으로 나가 보자. 눈을 들어 하늘을 올려다보고는 식별할 수 있는 가장 작은 조각에 집중해 보자. 그 조각이 넓은 V자 모양으로 먼 우주 공간에 있는 별들까지 뻗어 간다고 상상해 보자. 그렇게 작은 하늘 구역에는 보이지도 않고 이름도 없지만 어떤 의미에서는 이미 알려져 있다고 할 수 있는 수십만 개 이상의 세계가 있다. 이 지구의 먼 사촌들이 바로 혜성의 핵들이다. 그들은 차갑고 조용하며 별다른 움직임 없이 성간 어둠 속을 느릿느릿 배회한다. 그러나 이러한 혜성의 핵들이 우리가 속해 있는 태양계 영역으로 이끌려 오면 삐걱거리고 덜거덕거린다. 그러다가 핵이 증발하고 제트가 분출하기 시작하면 결국 지구인들의 감탄을 자아내는 멋진 꼬리가 만들어

그러나 태양을 잠깐 본 뒤 행성의 구속이 미치지 않는 넓은 우주 공간으로 훨씬 더 멀리 날아가 수백만 년 동안 저 어둡고 차가운 지역을 향해 아주 천천히 움직이고 …… 길기는 해도 일정한 주기로 태양의 주위를 공전한다는 사실은 왠지 균일한 우주와 어울리지 않아 보인다.

— 토머스 바커(Thomas Barker),『혜성에 관한 발견들(*An Account of the Discoveries Concerning Comets*)』, 런던, 1757년

진다. 우리가 이 보이지 않는 수많은 얼음 세계들에 대해 알게 된 것은 핼리부터 시작된, 보다 과학적인 추론 과정을 통해서였다.

에드먼드 핼리가 최초의 혜성 궤도 목록을 만든 이후, 많은 혜성이 수세기 혹은 훨씬 더 긴 주기를 가지고 돌아온다는 사실이 분명해졌다(103쪽 아래 그림 참조). 핼리는, 최근에 태양을 방문한 적 없는 보이지 않는 장주기 혜성이 언제나 있을 게 틀림없다고 확신했다. 수년에서 수백 년의 주기를 갖는 혜성들이 발견되었듯이 1,000년 혹은 그 이상의 주기를 갖는 혜성들도 분명 존재할 것이다. 이 장의 시작 부분에 나온 인용문에서 볼 수 있듯이, 핼리는 매우 긴 주기와 큰 이심률을 갖는, 발견되지 않은 대형 혜성 집단의 존재를 받아들일 준비가 되어 있었다. 그렇다고 그가 엄청난 수의 혜성을 상상한 것은 아니다. 토머스 라이트 역시 태양을 에워싸고 있는 장미 모양의 궤도들을 그리면서, "혜성은, …… 내가 판단하건대 창조물 중 그 수가 가장 많을 것이다."라고 결론짓기는 했지만, 소수의 알려진 혜성들 이상을 포함시키고 싶어 하지는 않았다(103쪽 아래 그림 참조).

혜성 구름을 발견하는 데 중요한 열쇠는 우리가 보는 혜성들의 궤도이다. 우리는 이것이 여러 혜성 궤도의 작은 표본에 불과하다는 사실을 명심해야 한다. 또 우리의 표본은 심지어 전체 집단의 대표가 아닐지도 모른다. 그러나 우리는 여기서 출발할 수밖에 없다.

혜성의 타원 궤도는 일정한 크기를 갖고 있다. 태양에 가까운 지점을 근일점이라고 하고 먼 지점을 원일점이라고 하는데, 우리는 이 책 곳곳에서 이 용어들을 사용했다. 태양을 지나 근일점에서 원일점까지 이어지는 선은 타원의 장축이며 장축의 절반은 장반경이라고 한다. 지구 궤도의 장반경은 1AU이다. 장반경이 작은 혜성은 태양계의 행성 영역을 떠나지 못한 채 단주기 혜성 왕국을 이루고 있다. 그러한 혜성들은 태양의 중력에 단단히 잡혀 있어서 대단한 영향력이 미치지 않는 한 이들의 궤도 운동은 크게 교란되지 않는다. 그러나 장반경이 큰 혜성들은 대부분의 시간을 행성 영역 훨씬 너머에서 보내며, 한 인

1974년 1월 11일에 찍은 코호우텍 혜성의 사진. 특히 오른쪽 아래에 나타난 꼬리의 독특한 구조를 주목하자. 이 혜성은 오르트 구름에서 막 도착했다. 혜성 연구 연합 천문대, 천문학 및 태양 물리학 연구소, NASA/고더드 우주 비행 센터, 뉴멕시코 탐광 기술 연구소 제공.

간의 일생 동안 내행성계 안으로 들어오는 경우는 채 한 번이 될까 말까 한다. 그러한 장주기 혜성들은 태양에 훨씬 더 느슨하게 구속되어 있으므로 더 쉽게 교란된다. 관례상 200년 미만의 주기를 갖는 혜성을 단주기 혜성이라고 부르고 200년 이상의 주기를 갖는 혜성을 장주기 혜성이라고 부른다. 그러나 200년이라는 것에 특별한 의미가 있는 것은 아니다. 그저 현대 천문학의 혜성 연구 기간이 (좀 안 되기는 하지만) 대략 200년이기 때문에 선택된 기준일 뿐이다. (이 정의에 따르면) 엥케 혜성이나 핼리 혜성 같은 것들은 단주기 혜성이고, 1973년에 지구를 지나갔고 향후 1000만 년 동안 돌아오지 않을 코호우텍 혜성 같은 것들은 장주기 혜성이다.

라플라스는 한때, 태양이 우주 공간에 정지해 있으며, 불규칙하게 움직이고 있는 엄청난 크기의 성간 혜성 집단으로 에워싸여 있다고 상상했다. 일부 혜성은 우연히 태양에 대해 매우 느리게 움직이고 있어서 태양의 중력에 이끌려 내행성계 안으로 떨어지기도 할 것이다. 라플라스는 이 결과 지구 부근에 이심률이 큰 궤도상에 있지만 태양에 구속되어 있는 많은 혜성들과, 드물게는 한때 내행성계 안으로 잠깐 들어왔지만 다시는 돌아오지 않을 쌍곡선 궤도상에 있는 혜성이 존재한다고 밝혔다(5장 참조). 그리고 우리가 보는 것도 바로 이런 상황인 것 같다. 계산 결과와 실제 관측이 일치하므로, 라플라스는 태양과 행성들이 파묻혀 있는 거대한 성간 혜성 구름 존재가 확인된 것으로 받아들였다.

그러나 후에 연구자들은 태양이 고유의 운동을 하고 있으며,[1] 현재 헤르쿨레스자리에 있는 한 지점을 향해 상당한 속도로 움직이고 있다고 지적했다. 그래서 무작위로 움직이는 성간 혜성들의 낙하를 태양의 운동을 고려해 다시 계산해 보았더니 관측과는 반대로 상당수의 쌍곡선 혜성이 예측되었다. 19세기 말까지는 아무도 라플라스의

1 별들이 고유 운동을 하고 있다는 사실을 최초로 입증한 사람은 핼리였다.

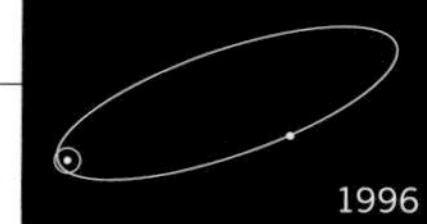

성간 혜성 구름이라는 개념을 받아들이지 않았다. 그리고 이러한 난점 — 외부 혜성들이 상대적으로 움직이지 않는 태양에 느슨하게 구속되어 있다고 상상하는 관점 — 의 해결책은 20세기 중반이 넘을 때까지 숙고되지 않았던 것처럼 보인다.

또한 라플라스는 단주기 혜성들이 — 중력 때문에 태양계에서 방출되거나, 때로는 어떤 행성으로 흘러 들어가거나, 혹은 그저 근일점을 수없이 많이 통과한 후 그 물질이 모두 소실되어 행성 간 공간으로 흩어져 버리는 식으로 — 파괴되고 있다고 계산했다. 만약 거대한 성간 혜성 구름이 있다면 단주기 혜성의 집단은 성간 혜성에서 장주기 혜성을 거쳐 단주기 혜성이 되는 식으로 재공급될 수 있으며, 이것이 바로 우리가 이미 논의한 바 있는 행성 당구이다(133쪽 아래 그림 참조). 그러나 만약 태양이 성간 공간으로부터 새로운 혜성들을 휩쓸어 오지 않는다면, 내행성계 안에 있는 늙은 혜성 집단은 어떻게 다시 채워지는 걸까?

가능성은 오직 혜성이 오늘날 태양계 어딘가에서 만들어지고 있든지, 아니면 끊임없이 소량의 표본들을 공급하는 감춰진 거대한 혜성 저장소가 있든지 둘 중 하나이다. 최근에 제시된 혜성의 형성 과정에 대한 제안들은 충분한 수의 혜성을 만들어 내지 못한다는 점에서 기각되었다. 따라서 이제 혜성들이 깊이 숨겨져 있을 가능성만 남았다. 혜성들이 만약 근처 어딘가에 저장되어 있다면 그 흔적이 있어야 할 것이다. 그리고 혜성들은 당연히 지구(그리고 태양)에서 멀리 떨어진 곳에 저장되어 있어야 한다. 그러나 어디일까? 그리고 얼마나 많을까?

이심률이 큰 궤도를 돌면서 내행성계 안으로 돌진하는 소수의 장주기 혜성들이 있다는 것은, 내행성계를 무시한 채 명왕성 너머에서 거드름을 피우듯 느리게 원형 궤도를 도는 훨씬 더 많은 수의 혜성에 대한 증거가 아닐까? 어쩌면 이것이 바로 장주기 혜성들의 거의 무작위에 가까운 궤도 경사를 설명할지도 모른다. 우리는 이 혜성들이, 행성들과 단주기 혜성들을 황도면에 구속시키는 알 수 없는 어떤 힘과

네덜란드 라이든 대학교의 얀 오르트. 1900년에 태어난 오르트는 혜성과 관련된 것 외에도 은하수 은하의 나선 구조를 지도로 만들고, 게 성운에서 나오는 독특하게 편광된 빛을 조사하는 등 수많은 업적을 남겼다. 여키스 천문대 제공.

별개로 움직인다고 상상할 수 있다. 이 혜성 구름은 뉴턴이, 신이 태초에 개입하지 않았더라면 행성들이 따랐을 거라고 생각한 방식대로 움직일 것이다. 그러나 그러한 혜성들은 태양에서 너무나 멀리 떨어져 있어서 코마나 꼬리를 발달시키지 못할 테고, 따라서 지구에서는 보이지 않을 것이다.

얀 헨드리크 오르트(Jan Hendrik Oort)는 네덜란드의 많은 천문학자들을 배출한 유명 대학교 학장을 수십 년 동안 역임한 인물이다. 오르트는 은하수의 중심으로부터 태양까지의 거리를 최초로 정확하게 측정하는가 하면, 최초로 전파 천문학을 이용해 은하수의 나선 구조를 상세히 표현했으며, 은하수 중심에서 일어나는 일시적이고 거대한 폭발 — 아마도 은하수 중심에 있는 무거운 블랙홀의 존재를 암시하는 — 을 발견하는 등 천문학에 많은 기여를 했다. 또 제2차 세계 대전이 끝난 직후, 태양에 느슨하게 구속되어 있는 먼 혜성 구름의 존재를 제안한 인물이기도 하다. 비록 이 이론의 일부 견해들이 에스토니아계 아일랜드인 천문학자 에른스트 외피크(Ernst Öpik)가 앞서 언급했던 사실들이기는 하지만, 이 아이디어의 진가를 알아보고 발달시킨 인물은 오르트였다.

핼리가 몇몇 혜성들의 궤도 특성들을 조사했던 것과 마찬가지로, 오르트는 궤도가 어느 정도 확실하게 결정된 19개의 장주기 혜성을 연구했다. 오르트는 장반경이 수천 혹은 수만 AU까지 되는 몇몇 장주기 혜성들을 발견했다. 이 혜성들은 이미 태양에서 명왕성까지의 거리보다 수백 배 이상 더 멀리 떨어져 있다. 그러나 혜성들 대부분은 2만 AU 부근 혹은 그보다 먼 거리에 모여 있는 것 같았다. 19개의 혜성이 큰 표본은 아니지만 그것으로 충분하다. 1950년대 오르트의 선구적인 연구 이후 통계학이 발달했지만 결론은 여전히 똑같았다. 대부분의 장주기 혜성은 태양으로부터 대략 5만 AU 떨어져 있는 지역에서 우리에게 오고 있었다.

(이) 논문은 지금까지는 잘 이해되지 않고 있는 장주기 혜성들에 관한 세 가지 사실, 즉 궤도면과 근일점의 불규칙적인 분포, 그리고 거의 포물선에 가까운 궤도들의 우세가 아마도 혜성에 영향을 미치고 있는 (별의) 섭동들의 필연적인 결과임을 암시한다.

— J. H. 오르트, 「태양계를 에워싸고 있는 혜성 구름의 구조와 그 기원에 관한 가설(The structure of the cloud of comets surrounding the solar system, and a hypothesis concerning its origin)」, 《네덜란드 천문 연구소 회보(*Bulletin of the Astronomical Institute of The Netherlands*)》 11호, 91쪽, 1950년

오르트는 보이지 않는 거대한 혜성 구름이 이런 엄청나게 먼 거리에서 태양을 에워싸고 있으며, 우리가 보는 모든 혜성들은 이 무리에서 빠져나온 도망자들과 망명자들이라는 주장을 내놓았다. 이 혜성들 대부분은 적당한 이심률을 갖는 원형에 가까운 궤도상에 있으며 절대로 태양계의 행성 영역으로 진입하지 않으므로 우리는 결코 볼 일이 없다. 그러나 때로 어떤 혜성의 핵이 동료들을 떠나 내행성계 안으로 들어오면 우리가 장주기 혜성으로 지정할 정도로 태양에 가까이 다가올 수도 있다. 그리고 주요 행성들 중 하나 또는 여러 개 옆을 가까이 지나가다가 궤도가 점진적으로 바뀌어 결국 단주기 혜성이 되는 경우도 있다.

그런데 태양 중력에 약하게 구속되어 있는 혜성을 이따금 내행성계로 진입시키는 것은 무엇일까? 오르트의 계산에 따르면 우리 은하 중심의 주위를 돌고 있는 태양은 때로 혜성 구름 — 그 구성원들은 태양 부근을 포함해 사방에 흩어져 있다. — 에 일종의 중력적 교란을 일으킬 수 있을 정도로 다른 별들에게 가까이 접근한다. 보통 오르트 구름에 있는 혜성은 초속 100미터, 대략 시속 354킬로미터의 느긋한 속도로 태양 주위를 돌고 있다. 지나가는 별이 야기하는 속도의 변화는 손가락이 탁자 위에서 움직일 수 있는 최고 속도인 초당 수십 센티미터에 불과하다. 이것은 혜성의 전체 속도에는 그다지 큰 변화를 주지 못하지만 혜성 몇 개를 행성들 사이로 질주하게 만들기에는 충분하다. 지나가는 별 하나가 단 한 번 가하는 중력적 영향은 혜성을 교란시키지 못하지만, 수십 차례에 걸쳐 별이 가까이 지나가고 그 영향이 축적되면 혜성 일부가 빨리 움직이기 시작해서 태양 쪽이나 바깥의 성간 매질 속으로 들어가게 되는 것이다. 짐을 가득 진 낙타의 등을 부러뜨리는 것은 마지막에 올린 지푸라기인 셈이다.

별이 혜성 구름을 직접 헤치고 나아간다고 해도, 깜짝 놀랄 만한 일이 일어나지는 않을 것이다. 외피크는 이러한 상황을 모기떼를 통과하는 총알에 비유했다. 즉 비교적 소수의 모기들이 흩어지거나 죽을

천문학자 에른스트 외피크. 외피크는 1920년대부터 약 50년 동안 혜성과 소행성과 유성과 운석을 이해하는 데 지대한 공헌을 했다. 지구의 대기로 진입하는 유성들의 융제에 관한 그의 연구는 나중에 열 차폐와 탄성 미사일과 우주 탐사선의 원추형 두부의 디자인에 응용될 뜻밖의 내용들을 담고 있었다. 편집자 허가로 《아일랜드 천문학 저널(*Irish Astronomical Journal*)》 10권(특별 호) I판을 수정해서 게재.

외피크는 앞서 먼 혜성들의 궤도에 대한 별의 섭동 작용을 조사했다. 그의 결론은 다음과 같았다.

"궤도 경사도 별의 섭동 작용 때문에 변한다. 그 결과 궤도 경사가 불규칙하게 복잡한 양상을 띤다. 관측된 혜성들의 궤도 경사가 난잡한 분포를 보이는 것은 바로 이런 이유 때문일 수도 있다."

— 헨리 노리스 러셀, 『태양계의 기원』, 뉴욕, 1935년

뿐, 모기떼는 거의 그대로 계속된다.[2] 그리고 오르트 구름 안쪽 깊숙한 곳에 있는 혜성은 별의 섭동만으로는 절대 방출되지 않는다. 이 혜성들은 태양에 더 가까이 모여 있기 때문에 태양의 중력에 훨씬 더 단단히 구속되어 있으므로 지나가는 별이 태양에 아주 가까이 오지 않는 한 쉽사리 교란되지 않는다.

오늘날 우리는 근처의 별들 이외에도 거대한 성간 분자 구름들이 우리 은하의 우리 지역에 존재하며 태양계가 수십억 년에 한 번씩 이 구름들 중 몇 개를 헤치고 나아간다는 사실을 알고 있다. 이런 일이 벌어질 때마다 태양 주변의 혜성 무리 안에서 중력적 동요가 추가로 일어나 더 많은 혜성들이 교란되어 내행성계 안으로 들어온다. 오르트는 혜성들이 급속 냉동되어 갓 만들어진 상태로 존재하는 거대한 저장소를 추론했다. 얼마나 거대할까? 18세기의 독일 천문학자 요한 하인리히 람베르트(Johann Heinrich Lambert)는 태양 주위의 우주 공간에 잦은 충돌을 일으키지 않을 정도로만 혜성들이 분포되어 있다고 주장하면서, "태양계 안에 적어도 5억 개의 혜성"이 있을 것이라고 추론했다. 현재의 오르트 구름 크기라면, 천문학자들은 적어도 1조 개의 혜성 핵이 존재한다고 추론한다. 따라서 오르트 구름 속에 있는 혜성의 수는 우리 은하에 있는 별들의 수보다 더 많다. 그러나 이 추정치는 확실히 너무 적다. 훨씬 더 많은 수의 혜성이 있을 것 같다. 최근의 증거는 오르트 구름이 태양에서 거의 10만 AU 떨어져 있는 지점부터 계속 안쪽으로 뻗어 들어가 거의 명왕성의 궤도까지 다다른다는 아이디어를 뒷받침한다.

그러한 혜성들은 행성들과의 조우로 궤도가 변하기에는 너무 멀리 떨어져 있고, 보통의 지나가는 별이나 성간 구름들로 인해 교란되기에는 태양에 너무 가까이 있다. 그러나 어느 지질 시대에 한 번은 어떤 별이 실제로 오르트 구름의 경계를 지나 태양에 훨씬 더 가까이 접

따라서 우리는 태양에서 지구 거리의 10만 배 되는 길이를 혜성 궤도의 평균 장축의 한계로 취한다. 주기는 약 1000만 년으로 상정한다. 그러면 1년에 세 개 정도의 장주기 혜성을 발견하고 몇 개는 놓칠 수도 있으므로 약 5000만 개의 혜성이 있을(있다고 말할 수 있을) 것이다.

— 허버트 홀 터너(Herbert Hall Turner, 옥스퍼드 대학교 천문학과 새빌리언 석좌 교수), 런던 왕립 학회 주관 금요일 저녁 강의, 1910년 2월 18일

이 계산에서 내행성계로 진입하지 않는 혜성들은 고려되지 않는다. 그러나 오르트 구름 가설의 중심 아이디어 대부분은 수십 년 동안, 아니 사실 수백 년 동안 널리 퍼져 있었다. 핼리는 1705년의 논문에서, "태양과 붙박이별들 사이의 우주 공간이 너무 방대하기 때문에 장주기 혜성이 존재할 '공간'은 충분하다."라고 언급했다.

2 이 별은 지름이 1,000AU 정도 되는 오르트 구름에 구멍 하나를 뚫겠지만 이는 곧 복구될 것이다.

근할 것이다. 만약 내부 오르트 구름이란 것이 존재한다면, 별과의 매우 가까운 조우가 큰 교란을 일으킬 것이다. 그러면 한 번에 수십억 개의 혜성이 뿌려지고 100만 년 동안 시간당 한 개 꼴로 혜성들이 내행성계에 쏟아질 것이다. 만약 내부 오르트 구름을 인정한다면, 태양 주위의 궤도를 돌고 있는 혜성의 총수는 아마도 100조 개에 달할 것으로 추정된다. 이것은 대략 우리 은하 같은 은하 수십만 개에 있는 별들의 수와 같다.

100조 개라는 숫자는 물론이고 심지어 외부 오르트 구름에 있는 1조 개의 혜성들조차도 도저히 믿어지지 않는 어마어마한 양이다. 새로운 아이디어들에 대해 개방적인 것으로 유명한, 대단히 존경받는 미국의 한 천문학자는 "이 가설의 주요 난점은 근일점 거리가 먼 혜성들이 엄청나게 많이 존재함을 받아들여야 한다는 점이다."라고 언급했다. 정확한 지적이다.

고전적 오르트 구름의 규모는 얼마나 될까? 10만 AU는 2광년이 조금 안 되는 거리로 대략 태양과 가장 가까운 별까지 거리의 절반 정도이다. 우리가 만약 이 혜성에 서 있다면 우리는 거의 2년 전 태양을 보는 셈이다. 오르트 구름에 있는 혜성이 태양의 주위를 도는 전형적인 주기는 수백만 년이다. 태양계의 나이가 약 46억 년이므로 그러한 전형적인 혜성은 태양 주위를 1,000번 돌았다. 이 혜성의 1년은 지구의 1년보다 100만 배나 더 길므로, 오르트 구름에서는 다윗 왕의 말도 사실상 맞는 셈이 된다. "그대의 눈으로 보면 1,000년이 그저 지나간 어제 같을 뿐입니다."[3]

오르트 구름에 1조 개가 넘는 혜성들이 있다면 당신은 태양계의 다른 어떤 지역들보다도 더 혜성들이 빽빽하게 모여 있을 거라고 생각할지 모른다. 마치 죽은 자들의 영혼들을 묘사한 귀스타브 도레(Gustave Doré)의 일러스트에 나오는 것처럼 태양으로부터 멀리 떨어진

3 1년이 100만 년에 해당하므로 하루는 대충 1,000년에 해당한다고 볼 수 있다.

천천히 움직이며 희미하게 빛나는 오르트 구름의 혜성들처럼, 게으른 영혼들이 태양 멀리서 옹기종기 모여 있다. 단테의 『신곡』에 실린 구스타프 도레의 「게으른 무리(The Multitude of the Slothful)」.

채 서로 뒤엉켜 있는 모습으로 말이다. 그러나 혜성들이 많은 만큼 그들이 차지하고 있는 공간 또한 엄청나게 커서, 혜성과 혜성 사이의 평균 거리는 20AU나 된다. 이것은 지구에서 천왕성까지의 거리에 해당된다. 태양계에서 혜성들이 가장 집중적으로 모여 있는 곳은 바로 우리 지구가 있는 태양계의 가장 안쪽 공간이다. 이곳이야말로 태양에서 가장 가까운 별인 센타우루스자리 알파별까지의 공간에서, 단주기 혜성들과 매년 서너 개씩 출현하는 장주기 혜성들이 가장 높은 밀도로 모여 있는 곳이다.

보이저 2호는 1977년에 대단히 높은 에너지 궤도로 발사되어, 1986년에는 천왕성에, 1989년에는 해왕성에 도달했다. 만약 우리의 탐사선이 오르트 구름에 도달할 수 있다면 한 혜성에서 또 다른 혜성으로 가는 데 10년 이상이 걸릴 것이다. 그러나 우리는 아직 오르트 구름에 도달할 수 없다. 인간이 발사한 가장 빠른 탐사선인 보이저호가 지구에서 천왕성까지 가는 데 9년이 걸렸으므로, 혜성의 주요 저장소에 도달하려면 1만 년은 족히 걸릴 것이다. 혜성들 자체가 태양계의 최후방에서 지구 근처로 떨어지는 데는 수백만 년이 걸린다. 오르트 구름의 주요 부분은 매우 멀리 떨어져 있다.

1조 개의 혜성 전체는 무게가 얼마나 될까? 만약 이 혜성들 모두가 지름이 대략 1킬로미터라면, 외부 오르트 구름에 있는 혜성들의 총 질량은 현재의 지구 질량과 거의 같다. 또 다르게 생각해서 지구를 지름 1킬로미터의 작은 덩어리들로 쪼갠다고 하면 외부 오르트 구름의 현재 혜성들의 크기와 수(조성은 아니지만)와 거의 같아질 것이다. 만약 이 전형적인 혜성이 다소 더 크거나 내부 오르트 구름까지 포함시킨다면, 이 구름의 총 질량은 훨씬 더 커질 것이다.

단주기 혜성은 행성들과 똑같은 평면, 즉 황도면에서 태양 주위를 도는 경향이 있다. 또한 다른 행성들과 같은 방향으로 태양 주위를 도는 편이다. 반면 장주기 혜성의 궤도 경사는 무질서하게 뒤섞여 있으며, 태양 주위를 시계 방향으로 돌기도 하고 시계 반대 방향으로 돌기도 한다. 뉴턴은 장주기 혜성의 무질서는 오직 중력만 지배하고 있는 우주에서 예상될 수 있는 것이지만, 단주기 혜성의 정연한 규칙성은 태초에 신이 개입한 증거라고 생각했다. 그러나 라플라스가 장주기 혜성의 궤도 특성이 목성의 중력적 포획을 통해 단주기 혜성의 궤도 특성으로 전환될 수 있음을 입증하면서(5장 참조) 그러한 종교적 견해도 변했다. 그러나 1835년까지도 왕립 학회의 한 강연자는, 혜성의 궤도 경사와 이심률은 "물리 법칙에 의존하지 않고 창조주의 의지에 의존한다."라고 결론 내렸다. 그러나 단순한 인간들이 창조주의 의지를 깨닫기란 어려울 것이다.

오르트는 오르트 구름에 있는 혜성의 본래 궤도 경사가 무엇이든 궤도면을 재분배하는 데 별의 섭동이 더 적합하다고 주장했다. 오르트 구름의 모든 혜성이 한때 행성들처럼 동일한 평면에 있었다고 해도 지금쯤은 지나가는 별들이 궤도 경사들을 무작위로 만들어 버렸을

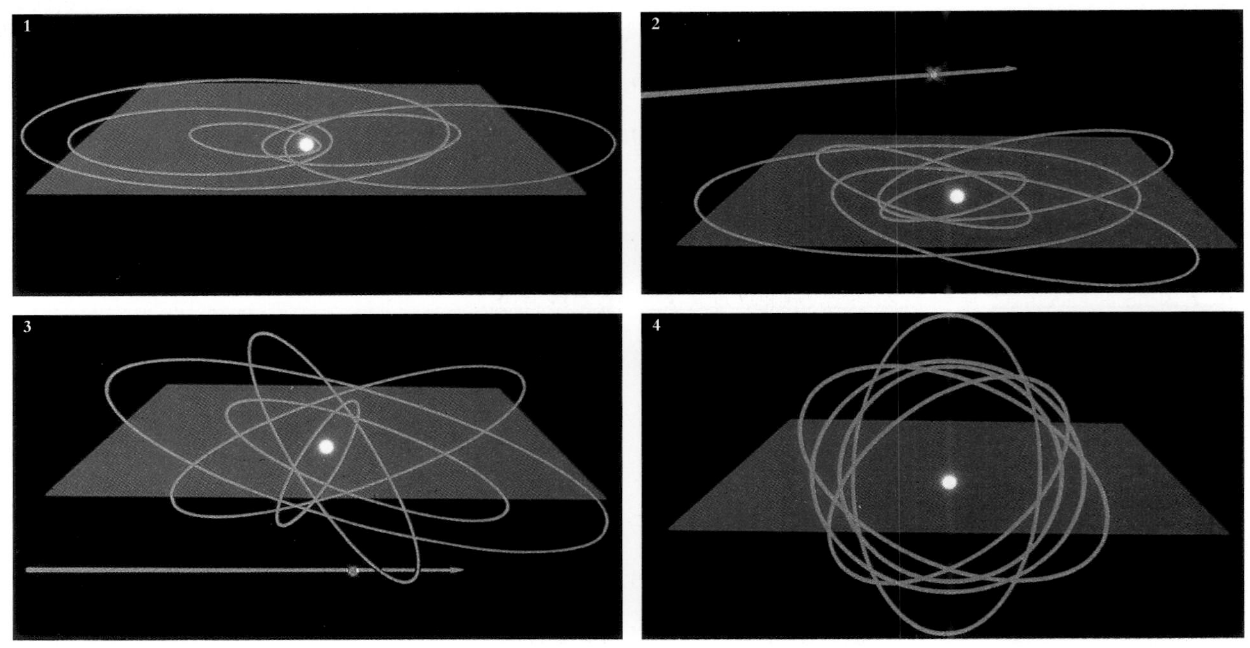

처음에는 정연하던 혜성 궤도가 지나가는 별들(혹은 성간 구름들)의 중력적 영향 때문에 불규칙해진다. 중앙의 발광체는 물론 태양이다. 파란색 평면은 행성들의 궤도와 단주기 혜성들의 궤도가 놓인 황도면이다. 오르트 구름의 혜성들과 장주기 혜성들이 원래 이 평면에 구속되어 있었다고 상상해 보자(그림 1). 태양계가 나이를 먹는 동안 별들이 옆으로 지나가면서 혜성 궤도가 평면에서 벗어난다(그림 2, 그림 3). 이런 과정이 반복되면 혜성의 궤도는 무작위 경사를 가지게 되고 이 평면의 안보다 밖에 있을 가능성이 더 커진다(그림 4). 또한 이 지나가는 별들의 중력적 영향은 때때로 혜성을 오르트 구름에서 내행성계 안으로 밀어 넣기도 한다. 존 롬버그/BPS 도해.

것이며, 또한 순행하는 장주기 혜성들의 수와 역행하는 장주기 혜성들의 수가 똑같아졌을 것이다. 혜성 궤도의 본래 분포에 대한 어떤 정보도 지금쯤은 별과의 다중 조우로 사라져 버렸을 것이다. 질서에서 혼돈으로의 전환이다.

오르트 구름의 전형적인 혜성은 절대 영도보다 조금 높은 온도에서 수십억 년 동안 살아왔다. 거기에는 충돌도, 혜성의 가열도, 기체의 분출도 없다. 오르트 구름 속은 아주 조용하다. 은하 우주선이 이 혜성의 1, 2미터 위쪽에서 서서히 침투해 들어온다. 각각의 우주선은 화학적 결합들을 해체시킨 흔적을 남긴다. 분자 조각들이 서서히 차갑고 딱딱한 표면 위로 뭉치면서 새로운 분자들이 생성된다. 만약 초기에 메탄이나 일산화탄소 얼음이 존재하게 되면 태양계가 나이를 먹을수록 복잡한 유기 분자들이 상당히 많이 생성되겠지만, 이는 혜성의 바깥 표면에만 생긴다. 만약 혜성 표면을 매우 느린 스톱 모션 기법으로 촬영한다면(말하자면 100만 년마다 한 장씩), 이 얼음들은 합성되고 있는 복잡한 유기 분자들 때문에 서서히 더 검붉게 변할 것이다. 이 혜성이 내행성계 안으로 조금씩 들어간다고 가정해 보자. 단 한 번의 근일점 통과로 저장된 얼음들 모두가 우주 공간으로 증발해서 수십억 년의 작업이 한 달 만에 원상태로 돌아가고 만다. 상부 1미터가 날아가 버린 뒤 드러난 지하의 얼음들은 원래의 형태 — 만약 혜성이 원래 순수 물 얼음으로 형성되었다면 순수 물 얼음으로 — 에 가까워지거나 혹은 가장 먼저 혜성으로 들어간 성간 매질의 유기 분자들 때문에 불그스름하게 얼룩진다. 어떤 경우든 우주선이 작용하는 얇은 표면 아래에는 태양계 생성 당시의 물질들이 사실상 전혀 손상되지 않은 채 존재한다.

오르트 구름의 바깥 경계는 왜 10만 AU나 떨어져 있을까? 오르트 구름의 혜성 집단은 거기서 서서히 흩어져서 어떤 다른 별의 오르트 구름과 충돌할까? 우리는 두 혜성 무리가 자신들이 태어난 별들에 구속된 채 남아 있으면서 서로 맞물려 있는 — 각 혜성들이 뒤섞여 있지만 멀리 떨어져 있는 — 상황을 상상할 수도 있다. 결국에 두 혜성 무리는 서로를 통과할 것이다. 그러나 오늘날 우리는 오르트 구름이 10만 AU 너머로 뻗어 있을 수 없다는 사실을 알고 있다. 러시아의 천체 물리학자 G. A. 체보타레프(G. A. Chebotarev)는 태양계에서 3만 광년이나 떨어진 거대한 은하 중심이 태양에서 20만 AU보다 멀리 있는 혜성에 미치는 태양의 약한 인력을 충분히 상쇄시킬 수 있다는 것을 증명했다. 우리 은하의 중심이 갖는 질량 일부는 어쩌면 그곳에 존재하는 블랙홀에 기인하는지도 모른다. 블랙홀이 없다면 오르트 구름은 조금 더 컸을 것이다.

따라서 오르트 구름은 내행성계의 이런 변두리에서 일어나는 빈번한 사건들을 근처의 별들뿐만 아니라 우리 은하의 중심과 이어 준다. 그 중심은 우리가 망원경으로 보는 것이 3만 년 전의 모습일 정도로 멀리 떨어져 있다. 태양계의 우리 지역으로 돌진하는 혜성들은 지나가는 별들과 성운들의 작용으로 급변하는 집단에서 나왔다. 만약 태양계가 우리 은하의 나머지 영역으로부터 고립되어 있다면 우리는

혜성과 은하의 연관성을 보여 주는 미국 우표

결코 이 혜성들의 존재 사실을 알지 못할 것이다. 지나가는 별들과 성간 구름들이 때때로 오르트 구름을 흔들어서 일부 혜성을 내행성계 안으로 들어오게 하는 일이 일어나지 않을 것이기 때문이다.

그리고 (이 혜성들의 고향인 오르트 구름의 바깥 경계에 있는 혜성의 수뿐만 아니라) 이 안쪽에 도달한 혜성들의 수는 은하 중심에 있는 블랙홀 — 수십 년 전만 해도 생각조차 못 했던 — 이 어느 정도 결정하는 것인지도 모른다. 이 혜성들은 뜻밖에도 은하수와 아주 깊이 관련되어 있으며, 이것은 아마도 20세기의 어느 누구보다도 우리 은하에 대한 지식에 큰 혁명을 가져왔던 얀 오르트에게 딱 어울리는 결론이다.

오르트의 사고 범위는 실로 놀랍다. 매년 우리의 하늘에 나타나는 몇 안 되는 새로운 혜성을 설명하기 위해 명왕성 궤도 훨씬 너머에 존재하는 어마어마한 크기의 보이지 않는 혜성들을 가정한다. 또한 우리가 혜성에 대해 알고 있는 사실들을 다른 이론에서는 볼 수 없었던 우아한 방식으로 설명한다. 이제 전 세계 천문학자들은 무수한 혜성의 존재를 널리 받아들이고 있으며, 이 혜성 집단을 '오르트 구름(Oort Cloud)'이라고 부른다. 매년 오르트 구름의 성질과 기원과 진화를 다룬 과학 논문들이 많이 나온다. 그럼에도 아직 오르트 구름의 존재에 대한 직접적인 관측 증거는 하나도 없다. 우리는 아직 오르트 구름에 가까이 다가갈 수 없다. 어떤 우주 탐사선도 그곳으로 가서 혜성들의 수를 헤아려 본 적이 없다. 그 일은 상당히 오랜 시간이 지나야 가능할 것이다. 최근에 적외선 천문 위성(Infrared Astronomical Satellite, IRAS)이 멀리서 발견한, 끈으로 연결된 모양의 집합체가 오르트 구름과 관련 있을지도 모른다. 그러나 이것이 오르트 구름의 구조라는 주장은 논의의 여지가 있다.

그러나 정밀한 과학 장비들이 있고 멀리 명왕성 너머까지 갈 정도로 우주 비행 기술이 발달하고 있으므로 오르트 구름의 혜성을 관측할 가능성은 앞으로 더욱더 커질 것이다. 언젠가 우리 인류의 미래에 — 우리가 만약 스스로를 파괴할 정도로 어리석지만 않다면 — 오

혜성과 우리 은하의 관계에 대한 초기의 견해. 올라프 굴브란손(Olaf Gulbransson)이 그린 이 만화는 베를린의 경찰서장 — 바로 얼마 전에도 과도한 무력으로 대중의 데모를 진압했던 — 이 은하수를 지나가고 있는 핼리 혜성에게 경고하는 모습을 보여 준다. 그는 은하수가 데모할 장소가 아니라고 꾸짖는다. 《짐플리치시무스(*Simplicissimus*)》(1910년 4월 4일)에서. 미국 의회 도서관의 루스 S. 프라이태그 제공.

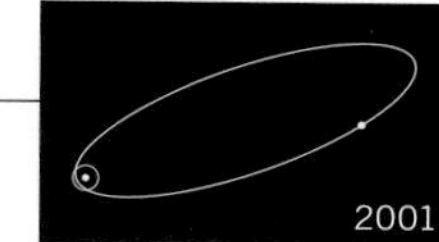

르트 구름을 직접 측정하고, 그곳에 있는 커다란 혜성들 각각을 지정하고 기술하여, 혜성의 장래 궤도를 만들고, 혜성을 이용할 계획까지도 세우는 날이 올 것이다. 그러나 얼마나 오랜 시간이 지나야 이 장 맨 앞의 그림 같은 오르트 구름의 표현들이 실제 데이터로 얻어질지는 알 수 없다. 우리는 그저 먼 미래의 천문학자들이 저 위대한 발견들을 통해 얻을 환희를 마음의 눈으로 공유할 수 있기를 바랄 뿐이다.

약 50억 년 전의 태양계 형성에 대한 상상도. 젊은 태양을 에워싸고 있는 편평한 원반은 크기가 수 킬로미터나 되는 엄청난 수의 눈덩이들과 암석 덩어리들이 응축하고 있는 태양계 성운이다. 그중 꼬리를 발달시킨 일부(오직 몇몇만이 이 그림에서 보인다.)는 확실히 혜성으로 볼 수 있다. 오늘날 태양계 안에 있는 모든 행성들, 위성들, 소행성들, 그리고 혜성들은 바로 이 태양계 성운에서 파생되었을 것이다. 존 롬버그 그림.

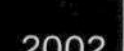

12장

천지 창조의 기념물들

얼음은 어디에서 생겨났을까?

— 「욥기」 38장 29절

가끔씩 혜성들이 나타나기도 한다. 이것들은 …… 태초에 만들어진 별들 가운데 하나가 아니라, 신의 명령에 따라 형성되고 다시 분해된다.

— 다마스쿠스의 존, 『그리스정교의 정확한 주해』, 8세기

인간은 어느 날 아침, 잠에서 깨어나 주위를 둘러보고 우리 태양이 다른 세계들을 거느리고 있음을 깨달았다. 태양계 내부의 이른바 지구형 행성(수성, 금성, 지구, 화성)은 태양의 자전 방향과 같은 방향[1]으로 태양 주위를 거의 원형에 가까운 궤도로 운행한다. 지구형 행성들에는 얇은 대기층이 있으며 규산염 맨틀 속에는 금속 핵이 감춰져 있다.

지구형 행성 너머에는 대기가 없는 작고 불규칙한 수천 개의 소행성들 — 어떤 것은 암석질이고 어떤 것은 금속질이며 어떤 것은 검고 복잡한 유기물이 풍부한 — 이 있다. 가장 큰 소행성들은 지름이 수백 킬로미터에 달하지만 지름이 1킬로미터 이하인 것들이 더 많다. 소행성들 역시 태양 주위를 순행 공전하며 다른 모든 행성이 일주하는 평면에 구속되어 있다. 소행성 대부분은 화성과 목성 사이에 있는 거의 원형에 가까운 궤도 안에 모여 있다. 몇몇은 화성과 지구와 금성, 심지어 수성의 궤도 안까지 들어오는 타원 궤도를 갖기도 한다.

훨씬 더 멀리에는 주로 수소와 질소로 이루어져 있으며 소량의 물과 암모니아와 메탄을 가진 거대한 기체 행성인 목성과 토성, 천왕성과 해왕성이 있다. 이 행성들의 질량은 지구의 15배에서 300배까지 다양하며, 암석과 금속으로 이루어진 작은 내부 핵이 있는 것으로 보인다. 이른바 목성형 행성이라 불리는 이들 주위에는 암석과 얼음과 유기물이 각기 다른 함량으로 구성된 수십 개의 위성이 돌고 있다.

이 영역을 훨씬 더 넘어서면 이 행성들에서 굉장히 멀리 떨어진 궤도상에 무수한 얼음 혜성이 있다. 절반은 순행 공전하고, 절반은 역행 공전한다. 그들의 궤도는 무작위로 기울어져 있다. 지구형 행성 근처까지 오는 이심률이 대단히 큰 궤도를 가진 혜성은 매우 적으며, 그 중 단주기 혜성은 훨씬 더 적다. 이러한 천체들 대부분은 황도면에 상당히 가까운 궤도로 순행 공전한다. 그럼 이렇게 많은 천체들이 어디서 생겼을까? 또 정연하게 운동하고 있는 까닭은 무엇일까?

1 이런 자전 방향, 즉 북극 상공에서 태양계를 내려다볼 때 시계 반대 방향은 순행이라고 한다. 반대 방향은 역행이라고 한다.

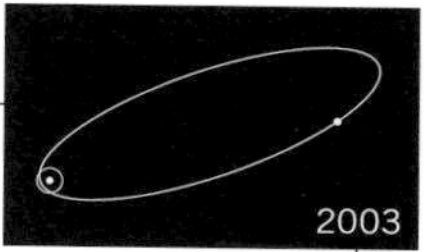

태양계의 자전과 공전. 행성 운동의 규칙성들 가운데 하나는 행성들이 그 자전축을 중심으로 자전을 하고 중심에 있는 태양의 회전 방향과 같은 방향으로 태양 주위를 공전하려는 경향이 있다는 것이다. 이 사실은 태양과 행성들 모두 회전하는 납작한 모양의 가스와 먼지 구름에서 응축했다는 것을 암시한다. 금성과 천왕성의 자전은 이런 규칙성을 따르지 않는데, 나중에 일어난 대격변들 때문일 것이다. 존 롬버그/BPS 도해.

아기가 어디서 나오는지 처음 들었을 때 우리 대부분은 믿을 수 없다는 반응을 보인다. 기술된 사실이 듣는 이의 관측과는 전혀 다를 때가 있다. 기계는 왠지 황새와 천사와 양배추밭에 비해 비현실적이며 불가능해 보인다. 그러나 처음에는 믿기 어려운 이야기라도 전문가들 사이에서 어느 정도 동의가 이루어지는 경우도 있다. 그리고 직접 경험을 하고 나면 극단적인 회의론자조차 변화한다.

혜성이나 행성의 기원 연구에서는 먼 과거, 아득한 공간에 걸쳐서 일어난 외계의 과정들이 상투적으로 거론된다. 그러나 우리가 그 기원에 관한 천문학 이론들을 미심쩍어 한다면 가까운 천체들에 대한 천문학자들의 견해에도 표를 던질 수 없다. 우리에게 우주 버전의 새와 꿀벌을 말해 주는 사람은 없다. 우리는 그것을 스스로 알아내야만 한다. 그러나 천문학자들은 잠재적 이점을 갖고 있다. 별들에 대해 알고 싶다면 수십억 개의 별들을 조사하면 되기 때문이다. 충분한 사례들을 조사하고 나면 심지어 전혀 가능할 것 같지 않은 과정도 입증될 수 있다. 실패하면, 천문학자들은 우주에 대해 이미 알려진 사실들과 물리학 법칙들 같은 기본 원리로 돌아가게 된다.

태양계의 기원에 관한 현대적 견해를 처음 제안한 사람은 이미 앞에서 만난 두 명의 뛰어난 사색가, 이마누엘 칸트와 라플라스 후작이다. 두 사람은 앞선 과학자들에 비해 확실히 유리한 지점에 있었다. 18세기에 관측 천문학은 놀라울 정도로 진보하고 있었다. 칸트와 라플라스는 갈릴레오와 하위헌스(Huygens)와 그 후임자들이 발견한 토성의 고리 구조에 큰 관심을 가졌다. 여기에 적도면 주위를 에워싸는 납작한 입자 원반을 가진 행성이 있다. 그렇다면 태양도 한때 훨씬 더 큰 고리계를 갖고 있었을까? 거기서 행성들이 응축된 건 아닐까?

칸트는 토머스 라이트의 통찰을 한층 더 발달시켰다. 그리고 은하수가 별들로 이루어진 얇은 판이고, 태양도 그 별들 중 하나라고 믿었다. 천문학자들은 훗날 나선 성운이라고 불리는, 기이하게 생긴 납작한 발광 형태(111쪽 참조)를 밤하늘에서 찾고 있었다. (성운은 단수형이 nebula, 복수형이 nebulae로 구름을 의미하는 라틴 어다.) 자연은 먼지로 이루어졌든 별로 이루어졌든 납작하게 퍼지는 경향을 갖는 것 같았다.

태양계의 기원에 대한 칸트-라플라스 가설은 회전과 중력의 상호

보이저 1호가 관측한 토성의 고리. 토성은 오른쪽 위 모퉁이 바로 밖에 있다. 이 많은 납작한 고리들 사이의 미세한 색깔 차이가 컴퓨터로 두드러지게 처리되었다. 이 사진의 고리들에서 바깥 둘레까지의 거리 중 4분의 3 정도 되는 지점에 커다란 검은 틈새가 있는데 이것이 카시니 간극이다. 칸트와 라플라스는 토성의 고리를 행성들이 형성되던 시기에 태양을 에워싸고 있던 태양계 성운 구조의 모형으로 삼았다. NASA 제공.

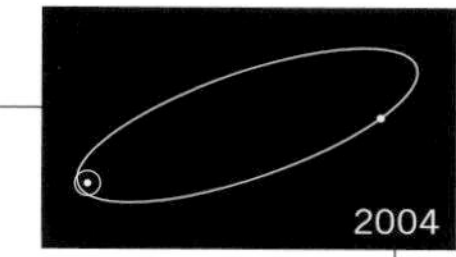

작용을 수반한다. 기체와 먼지로 이루어져 있으며 결국 태양계가 될 불규칙한 성간 물질 구름을 상상해 보자. 오늘날 알려진 그러한 구름들은 모두 느리게 회전한다. 만약 이 구름이 충분히 거대하다면, 분자들의 무작위 운동은 자체 중력 — 구름 속에 있는 원자들과 알갱이들의 상호 인력 — 에 압도될 것이다. 그 뒤 이 구름은 먼 지역이 안쪽으로 빨려 들어가는 식으로 수축하기 시작한다. 일정량의 물질이 점차 더 작은 부피 안으로 비집고 들어와 구름의 밀도가 높아진다. 회전하는 아이스 스케이트 선수가 두 팔을 안으로 모으는 것과 같은 원리로, 이 구름은 수축하면서 더 빨리 회전하게 된다. (작은 사람을 회전하는 피아노 의자에 앉히고, 쭉 뻗은 손에 벽돌을 하나씩 들게 한 뒤, 두 팔을 빨리 끌어당기는 실험도 가능하다. 그러나 이 실험을 할 때는 조심해야 한다.) 이와 관련된 물리 법칙은 각운동량 보존 법칙이며 뉴턴의 운동 법칙에서 유도된다.

행성의 체계는 제멋대로인 듯 보이지만 그 안에는 행성의 기원을 설명하는 데 도움이 될 수도 있는 매우 놀라운 관계들이 존재한다. 행성을 주의 깊게 관찰해 보면 놀랍게도 모두가 태양의 주위를 서에서 동으로 거의 같은 평면에서 움직이고 있으며, 모든 위성들 역시 각자의 행성 주위를 똑같은 방향으로, 행성과 거의 같은 평면에서 돌고 있다는 사실을 알게 된다. 결국 태양과 행성, 그리고 공전 운동이 관측되어 왔던 위성들은 나름의 축을 중심으로 동일한 방향으로, 거의 동일한 평면에서 돌고 있다. 이 놀라운 현상은 결코 우연의 결과가 아니며 보편적인 원인이 있음을 암시한다……

— 피에르시몽 라플라스 후작, 「태양계의 규칙성에 대해(On the regularity of the solar system)」, 『세계의 체계』 1부 6장, 1799년

이 밖에도 그는 행성의 궤도가 거의 원형에 가깝다는 사실과 (장주기) 혜성의 궤도 이심률이 크고 무작위 경사를 갖는다는 두 개의 특성을 덧붙인다.

그러나 구름을 형성하는 기체와 먼지, 그리고 간혹 존재하는 응축물들은 동일한 회전축 주위를 더 빨리 회전하므로 안쪽으로 계속 끌려가지 않으려는 저항력, 소위 원심력을 경험한다. 물이 담긴 양동이에 줄을 매달아 머리 위로 빠르게 회전시키면, 원심력이 중력과 균형을 이루기 때문에 회전을 멈출 때까지 물이 쏟아지지 않는다.

놀이공원에 가면 속이 텅 빈 원통이 고속으로 회전하는 놀이 기구가 있다. 이 놀이 기구를 타고 있는 사람들은 원심력 때문에 회전하는 내부 벽에 달라붙은 채 공포와 즐거움 사이를 오가며 비명을 지르는가 하면 깔깔거리며 웃는다. 이 원통이 회전을 멈추면 사람들은 벽에서 떨어진다.

수축하는 구름 역시, 수축 속도를 늦추고 결국에는 수축을 멈추게 할 원심력을 경험하겠지만 오직 회전면에서만 그렇다. 만약 당신이 적도면이 아니라 회전축을 따라 구름의 중심 쪽으로 떨어지는 작은 물질 덩어리 위에 서 있다면 어떤 원심력도 느낄 수 없을 것이다. 따라서 적도면에 있는 물질은 붕괴를 멈추지만 회전축을 따라 있는 물질은 안으로 계속 떨어진다. 결과적으로 초기에 불규칙하던 구름은 머

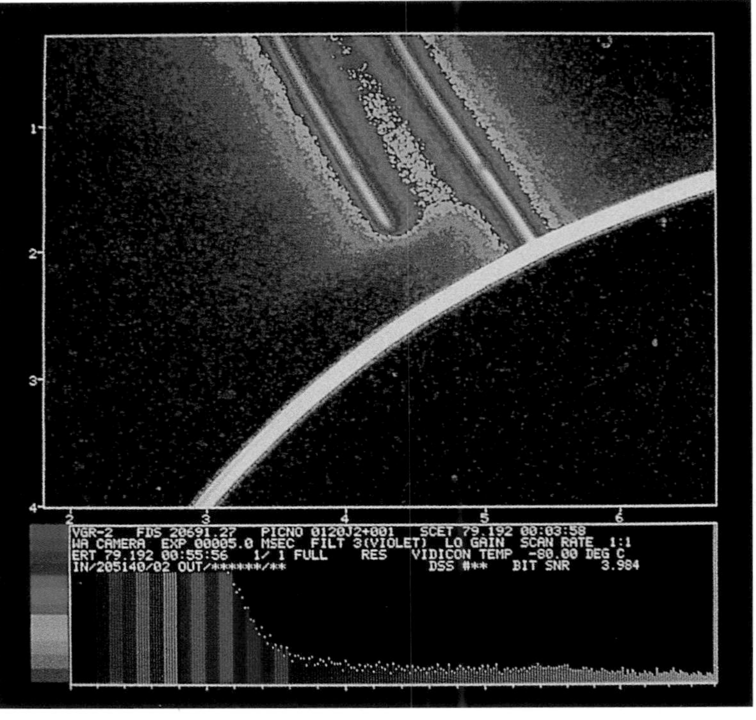

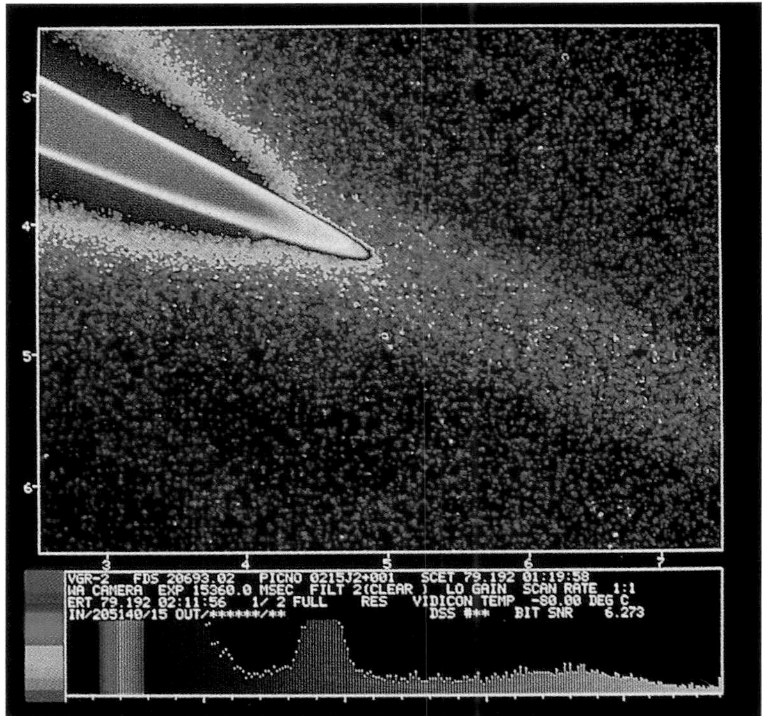

다른 행성들의 고리. 토성은 엄청난 수의 미세한 얼음 입자들로 이루어진 우아한 고리 체계를 갖고 있는데, 이 고리들은 토성의 적도면에서 토성 주위를 돌고 있다(268쪽 참고). 토성의 고리들은 18세기부터 우리에게 알려진 사실이다. 하지만 최근에 다른 거대 행성들도 적도를 둘러싼 고리 체계를 가진다는 사실이 밝혀졌다. 여기에는 보이저 2호가 촬영하고 코넬 대학교의 마크 쇼월터(Mark Showalter)가 조영 증강시켜 가짜 색을 입힌 목성의 고리 사진이 두 개 있다. 271쪽에는 천왕성의 고리 체계를 최초로 보여 준 뚜렷한 적외선 사진이 있는데(비록 분해능이 매우 떨어지기는 하지만), 고리들은 비교적 밝고 행성은 비교적 어둡다. 1983년 3월 26일에 코넬 대학교의 필립 니컬슨(Philip Nicholson)과 캘리포니아 공과 대학교의 키스 매슈스(Keith Matthews)가 팔머 천문대에서 촬영. 필립 니컬슨 제공.

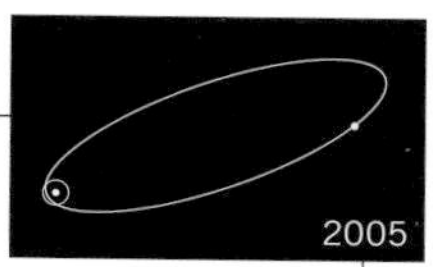

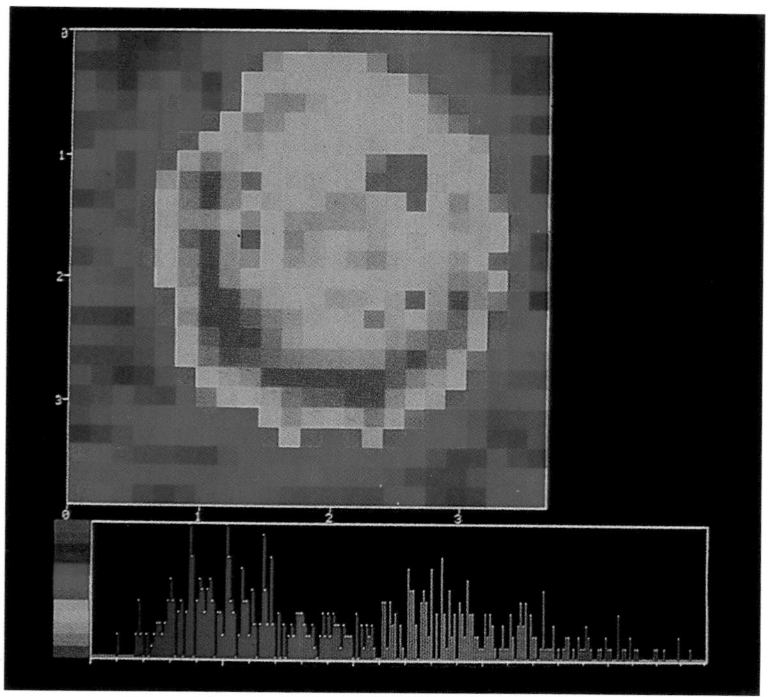

지않아 납작한 원반이 된다. 원반이 더 많이 붕괴할수록 구름은 더 빨리 회전하고, 중심의 밀도도 더 높아진다. 주변부로 물질이 새 나갈 정도로 원반이 빠르게 회전하면 붕괴가 멈추거나 적어도 느려진다.

칸트-라플라스 가설은 회전하는 불규칙한 성간 구름이 오래전에 이런 식으로 붕괴하고 중심부에서는 응축이 일어나 태양이 만들어졌다고 제안한다. 성간 물질이 태양의 온도와 밀도로 압축되면 열핵 반응을 시작해 별처럼 빛난다는 것은 오늘날 의문의 여지가 없는 명백한 사실이다. 그러나 18세기만 해도 이것은 대담한 가설이었다. 또 칸트와 라플라스에 따르면 근처의 작은 응축물들은 인접한 부스러기들과 합쳐져 마침내 행성이 된다. 그 결과 갓 형성된 행성들 사이에 일정한 간격이 생기면서 오늘날과 같은 태양계 구도가 형성된다. 행성 근처에 있는 훨씬 더 작은 응축물들은 행성의 위성이 된다. 하지만 이런 세부 사항들보다 칸트-라플라스 가설의 기본 아이디어가 더 중요하다. 두 사람은 자연적이든 초자연적이든 외부의 어떤 개입도 없이 지금과 매우 다른 원시 상태에서 태양계가 **진화했다**고 제안한 것이다.

성운이라는 말이 구름을 의미하고, 나선 성운(이것은 물론 훨씬 더 큰 은하의 차원이지만)과 유사하기 때문에, 태양과 행성을 형성했던 이 수축하는 구름은 전통적으로 태양계 성운(solar nebula)이라고 불린다. 오늘날 우리는 더 가까운 별들 주위에서 회전하고 있는, 훨씬 더 크고 납작한 여러 구름들을 알고 있다. 이것들은 유입 원반(accretion disk, 강착 원반)이라고 한다.

라플라스는 태양계가 형성되는 동안, 카시오페이아자리의 1572년 튀코 초신성처럼 태양이 엄청 크게 폭발해 태양의 대기가 한때 우주 공간 멀리까지 뻗어 있었다고 언급했다. 어쩌면 태양의 대기는 원래 태양계 성운의 잔재들인지도 모른다. 라플라스는 별들 사이에 있는 혜성이 태양 쪽으로 떨어지고 있다고 상상했다. 그러면 태양계 성운의 물질이 내행성계 안에서 혜성들의 속도를 늦추고 궤도를 바꿔 태양과 충돌하게 만들었다. 태양계 성운의 끌어당기는 힘은 내행성계에서 거의 원에 가까운 궤도를 갖는 혜성들을 없애 버렸지만 훨씬 더 멀리 있는 혜성에게는 영향을 줄 수가 없었다. 목성형 행성이 야기하는 중력적 섭동 작용을 통해 가끔씩 혜성 하나가 내행성계를 방문하게 된다는 생각은 몇 가지 점에서 놀랍다. 이것은 찰스 다윈(Charles Darwin) 훨씬 이전에 물리 세계에 자연 선택 같은 것이 있음을 암시하고, 태양계에 한때 지금보다 아주 많은 천체들이 있었음을 제안하며, 알려진 가장 먼 행성 너머에 커다란 혜성 저장소가 있음을 가정한다.

> 칸트와 라플라스의 가설은 처음에는 우리를 놀라게 했지만, 그 뒤 우리를 다방면의 다른 발견들로 연결시켜 주는 과학 최고의 명안들 가운데 하나로 인정받는다.……
>
> **— '행성계의 기원에 대해(On the Origin of the Planetary System)'라는 제목으로 1817년에 하이델베르크와 퀼른에서 이루어진 강연에서, H. 헬름홀츠(H. Helmholtz), 『과학적 주제들에 관한 대중 강연들(*Popular Lectures on Scientific Subjects*)』, 뉴욕, 1881년**

그러면 행성은 왜 유사한 방식으로 교란되어서 태양과 충돌하지 않는 걸까? 라플라스는 행성이 초기의 태양계 성운에서 잇따른 응축으로 형성되었다고 제안했다. 행성은 인접한 물질을 끌어모아 형성되는 것이므로 행성 주변의 성운 부스러기들이 청소된다. 따라서 새로운 행성의 궤도를 중심으로 관 모양의 텅 빈 공간이 형성된다. 라플라스는 어쩌면, 고리들 사이에 위성들이 있다면 토성 고리에 검은 틈새들이 많이 존재해야 한다는 생각으로 혼자 즐거워했을지 모른다. 하지

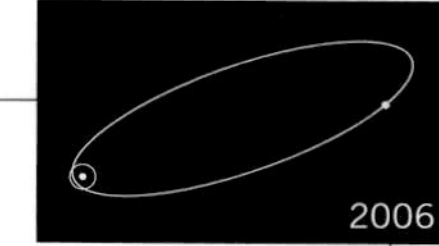

만 그는 "이러한 가정이 관측이나 계산의 결과가 아닌 만큼" 매우 조심스럽게 고려되어야 한다고 경고한다. 라플라스는 혜성이 성간 우주 공간에서 온다는 생각에 사로잡혀 혜성도 행성과 마찬가지로 태양계 성운의 응축으로 생겼을 수 있다는 점을 간과했던 것 같다.

위성의 자전과 공전 방향이 모행성의 자전 방향과 같다는 점, 행성이 공전 방향으로 자전한다는 점, 혜성의 궤도는 매우 일그러진 타원형인 반면 행성의 궤도는 거의 원형에 가깝다는 점, 이러한 사실들은 태양계의 모든 천체가 (혜성을 포함하든 안 하든) 수축하며 회전하는 동일한 성운의 응축 과정에서 형성되었다고 하면 자연스럽게 설명된다.

칸트와 라플라스는, 이 성운 가설이 천체 진화의 최종 결과인 태양계의 규칙성을 설명한다고 생각했다. 두 사람 모두, 다른 별들이 자신의 유입 원반에서 진화한 행성들로 둘러싸여 있다고 믿었다. 지난 몇 년 동안의 지상 관측과 우주 경유 관측들은 가까이에 있는 많은 별들이 유입 원반에 에워싸여 있음을 확인해 주었다. 첫 발견은 영국, 독일, 미국의 합작품인 적외선 천문 위성이 해냈다. 하늘에서 가장 밝은 별들 가운데 하나이고 겨우 26광년밖에 떨어져 있지 않으며 비교적 연구가 잘 되어 있는 직녀성(거문고자리 베가별)이 이전에는 생각지도 못했던 부스러기 원반으로 에워싸여 있다는 사실은 정말로 뜻밖의 발견이었다. 이 원반은 직녀성을 중심으로 한 적외선 복사의 광대한 출처로 밝혀졌다. 그런데 직녀성은 태양보다 상당히 젊은 별이다. 직녀성 주위의 유입 원반은 대부분의 별들, 아니 어쩌면 모든 보통 별들이 형성 당시 혹은 그 직후에 그러한 원반으로 에워싸여 있음을 암시한다. 결국에는 복사압과 항성풍과 행성의 형성 작용 같은 것이 합쳐져서 원반이 깔끔하게 정돈된다. 그러나 이 과정은 시간이 걸린다. 그리고 그동안 성운에서는 또 다른 천체들이 응축되고 있을지도 모른다.

또한 적외선 천문 위성은 베타 픽토리스(Beta Pictoris)라는 별 주위에 있는 유입 원반의 적외선 사진을 증거로 제공했다. 그 직후 애리조나 대학교의 브래드퍼드 A. 스미스(Bradford A. Smith)와 제트 추진 연구소(Jet Propulsion Laboratory, JPL)의 리처드 J. 테릴(Richard J. Terrile)이 새로운 관측소에서 쓰려고 개발된 특수 고감도 카메라를 지상 망원경에 부착해서 관측한 결과, 통상의 가시광선으로 베타 픽토리스의 유입 원반 사진을 찍을 수 있었다. 이 원반은 중심별(여기서는 안 보이게 막아 놓았는데 별의 복사가 원반에서 반사되는 훨씬 더 약한 빛을 가리지 않도록 하기 위해서다.)에서 적어도 400AU까지 뻗어 있다. 만약 이것이 과거 태양의 모

더 희미한 부스러기 원반(가운데에 있는 노란색, 그리고 분홍색의 대각선 모양)을 찾아내려는 망원경에 잡힌 베타 픽토리스 사진에, 형성 말기에 있는 또 다른 태양계 같은 것이 나와 있다. 거의 옆으로 누워 있는 이 희미한 원반의 나이는 수억 년에 불과하다. 칠레 라스캄파나스 천문대의 2.5미터 망원경으로 브래드퍼드 A. 스미스(애리조나 대학교)와 리처드 J. 테릴(제트 추진 연구소) 촬영. 브래드퍼드 A. 스미스와 리처드 J. 테릴 제공.

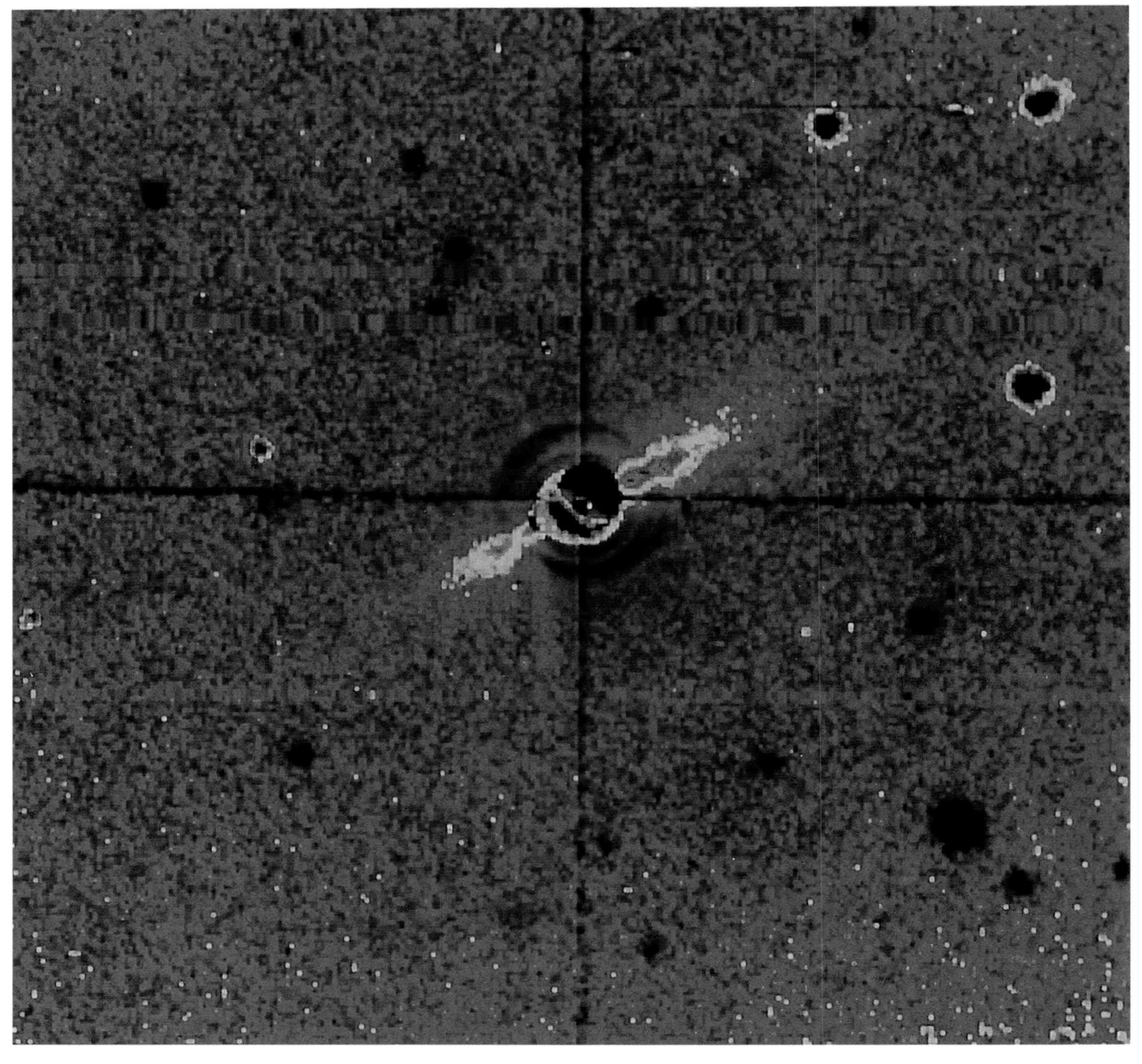

습이라면, 이 유입 원반은 알려져 있는 가장 먼 행성(30~40AU 떨어져 있는)의 궤도보다도 훨씬 더 멀리 뻗어 있을 것이다. 스미스와 테릴은 이 원반 내부에 부스러기가 상대적으로 적다고 추론하면서 이미 행성들의 응축이 이 지역을 깨끗하게 쓸어 버렸다고 언급한다. 다만 행성들이 너무 작아서 직접 볼 수는 없다. 또한 태어난 지 100만 년밖에 되지 않은 유아별들 주위에서도 유입 원반이 발견되었다.

따라서 이제 칸트-라플라스 가설은 입증된 기본 원리가 된 것처럼 보인다. 태양과 행성들, 그리고 그 위성들은 모두 회전하고 붕괴하는 기체와 먼지로 이루어진 동일한 원반에서 응축되었다. 모든 행성이 동일한 평면에서 태양이 회전하는 방향으로 공전하고 있는 것은 바로 이 때문이다. 행성 운동의 규칙성이 신이 개입했다는 직접 증거라는 뉴턴의 견해는 자연 법칙들이 결정한 것이라는 진화론적인 견해로 대체되었다. 그럼에도 우리가 원한다면 자연 법칙을 하나의 신 또는 신들의 행위로 생각할 수 있기는 하다. 그러나 라플라스는 태양계의 기원과 역사를 설명하는 데 왜 신에 대한 언급이 전혀 없는가 하는 나폴레옹의 물음에 "폐하, 저는 그런 가정을 필요로 하지 않습니다."라고 답했다.

이제 혜성의 기원과 진화에 특별히 관심을 기울이고 있는 칸트-라플라스의 현대적 해석을 따라가 보자. 우리는 분광 사진이라는 직접적인 증거로부터 성간 기체가 주로 수소와 헬륨으로 구성되어 있다는 사실을 알게 되었다. 비록 복잡한 유기 분자들(202~203쪽 참조)을 비롯해 다른 물질들이 풍부하기는 하지만 말이다. 기체 이외에도 성간 우주 공간을 구성하는 주요 성분은 엄청난 수의 티끌들이다. 그런데 먼지 입자의 지름은 1,000분의 1밀리미터로 바로 코앞의 탁자에 놓여 있다고 해도 전혀 보이지 않는다. 그러나 수백 혹은 수천 광년에 걸쳐 퍼져 있는 이 막대한 수의 먼지들을 응축시키면 뒤에 있는 별들을 가릴 수 있을 정도가 된다. 이 알갱이들의 화학적 조성 또한 추론이 가능하다. 대부분은 얼음과 규산염, 그리고 대략 동일한 비율로 섞인 유기

성간 기체와 먼지의 거대한 집합체인 독수리 성운. M16으로도 알려져 있으며 지구에서 5,500광년 떨어져 있다. 용골자리 성운(277쪽)은 남반구의 별자리 용골자리 너머에 있으며 4,200광년 떨어져 있다. 밝은 전경 별들 뒤로 거대한 성간 물질이 밀집해 있어서 그 너머에 있는 별들이 보이지 않을 정도다. 그런 어두운 구형의 거미줄 같은 구름 속에서 약 50억 년 전에 우리의 행성계가 그랬듯 태양계 성운과 새로운 행성계들이 만들어진다. 붉은 색은 주로 성운 안에 있는 수소 기체 때문이다. 국립 광학 천문대 제공.

물들로 이루어져 있는 것 같다. 이런 기체와 알갱이들의 혼합물이 은하수 도처의 성간 구름들을 구성하고 있는 것으로 보아, 초기의 붕괴하는 태양계 성운 역시 이러한 혼합물로 이루어졌을 게 틀림없다. 또한 성간 우주 공간은 대개 알갱이들보다 기체를 훨씬 더 많이 품고 있으므로 태양계 성운의 경우도 분명 그랬을 것이다.

성운이 수축하면 밀도가 높아져 알갱이들이 서로 충돌하는 횟수도 더 많아진다. 이 알갱이들은 유기물과 얼음을 포함하고 있기 때문에 충돌하면 서로 들러붙는 경향이 있다. 커다란 알갱이에 작은 알갱이들이 붙는다. 하지만 이 모든 일이 어둠 속에서 진행되지는 않는다.

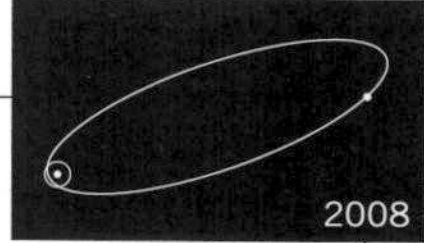

원시 태양은 밝게 빛나기 시작한다. 원반의 바깥 부분은 물질의 응축 과정에서 메탄이나 일산화탄소 같은 색다른 얼음들이 안정 상태를 유지할 수 있을 정도로 차갑다. 그러나 내행성계 내부의 깊은 곳은 심지어 물 얼음도 견딜 수 없을 수 정도로 뜨겁다. 그곳에서 알갱이들 속에 있는 얼음들은 증발해서 날아가며, 주로 규산염으로 이루어진 것만 살아남는다. 돌덩이는 곯으려면 태양에서 불과 수백만 킬로미터 떨어진 아주 가까운 곳으로 가야만 한다. 결과적으로 내행성계의 화학은

초기 태양계 성운에서 일어나는 응축의 도식적 표현. 왼쪽에 밝고 뜨거운 성운의 내부가 보인다. 형성 중인 태양에서 멀리 떨어져 있을수록 온도는 더 차갑다. 메탄, 물, 규산염, 이렇게 세 가지 다른 물질이 제시되어 있다. 직육면체는 고체를, 구름은 증기를 나타낸다. 태양계 성운의 최외각에서는 메탄이 고체로 응축된다. 조금 더 안쪽에서는 메탄이 기체로 존재한다. 물은 태양계의 안쪽에서도 얼음으로 존재하며, 규산염은 거의 태양 표면에서도 고체로 살아남는다. 따라서 암석질의 행성은 태양계 내부에서, 얼음 천체는 더 멀리서 발견된다. 존 롬버그/BPS 도해.

외행성계의 화학과 아주 달랐을 게 틀림없다. 즉 내부에서는 규산염이, 외부에서는 얼음과 유기물이 우세하다.

몇몇 계산에 따르면, 크기가 수 킬로미터인 수많은 천체들 — 내부에는 규산염이 풍부한 것들, 외부에는 얼음이 풍부한 것들 — 이 성운 곳곳에 축적되어 있다. 이 천체들은 주로 알갱이들의 충돌이 아니라, 수 킬로미터나 되는 천체들을 선택적으로 급속하게 형성시킨, 태양계 성운이 근본적으로 갖는 중력적 불안정성 때문에 생성된다.

먼지와 기체 모두 중력적으로 붕괴해 원반이 되었다. 그러나 수소처럼 가볍고 빠르게 움직이는 분자를 붙잡으려면 상당한 중력이 필요하다. 성운의 중간 부분에서는 크기가 수 킬로미터인 덩어리들이 충돌해서 훨씬 더 큰 천체들로 자라났고 이에 따라 소수의 물질 집합체들이 주위에 차가운 기체를 보유할 수 있게 되었다. 이것이 바로 목성

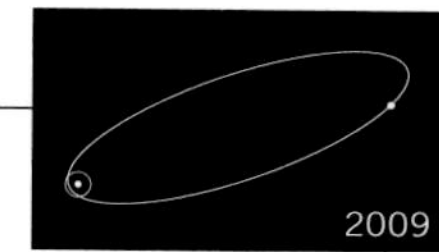

형 행성의 진화 경로이다. 원래 유입된 핵은 거대한 기체 구로 휩싸였다. 더 따뜻한 내행성계에서는 얼음이 제거된 알갱이들이 더 느리게 커지고, 온도는 더 높아진다. 그 결과 암석 구들이 기체를 포획하기는 더 어려워진다. 이것이 바로 지구형 행성의 진화 경로이다.

큰 천체는 인접한 궤도상에 있는 작은 천체를 휩쓴다. 상대 속도의 크기가 작기 때문에 두 천체는 부드럽게 충돌해서 합쳐질 수 있다. 결국 몇 개의 커다란 천체가 서로 전혀 교차되지 않는 궤도상에서 만들어진다. 그리고 이것들이 행성이 된다. 여기에는 충돌로 인한 일종의 자연 선택이 작용한다. 무질서한 궤도를 가진 천체들 대부분이 충돌 과정을 거치면서, 태양계가 점점 정연해지고 단순해진다. 천체들의 수는 수조 개에서 수천 개를 거쳐 수십 개로 꾸준히 감소한다. 오늘날 행성은 대체로 거의 원형에 가까운 궤도에 단정하게 간격을 두고 있다. 명왕성을 제외하고 행성들은 서로 멀리 떨어져 있다.[2] 이심률이 큰 궤도를 가진 초기 천체들은 곧 다른 천체들과 충돌하거나 태양계 밖으로 방출될 위험에 처한다. 그러다 보니 결국 우연히 이웃들과 멀리 떨어진 궤도를 가진 행성들만 남았다. 이 행성들이 용케 충돌을 모면했던 것은 우리에게 대단한 행운이 아닐 수 없다. 천체를 파괴하는 잦은 충돌은 생명의 발달에 좋지 않기 때문이다.

그렇게 형성된 행성들은 오늘날의 행성 궤도를 따라 태양 주위를 돌고 있다. 정확히 9개의 행성이 형성되어야 하는 필연성을 입증할 수는 없지만 — 예컨대 6개나 43개는 왜 아닌지 같은 궁극적인 행성의 개수 문제는 충돌 통계학의 문제다. — 전체적인 그림은 매우 성공적이다. 이는 궤도뿐만 아니라 오늘날 우리가 관측하는 지구형 행성과 목성형 행성 사이의 화학적 차이 전반을 설명해 준다.

기체와 먼지로 구성된 원반이 붕괴해 납작해지고 더 빠르게 회전

2 이런 이유 때문에 어떤 천문학자들은 명왕성이 해왕성에서 달아났다가 범죄 현장으로 주기적으로 돌아오는 위성이라고 제안하기도 했다(2006년 수정된 행성 지위 기준에 따라 현재 명왕성은 행성이 아닌 왜행성으로 분류된다. —옮긴이).

한다. 알갱이들이 충돌해 더 큰 알갱이들로 자란다. 결국 훨씬 더 많이 충돌하고 커질 수 킬로미터 크기의 천체들이 생성되는 이런 상황을 상상하다 보면 여러 의문이 떠오를지 모른다. 수 킬로미터 크기의 저 모든 천체들에게 무슨 일이 일어났을까? 남아 있는 게 있을까? 행성들과 충돌하면서 모두 휩쓸려 버렸을까, 아니면 일부는 여전히 태양계 형성 이후 전혀 변하지 않은 채 어딘가에 존재할까?

초기의 작은 천체 집단의 운명을 계산해 보면, 갓 완성된 목성형 행성과의 중력적 상호 작용이 수 킬로미터 크기의 수많은 천체들을, 태양계의 경계 최외각으로 몰아냈을 것임을 알 수 있다. 이는 수억 년 동안 1분에 하나씩 외야석으로 야구공을 던지는 타격 연습용 자동 투구기를 연상시킨다. 오르트 구름은 이런 식으로 생성되었다. 그곳의 원시 천체 집단은 45억 년 전에 태양으로부터 너무나 멀리 떨어진 곳에 고립된 이후, 증발과 충돌을 비롯해 어떤 것의 영향도 받지 않았다. 이 천체들이 바로 태양계의 형성 당시의 물질이며, 오르트 구름에서

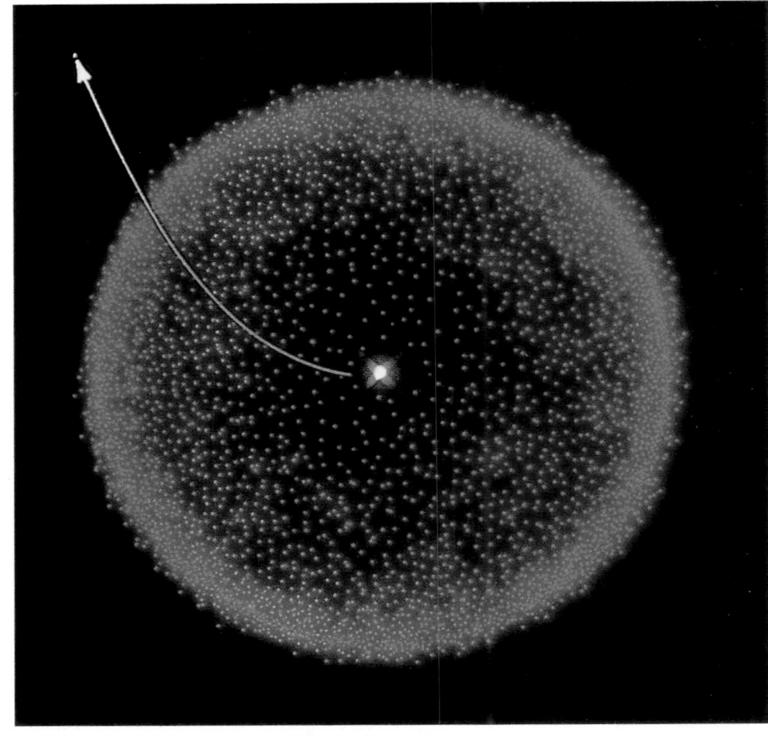

태양계 초기에 오르트 구름은 적어도 부분적으로 거대한 행성들 근처에서 방출된 혜성들로 이루어졌다. (태양계 성운과 거대한 행성들은 너무 작고 너무 멀리 떨어져 있어서 이 사진에서는 보이지 않는다.) 천왕성과 해왕성 근처에 있는 혜성체들이 중력 때문에 방출되어 여기서 파란색으로 보이는 오르트 구름의 형성에 기여했다. 목성과 토성의 근처에 있는 혜성체들은 모두 태양계 밖으로 나갔다(화살표). 존 롬버그/BPS 도해.

우리를 기다리고 있다. 따라서 태양계의 변경에서 온 새로운 혜성은 단 한 개만으로도 천문학자의 꿈에 대한 해답이 될 수 있다.

1960년대에 태양계 초기 역사의 권위자인 러시아의 V. S. 사프로노프(V. S. Safronov)와 1981년에 우루과이의 젊은 천문학자 J. A. 페르난데스(J. A. Fernandez), 그리고 독일의 W. H. 이프(W. H. Ip)는 목성과 토성 부근에서 형성된 원시 혜성들(지름이 수 킬로미터 되는 천체들)이 이런 무거운 행성들의 중력적 섭동 때문에 태양계 밖으로 밀려났음을 입증했다. 그러나 조금 덜 무거운 천왕성과 해왕성 부근에서 생성된 원시 혜성들은, 태양계 밖이 아닌 오르트 구름으로 쫓겨났을 것이다. 따라서 얼음과 암석으로 이루어진 원시 천체들이 태양계 도처에서 응축했다면, 대부분은 행성이 되었거나 성간 공간으로 추방되었겠지만, 적어도 수조 개는 오르트 구름으로 이동했을 것이다.

만약 원시 혜성이 목성 부근에서 형성되었다면 색다른 얼음들은 살아남지 못했을 것이다. 그리고 태양에 훨씬 더 가까운 곳에서 형성되었다면 심지어 보통의 물 얼음도 유지되지 못했을 것이다. 따라서 원시 혜성을 적당한 물질로 만들고 적당한 궤도로 몰아내는 독립적인 두 원인은, 대략 천왕성과 해왕성 부근에 기원이 있을 것이다.

혜성은 약 46억 년 전, 즉 위성과 행성이 형성되기 좀 전에 태양계 성운의 성간 알갱이들로부터 형성된 것으로 보인다. 많은 혜성들은 서로 충돌하면서 더 큰 천체를 만들었고, 스스로를 희생해 행성을 형성했다. 우리의 행성 또한 얼음이 적고 암석이 풍부한 그런 천체들로부터 형성된 것 같다. 다른 많은 혜성들은 머지않아 목성형 행성, 특히 목성 옆을 가까이 지나가면서 중력적 영향을 받아 태양계에서 추방되었다. 계산에 따르면, 초기에는 상당한 혜성 집단이 태양계의 먼 외곽까지 추방되었다. 이 혜성들은 근처를 지나는 별이나 성간 구름의 불규칙한 중력적 영향 때문에 원형에 더 가깝고 무작위로 기울어진 궤도를 가지게 되었다. 그러나 모두가 태양계 밖으로 추방된 것은 아니다. 계산 결과 수백에서 수만 AU 떨어진 곳에 거의 원형에 가까운 궤

혜성과 태양계의 진화. 여기서는 성간 기체와 먼지 구름 안에서(왼쪽 위) 태양계 성운(오른쪽 위)이 형성되어 진화한다. 킬로미터 크기의 응축물들이 충돌과 반복을 계속하다가 결국 소수의 행성들이 있는 태양계(아래)와 보이지 않는 대다수의 혜성들이 만들어진다. 이와사키 가즈아키 그림.

남아 있는 작은 부스러기들 — 크기가 100킬로미터 이하인 천체들 — 의 진화는 283쪽에 도식적으로 나와 있다. 내행성계로 수송된 혜성 핵(그림 1)은 꼬리가 발달한 혜성이 된다(그림 4). 일부 혜성은 위성들과 행성들과 충돌해 분화구를 만든다(그림 6). 물론 이런 분화구들은 나름의 충돌 역사에도 불구하고 살아남은 암석질의 소행성에 의해서도 만들어진다(그림 3). 또한 혜성은 다시 오르트 구름이나 성간 공간으로 방출될 수도 있고(그림 2), 가장 위에 있는 얼음층이 증발해 혜성의 핵이 암석질의 소행성처럼 보일 수도 있고(그림 5), 얼음이 거의 다 증발해 혜성이 조각나서 유성우를 일으킬 수도 있다(그림 7). 그렇게 지구로 떨어진 작은 부스러기들은 생명의 기원에 어떤 기여를 했을지도 모른다(그림 8). 그림 1~8까지 순서대로 마이클 캐럴 그림, 존 롬버그 그림, 돈 딕슨 그림, 데니스 디시코와 국제 핼리 관측 협회 제공, 돈 딕슨 그림, 마이클 콜린스(Michael Collins) 촬영 및 NASA 제공, 돈 딕슨 그림, 존 롬버그 그림.

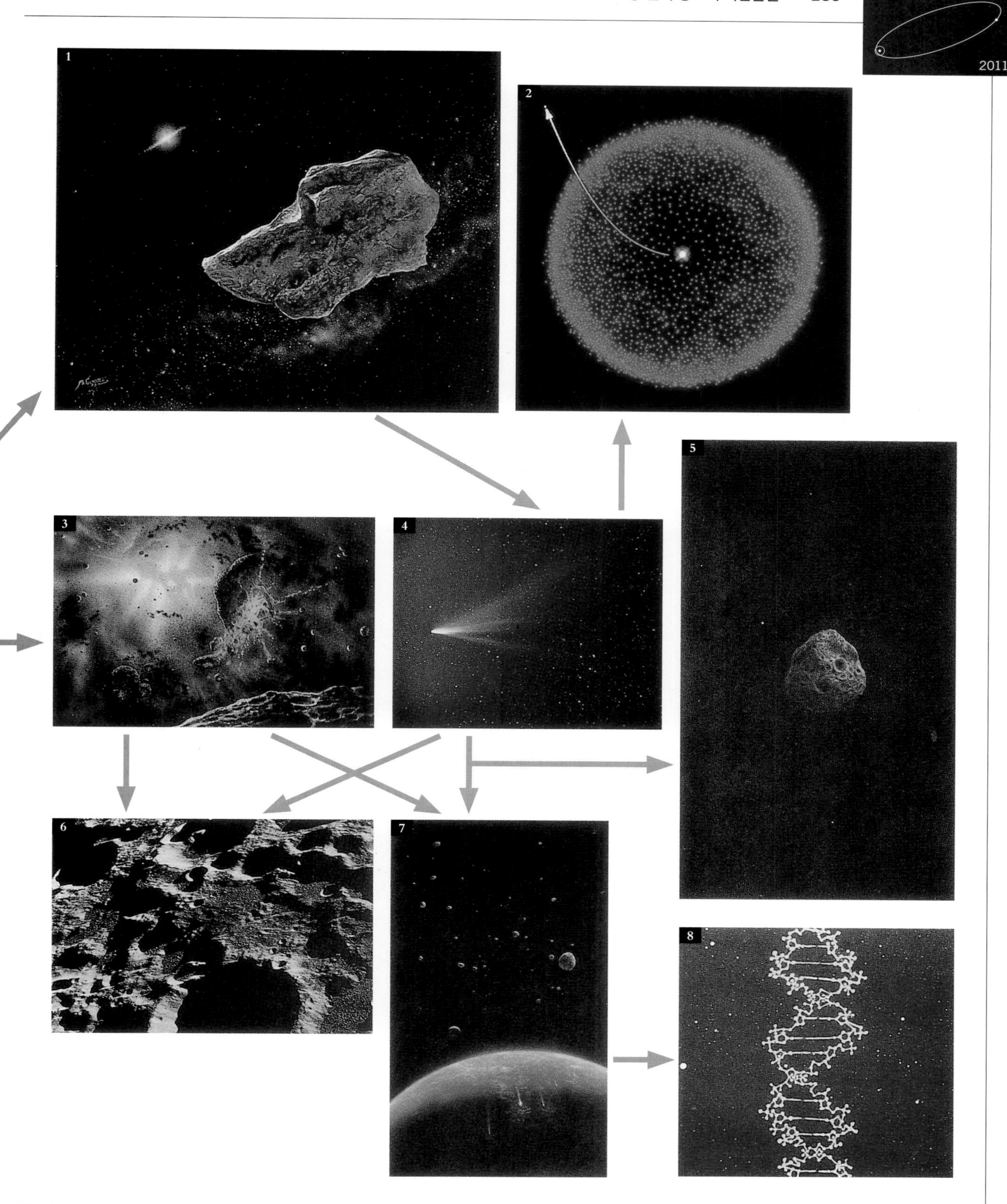
1
2
3
4
5
6
7
8
2011

주요 행성들이 형성되는 동안, 행성 이외에도 혜성 같은 구조를 가진 많은 **작은** 응축물들이 존재했을 것이다.…… 이 길 잃은 천체들의 대부분은 결국 행성들(혹은 원시 행성들)에 흡수되겠지만, 이 결합 시기 동안 많은 작은 응축물들이 큰 섭동을 겪으면서 이심률이 상당히 큰 궤도를 갖게 되는 것을 피할 수 없을 것이다. 그 뒤 잇따르는 근일점 통과 시 섭동 때문에 …… 바깥쪽으로의 …… 확산 과정이 시작될 것이다. 근일점이 주요 행성 영역 바깥에 있기 위해 필요한 미소한 항성 섭동들은 …… 혜성들의 탈출에 거의 영향을 미치지 못한다. 이 섭동들의 주요 효과는 …… 혜성들을 태양계 주위의 거대한 구름에 반영구적으로 '잡아 두는' 것이다.…… 항성 섭동 때문에 혜성이 더 이상 태양계의 내부 영역을 통과하지 못하게 되면 증발이 사실상 멈출 것이므로 혜성은 현재까지 쉽게 휘발성 성분들을 보유할 수 있을 것이다.

— J. H. 오르트, 「혜성의 기원에 대한 경험적 데이터(Empirical data on the origin of comets)」, 『태양계(*The Solar System*)』 4권 20장, G. P. 카이퍼(G. P. Kuiper), B. M. 미들허스트(B. M. Middlehurst) 엮음, 시카고, 1965년

도로 도는 상당수의 혜성 집단이 존재하는 것으로 보인다. 그들은 지나가는 별들의 중력적 교란에 상당히 둔감하다. 태양계 성운의 유입 원반이 존재했던 영역에서 혜성이 생성되었다면 이 정도 거리에 존재할 것이다. 그러므로 내부 오르트 구름에 있는 혜성이 태양계 안쪽으로 들어와 우리에게 관측되는 일은 극히 드물 것이다. 지름이 수 킬로미터가 넘는 대형 혜성이 오르트 구름으로 들어갈 수는 있다. 그러나 이렇게 큰 혜성의 수는 매우 적으며 더구나 우리의 작고 밝은 우주 공간으로 여행하는 일은 더더욱 드물 것이다.

널리 알려져 있는 이런 묘사가 옳다면, 전형적인 단주기 혜성은 거의 50억 년 전에 태양계가 형성되는 동안 응축되었고 갓 만들어진 천왕성이나 해왕성 때문에 태양계 변경으로 추방되었다가, 지나가는 별들과의 중력적 조우로 원형이 된 궤도를 돌게 된, 성간 물질의 집합체라 할 수 있다. 수십억 년 뒤 더 많은 별과 성간 구름의 중력적 영향이 축적되어 다시 태양계의 행성 영역으로 들어와 행성들 — 특히 목성과 — 과 근접 조우하게 되면, 이 혜성의 엄청 큰 타원 궤도는 적당한 단주기 혜성의 규모로 바뀐다. 이런 귀향은 오랫동안 지연되었으며 태양계는 그동안 상당히 변했다.

우리가 증거를 갖고 있는 다른 모든 것들과 마찬가지로, 혜성도 태어나서 한동안 살다가 죽는다. 아니 적어도 사라진다. 단주기 혜성이 천왕성에서 오르트 구름을 거쳐 목성까지 천천히 온 뒤에는 어떤 일이 벌어질까? 혜성은 내행성계를 통과할 때마다 위험에 직면하고 때로 역경에 처한다. 근일점을 통과할 때마다 혜성이 1미터씩 오그라들어서 마침내 거의 남아 있는 게 없는 상황이 벌어질 수도 있다. 또 어떤 혜성은 경로에 있는 무언가와 충돌해서 스스로 다른 천체로 변형되거나 별들 사이에 있는 거대한 빈 공간으로 쫓겨난다. 혜성의 이런 몇 가지 운명은 오늘날 심오한 결과를 초래할 수 있다. 이는 우리에게도 일어날 수 있는 일이다. 이러한 관계들은 다음 장에서 살펴볼 것이다. 태양계의 진화와 혜성들의 탄생과 죽음에 대해 사진으로 요약해 놓은 것이 282쪽과 283쪽에 있다.

혜성의 소멸 방법이 다양하므로, 목성의 중력이 새로운 혜성을 내행성계로 보충하지 않는다면 얼마 후에는 단주기 혜성이 완전히 사라질 것이다. 지구의 관점에서, 혜성들이 떠난 자리는 새롭고 혈기 왕성하지만 비교적 미숙한 젊은 혜성들로 다시 채워진다.

혜성은 행성 진화의 중간 정거장이다. 혜성은 많은 경험을 쌓았다. 태양계 형성의 잔재인 혜성은 우리에게 많은 사실을 말해 줄 수 있다. 혜성과 행성은 모두 성간 물질에서 형성된다. 차이점은 행성은 태양계 초기 이후 물리적, 화학적으로 완전히 재생산된 반면, 오르트 구름의 혜성은 비교적 세파에 시달리지 않았다는 사실이다. 이것이 바로 막 시작되고 있는 혜성 탐사 시대에 부여된 중요한 동기이다. 혜성 연구는 곧 우리 자신의 기원에 대한 연구인 것이다.

보이저 2호가 촬영한 토성의 외곽 위성들 가운데 하나인 이아페투스(Iapetus). 지구를 제외하면, 태양계에서는 태양에서 멀어질수록 유기 물질의 존재 증거가 많아지는 것 같다. 이아페투스 표면의 밝은 물질은 대개 물 얼음이라고 알려져 있다. 어두운 물질은 복잡한 유기 물질의 얼룩으로 여겨지는데, 유기 물질의 기원에 대해서는 여전히 논쟁이 진행 중이다. NASA 제공.

사자자리에서 방사되는 유성. 유성우가 발생할 때, 유성들 대부분(여기서는 지구 대기를 뚫고 떨어지는 방향을 화살표로 표현했다.)은 하늘의 특정 지점 — 파란색 별로 표현된 사자자리 — 에서 나오는 것처럼 보인다. 유성우는 지구가 공전 궤도상에서 사자자리 방향으로 태양 주위를 도는 바로 그 순간에 유성 조각들 구름을 헤치고 나갈 때 나타난다. 다른 유성우들은 다른 하늘 지역에 방사점을 가지고 다른 날짜에 일어난다. 존 롬버그/BPS 도해.

13장

과거 혜성의 유령들

바람이 가까울 때 종종 이러한 별들이 보인다네.
하늘에서 곤두박질치며 밤을 가로지르고
그 뒤로 하얀 불꽃의 물결을 남기는 별들이.

— 베르길리우스, 『농경시』 1권

평온하고 순수한 저녁 하늘을 가로질러, 때때로 갑작스러운 불길이 지나가며 눈길을 끈다. 마치 움직이는 별처럼 보이지만 지나간 자리에는 한동안 그 자취가 남는다.

— 알리기에리 단테(Alighieri Dante), 『신곡: 천국편(*La Divina Commedia di Dante Alighieri: Paradiso*)』 15곡

다이마쿠스(Daimachus)는 「종교에 관한 논문(Treatise on religion)」에서 …… 별똥별처럼 빛나는 거대한 물체가 하늘에서 75일 동안 계속 관측되었다고 말한다. 그 물체는 마치 타오르는 구름처럼 복잡하고 불규칙하게 끊임없이 움직이면서 부서진 파편들을 사방으로 실어 갔다. 그러나 나중에 그것은 이 지역의 땅으로 내려왔고, 공포와 놀라움에서 간신히 벗어난 주민들이 모여들었을 때는 불이나 그 비슷한 흔적도 없었다. 그저 아주 커다란 바위 덩어리 하나가 덩그러니 놓여 있었지만 그 바위가 그 불타는 물체였다고 말할 만한 증거는 없었다. 다이마쿠스는 관중들의 너그러움이 필요했을 게 틀림없다.

— 플루타르코스(Plutarchos), 「리산드로스(Lysandros)」

보기도 전에, 당신은 그것들에 대한 이야기를 듣는다. "지난밤에 떨어지는 별들을 보셨나요?" 어른들이 서로 묻는다. 당신은 '얼마큼 나이를 먹어야 밤늦게까지 안 자고 그것들을 볼 수 있을까' 하고 생각한다. '떨어지는 별', 이 단어는 뭔가 비극적이다. 오랫동안 의기양양하고 당당했다가 어떤 비밀스러운 파계로 우리의 눈앞에서 오만한 콧대가 꺾인 어떤 별일지도 모른다. 우주적 정의의 실현을 암시하는 듯하다.

10살쯤 되어 마침내 처음으로 떨어지는 별을 보게 되었을 때, 당신은 기뻐서 어쩔 줄 모른다. 그것은 마치 불꽃놀이 같다. 당신의 입에서 "우" 혹은 "아" 하는 탄성들이 쏟아진다. 당신은 기억을 되살려 저 위에 있었는데 지금은 보이지 않는 별이 없는지 살핀다. 그러나 그것은 쉽지 않다. 희미한 별들이 너무나 많다. 아무리 그래도 별들이 매일 밤 이렇게 떨어지는데 어떻게 하늘에는 여전히 별들이 남아 있는 건지 궁금해진다.

'떨어지는 별'이라는 말에는 하늘에 붙어 있다가 접착력이 약해져서 지구로 떨어지는 별, 따라서 별들은 작은 존재일 것이라는 우주 모형이 내포되어 있다. 당신은 지평선에서부터 천정을 향해 질주하면서 밝게 빛나다가 이내 희미해지는 광점을 본다. 그것이 어디로 갔을까? 광점이 천정에서 지평선으로 떨어지는 것이 더 자연스럽지 않은가? 그 뒤 당신은 빛의 흔적이 끝난 곳으로 기분 좋게 산책을 나가, 아마도 옆 마을쯤에 떨어진 별을 찾아보고 싶다는 충동을 느낄지도 모른다. 10살인 당신은 무엇을 찾게 될 거라고 상상할까? 눈 속에서 반짝이는, 은빛 종이에 싸인 모서리가 다섯 개인 어떤 것일까? 그럴지도 모른다.

'떨어지는 별' 과 '별똥별'은 물론 과학적 용어가 아니다. 적당한 용어는 유성(meteor)이다. 유성은 지구 대기로 떨어질 때 빛의 꼬리를 만드는 천체이다. 유성은 확 타오르는 마그네슘 불꽃처럼 보인다. 사람들이 때로 혼동하는 혜성과 달리 유성은 하늘을 가로지르며 질주한다. 유성은 매우 작다. 하나가 빛을 내면서 떨어지는 것을 산발 유성이라고 하고, 유성군에 있는 모든 유성이 같은 날 밤에 하늘의 똑같은 부분에서 떨어지면 유성우라고 한다. 가장 밝은 유성은 화구(fireball)라고 하며, 가장 밝은 화구는 달이나 태양보다도 밝게 보일 수 있다. 유성의 밝은 머리는 눈물방울 모양이며, 질주하는 빛과 흩어지는 불꽃들을 동반한다. 낮에 화구가 떨어진 뒤에는 종종 검은 연기 꼬리를 볼 수도 있다. 정의상 유성은 땅에 떨어지지 않는다. 당신이 만약 지평선 쪽으로 흐르는 빛줄기를 따라 옆 마을로 달려가 정말로 하늘에서 갓 떨어진 돌덩이를 발견한다면 그것은 유성이 아니라 운석(meteorite)이다. 접미사는 운석이 유성에서 왔으며, 따라서 유성보다 더 작음을 암시하지만 실상은 그렇지 않다. 애리조나 주에 있는 깊이 파인 커다란 구멍은 '유성 분화구(Meteor Crater)'라고 불린다. 하지만 그 크기로 보아 유성이 아니라 운석이 만들었다. 운석은 다른 세계의 파편이다. 합리적으로 추론하면 유성도 마찬가지다.

"머리 위에서 유성들이 활기차게 속삭이네." 미국의 작가 로렌 아이슬리(Loren Eiseley)의 아름다운 시구다. 사실 유성들은 자기들끼리만 속삭일 뿐이다. 유성들은 너무나 조용히 상층 공기를 가로지르기 때문에, 아래서는 소리가 들리지 않는다. 혜성처럼, 그리고 빅토리아 시대의 드라마에 나오는 아이들처럼, 유성은 눈에는 보여도 소리를 내지는 않는다. 운석 — 소행성, 달, 화석, 또는 생명이 다한 혜성에서 쪼개져 나온 파편 — 에서는 소리가 **들리기도** 한다. 운석과 화구는 음속 폭음(sonic boom, 소닉 붐)이나 나지막하게 우르르 거리는 굉음을 만들어 낸다. 이것은 지구상에서 아무런 보조 장치 없이 맨 귀로 들을 수 있는 다른 천체의 유일한 소리다.

과학 발달 이전의 문화들은 유성을 혜성처럼 무언가 임박한 불행이나 재앙의 전조로 보았다. 드물기는 하지만 다른 설명들도 있다. 서부 아프리카에서는 유성과 운석을 일종의 태양 배설물로 생각하는 전통이 있다. 아탁파메 족(Atakpame)의 이러한 가르침은 유성을 지구로 떨어지는 별로 보는 시각만큼이나 유성에 대한 진실을 담고 있다. 혜

맑은 밤이었지만 달은 없었다. 유성들을 알아볼 수 있었던 것은 그 엄청난 크기뿐만 아니라 본질적인 장엄한 아름다움 때문이었다. 나는 그날 밤을 결코 잊지 못할 것이다…… 다음 2~3시간 동안 우리는 평생 잊을 수 없는 장관을 목격했다. 별똥별들의 수가 점차 증가하더니 때로 한 번에 대여섯 개까지 보였다. 유성은 때로는 우리의 머리 위로 때로는 오른쪽으로 때로는 왼쪽으로 지나갔지만, 모두 동쪽에서부터 갈라져 나왔다. 밤이 깊어 가면서 사자자리가 지평선 위로 올라왔고, 그 뒤 유성우의 놀라운 특징이 드러났다. 유성들의 모든 자취가 사자자리에서 시작되었다. 때로 유성 하나가 거의 곧장 우리를 향해 질주하는 것처럼 보였지만, 그 경로가 너무나 짧아서 거의 감지할 수 없었다. 그것은 마치 광휘를 발하며 부풀어 올랐다가 급속히 사라지는 보통의 붙박이별처럼 보였다. 때로 유성이 휙 지나간 뒤 밝은 꼬리가 몇 분 동안 지속되기도 했지만, 대부분의 유성우 꼬리들은 금세 사라졌다. 유성 하나 하나는 어떤 밤에도 감탄사가 절로 터져 나올 정도로 밝았으며, 얼마나 많은 유성들을 보았는지는 말할 수 없을 정도였다.

— 1866년 11월 13월과 14일의 사자자리 유성군에 대한 기술, 로버트 볼, 『하늘 이야기(*The Story of the Heavens*)』, 런던, 1900년

지구로 떨어지는 유성. 아메데 기유맹의 『하늘』(파리, 1868년)에서.

레로 족(Herero)은 유성을 '윙윙 거리는 돌멩이'라고 부르는데, 이는 말할 것도 없이 유성 낙하를 직접 경험한 결과이다. 또 다른 전통에서, 유성은 다시 태어나기 위해 지구로 돌아오는 죽은 자의 영혼이나 천둥 도끼, 혹은 최고의 존재인 음봄베이(Mbomvei)의 사자 등으로 묘사된다. 주쿤 족(Jukun)은 유성이 한 별에서 또 다른 별로 배달되는 음식 선물, 즉 외계의 테이크아웃 서비스라고 생각했다. 캄바 족(Kamba)에 따르면 유성은 별에 사는 존재들이 이날 지구를 방문하고 있음을 알리는 왕의 가장행렬 같은 것이다. 아프리카 이슬람교도들에게 별똥별은 승천을 갈망하는 마귀들을 방해하기 위해 천사들이 던지는 단도로 묘사되고는 했다. 그러나 일반적으로 아프리카를 비롯한 세계 곳곳에서 유성은 혜성과 마찬가지로 역병, 재난, 주술, 그리고 죽음의 전조로 여겨졌다. 다만 유성이 연상시키는 재난들이 혜성의 탓으로 돌려지는 재난들보다 더 평범한 편이기는 하다. 이는 유성이 혜성보다 훨씬 더 흔하기 — 인내심만 있다면 맑고 어두운 밤이면 언제라도 유성이 떨어지는 광경을 볼 수 있기 — 때문일 것이다.

중국인들은 일찍부터 꼼꼼하게 정성 들여 채색한 세심한 유성우 기록을 보유하고 있었다. 최초의 묘사로 알려진 "별이 소나기처럼 떨어졌다."라는 표현은 기원전 687년 3월 23일에 일어난 사건을 『춘추

(春秋)』에서 기술한 것이다. 고대와 중세 유럽에서는 유성에 관한 기록이 전해지지 않지만 이따금씩 밝은 화구가 주목받았다. 예컨대 세계가 끝나는 날로 널리 알려졌던 1000년의 어떤 기록이 유성과 관련이 있다.

> 하늘이 열리고 타오르는 횃불 같은 것이 번개 섬광처럼 긴 자취를 뒤에 남기며 지구로 떨어졌다. 그 밝기가 어찌나 밝았던지 들판에 있던 사람들뿐만 아니라 집안에 있던 사람들까지도 공포에 떨었다. 이 하늘의 개벽이 서서히 닫힐 때, 사람들은 발이 푸르고 머리가 점점 더 커지는 듯한 용의 형상을 보고 두려워했다.

근대 과학이 유성에 대해 관심을 가진 것은, 1799년 11월 11일 밤에 베네수엘라 카마나에서 독일의 과학자 알렉산더 폰 훔볼트(Alexander von Humboldt)가 한 다음과 같은 설명에서 시작되었다.

> 새벽 2시 30분부터 동쪽 방향에서 매우 놀라운 밝은 유성들이 관측되었다. 유성들을 가장 먼저 발견한 사람은 신선한 밤공기를 즐기기 위해 깨어 있던 M. 본플란드(M. Bonpland)이었다. 수천 개의 화구와 별똥별이 4시간 동안 계속 이어졌다.…… 이 현상이 시작되자마자 하늘은 유성들로 가득 찼고, 화구와 별똥별로 채워지지 않은 빈 공간은 달 지름의 세 배를 넘지 않았다.…… 이 모든 유성들은 5도에서 10도 길이의 밝은 자취를 남겼다.…… 이들의 자취 혹은 밝은 띠의 발광은 7, 8초 정도 지속되었다. 별똥별의 대부분이 생생한 섬광들을 던지는 것으로 보아 목성의 원반만큼이나 큰, 매우 뚜렷한 핵을 가진 게 분명했다.…… 유성의 빛은 붉지 않고 희었다.…… 이 현상은 새벽 4시 이후 점차 멈췄으며, 화구와 별똥별도 점점 뜸해졌다. 그러나 우리는 일출 이후 15분 동안 여전히 북동쪽에서 그 하얀 빛과 빠른 움직임을 보이는 일부 유성들을 볼 수 있었다.

1833년 11월 13일에 발생한 멋진 사자자리 유성우의 목격 장면. 플레처 왓슨(Fletcher Watson)의 『행성 사이에서(*Between the Planets*)』(하버드 대학교 출판부, 1956년)에서.

훔볼트는 유럽 일부 지역을 포함해 많은 관측자들이 그날 밤 똑같이 이 경이로운 사건을 목격했다는 사실을 알고 유성우가 지구의 광범위한 대기 상공에서 일어나는 현상이라고 결론 내렸다. 그러나 이런 정직한 결론은 수많은 의문을 제기했다.

> 이 밝은 유성들의 기원이 무엇이든 공기 펌프의 진공보다 공기가 더 희박한 곳에서 동시적 발화가 일어난다고 상상하기란 어렵다.…… 이 멋진 (유성우) 현상의 주기적 발생이 대기 상태에 의존하는 걸까? 아니면 지구가 황도를 따라 나아가는 동안 우주 공간에서 우리 대기로 유입되는 무엇이 있는 걸까? 이 모든 것들에 대해서 우리는 아낙사고라스(Anaxagoras)의 시

대에 존재했던 인류만큼 여전히 무지하다.

유성우가 최대 강도에 도달하기까지 하루 이틀이 걸리고 또 쇠퇴하기까지 하루 이틀이 걸리기는 해도, 매년 거의 똑같은 날 — 예를 들어 8월 11일이나 12월 14일 — 에 이 현상이 일어난다는 것은 정말로 놀라운 일이다. 맑은 날 밤에는 밖에 나가 밝은 유성의 수를 세어 볼 수도 있다. 강한 유성우가 있을 때는 초당 수십 개를 세야 할지도 모른다. 반면 평범한 유성우일 때는 아마도 1분 기다릴 때마다 밝은 유성을 하나씩 발견할 것이다. 유성이 오고 있는 것처럼 보이는 곳을 주목하자. 그것은 하늘에 불규칙하게 퍼지는 것이 아니라 특정 별자리가 있는 특정 장소에서 나온다(이 장 맨 앞 그림 참조). 유성들이 발사되고 있는 것처럼 보이는 이 초점을 발사점(radiant, 복사점)이라고 한다. 별자리가 뜨고 지면서 발사점도 함께 움직인다. 따라서 유성우는 그것이 나오는 것처럼 보이는 별자리로 구분된다. 11월 17일경에 일어나는 사자자리 유성우는 사자자리에서 쏟아지며, 8월 11일경에 일어나는 페르세우스자리 유성우는 페르세우스자리에서 발사되는 식이다. 그러면 19세기의 천문학자들은 유성우가 1년 중 어느 날짜에 나타나는지 어떻게 알 수 있었을까? 하늘의 아주 작은 지역에서 쏟아지고 별들과 함

카미유 플라마리옹의 『대중 천문학』(파리, 1880년)에 묘사된 유성우. 날짜는 1872년 11월 27일로 되어 있다. 만약 27이 17의 오타라면, 이것은 사자자리 유성우일 것이다.

께 뜨고 지는 이 요술을 어떻게 다루었을까?

유성우에서 꼬리는 모두 우주 공간에 있는 한 점에서 갈라져 나온다. 눈보라 치는 밤에 운전해 본 사람들은 쉽게 이해할 수 있을 것이다. 자동차가 쏟아지는 눈발들을 헤치고 돌진할 때, 눈발들은 바로 앞 — 만약 바람이 불고 있다면 옆 — 에 있는 한 고정된 점에서 갈라져 나와서 사방으로 흩어진다.[3] 마찬가지로 유성우는 지구가 1년 동안 태양 주위를 빠른 속도로 돌면서 미세한 입자 무리를 통과할 때 발생한다(295쪽 그림 참조).

무슨 일이 있었는지는 영국 천문학자 로버트 볼(Robert Ball)이 세기 전환기에 생생히 기술해 놓았다.

> 우주 공간을 돌아다니고 있는 작은 천체 무리를 상상해 보자. 수 제곱킬로미터의 바다에 수없이 몰려 있는 청어 떼를 떠올려 보자.…… 유성 무리는 아마도 이 청어 떼보다 훨씬 더 많을 것이다.…… 그러나 유성들은 이렇게 가까이 모여 있지 않으며, 보통은 몇 킬로미터씩 떨어져 있다. 따라서 유성 무리의 실제 크기는 막대하며 그 범위는 수만 킬로미터로 측정되어야 한다.[4]

유성 무리가 어떻게 지구 옆으로 지나가게 되는가 하는 의문에 대한 해답을 찾게 된 것은 유성우가 혜성, 특히 비엘라/강바르 혜성 같은

3 태양 중력에 이끌리는 가설적 성간 혜성의 경우도 이와 같은 상황일 것이다. 왜냐하면 혜성은 종종 태양이 향하고 있는 헤르쿨레스자리 방향에서 오는 것처럼 보이기 때문이다. 그러나 혜성이 딱히 헤르쿨레스자리에서 오는 것은 아니라는 사실은 장주기 혜성이 태양계 너머에서 직접 우리에게 온다는 라플라스의 제안에 반하는 몇 가지 강력한 주장들 가운데 하나이다.

4 볼은 이렇게 추론했다. 유성우의 최고 강도가 1시간 정도 지속된다고 하자. 만약 지구가 이 유성들의 무리를 헤치고 어떤 속도로 움직이고 있는지 안다면 우리는 이 무리의 전방부터 후방까지의 거리를 계산할 수 있을 것이다. 지구가 태양에서 1억 5000만 킬로미터 떨어져 있으므로 전체 원형 궤도의 둘레는 $2\pi \times 1.5 \times 10^8$킬로미터이다. 지구가 이 궤도를 한 바퀴 도는 데 365일이 걸린다. 따라서 지구는 하루에 $2\pi \times 1.5 \times 10^8$킬로미터/365일=250만 킬로미터를 여행할 것이다. 이것이 지구가 태양 주위를 도는 속도다. 따라서 만약 유성우가 하루 동안 지속되려면 유성 무리의 지름은 250만 킬로미터가 되어야 한다. 일반적으로 유성우의 최고 강도가 몇 시간밖에 지속되지 않는 것을 감안하면, 전형적인 유성 무리의 내부 핵은 지름이 수십만 킬로미터일 것으로 추정된다.

활동성 혜성 하나가 연속적인 근일점 통과로 쪼개지기 시작했고, 미세한 혜성 부스러기들이 궤도 전체에 흩어졌다. 그 입자들은 원래 혜성 궤도에 널리 퍼져 있다. 이 도해에서 혜성 자체는 지구의 궤도 뒤로 지나가지만 부스러기들이 지구의 궤도에 끼어든다. 따라서 지구는 매년 주어진 날짜에 유성우를 일으키는 혜성 부스러기들과 만난다.

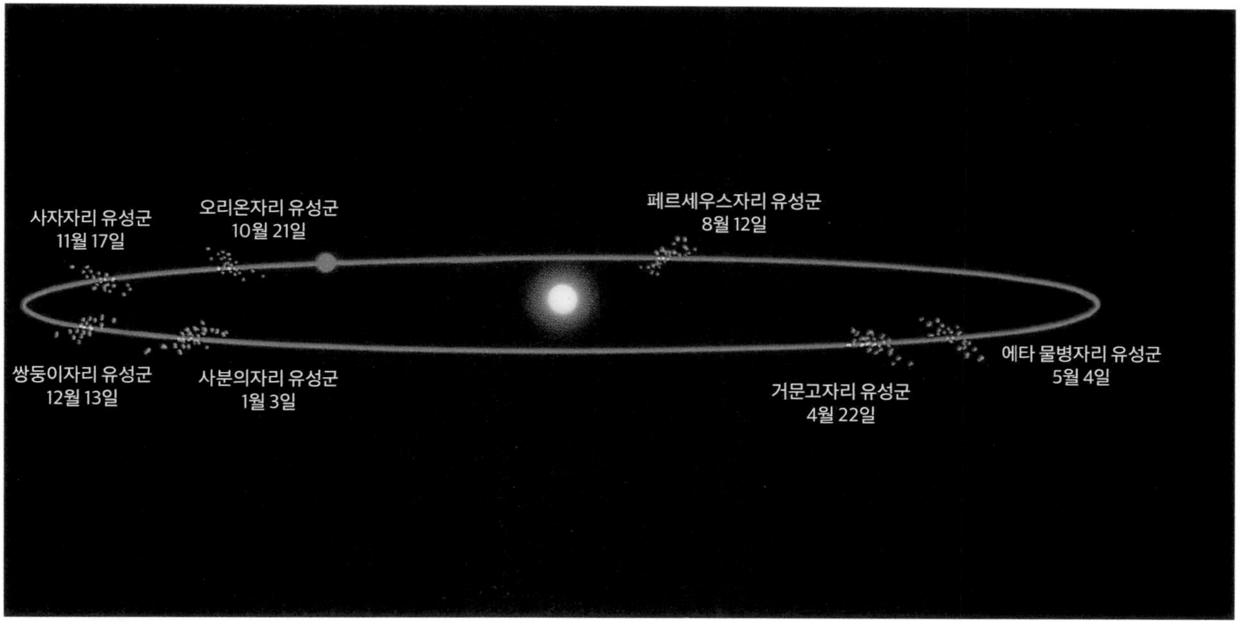

지구는 소멸하는 혜성들이 남긴 대부분의 유성 흐름들을 헤치고 지나가지 않는다. 혜성 궤도에 있는 부스러기가 지구의 궤도를 가로지르는 몇몇 경우에만 유성우가 발생한다. 여기에는 유성들이 흩뿌려져 있는 몇몇 혜성 궤도의 일부가 지구 궤도에 끼어드는 지점이 제시되어 있다. 서로 다른 혜성 부스러기들은 1년 중 특정 날짜에 교차한다. 지구 궤도는 파란색으로 표시되어 있다. 존 롬버그/BPS 도해.

소멸한 혜성들과 관련 있는 것으로 밝혀지면서였다(5장 참조). 혜성의 먼지 꼬리와 코마에 미세한 입자들이 풍부하다는 확실한 증거가 있다. 너무 커서 복사압과 태양풍으로 제거되지 않는 입자들은 본질적으로 모행성과 동일한 궤도를 공유하면서 독립적인 미세 행성체로 발달해 태양 주위를 계속 돌게 된다. 제트 방출과 코마의 연속적인 발산 때문에 혜성의 핵보다 다소 빨리 움직이는 입자들도 있고, 느리게 움직이는 입자들도 있을 것이다. 결과적으로 이 입자들은 태양 주위를 조금 다른 주기로 돌게 된다. 나머지보다 더 느린 입자는 근일점을 한 번, 두 번 통과하면서 속도가 더욱 느려진다. 결국 이 입자들은 약간의 두께로 궤도 전체에 퍼지게 된다. 또한 큰 입자들은 복사압을 버텨 내지만 작은 입자들은 그 영향을 받으며, 가까운 행성들의 중력 또한 입자들의 흐름을 흩어지게 하는 데 일조한다. 작은 유성 무리는 비행기에서 함께 떨어지는 스카이다이빙 선수들처럼 사실상 충돌 없이 어깨를 맞대고 태양 주위를 동일한 궤도로 돌 수 있다. 혜성이 서서히 사라지는 동안 그 궤도는 부스러기들로 채워진다.

대부분의 경우 혜성 궤도에 있는 유성 무리는 지구상에 있는 천문학자들에게는 거의 보이지 않는다. 그러나 우연히 혜성의 궤도가 지구의 궤도와 교차하는 경우가 종종 있다. 그러나 지구는 매일매일 궤도의 특정 자리에 위치하게 되므로 유성우도 1년 중 어떤 특정한 날에 일어나야만 한다(295쪽 아래 그림 참조). 오늘날 주요 유성 흐름(meteor stream, 혜성 부스러기들이 혜성의 궤도를 따라 형성하는 띠 — 옮긴이)은 페르세우스자리 유성군, 사자자리 유성군, 오리온자리 유성군, 그리고 쌍둥이자리 유성군이다. 또한 주기적인 엥케 혜성과 관련 있는 황소자리 유성군도 있다. 핼리 혜성과 관련된 유성군은 두 개 있다(부록 3 참조). 모든 혜성은 소멸할 때 궤도에 부스러기들을 흩뜨린다. 일부 궤도들이 지구의 궤도와 교차한다. 유성우는 소멸했거나 소멸하고 있는 혜성들의 유령이다.

볼은 이렇게 계속 말을 이었다.

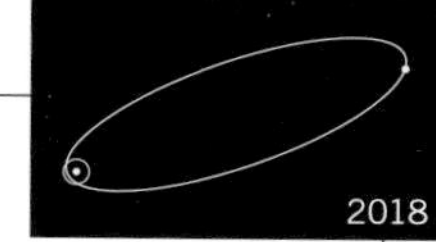

> 유성들은 청어 떼처럼 그들 자신의 진로를 선택할 수 없다. 태양에 의해 규정된 경로를 따라야 하기 때문이다. 각 유성은 이웃 유성들과 완전히 독립적으로 나름의 타원을 따라간다.…… 지구 대기 안으로 포획되어 들어오기 전까지 이 유성들은 우리 눈에 절대 보이지 않는다. 어부들이 큰 청어 떼를 잡아 올리듯 지구는 33년마다 많은 유성을 만나며, 어부가 던진 그물에서 고기들이 죽음을 맞는 것처럼 유성들은 지구의 대기에서 죽음을 맞는다. 어부들이 아무리 물고기를 많이 잡아 올려도 풍부하게 퍼져 있는 바다 속 고기의 양에 비하면 턱없이 적으므로, 청어들(의 공급)이 고갈될 염려는 없다. 유성도 아마 마찬가지일 것이다.

튀코 브라헤가 시차 관측(2장 참조)으로 혜성이 달보다 훨씬 먼 곳을 지나간다고 단정했던 것처럼, 지구상에서 각기 다른 카메라로 동일한 유성의 사진을 찍는 방법을 통해 유성 꼬리의 고도를 결정할 수 있다. 유성 꼬리의 전형적인 고도는 100킬로미터 부근이다. 이 고도의 기압은 지표면 기압의 0.00003퍼센트이다. 훔볼트는 그렇게 희박한 공기를 지나가면서 어떻게 그렇게 밝은 꼬리가 만들어질 수 있는지 의아해했다.

당신이 지구 저 위에서 떠다니고 있는 작은 혜성 조각(아마도 단지 먼지 알갱이)을 들고 있다가 놓아 버렸다고 상상해 보자. 혜성 조각은 지구의 상층 대기에 도달할 무렵이면 초속 11킬로미터 정도의 속도로 움직이고 있을 것이다. 대개 혜성의 파편은 지구 중력에 이끌리기 전까지 지구에 비해 매우 빨리 여행하고 있을 것이므로 상층 대기에 고속으로 부딪힌다. 이심률이 큰 궤도에서 역행 방향으로 움직이다가 새벽 반구와 충돌하는 입자는 초속 72킬로미터나 되는 빠른 속도로 여행할 수 있다. 라이플총 탄알의 전형적인 총구 속도는 초속 1킬로미터 정도이다. 지구 대기로 진입하는 유성은 100킬로미터 상공에 있는 희박한 공기와의 마찰로 뜨겁게 가열된다. 유성의 분광 사진은 철과 마그네슘과 규소를 비롯해서 보통 암석을 구성하는 광범위한 여러 원소들의 스펙트럼선을 보여 준다. 유성들이 지구 대기로 진입하기 전에는 유기물과 심지어 약간의 얼음까지 포함되어 있을지 모르지만, 돌 성분만은 유성이 타서 죽을 때까지도 남는다.

사람 주먹 정도, 혹은 그보다 큰 입자들은 지구의 대기를 통과하는 동안 공기와의 마찰로 가열되어 시커멓게 타거나 녹는다. 또 그 얇

지구 대기 안으로 떨어지고 있는 혜성 부스러기 무리. 매우 작은 입자들은 미세한 연무처럼 아래로 내려앉고, 큰 덩어리들은 진입한 뒤에도 살아남아 다소 그을린 채로 지구 표면에 도착하며, 중간 크기의 입자들은 유성으로 타 버린다. 돈 딕슨 그림.

은 표면이 타서 없어지기도 한다. 이런 과정은 우주 탐사선의 융제(우주 탐사선의 대기권 재진입 시 피복 물질이 녹아 증발하는 현상 — 옮긴이) 보호막이 대기권에 재진입하는 동안 우주 비행사들을 보호하는 것처럼 운석의 내부를 보호해 준다. 이 천체의 잔여물이 지구 대기를 통과한 뒤에도 살아남아 지상에 도달하면 운석이 된다.

아주 작은 입자들은 질량에 비하면 면적이 크기 때문에 열을 빨리 복사할 수 있어서 절대 녹지 않는다. 작은 입자들은 그저 100킬로미터 상공에서 속도를 늦추고 햇빛을 다시 야간의 지구로 반사하는 드문 '야광'(말 그대로, 밤에 빛나는) 구름에 일조한다. 이 입자들은 진행을 방해하는 공기 분자들의 엄호 사격을 뚫고 오랫동안 부드럽게 떨어진다. 그리고 결국 하층 대기의 순환을 거쳐 지구 표면까지 내려온다. 이것들이 바로 미세 운석이다.

중간 크기의 입자들은 얇은 표면만 태우고 살아남기에는 너무 작고, 모든 마찰열을 복사하고 부드럽게 가라앉기에는 너무 크다. 따라서 이 입자들은 진입하는 동안 완전히 타 버린다. 이들이 유성이다.

레이더 기술과 고속 네트워크 카메라를 이용하면 운석이 지구 대기로 진입할 때 속도가 얼마나 감소하며 얼마나 밝은 빛을 내는지 측정할 수 있다. 질량과 밀도에 관한 정보도 추론된다. 전형적인 가시 유성은 작은 콩보다 크지 않은 밀리미터 크기다. 밝은 별만큼 밝은 화구는 그 무게가 보통 100그램 미만이다. 작은 구멍이 많은 물체는, 질량이 같지만 밀도가 높은 물체보다 면적이 더 넓으므로 다르게 감속한다. 이런 식으로 다양한 유성우의 유성 밀도가 결정된다. 예컨대 쌍둥이자리 유성군은 1제곱센티미터의 무게가 1그램 정도로 보통 지구 물질의 밀도를 갖는 유성들이다. 그러나 대부분의 유성은 밀도가 훨씬 더 낮다. 자코비니-지너(Giacobini-Zinner) 혜성은 대략 10월 9일 저녁에 발생하는 용자리 유성군(혹은 자코비니 유성군) — 한때는 굉장했지만 이제는 별로 인상적이지 않은 — 의 원천이다. 이 유성군의 밀도는 1제곱센티미터당 0.01그램 정도로 매우 낮다. 그런 부서지기 쉬운 구조를

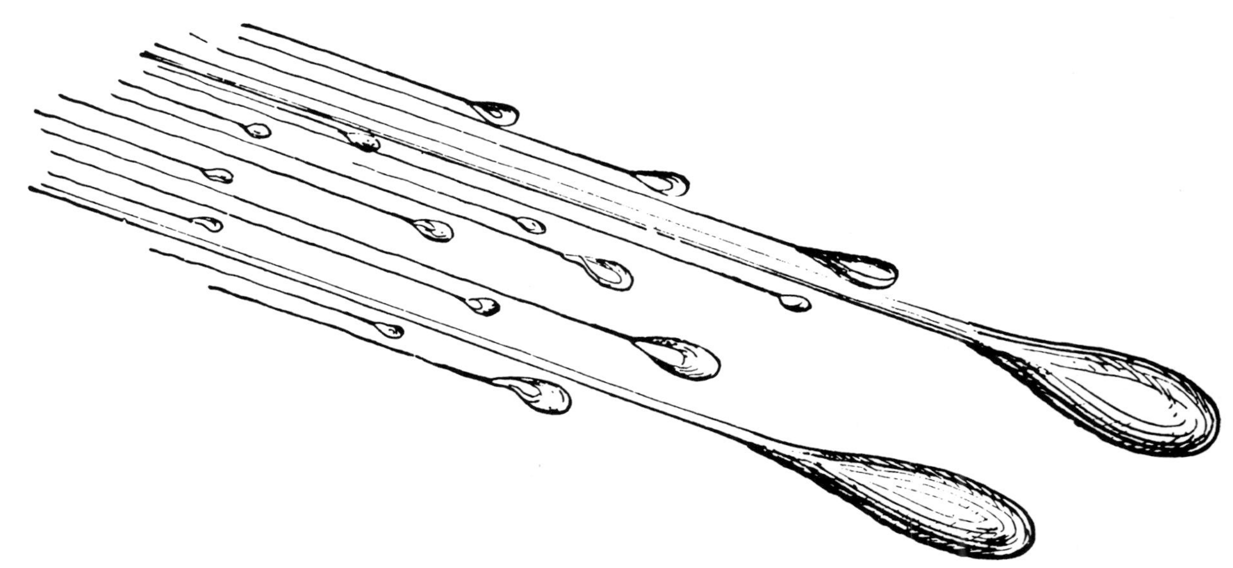

지구의 고층 대기에 진입한 유성들이 녹으면서 타고 있다. H. W. 워런(H. W. Warren)의 『천문학의 즐거움(*Recreations in Astronomy*)』(1879년)에서.

유지하고 있는 사실로 보아 이 유성군들이 모체로부터 세차게 떨어져 나오지는 않았을 것이다. 따라서 지구 대기로 진입하는 천체들은 적어도 두 집단으로 구분되는 듯하다. 하나는 발견되는 운석들과 아주 유사한 집단이고, 다른 하나는 지구에서 만들어지는 대형 물체들과 달리 매우 취약한 다공 구조를 갖고 있는 집단이다. 아마도 이 둘의 중간 밀도를 갖는 물체들도 존재할 것이다.

현대의 사진 기술과 레이더 기술을 이용하면 유성이 다가오는 속도와 방향을 계산할 수 있으며, 이 데이터로 유성의 궤도를 구할 수 있다. 산발 유성들 — 유성우와 관련이 없는 유성들 — 은 황도면에서 행성들과 단주기 혜성들과 동일한 방향으로 태양 주위를 도는 경향이 있다. 반면에 유성우는 일부가 확실히 황도면에 놓여 있기는 해도 이심률과 경사가 훨씬 더 큰 궤도를 갖는다. 여기에서 또다시 일종의 자연 선택이 발생한다. 궤도 경사가 작은 단주기 혜성들이 일으키는 유성 흐름은 목성의 중력에 교란되기 쉬우며, 궤도 범위 안에 파편들을 흩뿌리는데, 이들 가운데 일부가 산발 유성이 된다. 그러나 궤도 경사가 큰 혜성들은 목성을 피하기 쉬우므로 이러한 혜성들이 일으키는 유성 흐름은 훨씬 더 오랫동안 완전하게 남는다. 4만 개 이상의 유성

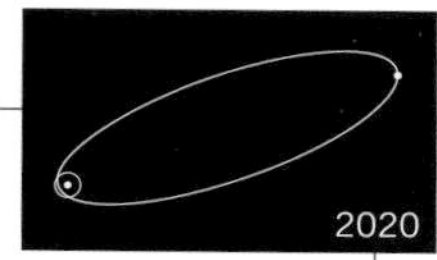

오노레 도미에(Honoré Daumier)의 석판화 「1847년의 혜성(Comet of 1847)」. 여인의 다급한 모습으로 보아 이 하늘의 방문객은 혜성이 아니라 유성인 것 같다. 우리는 각 유성의 정확한 위치를 미리 알 수 없으므로 여기에 묘사된 작은 망원경보다 광시야 망원경을 사용하는 것이 훨씬 더 현명하다. D. K. 요먼스 소장.

꼬리를 조사한 결과, 태양계 너머에서 시작된 궤도를 갖고 있는 것은 단 하나도 없었다.

지금까지 화구의 잔재인 운석은 단 세 개만 발견되었다. 로스트 시티(Lost City)와 프리브람(Pribram)과 이니스프리(Innisfree)라는 이름은 각각 그 운석이 발견된 지점 부근의 지명을 따서 명명되었다. 이 운석들은 목성 궤도의 안쪽인 소행성대에서 나온 보통의 암석질 운석의 성질을 띠고 있다.

목성 너머에서 출발해 여기까지 온 밝은 유성들에게는 '목성 건너편의 화구'라는 흥미로운 이름이 붙여졌다. 진입 특성으로 보아 이 유성들은 가장 약한 유성으로 알려져 있다. 만약 상당히 큰 그러한 물질 조각이 우리 바로 앞에 있는 탁자 위에 부드럽게 놓인다면 그것은 자신의 무게를 이기지 못하고 폭삭 주저앉고 말 것이다. 이 규산염 먼지덩어리들 속의 공간들은 원래 모혜성에서 얼음과 유기물들로 채워져 있었을 가능성이 크다.

1960년 5월 5일, (구)소련의 수상 니키타 흐루쇼프(Nikita Khrushchyov)는 미국의 비행기가 나흘 전 (구)소련의 영공을 침범했다가 격추되었다는 짧은 발표를 했다. 같은 날 잠시 뒤, 갓 조직된 NASA는 대중에게 처음으로 U-2라고 불리는 신종 항공기의 존재를 밝히는 보도 자료를 배포했다. 이 항공기는 매우 높이 날 수 있었다. NASA는 "높은 고도의 기상학적 조건들"을 조사하고 있던 이런 종류의 탐사 항공기가 터키의 반 호수 "바위투성이 산악" 지역에서 행방불명되었다고 주장했다. 아마도 이 항공기가 우연히 (구)소련의 국경 너머로 들어섰는지도 모른다. 이 항공기는 '나는 시험대', '나는 기상 실험실' 등으로 다양하게 묘사되었다. NASA가 이 항공기를 사용한 목적은 여러 다양한 목적들 가운데서도 "대기 안에 있는 특정 원소들의 농도"를 조사하는 것이었다. 미국 국무부 대변인 링컨 화이트(Lincoln White)는 "(구)소련 영공을 고의적으로 침범할 의도는 전혀 없었으며 그런 적도 없었다." 라고 말했다. 사흘 뒤 흐루쇼프 수상은 U-2기가 반 호수에서 2,000킬로미터 이상 떨어진 스베르들롭스크 근처에서 격추되었다고 발표했다. 이 항공기의 조종사 프랜시스 게리 파워스(Francis Gary Powers)와 그의 촬영 장비 일부는 전혀 손상되지 않은 채로 발견되었다. 파워스는 자신이 미국 중앙 정보국(Central Intelligence Agency, CIA) 요원이며 (구)소련 상공에서 일련의 대담한 정찰 비행을 수행 중이었다고 시인했다. 이 항공기는 대기 분석용 장비를 전혀 갖고 있지 않은 것으로 드러났으며, 흐루쇼프 수상은 파워스가 자신이 갖고 왔던 것이라고 시인한 장비 일부 — 소음기가 달린 권총 한 자루, 사로잡힐 경우 삼킬 독약 캡슐 하나, (구)소련 화폐 7,500루블, 프랑스와 서독과 이탈리아 돈, 손목시계 세 개, 여성용 금반지 일곱 개 — 를 전시했다. 흐루쇼프 수상은 이렇게 물었다.

> 이 모든 게 대기 상층에서 왜 필요했을까? 아니 어쩌면 이 조종사는 훨씬 더 높이 화성으로 날아가 화성의 여인들을 유혹하려고 했는지도 모른다. 미국의 조종사들이 비행을 시작하기 전에 대기 상층의 공기 샘플을 가져오기 위해 얼마나 철저히 준비했는지 알겠다.

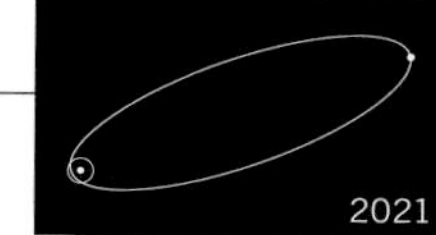

화이트 미국 국무부 대변인의 보증에 대해서는 물론이고 며칠 전 NASA의 특집 기사에 대해서도 아무런 언급을 하지 않았던 미국은 폐쇄적인 사회적 특성 때문에 (구)소련의 군사 정보를 얻는 것이 중요하다고 답할 뿐이었다. 흐루쇼프와 미국의 대통령 드와이트 아이젠하워(Dwight Eisenhower) 사이에 예정되었던 정상 회담이 취소되는 등 이 사건은 많은 이유들 때문에 역사적으로 대단히 중요하다. 또한 이 사건은 아이젠하워 대통령의 요구로 평화적 과학 기술 연구에 전념하기로 되어 있었던, 막 성장 중인 NASA라는 새로운 과학 기구의 보전을 위협했다.

U-2기는 쉽게 격추시킬 수 없을 정도로 높은 고도에서 정찰하며 사진을 찍도록 설계되었다. 그러나 (구)소련의 지대공 미사일이 개선되는 동안 U-2기는 첩보 업무를 정찰 위성에게 내주게 되었다. U-2기는 일단 정찰용으로 쓸모없게 되자 본격적으로 과학 임무를 수행하는 데 사용되기 시작했다. 그러므로 몇 년 뒤 U-2기가 상층 대기 연구라고 불릴지도 모르는 분야에서 근본적인, 심지어 선구적이기까지 한

당초 미국 CIA의 정찰 비행용으로 설계되었지만, 이제는 NASA가 과학 연구용으로 사용되는 록히드 U-2기가 혜성 부스러기들을 채집하기 위해 성층권으로 날아가고 있다. NASA/에임스 연구 센터 제공.

발견들을 하게 된 것은 역사의 아이러니가 아닐 수 없다. 그러나 이 연구는 인류 역사상 최초로 혜성 조각들을 채집한 사례로 더 자주 기술된다. 이 프로그램을 추진했던 인물은 시애틀 워싱턴 대학교의 도널드 브라운리(Donald Brownlee)였다.

U-2기 한 대가 캘리포니아 마운틴뷰 근처에 모펫필드 해군 항공기지에 위치한 NASA 에임스 연구 센터(Ames Research Center, ARC)에서 이륙한다. 이 항공기는 크기에 비해 엄청나게 큰 날개를 갖고 있으며, 마치 글라이더와 제트기를 절충시킨 것 같은 볼품없는 모습을 하고 있다. 항공기 날개 위에는 점착성의 실리콘 기름이 칠해져 있는 수집 판이 붙어 있다. 이 부분은 U-2기가 20킬로미터 상공에 도달할 때까지 공기에 노출되지 않는다. 이 항공기는 일단 무작위로 비행하는데, 이는 미세한 혜성이나 운석 먼지가 성층권 어디에 집중되어 있는지 알 수 없기 때문이다. 이 항공기는 끈적거리는 수집 판을 전방 공기로 밀어 넣어서 매시간 커다란 입자(지름이 10마이크로미터 이상이지만 여전히 육안으로는 보이지 않는) 하나와 작은 입자 여러 개를 모은다. 그 뒤 수집 판은 자동으로 덮이고, 항공기는 거의 검은 하늘에서 급강한다. 그날 포획된 성층권 먼지들은 지상에서 현미경으로 조사된다.

U-2기의 날개에 부착된 점착성 수집 판. 성층권에서 혜성 부스러기들을 채집하는 데 쓰인다. NASA/에임스 연구 센터 제공.

지구 표면에서 올라온 작은 입자가 성층권에 놓이는 일은 거의 없다. 그러한 입자들은 높은 고도에 도달하기 전에 빗물에 씻기거나 바람에 날려가기 쉽다. 하층 대기와 상층 대기 사이의 순환에는 자연적 장벽이 있다. (핵전쟁에서는 이러한 제한이 제거되지만, 이것은 또 다른 이야기다.) 인간들이 대기를 미세한 입자들로 오염시키는 것이 어느 정도 제한되는 한, 그리고 우리가 주요 화산 폭발을 그저 바라보고만 있지 않는 한, 성층권은 우주에서 지구로 떨어지는 외계 입자들의 유용한 천연 저수지 역할을 한다.

U-2기에서 끈끈이 수집 판을 떼어 현미경 밑에 놓는다. 다양한 크기의 입자들의 수를 세고 사진을 찍고 화학적 분석을 시도한다. 큰 입자들이 너무나 적기 때문에 이렇게 하기가 어렵긴 하다. 같은 이유로 파괴적인 실험은 되도록 피한다. 이 물질을 조사하려는 다른 많은 과학자들이 줄을 서 있다. 이 입자들은 휴스턴에 있는 NASA 존슨 우주 비행 센터(Johnson Spaceflight Center, JSC)의 달 실험실(Lunar Curatorial Facility)에 보관되는데, 여기에는 아폴로(Apollo) 우주 비행사들이 달에서 가져온 암석들도 보관되어 있다. 이 연구소에는 전 세계에 하나밖에 없는, '우주 먼지의 큐레이터'라는 공식 직함을 가진 사람이 근무하고 있다.

당신이 발견할 먼지들 중 하나는 아주 단순한 것 — 20킬로미터 상공에서 수집된 거의 구형에 가까운 순수 산화 알루미늄 입자들 — 이다. 그들이 어떻게 거기에 가게 된 것일까? 이 입자들은 성층권을 향해 가속되는 로켓의 고체 연료 — 주로 미제과 러시아제와 프랑스제 — 에서 생성된 것이다. 성층권에서는 이 입자 무리가 점점 커지지만, 이는 그저 혼란을 가중시킬 뿐이다. 점착성 판들은 훨씬 더 기이한 입자들을 포획했다.

가장 풍부한 종류의 성층권 먼지 입자를 대단히 크게 확대해서 조사한 결과(306쪽 그림 참조), 이 입자들은 지름이 10분의 1마이크로미터 정도 — 이들 입자들 수십만 개를 나란히 늘어놓으면 새끼손가락

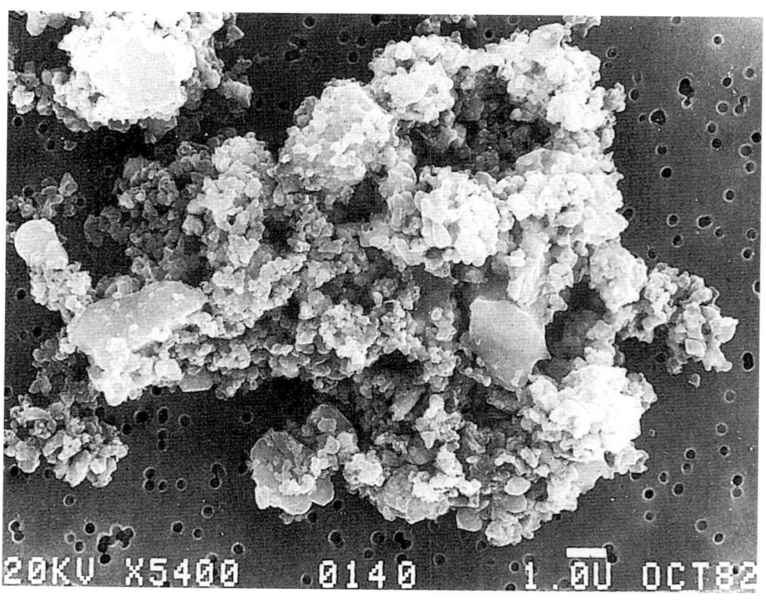

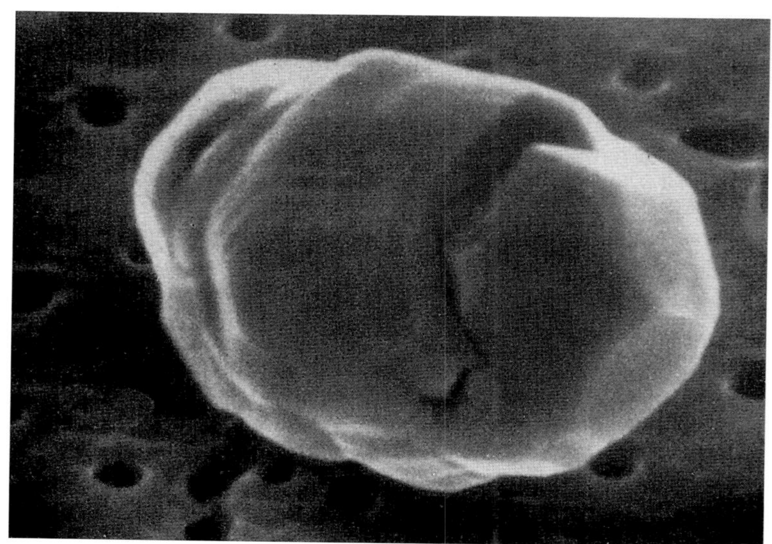

성층권에서 수집되어 전자 현미경으로 조사된, 혜성 부스러기일 가능성이 있는 입자. 위의 사진을 보면 많은 미세한 입자들이 포도송이 형태로 다닥다닥 붙어 있다. 이 사진의 배율은 5,400배이고, 단위 길이는 1마이크로미터(1만분의 1센티미터)이다. 아래의 사진은 아마도 비교적 덜 처리된 성간 입자로 보이는 1마이크로미터 이하인 초미세 입자를 확대한 것이다. 워싱턴 대학교의 돈 브라운리와 NASA의 메이여 휠록(Maya Wheelock) 제공.

손톱만큼의 길이가 될 것이다. — 인 훨씬 더 작은 입자들의 불규칙적인 집합체였다. 이와 같은 입자들을 만드는 어떤 산업적, 생물학적 과정도 알려져 있지 않다. 그리고 설사 그러한 과정이 있었다고 해도 그러한 수의 그러한 입자들이 성층권으로 운반될 방법은 없다. 광범위한 물리학적, 화학적 실험들 — 말하자면 우주선이 통과한 흔적들이나 니켈과 철의 비율 — 은 모두 이 입자들이 또 다른 천체에서 온 것이라는 결론을 향한다. 우리의 우주 공간에 있는 미세한 입자들의 주요 출처가 혜성이므로 우리 앞에 놓여 있는 이 입자들 또한 혜성에서 온 물질일 가능성이 있다.

이 입자들이 왜 서로 들러붙어 있는지는 확실히 알 수 없다. 어쩌면 한때 입자들의 표면에 점착성 물질이 있었는지도 (혹은 여전히 있는지도) 모른다. 이것이 부서지기 쉬운 구조라는 건 한눈에 알 수 있다. 만약 위에 무거운 물체를 올려놓는다면 이 구조물은 맥없이 주저앉을 것이다. 만약 이 집합체들이 어떤 작은 천체 속 깊숙한 곳에 있었다면 — 빈 공간들이 지금은 사라져 버린 휘발성 물질로 채워져 있지 않았다면 — 완전히 뭉그러졌을 것이다. 이것이 바로 성층권의 먼지 입자들이 혜성 꼬리에서 나오는 것으로 여겨지는 또 다른 이유이다. 얼음은 모두 증발했고, 어쩌면 유기물 일부도 사라졌을지 모른다.

이 작은 알갱이들을 다시 살펴보자. 이 알갱이들은 한때 혜성 핵의 표면에 있던 것일지도 모른다. 만약 혜성 핵 내부에 있는 어떤 조각을 확대해서 볼 수 있다면 어쩌면 그러한 종류의 작고 검은 입자 무리를 볼 수 있을지도 모른다. 물론 입자들의 모든 빈 공간들과 둘레는 얼음으로 채워져 있을 것이다. 시간이 지나면서 내행성계에서 얼음이 증발하고, 입자들은 우주 공간으로 끌려간다. 그리고 마침내 그중 일부는 아주 우연히 지구 대기로 들어온다(308쪽 그림 참조).

이런 방법으로 수집된, 혜성에서 나왔을 게 틀림없어 보이는 보푸라기 입자들은 90퍼센트가 306쪽 위 그림에서 보는 검은 극미소(極微小) 알갱이들의 집합체이다. 그 알갱이는 규산염을 비롯한 다른 무기질들과 복잡한 유기물로 구성된 친숙한 혼합체다. 이 개개의 알갱이들은 별들 사이의 우주 공간을 채우고 있는 먼지와 비슷한 크기다. 가능성이 극히 희박하기는 하지만 우리 앞에 놓인 물질이 태양계 생성 당시의 물질을 대표하는 것일 수도 있다. 그러나 아직은 이렇게 확신할 수 있을 정도로 연구 가능한 입자가 충분하지 않다. 광범위한 물리학, 화학 실험들을 할 수 있을 정도로 충분히 많은 물질을 축척하기 위해서,

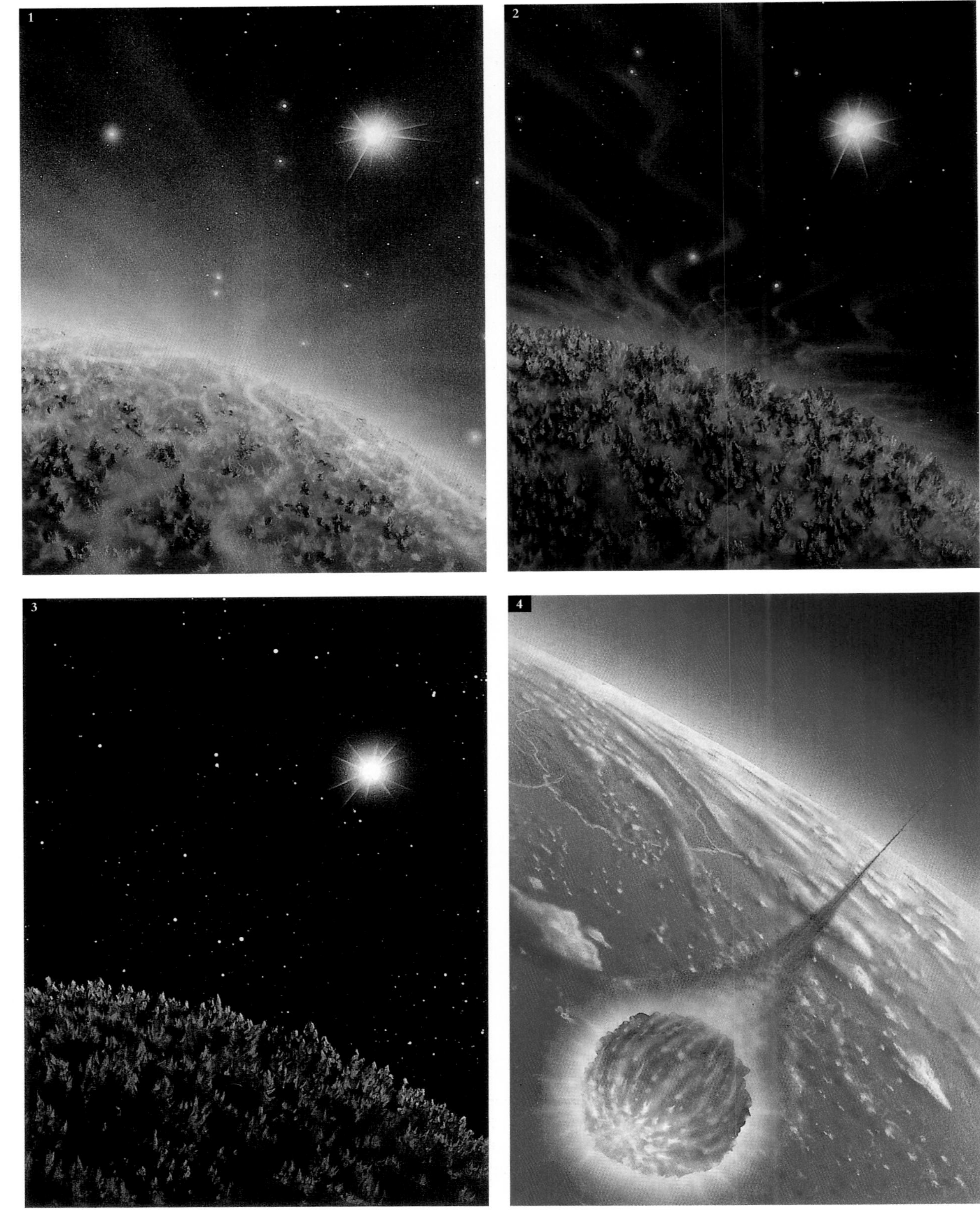
1
2
3
4

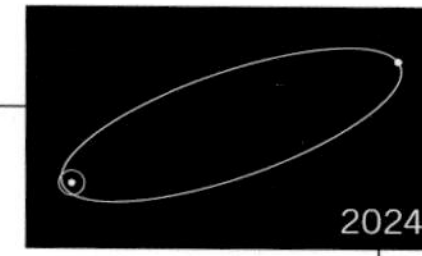

그리고 우리에게 들려줄 뭔가 놀라운 이야기를 갖고 있을지도 모르는 더 희귀한 입자들을 찾기 위해서, U-2기와 그 후임자들은 훨씬 더 큰 규모의 수집 프로그램을 준비해야 한다. 궁극적으로 우리는 이 입자들을 실제로 혜성의 핵이나 코마에서 수집된 입자들과 비교하고 싶을 것이다. 하지만 당장은 행성을 만든 벽돌과 회반죽을 최초로 바라본다는 것에 만족할 수밖에 없다.

혜성 표면을 극단적으로 확대해서 표현한 도식적인 그림. 태양에서 멀리 떨어진 혜성 표면은 얼음(파란색)과 암석 및 유기물(갈색)로 구성되어 있다. 혜성이 태양에 접근하는 동안, 온도가 올라가 얼음이 증발하기 시작한다(그림 1). 곧 표면의 얼음 대부분이 우주 공간으로 사라지고(그림 2) 마침내 암석과 유기물만 남는다(그림 3). 이런 조성의 혜성에서 조각들이 떨어져 나와 그중 하나가 지구의 대기로 들어간다(그림 4). 그러면 그것은 유성이 되거나, 상당히 크다면 화구가 된다. 킴 푸어 그림.

혜성 하나가 태양의 밝은 표면에 충돌한다. 어두운 지역은 국지적으로 강한 자기장이 나오는 흑점이다. 태양 어디에도 고체나 액체인 곳은 없다. 모든 것이 기체다. 앤 노르시아 그림.

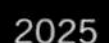

14장

흩어진 불과 조각난 세계들

종종 해가 지고 나면 태양에서 멀지 않은 곳에서 흩어진 불들이 보인다.

— 세네카, 『자연의 의문들』 7권 '혜성'

천사들이 모두 제멋대로 노래하네,
무료함에 지친 쉰 목소리로,
할 일이라고는 해와 달을 끌어올리거나,
도망 다니는 어린별이나
혜성을 잡는 일,
어느새 다루기 힘든 혜성 하나가
푸른 천상을 깨고 나가
아름다운 꼬리로 행성들을 부수네,
마치 무자비한 고래가 배들을 부수듯이.

— 바이런 경, 『심판의 계시』, 1822년

프랑스 대혁명 전야에 사망한 박물학자 조르주루이 르클레르 뷔퐁 백작(Georges-Louis Leclerc, Comte de Buffon)은 암석 기록에서 일련의 지질학적 연대를 재구성하려고 시도한 최초의 과학자들 가운데 하나였다. 또한 뷔퐁은 아주 오래전에 자신이 혜성이라고 부른 무거운 천체가 태양과 충돌해 뜨거운 물질의 거대한 덩어리들이 우주 공간에 흩어졌고, 이것들이 식고 응축되어 행성들과 그 위성들을 만들었다고 주장했다. 곧 라플라스는 사건들을 이런 식으로 재구성하는 것으로 태양계의 궤도가 갖는 규칙성을 설명할 수 없음을 입증했다. 그러나 이것은 태양과 충돌하는 혜성 물질에 대한 최초의 과학적 언급이었으며, 적어도 일부 혜성이 어떻게 소멸하는지를 설명하려는 최초의 현대적 시도였다. 이 장에서 우리는 혜성의 여러 가지 운명 가운데 네 가지를 기술한다. 태양과 직접 충돌하는 경우, 잔여물들이 태양으로 나선 강하하면서 붕괴하는 경우, 위성이나 행성과 충돌하는 경우, 그리고 또 다른 세계로 변환되는 경우 등이다.

19세기 — 핵물리학은 고사하고, 원자핵 같은 것이 있다는 사실조차 몰랐던 시절 — 에는 유성이 태양을 빛나게 한다는 게 일반적인 생각이었다. 유성이 태양으로 떨어지면서 운동 에너지를 제공하고 불같은 표면을 더 가열시켜서 가엾은 지구의 거주자들에게 빛과 열을 제공한다는 주장이었다. 유성은 죽거나 죽어 가고 있는 혜성의 부스러기이며, 때로는 그것을 덮고 있던 껍데기이다. 따라서 만약 이러한 견해가 옳다면 혜성은 지구에 거주하는 생명의 기원이 된다. 그러나 혜성과 그 부스러기들이 정기적으로 태양과 달과 행성과 충돌하여 어떤 의미에서는 지구에 생명을 주었을지도 모르지만, 유성은 태양 빛에 전혀 기여하지 않으며 태양을 빛나게 하는 것은 수소 융합이다.

9월의 대혜성(1882 II)은 태양과 거의 충돌할 정도로 가까이 왔었다. 이 때문에 이것은 '태양을 스쳐 가는 혜성(sungazer)'이라고 불린다. 혜성 천문학에서는 상당히 낭만적인 이름이다. 근일점을 통과하기 전,

이 혜성에는 핵이 단 하나뿐이었다. 그러나 나중에 행성들을 떠날 때는 점점 서로 멀어지는 네 개의 독립된 핵으로 쪼개져 있었다. 태양은 혜성의 먼 쪽보다 가까운 쪽을 약간 더 강하게 끌어당긴다. 또한 태양을 향해 있는 쪽이 반대쪽보다 열기를 더 많이 느낀다. 매우 약한 구조를 가진 상태에서 근접 통과를 할 경우, 이런 불균등한 압박들은 핵을 둘 이상으로 쪼개기에 충분할지도 모른다. 이 쪼개진 조각들의 귀환 주기를 계산한 결과 모두 500~900년 후에 100년 정도의 간격을 두고 돌아오는 것으로 나타났다. 네 조각들 각각은 상당히 큰 편인데, 꽤 불확실하기는 하지만 2546년, 2651년, 2757년, 2841년에 돌아오는 것으로 예측되었다. 먼 미래 세대는 100년 정도의 간격을 두고 하늘의

혜성 하나가 개기일식 동안 태양 근처에서 발견된다. 조석 분열로 혜성의 핵이 쪼개지고 있다. 앤 노르시아 그림.

동일한 지역에서 기염을 토하며 태양을 향해 돌진하는 네 개의 혜성을 관측하게 될 것이다.

1882년의 혜성은 일시적으로 하늘의 동일한 지점에서 와서 태양을 스쳐 가는 혜성, 이른바 크로이츠 혜성군(Kreutz family) 중 하나다. 태양을 비껴간 1668년과 1843년과 1880년과 1887년(이카보드 크레인(Ichabod Crane)이 발견한 혜성 '유령 같은 기수'처럼 이 혜성에도 최근에 '머리가 없는 자'라는 이름이 붙었다.)의 멋진 혜성들은 모두 최근에 지구를 방문했던 1963 V와 1970 VI 혜성처럼 크로이츠 혜성군의 일부였다. 이 혜성들이 모두 다른 시대에 태양에 너무 가까이 다가왔다가 태양의 조석력 때문에 쪼개진, 훨씬 더 큰 혜성의 파편들은 아닐까 하고 생각해 보는 것은 당연하다.

혜성이 태양 가까이 지나갈수록 이 파괴적인 조석력은 더욱 강력해진다. 또한 크로이츠 혜성군에 속하며 낮에 태양을 스쳐 가는 이케야-세키 혜성(1965 VIII)은 근일점을 통과한 직후 두 조각으로 쪼개졌다. 뉴턴과 핼리가 연구했던 1680년 12월의 대혜성은 태양 표면에서 채 10만 킬로미터도 떨어지지 않은 거리까지 접근했는데, 이는 달과 지구 사이보다도 훨씬 더 짧은 거리였다.[1] 그러나 이 혜성은 근일점을 통과하는 동안 쪼개지지 않았다. 반면에 태양에서 3000만 킬로미터 떨어진 거리밖에 접근하지 않았던 웨스트(1976 VI) 혜성은 네 조각으로 쪼개져 각각이 상호 탈출 속도보다 더 큰 속도로 서로에게서 멀어졌다. 그렇다면 태양의 조석력이나 불균등한 가열이 혜성을 분열시키는 유일한 원인은 아닐지도 모른다. 아직 우리는 왜 혜성들이 쪼개지는지 모른다.

어쩌면 분열은 제트 현상과 관련 있는 건지도 모른다(175쪽 그림 참조). 웨스트 혜성이 폭발할 때, 각 파편들이 밝게 빛나며 처음 12번의

1 이것은 매우 가까운 거리다. 우리가 만약 1680년의 대혜성 위에 — 혹은 혜성을 지켜볼 수 있도록 조금 더 위에 — 서 있었다면 우리는 태양이 하늘의 절반 정도를 채우고 있는 것을 목격했을 것이다. 이것은 사실상 태양을 뚫고 지나간 것이나 다름없다.

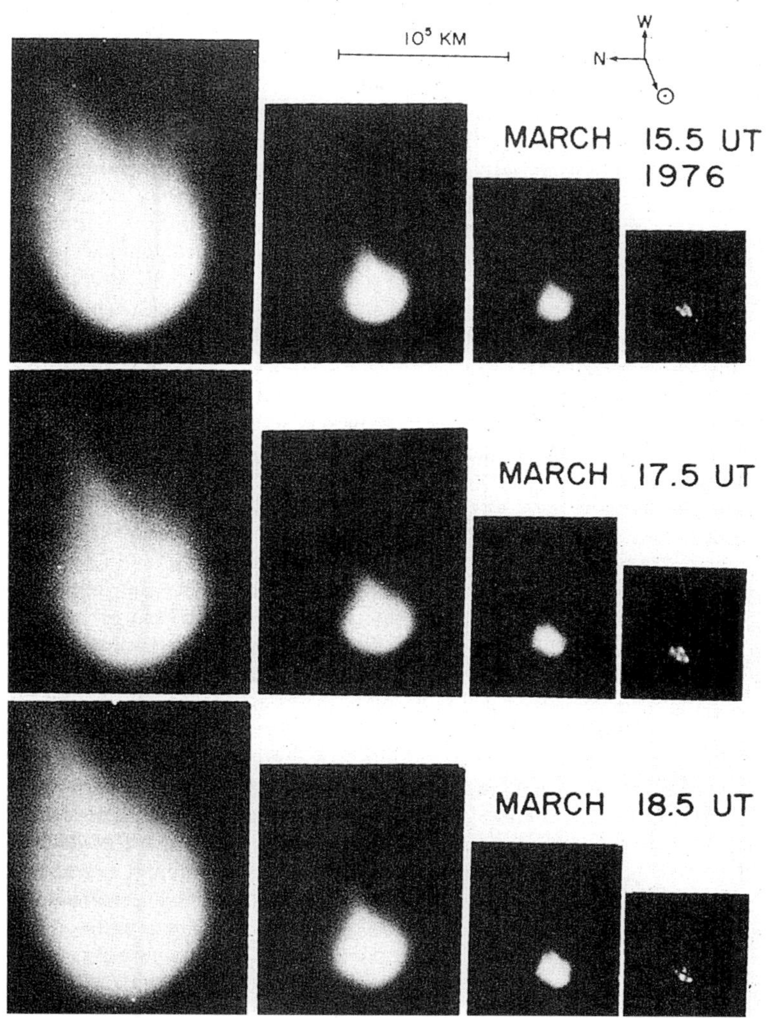

1976년의 다른 세 날에 각각 웨스트 혜성을 촬영한 네 개의 노출 사진. 장시간 노출을 주면 외부 코마는 두드러지지만, 내부 코마의 세부는 불명료해진다. 노출 시간이 가장 짧을 때 혜성 핵이 쪼개지는 것이 분명하게 보인다. 혜성이 쪼개지면서 떨어져 나간 조각들은 밤마다 밝기와 꼬리가 달라진다. 애리조나 대학교 달과 행성 연구소 제공.

폭발 동안 우주 공간에 다량의 먼지를 뿜어냈다. 쪼개지는 혜성의 80퍼센트는 태양에서 멀리 떨어져 있을 때 분열한다. 왈타넨(Wirtanen) 혜성은 1957년에 토성의 궤도 약간 안쪽에서 산산조각이 났다. 비엘라/강바르 혜성도 유사한 경우이다. 그러한 분열은 색다른 얼음들의 증발 혹은 달리 발견되지 않는 행성 간 암석 파편과의 충돌 때문일지도 모른다. 이 태양을 스쳐 가는 혜성들은 모두 태양 표면을 약 5,000킬로미터 이내로 가까이 지나가면서, 온도가 100만 도를 상회하는 태양 코로나의 엷고 뜨거운 기체를 관통했다. 그러나 혜성은 태양 코로

!

과학 논문들이 해결의 열쇠가 되는 경우는 드문 편이며, 느낌표가 출연하는 경우 — 매우 다른 의미로 쓰이는 수학 논문을 제외하면 — 도 거의 없다. 여기에 그 예외 사례들 가운데 하나가 있다. 매사추세츠 케임브리지 천체 물리학 센터에 있는 브라이언 마스든은 전 세계의 천문학자들에게 새로운 혜성을 비롯한 그 밖의 많은 소형 천체들을 발견하고 그 경보를 발한 국제 천문 연맹(International Astronomical Union) 총재다. 마스든은 혜성을 이해하는 데 중요한 공헌을 많이 했다. 1960년대에 출간된 과학 논문▪에서 마스든은 태양을 스쳐 가는 혜성들에 대해 논의했으며, 원일점 근처에서 쪼개진 것처럼 보이는 두 혜성 1882 Ⅱ와 1965 Ⅷ의 발견을 언급했다. 그러나 원일점은 당황스럽게도 해왕성 궤도보다 훨씬 멀리 있었다.

> 혜성이 쪼개지는 이유는 대부분 분명하지 않지만, 세상 사람들은 분열 속도가 혜성 자체 속도의 20퍼센트 정도일 때라는 식의 설명을 요구한다! 태양에서 200AU, 그리고 황도면 위로 100AU 떨어져 있는 어떤 소행성체와의 충돌은 설사 그것이 한 번은 반드시 일어나야 한다고 해도 진지하게 고찰할 가치가 없다.

사실, 태양에서 200AU 떨어진 캄캄한 성간 우주 공간에서 일어나는 격렬한 폭발을 이해하기란 어렵다. 그곳에서의 충돌은 극히 드물 것이다. 이 문제는 미해결 상태로 남아 있다.

▪B. G. 마스든, 「태양을 스쳐 가는 혜성 그룹(The sungrazing comet group)」, 《천문학 저널(*Astronomical Journal*)》 72호, 1967년.

나에서 너무나 짧은 시간을 보내며, 그곳의 엄청나게 뜨거운 기체는 너무나 엷으므로 이 혜성들의 분열을 일으키는 원인은 태양열이기보다는 태양의 중력일 가능성이 더 크다.

태양과 부딪힐 정도로 가까이 지나가는 혜성이 있다면 태양과 정면으로 충돌하는 혜성도 있지 않을까? 태양에 접근한 혜성은 그 빛 속에서 실종되어 결코 다시는 관측되지 않는다. 어쩌면 태양의 중력 때문에 수많은 작은 조각으로 부서졌을지도 모른다. 그러나 우리는 이제 순전히 우연이었던 한 발견을 통해서, 오래전 뷔퐁이 거창하게 제안했듯, 혜성이 때로 태양과 충돌하기도 한다고 확신할 수 있다.

미국 해군 연구소는 변화하는 태양 코로나의 활동을 관측하기 위해 한 공군 위성에 비디오카메라와 피기백 방식의 망원경을 실어 보냈다. 어쩌면 이것은 태양 플레어나 태양의 하전 입자들이 야기하는 자기 폭풍을 경보하는 장치로 기능할 수 있을 것이다. 그런 플레어나 폭풍은 우주 탐사 장비들과 우주 비행사들에게 해를 끼칠 수 있다(9장 참조). 이 망원경 앞에는 태양 빛을 차단하기 위해 작고 불투명한 원반을 놓았다. 덕분에 매우 뜨겁고 더 희미한 태양 코로나도 촬영할 수 있게 되었다. 이 장비는 1979년 8월 말에 우연히 태양과의 충돌 궤도에 놓인 혜성을 느린 속도로 촬영했다(318쪽 그림 참조). 그러나 이 놀라운 발견은 "실험 데이터 테이프의 공개가 지연되는 바람에" 2년 반이나 늦게 알려졌다. '하워드-쿠먼-미셸스(Howard-Koomen-Michels) 1979 XI'이라고 불리는 이 혜성 역시 태양을 스쳐 가는 크로이츠 혜성군의 일원으로 밝혀졌다. 이 혜성은 태양 근처로 가는데, 근일점 거리가 너무 가깝다. 혜성의 머리가 태양 반대편에서 전혀 나타나지 않았던 것으로 보아 증발해 버렸거나 작은 알갱이들로 부서져 버린 게 틀림없다. 그러나 머리가 잘려 나간 이 혜성의 꼬리는 산산이 흩어져서 완전히 사라져 버리기 전까지 하루 동안 남아 있었다. 혜성이 태양 코로나를 뚫고 질주하면서 기체를 맹렬히 분출하고 불규칙적으로 뒹굴면서 산산조각이 나고 알갱이들이 작은 불꽃을 튀기면서 증발해 물질을

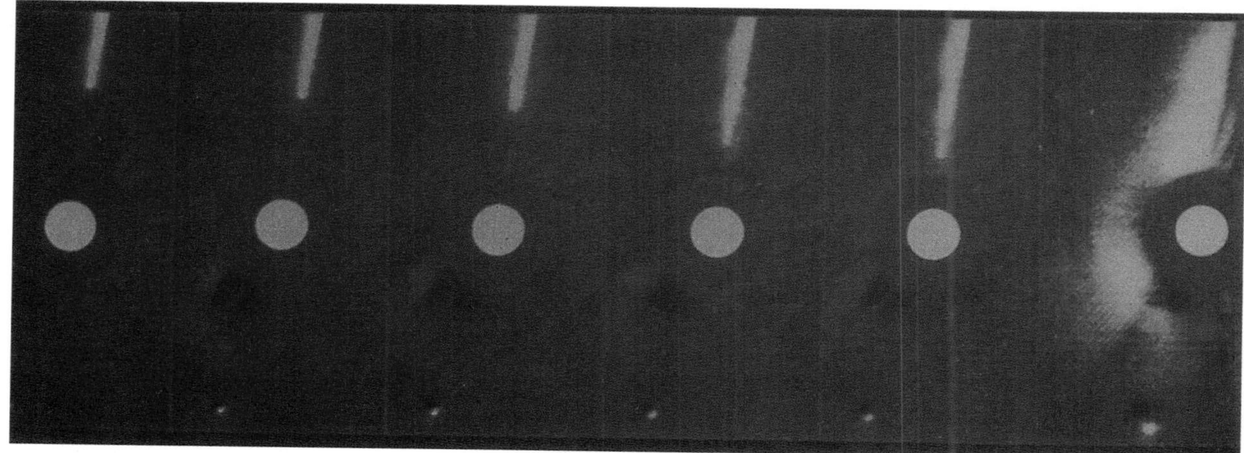

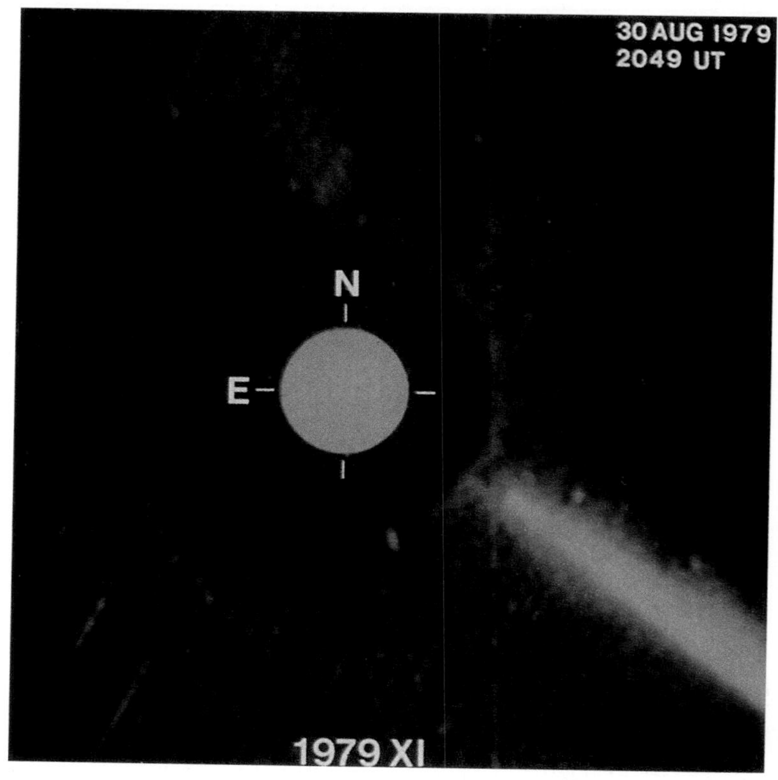

우주에서 촬영된 동영상의 일부. 하워드-쿠먼-미셸스 혜성(1979 XI)이 1979년 8월 30일에 태양에 충돌한다. "태양 코로나의 교란"은 사실 24시간 정도 완전하게 지속하는 혜성의 꼬리일지도 모른다. 워싱턴 D. C. 소재 미국 해군 연구소 제공.

다 소모하고, 남아 있는 거라고는 더 차가운 외곽층들을 이루는 백열의 허리케인에서 움직이고 있는 원자 — 주로 H와 O — 의 구름밖에 없다고 상상해 보자.

태양을 스쳐 간 얼마나 많은 혜성들이 유사한 운명을 겪었을지 우리는 모른다. 하워드-쿠먼-미셸스 혜성은 이전까지 알려져 있지 않았

다. 태양과 충돌하는 혜성이 한 해에 한 개 이상 되지는 않을 것이다. 그러나 설사 그렇다고 해도 매년 전혀 손상되지 않은 혜성에서 태양으로 떨어지는 질량은 행성 간 먼지로부터 떨어지는 양보다 10배 정도 더 많을 것이다. 만약 태양계의 수명만큼 매년 이 정도의 양이 떨어졌다면, 향후 수십억 년 뒤에는 죽어 갈 태양을 10년 동안은 더 빛나게 하기에 충분할 것이다.

가능하다면 도시에서, 오염된 대기에서, 인공 불빛에서 멀리 떨어진 장소를 찾아가 보자. 되도록이면 봄철 이른 저녁의 맑고 고요한 밤을 택하면 좋다. 해가 진 지점 근처를 바라보자. 이제 직사광선이 서쪽 지평선에 가려져 있으므로 더 희미한 빛을 볼 수 있다. 만약 북반구 중위도 지역에 살고 있는 사람이라면 해가 떨어진 지점에서 왼쪽 위로 희미하게 빛나는 띠가 올라가는 것을 보게 될 것이다. 이 띠는 은하수가 아니면 찾기가 다소 어렵다. 세네카는 이것을 '흩어진 불'이라고 불렀는데, 사실 멀리 있는 불꽃들이 하늘에 반사되어 펼쳐져 있는 것처럼 보이기도 한다.

만약 매우 맑은 날, 특히 적도에서 관측한다면 이 띠가 행성들이 움직이는 황도 별자리들을 따라 하늘을 완전히 빙 둘러싸고 있는 광경을 목격할 수 있다. 그리고 이런 이유로 이 빛나는 띠는 황도광

지평선 위로 50도 정도까지 뻗은 황도광 사진. 이것은 일몰 후 1시간 정도 노출을 줘서 찍은 사진이다(별들이 점이 아니라 짧은 선으로 보이는 사실에 주목하자.). 애리조나 주 투손에 있는 행성 과학 연구소의 윌리엄 K. 하트먼 제공.

노출 시간을 더 길게 준 황도광 사진(별 꼬리가 더 길다는 점에 주목하자.). 하늘이 회전하는 것처럼 보이는 천구의 북극이 그림의 오른쪽 위로 벗어나 있다. 육안에는 물론 황도광이 훨씬 더 희미하다. 윌리엄 K. 하트먼의 『위성들과 행성들(*Moons and Planets*)』 2판에서. © 1983 워즈워스 출판사. 윌리엄 K. 하트먼과 출판사 허가로 게재.

그리고 만약 우연히도 지구의 궤도를 이루는 우주 공간의 저 작은 선과 만나는 유성 흐름이 몇 개 있다면, 태양계의 전체 길이와 너비 안에는 그러한 유성 흐름이 무수히 많지 않겠는가! 어쩌면 태양을 감싸고 있는 저 신비한 황도광이라는 것은 지구 궤도 안쪽의 우주 공간에서 모든 방향으로 날아다니고 있는 수많은 미세 천체들로 인해 발생하는 것인지도 모른다.

— G. 존스톤 스토니(G. Johnstone Stoney), 「11월의 유성 이야기(The Story of the November Meteors)」, 런던 왕립 학회 주관 금요일 저녁 강의, 1879년 2월 14일

(zodiacal light)이라고 불린다. 한밤중에는 태양 정반대쪽에 주위보다 더 밝은 지역이 보이는데 이것은 독일어로 '게겐샤인(Gegenschein)'이라고 하며 '대일조(對日照)'라는 뜻이다. 기하학적으로 보면, 태양을 감싸고 있으면서 빛을 지구로 다시 반사하는 납작한 물질 고리 속에 지구와 다른 행성들이 함께 놓인 게 분명하다.

이마누엘 칸트는 천문학에 이런 원반 형태의 구조가 또 존재한다는 사실에 관심을 갖게 되었다. 칸트는 이 물질에 대해 여러 가지 견해를 갖고 있었는데, 황도대 구름의 본질과 기원에 대한 그의 기술은 유명하다.

> 태양의 적도 평면 주위는 폭은 작지만 상당한 거리까지 뻗어 있는 알 수 없는 증기로 에워싸여 있다. 우리는 …… 이것이 태양 표면에 접하는지 …… 혹은 토성의 고리처럼 태양으로부터 일정 거리만큼 떨어져 있는지 확신할 수 없다. 어느 쪽 견해가 옳든 이 현상을 토성의 고리와 비교할 만한 유사성은 여전히 남아 있다.…… 태양의 이 목걸이는 …… 태양 세계의 가장 높은 지역에서 떠다니고 있다가 태양계가 완전히 완성된 뒤에 태양으로 떨어진 우주의 시원 물질로부터 형성되었을지도 모른다.

칸트는 황도광이 태양계 성운에서 나온 작은 입자들로 이루어진 납작한 원반에서 반사되어 나오며, 나중에 내행성계에 도달한 것이라고 말하는 것 같다. 만약 이러한 해석이 옳다면 칸트는 또다시 그의 시대보다 100년이나 200년 정도 앞섰던 과학자였음이 입증된다.

황도광을 통해 우리는 혜성(그리고 더 작은 범위로는, 화성과 목성 궤도 사이에 있는 소행성들의 충돌로 생긴 미세한 부스러기)의 잔재를 관측하고 있다. 이 물질은 많지 않다. 황도의 먼지 구름에 있는 모든 입자들을 합해도 지름이 수 킬로미터인 혜성 한 개의 질량인 수천억 톤에 지나지 않는다. 이 구름은 전형적으로 성층권에서 항공기가 발견한 지름이 수십 마이크로미터인 입자들(13장 참조)과 매우 유사한, 규산염과 유기물의

존스(Jones)가 일본에서 관측한 황도광. 아메데 기유맹의 『하늘』(파리, 1868년)에서.

혼합물인 아주 미세한 검은 먼지 알갱이들로 이루어져 있다. 작은 혜성을 10마이크로미터 크기의 조각들로 부수고 얼음을 무시하면 수많은 입자들이 생긴다. 이 입자들을 내행성계 전체에 펼쳐 놓으면 상당량의 빛을 반사할 수 있다.

그러나 행성 간 공간이 작은 황도의 먼지 입자들로 가득 차 있다고 생각할 수는 없다. 코앞으로 엄지손가락을 들고 태양 쪽으로 움직여 보자. 그렇게 쭉 태양까지 정말로 갈 수 있다면 황도의 먼지 입자를 얼마나 만날 수 있겠는가? 답은 고작 몇 개 정도이다. 혜성은 근일점을 한 번 통과하는 동안 황도의 먼지 구름에 있는 모든 입자들의 0.01퍼센트를 제공할 수 있다.

이 입자들은 이제 행성 간 탐사선에 의해 정기적으로 관측된다. 예컨대 1972년과 1974년 사이에 유럽 우주국(ESA)의 헤오스-2(HEOS-2) 지구 위성이 5,000킬로미터에서 24만 4000킬로미터 사이 상공에서 먼지를 탐색했는데, 이전에는 알려지지 않았던 수많은 미세한 입자들이 종종 발견되었다. 서로 엉겨 붙은 알갱이 구름의 수명이 매우 짧은 것으로 보아 이 입자 무리는 얼마 전에(코호우텍 혜성으로 생각되는) 더 큰 모체에서 떨어져 나온 게 틀림없었다. 그러나 대체로 황도 구름은 행성이 헤치고 나아가면서 일시적으로 일종의 터널 자국을 남길 때를 제외하면 혹이나 가닥이나 구멍 없이 일정하고 균일하다. 어느 먼 행성으로 날아가는 탐사선은 반드시 이 물질과 부딪힌다. 그러나 물질이 너무 적고 개개 입자들이 멀리 떨어져 있어서(전형적으로 1킬로미터 간격으로) 성간 비행을 방해하지는 않는다.

그러나 이 물질이 이렇게 적다는 게 처음에는 잘 이해가 되지 않는다. 지금 내행성계 안에 있는 황도의 먼지 입자들 모두는 지난 수십만 년 동안 혜성의 먼지 꼬리에 의해 생겨났을 것이다. 태양계의 나이는 45억 년이다. 그렇다면 훨씬 더 많은 황도 먼지가 있어야 하지 않을까? 45억/10만=4만 5000이므로 당연히 현재 존재하는 양보다 4만 5000배 더 많은 황도 먼지가 있어야 한다. 이럴 경우, 황도광은 행성과 별보다 더 밝을 것이다. 일부 기독교 근본주의자들은 심지어 이 수수께끼를 이용해, 「창세기」의 글자 그대로의 해석과 현대 과학의 발견 사실들을 조화시키려는 안쓰러운 시도를 감행했고, 그 결과 태양계의 나이가 10만 년 — 그리고 바라건대 1만 년 미만 — 에 불과하다고 주장하기도 했다.

무한히 긴 시간에 걸쳐 혜성에서 나온 엄청난 양의 미세한 입자들이 행방불명되었다. 그렇다면 이 입자들은 모두 어디로 사라져 버린

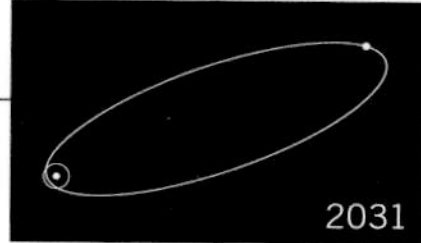

유럽에서 M. 하이스(M. Heis)가 관측한 황도광. 아메데 기유맹의 『하늘』(파리, 1868년)에서.

걸까? 태양이 이 입자들을 집어삼킨 것으로 드러났다. 지름이 수십분의 1마이크로미터 정도인 작은 입자들은 혜성 꼬리와 내행성계에서 모두 사라져 복사압으로 인해 우주 저 멀리 있는 깊숙한 곳으로 밀려갔다. 우주 탐사선 중에서는 파이오니어 8호와 9호가 그 입자들을 발견했던 것 같다. 더 큰 입자들 역시 복사압을 느끼지만, 그들을 바깥쪽으로 멀리 밀어낼 정도로 복사압이 충분한 것은 아니다. 그러나 복사압은 태양의 중력을 상쇄시키는 효과가 있기 때문에 입자들이 다소 민첩해진다. 영국의 물리학자 J. H. 포인팅(J. H. Poynting)이 처음으로 설명한 또 다른 반대 영향도 있다. 즉 포인팅은 이 입자가 뜨거우므로 결과적으로 우주 공간에 복사를 방출한다고 주장했다. 물론 이 입자는 햇빛을 반사하기도 한다.

> (그러나 이 입자는 태양 주변을 공전하므로) 전방으로 방출된 자체 복사파 쪽으로 나아가는 동시에 후방으로 방출된 복사파로부터 멀어진다. 그 결과 압력이 앞에서는 증가하고 뒤에서는 감소한다. 따라서 이 운동을 방해하는 힘이 있다.[2]

2 1906년 5월 11일에 왕립 학회에서 이루어진 포인팅의 금요일 저녁 강의 「복사압의 몇 가지 천문학적 결과들(Some Astronomical Consequences of the Pressure of Light)」에서 발췌했다.

이제 그 입자는 태양의 중력과 균형을 이룰 정도로 빨리 움직이고 있지 않으므로, 약간 태양 쪽으로 빨려 들어간다. 거기에서 입자는 훨씬 더 뜨거워지고, 햇빛을 더 많이 반사하며, 더 빨리 움직여서 그 운동에 대한 저항을 훨씬 더 많이 받는다. 결국 입자는 서서히 나선형을 그리며 태양으로 떨어진다. 포인팅은 계산 결과 반지름이 10마이크로미터인 작은 돌멩이 입자는 10만 년도 되지 않아 태양에 도달하게 된다고 추론했다. 훨씬 더 큰 입자들은 너무 커서 햇빛 때문에 밀려나거나 나선형으로 돌면서 떨어지지 않는다. 태양 주위의 궤도를 도는 작은 입자들의 이런 격렬한 운명은 오늘날 포인팅-로버트슨 효과로 알려져 있다(미국의 물리학자 H. P. 로버트슨(H. P. Robertson)이 후에 이 현상을 가장 일반적으로 공식화했다.).

포인팅은 계속해서 다양한 크기의 입자들이 어떻게 결국 동일한 계에 속해 있지 않은 것처럼 보일 정도로 다른 궤도를 돌게 되는지 설명했다.

> 너무 달라서 그것들은 동일한 계에 속하지 않은 것처럼 보일지도 모른다. 시간이 경과하면 이 입자들 모두는 결국에 태양으로 떨어질 것이다. 어쩌면 황도광은 오래전에 소멸한 혜성 먼지 때문에 나타나는지도 모른다.…… 토성의 고리는 이 행성에 포획된 궤도가 원형이 될 정도로 오랫동안 이러한 행동을 지속했던 혜성 물질일 가능성이 크다.

따라서 전형적인 황도의 먼지 입자는 대략 10만 년쯤 뒤에는 태양에 잡아먹히며 본질적으로 황도의 먼지 구름에 있는 모든 입자들은 그러한 기간 뒤에 다시 채워진다. 그러므로 황도광에서 보이는 입자들의 거의 대부분은 역사 시대 훨씬 이전에 존재했던 혜성에서 온 것이다. 하지만 인류가 나타나기 전에 생겨났던 것은 아니다. 전체적으로 보면 태양으로 휩쓸려 들어가는 성간 입자의 규모는 초당 10톤에 달하며 1년이면 3억 톤에 이른다.

골프 코스에서의 관찰

심지어 혜성(혹은 소행성)의 작은 조각과 지구와의 충돌도 멀리까지 중대한 영향을 미칠 수 있다. 1908년 6월 30일 시베리아 퉁구스카 폭발 다음 날, 런던의 《타임스》 앞으로 다음과 같은 내용의 편지 한 통이 발송되었다. 이 편지는 이틀 뒤에 발표되었다.

> 편집장께
>
> 하늘이 갑자기 밝아지는 이상한 현상을 접하고, 어젯밤 11시경 이곳에 머물던 골퍼들은 이 현상을 좀 더 자세히 보려고 바닷가로 걸어 나갔습니다. 바다 건너 북쪽 하늘은 매우 아름다운 석양의 모습과도 같았습니다. 이 모습은 오늘 새벽 2시 30분에 동쪽에서 휘몰아치는 구름의 멋진 빛깔들이 없어질 때까지 지속되었고 그 범위와 강도도 모두 증가했습니다. 저는 1시 15분에 잠에서 깼는데, 이 시간에도 빛이 어찌나 강하던지 제 방에 앉아서 아주 편안하게 책을 읽을 수 있을 정도였습니다. 1시 45분에 북쪽과 북동쪽의 하늘 전체가 은은한 연어빛으로 물들었고, 새들은 이른 아침의 노래를 부르기 시작했습니다. 다른 사람들도 이 현상을 보았을 게 틀림없지만 북쪽 해안을 바라보는 곳은 브랜캐스터가 거의 유일하므로 이곳에 머물고 있는 저희가 아마도 그 현상을 가장 잘 봤을 것입니다.
>
> 7월 1일
>
> 브랜캐스터의 도미 하우스 클럽에서
>
> 홀컴 잉글비(Holcombe Ingleby) 드림

1년 동안 태양 주위를 돌면서, 지구는 주로 새벽 반구에 있는 황도의 먼지 구름을 구성하는 입자들과 만난다. 황혼 반구에는 더 희박하고 더 빠르게 움직이는 부스러기가 지구를 뒤쫓아 온다. 우리의 행성 전체에 걸쳐 축적되는 먼지의 총량은 하루에 대략 1,000톤이다. U-2기나 그와 비슷한 다른 성층권 항공기들이 수집하는 미세한 입자들의 수는 움직이는 지구에 의해 포획되는 황도의 먼지 구름 입자들에서 예상되는 만큼이다. 만약 이 혜성 먼지가 오늘날과 똑같은 속도로 계속 지구에 떨어졌다면, 그리고 지구에 떨어진 이후 전혀 손상되지 않았다면 지구 곳곳에 1미터 두께의 검은 먼지층이 쌓였을 것이다. (만약 커다란 혜성 하나를 가루로 빻아 그 부스러기를 지구에 고루 뿌린다면 두께가 1센티미터인 층이 만들어질 것이다.)

이 작은 알갱이들은 장중한 역사를 갖고 있었다. 얼음과 섞인 이 알갱이들은 수많은 세월 동안 성간 기체 사이를 떠다녔다. 그 뒤 수축하며 회전하는 성간 소용돌이에 잡혔다. 그 소용돌이는 결국 태양계가 될 것이었다. 알갱이들은 점점 자라서 혜성의 핵을 형성하지만 바로 태양계 외곽에 있는 차가운 저장소로 추방되었다. 그런 다음 혜성이 태양을 향해 돌진하면서 얼음을 증발시키는 동안 혜성에서 떨어져 나가 개별적인 미세 행성체들이 되어 지구 주위의 궤도를 돈다. 그리고 마침내 일부가 나선형으로 돌면서 떨어지기 시작해 태양 코로나를 통과하는 동안 한 줌의 기체로 변해 버린다.

이후 그 구성 원자들 — 규소, 산소, 철, 알루미늄, 탄소, 수소 등 — 은 태양의 상층 대기에 흩어졌다가 결국 내부의 순환 과정을 거쳐 땅속 깊숙한 곳으로 실려 간다. 이 원자들 일부는 태양의 중심으로 수송되어 우리의 별을 빛나게 만드는 열핵 연금술에 종사하게 될 것이다. 그러나 이 원자들은 최소한의 기여만 할 뿐이다. 아주 잠시 희미한 빛을 내는 우연한 빛줄기 하나, 색다른 광자 하나가 이따금 저 멀리 있는 혜성대에서 생성되기도 한다.

태양계에 있는 세계들을 흘끗 들여다보기만 해도 구멍으로 가득 차 있다는 사실을 알 수 있다. 뭔가로 마구 두들겨 맞은 듯한 이러한 종류의 표면 — 지구에 대해 뭔가를 말해 주는 — 을 보면서 쉽게 머릿속에 떠오르는 비유는 많지 않다. 사람들은 한때 분화구들로 뒤덮인 달의 표면을 스위스 치즈 혹은 에멘살러 치즈에 비유했지만, 그것은 달의 진정한 모습 — 눈에 보이는 가장 작은 분화구까지, 분화구 위에 분화구가 있고, 그 위에 또 다른 분화구가 있는 모습 — 을 연상시키지 못한다. 이 세계들 일부는 빗방울이 후드득 떨어지는 해변의 모습과 더 유사하다. 회반죽에 다양한 크기의 구슬을 무작위로 떨어뜨리고 표면이 굳게 놔두면 테두리와 성벽, 때로 한가운데 산봉우리가 있는 아름다운 원형의 구덩이들이 남을 것이다. 어떤 구덩이들은 다른 구덩이 위로 겹치기도 한다. 그 모습은 어떤 세계의 표면과 아주 많이 닮

혜성이나 소행성이 달에 충돌해 튀코 분화구를 만든다(2장에 등장한 튀코 브라헤의 이름을 따서 명명되었다.). 이 분화구는 수많은 분화구들이 있는 달의 고지대에 형성된다. 분화구들이 계속 겹쳐진다는 사실에 주목하자. 돈 딕슨 그림.

아 보인다.

달에 있는 충돌 분화구(impact crater) 일부는 소행성이 만들었지만 대부분 — 특히 외행성계에서 — 은 혜성이 만들었다. 아주 가끔 어떤 세계가 혜성을 덮치기도 하겠지만, 혜성이 세계를 덮치거나 정면으로 충돌하는 경우가 더 많을 것이다. 태양처럼 위성들과 행성들도 그들 몫의 혜성 충돌을 받아들였다. 태양은 기체로 이루어져 있으므로 충돌 분화구가 전혀 남아 있지 않다. 하지만 우리는 옛날 표면이 침식되지 않고 남아 있는 세계들에서 무한히 긴 시간 동안 얼마나 많은 혜성들이 치명적인 충돌로 소멸했는지를 엿볼 수 있다.

1908년 6월 30일에 시베리아의 하늘에서 뭔가가 떨어지다가 8킬로미터 상공에서 폭발해 숲 하나를 통째로 쓰러뜨렸다. 이 폭발은 당시 최고의 파괴력을 지닌 핵무기보다도 더 강력했다. 그러나 충돌 분화구는 발견되지 않았다. 폭발의 원인은 한때, 크지만 부서지기 쉬운 엥케 혜성의 조각으로 여겨졌다. 어떤 이는 소행성이 원인이라고 생각했다. 혜성은 너무 약해서 조각나기 전에 지구 대기로 깊숙이 들어올 수 없기 때문이다. 충돌 물체가 꽤 약한 것이 아니라면, 표면에 부딪히면서 충돌 분화구를 만들었을 것이다. 떨어지는 물체는 매우 빠르게 움직였을 테니 그 물체가 만든 구멍은 떨어지는 물체 자체보다 훨

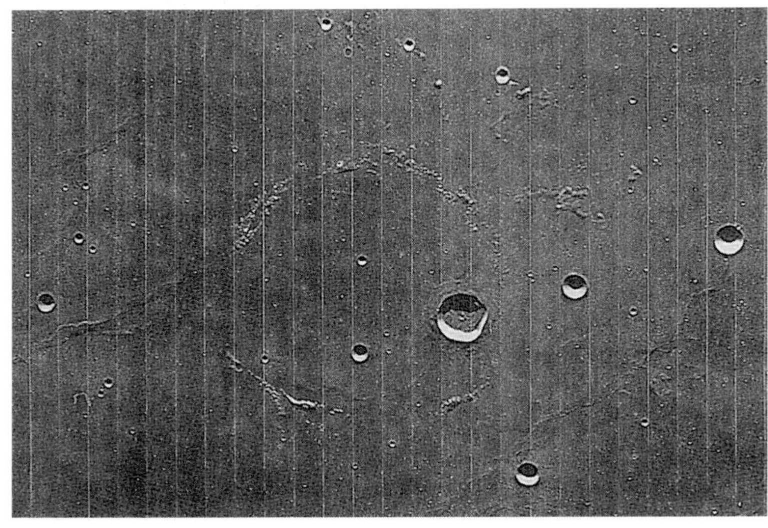

분화구들이 듬성듬성 있는 달의 저지대 사진. 이 그림에서 가장 크게 잘 보이는 분화구가 플램스티드 분화구다(3장에 등장한 영국 최초의 왕립 천문 학자의 이름을 붙였다.). 이 분화구 밑에는 달의 초기 역사 때 만들어져서 지금은 거의 완전히 용암으로 뒤덮인 고대의 분화구가 보인다. 루나 궤도선 4호(Lunar Orbiter IV)가 폭풍의 바다(Oceanus Procellarum)에서 찍은 사진. NASA 제공.

씬 클 것이다. 만약 지질 활동이 지표를 덮어 버리지만 않는다면 충돌이 있을 때마다 분화구가 생길 것이고, 모든 분화구는 보존될 것이다.

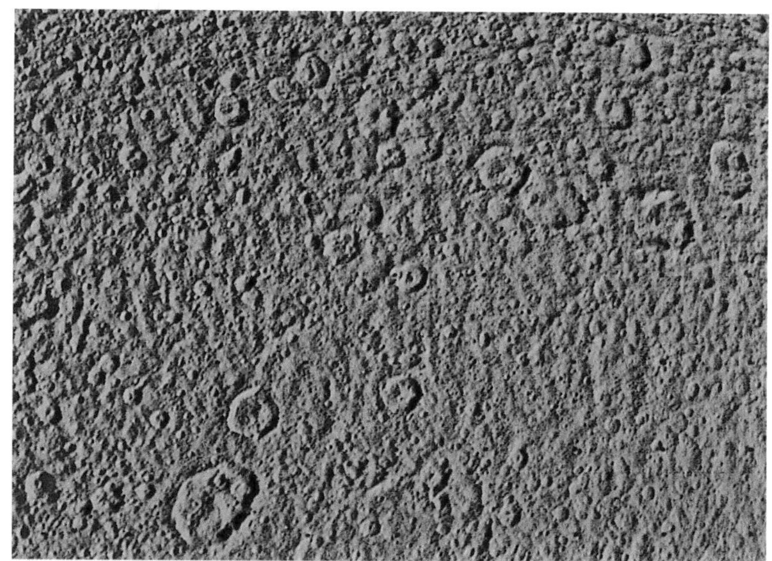

토성의 위성 레아 표면에 가득 차 있는 분화구들. 이 커다란 구멍들 대부분은 수십억 년에 걸친 혜성 충돌이 만든 것이다. 컴퓨터로 과장되게 채색된 사진이다. 보이저 1호 사진. NASA 제공.

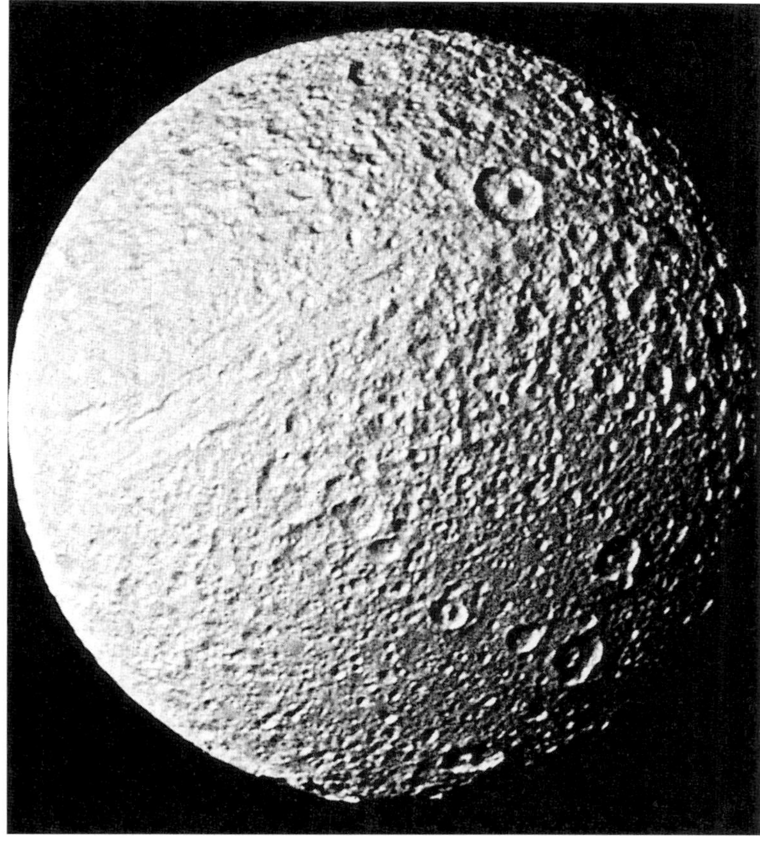

보이저 1호에서 본 토성의 위성 테티스(Tethys). 토성의 위성들은 외행성계에 있기 때문에 이 위성들의 수많은 분화구들은 거의 전적으로 혜성이 만든 것이다. NASA 제공.

그러므로 위성이나 행성의 표면은 습격과 공격의 일지다. 우리가 만약 이 기록의 해독 방법을 알고 있다면 지나간 시대의 대격변들을 발견할 수 있다.

지구의 달을 예로 들어 보자. 영원히 지구를 마주하고 있고, 우리가 육안으로 확인할 수 있는 쪽은 두 종류의 지대 — 검고 매끄러운 저지대와 밝고 거친 고지대 — 를 갖고 있다(327~328쪽 그림 참조). 고지대와 저지대에는 모두 구멍이 패여 있지만, 분화구는 고지대에 더 많다. 미국 우주 비행사들과 러시아 로봇들이 달의 아홉 지역에서 가져온 샘플들을 통해 우리는 달의 다양한 지역의 조성과 나이에 대해 어느 정도 알고 있다.

검은 저지대는 용암으로 이루어져 있다. 그것은 33억 년에서 39억 년 전에 당시 뜨거웠던 달의 내부에서 쏟아져 나와 이전에 있던 모든 분화구들을 덮어 버렸다. 따라서 저지대의 경우에는 가장 초기의 기록이 간단히 지워져 버렸다. 저지대에 분화구가 적은 것은 내행성계가 언제나 오늘만큼의 혜성들과 소행성들로 차 있었다고 가정할 때 충분히 예상할 수 있는 상황이다. 하지만 그런 이유라면 고지대는 너무 많은 분화구를 갖고 있다. 고지대에 있는 분화구들은 이미 존재하는 분화구들 위에 중첩되었고, 따라서 이번에도 가장 초기의 기록은 사라져 버렸다. 어느 쪽이든지 나중에 일어난 대격변의 선명한 기록은 남아 있지만 아주 초기의 증거는 감춰져 있다.

달의 고지대에 형성된 조밀한 분화구들이 말해 주는 이야기로 판단해 보면, 달이 생겨난 후 처음 수억 년 동안 오늘날 행성 간 공간에 있는 것보다 훨씬 더 강한 충격을 주는 천체들 — 혜성과 소행성 — 이 존재했던 게 분명하다. 우리의 신생 탐사선이 행성들 사이로 날아갈 때 만나는 세계들에 대해서도 동일한 이야기를 할 수 있다. 예를 들어 토성의 위성 중 하나인 레아(Rhea, 329쪽 위 그림 참조)에서는 수십억 년 동안 어떤 지질 활동도 없었던 것으로 보인다. 그 결과 우리는 극에서 극까지 분화구로 가득 찬 세계를 보게 된다. 초기의 행성 간 공간은 커

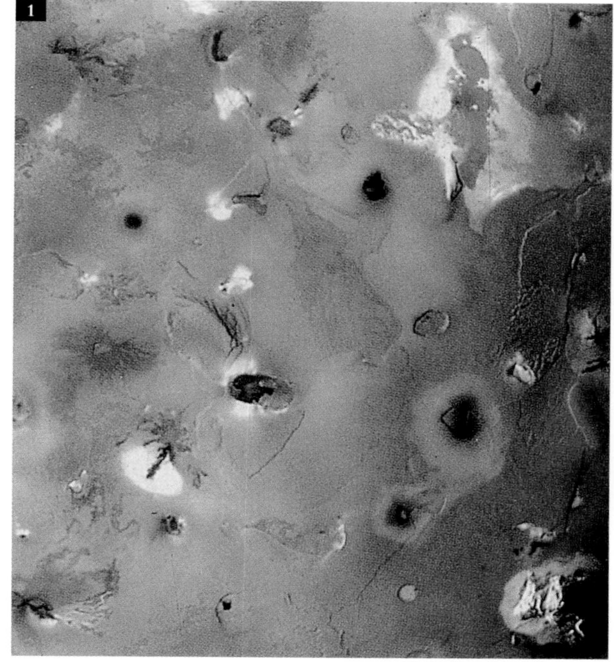

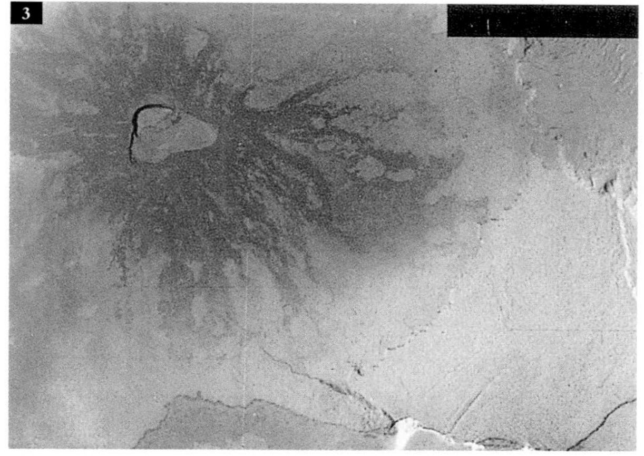

목성의 가장 안쪽에 있는 커다란 위성 이오의 사진들. 1979년에 보이저호가 찍은 인공 착색 사진이다. 표면에 어두운 점들과 뚜렷한 구멍들이 많이 있다(그림 1, 펠레 분화구(Pele crater)). 하지만 더 자세히 살펴보니(그림 2의 라 파테라(Ra Patera)와 그림 3의 나소(Naasaw)), 그것들 하나하나가 원래 화산인 것으로 드러났다. 이오에는 알려진 충돌 분화구가 없다. 보이저호가 두 차례 근접 비행을 하는 동안 여덟아홉 개의 화산이 발견되었다. 분명 혜성 충돌 분화구들이 이오의 표면에서 만들어지고 있기는 하다. 그러나 용암이 그 분화구들을 빠르게 덮어 버리고 있다. NASA 제공.

다란 돌덩이들과 얼음덩어리들로 가득 차 있었을 것이며 이들이 형성 중인 세계들에 충돌했던 게 틀림없다. 분명 세계들은 **이렇게** 격렬한 충돌 속에서 형성되었다.

모든 세계가 과거 아득히 긴 시간의 분화구들을 보존하고 있지는 않다. 일부 세계는 달의 저지대처럼 그 흔적들이 완전히 지워지고 없다. 무언가가 분화구들을 채웠거나, 문질러 없앴거나, 뒤덮어 버렸다. 금성에는 최근에 분출한 용암이 있고, 화성에는 거대한 모래 바람이

지상 최대 레이더 망원경(푸에르토리코 아레시보 천문대)으로 얻은 금성 표면의 레이더 사진. 중앙에 있는 더 작은 분화구는 지름이 60킬로미터인 리제 마이트너(Lise Meitner)이다. 그러한 분화구들이 충돌로 만들어졌는지 화산 작용으로 만들어졌는지는 여전히 논쟁 대상이지만 금성에 분화구들이 상대적으로 희박하다는 사실은 그 표면이 계속 수정되고 있다는 것 — 아마도 이오에서처럼 화산 작용으로 인해 — 을 보여 준다. NASA의 도널드 캠벨(Donald Campbell) 제공.

불었다. 목성의 위성인 이오(Io)의 표면에는 최근에 황산이 얼어붙은 흔적이 남아 있다. 거의 얼음으로만 이루어진 토성의 위성 엔셀라두스(Enceladus)에서는 뭔가가 표면을 녹여 버렸다. 이곳에서는 분화구 형성 기록이 말 그대로 물로 쓰여 있는 셈이다. 이오의 분화구들은 아마 수백 년 후에나 지워질 것이다. 금성의 경우에는 수억 년이 걸릴 것이다. 그러나 오래된 충돌의 기록과 최근 지질 활동의 기록은 전 태양계에 걸쳐서 중첩되어 있다.

애리조나 주의 유성 분화구. 지름이 1.2킬로미터인 이 분화구는 아마도 1만 5000년~4만 년 전에 지름이 25미터인 철 덩어리가 초속 15킬로미터의 속도로 지구와 충돌했을 때 만들어졌을 것이다. 방출된 에너지는 거의 4메가톤급의 핵폭발 에너지에 상당했다.

지구에서도 유사한 일이 벌어진다. 심지어 바싹 마른 불모지에서도 흐르는 물이 다소 빨리 분화구들을 침식시킨다. 따라서 아주 최근에 만들어진 게 아니라면 분화구를 찾기란 매우 어렵다. 이른바 애리조나 유성 분화구의 나이는 2만 5000년밖에 되지 않는다(332쪽 그림 참조). 지구의 충돌 분화구 대부분은 나이가 훨씬 더 많으며, 일반적으로 크기가 크거나 지질 활동이 없는 지역에 남아 있다.

때로 충돌 자국은 행성 표면 밑에 있는 어떤 것을 드러내 보이기도 한다. 예컨대 화성에는 주위에 부채 모양의 흐름 패턴을 가진 분화구들이 있다. 이는 표면 밑에 물 얼음이 있어 충돌할 때 순간적으로 녹았음을 암시한다. 아마 표면의 부스러기들은 물이 얼 때까지 바깥쪽으로 실려 갔을 것이다. 큰 혜성이 충돌하면서 공기가 거의 없는 세계에 물이나 대기를 가져왔을지도 모른다.

혜성이 목성 같은 기체 행성과 충돌하면 상층 대기를 뚫고 지나가 더 깊숙이 진입할수록 더 큰 저항에 부딪힌다. 결국 혜성은 우리 눈에 보이는 구름 밑 어딘가에서 부서지고 그 물질은 행성 위에서 빙글빙글 돌게 된다. 이 혜성 물질은 목성의 공기와 뒤섞인다(334쪽 그림 참조). 하지만 목성의 구름에 나타난 어떤 특징도 최근의 혜성 충돌로 인해 생긴 것 같지는 않다.

분화구들의 모양은 다양하다. 어떤 분화구는 완전히 사발 모양이고, 어떤 분화구는 편평하고 얕고 완만하다. 충돌하는 천체가 지면에 충분히 세게 부딪힐 경우에는 분화구의 모양이 속도에 크게 영향을 받지 않는다. 속도는 충돌하는 순간 나는 커다란 폭발음과 관련이 있다. 분화구의 모양은 지표면이 얼마나 부드러운가, 떨어지는 물질이 얼마나 무른가에 달려 있다.

달 표면에 착륙한 미국의 우주 비행사들은 너무 작아서 육안으로 볼 수 없는 분화구들의 사진을 찍었다. 지구로 갖고 온 표본들 역시 미세 분화구가 많음을 드러냈다. 어떤 것들은 달이 휩쓸고 간 소행성 먼지 때문에, 또 어떤 것들은 대형 충돌이 만들어서 뿌린 미세한 입자들

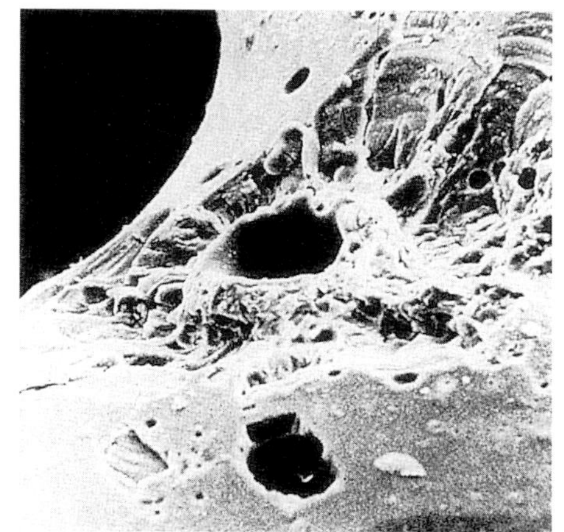

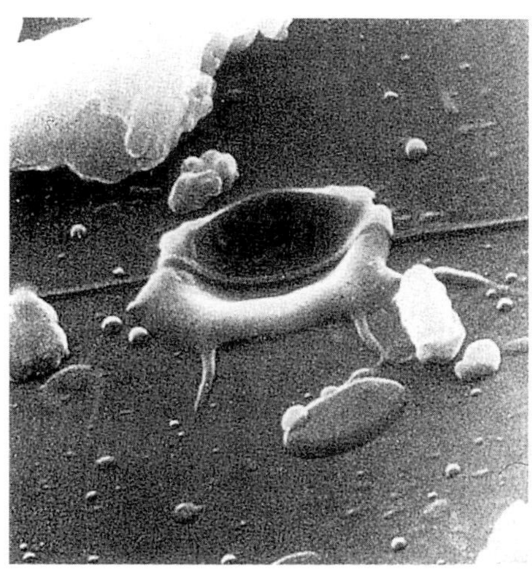

달에서 돌아온 암석 샘플들 속에 있는 미세 분화구들. 두 사진 모두 현미경으로 찍은 것이다. 아폴로 12호가 찍은 위 사진에서 가장 큰 분화구는 지름이 30마이크로미터이다. 아폴로 15호가 찍은 아래 사진에서 가장자리가 솟은 커다란 분화구는 지름이 2마이크로미터 미만이다. D. S. 매케이(D. S. McKay)와 NASA/존슨 우주 센터 제공.

혜성이 구름을 뚫고 목성의 대기 속으로 질주한다. 이 거대한 행성은 그 크기와 목성족 혜성들의 주기 때문에 이런 충돌을 자주 겪는다. 돈 딕슨 그림.

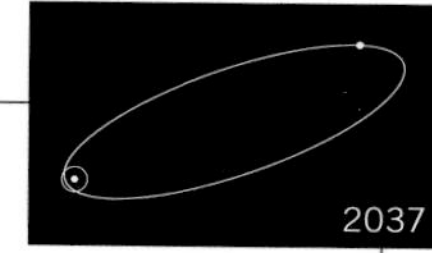

때문에 생겼다. 또한 달의 미세 분화구 일부는 혜성 먼지 때문에 조금씩 구멍이 패여 생겼을 것이다. 사발 모양의 미세 분화구들은 아주 작은 암석질 입자들 — 소행성이나 혜성의 규산염 — 때문에 생긴 것 같다. 그러나 그 크기에 비해 깊이는 극히 얕아서 사발이라기보다 살짝 가라앉은 것으로 볼 수 있는 미세 분화구 집단도 있다. 이 얕은 미세 분화구들은 달에 저밀도 알갱이들이 충돌했을 때만 생길 수 있으므로 발생 원인은 오직 혜성밖에 없다. 혜성 보풀의 미세한 조각들이 달의 지형을 부드럽게 침식시킨 것이다.

충돌 룰렛에 의하면 더 큰 혜성들 역시 때때로 달에 충돌했을 것이다. 61221이라는 라벨이 붙은 달의 토양 표본은 물(H_2O), 메탄(CH_4), 이산화탄소(CO_2), 일산화탄소(CO), 시안화수소(HCN), 수소(H_2), 질소(N_2) 분자들의 증거를 보여 준다. 이 표본에 존재하지만 달의 다른 표본에는 없는 휘발성 물질 — 특히 시안화수소(HCN) — 은 최근에 혜성 충돌이 있었음을 암시한다. 이제 혜성 안에 풍부한 유기 물질이 있다는 사실이 증명되었다. 충돌할 때 혜성들은 충돌 지역 주위의 자기 패턴에 영향을 미칠 수 있으며, 이것이 어쩌면 달에서 발견된 영문 모를 자기 이상을 설명할지도 모른다.

내행성계의 혜성은 빠른 시간 안에 기체를 모두 소모한다. 단 한 번의 근일점 통과로 사라지는 물 얼음의 양은 이미 언급했듯이 일반적으로 몇 미터이다. 혜성은 태양 옆을 지나갈 때마다 작아진다. 물론 혜성은 순수 얼음이 아니라 얼음과 먼지의 긴밀한 혼합물이다. 때로 코마 내부에서 뿜어내는 대형 제트 분수에서 엄청난 양의 먼지가 분출되며, 또한 얼음이 증발하면서 먼지가 살짝 들려 날아가기도 한다. 따라서 주로 얼음으로 이루어진 혜성은 근일점을 통과할 때마다 얼음과 먼지를 잃어 결국 사라진다. 황도의 먼지 구름과, 지구의 하늘에서 이따금씩 발생하는 일시적인 유성에 기여하는 가루를 제외하고는 아무것도 남지 않는다.

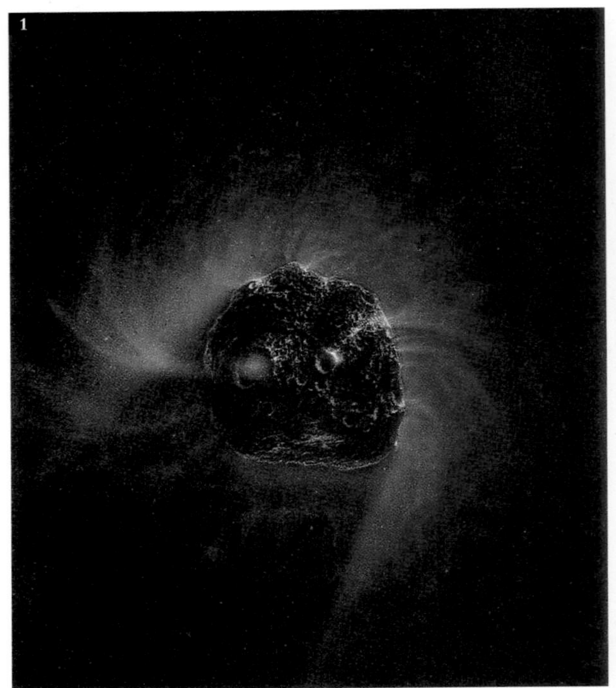

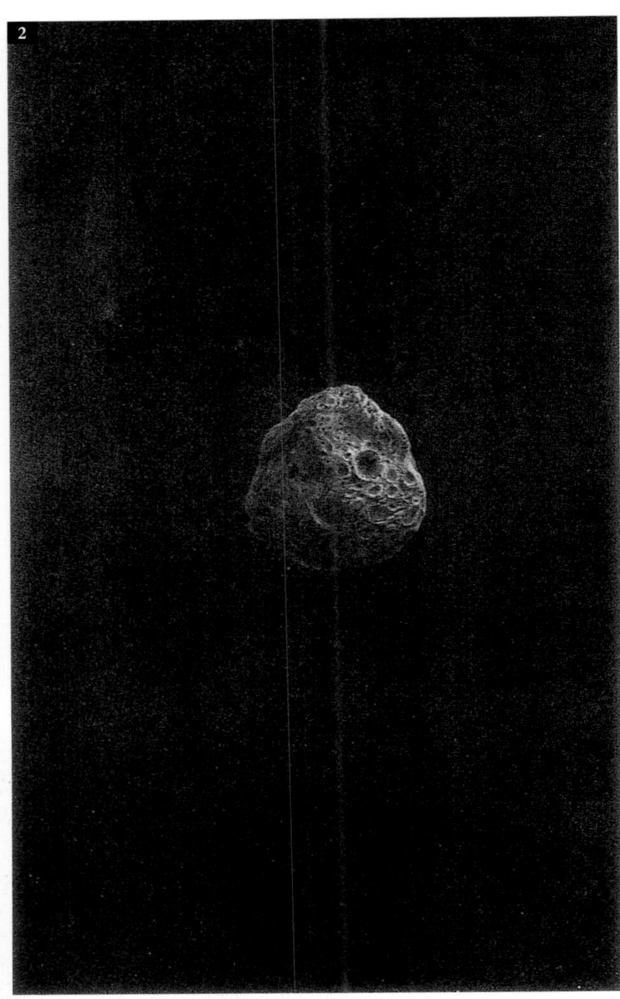

단주기 혜성이 소행성으로 진화한다는 가설. 간헐적으로 활동하는 혜성 하나가 태양에 가까워지면 표면에 남아 있는 소량의 얼음이 증발한다(그림 1). 그 뒤 혜성은 쪼개져서(그림 2), 안쪽 깊숙한 곳에 있던 얼음이 드러나는데 이것 역시 증발한다. 결국 얼음이 없는 암석질의 천체만 남게 되고(그림 3), 그 내부에 여전히 얼음이 있더라도 이 천체는 소행성으로 묘사된다. 돈 딕슨 그림.

그러나 이제 혜성에 얼음보다 먼지가 더 많다고 상상해 보자. 최초의 근일점 통과 이후 표면에 먼지층 하나가 남는다. 먼지 일부는 증발하는 얼음에 실려 갔지만 모두 실려 가지는 않았다. 다음에 이 혜성이 태양에 접근할 때는 이 먼지층이 밑에 놓인 먼지 얼음에 대한 단열재 역할을 한다. 따라서 이제 혜성이 가열되기는 더 어렵다. 그리고 만약 혜성이 가열되어도 먼지층 때문에 막혀서 밑에 있는 증기가 빠져나오기 더 어렵다. 표면 밑 기체들의 압력으로 폭발이 일어나 위에 있는 먼지층이 날아가 버릴 수도 있다. 그러면 이 과정이 처음부터 다시 시작된다. 근일점을 수차례 통과하고 나면 먼지층이 너무나 두텁게 만들어져서 더 이상 우주 공간으로 얼음을 빼앗기지 않는다. 이 혜성은 더 이상 코마나 꼬리를 만들지 않는다. 그것은 더 이상 혜성이 아니며, 내행성계의 작고 거무스름한 물질덩어리가 된다.

암석질의 핵을 가진 얼음 혜성이 주기적으로 내행성계에 들어오는 경우에도 유사한 일이 벌어진다. 다양한 특징의 물질들이 녹아서 밀도가 높은 암석 물질은 안쪽에, 밀도가 낮고 가벼운 얼음은 바깥에 위치하는 방식으로 수직적인 분리가 일어나기 위해서는 이런 혜성의 크기가 적어도 수십에서 수백 킬로미터 정도는 되어야 할 것이다. 따라서 혜성이 규산염과 유기물의 표면을 가진 천체로 진화하는 데는 적어도 두 가지 방법이 있다. 어쨌든 그러한 작고 검은 천체들의 부류가 실제로 **있다.** 그중 이심률이 상당히 큰 궤도를 갖는 것을 '지구 근접 소행성(Earth-approaching asteroid)'이라고 한다. 혜성이 얼음 세계에서 암석 세계로 변할 수도 있다는 이 매혹적인 제안은 에른스트 외피크가 최초로 했다(11장 참조).

만약 이러한 변화가 실제로 일어난다면, 그 변화의 최종 단계에 있는 혜성이 관측될 수도 있을 것이다. 태양에 접근하면서 마지막으로 남은 얼음들이 증발해 버리고, 나머지 덩어리는 휴면 상태에 들어간다. 만약 열심히 관측한다면 때로 휴면 상태에 있는 혜성을 발견할 수도 있을 것이다. 어떤 혜성은 근일점을 10번 이상 통과한 뒤에도 밝기가 감소하지 않지만, 어떤 혜성은 얼마 뒤 점점 희미해져서 전혀 눈에 띄지 않게 된다. 절대 소멸하지 않을지도 모르지만 슈바스만-바흐만 1 혜성을 예로 들어 보자. 다른 혜성들처럼 이 혜성에서도 기체가 빠져나간다는 데는 의문의 여지가 없다. 때로는 넓게 퍼져 있는 코마가 명확히 관측된다. 심지어 CO^+의 방출선들도 목격된다. 슈바스만-바흐만 1 혜성은 태양에서 멀리 떨어져 있을 때보다 태양에 가까이 있을 때 코마 활동을 더 많이 보여 주는 것처럼 보인다. 그러나 휴면 상태에 있을 때는 RD형 소행성 — 이것이 함유하는 복잡한 유기 분자들로 인해 붉고 검게 보이기 때문에 이렇게 불린다. — 의 밝기와 색을 갖는다. 실제 코마가 형성되기 전에 태양에서 멀리 떨어져 있을 때 관측된 많은 활발한 혜성들 역시 RD형 소행성들과 유사하다. 1985년에 목성 궤도 근처에서 발견된 핼리 혜성도 여기에 포함된다. 간헐적으로 활동하는 다른 혜성들 — 예컨대 아랑-리고(Arend-Rigaux) 혜성이나 네위민(Neujmin) 혜성 — 은 주로 규산염과 금속들로 이루어져서 휴면 상태에 있을 때 보면 상당히 검은 잿빛이 도는 S형 소행성과 유사하다. 이러한 혜성들에서 기체가 제거되면 분명 이들과 소행성을 구별할 수 없을 것이다.

얼음과 철은 결합될 수 없다.

— 로버트 루이스 스티븐슨(Robert Louis Stevenson), 『허미스턴의 둑(*Weir of Hermiston*)』, 1896년

소행성들은 서로 충돌하는데, 이따금 파편 하나가 떨어져 나와 지구의 표면으로 들어오면 종종 운석으로 분류되어 박물관에서 생을 마감하기도 한다. 운석의 종류는 매우 다양하다. 그중에는 45억 년 동안 아주 뜨겁게 가열된 적이 없고, 복잡한 유기 물질을 포함하고 있으며, 성층권에서 채집된 혜성 부스러기와 다소 유사한 것도 있다. 탄소를 함유하는 이런 운석들은 혜성에서 유래한 것으로 추측된다. 그것들은 소행성과의 충돌이나 다른 원인으로 혜성이 분열되어 생겼을 것이다. 실제로 RD형 소행성들의 거무튀튀한 색깔은 탄소를 함유한 운석들에서 발견되는 유기물이 풍부한 진흙의 색깔과 유사하다.

그러나 또 어떤 운석들은 유기물의 함량이 매우 적으며, 주로 돌이나 금속으로 이루어져 있다. 일부 암석질 운석은 아랑-리고 혜성의

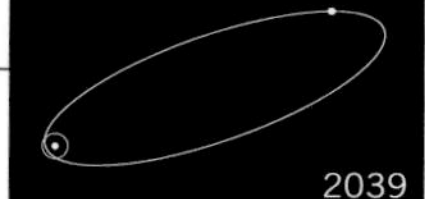

진행 과정과 유사하게 소행성과의 충돌로 생겼는지도 모른다. 세계 곳곳의 박물관에 당당히 전시되어 있는 거대한 철 운석들은 굉장한 가열과 용해, 그리고 녹은 철 방울들의 융합으로 커다란 덩어리가 된 뒤 식었음을 말해 준다. 철 운석은 과거에 아주 뜨거운 온도로 가열되어 변형되었기 때문에 본래의 혜성 물질이라고는 볼 수 없다. 암석질 운석의 경우도 상황은 거의 같다. 그러나 탄소를 함유한 운석은 태양계의 시원 물질에 훨씬 더 가깝다.

소행성 대부분은 대충 현재의 위치 — 주로 화성과 목성 궤도의 사이 — 에서 생겨났다. 소행성은 일부 혜성 물질과 함께 지구와 다른 지구형 행성들을 형성한 암석질(그리고 금속질) 천체들의 잔여물일지도 모른다. 소행성들이 많은 운석의 기원인 게 틀림없다. 그러나 혜성은 소행성들 사이에 흩어져 교묘하게 신분을 숨긴 채 여행하고 있다. 혜성은 먼지 외투를 입었거나 옷이 다 벗겨져 감춰진 핵을 드러내 보이기도 하다. 아주 잘 살펴보지 않는다면 울새의 둥지에 어치의 알들이 들어 있는 걸 알아채지 못하는 것과 같다. 소수의 소행성은 심지어 화성이나 지구, 특히 목성 근처까지 가는 이심률이 큰 혜성처럼 타원 궤도를 갖고 있기도 하다. RD형에 속하는 이달고(Hidalgo)라는 소행성이 바로 이러한 경우다. 엥케 혜성이 그 궤도를 서서히 안쪽으로 바꾸고 있는 것은 어쩌면 로켓 효과(6장 참조) 때문인지도 모른다. 엥케 혜성이 조각나고 있다는 증거로는 그 뒤를 따라가는 황소자리 유성군이나 베타 황소자리 유성군 등이 있다.

이러한 의심스러운 소행성들 가운데 하나인 파에톤(Phaeton) 소행성(1983 TB)은 1983년에 적외선 천문 위성(12장 참조)이 발견했는데, 매년 12월 14일에 발생하는 쌍둥이자리 유성군의 원인이 되는 유성 흐름과 그 궤도를 공유한다. 1983 TB가 우연히 쌍둥이자리 유성군에 있게 되었을 가능성은 거의 없다. 또 이것이 우리가 관측을 시작하기 직전 충돌로 인해 산산이 부서졌을 가능성 또한 거의 없다. 이것은 필시 소멸한 혜성의 조각임에 틀림없다. 쌍둥이자리 유성군의 구성원들은 단단한 암석 물질인 것으로 알려져 있다. 아랑-리고 같은 혜성과 마찬가지로, 이 또한 혜성이 암석질 소행성으로 변할 수 있다는 암시다. 따라서 충돌 천체가 암석임을 입증할 수 있는 분화구가 지구에서 발견된다면, 소멸한 혜성이 그것을 만들었을 가능성도 고려해 봐야 할 것이다.

올자토(Oljato) 소행성도 아마 정체성 위기를 맞은 또 다른 혜성일 것이다. 목성에서 금성까지 뻗어 있는, 이심률이 대단히 큰 이 소행성의 궤도는 혜성과 닮았다. 올자토는 가시광선과 레이더의 전자기파를 완전히 변칙적인 방법으로 반사한다. 태양계에는 올자토와 닮은 천체가 단 하나도 없다. 그리고 올자토는 한 유성우와 관련 있는 것처럼 보인다. 올자토는 발견된 방식도 기이하다. 가장 가까운 행성인 금성 주위의 궤도에는 매일 국부 자기장의 세기를 바쁘게 기록하고 있는 '파이오니어 금성'이라는 미국의 탐사선이 있다. 그런데 일정한 배경 자기장 이외에 이따금 이상 현상이 탐지되었다. 탐지되던 자기 교란의 4분의 1 정도는, 올자토가 금성과 이 탐사선에 매우 가까이(130만 킬로미터 이내) 지나갈 때 발생했다. 소행성의 자기장은 일반적으로 탐지되지 않는 것으로 여겨진다. 그러나 만약 올자토가 비교적 활발한 혜성이라면 엷은 코마를 형성했을 것이다. 이 코마는 태양의 자외선으로 인해 금방 이온화될 것이고, 다음에는 국부 태양풍이 싣고 온 자기장을 압축할 것이다. 그리고 이 압축된 자기장이 금성 옆을 지나갈 때 국부 자기장의 강화가 탐지된 것인지도 모른다. 올자토의 기이한 스펙트럼은 이 소행성이 아주 희귀한 존재임을 말해 주며, 몇 가지 다른 증거들은 이 소행성이 죽음의 문턱에 서 있는 혜성임을 암시한다.

아도니스(Adonis)는 또 하나의 미심쩍은 소행성이다. 그것은 지구의 궤도를 가로지르는 다른 혜성들처럼, 이심률이 매우 큰 타원 궤도를 갖는다. 이 소행성의 레이더 반사파는 표면층이 다공성일 경우 — 마치 얼음이 모두 증발되고 느슨하게 결합된 먼지의 주형만 남아 있는 것 같은 경우 — 에만 납득될 수 있는 독특한 성질들을 갖고 있다.

목성의 중력 때문에 주기가 더 긴 궤도에서 단주기 혜성의 대열로 유입되는 새로운 신병이 매년 늘어나고 있다. 이러한 혜성 대부분은 햇빛과 조석력과 회전의 영향으로 모두 산산조각이 나서 사라진다. 다른 혜성들은 태양계에서 추방되거나 세계들과 충돌한다. 그러나 어떤 집단은 거의 원형에 가까운 궤도에서 이심률이 대단히 큰 타원형 궤도를 갖는 소행성으로 변질된다. 태양계의 나이만큼이나 이런 식으로 위장된 혜성의 수가 상당히 많아졌을 게 틀림없다.

지구의 궤도를 가로지르는 많은 소행성은 대부분 소멸한 혜성일 것이다. 이런 소행성은 작고 희미한 편이라 발견하기가 어렵다. 10년간 집중적으로 탐색한 결과, 화성이나 지구의 궤도를 가로지르는 천체는 100개 미만으로 알려졌다. 이 지구 근접 소행성들은 우리에게 특히 흥미로운 존재이다. 왜냐하면 이 소행성들은 예측되는 심각한 결과들이 무엇인지 말해 주기 때문이다. 즉 지름이 1킬로미터인 천체와 지구와의 고속 충돌은 지구의 역사에서 때때로 일어났을 게 틀림없는 중대한 대격변을 의미한다. 통계적으로 보면 이것은 필연적이다. 우리는 이것을 지구와 소행성의 충돌이라고 묘사하지만, 이 떨어지는 물체는 어쩌면 변장한 혜성이었을지도 모른다.

관측된 혜성 집단과 분화구의 형성 기록을 통해 얼마나 많은 혜성 또는 소행성, 그리고 그러한 종류의 천체가 임의의 세계에 분화구들을 만들었는지 어림하는 일이 가능하다. 유진 M. 슈메이커는 미국 지질조사국의 천체 지질 부서 창시자이며, 미국에서 달 탐사를 위한 초창기의 진지한 연구를 후원한 과학자들 가운데 하나이고, 많은 지구 근접 소행성 발견에 중요한 역할을 했으며, 애리조나 주에 있는 유성 분화구의 세계적인 전문가이다. 슈메이커는 지상의 지질학을 하늘의 천문학과 결합시킨다. 슈메이커는 공동 연구자인 루스 울프(Ruth Wolfe)와 함께 목성의 커다란 위성에서 관측된 분화구들 중 4분의 1 정도가

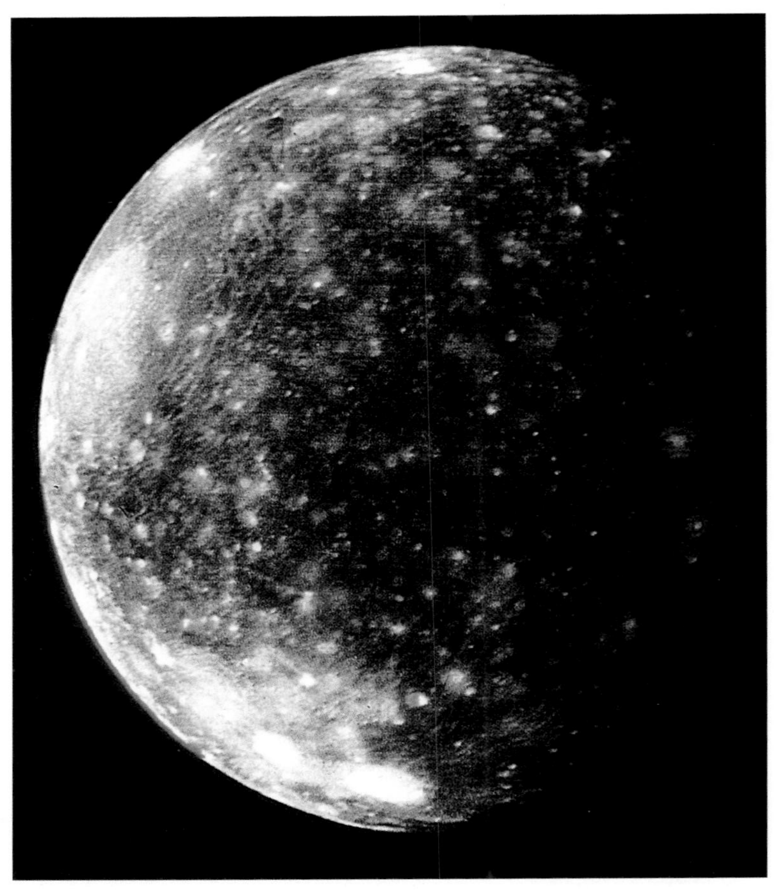

목성의 커다란 네 위성 가운데 가장 바깥쪽에 있는 칼리스토(Callisto)를 보이저 2호에서 본 모습. 이 충돌 분화구들의 절반가량이 혜성으로 인해 만들어졌다. NASA 제공.

장주기 혜성들로 인해 생겨났다고 어림했다. 아마도 또 다른 4분의 1은 활발한 단주기 혜성들 — 여전히 매우 많은 먼지 꼬리와 폭발과 밝기 변화 같은 것을 일으키는 혜성들 — 로 인해 생긴 것일지도 모른다. 분화구들 중 절반은 소행성으로 변장한 소멸된 단주기 혜성을 포함해 비(非)혜성체들이 만든다. 지구의 경우, 최근에 생긴 분화구의 3분의 1 정도는 목성의 위성과는 달리 장주기 혜성들 때문에 만들어졌다. 그러나 지구 분화구의 나머지 중에서 적어도 일부는 소멸한 혜성인 지구 근접 소행성들에 기인한다. 여기서 슈메이커와 울프에 따르면, 알려진 단주기 혜성들은 지구의 분화구 형성에 거의 기여하지 않는다.[3] 단주기 혜

3 이 점에 대해서 전문가들의 의견이 다르다. 어떤 이들은 활발한 단주기 혜성들이 지구의 분화구 형성에 상당히 중요한 역할을 했다고 믿고 있다.

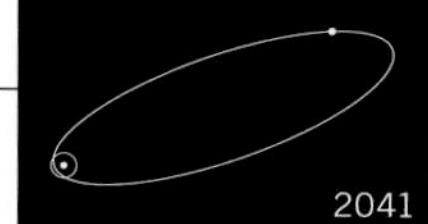

성은 원일점이 목성 주변에 있기 때문에 이 혜성들이 지구와 충돌할 확률이 목성의 위성과 충돌할 확률보다 훨씬 더 적다.

대형 혜성이나 소행성이 작은 세계와 충돌하면 이 세계는 아마도 파괴되어 산산조각으로 부서질 것이다. 화성의 위성 포보스(Phobos, 181쪽 그림 참조)와 토성의 위성 미마스(Mimas)에서 거의 이런 일이 일어날 뻔했다. 미마스에 이렇게 큰 충돌 분화구를 만든 천체가 조금만 더 컸더라면 그 결과는 아마도 아래 그림에서 보는 것처럼 되었을 게 뻔하다. 대형 혜성은 태양계의 초기 역사 때 아주 많았으며 이것들이 모여 점점 더 큰 위성들과 행성들을 형성하는 동안 대격변의 충돌들이 자주 일어났다.

달과 화성과 목성의 커다란 위성에는 분화구들이 아니라 지름이 수백 킬로미터, 심지어 수천 킬로미터나 되는 분지들이 있다. 이는 과

어떤 혜성이 충돌한 뒤 미마스가 여러 조각들로 산산이 부서졌다고 상상하고 그렸다. 미마스는 지구에서 발견된 토성의 위성들 중 가장 안쪽에 있다. 보이저 우주선의 사진을 보면 그 위성이 어찌나 큰 분화구를 갖고 있는지 만약 조금만 더 큰 혜성이 충돌했다면 완전히 박살이 났을 것임을 알 수 있다. 혜성은 작은 천체들을 파괴할 수 있다. 킴 푸어 그림.

거에 엄청난 충돌이 있었다는 증거다. 한 유력한 이론에 따르면 달은 어떤 실패한 작은 행성과 지구와의 강력한 충돌로 생겨났다. 즉 이 충돌로 분출된 파편들이 모여 우리의 위성인 달이 되었다는 설명이다. 이 상처는 아주 오래전에 치유되었지만 만약 충돌이 조금만 더 강력했더라면 지구도 함께 파괴되었을지 모르며 지금 여기에서 우리의 기원을 알아내려고 애쓰는 우리 자신도 존재하지 않았을 것이다.

세계들 사이의 간격, 그들의 질량, 심지어 그들의 생존은 초기 태양계 성운에서 얼마나 많은 원시 천체들이 어떤 궤도로 움직이고 있었는가에 달려 있었다. 즉 다수의 사건들이 연속될 가능성이 어떤 경우에는 있고, 또 어떤 경우에는 작다. 무작위적인 요인들만 작용하도록 하여 태양계를 다시 한 번 시작한다고 생각해 보자. 먼저 각각의 지름이 수 킬로미터인 암석질과 얼음 투성이 천체들이 형성될 것이다. 또다른 충돌들이 잇따라 일어나 새로운 세계들을 만들 것이고 다른 질량과 궤도 위치를 갖는 다른 수의 행성들이 생길 것이다. 그러나 일반적으로는 태양계 안쪽에 암석질의 지구형 행성들이, 바깥쪽에 기체로 된 거대한 행성들이 있을 것이다. 거기에 얼음과 유기질의 위성들과 저 너머의 커다란 구름 속에 있는 혜성들을 추가하면 될 것이다. 그러면 대충 우리 태양계처럼 보이지만, 그 기원을 만든 복잡한 충돌 룰렛에 따라 상당히 다른 유형과 체계를 지닌, 수많은 행성계들이 우리 은하에 존재하게 될 것이다.

혜성은 세계의 표면을 재생산하며, 휘발성 물질을 표면이 바싹 그을린 행성으로 실어 가고, 행성 과학자들을 위해 매장된 보물들을 파내고, 태양계 곳곳에 역사의 기록을 남긴다. 즉 혜성은 바쁘고 유용하며 친절한 천체이다. 그러나 혜성은 세계를 만들기도, 파괴하기도 한다. 혜성은 우리에게 45억 년 전을 다시 떠올리게 한다. 당시에는 태양계가 혜성들, 그리고 그와 비슷한 수많은 암석질 천체들로만 이루어져 있었다. 그 천체들은 태양계의 한 지역에서 또 다른 지역까지 질주하

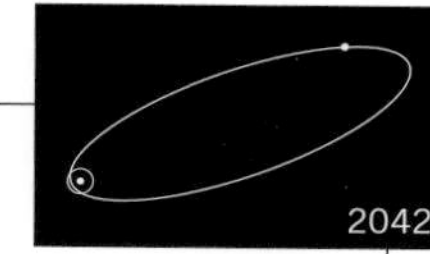

면서 합쳐지고 충돌했다. 그러다가 초기의 흥분이 진정되고 결국 현재의 차분한 기계가 된 작은 세계들의 소용돌이가 형성되었다. 오늘날 가끔씩 지나가는 혜성들은 우리의 격렬하고 혼란스러운 기원을 상기시켜 주는, 몇 가지 암시 중 하나이다.

이 그림은 6500만 년 전 지름이 10킬로미터인 커다란 혜성 핵이 막 지구에 충돌하는 모습을 묘사하고 있다. 그 결과 생긴 폭발로 지구 곳곳의 해저에서 거대한 먼지 구름들이 발생해 지구를 뒤덮었다. 춥고 어두운 시기가 한동안 지속되어 공룡을 비롯해 많은 종이 멸종했다. 핵겨울도 유사한 효과를 갖는다. 돈 데이비스 그림.

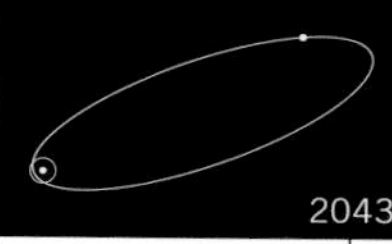

15장

위대한 죽음

혜성은 절대로 최하층 대기까지 내려오는 일이 없으며 지표면에도 접근하지 않는다.

—세네카, 『자연의 의문들』 7권 '혜성'

혜성은 선행에 대한 보상으로 천상에 올라갔다가 그 기한이 모두 지나 다시 지구로 돌아오는 존재이다.

—알 비루니, 11세기

백악기 바다의 암모나이트. 암모나이트 화석은 풍부하기 때문에 껍데기 모양이 아주 잘 알려져 있다. 348쪽부터 352쪽까지 머렌 레일라 쿡 그림.

땅은 자란다. 모래가 강바닥에 가라앉는다. 먼지가 공중에서 떨어져 쌓인다. 따라서 땅은 조금씩 높아진다. 땅의 두께는 일반적으로 1년에 1마이크로미터씩 증가한다. 기껏해야 현미경 입자 한 개의 두께로 거의 감지할 수 없는 미세한 녹청이 매년 지표 위를 덮는다.[1] 1마이크로미터는 거의 무(無)에 가깝다. 그러나 지질 시대 규모의 시간이 흐르는 동안 이만큼씩 계속 축적된다. 이런 속도로 1만 년이 흐르면 이 물질은 1센티미터가 쌓일 것이며 100만 년이 지나면 1미터가 쌓일 것이다. 만약 지구 나이만큼 물질이 축적되기만 할 뿐 절대 제거되지 않는 지역을 찾을 수 있다면, 우리 행성의 역사가 그대로 보존된 수 킬로미터 높이의 절벽이 발견될지도 모른다.

운 좋게도 그러한 장소들이 **있다.** 가장 잘 알려진 곳 중 하나는 북아메리카의 그랜드캐니언이다. 이곳에는 느리지만 지속적인 콜로라도 강의 침식과 콜로라도 고원의 융기로 인해 퇴적 기둥이 노출되어 있다. 이 암석에는 부드러운 파스텔 톤의 층들이 계속 이어지는 아름다운 패턴이 보인다. 인접한 절벽 면에도 거의 동일한 패턴들이 있다. 각 층이 하나의 시대이다. 층들 사이에 있는 각 경계는 그 환경에서의 중요한 변화를 의미한다. 만약 세계 어디서나 퇴적 기둥들이 동일한 패턴을 보여 준다면, 환경 변화가 전 세계적으로 일어났던 게 틀림없다. 그러한 절벽을 꼭대기부터 바닥까지 죽 훑어보면 우리는 지구의 역사를 볼 수 있다. 우리는 그저 올라가서 살펴보기만 하면 된다.

채굴 작업을 전혀 하지 않고도 햇빛에 반짝이는 밝은 무언가를 발견할지도 모른다. 좀 더 관심 있게 살펴보면 그것이 공룡의 무릎이나 갑옷 물고기의 턱 같은 화석임을 깨닫는다. 현미경이 있다면 작은 생물들, 아마도 원시 바다에서 떠다녔던 단세포 플랑크톤의 화석들을 쉽게 발견할지도 모른다. 도처에 있는 다른 퇴적 기둥들을 둘러보

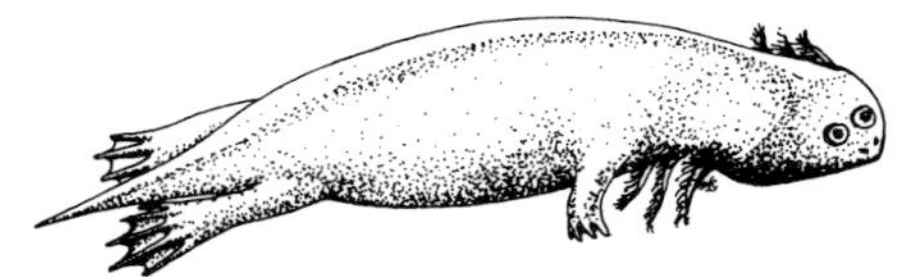

트라이아스기의 양서류인 미치류(labyrinthodont)

1 이 물질은 어딘가에서 오는 게 틀림없으며, 유성 먼지는 대개 수천 배나 더 느리게 떨어지므로 그 출처가 될 수가 없다. 사실 땅이 한 장소에서 다소 높아지는 것은 지구상의 다른 어딘가에 있는 땅이 다소 침식되었기 때문이다.

면 그 유사성에 놀랄 것이다. 유난히 두껍고 불그스름한 퇴적층은 대부분 두 개의 얇은 잿빛층 밑에 있다. 그리고 이 퇴적층은 어느 곳에서든 동일한 화석들을 품고 있다. 특정 시대에 해당하는 암석들은 장소에 따라 다르지만, 풍부한 화석들은 변함이 없다. 만약 암모나이트 껍질(348쪽 위 그림 참조)을 발견한다면 그 절벽이 있는 광대한 사막이 한때 해저였다는 사실을 확실히 알 수 있다. 위나 아래로 수 미터를 가면 화석들이 매우 달라진 것처럼 보인다. 따라서 아주 오랜 시간 후에는 이 풍경도 극적으로 변할 것임을 알 수 있다.

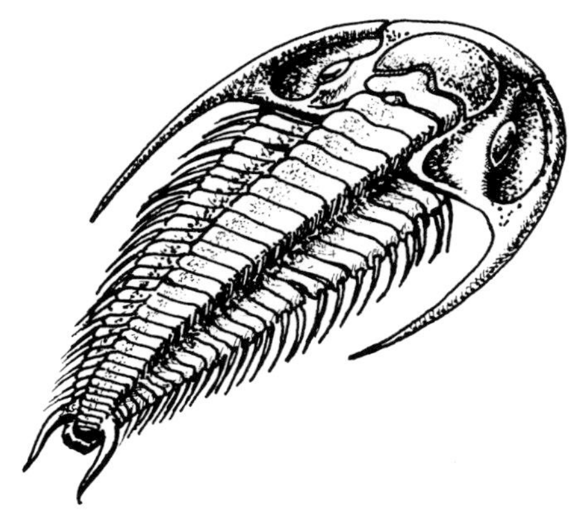

캄브리아기의 삼엽충. 최후의 삼엽충은 페름기에 소멸했다.

암석들은 우리에게 뭔가를 말해 주려고 애쓰고 있다. 화석들은 한때 걸어 다녔거나 기어 다녔거나 헤엄쳤거나 그저 뿌리를 박고 있었던 생물들, 그것들을 주목할 어떤 인간도 존재하기 전에 생겨났다가 사멸한 존재들의 유일한 흔적이다. 특정한 화석 하나를 택하면 세계 도처에 그 생명체가 아직 태어나지 않았던 아래층 — 과거 어떤 시대에 해당하는 — 을 볼 수 있다. 그리고 일반적으로 그 위층에서는 그 화석이 더 이상 나타나지 않고, 새로운 생명체의 화석이 처음 등장한다. 이 사실이 주는 교훈은 명백하다. 즉 엄청난 수의 종이 멸종하고 다른 종이 진화해서 빈 생태학적 지위를 메웠다. 이 종들 대부분은 현미경이 없이는 보이지 않을 정도로 아주 작았지만 일부는 빌딩만큼 크기도 했다. 화석을 남긴 모든 생물들의 수를 세어 보면 지금까지 지구상에 한 번이라도 존재했던 모든 종의 대다수가 현재 멸종했다는 사실을 알게 된다. 멸종은 법칙이고, 생존은 예외다.

그다음에 당신은 다양한 화석 형태들이 서로 획일적인 속도로 번성하지 않음을 알게 된다. 대신 암석들은 생명체의 종류가 거의 변하지 않는 장주기를 분명히 나타낸다. 물론 그 주기들은 지구 도처에서 많은 종류의 생물들의 대규모 멸종을 일으키는 짧은 간격의 대격변으로 단절되었다가, 그런 대격변의 생존자들로부터 진화한 게 분명한 많은 새로운 형태들로 이어진다. 퇴적 기둥에 나타난 분명한 경계들은 행성 전체에 걸쳐 일어난 무시무시한 재난들을 간단하게 입증한다. 행

최초의 해양 산호들 가운데 하나인 사방산호. 페름기 대멸종 때 사라졌다.

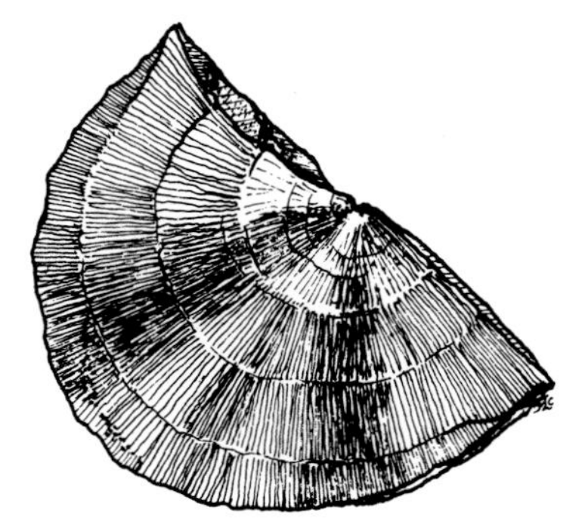
오르도비스기의 껍질이 있는 고착 동물

성에 수천만 년 동안 아무 일도 일어나지 않았다고 하자. 그 정도면 완강한 비관주의자들조차 안심시키기에 충분하다. 그러나 그 뒤 전혀 예상치 못했던 대격변이 일어난다. 그것은 수억 년 뒤에 존재할 우리 같은 관측자들의 눈과 마음으로도 금방 알아볼 수 있을 정도로 충격적인 변화다.

물론 눈에 띄지 않는 일정한 자연 멸종률이 있다. 우리 시대에는 재개발이나 사냥이나 산업 오염이나 열대림 벌목과 같은 인간의 활동 때문에, 매년 수많은 생물 종들이 멸종하고 있다. 한때 북아메리카의 하늘을 시커멓게 뒤덮었던 철비둘기는 20세기에 멸종했고, 바다쇠오리는 19세기에 멸종했으며, 도도새는 17세기에 멸종했다. 최후의 마스토돈은 기원전 2000년경에 죽었을 것이며, 거대한 아르마딜로는 기원전 5800년 즈음에, 거대한 땅늘보(이 동물은 나무 꼭대기 부분을 먹는다.)는 기원전 6500년 즈음에 멸종했을 것이다. 일정 부분 우리 인류의 책임도 있겠지만 그러한 생물의 멸종은 생명의 바다가 자연스럽게 들락날락하는 과정의 일부이며, 가령 새로운 포식 동물의 등장 같은 물리적, 생물학적 환경의 미미한 변화들에 의해서도 일어난다. 그러나 우리가 여기서 관심을 갖는 것은 지구 전체에 걸쳐 동시에 발생한 수십 혹은 수백 과(科, family) 생물의 대멸종이다.

생물학자들이 식물이나 동물의 이른바 '과'의 멸종은 중대한 감소를 의미한다. 치와와(멕시코 원산의 작은 개의 품종)에서부터 그레이트데인(덴마크 종의 큰 개)에 이르기까지 다양한 개들을 생각해 보자. 이 개들은 모두 상호 수정(授精)이 가능하므로 한 종이다. 생물학자들은 여기서 개뿐만 아니라 늑대와 재칼까지도 포함하는 속(屬, genus)이라는 더 넓은 범주로 분류한다. 또 개 속은 여우를 포함하는 훨씬 더 큰 범주인 '과'의 일부이다. 이것들은 모두 함께 개 과이다. '과'는 생물의 주요 분류 단위이다. '사람 과'에는 우리가 거리에서 만나도 사람으로 인정하지 않을지 모르지만 지난 수백만 년 동안 두 발로 걸어 다니며 문제들을 해결하려고 애써 온 대부분의 영장류들이 포함된다. 어떤 '과'의

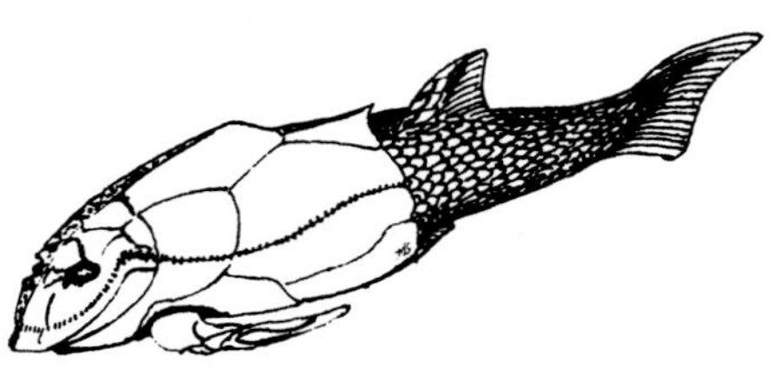
데본기 이후 멸종한 갑옷 물고기

대멸종

멸종이 일어난 지질 시대	시기	해양 멸종 백분율(%)■	
		과	속
오르도비스기 말	4억 3500만 년 전	27	57
데본기 말	3억 6500만 년 전	19	50
페름기 말	2억 4500만 년 전	57	83
트라이아스기 말	2억 2000만 년 전	23	48
백악기 말	6500만 년 전	17	50
에오세 말	3500만 년 전	2	16

■ 딱딱한 부분이 있는(우리가 화석 증거를 얻을 수 있도록) 멸종한 해양 생물들의 모든 과와 속의 대략적인 어림 숫자들은 500만 년을 최저 단위로 한다(2열 참조). 육상 생물의 과와 속의 멸종도 거의 비슷한 수준이라고 생각된다. 이 자료는 시카고 대학교의 J. 존 셉카우스키 주니어가 제공했다. 16장에 기술되었듯이 이 숫자들에 대해서는 일부 활발한 논쟁이 벌어지고 있다. 그러나 페름기와 백악기의 대멸종은 확실한 사실이다. 16장에서 주기성을 추론하기 위해 사용된 다른 대멸종의 표는 아직 논란의 여지가 있으므로 여기에 싣지 않았다.

감소는 생물 계통수의 나뭇가지 하나를 베어 내는 것과 같다.

위의 표는 지구 역사상 가장 놀라운 단절로 알려진 여섯 시대에 얼마나 많은 멸종이 있었는지 나타낸다. 우리는 이 표의 마지막 열에서 충돌이 있었다는 느낌을 받는다. 마지막 열은 여섯 번의 대격변 각각에서, 알려진 해양 생물의 모든 과와 속 중 몇 퍼센트가 사라졌는지 보여 준다. 오르도비스기와 데본기에는 속의 절반이 멸종했으며, 에오세에는 더 적게, 트라이아스기에는 거의 그만큼 멸종되었다. 페름기의 대격변 때는 지구상에 있는 모든 과의 절반 이상과, 속의 4분의 3 이상과 모든 종의 90퍼센트 이상이 사라졌다. 이 행성 규모의 재난들 가운데 가장 최근은 약 6500만 년 전인 백악기 말로, 과의 5분의 1, 속의 절반, 종의 4분의 3 정도가 사라진 대사건이었다.

사라진 생물의 일부 — 오르도비스기에 멸종한 해저 바닥에 서식하는 완족류, 데본기 말에 멸종한 갑옷 물고기, 페름기에 멸종한 삼엽충(이 동물은 해저에서 무리를 지어 사냥했으며 거의 3억 년 동안 존재했다.)과 일종의 산호, 백악기에 멸종한 문어의 친척 암모나이트, 마찬가지로 백악기에 멸종한 위험한 뿔과 철거덕 거리는 뼈 갑옷을 가진 마지막 공룡 중 하나인 트리케라톱스 — 가 여기에 묘사되어 있다. 예컨대 트리케라톱스를 살펴보면 시간이 다소 아슬아슬하게 백악기 말 쪽으로 흘러가고 있음을 알 수 있다.

쥐라기 말에 북아메리카에 번성했던 집채만 한 크기의 공룡인 브론토사우루스. 브론토사우루스는 백악기 훨씬 이전에 멸종했으며, 자연 멸종의 한 사례이다. 즉 종은 지구의 역사 전체에 걸쳐 일정 수준으로 멸종하지만, 대량 멸종이 일어나는 짧은 기간들이 있다.

과학자들이 백악기의 멸종을 주의 깊게 살피는 이유는 우리에게 특히 중요하기 때문이다. 인간으로 진화하는 경로에서 결정적인 전환점은 모두 백악기 파충류의 뼈들에서 엿볼 수 있다. 백악기의 대격변은 공룡의 모든 과와 모든 속과 모든 종을 파괴했다. 공룡은 오늘날의 포유류만큼이나 다양하고 성공적인 동물이었다. 이것은 마치 인간을 포함한 크고 작은 모든 포유류가 한꺼번에 배를 내놓고 죽어 버린 것과 같다. 하늘을 날고 헤엄을 치는 모든 파충류들과 바다에 사는 100과 이상의 생물들이 죽었다. 이 사건은 적어도 지금까지 인간들이 알고 있는 가장 엄청난 대격변이었다.

공룡이 소멸하기 오래전에 멸종한 돛 모양의 지느러미가 달린 페름기의 디메트로돈

최초의 포유동물은 최초의 공룡과 거의 동시에 출현했다. 공룡은 가장 크고 가장 강력했으며 백악기의 어떤 풍경에서도 주목받았던 지구의 제왕이었다. 우리의 조상인 포유동물은 그 당시 대부분의 시간을 생쥐처럼 조심하며 엄청난 크기의 파충류를 피해 숨어서 지내는 아주 작고 날쌘 동물에 지나지 않았다. 수십 마리의 작은 포유동물이라도 보통 크기의 육식 공룡에게는 점심거리로도 충분하지 못했을 것이다. 우리의 조상은 1억 년 넘게 명백한 진화적 곤경에 처한 상태에서, 공룡이 지배하는 세계의 변두리 그늘 속에서 살았다. 만약 저 백악기 말의 — 나무와 꽃은 오늘날만큼이나 아름다워 보이지만 지배하는 동물이 모두 파충류인 — 풍경을 관찰해 본다면 우리 조상들의 가능성을 단언하지 못했을 것이다.

뿔이 있는 공룡들 가운데 가장 마지막이자 가장 큰 공룡인 트리케라톱스. 코끼리보다도 큰 이 공룡은 백악기 말에 멸종했다.

그러나 공룡은 이 행성을 포유동물에게 맡긴 채 마지막 한 마리까지 다 죽어 버렸다. 물론 포유동물만 살아남은 것은 아니었다. 뱀과

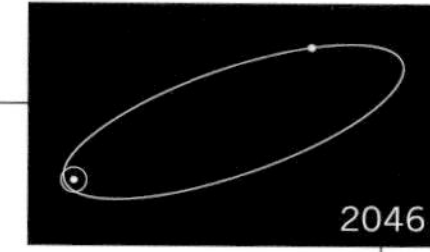

불도마뱀도 살아남았으며, 물고기와 벌레와 악어를 비롯해 많은 육상 식물과 미생물도 살아남았다. 그러나 곧 포유동물이 주도권을 잡았다. 처음에는 신중하게 증가하는 듯하더니 나중에는 폭발적으로 증가했다. 포유동물은 경쟁자의 죽음을 이용해 비어 있는 생태학적 지위를 메우며 진화하고 커지고 다양해졌다. 우리 — 어쨌든 생쥐보다 더 큰 우리 하나하나 — 가 존재하게 된 것은 공룡이 멸종한 덕분이다. 따라서 우리 인류가 '공룡이 왜 6500만 년 전에 지구상의 대부분의 종과 함께 갑자기 죽었는가?'라는 물음에 특별히 관심을 갖는 것은 당연한 일인지도 모른다.

라플라스는 『세계의 체계』 4권 4장에서 혜성에 대한 전 세계인의 공포를 미신으로 비난하고, 혜성을 두려워하는 확실하고 실제적인 이유를 냉정한 과학 가설로 발전시켰다.

> 무지의 시대에 인류는 자연을 탐구하는 유일한 방법이 계산과 관측으로 이루어진다는 사실을 전혀 깨닫지 못했다. 현상은 규칙적으로 계속되는가 또는 뚜렷한 질서 없이 계속되는가에 따라, 결정적 원인에 의존하거나 우연히 일어나는 것으로 생각되었다. 그리고 자연의 질서에서 벗어난 것처럼 보이는 많은 일들은 하늘이 분노한 증거로 여겨졌다.
>
> 그러나 이러한 상상의 원인들은 계속해서 지식의 진보에 무릎을 꿇어 왔다. 앞으로도 그것들은 진리에 대한 무지의 표현으로만 여기는 건전한 철학에 직면하여 완전히 사라질 것이다.
>
> 혜성의 출현이 야기했던 공포는, 우리 태양계 내에서 모든 방향으로 그렇게 많은 수의 혜성이 돌아다닌다면 그중 하나가 지구와 충돌할지도 모른다는 불안으로 이어졌다.

우리는 라플라스가 1770년에 렉셀 혜성이 지구에 근접하게 된 원인인 궤도 진화를 열심히 연구했다는 사실을 기억하고 있다(5장 참조).

> 혜성은 우리 옆으로 너무나 빨리 지나가기 때문에 그 (중력적) 인력의 영향은 우려할 만한 것이 아니다. 혜성이 파괴적인 결과를 일으킬 수 있는 경우는 지구와 충돌할 때뿐이다. 그러나 이런 상황이 혹시 가능하다고 해도 100년 안에 일어날 가능성은 거의 없으며, 움직이고 있는 막대한 공간에서 너무나 작은 두 천체가 서로 충돌한다는 매우 특별한 상황까지 고려해야 하므로 그러한 사건에 대해서는 전혀 걱정할 필요가 없다.

그렇다면 혜성과 지구와의 충돌에 대한 공포가 혜성에 대한 미신적 공포와 동일한 종류일까? 전혀 그렇지 않다. 현대 확률 이론의 발명가들 중 하나인 라플라스는 이렇게 설명한다.

> 그럼에도 불구하고 이런 상황의 가능성은 계속되는 기나긴 세월 동안 조금씩 축적되면서 점점 커질 수 있다. 지구에 그러한 충격이 가해질 때 생기는 효과는 쉽게 상상할 수 있다. 자전축과 자전 운동이 변하고 새로운 적도를 향해 바닷물의 위치가 바뀌며 인류와 동물의 대부분이 거대한 홍수에 빠져 죽거나 지표에 가해지는 충격 때문에 죽게 되며 모든 종이 멸종하고 인간이 성취한 산업들이 사라져 버리는, 이러한 것들이 바로 혜성 하나가 가져올 수 있는 재앙이다.

혜성이 사실상 엄청난 재앙을 가져올 수 있는 존재 — 세계적인 홍수 등 여러 방법들을 통해 — 라는 사실은 이 주제에 관한 오랜 과학 연구에서 줄곧 상당한 관심을 받아 왔으며, 이는 성서의 대홍수가 "혜성에서 기인한 것"이라고 제안했던 에드먼드 핼리의 시대까지 거슬러 올라간다. 혜성이 일으키는 것으로 일컬어진 재난의 종류 — 지구를 산산이 부서뜨리는 홍수, 어둠, 화재 — 는 시대와 천문학적 유행과 함께 변한다. 그러나 혜성과 대격변 사이의 관련은 이상하게도 여러 세대를 거쳐 한결같이 남아 있다.

라플라스는 혜성이 지구와 충돌하는 이런 무시무시한 광경을, 시

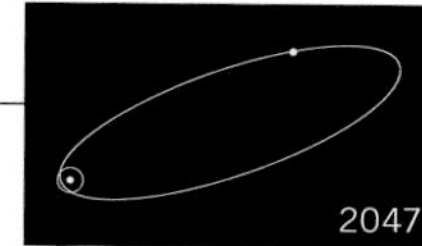

간 규모에 있어서 역설적인 어떤 이론과 연결시켰다. 인류 역사는 수천 년밖에 되지 않았다. 그러나 라플라스는 지구의 나이가 훨씬 더 오래되었다는 사실을 해수의 염도에 관한 핼리의 논의와 같은 것들로부터 알고 있었다. 우주 진화론자였던 라플라스는 생물학적 진화에 대해서는 전혀 알지 못했다. 찰스 다윈의 『종의 기원(*On the Origin of*

혜성과 지구의 충돌에 관해 라플라스가 가진 견해와 유사한 광경이 묘사되어 있다. 1908년 12월 《피어슨 매거진(*Pearson's Magazine*)》에 실린 이 그림에 대한 과장된 설명문은 다음과 같다. "만약 커다란 혜성이 지구에서 관측할 수 있는 거리 이내로 접근한다면 우리 세계의 파멸은 결정된 것이나 다름없다. 모든 것이 자연 발화로 타오를 정도로 막대한 열이 생길 것이다. 가장 단단한 암석도 녹아내릴 것이고, 지구 표면에는 살아 있는 생물이 단 하나도 남지 않을 것이다. 건물과 인간은 순식간에 타서 재로 변할 것이다."

Species)』은 60년 뒤에야 나왔다. 라플라스는 인간이 존재하기 훨씬 전에 세계가 존재했다는 사실을 상상하지 못했다. 그렇다면 인류 역사와 인간 문명은 왜 훨씬 더 오래되지 않았을까?

> 이것은 오래전에 바다가 높은 산에 있었던 흔적이 있는데 지금은 왜 그곳에 없는지를 설명해 준다. 그리고 따뜻한 남쪽 지방의 동식물이 남긴 자취와 화석이 왜 북쪽 지방에서 발견되는지도 설명해 준다. 마지막으로 이것은 인류 역사가 매우 짧다는 것을, 즉 인류의 자취가 5,000년을 훨씬 넘어서지 못한다는 것을 말해 준다. 이러한 재난이 닥쳤을 때 인류는 극도로 어려운 상황에서 극히 소수만이 살아남았으며, 살아남기 위한 생존 자체가 크게 어려웠기 때문에 모든 과학과 예술에 대한 기억을 잊어버렸음에 틀림없다. 그리고 문명의 발전이 새로운 수요들을 만들었을 때에는 마치 인류가 지구상에 처음 출현했을 때처럼 이 모든 것들이 처음부터 다시 발전되어야 했을 것이다.

여기에는 혜성이 야기하는 전 지구적인 재난들뿐만 아니라 멸종들도 분명히 언급되어 있다. 그리고 심지어 그러한 대격변들이 지구 역사 전반에 걸쳐 일어났다는 암시까지 있다. 이런 아이디어들은 우리 시대에 다시 주목받고 있다.[2]

라플라스 이후 혜성이 야기하는 대격변은 거의 유행이 되었다. 어떤 작가들은 혜성의 부스러기 — 예를 들어 도널리의 『라그나로크』에 나오는 점토 — 가 지구 상공에 흩어져 있다고 상상했고, 또 어떤 작가들은 오직 제한된 특정 지역에서만 느껴지는 충돌 효과들을 상상했다. 이따금, 라플라스가 묘사했던 것보다 훨씬 더 극단적인 결과들이

2 그럼에도 불구하고 과학 지식의 발전으로, 라플라스의 이러한 생각이 잘못되었다는 사실이 입증되었다. 우리는 인간이 역사 이전, 혹은 '문명'이 생기기 전 적어도 100만 년 동안 지구상에 살았음을 알고 있다. 높은 산 위에 남아 있는 바다 생물의 화석이 많은 사람들을 혼란스럽게 했다. 그러나 그 원인은, 레오나르도 다 빈치(Leonardo da Vinci)가 처음으로 제안했고 현대 지질학이 완전히 설명했듯이, 산꼭대기를 덮었던 거대한 홍수가 아니라 바다 밑바닥이 서서히 솟아올라 큰 산이 되는 지각 활동이었다.

상상되기도 했다. 1893년에 프랑스의 작가 카미유 플라마리옹 — 그는 혜성의 충돌이라는 소재로 사람들을 겁에 질리게 하는 것을, 단순히 좋아하는 수준을 넘어서 즐기는 것처럼 보였다. — 은 『지구의 종말(*The End of the World*)』이라는 공상 과학 소설을 썼다.

> 마치 하늘의 커다란 발사체처럼 혜성의 단단한 핵이 달걀 껍질 같은 지구의 지각을 뚫고 이미 반쯤 녹은 내부로 들어갔다. 혜성은 전함의 증기 기관을 꿰뚫는 포탄처럼 무섭게 돌진했다. 지구 전체는 순식간에 화산으로 변했다. 바닷물이 넘치고 …… 대륙이 종잇조각처럼 뒤틀리고 찢어졌다.

이것은 다소 과장된 표현이다. 하지만 지름이 1킬로미터 이상 되는 혜성이 태양계에서 지구와 같은 지역을 공유하며 엄청난 속도로 움직이고 있다면, 곧 커다란 혜성 하나가 정말로 지구와 충돌해 틀림없이 대격변을 초래할 것이다. 정확히 어떤 일이 일어났는지는 추적할 수 없지만, 이것이 바로 라플라스 주장의 근간이 된다. 커다란 혜성과의 충돌에서 지구가 얼마나 오랫동안 살아남을 수 있는지를 계산하는 것은 그리 어려운 일이 아니다. 20세기의 첫 10년 동안, 하버드의 W. H. 피커링(W. H. Pickering)은 상당한 크기의 혜성 핵 하나가 4000만 년마다 한 번씩 지구와 충돌한다고 계산했다. 그러나 피커링은 지구가 과거에 겪었다고 생각되는 수십 번의 충돌이 지구에 거의 손상을 입히지 않았다고 보았다. 우리 주변에 아직 생명체가 존재한다는 사실이 그 증거라는 것이었다.

제2차 세계 대전이 끝난 이후 미국의 주요 천문학 교재[3]에는 다음과 같은 구절이 포함되었다.

> 지구는 지질 시대 동안 혜성과 많이 충돌했을 것이다. 태양으로부터 1AU

3 H. N. 러셀(H. N. Russell), R. S. 더건(R. S. Dugan), J. Q. 스튜어트(J. Q. Stewart) 공저, 『천문학 개론 I. 태양계(*Astronomy I. The Solar System*)』, 보스턴, 1945년.

그녀는 격노한 혜성이 올라가는 광경을 처음으로 보지만,
그 혜성이 누구를 위협하는지, 어느 땅이 파괴될지 알고 있다.

— 유베날리스(Juvenalis), 「여섯 번째 풍자시(The Sixth Satire)」, 존 드라이든(John Dryden) 옮김

안으로 접근하는 빠르고 작은 천체는 지구와 충돌할 가능성이 4억분의 1 정도 된다. 매년 약 다섯 개의 혜성이 이 거리 안으로 들어온다면 한 혜성의 핵은 평균 8000만 년에 한 번씩 지구와 충돌할 것이다.

그러나 저자들은 혜성의 모래 무리 모형(6장 참조)을 받아들였기 때문에 거대한 혜성 핵의 존재를 믿지 않았다. 따라서 그들은 혜성과 지구의 충돌이, "아마도 지구 생물의 대량 파괴를 일으키기에는 부족했을 것"이라고 결론 내렸다. 20세기 내내 과학자들이 간헐적으로 생물학적 멸종과 혜성의 충돌을 관련시키기는 했지만 그러한 규모의 대격변을 그렇게 작은 천체가 일으킬 수 없다는 생각이 일반적이었다.

이탈리아의 고속도로를 타고 피렌체와 로마의 중간 지점에서 좌회전을 한 뒤 페루자를 지나 아펜니노 산맥으로 똑같은 거리를 계속 올라가다 보면 그 역사가 중세까지 거슬러 올라가는 구비오라는 작은 마을에 다다른다. 마을 도로변에는 연속적인 줄무늬가 있는 훌륭하게 보존된 퇴적 기둥이 있다(359쪽 그림 참조). 이 기둥은 카이사르가 세운 어떤 건축물보다도 수백만 년 앞서는 것으로 추정된다. 위로 올라가면 밝은 하얀색의 암반 위에 핑크빛과 잿빛의 엷은 층이 놓여 있는 것을 볼 수 있다. 이 층이 바로 백악기 말기를 의미한다.

작은 조각 하나를 잘라 내어 실험실로 갖고 온다. 하얀색 암석은 석회암으로, 현미경으로 보면 따뜻한 바다에서 살았던 미생물들이 만든 방해석 판과 껍질들을 볼 수 있다. 영국 도버 해안의 하얀 절벽에 있는 백악은 그러한 방해석을 분비하는 해양 미생물이 만든 것이다. 이 미생물은 백악기의 재난 때 멸종되었다. 사실 백악기(Cretaceous period)라는 이름은 바로 이곳에서 나왔다. 'creta'는 라틴 어로 분필을 뜻한다. 구비오에서는 이 해양 석회암이 잿빛과 핑크빛 층으로 인해 단절되는 것을 명확히 볼 수 있다. 이 층은 1센티미터 정도의 두께이며 점토로 이루어져 있다. 점토와 석회암 모두 개개의 알갱이들이

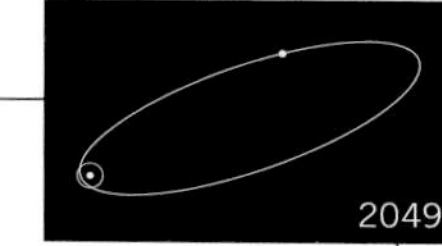

수천만 년 전 조용한 바닷속에 가라앉아 축적된 것임에 틀림없다. 이 점토 바로 위에 있는 석회암 화석은 바로 밑에 있는 화석과 매우 다르다. 세계 곳곳의 백악기 경계에서 유사한 층들이 발견된다. 첫눈에 봐도 점토가 어떤 대격변을 나타낸다는 사실을 수 있다.

꽃식물의 미세한 꽃가루 종류가 이 백악기 점토층 — 해양 미생물 멸종에 상당하는 육지 — 위에서 갑자기 변한다. 또 그 밑으로는 1억 6000만 년 이상 지구를 배회했던 공룡의 화석이 발견되는 반면 그 위로는 공룡의 화석은 전혀 없고 대신 포유동물의 유해가 풍부하다.[4] 이 잿빛 경계는 지구상의 많은 생명체를 멸종시키며 백악기를 끝낸 대격변을 나타낸다. 저 점토 속에 무엇이 있을까? 이 엄청난 죽음을 일으

4 인류는 이곳 지구에, 공룡이 지배한 기간의 1퍼센트 동안밖에 존재하지 않았다. 퇴적 기둥 어디에도 맨 꼭대기를 제외하면 우리의 흔적은 없다.

퇴적층의 기록. 이것은 이탈리아 구비오의 도로변에 있는 암석의 가파른 경계면으로 지질 시대상 중생대 백악기 말에 상응한다. 오른쪽 아래를 보면 망치로 살짝 깨져서 하얗게 드러난 석회암이 있는데, 이것이 백악기의 암석이다. 이런 분필 같은 색은 백악기 말에 바다에 살던 미생물들의 화석 때문이다. 왼쪽 위를 보면 적갈색 암석이 있는데, 이는 제3기의 산물이다. 여기서는 공룡의 화석이 더 이상 발견되지 않고, 포유동물의 조상들이 묻혀 있다. 위쪽에는 크기 비교를 위해 25센트짜리 동전만 한 이탈리아의 5리라 동전이 놓여 있다. 이 사진에는 백악기와 제3기 암석을 분리하면서 대각선으로 가로지르는 회색 진흙층도 보인다. 여기서 최후의 공룡 화석이 발견되었고, 이리듐이 풍부하게 나타났다. 캘리포니아 대학교 버클리 캠퍼스의 월터 앨버레즈 제공.

킨 것은 무엇이었을까?

금과 백금이 귀중한 것은 희소성 때문이다. 그러나 태양과 별의 스펙트럼을 보거나 지구에 갓 떨어진 운석을 조사해 보면, 하늘에는 이런 귀중한 금속들이 훨씬 더 많다는 사실을 알게 된다. 운석이 금이나 백금의 광맥을 갖고 있다는 것은 아니다. 그러나 지구에는, 규소와 같은 다소 풍부한 원소에 비해 귀중한 금속들이 이상할 정도로 적다. 그런데 용해된 암석에서는 금과 백금이 철과 함께 움직이는 경향이 있다. 그리고 지구를 형성했던 천체들 속에 한때 균일하게 혼합되어 있던 철은 이제 주로 우리의 발아래 3,000킬로미터 깊이에 있는 우리 행성의 액체 핵 속에 집중되어 있다. 갓 형성된 지구가 부분적으로 녹아 있을 때 대부분의 금과 백금이 철과 함께 그곳으로 이동했을 가능성이 크다. 금이나 백금보다 잘 알려져 있지 않은 다른 원소들 — 특히 이리듐과 오스뮴과 로듐 — 의 경우도 마찬가지다. 따라서 만약 퇴적 기둥의 특정 층에 충분한 양의 이리듐이 존재한다면, 이 원소는 지구에 어떤 종류의 외계 간섭이 있었다는 확실한 증거가 될지도 모른다.

1970년대 말에 캘리포니아 대학교 버클리 캠퍼스의 과학자 그룹이 백악기 경계에 있는 점토에 대해 의문을 갖기 시작했다. 이 연구팀에서 가장 두드러진 두 사람은 모두 그 대학 교수였던 노벨상 수상자인 핵물리학자 루이스 앨버레즈(Luis Alvarez)와 지질학자 월터 앨버레즈(Walter Alvarez) 부자였다. 루이스 앨버레즈는 중성자 활성 분석(neutron activation analysis)이라는 기술을 이용해 다른 물질과 함께 섞여 있는 극히 적은 양의 이리듐을 측정해 보자고 제안했다. 앨버레즈 부자는 백악기 말을 명시하는 구비오 점토층의 위와 아래에서 이리듐의 함량을 조사했다. 그들은 퇴적 기둥의 바로 이 부분에서 화학 원소 28가지의 함량을 측정했고, 놀라운 사실을 알아냈다. 27가지 원소는 이 층 안팎의 함량에서 전혀 중요한 변화를 보여 주지 않았다. 그러나 이리듐의 함량만은 인접한 퇴적층보다 이 점토층에서 30배나 많았다. 이제 세계 곳곳에서 유사한 결과가 얻어졌다. 아이티에서는 인접한 층

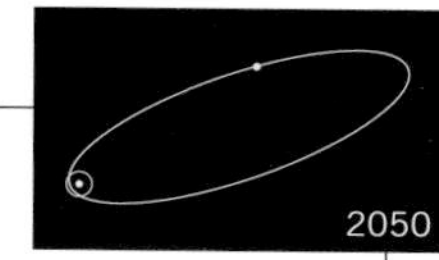

들보다 백악기 경계층에 거의 300배나 많은 이리듐이 발견되었다. 뉴질랜드에서는 120배, 카스피 해의 해변에서는 70배, 텍사스 주에서는 43배, 북태평양 심해에서는 330배나 많은 이리듐이 있었다.

백악기 말기를 명시하는 이리듐층이 전 세계에 존재한다는 것은 우주의 거대한 물체가 6500만 년 전에 지구와 충돌했다는 직접적인 증거로 보인다. 이렇게 많은 이리듐을 지구에 분포시키려면 이 천체가 얼마나 커야 하는지도 계산할 수 있다. 답은 혜성의 핵이나 소행성의 전형적인 크기인, 지름 10킬로미터 정도의 천체로 드러났다. 1980년대 중반에 레이더 기술로 지름이 측정된 네 개의 혜성 가운데 두 개가 바로 이 크기였다. 지구를 가로지르는 많은 소행성이 소멸한 혜성인 것처럼 보이므로(14장 참조) 지구와 충돌한 혜성이 백악기 대격변을 촉발했을 가능성은 그 어느 때보다도 더 커 보인다.[5] 만약 그렇다면 저 점토층에는 주로 무기물인 혜성 물질이 풍부할 것이다. 얼음은 오래전에 녹고 증발해 버렸을 것이기 때문이다.

점토층의 두께로 판단컨대 이리듐은 즉시 퇴적된 것이 아니라 1만 년에서 10만 년 — 단 한 번의 충돌 시간보다 훨씬 더 긴 시간 — 에 걸쳐 퇴적된 것으로 추정된다. 그러나 많은 혜성이 관련된 것일지도 모른다(16장 참조). 아니면 단 한 번의 충격으로 지구 근처로 분출된 입자들이 오랜 시간 동안 계속해서 지구로 다시 떨어졌던 것일지도 모른다. 이따금 화산에서 이례적으로 고농도의 이리듐이 분출될 수도 있다. 그러나 백악기 경계층의 물질은 오직 막대한 충격 — 화산 폭발이 아니라 혜성의 충돌이 일으킨 것 — 이 발생했을 경우에만 설명될 수 있는 무기물의 형태와 화학 성분의 변화를 보여 준다.

이러한 이야기는 친숙하게 들린다. 우리는 전에 이와 유사한 이야기 — 이그네이셔스 도널리가 『라그나로크』에서 소개한 바로 그 주제인, 혜성이 일으킨 대격변으로 전 세계에 점토 비가 내린다는 이야

5 '혜성' 뒤에 '혹은 소행성'이라는 말을 덧붙이지 않겠지만, 백악기의 충돌이 혜성에서 유래하지 않은 소행성으로 인해 일어났을 가능성도 여전히 존재함을 강조한다.

혜성과 지구의 충돌은 공룡을 멸종시키고 지질 시대 제3기의 문을 열었다. 아마도 수백만 년이 흐른 뒤에 다음 충돌이 일어날 것이다.

— 해럴드 C. 유리(Harold C. Urey), 「혜성 충돌과 지질 시대(Cometary collisions and geological period)」, 《네이처》 242호, 1973년, 32쪽

결혼반지 이상 현상

백악기 경계층에서 발견되었던 수십 개의 이리듐 농도 가운데 하나는 거짓으로 드러났다. 지구의 지각에서 나온 보통의 암석에는 이리듐의 함량이 100억분의 1보다도 적다. 그러나 이조차도 중성자 활성 분석으로 충분히 측정된다. 구비오에서는 그 양이 훨씬 더 많아서 10억분의 6 정도나 되었고 그 밖의 다른 곳에서는 훨씬 더 많았다.

> (그러나 몬태나 백악기 점토의 한 실험실 표본에서 이리듐은) 분석할 표본들을 준비했던 기술자가 끼고 있는 결혼반지인지 약혼반지인지 모를 백금 반지 때문인 것으로 드러났다. 보석에 사용되는 백금은 약 10퍼센트의 이리듐을 포함하고 있다.…… 만약 백금 반지 하나가 30년 동안 질량의 10퍼센트를 잃는다면, 분당 평균 손실량은, 만약 모두가 어떤 표본에 침전한 경우, 우리의 측정치보다 (100배는) 더 커진다.■

앨버레즈 부자와 연구팀은 백금 결혼반지에 몇 초간 노출되는 것으로도 이 분석에 잘못된 신호를 충분히 일으킬 수 있다고 결론짓는다. 장비의 민감도가 클수록 더 많은 주의를 기울여야 한다. 기술자들은 그 후 장갑을 착용한다.

■ 월터 앨버레즈, 프랭크 아사로(Frank Asaro), 헬렌 V. 미셸(Helen V. Michel), 루이스 W. 앨버레즈, 「에오세 말기의 멸종과 같은 시기에 존재하는 이리듐 이상 현상(Iridium anomaly approximately synchronous with terminal eocene extinctions)」, 《사이언스(*Science*)》 216호, 1982년, 886쪽.

기 — 를 들은 적이 있었다(10장 참조). 이 대격변들은 다양하고 시간 규모도 다르지만, 아이디어 자체는 분명 유사하다. 도널리의 점토층들은 백악기의 경계에 흔하지 않았고, 도널리는 이리듐에 대해 전혀 알지 못했으며, 앨버레즈 부자는 도널리의 영향을 전혀 받지 않았다. 만약 객관적으로 충분히 확실한 과학이 쓰인다면 운이 좋아서 어쩌다 맞히는 경우가 반드시 있을 수밖에 없고, 그 가운데 『라그나로크』 속

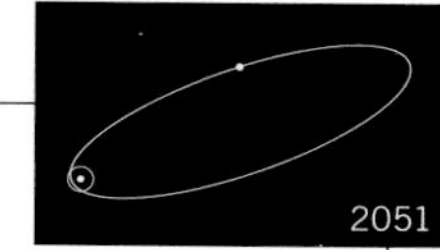

에 있는 몇 가지 추측들도 포함될지 모른다. 그러나 앨버레즈 부자의 연구와 달리, 도널리의 논의들은 불충분하다. 오늘날에는 이리듐이 모든 것을 말해 주고 있다.

만약 지름이 10킬로미터인 어떤 천체가 혜성의 속도로 지구와 충돌한다면 지름이 200킬로미터 이상 되는 거대한 분화구가 생길 것이다. 이것은 이 혜성이 육상에 충돌하든 해양에 충돌하든 마찬가지이다. 해양의 깊이는 혜성의 크기보다 훨씬 더 작기 때문이다(176쪽 그림 참조). 그 결과 생기는 부스러기 — 부서진 혜성과 부서진 지구의 혼합물 — 는 높이 날아가 대부분이 지구 대기 너머 우주 공간으로 분출될 것이다. 따라서 이 부스러기는 지구 도처로 퍼졌을 것이다. 탈출 속도로 분출된 미세한 입자들의 구름은 지구의 궤도를 반복적으로 가로지르는 궤도를 따라 태양 주위를 여행할 것이다. 따라서 포인팅-로버트슨 효과(14장 참조)로 인해 내행성계가 완전히 청소될 때까지 미세한 부스러기가 수만 년 동안 끊임없이 떨어졌을 것이다.

지름이 200킬로미터인 분화구는 굉장한 크기다. 이런 것이 어디에 있을까? 오직 세 개만 알려져 있다. 그중 두 개는 6000만 년 전에 생긴, 엄청나게 오래된 것이다. 다른 하나는 시베리아에 있는 포피가이(Popigai) 분화구로 3000만 년 전에 생성된, 상대적으로 꽤 젊은 것이다. 그러나 지구는 3분의 2가 대양이다. 그리고 백악기 분화구는 대양에 형성되었을 확률이 크다. 그러한 분화구는 아무도 눈치채지 못한 채 바다 깊숙한 곳 어딘가에 존재할 수 있다. 적어도 기밀이 아닌 문서 중 포괄적인 심해저(深海底) 지형도는 없다. 아마도 거대한 분화구의 단서 일부가 (구)소련 또는 미국의 수로국에 있을지도 모른다. 그것은 핵잠수함에게 명령을 내리는 장교들에게 필요한 것을 알려 줄 때에만 이용되는지도 모른다. 그러나 완벽한 해저 지형도가 이용 가능하다고 해도, 대륙 크기의 판이 지구 내부로 섭입되는 운동이 있었기 때문에 백악기 대양 바닥은 대부분 성치 않다. 예전에는 지구 어딘가에 벨기에나 코르시카나 스와질란드만 한 상처가 있었는지도 모른다. 천연두 바

그대의 운명을 지배하는 저 별은
지구가 창조되기 훨씬 전에 나의 지배를 받았네.
그 세계는 신선하고 공정했으며
허공에서 태양 주위를 돌고 있었네.
궤도는 자유롭고 또 규칙적이었으며
우주는 아름다운 별을 가슴에 품었네.
그러나 때가 되었을 때
무정형의 불꽃 덩어리가 형성되었고
길 잃은 혜성과 저주,
그리고 우주의 위협 …….

진흙의 자식이여, 그대는 어떻게 할 텐가?

쪼개지는 하늘을 뚫고 혜성들이 날아다니네.
그들의 분노에 행성들은 재가 되어 버리네.

— 바이런 경, 『맨프레드(*ManFred*)』, 1816년

이러스처럼 혜성은 거의 목숨을 잃을 뻔한 질병에서 살아남았음을 상기시켜 주는, 작은 흉터를 남긴다. 그러나 지금은 천연두 자국이 사라졌다. 백악기 대멸종의 화석 기록 자체를 제외하고는, 하늘에서 내려온 얇은 점토층만이 우리의 유일한 기념품이다.

그러나 혜성 하나의 충돌이 어떻게 100톤이나 나가는 육상의 공룡도 죽이고 동시에 지구 반대쪽 바다 속에 있는 미세한 조류(藻類)까지 죽일 수 있을까? 이에 대해서 혜성의 시안화물(8장 참조), 유독 금속, 산성비 등등의 많은 의견들이 제시되었다. 그러나 가능한 주요 메커니즘을 제안한 사람은 바로 앨버레즈 부자였다. 지구에서 1센티미터 두께의 미세한 입자층을 성층권으로 들어 올리면 개개의 입자들이 떨어지는 데는 1년 이상이 걸릴 것이다. 그리고 지구 전체를 뒤덮고 있는 1센티미터 두께의 점토는 빛을 투과시키지 못하므로 점토가 상층대기 전체에 분포되어 천천히 떨어지고 있는 동안에는 빛이 들어오지 못할 게 틀림없다. 햇빛은 이리듐이 풍부한 혜성 점토 구름을 관통하

이웃하는 세 천체 — 화성(그림 1), 지구(그림 2), 금성(그림 3) — 의 지형도. 화성에는 너무 작아서 이 정도의 분해능으로는 보이지 않는 수천 개의 충돌 분화구들을 비롯해서 매우 큰 분화구들도 있다. 여기서 보이는 가장 큰 두 분화구인 헬라스(Hellas, 경도 300도 부근에 있다.)와 아르기레(Argyre) 모두 남반구의 중위도에 있다. 대양과 짙은 대기가 없는 곳에 화성은 수십억 년 이상 된 대형 충돌 분화구들을 보존하고 있다. 반면에 지구는 판 구조론뿐만 아니라 대기와 표면의 물 때문에 굉장히 효율적인 침식을 겪어서 상대적으로 적은 수의 충돌 분화구들이 보존되어 있으며, 지구의 초기 역사까지 거슬러 올라가는 분화구들은 소수에 불과하다. 금성은 짙은 대기와 높은 표면 온도 때문에(비록 최근의 대양은 없지만), 오래된 대형 충돌의 흔적들을 보존하고 있는 화성보다는 지구와 더 닮은 것 같다. 부분적으로 우주 탐사선 자료를 바탕으로 한 이 지도들은 마이클 코브릭(Michael Kobric), NASA와 제트 추진 연구소, 미국 지질 조사국이 만든 것이다.

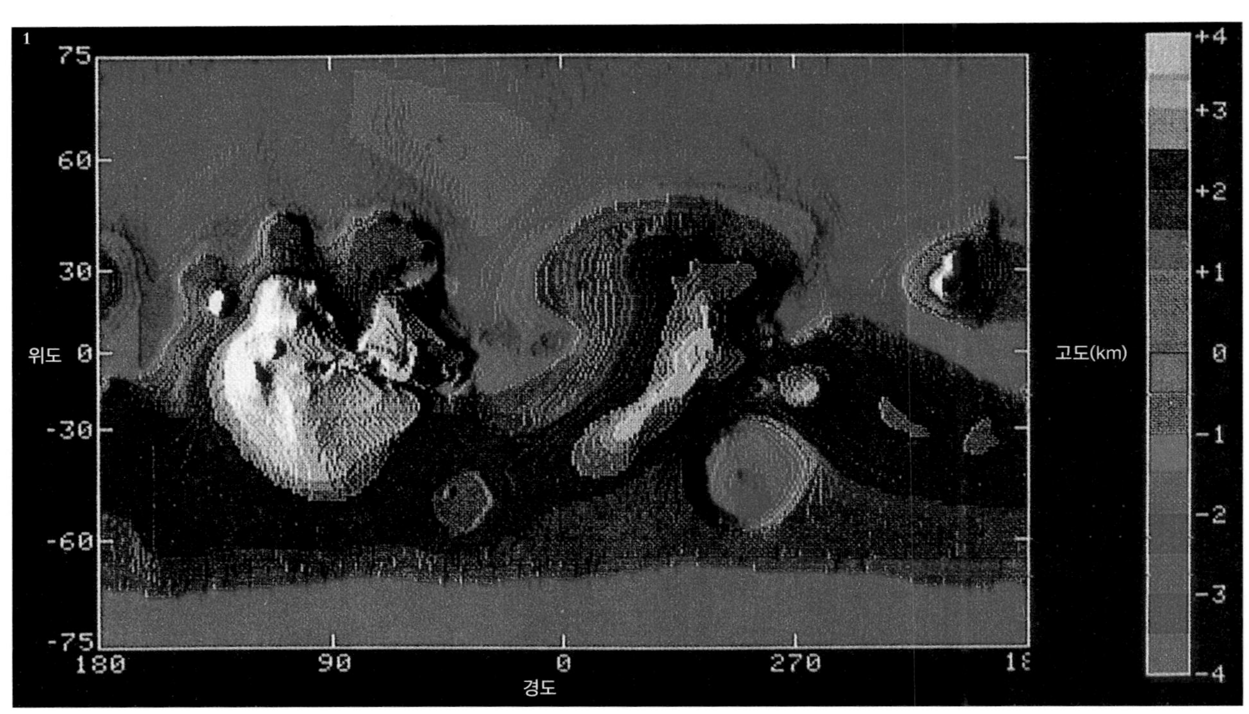

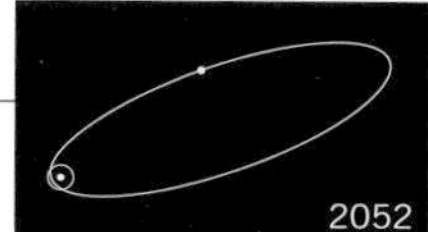

지 못했을 것이다. 따라서 수개월 동안 혹은 심지어 수년 동안 지구는 어둡고 추웠을 것이다.

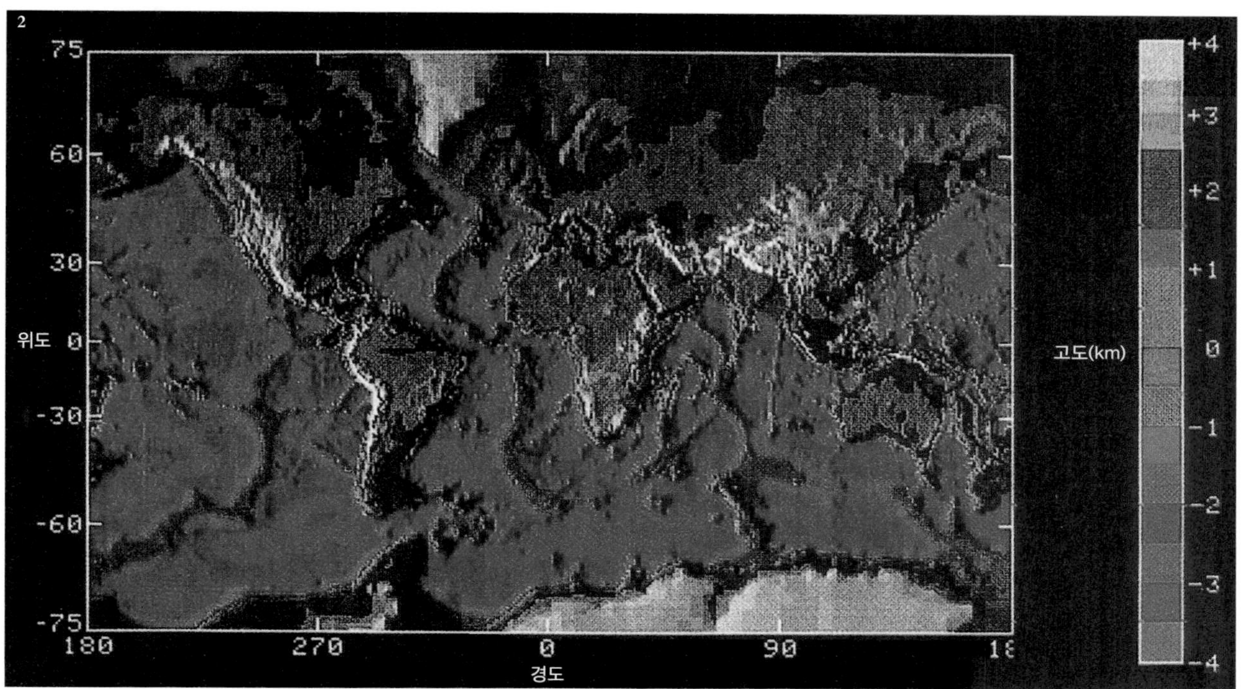

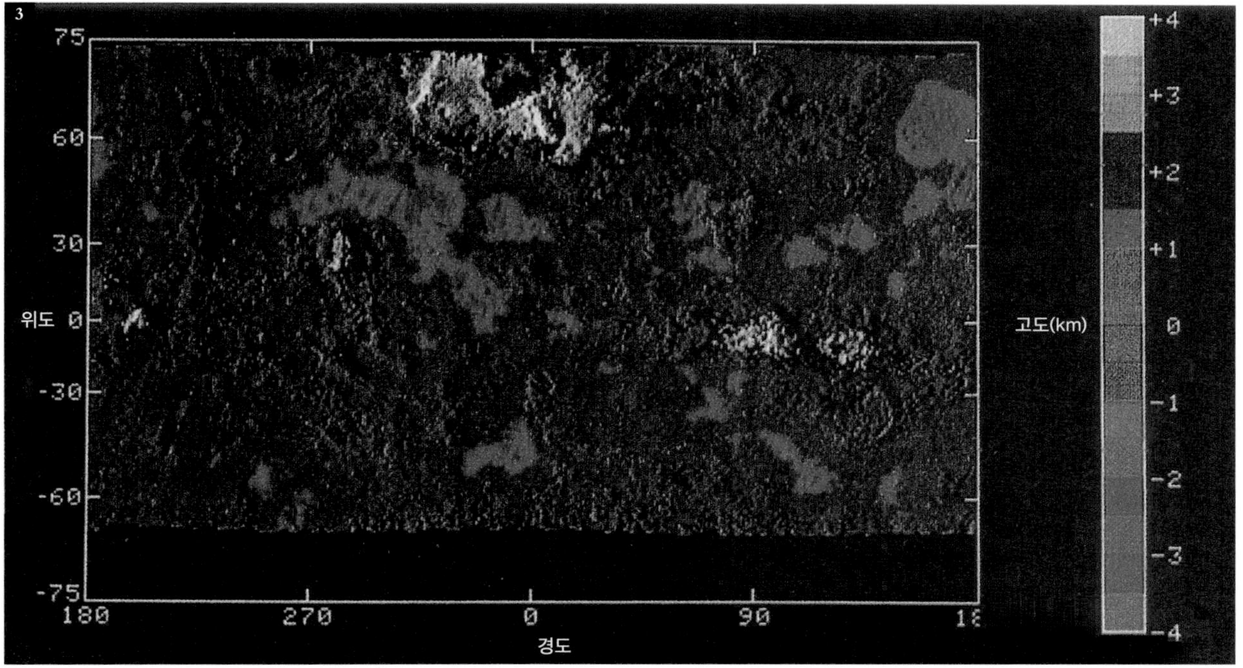

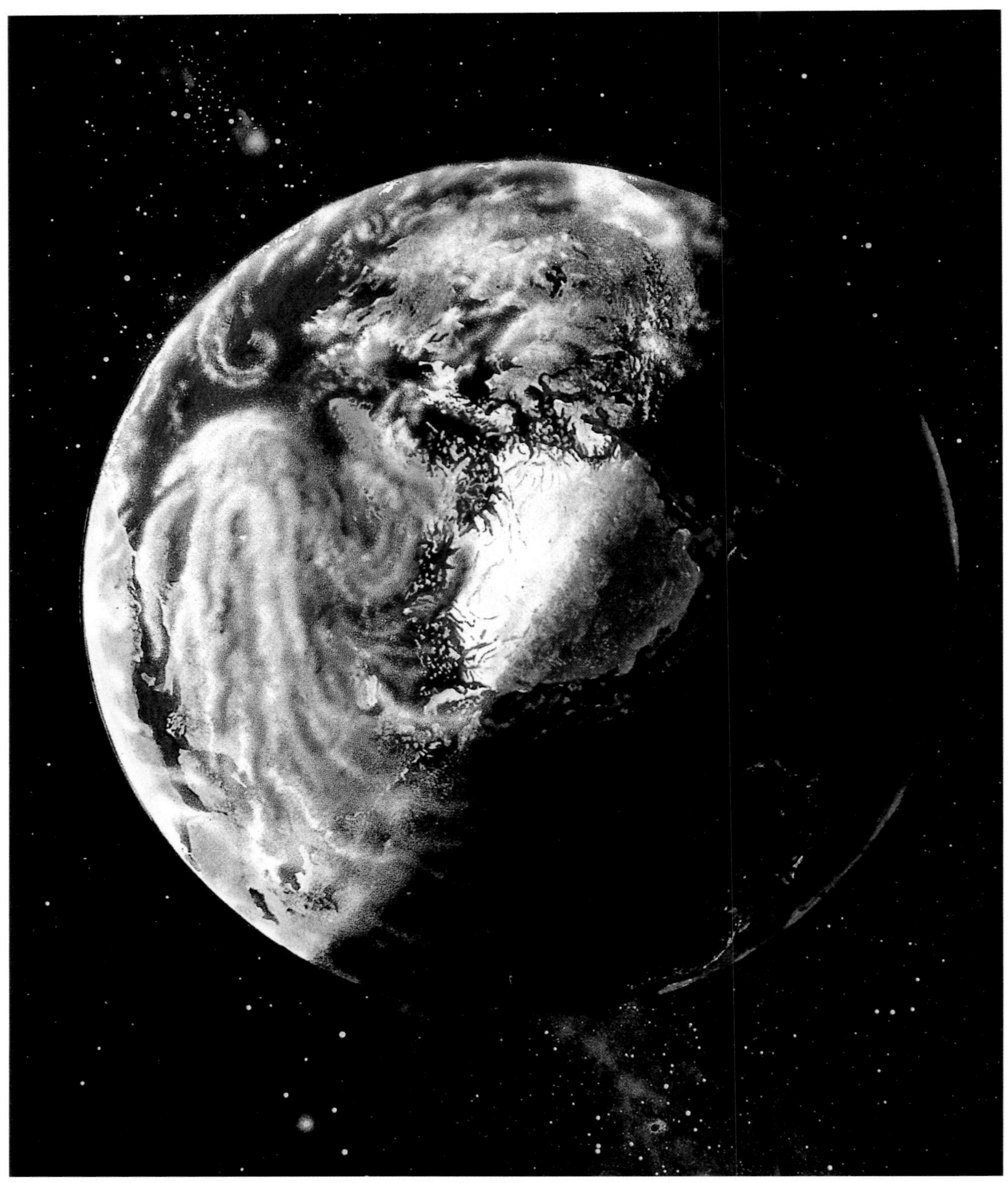

혜성의 충돌은 백악기 말 지구에 탁월풍이 이끄는, 미세 입자들로 구성된 거대한 구름을 일으켰다. 대륙들이 낯설다. (판 구조론에 따르면, 6500만 년 전 지구의 대륙들은 오늘날과 다르다.) 표현의 명료성을 위해 충돌 즉시 높게 치솟아 행성 대기 전체를 채웠을 충돌 파편들 상당량이 생략되었다. 태양 빛이 막혀 전 지구의 암흑화로 지구가 춥고 어두워졌을 것이다. 존 롬버그 그림.

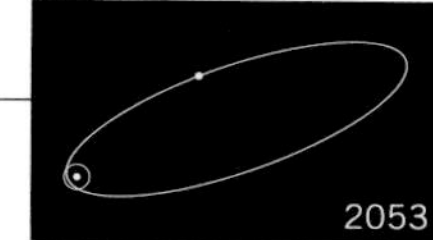

백악기에 지구의 평균 기온은 지금보다 섭씨 10도 정도 더 따뜻했다. 현재를 기준으로 보면 지구는 그 당시 많은 생물 형태들이 아직 혹독한 추위에 준비되어 있지 않은 열대 행성이었다. 오늘날 열대 지역에 사는 동식물들은 기온이 빙점 이하로 절대 떨어지지 않는 지역에 살기 때문에, 빙점 이하의 기상 상태에 대한 방어물을 전혀 갖고 있지 않다. 계산에 따르면 백악기의 충돌 이후 지구 도처의 온도는 영하 10도까지 내려갔을 것으로 보인다. 또한 수개월 동안 지구의 표면에 도달하는 햇빛의 양이 너무 적어 대부분의 식물들은 광합성을 할 수 없었을 테고, 심지어 동물은 앞을 볼 수 없을 정도였을 것이다. 육상 식물은 씨와 포자 같은 것들을 통해 수년간의 추위와 어둠 속에도 살아남았을 것이다. 그러나 먹이 비축이 전혀 없는 해양의 미세한 식물은 금방 죽었을 것이고, 그러한 플랑크톤에 의존하는 해양 전체의 먹이 사슬 역시 그 직후 붕괴되었을 것이다. 따라서 먹이나 온기를 찾지 못해

6500만 년 전 혜성 충돌로 일어났음직한 결과들을 표현한 이 그림에는 트리케라톱스 한 마리가 꽁꽁 얼어붙은 음울한 백악기 말 지구를 쓸쓸히 배회하고 있다. 돈 데이비스 그림.

경고

(지구를 가로지르는 작은 소행성과의) 충돌 결과는 상상조차 할 수 없다. 그러나 간접적인 영향은 세계 도처에서 느껴질 것이다. TNT 5000억 톤에 상당하는 에너지를 발산할 때 지구 지각의 1억 톤이 대기로 밀려 올라가 향후 수년 동안 지구의 환경을 오염시킬 것이다. 지름이 25킬로미터이고 깊이가 5~8킬로미터인 분화구는 충돌 지점에 흔적을 남긴다고는 하지만 충격파와 압력 변화와 열적 교란이 지진, 허리케인, 그리고 어림할 수도 없는 크기의 열파를 일으킬 것이다. 만약 (소행성이) 버뮤다 동쪽 1,500킬로미터에 위치해 있는 바다 속으로 돌진한다면 그 결과 시속 650~800킬로미터의 해일이 일어나 이 리조트 섬을 휩쓸어 버리고 플로리다의 대부분을 물에 잠기게 하며, 보스턴 — 2,500킬로미터 떨어져 있고 60미터 높이의 수벽을 갖고 있는 — 을 강타할 것이다…… 여기서 발생하는 에너지는 TNT 50만 메가톤에 해당하며, 지금까지 기록된 가장 큰 지진보다 100배나 더 크고 크라카토아 화산보다 1만 배 혹은 10만 배나 더 크다…… 만약 이 충돌이 바다 한가운데에서 일어난다면, 30미터 높이의 해일이 세계적인 피해를 일으킬 것이다. 만약 이 충돌이 육상에서 일어난다면 폭풍이 수백 킬로미터 반경 이내에 모든 나무와 건물을 쓰러뜨릴 것이고, 약 10억 톤의 흙과 돌먼지가 성층권으로 올라가 평상시 지구의 표면으로 들어왔던 태양 복사를 수십 년 동안 감소시켜 빙하 시대가 곧 시작될 것이다.

— MIT 시스템 공학과 학생의 프로젝트, 『프로젝트 이카루스(*Project Icarus*)』,
MIT 대학교 출판부, 1968년

이 구절은 백악기의 충돌과 핵겨울을 사전 경고한 중요한 표현이다.

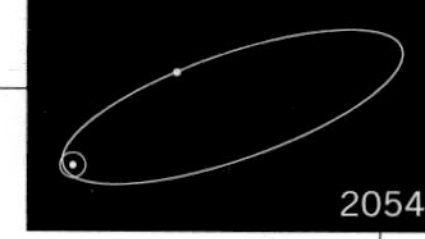

꽁꽁 얼어붙고 어둠침침하고 황폐한 풍경을 비틀거리며 걸어가는 공룡의 비참한 처지는 쉽게 상상할 수 있다. 그러나 굴속에 살고 있는 크기가 작은 온혈 포유동물은 생존 가능성이 훨씬 더 컸다.

따라서 백악기 멸종의 주요 원인들 가운데 하나는 핵겨울로 알려진 현대의 핵전쟁 결과와 대단히 유사했을 것으로 추정된다. 백악기 때의 대재난과 마찬가지로 핵폭발로 인해 솟구치는 먼지와 도시 안팎의 '전략적 목표물'들에서 뿜어져 나오는 연기 때문에 대멸종을 초래할 수 있는 기후 대격변이 일어날 수 있다. 주요한 차이는 공룡 스스로 그 자신의 멸종을 불러들이지는 않았다는 사실이다.

6500만 년 전에(혹은 그 후에) 혜성이나 소행성이 지구와 충돌하지 않았더라면 공룡은 여전히 여기에 존재할 것이고 우리는 존재하지 못했을 가능성이 크다. 우리는 단순히 지구상에 탄생했던 여러 가지 유전자와 염색체들 가운데 무수하지만 번성하지 못했던 가능성 중 하나에 지나지 않았을 것이다. 그리고 우리가 정신을 차리지 않는다면 또 다시 그렇게 될 수 있다.

태양과 지구가 거대한 성간 구름으로 다가가는 동안 은하수 은하면의 먼지 띠와 그 부풀어 오른 중심이 멀리 보인다. 존 롬버그 그림.

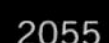

16장

현대의 신화

전능한 신이 우주의 모든 사물과 모든 사건을 조정하고 지시한다고 믿는다면, 우리는 '처음부터 끝까지 내다보는' 놀라운 창조의 계획을 세운 전능한 신이, 이따금 행성의 궤도를 가로지르더라도 행성들이 바로 가까이에 있을 경우에는 이 궤도를 지나지 않도록 혜성의 주기와 속도를 조정했다는 사실을 인정해야만 한다. 그리고 만약 그러한 사건이 일어난다면 우리는 그것이 전능한 신의 계획과 의지와 완벽하게 일치하며, 대체로 지적인 우주의 행복과 질서와 신의 정부가 의도한 종말에 도움이 된다고 안심할 것이다.

—토머스 딕, 『천구와 천문 현상, 조물주와 무한한 세계의 예증』, 필라델피아, 1850년

혜성에 대해 말할 때면 나는 다소 불리한 입장에 놓여 있다는 느낌이 든다. 왜냐하면 오늘날의 혜성은 과거의 그들이 아니기 때문이다.

—아서 스탠리 에딩턴, 「천문학 연구에 관한 최근의 몇 가지 결과들」, 런던 왕립 학회 주관 금요일 저녁 강의, 1909년 3월 26일

솔직히 말해서 6500만 년 전에 혜성이 우주에서 나타나 지구와 충돌하여 이 행성에 있는 대부분의 생물이 멸종됐다는 이야기는 공상 과학 소설 초창기에 등장한 싸구려 잡지에서나 나올 법한 이야기로 들린다. 앨버레즈 부자의 발견은 지질학과 천문학과 진화 생물학으로 전파되었고, 심지어 국제 정치학과 핵전략에까지 영향을 미치며 과학 혁명과 같은 것을 일으켰다. 우주의 사건과 우리 자신의 존재 사이의 관련은 실로 감동적이다.

그러나 백악기의 멸종은 지구상의 생물 역사에서 대멸종의 유일한 사례가 아니며, 주요한 사례도 아니다. (라플라스와 다른 사람들이 깨달았듯이) 혜성(그리고 소행성)과 지구는 여러 번 충돌했던 게 틀림없다. 또 다른 대멸종을 연상시키는 다른 퇴적층에서도 이리듐의 농도는 높게 나타났다(비록 모든 사람들이 주요 대멸종과 관련짓는 페름기 퇴적층에서는 지금까지 이런 비정상적인 이리듐 농도가 전혀 나타나지 않았다.). 앨버레즈 부자의 발견은, 다양한 분야의 많은 과학자들이 혜성 충돌과 대멸종에 대해 생각하게 했으며, 이것은 훨씬 더 놀라운 주장들로 이어졌다. 그러나 이런 최근의 발전들은 대부분 이론에 불과하므로 — 일부 아이디어들이 서로 모순되는 등의 여러 이유들 때문에 — 우리의 행보는 좀 더 조심스러워야 한다.

진화 생물학에서 주기성이 함축하고 있는 내용은 심오하다. 가장 분명한 사실은 진화 체계가 '단독적'이지 않다는 사실이다.…… 한 종이 77퍼센트에서 96퍼센트 가까이 소멸하는 극단적인 멸종의 경우, 생태계는 좁은 병목 현상을 거치게 되며 이러한 사건으로부터 회복되는 동안 생물학적 조성에는 근본적인 변화가 일어난다. 이러한 혼란이 없었다면 거시적 진화는 매우 달라졌을 것이다.

— 데이비드 M. 라웁과 J. 존 셉카우스키 주니어, 「과거 지질 시대에 발생한 멸종들의 주기성(Periodicity of extinctions in the geologic past)」, 《미국 국립 과학 아카데미 회보(*Proceedings of the National Academy of Sciences of the U. S. A*)》 81호, 1984년, 801쪽

새로운 발전은, 미국의 고고학자 J. 존 셉카우스키 주니어가 모든 퇴적암에 기록된 모든 과의 해양 동물 목록을 만들고 있던 시카고 대학교에서 시작되었다. 지금까지 지구상에 존재했던 것으로 확인된 대다수 과의 생물은 이미 멸종되었다. 셉카우스키는 멸종한 각 과가 사라진 시대를 표로 만들었다. 그는 자연 멸종률이 지질 시대에 다소 일정하게 일어났음을 알아냈다. 그 원인으로는 산맥 형성, 온실 효과, 질병, 다윈의 경쟁과 같은 것들이 있었다. 그런데 이런 자연 멸종에 더해, 백악기 말을 비롯한 대멸종의 기간(351쪽 표 참조)처럼 모든 멸종들이 증가하는 시대들이 있었다. 이 과 멸종의 데이터는 과거의 어떤 데이터보다도 광범위했지만, 지금까지 아주 새로운 것은 없다.

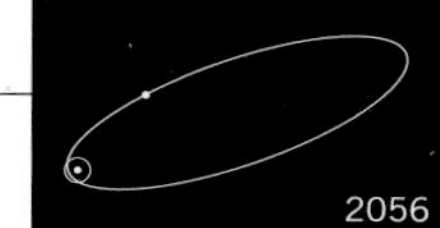

그러나 셉카우스키와 마찬가지로 시카고 대학교에 있는 데이비드 라웁(David Raup)은 소멸 시기를 분석하면서 놀랍게도 주기성처럼 보이는 것을 발견했다. 이 행성 곳곳에서 2600만 년 정도를 주기로 식물과 동물이 갑자기 죽는다. 두 사람은 지구상에 있는 모든 생물의 많은 부분이 과와 속과 종의 수준에서 명백히 규칙적인 간격으로 소멸한다는 결론을 내렸다. 멸종. 과학자들은 이 과제에 대해 초연하게 논의하는 편이지만, 죽음의 신이 휘두르는 커다란 낫의 규칙적인 움직임으로 인해 이런 수많은 생명체들이 소멸하고 그 조상의 혈통이 무의미하게 사라진다는 사실에는 용기를 잃게 하는 무언가가 있다. 당연히 우리는 다음이 우리 차례가 되지 않을까 불안을 느낀다.

고고학자들은 수십 년 동안 대멸종에 관한 매우 다양한 해석들

공룡 한 마리가 하늘에서 밝게 빛나는 혜성을 바라보며 자신의 운명을 생각하고 있다. 백악기 말기로 추정된다. 묘사된 공룡은 동시대의 다른 공룡들보다 체중에 비해 더 큰 뇌와 손 같은 것을 갖고 있다. 만약 이 공룡이 멸종되지 않았더라면, 어쩌면 오늘날 지구를 지배하는 지적 생명체의 형태가 이 생물에서 유래했을지도 모른다. 존 롬버그 그림.

을 고안해 냈으나 그중 어떤 것도 주기성을 보이지 않았다. 지구는 화산에서도 판 운동에서도 기후에서도 2600만 년이나 2800만 년, 혹은 3000만 년이라는 긴 주기성을 보여 주지 않는다. 이렇게 긴 주기는 천문학의 영역에 속한다.

백악기 경계층의 이리듐은 우주의 방문객이 지구를 덮친 주기적(혹은 일시적인) 대멸종의 아이디어를 더 가능성 있게 만들었다. 그러나 많은 과학자와 일반인들은 이런 사실을 믿으려 하지 않았다. 만약 충돌이 주기적으로 일어나는 것이라면, 지구상에 남아 있는 분화구들의 나이에서 이 사실이 명백히 입증되어야 하는 것 아닌가? 지구상에는 최근의 작은 분화구들이 풍화되지 않고 남아 있으며, 오래된 분화구들도 큰 것들은 남아 있다. 가장 큰 것은 지름이 100킬로미터도 넘는다. 물론 이보다 더 큰 분화구도 만들어졌을 것이다. 하지만 이들은 너무 오래전에 만들어졌기 때문에 판의 충돌과 침하로 인해 오래전에 사라져 버렸을 것이다. 새로운 목표를 가진 여러 연구 그룹이 남아 있는 분화구들의 나이를 조사한 결과 이러한 분화구들이 약 2800만 년의 주기로, 즉 대멸종과 동일한 주기로 형성되었다는 놀랍고도 만족스러운 사실이 발견되었다. 더 대단한 것은 그 사건들이 서로 잘 들어맞는다는 사실이었다. 대멸종은 커다란 분화구가 형성된 시점에 발생했으며 두 사건은 동일한 충돌 천체로 인해 일어났음을 알 수 있다.

이 상관관계는 일대일 대응이 아니다. 백악기보다 더 오래된 퇴적물에서는 그 경계의 연대 측정이 수백만 년 이상의 불확실성을 갖고 있다. 이것이 바로 분화구의 나이와 멸종 시기가 정확하게 일치하지 않는 몇 가지 이유 가운데 하나이다. 또 우주의 천체 중 일부는 아마도 백악기 말기에 그랬던 것처럼 바다에 충돌해 가시적인 분화구를 전혀 남기지 않은 게 틀림없다. 그리고 예상한 바와 같이, 2800만 년의 순환 주기를 따르지 않는 분화구들도 있다.

이러한 사실들이 과학 문헌에 발표된 후, 많은 과학자들이 그 신빙성을 검증하기 위해 기초 자료를 재검토하기 시작했다. 분화구의 목

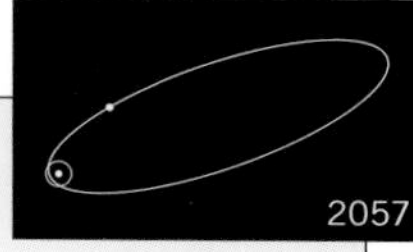

유리

지구의 어떤 퇴적층들은 수 센티미터에서 나노 크기에 이르는 기하학적으로 매끄러운 유리질 함유물들로 뒤덮여 있다. 이것들을 텍타이트(tektite)라고 한다. 혜성이 지구와 충돌했을 때 텍타이트가 만들어진다는 것은 1957년에 미국의 화학자 해럴드 유리가 제안했으며, 명확하게 결정되지는 않았지만 이 가설은 시간의 시험을 통과했다. 혜성이 지구와 충돌해서 커다란 분화구를 만들고 그 과정에서 밑에 놓인 땅을 녹인다. 규산염 방울들은 엄청난 거리까지 던져지며, 유선형이나 눈물방울 모양으로 얼어붙는다. 텍타이트 자체가 이러한 격렬한 사건의 증거이다(376쪽 그림 참조). 여기에 나오는 것들은 대략 3500만 년 전에 만들어졌다. 이른바 마이크로텍타이트(microtektite, 해저 침전물 중의 미세한 우주진의 일종 — 옮긴이) 영역을 포함하는 퇴적층들은 에오세의 멸종과 관련 있다는 사실이 주장되고 또 반박되어 왔다. 이런 미세한 유리 형태의 뛰어난 전문가들 가운데 한 명은 빌리 글래스(Billy Glass)라는 이름의 인물이다. 너무나 어울리는 이름이 아닐 수 없다. 글래스는 델라웨어 대학교에 있다.

록은 얼마나 완벽했는가? 분화구의 발생 시점은 얼마나 정확하게 결정되었는가? 대멸종을 과연 어떻게 정의해야 하는가? 분화구와 대멸종의 시기는 얼마나 믿을 만한 것인가? 분화구 형성과 멸종이 완전히 무작위로 일어났다면 그 분포의 우연성이 주기로 잘못 인식될 가능성은 없는가? 이러한 재분석의 결과는 1980년대 중반에 이르도록 아직 그 모습을 완전히 드러내지 않고 있다. 하지만 열띤 논쟁의 과정에서 몇몇 과학들이 기초부터 철저하게 재검증되고 있다. 분화구 형성과 대멸종의 동일 주기성을 믿는 과학자들이 존재하는 동시에, 분화구는 주기성이 있으나 대멸종은 그렇지 않다거나 혹은 그 반대라고 믿는 과학자들도 있다. 또한 자료의 부정확성을 고려할 때 분화구 형성과 대멸종 어느 것에서도 주기성을 뒷받침할 만한 확실한 증거가 없다고 하는 과학자들도 많다.

……(주기적 대멸종의) 증거는 단층 경계의 절대적 연대 측정과 데이터베이스의 선별, 자연 멸종에 대립하는 대멸종의 정의에 관한 임의의 결정들에 크게 좌우된다. 이 증거는 다른 그럴듯한 지질학적 시간 규모와 대멸종에 관한 수용 가능한 다른 정의들을 전제로 할 경우 불충분해진다. 전혀 선별되지 않은 데이터베이스의 분석은 대멸종의 시점에 대한 신뢰도가 극히 제한되어 있음을 보여 준다. 이것은 또한 대멸종의 명백한 주기성이 확률적(무작위적) 과정에서 비롯됨을 암시한다.

— 안토니 호프만(Antoni Hoffman), 「정의와 지질학적 시간 규모에 따른 과 멸종의 패턴들(Patterns of family extinction depend on definition and geological timescale)」, 《네이처》 315호, 1985년, 659쪽

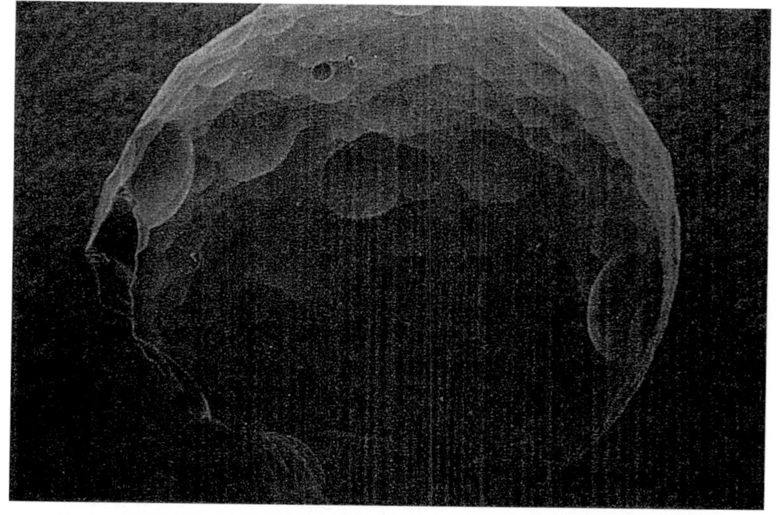

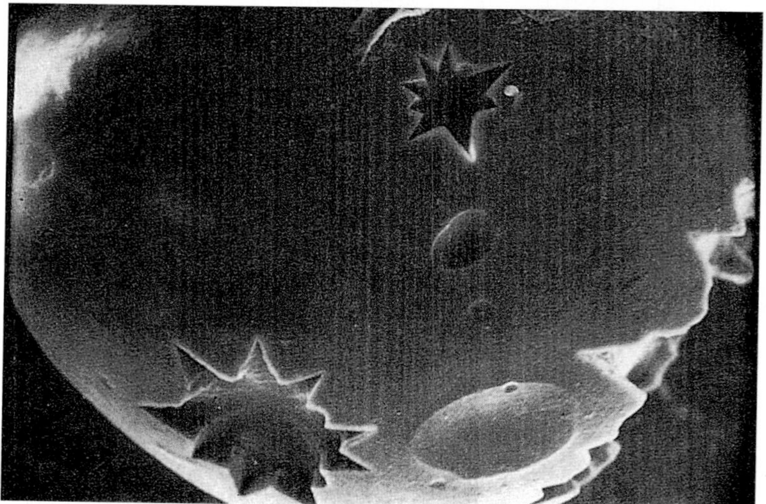

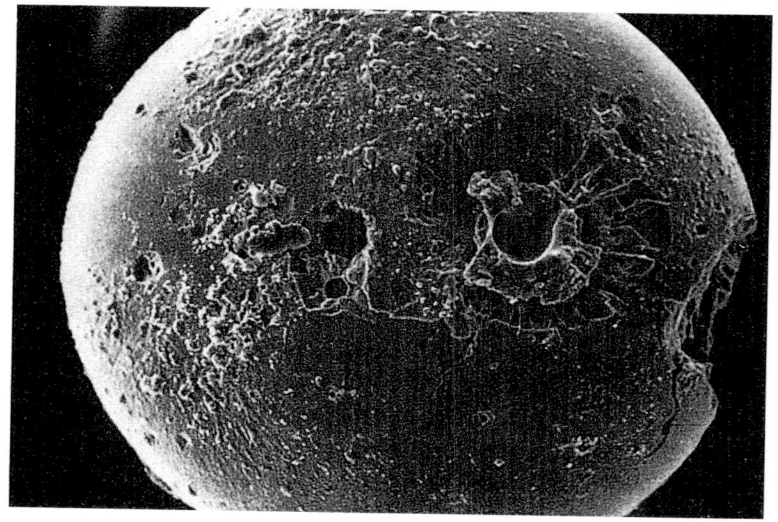

마이크로텍타이트의 세 가지 사례. 맨 위에는 500배 확대한 오스트랄라시아(Australasia, 오세아니아 일부 지역을 부르는 말 — 옮긴이)의 마이크로텍타이트가, 맨 아래는 190배 확대한 아이보리 해안의 마이크로텍타이트가, 그리고 중앙에는 이상한 별 모양의 충돌 분화구들을 갖고 있는 지름이 240마이크로미터 정도인 마이크로텍타이트가 있다. 델라웨어 대학교의 B. P. 글래스 제공.

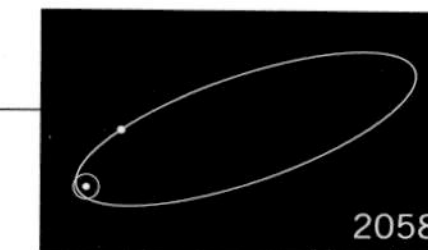

만약 이 마지막 그룹의 과학자들이 옳다면 이 장의 나머지는 모두 비약일 뿐이다. 하지만 만약 그러한 주기성이 존재한다면 지구상의 생명과 천문 현상 간에 매우 놀라운 상관관계가 발견되는 것이다. 그렇다면 이 순간에도 우주 어디에선가 우주 종말의 시계가 똑딱거리고 있다는 이야기다. 다행히 우리는 오늘날 대멸종 주기의 중간쯤에 놓여 있다. 주기성이 옳게 추론된 것이라면, 다음 충돌은 약 1500만 년 후에나 일어날 예정이다. 우리의 과제는 이러한 멸종을 피하는 것이다. 1500만 년 후에는 우리도 혜성과의 충돌을 준비해야 할 것이다.

그러나 우주에 있는 임의의 천체가 지구와 충돌할 시점을 도대체 어떻게 알 수 있을까? 어떤 우주의 법칙이 멸종 시계의 역할을 할 수 있을까? 예컨대 오늘날의 단주기 혜성의 숫자와 지구 궤도를 가로지르는 수백 개의 소행성을 고려해 보자. 이것들은 지구와 때로 충돌할 것이며, 분화구 형성의 빈도수를 결정해 줄 것이다. 사실 암석 속에 존재하는 대부부의 이리듐은 생물학적인 재앙과는 관련이 없더라도 — 유성체와 황도 먼지들의 꾸준한 낙하 과정을 거쳐 — 혜성에서 온 것일 수 있다. 그러나 이것은 비가 계속 내리는 것과 같을 것이다. 이 세계들이 3000만 년마다 혹은 그와 비슷한 어떠한 시간 간격마다 지구를 강타했다고 보기는 어렵다. 주기적인 대형 충돌은 훨씬 멀리 있는 다른 천체로 인해 발생한 것임에 틀림없다.

1980년대 중반, 3000만 년 간격으로 멸종을 일으키는 우주 현상이 어떻게 일어나는지에 대해 아주 다른 두 가설이 발표되었다. 그중 어떤 것도 완전히 만족스러운 것은 아니었으며 둘 다 부실한 면이 있었다. 두 가설 모두 약간은 허황돼 보였고, 대중 언론에 지나치게 선정적으로 소개되어 여러 과학자들의 빈축을 받았다. 하지만 두 가설 모두 전환기 과학의 아주 좋은 사례라고 볼 수 있다. 즉 논쟁의 소지가 있는 자료에서 유력한 결론이 유추되었지만, 그 결론이 또 다른 수수께끼를 내포하고 있는 형국이었다. 두 가설은 이 수수께끼를 서로 다른 방법으로 설명하려고 시도한다. 과학이 발전하려면 우리가 어떤

혜성우

멸종과 분화구 형성의 주기성이 제안되기 전에, 로스앨러모스 과학 연구소의 J. G. 힐스(J. G. Hills)는 내부 오르트 구름을 지나가는 별 — 짝별이 아니라 — 이 혜성우를 일으킬 수 있다고 주장했다.■

> 관측되는 혜성 구름은, 오르트 구름의 안쪽 경계에 질량 중심이 있는, 훨씬 더 거대한 혜성 구름의 바깥 부분일 뿐일지도 모른다.

힐스는 그 뒤 계속해서 태양에서 3,000AU밖에 떨어져 있지 않은 지나가는 별이 내부 오르트 구름에서 혜성우를 일으켜 지구 부근에 시간당 하나씩 새로운 혜성을 발생시킨다고 추론한다. 이 혜성우는 많은 영향을 미치지만 천문학자인 힐스가 언급한 첫 번째 영향은 다음과 같다.

> 많은 수의 혜성 때문에 하늘이 밝아져서 어두운 천체들을 연구하는 관측 천문학자들이 어려움을 겪게 될 것이다!

이것은 드문 천문학적 감탄사들 가운데 하나이다. 힐스는 그 뒤 이렇게 말을 잇는다.

> 이 혜성의 흐름이 너무도 엄청나서 여러 개의 혜성이 지구와 충돌할 수도 있다. 그리고 이 충돌은 지질학적인 기록으로 남을 수도 있다.

■J. G. 힐스, 「혜성우와 오르트 구름으로부터 혜성의 정상 상태 낙하(Comet showers and the steady state infall of comets from the oort cloud)」, 《천문학 저널》86호, 1981년, 1730쪽.

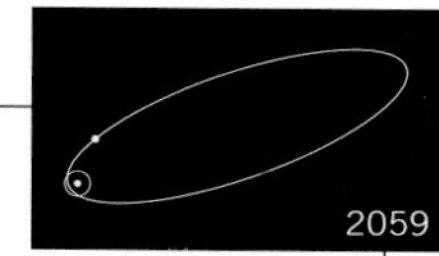

새로운 실험을 수행했을 때 이 가설들이 서로 다른 결과를 예측해야만 한다. 정량적 예측을 실험을 통해 확인하는 것이야말로 과학에 있어서 종교적 예지의 실현과 같다.

두 가설 가운데 하나는 지구상의 생명이 주기적으로 멸종되는 이유가 라이트와 특히 칸트(4장 참조)가 발견한 우리 은하의 형태에 기인한다고 설명한다. 우리 은하는 나선팔들을 포함하는 얇은 원반으로 이루어져 있으며, 이 얇은 원반은 별들과 먼지로 이루어진 구형의 핵을 중심으로 회전 운동을 하고 있다. 우리 은하의 중심에 엄청난 수의 별들이 집중되어 있으며 이곳이 바로 밝기 면에서나 질량, 위치, 폭발적인 활동성 면에서 우리 은하의 도심이라고 할 수 있다. 지구가 은하의 도심이나 그 근처에 있지 않은 것은 다행스러운 일이다. 우리 지구는 은하 중심에서 멀리 떨어진 곳에 있으며, 태양과 같은 별이 은하의 중심을 한 바퀴 도는 데는 2억 5000만 년이나 걸린다.

그러나 은하의 중심 주위를 공전하는 것 이외에 태양은 또 하나의 운동을 하고 있다. 즉 은하면(galactic plane)을 위아래로 올라갔다 내려갔다 하는 상하 운동을 한다. 태양은 은하면 위로 최대 230광년까지 올라가는데 아래쪽의 기체와 먼지와 별들의 중력이 태양을 끌어당기기 때문에 서서히 방향을 바꾸어 다시 내려간다. 은하면은 실재가 아닌 상상의 면이지만 어쨌든 태양이 그곳에 도달할 무렵이면 태양의 속도가 매우 빨라서 아무것도 그 운동을 저지하지 못한다. 따라서 태양은 은하면 아래로 운동을 계속하며 위에 있는 먼지와 별들의 중력적 영향으로 서서히 속도가 줄어든다. 그러다가 은하면에서 약 230광년 떨어진 곳에 도달했을 때 태양은 방향을 바꾸어 다시 반대편으로 향한다.

태양은 우리가 알고 있는 어떤 것보다도 더 완벽에 가까운 진공 속에서 여행하고 있으므로 그 운동을 방해할 마찰이 없다. 따라서 태양은 마치 완벽한 탄성을 가진 용수철의 추처럼 영원히 오르락내리락하게 된다. 진동하는 태양은 사실상 영구적인 운동 기계이다. 훨씬 더 많은 물질이 우주의 우리 지역으로 들어오거나 나가지 않는 한 태양의 이러한 운동은 영원히 계속될 것이다. 진동 주기는 태양 근처에 얼마나 많은 질량이 있는가에만 의존하며, 이는 천문학자들이 상당히 정확하게 측정하는 편이다. 또한 태양의 운동은 가까운 별들의 상대 운동을 측정함으로써 결정될 수 있다. 이 두 가지 방법으로 구해 보니, 태양과 태양계의 행성, 그리고 혜성이 은하면을 지나가는 주기는 약 3300만 년으로 추정된다. 사실상 태양 주변의 모든 별은 은하면에 대해 약 3000만 년의 주기로 상하 운동을 하고 있다. 이 주기는 수백만 개의 별에 모두 동일하게 적용된다. 지구상의 화석과 분화구의 나이를 살펴보면 거의 3000만 년의 시간 간격을 발견할 수 있다. 태양 역시 우리 은하에서 대략 3000만 년의 시간 간격으로 상하 운동을 한다. 따라서 아마도 이 두 주기가 관련되어 있으며 진동이 멸종을 야기

우리 은하 안에서의 태양의 운동. 태양은 2억 5000만 년을 주기로 무겁고 밝고 불룩한 우리 은하의 중심 주위를 돈다. 태양은 우리 은하의 중심 주위를 돌면서 더 빠른 속도로 상하 운동을 해서 6000만 년마다 튀어 오르므로 거의 3000만 년에 한 번씩 우리 은하의 대칭면을 가로지른다. 이 3000만 년 주기가 어떤 식으로든 지구상의 대멸종과 관련 있는 것은 아닐까? 존 롬버그/BPS 도해.

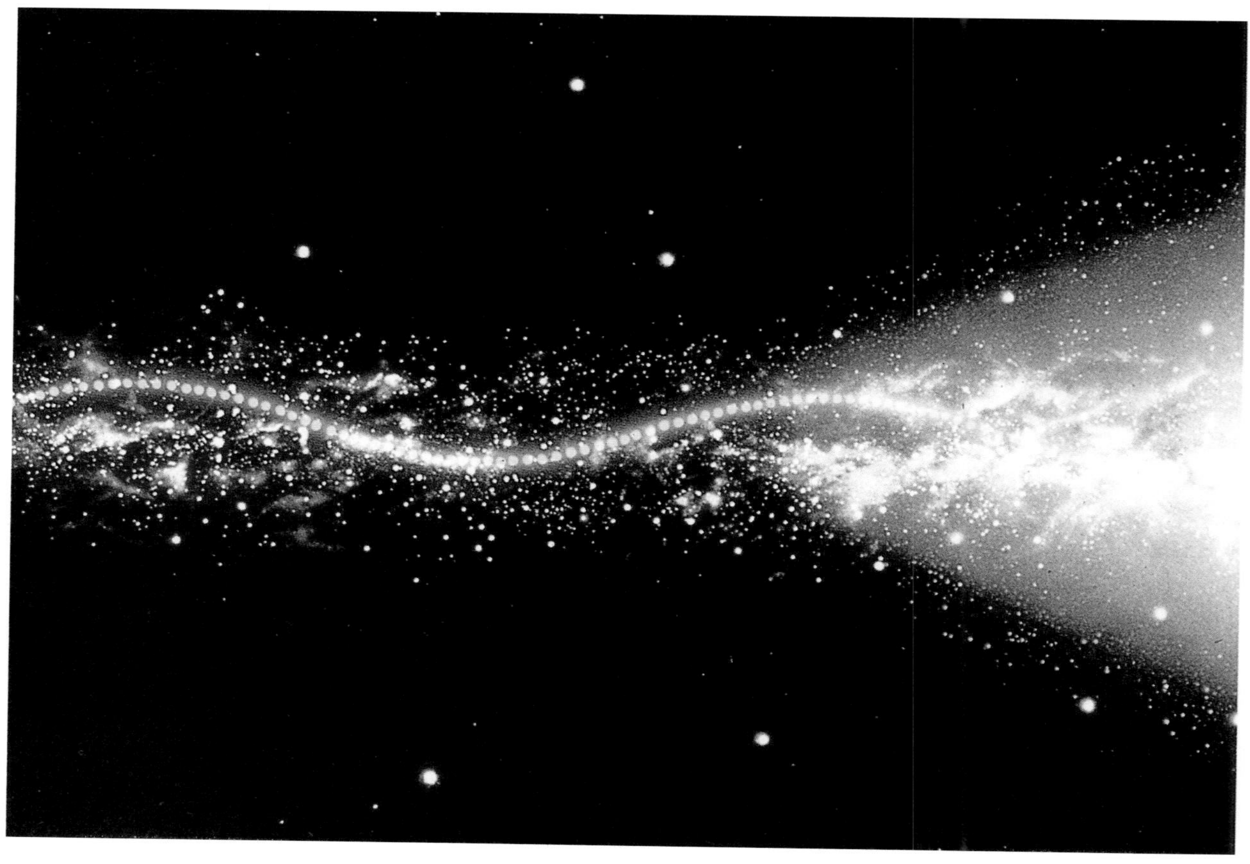

한다고 생각할 수 있다.

그러나 태양의 운동이 어떻게 혜성과 지구를 정기적으로 충돌하게 만들까? 은하수의 우리 영역에는 조금씩 퍼져 있는 거대한 분자 구름들이 있다. 이 구름들이 모두 태양과 똑같은 속도로 움직이지는 않으며, 태양은 때로 이들 가운데 하나와 만난다. 이 구름들은 태양계보다도 훨씬 더 큰 부피에 걸쳐 퍼져 있으므로 태양계보다 훨씬 더 거대하다. 이러한 분자 구름을 지나가거나 통과할 때 오르트 구름의 혜성들 사이에는 커다란 중력적 섭동이 일어날 것이며 그 결과 지구와 그 주위로 수많은 혜성들이 쏟아져 들어올 것이다.

그러나 이 박자기가 작동하기 위해서는 분자 구름들이 특정 장소 — 아마도 은하면 — 에 집중되어 있어야 한다. 그 뒤 3000만 년마다 태양이 (위아래로 번갈아 가며) 은하면을 통과할 때, 혜성우가 내행성계

중심에는 태양이 있고 그 주변에는 푸른색으로 표시된 혜성들이 있는 태양계가 거대한 성간 구름을 만났다. 그 결과 생긴 중력적 섭동으로 혜성우가 내행성계로 들어가게 된다. 그러한 혜성우는 통계학적으로 가끔 일어날 것이다. 한 견해에 따르면, 혜성우는 태양이 은하면 위아래를 가로지르는 것 때문에 주기적으로 일어나기도 한다. 존 롬버그/BPS 도해.

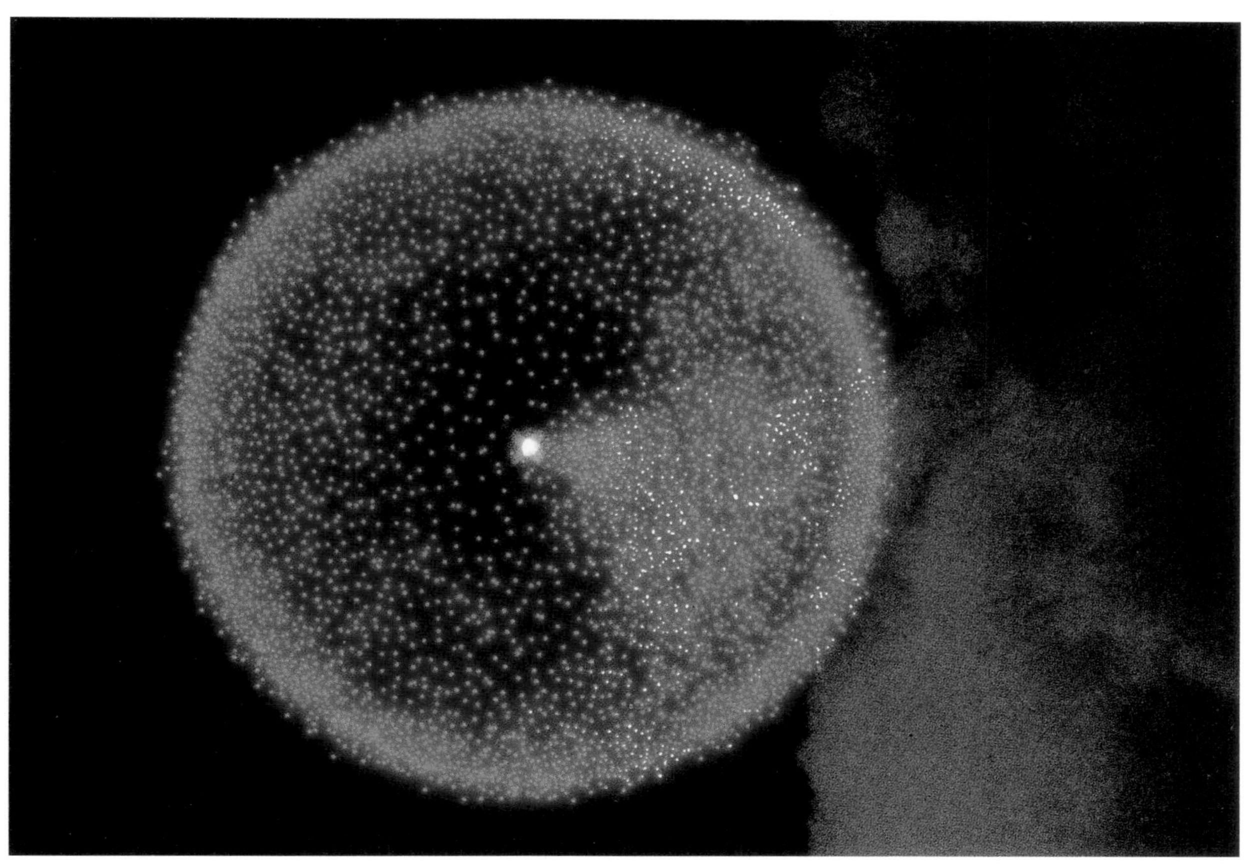

쪽을 향해 쏟아지며 그 가운데 하나 이상이 지구와 충돌해 빛은 사라지고 온도는 떨어진다. 만약 이 성간 구름들이 은하면에 놓여 있다면 주기적 대멸종이 진동하는 태양으로 인해 일어난다는 설명은 매우 그럴듯해 보인다.

그러나 은하면으로부터 태양이 운동하는 230광년까지의 거리에서 분자 구름들은 실제 무작위로 분포되어 있다. 따라서 은하면에 있든 230광년 거리에 떨어져 있든 분자 구름과 충돌할 가능성은 거의 비슷하다. 사실 태양계는 우리 은하면 위(북쪽)로 25광년 정도밖에 떨어져 있지 않다. 그리고 우리의 문간에는 거대한 성간 구름이 전혀 없다. 그러므로 멸종은 무작위로 일어나야 할 것이다. 태양이 은하면을 가로지르는 대략 3000만 년의 주기는 지구상 대멸종이 발생하는 3000만 년의 순환 주기(여기서 2600만 년과 2800만 년과 3000만 년 주기들의 차이는 무시하자.)로 해석되지 않는다. 어쩌면 태양이 주기적으로 은하면에 들락날락하는 상하 운동이 혜성을 자극해 전 지구적 대격변을 일으키는 다른 방법이 있는지도 모른다. 어쩌면 우리 은하에는 태양이 상하 운동을 할 때 오르트 구름이 작은 원시 블랙홀들의 납작한 집단을 지나가는 것인지도 모른다. 그러나 만약 그런 집단이 있다고 해도 지금까지 발견된 적은 없으며,[1] 그러한 종류의 무언가가 없다면 이 가설은 아무리 기대를 부추긴다고 해도 불충분한 채로 남아 있게 된다. 대안은 무엇일까?

하늘에 있는 별들 대부분은 쌍성계 혹은 다중성계의 구성원들이다. 전형적인 쌍성계에서 두 별은 몇 천문단위 떨어져서 중력으로 인해 우아하게 춤을 춘다. 종종 이 별들은 더 멀리 떨어져 있기도 하다. 우리는 1만 AU 정도 떨어져 있으면서 중력으로 서로 구속되어 있는 두 별을 본다. 하늘에 있는 별들 가운데 적어도 15퍼센트는 이 정도 거리에 짝별을 갖고 있는 것 같다. 태양에 가장 가까운 항성계는 알파 센

1 비록 은하수의 질량 중 절반가량 — 그것의 중력적 영향은 느껴지지만 별도 기체도 먼지도 아니며 어떤 알려진 물체에도 해당하지 않는 — 이 '행방불명'되었다는 사실을 당연히 언급한다고 해도 말이다.

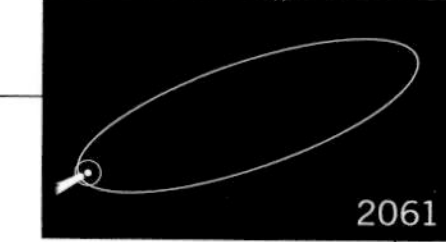

타우리 항성계로, 태양으로부터 4.3광년 떨어져 있다. 알파 센타우리는 두 개의 밝은 별과, 이 별들로부터 다시 1만 AU 거리에 있는 프록시마 센타우리(Proxima Centauri)라는 희미한 별로 구성된 3중성이다. 종종 이 짝별은 너무 희미해서 아직 발견되지 않은 다른 별들이 멀리 존재하는 것은 아닌지 생각하게 만든다. 우리 은하에 있는 별 대부분이, 천문학자들이 갈색 왜성이나 흑색 왜성이라고 부를 정도로 희미할지도 모른다. 대부분의 먼 짝별들도 이런 종류일지 모른다.

태양계는 예외인 것처럼 보인다. 우리는 태양의 짝별에 대해서 전혀 아는 것이 없다. 그러나 만약 우리도 예외가 아니며 태양이 아주 특정한 궤도에 보이지 않는 짝별 하나를 **갖고** 있다면, 멸종 시계가 다시 이해될지도 모른다. 매우 긴 타원 궤도를 가진 짝별 하나가 있었다고 가정하자. 그 별은 태양에서 평균적으로 1.4광년, 즉 9만 AU만큼 떨어져 있다고 해 보자. 그러나 궤도를 한 번 돌 때마다 짝별이 태양에서 1만 AU, 혹은 더 가까이 오게 된다. 이때 짝별이 오르트 구름 안쪽으

태양을 둘러싼 혜성들이 작고 희미한 별(빨간색 점)과 만난다. 그에 따른 중력적 섭동 때문에 혜성우가 내행성계 안으로 빗발치듯 쏟아진다. 그러한 만남은 통계적으로 가끔 일어날 것이다. 게다가 한 견해에 따르면, 태양은 대단히 긴 타원 궤도로 돌고 있는 짝별을 갖는데, 이 궤도는 근일점 부근에서 오르트 구름으로 진입한다. 따라서 이 짝별이 주기적으로 혜성들을 행성들 쪽으로 보낸다. 존 롬버그/BPS 도해.

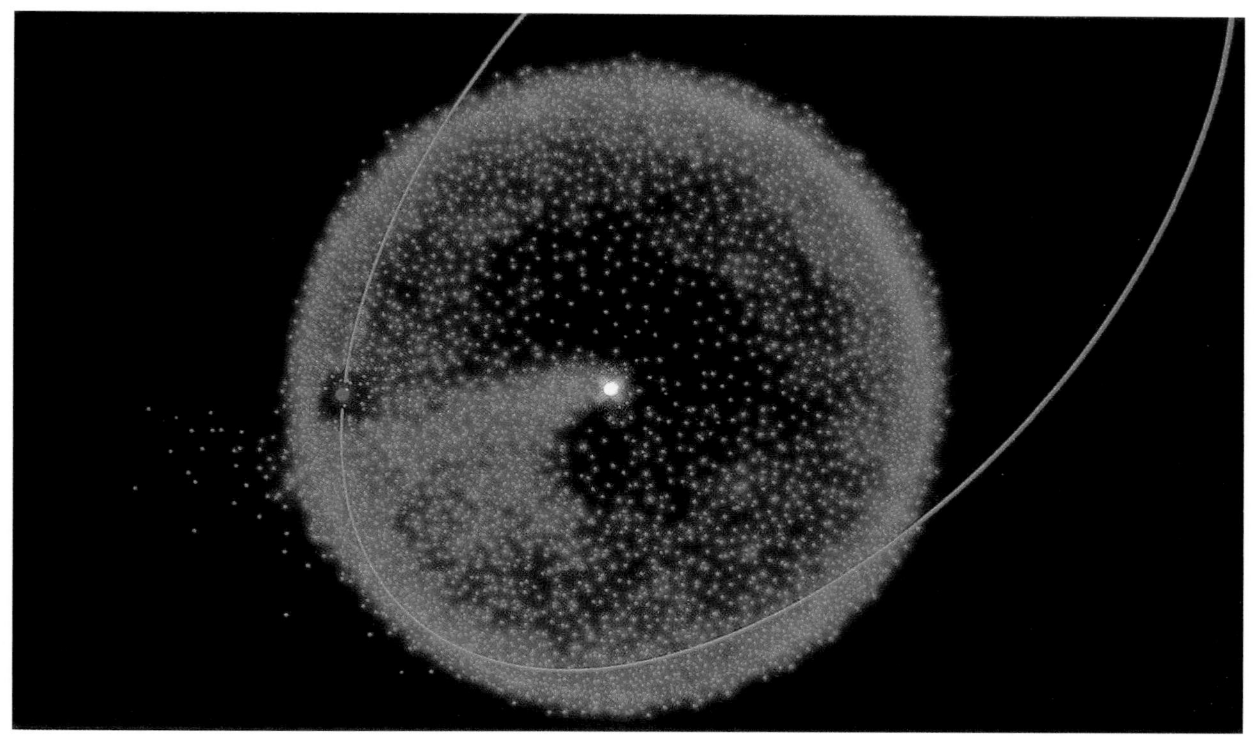

로 들어오면서 이곳의 혜성들에게 커다란 섭동을 일으킬 것이다. 이러한 궤도에서는 짝별이 3000만 년마다 오르트 구름의 고밀도 지역을 통과하며 지구 주변에 혜성들을 뿌릴 것이다.

이 별의 1년은 우리의 3000만 년에 해당한다. 이 별은 등에 지느러미가 달린 용들이 존재했던 페름기부터 인간이 행성을 정찰하고 지구를 위협하는 오늘날까지 태양 주위를 10번 공전한 셈이 된다. 현재 이 별은 그 궤도에서 태양으로부터 가장 먼 지점인 원일점 근처에 놓여 있을 것이다. 지금으로부터 1500만 년 후에는 이 별이 혜성들을 휘젓고 다닐 것이다. 이 별은 내부 오르트 구름을 통과하면서 내행성계 안으로 10억 개의 혜성을 뿌릴 것이다. 그러나 이 혜성들은 다소 다른 궤도로 실려 오기 때문에 절대로 동시에 도달하지 않으며 오히려 100만 년이나 그 이상의 시간 간격을 두고 올 것이다. 그러므로 짝별 가설은 분화구 형성과 대멸종이 주기적으로 수백만 년의 간격을 가지며, 그 기간 동안 지구가 몇 개 또는 몇 십 개의 혜성과 충돌하게 될 거라고 예상한다. 이것은 대멸종들이 왜 즉각 일어나지 않고 때로 수백만 년이나 되는 긴 주기에 걸쳐 일어나는지 설명해 준다.

가상의 짝별은 태양 공전 주기가 정확히 3000만 년이 아닐 수도 있다. 사실 정확한 주기란 있을 수 없다. 즉 별들과 성간 구름들과 우리 은하의 거대한 중심이 야기하는 중력적 섭동이 처음에는 그 별을 이리저리 잡아당기면서 궤도의 주기를 바꿀 것이다. 결국 그런 궤도는 크게 바뀔 것이다. 한 짝별의 현재 궤도는 길어야 10억 년 정도가 지나면 지나가는 별들과 우리 은하의 일반적인 중력으로 인해 태양에서 떨어져 나갈 것이다. 이것은 페름기까지 거슬러 올라가는 주기적 멸종과 충돌 분화구들을 설명하기에는 너무 긴 시간이지만, 그 전에는 이 짝별이 매우 다른 궤도를 가졌을지도 모를 일이다. 만약 이 짝별이 행성들에 훨씬 더 가까이 있었다면, 태양계 형성 초기에 거의 끊이지 않고 계속되었던 주요 혜성우들을 일으켰을 것이다. 또한 그 때문에 달에서 '후기 운석 대충돌(Late Heavy Bombardment)'이 발생했던 것인지

태양에서 1광년 떨어진 곳에 여전히 탐지되지 않은, 그리고 어쩌면 공상에 지나지 않는 태양의 짝별이 붉게 빛나고 있다. 근처에는 가상의 행성 하나와 수조 개에 이르는 혜성들이 모두 희미하게 빛나고 있다. 앤 노르시아 그림.

도 모른다. 하지만 그렇게 많은 수의 혜성 출현은 태양계 형성 초기에 충분히 예견되는 것이기도 하다. 많은 수의 혜성이 천왕성과 해왕성 주변 지역에서 출발해 태양 반대 방향으로 밀려 나가 오르트 구름을 형성했으며, 또 많은 수는 태양 쪽으로 움직여 지구형 행성들에 분화구를 만들었다(12장 참조).

그러나 우리가 그러한 가능성들을 진지하게 고려하기 전에 이 가설은 지금까지 짝별에 대한 증거가 전혀 없다는 한 가지 어려운 사실에 직면해야만 한다. 이 별이 아주 밝거나 거대할 필요는 없다. 태양보다 훨씬 더 작고 희미한 별이라도, 심지어 갈색 왜성이나 흑색 왜성 — 행성처럼 생긴 거대한 천체로서 질량이 충분히 크지 않아서 핵융합이 일어나지 않고 따라서 별이 될 수 없는 천체 — 이라도 충분하다. 어떤 짝별이 이미 어두운 별의 목록에 존재하고 있는데 우리가 알아채지 못하는 것일 수도 있다. 먼 별들에 비해 이례적으로 엄청나게 큰 겉보기 운동을 한다든지 하는(시차, 2장 참조) 특이한 현상이 있을 텐데도 말이다. 이 짝별을 찾기 위해 특별히 기획된, 어둡고 차가운 별의 탐색을 목표로 하는 대형 탐사가 적어도 한 번은 이루어졌다. 만약 짝별이 **발견된다면**, 그리고 그 궤도가 적절하다면, 이 짝별이 지구에서 일어난 주기적인 대멸종의 주요 원인이라는 사실을 의심하는 사람은 거의 없을 것이다.[2] 그렇지 않다면 이것은 여전히 입증되지 않은 가설로 남을 것이다.

그러나 이 가설에는 다소 미신적인 요소가 있다. 만약 이전 세대의 인류학자가 정보 제공자들로부터 이런 이야기를 들었다면 그 결과 만들어지는 학술서는 틀림없이 '원시적'이라거나 '과학 발달 이전의' 라거나 '물활론적인' 같은 단어들을 사용할 것이다. 다음과 같은 상황을 생각해 보자.

2 이 원고를 검토한 한 과학자는 여기에 "만약 돼지에게 날개가 있다면 ……."이라는 주석을 달았다. 사실, 짝별은 발견되지도 않았을 뿐만 아니라 논쟁이 되는 주기성 외에 그 존재를 필요로 하는 다른 어떤 증거도 없다.

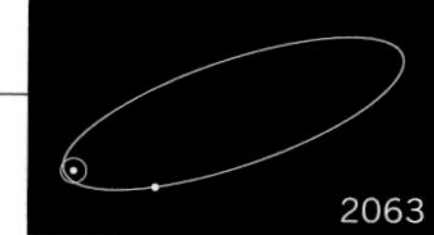

태양에게는 어두운 여동생이 하나 있다. 오래전에, 심지어 증조할머니의 시대 이전에, 두 태양이 하늘에서 함께 춤을 췄다. 그러나 어두운 별은 언니가 훨씬 더 밝은 것을 시기했고, 우리가 자신을 사랑하지 않는다며 화를 내고 저주한 후 혜성들을 세계에 풀어놓았다. 끔찍한 겨울이 찾아왔고, 어둠과 혹독한 추위 때문에 거의 모든 생물이 죽었다. 몇 년이 지난 뒤 밝은 언니가 다시 아이들에게로 돌아왔고, 세계가 다시 한 번 따뜻해지고 밝아져 생명이 회복되었다. 그러나 어두운 동생은 죽지 않았고 그저 은신하고 있을 뿐이며, 언젠가는 다시 돌아올 것이다.

일부 과학자들이 죽음의 별 이론을 처음 들었을 때 농담으로 생각했던 건 바로 이 때문이다. 혜성들과 함께 지구를 공격하는 보이지 않는 태양은 망상이나 신화처럼 들린다. 그러나 이 이론이 대단히 사변적이기는 해도 진지하고 훌륭한 과학인 까닭은 그 주요 아이디어를 시험해 볼 수 있기 때문이다. 즉 우리는 이 별을 찾아서 궤도 특성을 조사해 볼 수 있다. 그러나 이 이론을 처음으로 제기한 과학자 그룹이 이 별의 이름을, 독선적인 사람에게 천벌을 내리는 그리스 여신의 이름을 따서 네메시스(Nemesis)라고 부르기로 한 것은 전혀 놀랍지도 않다. 그들은 그 뒤 계속해서 "우리는 이 짝별이 발견되지 않을 경우 이 논문이 우리의 네메시스가 될까 봐 걱정"이라고 덧붙였다.

만약 네메시스가 없다면, 특정 형태의 은하 진동 이론(galactic oscillation theory)이 더 가능성 있게 될 것이고, 우리는 희미한 가까운 별들과 어쩌면 '잃어버린 질량(missing mass)'에 대한 것까지도 배우게 될 것이다. 또는 그 이론은 주기적 멸종이 존재한다는 사실을 의심하는 사람들의 입장을 강화시킬 것이다. 어떤 경우든 과학은 진보한다. 그 상상력의 위대함 때문에, 그리고 설사 짝별이 없다고 해도 그러한 가설로 인해 나올 새로운 발견들 때문에, 이 이론은 과학에서 중요한 역할을 한다. 그러나 이러한 가설은 때로 언론에서 과소평가되기도 한다. 1985년 4월 2일자 《뉴욕 타임스》는 이러한 과학적 논쟁에 대해

만약 네메시스가 섭동 작용으로 인해 행성계 안으로 들어오는 궤도를 타게 되면, 혜성우보다 더 불길한 상황이 발생할 것이다. 이 경우에 네메시스는 태양계에서 일부 행성들을 직접 제거할지도 모르며, 남아 있는 행성들이 아주 빠르게 움직이면서 위험한 상황을 일으키는 이심률이 높은 궤도를 돌게 할 것이다.…… 궤도 장반경이 9만 AU인 네메시스는 지구 생명체에게 매우 위협적인 존재이지만 오르트 구름의 안쪽 가장자리에 있는 네메시스는 실로 우주적 규모의 재난을 초래했을 것이다.

— J. G. 힐스, 「네메시스의 질량과 근일점 거리와 그 궤도의 안정성에 대한 역학적 구속들(Dynamical constraints on the mass and perihelion distance of nemesis and the stability of its orbit)」, 《네이처》 311호, 1984년, 636쪽

다음과 같이 공공연히 비난했다.

멸종에 대한 논의는 버클리의 성급한 두 과학자와 일단의 천문학자들 때문에 갑자기 퇴색되었다…… 화산 활동, 기후 변화, 그리고 해수면 높이의 변화 같은 현상들이 대멸종의 가장 가능성 있는 원인임에 틀림없다. 지구에서 일어난 사건들의 원인을 별에서 찾으려는 것은 천문학자가 아니라 점성술사가 하는 일이다.

캘리포니아 대학교 버클리 캠퍼스의 리처드 멀러와 월터 앨버레즈는 1985년 4월 14일 날짜로 된 답장 편지를《뉴욕 타임스》에 보냈다.

귀하께서는 "복잡한 사건들이 단순한 설명들을 갖지 않는다."라고 말씀하시지만, 물리학의 역사 자체가 귀하의 의견과는 상반됩니다.

귀하는 "지구에서 일어난 사건들의 원인을 별에서 찾으려는 것은 천문학자가 아니라 점성술사가 하는 일이다."라고 말씀하셨습니다. 마찬가지로 과학적인 문제에 대한 해답을 찾는 것은 신문 편집자가 아니라 과학자가 할 일이 아닐까요?

이 논쟁은 계속될 것이다.

미국의 고고학자인 스티븐 제이 굴드는 설사 이 짝별이 발견된다고 해도 죽음의 별을 네메시스라고 부르는 것은 적절하지 않다고 주장한다.

네메시스는 의분(義憤)의 화신이다. 네메시스는 자만하는 자나 강한 자를 공격한다. 이 여신의 일에는 분명한 이유가 있다…… 네메시스는 대멸종에 대한 우리의 새로운 해석과는 정반대의 것을 대변한다. 즉 벌을 받아 마땅한 생명들을 없애 버리는 예측 가능하고 결정론적인 원인들을 대변한다.

꼬리와 수염이 달린 이 외계 행성들의 모습은 위협적이다. 어쩌면 그들은 우리를 모욕하려고 오는 것인지도 모른다.

— 베르나르 드 퐁트넬, 『세계의 복수성에 대한 문답』, 파리, 1686년

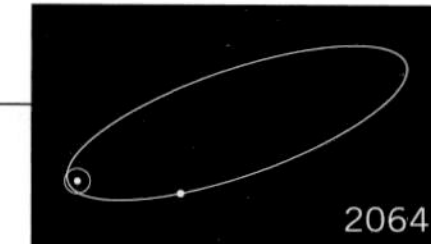

> 대멸종이 생명의 역사에서 항상 파괴적인 것은 아니었다. 대멸종은 창조의 원천이기도 하다.…… 대멸종은 생명의 역사에서 중대한 변화와 전환에 반드시 필요한 최초의 씨앗일지도 모른다.…… 더욱이 대멸종은 평범한 이전 시대의 환경에 맞춰 진화된 섬세한 적응들을 알지 못할 것이다. 대멸종은 무작위로, 혹은 어떤 희생 계획과 목적들도 초월하는 법칙에 따라서 발생한다.

굴드는 대신 이 짝별에, 파괴가 창조의 필수라고 여기는 파괴자인 힌두교의 시바(Siva) 신의 이름을 붙이자고 제안한다.

> 반대로 시바는 특별한 원인이 있어서, 혹은 응징을 하기 위해 공격하지 않는다. 대신 시바의 평온한 얼굴은 중립 속에서 절대적 고요와 침착함을 보여 주는데, 이는 특정한 대상에 대한 것이 아니라 우리 세계의 유지와 질서에 대한 책임감에서 비롯된다.

굴드는 다음과 같이 말한다. 라플라스가 미신으로 매도했던 혜성과 하늘의 분노 사이의 관련이, 혜성과 지구의 생명 사이의 관계에 대한 최근의 과학적 해석으로 발전되었다는 것, 이것이 우리 인류의 독특한 모습이라고 말이다.

혜성 충돌 후 화성에 잠깐 물이 흐르는 모습. 돈 데이비스 그림.

17장

추론의 세계

이제 우리는 우리가 알고 있는 혜성의 영역 너머로 나아가기 시작했다. 우리 앞에는 여러 가지 추론이 가능한 멋진 세계가 펼쳐져 있다.

— 윌리엄 허긴스, 「혜성에 대하여」, 런던 왕립 학회 주관 금요일 저녁 강의, 1882년 1월20일

살아 있든 움직이지 않든 주위에 보이는 모든 것은, 적어도 그 구성 원자들만은 하늘에서 떨어졌다. 지구가 형성되기 전에, 이 원자들은 충돌하면서 바쁘게 행성을 만들고 있던 작은 세계들의 일부였다. 그리고 그전에, 지금 당신의 주위에 있는 모든 원자가 성간 우주를 떠다니는 기체와 미세한 알갱이들 속에 있던 시대가 있었다. 지구가 완전히 형성된 뒤, 주로 혜성에서 온 우주의 물질이 더 많이 지구 표면에 들러붙었다. 지구상의 모든 것이 하늘의 물질이며, 적어도 한동안은 금속과 암석과 물로 이루어진 이 덩어리 위에 그 물질들이 계속 쌓일 것이다.

신화와 민간전승에서와 마찬가지로 과학 문헌에서도 한 혜성이 생명에 미치는 영향이 극단적으로 치우치는 경향이 있다. 혜성이 길운이라는 암시는 아주 드물다. 혜성에 대한 과학적 설명이 처음으로 언급된 것은 아이작 뉴턴의 『프린키피아』가 아니었나 싶다. 뉴턴은 혜성 물질이 지구상에 쌓인다고 주장한다.

> 혜성의 꼬리에서 생기는 증기는 …… 아마도 행성의 중력 때문에 밑으로 떨어져서 대기와 만난 뒤 응결되어 물과 습한 영혼으로 변할지 모른다. 그리고 거기서 천천히 가열되어 점차 소금과 황과 팅크(tincture)와 진흙과 점토와 모래와 돌과 산호, 그 밖의 다른 지구의 물질들로 변한다.

여기에는 혜성이 주로 물로 이루어져 있다는 분명한 암시가 있지만 이런 주장을 하는 이유는 언급되어 있지 않다. 뉴턴은 계속해서 지상에 도달하는 혜성의 '증기'가 추측컨대 우주로 사라지는 물질과 정확히 균형을 이루고 있으며, 이런 기여가 지구의 지속적인 생산력에 매우 중요하다고 주장한다. 뉴턴은 놀랍게도 다음과 같은 신비한 공상으로 결론을 내린다.

> 나는 더 나아가 영혼이 주로 혜성에서 온다고 생각한다. 이 영혼은 실로 작지만 가장 미묘하고도 가장 유용한 부분이며, 우리와 함께 모든 존재의 생

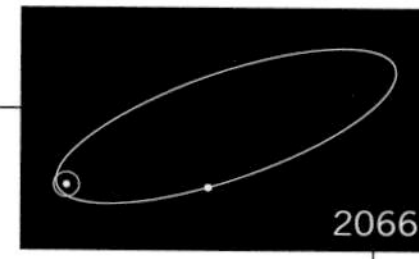

명을 유지하는 데 없어서는 안 되는 것이다.

뉴턴은 혜성이 지구상의 생명에 중요한 무언가를 제공한다고 말하는 것처럼 보인다. 그러나 이 중요한 무언가를 '영혼(Spirit)'이라고 부르는 것은 그것이 물질로 이루어져 있지 않음을 암시한다. 당시에 혜성에서 그 존재를 입증하는 일은 상당히 어려워 보였으며 뉴턴은 그런 시도를 하지 않았다.

혜성의 생물학적 역할에 대한 다른 유망한 견해들은 훨씬 더 모호했다. 1821년에 살레기용 드 몽리볼(Sales-Guyon de Montlivault)은, 사람이 원래 하늘에서 떨어져 지구로 온 것이라고 주장했다. 당연히 혜성을 암시하는 언급이었다. 몽리볼은 동물의 화석이 풍부한 암석층에 인간의 흔적이 없다는 사실에 주목했다. 『종의 기원』보다 거의 40년 전에 이런 이론을 제시한 그에게는, 인간이 원래 달에서 자라났으며 지나가는 별의 중력적 인력으로 달의 바닷물이 지구에 튀었고 그 바닷물 속에 우리의 조상이 있었다는 생각이 그럴듯해 보였다. 어쩌면 우리의 조상은 갈대배를 띄우고 고대 이집트의 언어를 사용했는지도 모른다. 그러나 진화는 우리를 그러한 터무니없는 가설로부터 해방시켜 주었다.

만약 혜성이 생명에 필요한 특별한 무언가 — 예컨대 생명을 시작하게 하거나 혹은 생명을 멈추게 하는 무언가 — 를 포함하고 **있다면**, 그 무언가가 힘을 발휘할 기회는 충분히 있었을 것이다. 지구 도처에는 언제나 미세한 혜성 부스러기들이 떨어지고 있다. 이 입자들은 궁극적으로 성간 매질에서 파생된 것으로 지구 대기 안에 있다가 비 또는 눈을 통해 식물과 동물 속으로 들어간다. 우리는 일상생활에서 우주 입자들에 에워싸여 있다. 우리는 우주 입자들을 먹고 들이마신다. 우리 자신 또한 우주 입자들로 이루어져 있다. 이 외계 원자 일부는 정자와 난자 세포 속에 편입되어 미래 세대로 전달된다.

혜성의 증거들 중에는 성층권에서 발견되는 유기물이 풍부한 솜털 같은 입자들(13장 참조) 외에도, 그보다 조금 더 큰 것들이 있다. 예를 들어 해저를 훑어서 체질과 자기장 분리를 한 뒤 모래알보다 작은 미세한 입자들을 조사해 보면, 금속이 풍부한 아주 작은 유리질의 구체들을 발견할 수 있을 것이다. 물론 이 구체들은 지상에도 존재하지만 지상은 인간들이 만들어 낸 미세한 입자들로 너무나 심하게 오염되어 있기 때문에 지상에서 발견하기란 쉽지 않다. 지구 어디서든 이 소구체들이 너무나 비슷하게 생겨서 어쩌면 이것들을 널리 분포된 작은 동물의 산물 — 어쩌면 알이나 배설물 — 로 생각할지도 모르겠다. 그러나 이 소구체들은 일종의 유리와 금속으로 균등하게 이루어져 있으며, 확실히 생물학적 물질은 아니다. 이 소구체들에 포함된 니켈과 철의 비율은 그 유래가 외계임을 말해 준다.

이 소구체들은 지구의 대기 안으로 빠르게 들어와 공기와의 마찰로 용해되어 지상에 천천히 떨어진, 원래는 불규칙한 작은 천체들의 산물이다. 이들은 유성 융제 구체(meteor ablation sphere)라고 불린다. 즉 식고 굳어져 결국 지구 표면으로 떨어지는 작은 덩어리들로, 마이크로텍타이트(16장 참조)와 다소 유사하지만, 그보다 훨씬 수가 많다. 이런 소구체들을 조사해 보면 쉽게 휘발되어 잘 드러나지 않는 화학 원소들이 발견된다. 유기 물질 속의 탄소나 황이 그런 경우다. 이 원소들은 진입하는 동안 상당량이 증발해 버린 게 분명하다. 그러나 더 녹기 어려운 다른 원소들은 보통 우주에 존재하는 비율로 남아 있다. 녹아 버린 융제 구체들은 지구 대기에 고속 진입한 뒤에도 살아남은 혜성 먼지의 작은 조각들처럼 보인다. 성층권에서 채집된 성간 입자들을 실험실에서 녹여 보면 해저와, 더 드물기는 하지만 성층권에서 발견된 작은 구체들의 물리적, 화학적 특성을 띤다. 그리고 해양 퇴적물에서 채집된 구체들의 10퍼센트 정도는 우연히 용해를 모면한 모물질의 알갱이들을 포함한다. 결정적으로 우주에서 오직 우주선만 만들어 낼 수 있다고 알려져 있는 망간 53과 같은 방사성 동위 원소들이 이 소구체에 포함되어 있다. 이런 작은 덩어리들과 박편들을 고려하면 우리는

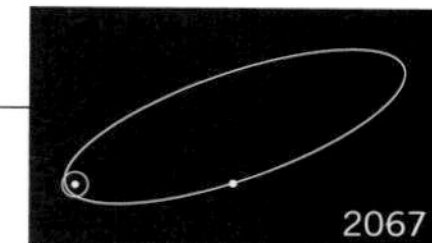

혜성 물질 속에 푹 빠져 있는 셈이다.[1]

이 모든 우주 부스러기는 바람과 물과 온도와 미생물의 활동으로 침식되고 닳고 부서져, 체계적으로 점점 더 미세한 알갱이들로 바뀌고, 결국 개개의 분자와 원자가 된다. 지구의 지각과 상부 맨틀의 수백만 년 걸리는 지루한 순환이 우주 입자들의 잔해를 우리 발 밑 깊숙한 곳으로 실어 간다. 수백 킬로미터 밑에 있는, 한때 혜성에 살았던 물질은 거대한 대류 세포의 일부가 된다. 이 물질은 앞으로 수천만 년이 흐른 뒤 지상으로 올라와 새로운 대륙이나 산악을 만들어 낼 것이다. 신화나 우화에서 혜성은 동떨어진 존재로 보일지도 모르지만, 사실 혜성은 가장 명료한 실체를 가진, 우리 행성과 우리 자신의 일부이다.

혜성에서 떨어지는 모든 물질들 가운데 가장 내구성이 큰 것 — 민속이나 과학에 있어서 — 은 기이하게도 질병의 원인이 되는 병원체인 세균이었다. 혜성과 역병과의 관련은 문화적 차이를 초월하는 두드러진 현상이므로 혜성이 정말로 전염병의 매개체인지 아니면 그저 상상에 지나지 않는지 살펴보는 일은 흥미롭다. 인류 역사를 되돌아보면 수많은 질병이 있었음을 알 수 있다. 그리고 혜성의 출현이 이따금 어딘가에서 역병 발발과 일치했던 게 틀림없다. 예컨대 런던의 대역병과 대화재가 혜성 때문에 일어났다는 믿음은 대니얼 디포(Daniel Defoe)가 그의 『역병의 해 일지(*A Journal of the Plaque Year*)』에서 논할 정도로 널리 퍼져 있었다. 1829년에 출간된 T. 포스터(T. Forster)의 『전염병의 천문학적 요인들(*Atmospherical Causes of Epidemic Diseases*)』이라는 제목의 책 역시 동일한 관련성을 주장했다.

이러한 생각은 대단히 잘못된 것이지만, 최근에 다시 사람들의 입에 오르내리기 시작했다. 프레드 호일(Fred Hoyle)은 우주론과, 항성에

1 융제 구체들은 성층권에서 채집된 먼지 샘플들에서 발견되지만, 여기에는 주로 대기권에 진입할 때 급속히 냉각해서 용해를 피할 수 있었던 작고 부서지기 쉬운 입자들이 많다. 반면에 지표에는 더 적은 수의 구체들이 떨어지지만 이들은 비교적 내구성이 있다. 지상에서는 유기물 박편보다 융제 구체를 찾기가 훨씬 더 쉽다.

역병과 화재를 일으키는 혜성들

역병 이전의 혜성은 희미하고 흐릿하고 음울한 색깔이었으며, 활기 없고 근엄하고 느렸다. 그러나 …… 화재 이전의 혜성은 밝고 생기가 넘쳤으며, 혹자의 말처럼 이글거렸고, 빠르고 격렬했다. 따라서 전자는 페스트처럼 느리지만 심각하고 끔찍하고 무서운 대형 재앙을, 후자는 대화재처럼 갑작스럽고 빠르고 격렬한 일격을 예고했다. 그렇기는 하지만, 화재 이전의 혜성을 올려다보면서 그것이 빠르고 격렬하게 지나가는 것을 보았을 뿐만 아니라 그 운동을 눈으로 감지했으며 그 먼 거리에서 혜성이 돌진하면서 내는 맹렬하고 굉장한 소리를 들었다고 상상하는 특별한 사람들이 있다. 나는 이 두 혜성을 직접 보았다. 만약 내가 이러한 사건들에 대한 일반적인 생각을 받아들였다면 …… 나 역시 이 도시가 신이 내리는 벌을 더 받게 될 거라고 말할 수밖에 없을 것이다.

— 대니얼 디포, 『역병의 해 일지』, 런던, 1722년

서의 원소 합성을 설명한 영국의 천체 물리학자이다. 호일은 유명한 공상 과학 소설과 오페라 대본을 쓰기도 했다. 호일과 스리랑카의 천체 물리학자 N. C. 위크라마싱(N. C. Wickramasinghe)은 몇 가지 전염병이 일어난 시기와 지질학적 분포를 조사했고, 그 패턴으로 보아 질병은 지구 표면에서의 접촉 때문에 전염된다기보다는 하늘에서 떨어지는 병원균들과 어느 정도 관련이 있다고 결론 내린다. 그러나 대부분의 전염병학자들은 이 의견에 강력하게 반대한다.

더욱이 호일과 위크라마싱은 박테리아와 바이러스가 성간 우주 전체에 흩어져 있다고 주장했다. 실제로 두 사람은 박테리아와 크기나 원자 조성이 같은 성간 알갱이들이 사실 박테리아라는 대담한 의견을 내놓기도 했다. 만약 이것이 사실이라면 박테리아는 미생물들을 일부 포함하고 있는 태양계 성운이 응축될 때 혜성에 편입되었다고

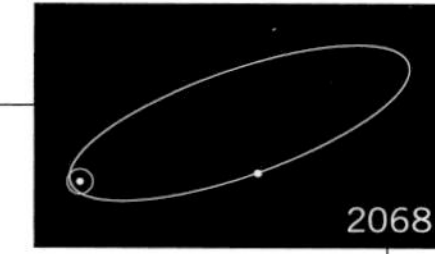

볼 수 있다.

이 제안은 아주 그럴듯해 보이지만 증거는 매우 빈약하다. 감염과 면역 사이에 지속되는 대결 과정에서 나타나는 정교한 분자 반응은 인류와 병을 일으키는 미생물 간에 오랜 진화적 관계가 있음을 말해 준다. 만약 그러한 미생물들이 45억 년 전 내행성계에서 마지막으로 관측되었던 혜성에서 최근에 떨어진 것이라면, 이런 관계는 설명하기가 어려워진다. 이 모든 성간 미생물들을 만들어 내는 일 또한 매우 어려워 보인다. 더욱이 성간 알갱이들의 모든 특성이 미생물들의 특성과 일치하지도 않으며 그 반대의 경우도 마찬가지다. 눈부신 유성우와 관련된 — 심지어 병원균들이 성층권에서 내려오는 데 1년이 걸린다는 것을 고려한다고 해도 — 주요 전염병에 대한 기록은 전혀 없다. 더욱이 성층권 항공기(13장 참조)가 채집한 혜성 부스러기 안에, 예컨대 디프테리아균이나 소아마비 바이러스나 콜레라균의 타고 남은 토막난 조각들이 포함되어 있다는 기록도 없다. 또 발견된 혜성 입자들을 조사하는 과학자들이 원인 불명의 질병으로 죽지도 않았다. 그러한 사실들이 이 가설의 결함으로 여겨질 것이다.

또한 호일과 위크라마싱은 생명이 (혜성 이전의 시대부터 있었다기보다) 혜성 내부에서 생겨났으며 지구로 떨어져 질병을 일으킨다고 주장했다. 여기에서 다시 지상에서 발견된 혜성의 알갱이들 속에 병원균이 없다는 사실은 중요한 문제가 된다. 그러나 혜성 내부의 조건들이 생명의 탄생을 촉진할지도 모른다는 생각은 고려해 볼 만하다.

가장 큰 문제는 낮은 온도이다. 오르트 구름의 혜성은 미약한 햇빛으로는 전혀 데울 수 없을 정도로 멀리 떨어져 있다. 이 혜성들은 물이나 다른 풍부한 액체들의 빙점보다 훨씬 낮은 온도에 머문다. 그러나 액체(그리고 대기)가 전혀 없으므로 생명이 시작되기 어렵다. 분자들이 둔감하여 사실상 움직이지 않는 것이다. 지구상 생명의 기원에 앞서 일어났을 게 틀림없는 정교한 화학적 처리는 절대 영도보다 10도 높은 온도에서는 일어날 가능성이 없는 것 같다. 설사 요구되는 기초

생명의 탄생 시기의 초기 지구. 그 당시에는 훨씬 더 가까웠던 달이 지평선 위에 거대하게 걸려 있다. 유기 분자들이 혜성 물질의 낙하 때문에 원시 바다로 실려 오기도 하고, 번개와 자외선 때문에 수소가 풍부한 대기에서 국지적으로 형성되기도 한다. 이와사키 가즈아키 그림.

적인 유기 성분들이 모두 존재한다고 해도 이 온도에서는 충분히 상호작용할 수 없을 것이다. 그러나 햇빛이 유일한 열원은 아니다.

지구의 내부는 부분적으로는 소수의 방사성 원소 — 우라늄, 토륨, 칼륨 — 들 때문에 따뜻하다. 이 원소들 가운데 하나가 붕괴할 때마다 감마선이나 하전 입자가 배출되는데, 이들은 규산염이 대부분인 이웃하는 분자들과 충돌해서 이 분자들을 가열시킨다. 깊은 광산의 수직굴 바닥이 표면보다 더 뜨거운 것은 이런 이유 때문이다.

그런데 방사성 원자들의 붕괴는 통계적인 규칙성을 보여 준다. 주어진 방사성 원자들은 반감기를 갖고 있다. 반감기란 그 원자들 절반이 붕괴하는 고유의 시간이다. 우라늄과 토륨과 칼륨의 반감기는 수억 년에서 수십억 년으로 지구의 나이에 필적하는 수준이다. 이것은 우연의 일치가 아니다. 더 짧은 반감기를 갖는 모든 방사성 원자들은 이미 붕괴되었기 때문이다. 그런 원자들도 한때는 이곳에 존재했을지도 모르지만 이제는 붕괴되어 더 안정된 다른 원자들이 되어 버렸다. 따라서 태양계 형성 초기에는 상당히 많은 방사성 가열이 있었을 게 틀림없으니, 태양계가 시작되었을 당시 존재했던 혜성들은 그 내부가 따뜻했을 것으로 보인다.

혜성의 핵이 클수록 열이 표면으로 전도되어 내부가 식는 데 걸리는 시간은 더 길어진다. 따라서 만약 초기의 가열이 이제는 소멸한 알루미늄 26이라는 방사성 원자가 제공한 것이라면, 지름이 20킬로미터인 혜성의 핵은 1000만 년 동안 , 그리고 지름이 200킬로미터인 혜성의 핵은 10억 년 동안 액체 상태로 존재할 수 있었을 것이다. 따라서 1729년의 대혜성 같은 것이 내부에 바다를 품고 있었을 수도 있다. 주로 물과 다른 액체로 이루어진 지름이 100킬로미터인 혜성은 지구 표면 전체를 10미터 깊이의 액체로 뒤덮기에 충분할 것이다. 이렇게 거대한 바닷속은 유기 물질이 풍부했으며 여러 가지 화학 반응이 40억 년 동안이나 이루어질 수 있었다는 점에서 아주 흥미로운 장소이다. 그곳에서 생명체가 발생할 가능성이 있을까?

문제는 모든 일이 어둠 속에서 일어나고 있다는 사실이다. 지구상에 있는 생명체 대부분이 이렇게 저렇게 햇빛을 이용한다. 보통의 식물 광합성이 가장 잘 알려진 사례이다. 식물들은 햇빛을 흡수해서 그 에너지를 이용해 물과 이산화탄소를 탄수화물과 다른 유기 물질로 바꾼다. 동물들은 이런 식물들을 먹고 산다. 불을 끄면 생태계 전체가 붕괴한다. 생명체의 이런 강한 햇빛 의존성에 몇 가지 예외가 있기는 하지만, 그 예외들이 혜성 내부에 생명체 존재하는가 하는 질문과 관련 있는 것 같지는 않다. 햇빛은 지속될 수 있는 자원이다. 수십억 년이 흘러도 햇빛은 고갈되지 않을 것이다. 그러나 어쨌든 생명체가 그런 지하 바다에서 생겨난다면, 그것은 지속될 수 없는 에너지원을 고갈될 때까지 다 써 버릴 것이다. 그 뒤에는 남아 있는 게 없을 테고, 그 생명체는 멸종하게 될 것이다. 그러한 혜성의 표면에는 대기나 대양이 거의 없기 때문에 생명체가 존재할 가능성이 없는 것 같다. 아마도 미래의 어느 시점에 우리는 바로 그런 종류의 혜성을 찾아서 대양까지 드릴로 뚫고 내려갈 것이다. 하지만 그 아래에는 어떤 것도 살아 있을 것 같지는 않다.

독일 원예 농업 출간물에 실린 이 그림은 혜성과 지구의 생물들 사이의 상상된 관련성을 보여 준다. 꽃들과 버섯들이 유리 비닐하우스를 뚫고 나와 핼리 혜성을 맞이하고 있다. 《원예가들의 거래(*Florists' Exchange*)》(1910년 4월 30일)에서. 미국 의회 도서관의 루스 S. 프라이태그 제공.

행성 크기의 바다와 풍부한 햇빛이 있는 초기 지구의 표면에서 생명의 기원을 상상하는 일은 훨씬 더 수월하다. 그러므로 지금이든 태초든 생명체가 혜성과 함께 지구로 떨어졌다는 생각은 접어 두고 지구상에 있는 유기 분자들에서 생명체가 어떻게 탄생했는지 알아보자. 우리 행성의 생명체는 한 줌의 분자들로 만들어져 있다. 그중 핵산과 단백질이 가장 중요하다. 우리가 만약 초기 지구에서 이러한 분자들이 어떻게 대규모로 만들어졌는지 이해할 수 있다면, 생명의 기원을 이해하는 데 상당한 진전을 이룰 것이다. 오늘날의 과학은 주요 분자 성분들이 물리학과 화학 법칙에 따라 초기 지구에서 저절로 생겨났다고 보고 있다. 물론 이에 대해 격렬한 논쟁이 이루어진 바 있다. 수소가 풍부한 원시 대기의 분자들은 태양의 자외선이나 번개, 심지어 유

실험실 실험에 따른, 원시 지구에 생명이 탄생하는 과정. 지구의 원시 대기에 존재했을 것으로 추정되는 기체 일부가 왼쪽 위에 나와 있다. 수소 원자는 노란색 원, 탄소 원자는 흰색 원, 산소 원자는 주황색 원, 질소 원자는 파란색 원이다. 왼쪽 위에 제시된 분자들은 물(H_2O)과 메탄(CH_4)과 암모니아(NH_3)이다. 이런 분자들은 태양의 자외선이나 전기 분해로 인해 산산이 부서진다(오른쪽 위). 이 분자 조각들은 다른 분자들 사이에서 재결합해 시안화수소(HCN)와 포름알데히드(HCHO)가 된다. 다음에는 원시 지구의 암모니아 액체 속에서 이 분자들이 재결합해 단백질의 기초 성분인 가장 단순한 아미노산이 만들어진다(오른쪽 아래). 유사한 단계들을 거쳐 결국 핵산의 기초 성분도 만들어진다. 이 그림에서 보여 주는 것들보다 훨씬 더 복잡한 분자들이 초기 지구의 생명의 발생을 시뮬레이션하는 실험에서 만들어졌다. 존 롬버그 그림.

성이 고속으로 대기에 진입할 때 발생하는 충격파로 산산조각 났다. 이 분자 조각들은 자발적으로 재결합해서(402쪽 그림 참조) 생명의 물질이 되는 것으로 알려져 있다.[2] 이런 일은 실험실에서도 일어나므로 초기 지구에서도 일어났을 것이다. 역설적으로 전 세계를 발칵 뒤집어 놓았던 1910년의 대혜성을 일으킨 치명적인 유독 물질인 시안화물(6장 참조)은 생명 탄생의 근본적 매개물인 것으로 보인다(402쪽 그림 참조). 그렇다면 혜성이 생명을 지구로 싣고 오는 게 아니라 생명이 발생하는 기초 성분을 전달함으로써 생명 탄생에 기여할 수 있었을까?

우리는 지구의 역사 초기 — 내행성계가 충돌과 분출로 청소되기 전 — 에는 혜성이 훨씬 더 흔했다는 사실을 알고 있다. 이 기록은 달과 행성의 충돌 흔적에 분명히 보존되어 있다. 지구가 형성된 뒤 처음 수억 년 동안은 혜성이 지금보다 훨씬 더 많았다. 그 당시에는 혜성이 적어도 수천 배, 혹은 그보다 훨씬 더 많았을 것이다. 이 혜성들은 주로 얼어붙은 물로 이루어져 있으므로 원시 지구에 충돌할 때 물도 함께 실려 왔을 것이다. 지구 역사의 처음 수억 년 동안, 혜성은 3×10^{15}(혹은 3,000,000,000,000,000)톤의 물을 넘겨주었을 것이다. 이 정도의 양이면 이 행성의 전체 표면을 거의 6미터 두께로 뒤덮을 정도다. 만약 내행성계에 혜성의 수가 더 많았다면 지구는 훨씬 더 많은 물을 축적할 수 있었을 것이다. 아마도 바닷물 대부분은 지구가 완전히 형성된 뒤 혜성의 특별한 배달을 통해서 왔을 것이다.

물을 얻을 수 있는 곳이 혜성만은 아니다. 탄소를 함유하는 소행성의 점토는 최고 20퍼센트의 물을 함유하기도 한다. 지구 내부에서 표면으로 올라오는 용암도 몇 퍼센트의 물을 갖는 것으로 알려져 있으며, 수십억 년 전에는 화산 사건들이 잦았다. 그렇다 해도 혜성이 초기 바다의 해분(海盆)을 물로 가득 채우는 데 큰 역할을 했다는 사실

혜성은 생명체의 고향이 될 수 없다. 혜성은 충분히 응축되지 않기 때문이다. 사실 혜성은 작은 돌멩이들이 느슨하게 모여 있는 덩어리에 지나지 않았을 것이다. 혜성이 설사 행성만큼 컸다고 해도 그 위에서 생명체가 살 수 없는 것은 확실하다. 극단적인 온도에서 또 다른 극단적인 온도로 돌진하는 그러한 세계에서는 물이 액체 상태로 남아 있을 수 없기 때문이다.

— E. 월터 마운더(E. Walter Maunder), 『행성들에 생명체가 살 수 있을까?(*Are the Planets Inhabited?*)』, 런던, 1913년

2 단순 핵산들은 적절한 환경 속에만 있으면 더 작은 분자들에서 다른 핵산들을 만들 수 있다. 단순 단백질들은 주변의 화학 반응을 조절할 수 있다. 핵산과 단백질이 형성된다고 해서 처음부터 생명이 만들어지는 것은 아니지만, 이는 생명의 탄생과 발달에 중요한 단계이다.

화성의 북극관 가장자리에 있는 층상 구조. 화성의 극 지역 눈은 얼어붙은 물과 이산화탄소로 만들어져 있다. 이 사진은 가로로 대략 100킬로미터인 지역을 보여 준다. 바이킹 궤도선 사진. NASA 제공.

은 놀랍다.

혜성이 가져온 물에는 아마도 복잡한 유기 물질이 몇 퍼센트 포함되었을 것이다. 그렇다면 혜성이 생명의 기원에 필요한 성분들을 가져왔을까? 모든 것은 타이밍의 문제다. 만약 초기의 혜성들이 지구 표면이 녹아 있는 동안 떨어졌다면 혜성 안에 유기 물질이 존재했다고 해도 모두 뜨거운 마그마 속에서 튀겨졌을 것이다. 그렇다면 생명은 혜성의 기여와는 상관없이 나중에 발생했을 것이다.

하지만 지구의 표면이 혜성 충돌의 초기 진동이 끝나기 전에 식었다면, 모든 것이 달라진다. 거대한 혜성 핵들이 지구에 떨어질 것이고 그것들이 함유하는 유기 물질은 사실상 진입하는 동안 방해받지 않을 것이다. 이 혜성들은 하층 대기와 지구의 표면에 충돌해 폭발하고 증발하며 파편들을 전 세계로 퍼뜨렸을 것이다. 점차 따뜻하고 묽은 유기 분자 스프가 축적될 것이다. 그 육수를 만든 물과 건더기는 모두 혜성이 공급해 준 것들이다. 이런 생각은 유성을, 어떤 별에서 또 다른 별로 배달하는 음식 선물이라고 주장했던 나이지리아 주쿤 족의 견해와 크게 다르지 않다.

화성의 마리네리스 협곡(Vallis Marineris) 상공에 있는 혜성. 킴 푸어 그림.

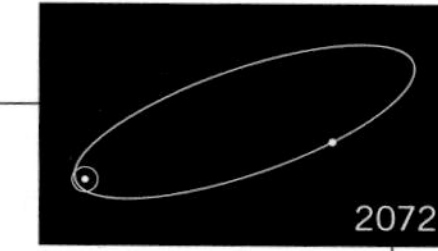

유기 물질이 1퍼센트 들어 있는 용액은 생명체가 시작하기에 상당히 좋은 매질이다. 사실 완전한 토착 과정들 — 우리 행성의 내부에 있는 물에서 기체가 나오고 대양이 형성되는 과정, 대기에서 수소가 풍부한 기체의 조사(照射), 원시 지구의 바다에서 유기 분자들의 점진적인 형성, 그리고 잇따라 일어나는 상호 작용이 생명의 기원이 된다. — 만 고려하면 딱 그 정도의 희석물이 상상된다. 따라서 두 개의 경쟁 과정이 있는데, 하나는 내부에서, 다른 하나는 외부에서 작용한다. 두 과정 모두 대략 동등하게 생명의 탄생에 필요한 복잡한 유기 화학을 주도하는 것 같다.

지구와 같은 행성을 만들면 그 행성은 저절로 가열되어 기체를 뿜어낸다. 물은 연못과 웅덩이와 호수를 만든다. 만약 대기의 나머지가 수소가 풍부한 기체를 포함하고 있고 태양이 비추고 있다면, 엄청난 양의 유기 물질이 결국 이 물과 섞일 것이다. 만약 지구의 역사 내내 혜성이 결코 떨어지지 않는다 해도 최초의 유기 물질이 어디서 나왔는지 이해하기는 여전히 쉬울 것이다. 그리고 결코 지구 내부에서 기체가 나오는 작용이 없었다고 해도, 혜성들이 여전히 대기와 대양과 엄청난 양의 유기 물질을 가져왔을 것이다. 따라서 우리 인간의 기원인 유기 분자의 출처를 찾을 때, 우리는 두 개의 다른, 그리고 확실히 동등하게 성공적인 가설들을 갖게 되는 당황스러운 상태에 처한다. 그 두 과정을 식별할 수 있는 실험을 고안해 내는 것은 대단히 힘들다. 따라서 두 과정 모두 중요한 역할을 했을 것이다.

지구의 원시 대기가 메탄과 암모니아와 물 같은 수소가 풍부한 기체를 상당히 많이 포함하고 있었다면 생명의 토착 기원은 상당히 쉽게 이해될 수 있다. 그러나 만약(그리고 이런 견해를 주장하는 학파가 있다.) 원시 대기에 수소가 풍부하지 않았다면 — 하지만 질소와 이산화탄소와 물은 포함되어 있었다면 — 생명의 기원을 설명하기 위해 원시 지구에 필요한 유기 분자들이 어떻게 합성된 것인지 이해하는 것은 어려우므로, 혜성이 갑자기 매력적인 대안이 된다. 비록 지구에서 이루어진 합성들이 완전히 적절하다고 해도, 중요한 기여는 혜성이 제공했을 것이다. 따라서 생명체의 한 가지 조리법은 다음과 같다. 수백만 개의 혜성들을 준비해라. 그것들을 천천히 데워라. 그리고 방사선을 쬐어라. 마지막으로 수십억 년을 기다려라.

이 논의는 비단 지구에만 국한되는 것이 아니다. 우리의 태양계와 그 너머에 있는 이제 **갓 태어난** 근처의 다른 세계들 역시 혜성과 충돌했을 게 틀림없다. 내부의 물이 결코 표면에 도달하지 않는, 전혀 바람직하지 않은 환경을 갖고 있는 금성과 화성에서조차도 바닷물이 축적되었을 것이다. 실제로 금성과 화성에는 모두 오래전에 바다가 존재했다는 증거가 남아 있다.

이제는 물이 고갈된 금성에 여전히 남아 있는 소량의 수소가 빠르게 우주로 빠져나가고 있다. 가벼운 분자들이 무거운 분자들보다 훨씬 더 쉽게 빠져나가는 까닭은 무작위적인 충돌로 인해 탈출 속도보다 빨리 움직이도록 유도될 가능성이 더 크기 때문이다. 가장 무거운 형태의 수소인 중수소는 더 흔하고 더 가벼운 다른 종류의 수소보다 더 느리게 빠져나간다. 시간이 지나면 금성의 수소 대 중수소 비율이 증가할 것이다. 따라서 수소 대 중수소의 현재 비율을 통해 한때 얼마나 많은 양의 물이 존재했는지 어림할 수 있다. 이런 방법으로 미시간 대학교의 토머스 도나휴(Thomas Donahue) 연구 팀은 이제는 사라진 금성의 고대 바다를 추론해 냈다.

오늘날 금성은 이산화탄소가 주도하는 거대한 온실 효과 때문에 표면 온도가 섭씨 480도까지 치솟는 황폐한 세계이다. 그러나 이산화탄소는 하룻밤 사이에 대기 중으로 퍼져 나간 게 아니다. 표면이 바다로 덮여 있고 여기에 녹아 있는 혜성의 유기 분자들이 서로 충돌하고 상호 작용하면서 복잡한 구조로 자라나는, 훨씬 더 온화했던 금성의 초기 환경을 상상해 볼 수 있다. 초기 혜성의 흐름이 중단되고 이산화탄소가 제거되지 못하면서 금성은 열대의 천국에서 지옥이 된 것일지도 모른다. 미래의 탐험을 위한 중요한 질문 하나는 여전히 남아 있다.

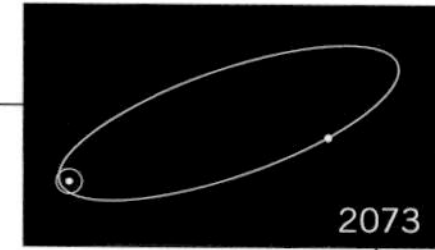

금성에는 아직까지 고대 바다의 흔적이 남아 있을까? 수십억 년 전에 금성에서 생겨난 생명의 오랜 흔적이나 화석이 미래의 탐험가들을 기다리고 있을 가능성이 있을까?

화성에 대해서는 이러한 문제들을 훨씬 더 진지하게 고려할 수 있다. 왜냐하면 그곳에는 풍부한 물에 대한 증거가 광범위하게 존재하기 때문이다. 화성의 물은 극관에 얼어 있거나 표면 밑에 묻혀 있거나 토양과 화학적으로 결합된 상태로 존재한다. 비록 현재 화성에는 액체 물이 존재하지 않지만, 10억 년 전에는 강과 범람원에 물이 흐른 적이 있음을 암시하는 자료들이 있다(오른쪽 아래 그림 참조). 고대 바다의 해안선을 비롯한 여러 흔적들이 바이킹호가 찍은 사진에 존재할 가능성도 있다. 화성은 금성이나 지구보다 더 작은 세계이므로 초기 대기의 대부분은 우주로 빠져나갔을 것이다. 또한 화성은 더 추운 세계이므로 남아 있는 물 대부분이 오늘날 얼음 형태로 갇혀 있는지도 모른다. 금성의 경우에는 이런 질문이 나온다. 만약 한때 광대한 바다가 있었다면, 생명체가 생겼을까? 어쩌면 21세기의 탐험대나 최초의 화성 영구 유인 기지 탐험대가 그 흔적을 발견할지도 모른다.

태양계의 이 지역에 있는 천체들은 아주 오래전에 태양계 안쪽을 채웠던 엄청난 수의 혜성이 남긴 흔적과 기록을 보여 준다. 얌전하게 내려앉은 혜성의 부스러기들은, 수억 년 동안 태양계의 얼굴을 변화시킨 어떤 시대를 희미하게 암시한다.

만약 현재의 바다와 유사한 무언가가 혜성에 실려 원시 지구로 들어왔다면, 간단한 계산만으로도 이것이 지구의 퇴적 기둥 전체에 들어 있는 탄소량 — 수 킬로미터 밑의 암석과, 모든 생물과, 모든 부식토와, 모든 석유와 석탄과 토탄과 흑연과 다이아몬드에 있는 모든 탄소 — 에 필적할 만한 양임을 알 수 있다. 만약 이 말이 사실이라면, 지구를 비롯한 다른 지구형 행성들은 거의 완전히 형성된 후에 혜성 물질이 그 표면을 수 킬로미터 두께로 덮었다고 말할 수 있다. 이 '혜성의 물질 막'은 비교해서 말하면 도넛에 뿌려진 설탕 가루 한 겹보다도

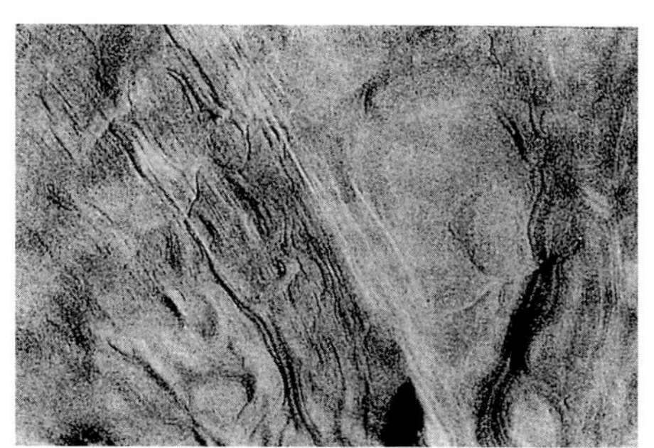

화성의 남극 부근에 있는 퇴적층. 복잡하고 일시적인(어쩌면 주기적인) 지질학적 증거들이다. 이 퇴적층은 지름이 거의 200킬로미터이다. 먼 훗날 기계들과 사람들이 이 퇴적층들을 조사해 본다면 화성의 과거를 더 잘 이해하게 될 것이다. 바이킹 궤도선 사진. NASA 제공.

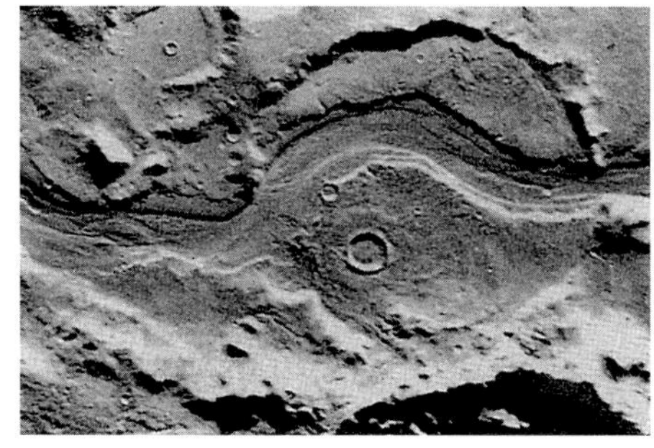

심하게 두들겨 맞고 푹푹 패인 화성의 표면을 구불구불 가로지르는 고대의 골짜기. 바이킹 궤도선 사진. NASA 제공.

유토피아(Utopia)라고 불리는 화성 지역의 지형 사진. 바이킹 2호 착륙선이 촬영했다. 1976년에 착륙한 이 탐사선의 납작한 각부(연착륙용)들 가운데 하나가 오른쪽 아래에 보인다. 그 위에 있는 금속 실린더가 착륙이 완료될 때까지 이 탐사선의 표본 채취용 팔(사진에는 없다.)을 덮고 있었다. 이 사진의 대부분을 차지하는 얇은 서리층의 일부가 결국 혜성의 충돌로 인해 생긴 것이라는 점을 주목하자. NASA 제공.

얇다. 하지만 이것이 바로 우리의 세계다. 적어도 이 행성에서는 혜성 먼지들이 생명을 발생시켰다.

초기 지구는 크고 작은 충돌 분화구와, 그보다 훨씬 더 큰 분지들로 뒤덮여 있었다. 혜성이 가져온 물의 대부분은 충돌하자마자 증발되어 비로 떨어졌다. 따라서 혜성은 큰 구멍을 파서 거기에 물을 채우고 복잡한 유기 물질로 간을 맞추는 역할을 하는 셈이다. 이런 일은 행성의 역사 중에서도, 생명이 발생하기에 충분히 많은 시간이 있는 아주 초창기에서 주로 이루어진다. 이 설명 역시 지구에만 국한되지는 않는다. 아마도 우리 은하의 다른 무수한 세계에서도 같은 일이 일어났을 것이다. 이렇게 보면 혜성은 우주 공간을 질주해 태양계의 세계들과 그 밖의 다른 수많은 세계에 생명의 씨앗을 전해 준 우주의 요정이라고 볼 수 있다.

우리 주변을 돌아보자. 만약 우리 행성의 표면이 식은 뒤 지금보다 수천 배, 수만 배 더 많은 혜성이 방문했다면, 지구에서 비롯된 것은 무엇이며, 또 혜성에서 온 것은 무엇일까? 모든 식물, 동물, 미생물, 남자와 여자 등 살아 있는 모든 것은 결국 혜성에서 온 것이다. 그리고 건물, 철도, 고속도로, 침식된 농장, 노래, 잠수함, 우주 탐사선 등 이 모든 것들은 인간이 만든 것이므로 이 역시 혜성에서 온 것이다. 심지어 낮의 하늘조차도 혜성에서 온 것이다. 왜냐하면 산소(O_2)와 질소(N_2)는 생명체가 만드는 것이기 때문이다. 글쎄, 우리는 어쩌면 적어도 암석은, 적어도 산은 지구에서 비롯되었다고 주장하고 싶을지도 모른다. 하지만 암석은 산화되며, 물과 생명으로 인해 화학적으로 변하고 부서진다. 산은 물로 인해 침식되고 닳는다. 밑에 놓인 행성의 일부가 혜성 물질을 뚫고 천천히 융기하려고 하면 산은 가차 없이 무너진다. 심지어 남극 대륙 같은 황폐한 곳에서도 그 지형은 여러 가지 면에서 혜성이 만든 것으로 보인다. 우리가 보는 사물들 가운데 혜성과 완전 별개로 존재하는 것은 태양과 별들뿐인 것 같다. 한때 혜성 물질이 이 세계에 뿌려지며 층을 이루었고, 그 후 45억 년 동안 이 가루들은 조금

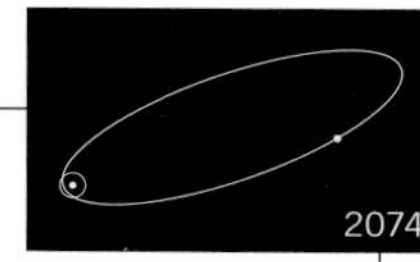

씩 발전했다. 여기에서 복잡한 생명체가 발달했고 지식에 대한 열망과 도전이 시작되었다. 그리고 마침내, 우리의 고향인 혜성에 관심을 갖게 되었다.

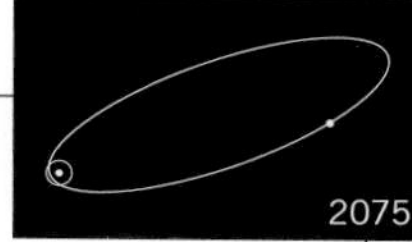

3부

혜성과 미래

1986년 3월 초 핼리 혜성의 핵에서 1만 킬로미터 떨어져 있는 소련의 베가 탐사선. 이 혜성에서 고작 수백 킬로미터 떨어진 곳에 ESA의 핼리 혜성 탐사선인 조토가 아주 작게 보인다. 릭 스턴백 그림.

18장

소함대 출현

20세기 중반, 그것은 가장 외딴 교구를 돌아 …… 1986년까지 끝나지 않을, 태양을 향한 기나긴 여행을 한 번 더 시작할 것이다. 그때가 오면 또다시 망원경과 카메라가, 분광기와 광도계가 오늘날만큼이나 열심히 핼리 혜성을 향할 것이다.

— 데이비드 토드, 『핼리 혜성』, 아메리칸 북 컴퍼니, 1910년

동트기 직전 총성이 울렸다. 그리고 잠시 뒤 총알은 기구에 타고 있는 세 사람을 살짝 스치고 지나갔다. 5월이었지만 세 사람은 아직 두꺼운 옷을 입고 있었다. 이른 아침에는 지상 1, 2킬로미터 상공이 매우 춥기 때문이다. 그러나 세 사람은 고작 500미터 상공에 있을 때 사격을 받았다. 코네티컷 주 시골 상공에서 날이 아직 어두울 때, 떠오르는 태양 옆으로 비춰지는 대형 기구의 풍선과 거기에 매달린 조롱은 이상한 광경이었을 것이다. 기구를 본 어떤 농부는 무엇인지도 모르면서 무조건 총을 쏘아야겠다고 생각한 것이리라. 아니 어쩌면 이 총알은 그저 한가한 부자들과 그들의 사치스러운 유희에 대한 확실한 항변이었는지도 모른다.

「상층 대기의 천문대: 기구에서 핼리 혜성을 관측하다(An Astronomical Observatory in the Upper Air: Taking Observations of Halley's Comet from a Balloon)」. 1910년 5월 28일 《그래픽(*Graphic*)》에 실린 앙리 라노스(Henry Lanos) 그림. 미국 의회 도서관의 루스 S. 프라이태그 제공.

그러나 이것은 유람 여행이 아니었다. 이 곤돌라에는 천문학 및 항공학과 교수이자 애머스트 대학교의 천문대장인 데이비드 토드(David Todd) 박사가 타고 있었다. 토드 박사의 장기는 천문학 여행이었다. 토드 박사는 일식 관측을 위해 탐험대를 이끌고 네덜란드령 동인도, 남아메리카, 바바리 연안, 러시아, 일본, 서아프리카 등지를 여행했다. 전에 한 번은 화성 생명체 탐색을 위한 관측의 일환으로 대학교의 망원경을 분해해서 안데스 산맥으로 관측 여행을 떠난 적도 있었다. 그리고 지금, 1910년 5월 하늘에 핼리 혜성이 보이자 멀리는 아니지만 높이 올라가는 관측 원정을 떠나는 중이었다. 지구 대기로 인해 발생하는 관측 오차를 줄이기 위해서였다. 토드는 기구에 실려 있는 구경이 2.5인치(약 6센티미터)이고 배율이 30배인 작은 망원경으로 혜성을 관측할 참이었다. 그날 밤은 맑았으며 기구의 진동도 작았다.

토드는 비행 조종사인 찰스 글리든(Charles Glidden)과 아내인 메이블 루미스 토드(Mabel Loomis Todd)와 함께 타고 있었다. 한 역사가는 토드의 아내를 다음과 같이 묘사한다.

> 명랑하고 다재다능하고 사교적이며 여러 가지 시샘 어린 험담을 불러일으킬 정도로 인기를 끌었던 그녀는 애정이 넘치는 관계들을 유지할 수 있었다. 그녀는 작가와 강사와 편집자로서, 그리고 아내와 안주인과 연인으로서 훌륭했을 뿐만 아니라 부러울 정도로 강건하고 쾌활한 성격의 소유자였다.[1]

천문학자의 딸로 태어나 또다시 천문학자의 아내가 된 메이블 토드가 혜성을 먼저 발견했다. 메이블 토드의 남편은 그 광경이 자신이 직접 설계하고 건립했던 애머스트 천문대에서 "커다란 18인치(약 46센

1 피터 게이(Peter Gay)의 『감각의 교육(*Education of the Senses*)』(옥스퍼드 대학교 출판부, 1984년)에서 발췌했다. 예일 대학교 역사학 교수인 게이는 이 기구 등반을 언급하지 않는다. 그가 메이블 루미스 토드에게 관심을 가졌던 것은 빅토리아 시대의 성적 행동에 영향을 미친 쾌활한 그녀의 솔직한 일기 때문이었다.

WHAT DO YOU THINK OF "IN THE COMET'S TRACK"? ARE YOU READING IT?
WE HAVE OTHER WONDERFUL STORIES ON HAND. WATCH OUT FOR THEM

THE CHICAGO LEDGER

In the Comet's Track
or Strange Adventures in Space

1910년 4월 30일 한 시카고 신문에서 상상한, 핼리 혜성을 조사하는 우주여행. 미국 의회 도서관의 루스 S. 프라이태그 제공.

티미터) 망원경으로 보는 것보다 훨씬 더 멋지다."라고 감탄했다. 혜성의 머리는 지평선 가까이에 있었고 토드는 혜성의 꼬리를 네 장 스케치했다. 이것은 지구 상공의 인공 플랫폼에서 이루어진 최초의 성공적인 천문 관측이었을 것이다.

15년 뒤 토드는 비행기에서 최초의 태양 코로나 사진을 찍었다. 그러나 나중에 그는 점차 상궤를 벗어나는 행동을 보였으며, 1939년에 84세를 일기로 사망할 때까지 때때로 정신 병원에 감금되기도 했다. 메이블 토드는 특히 "자신의 지칠 줄 모르는 에너지와 주위 사람들까지 즐겁게 하는 쾌활함"을 기억했던, 두 사람이 낳은 유일한 아이의 애도를 받으며 남편보다 먼저 세상을 떠났다.

오늘날에는 새로운 기구들이 떠오르고 있다. 1985년과 1986년은 혜성 연구에 있어서 역사적인 순간이다. 이전에는 혜성이 우리에게 왔지만 이때는 처음으로 우리가 혜성에게 갈 것이다. 이 사건은 바로 1985년 가을과 1986년 봄 사이에 출현하는 핼리 혜성과 관련이 있다. 그 역사적 중요성은 차치하더라도(3장과 4장 참조), 여러 해 동안 미리 상세한 과학적 계획을 세울 수 있을 정도로 잘 알려진 궤도를 갖는 활동적인 혜성은 오직 핼리 혜성뿐이다. 이 방문객을 보기 위해, 데이비드 토드의 뒤를 이어 비행기들이 지구 상공으로 날아갈 것이고, 로켓들은 우주 공간으로 진입할 것이다. 핼리 혜성을 관측하기 위해 1984년 4월 우주 왕복선이 무인 우주 망원경 '태양 극대기 관측 위성(Solar Maximum Observatory)'을 수리했고, 그 혜성을 면밀히 조사하기 위해 특수 관측 장비를 실은 우주 왕복선도 발사될 예정이다. 또한 미국의 파이오니어 금성 궤도선(Pioneer Venus Orbiter)도 잠시 금성 관측을 중단하고 지나가는 이 혜성을 관측할 것이다. 통상적인 혜성 관측과 비교했을 때, 이는 매우 이례적인 합동 연구다. 하지만 여기 언급한 여러 가지 시도들도 1986년 3월 다섯 대의 우주선 소함대가 혜성에 접근하려는(그중 하나는 안으로 들어갈지도 모른다.) 계획에 비하면 오히려 작은 일이라고 할 수 있다.

우주 왕복선 아스트로(Astro) 1호의 탐사 사업. 1986년 초에 핼리 혜성을 조사하기 위해 특별히 설계된 장비들이 지구 궤도로 보내졌다. 윌리엄 K. 하트먼 그림. NASA 제공.

혜성 탐사선은 분명 혜성과 관련된 문제 대부분을 명쾌하게 해결해 줄 것이다.

— 폴 스윙스, 벨기에 리에주 대학교, 1962년 8월

우주 공간에서 혜성을 상세히 조사하는 일은 천문학자들의 꿈이다. 왜냐하면 우리는 혜성의 가장 근본적인 면들에 대해 그동안 너무도 무지했기 때문이다. 우리는 내행성계에 살고 있다. 따라서 지구로 접근하는 혜성의 핵은 기체가 제거된 상태에서 코마로 뒤덮여 있는 경우가 대부분이다. 그러나 우리가 만약 어떤 혜성에 가까이 날아갈 수 있다면 처음으로 혜성의 핵을 똑똑히 볼 수 있을지도 모른다. 혜성의 핵은 어떻게 생겼을까? 모양은 어떻고 색깔은 어떨까? 얼음 조각과 검은 유기물과 드러난 암석들이 있을까? 침전물로 이루어진 껍질이 있을까? 분화구는? 과거 표면 용해의 흔적들은 어떨까? 언덕들은 있을까? 지구의 퇴적 기둥 같은 층상 구조의 흔적은? 만약 혜성의 핵을 근접 촬영할 수 있다면 혜성의 본질과 진화에 대해서 상당히 많은 사실들을 말할 수 있을 것이다.

그다음에는 분광학이 있다. 우리가 지구 표면을 벗어날 수 없다면, 우리는 허긴스가 했듯이 혜성을 가시광선 스펙트럼에서 조사하거나, 적외선과 전파 영역에 해당하는 몇몇 '창들'에서 조사할 수 있다. 만약 혜성을 다른 주파수 영역에서 조사하고 싶다면 지구 대기 위로 올라가야만 한다. 그러나 지구 궤도로 망원경을 쏘아 올리려면 아무리 낮은 고도라고 해도 망원경의 크기가 지상에 건립되는 망원경들에 비해 훨씬 작을 수밖에 없다. 그러므로 지구 궤도 계측기들의 성능은 본질적으로 지상 기계들에 비해 떨어지기 마련이다. 그럼에도 불구하고 지구 궤도 계측기들을 통해 중요한 새로운 사실들이 발견되었다. 혜성 주위의 수소 코마를 발견한 것이 한 예이다(7장 참조). 그러나 인류가 지구 궤도에서 관측을 시작한 이후 지구 근처로 가까이 온 혜성은 매우 적다. 따라서 정말로 필요한 일은 분광계를 혜성 가까이 가져가는 것이다. 그러면 핵과 코마와 꼬리에 다양한 분자들이 어떻게 분포되어 있는지 볼 수 있을 것이다.

일반적으로 지구에서 수행되는 분광 분석은 혜성 핵의 모분자가 아니라 분자 조각들을 보여 준다. 예컨대 C_3가 나오는 유기 분자들의 성질은 전혀 알려져 있지 않다. 지상 실험의 대상이 되는 운석 조각은 우리에게 도달하기 이전에 기체의 방출과, 자외선으로 인한 분해, 그리고 온갖 복잡한 화학 작용들을 거치기 때문이다. 이러한 많은 화학적 수수께끼들은 우리가 혜성의 핵으로 날아가서 모분자들의 구름 속을 지나 혜성에서 증발하는 분자들과 유기물들, 그리고 무기물들을 태양 빛에 분해되기 전에 직접 관측할 수 있다면 해결될 것이다.

1910년에 핼리 혜성의 꼬리에 있는 물질을 검출하기 위해 지상에서 많은 연구들이 이루어졌다. 프랑스에서는 엄청난 부피의 공기를 매우 낮은 온도로 끌어내려 산소와 질소를 액화시킨 뒤 나머지 부분에서 외계의 성분을 조사했다. 그러나 아무것도 발견되지 않았다. 캘리포니아 윌슨 산 천문대에 있는 탑의 지주에는 글리세린을 입힌 금속판들이 부착되었지만 한 점의 혜성 먼지도 보고되지 않았다. 이 실험은 글리세린을 입힌 유사한 판들을 비행기에 부착해 혜성 부스러기들이 훨씬 더 지나가기 쉬운 성층권으로 날려 보낸 현대 연구의 전신이다(13장 참조). 그러나 이제는 혜성의 모분자들을 직접 측정할 수 있는 질량 분석기를 비행기에 실어 보낼 수 있다.

우리는 태양풍의 자기장이 혜성의 핵 위에 드리워 있다고 생각하지만, 이온 꼬리의 우아한 패턴들을 만드는 태양풍은 태양 플레어가 만들어 낸다. 만약 계측기를 혜성 아주 가까이에 보내 하전 입자와 자기장을 직접 측정할 수 있다면, 우리는 혜성을 훨씬 더 잘 이해할 수 있을 것이다.

광학 관측자들은 망원경의 분해능 한계와 싸우면서 혜성의 핵에서 우주로 뿜어져 나오는, 기체와 먼지로 이루어진 거대한 분수들을 검출해 왔다. 우리는 혜성에서 방출되는 먼지 대부분이 이런 식으로 발생한다고 생각한다. 우리는 우주선을 타고 혜성으로 다가가 제트를 촬영하고 — 가능하다면 동영상으로 — 먼지 구름 속을 비행하면서 미세한 입자들의 수와 양을 측정할 필요가 있다.

현재는 앞에서 언급한 이 모두를 포함해 그 이상의 일들이 진행

베들레헴의 별로 묘사된 1301년의 핼리 혜성. 1304년에 완성된 조토의 프레스코화「동방 박사의 경배」에서.

되고 있다. 일본 규슈의 가고시마 현에 있는 우치노우라 소재의 일본 우주 센터(Japanese Space Center)에서 두 개의 새로운 뮤(Mu) 로켓이 발사되었다. 첫 번째는 사키가케(Sakigake, 일본어로 개척자(さきがけ)라는 뜻이다.)로, 두 번째는 스이세이(Suisei, 일본어로 혜성(彗星)이라는 뜻이다.)로 불린다. 이들은 일본에서 발사한 최초의 행성 간 로켓이다.

남아메리카의 프랑스령 기아나에서 조금 떨어져 있는 적도 섬 쿠루에서는 아리안(Arian, ESA가 개발한 대형 위성 발사용 로켓의 애칭 — 옮긴이) 한 대가 발사되었다. 이 로켓의 원뿔꼴 두부(頭部)에는 벨기에, 덴마크, 프랑스, 독일 연방 공화국, 아일랜드, 이탈리아, 네덜란드, 스페인, 스웨덴, 스위스, 영국의 연합 기구인 ESA에서 만든 최초의 행성 간 탐사선이 실려 있었다. 이 탐사선은, 1301년의 핼리 혜성을 직접 관측해서 파도바의 아레나 교회당에 있는 유명한 프레스코화「동방 박사의 경배(Adoration of the Magi)」에 묘사한 피렌체 화가의 이름을 따서 조토

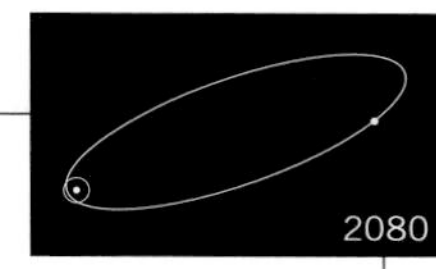

(Giotto)라고 명명되었다.

카자흐스탄 소비에트 사회주의 공화국의 티우라탐에서는 **양성자** 발사기 두 대가 하늘로 치솟았다. 이 두 발사기의 야심 찬 비행 목적은 금성으로 날아가 그곳에 야간 착륙할 두 대의 탐사선을 내려놓고 중간 대기의 기상 상태를 조사할 두 개의 기구 관측소를 투하시킨 뒤[2] 계속 비행하여 8개월 뒤 핼리 혜성과 만나는 것이었다. 이 탐사선은 베가(Vega)라고 불리는데, 've(베)'는 러시아 어인 베네라(Venera, 금성이라는 뜻이다.)에서, 'ga(가)'는 러시아 어로 쓴 핼리(Gally)에서 따온 것이다. 베가 우주선에는 혜성 탐사에 필요한 독립적인 과학 장비 12개가 실려 있다. 뿐만 아니라 오스트리아, 불가리아, 체코슬로바키아, 독일 민주 공화국(동독), 독일 연방 공화국(서독), 헝가리, 폴란드 …… 그리고 미국의 장비까지 베가 우주선에 실려 있다.

미국은 수성에서부터 천왕성까지의 모든 행성과 수십 개에 달하는 위성들을 최초로 조사하는 등 태양계 탐사에서 중요한 역할을 해 왔다. 그러나 핼리 혜성으로 날아가는 우주 탐사선은 마련하지 못한 상태였다. 미국의 과학자들과 엔지니어들이 몇몇 혁신적 탐사 계획들을 제안하기도 했다. 그 계획들이 실현되었다면 조토와 베가와 일본의 탐사 사업들로는 얻지 못할 광범위한 핵심 데이터들을 획득할 수 있었을 것이다. 그러나 민주당과 공화당 행정부 모두 이 제안들을 기각했다. 예산이 충분하지 않다는 것이 그 이유였다. 미국에는 더 중요한 일들이 많다는 것이다. 핼리 혜성 탐사 사업에 드는 비용은 대략 B-1 폭격기 한 대를 제작하는 비용과 맞먹었다. 미국은 100대의 B-1 폭격기를 생산할 계획이었고 절대 99대로 줄일 수 없다는 입장이었다. 2061년 핼리 혜성이 다시 돌아올 때는 미국의 정책에 조금 변화가 있기를 기대해 본다. 비록 미국이 당시의 혜성 탐사 사업에 불참하기는 했지만, 20개국의 탐사선 다섯 대로 이루어진 소함대는 깊숙한 우주에서 온, 그리고 태양

2 이 임무들은 1985년 6월에 성공적으로 성취되었다.

국제 혜성 탐사선

1978년에 태양풍이 지구의 자기장과 어떻게 상호 작용하는지 연구할 목적으로 국제 태양-지구 익스플로러 3(International Sun-Earth Explorer 3, ISEE 3) 위성이 지구와 태양 사이의 궤도에 올랐다. 그러나 ISEE 3는 주요 임무가 끝나자 상당히 다른 임무를 맡게 되었다. NASA 고더드 우주 비행 센터의 로버트 파쿼(Robert Farquhar)는 이 탐사선이 자코비니-지너라는 대단히 흥미로운 천체와 만날 수 있도록 그 궤도를 정교하게 조작했다. 이 천체는 활동성 단주기 혜성으로, 일부 천문학자들은 그 적도 반지름이 극반지름의 여덟 배에 달한다고 해서 급속히 회전하는 팬케이크라고 부르기도 한다. 이 혜성은 용자리 유성군, 즉 자코비니 유성군을 이루는 솜털 같은 입자들의 출처이기도 하다. 자코비니-지너 혜성의 입자들을 근접 촬영할 수 있다면 좋겠지만 그럴 일은 없다. ISEE 3에는 카메라가 장착되어 있지 않기 때문이다.

자코비니-지너 혜성에 도달하기 위해서, 이 탐사선은 진행 방향을 바꾸어 혜성처럼 태양 반대쪽으로 길게 뻗은 지구의 자기장을 천천히 두 번이나 가로지르는 궤도를 이용했다. 그리고 달에 다섯 번이나 가까이 접근했는데 그 마지막이었던 1983년 말에는 달 표면에서 120킬로미터 거리까지 다가가기도 했다. 작은 로켓 엔진에 아주 작은 기능 장애만 발생했어도 이 탐사선은 달과 충돌했을 것이다. 그러나 연속 통과하면서 달의 중력 효과가 축적되어 이 탐사선은 (마치 목성 가까이 지나가는, 오르트 구름에서 온 혜성이 그리는 것처럼) 매우 다른 궤도로 던져졌고, 결국 1985년 9월 11일에 자코비니-지너 혜성의 꼬리를 통과하는 데 성공했다.

이것은 우주선 소함대가 핼리 혜성 부근에 도달하기 거의 6개월 전의 일이었다. 따라서 사람들은 이러한 활동이 다분히 정치적이라고 생각할지도 모른다. 1969년 7월, 미국의 유인 탐사선 아폴로 11호가 달의 샘플을 채취해서 돌아오기 몇 시간 전에 동일한 임무를 수행하려 했지만 성공하지 못한 (구)소련의 무인 탐사선 루나 15호처럼 말이다. 그러나 ISEE 3 — 이 탐사선에는 이제 국제 혜성 탐사선(International Cometary Explorer)이라는 새로운 이름이 붙어서 머리글자가 ICE로 바뀌었다. — 는 그저 지구 근처에 머물렀을 경우보다 유용한 정보를 훨씬 더 많이 수집했다. 혜성의 핵을 덮고 있는 행성 간 자기장의 존재와 더불어, 꼬리에서 예상치 못한 고에너지 입자들과 자

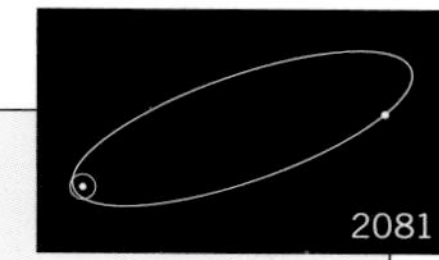

기장 현상들을 발견한 것이다. ICE는 이제 우리의 능력이 내행성계를 자유롭게 돌아다닐 수 있는 수준에 도달했다는 놀라운 사실을 증명한다. 우리에게는 작은 로켓과 달과 행성들의 질량, 그리고 뉴턴의 운동 법칙을 활용하는 방법에 대한 지식만 필요할 뿐이다.

계의 초기 역사에서 온 이 사자(使者)에 대한 인류의 고무적인 반응을 표현한다.

그럼에도 미국은 약간의 궤도 조작을 통해 우주 탐사선으로 혜성을 가까이서 조사한 최초의 국가가 되었다. 그 탐사선은 관측 장비 면에서 따지자면 아주 열악한 것이었다. 사진을 찍을 수도, 분광 자료를 얻을 수도, 성분 분석을 할 수도 없었고, 단지 하전 입자와 자기장의 측정만 가능했을 뿐이었다(422~423쪽 박스 참조). 그러나 어쨌든 그것이 최초의 혜성 탐사선이었다.

베가 우주 탐사선에는 미국의 실험 장치도 실려 있었다. 이는 전적으로 존 심슨(John Simpson) 개인이 주도한 결과였다. 그는 시카고 대학교의 물리학 교수이자 미국 무인 우주 탐사 사업에 수십 차례 참가한 베테랑이었다. 외교적 문제를 타개하기 위해 미국이 (구)소련과 우주 과학 연구를 교류하는 것을 허가했던 시기에, 심슨 교수는 혜성 먼지를 분석하는 매우 기발한 장치를 고안해 냈다. 심슨 교수는 자신의 분석기가 조토 우주 탐사선에 실리기를 희망하며 네덜란드에서 열린 ESA 회의에서 이 장치에 대해 언급했다. 그런데 그 뒤 한 달도 지나지 않아서 심슨은 (구)소련 과학 아카데미 부속 우주 연구소 소장인 로알트 사그데예프(Roald Sagdeev)로부터 그 장비를 베가 탐사선에서 사용해도 좋다는 연락을 받았다. 심슨이 자신의 분석기를 베가 탐사선에 실어 달라고 제안한 적이 없었는데 말이다. 심슨은 미국 당국의 허가를 받은 뒤 적어도 10년은 뒤진 기술을 이용하는 장치를 조립했다. 기술의 해외 이전과 관련된 미국 법을 어기고 싶지 않았기 때문이었다.

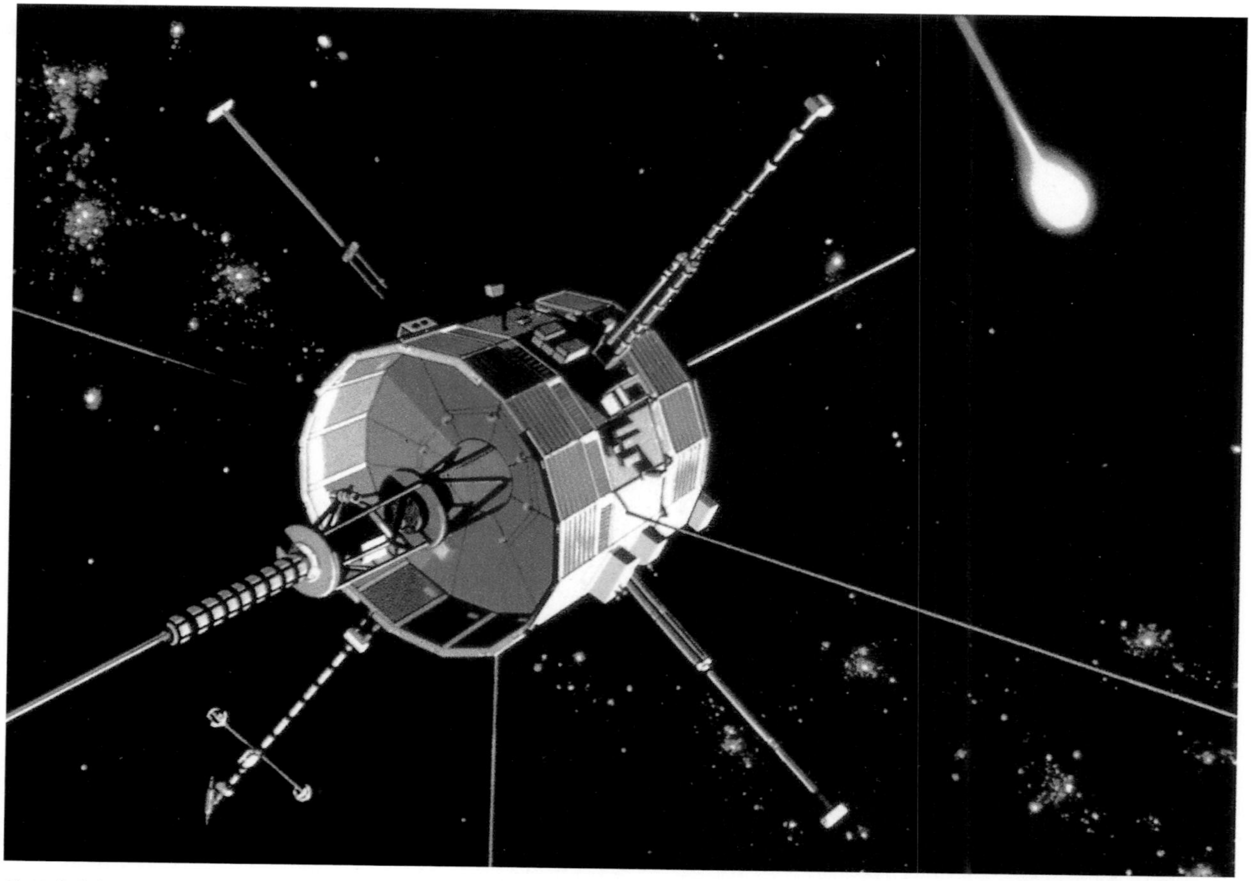

위: 국제 혜성 탐사선이 1985년 9월에 자코비니-지너 혜성에 접근하고 있다. NASA 제공.

아래: 자코비니-지너 혜성. 애리조나 주 플래그스태프 소재 미국 해군 천문대에서 엘리자베스 로머 촬영.

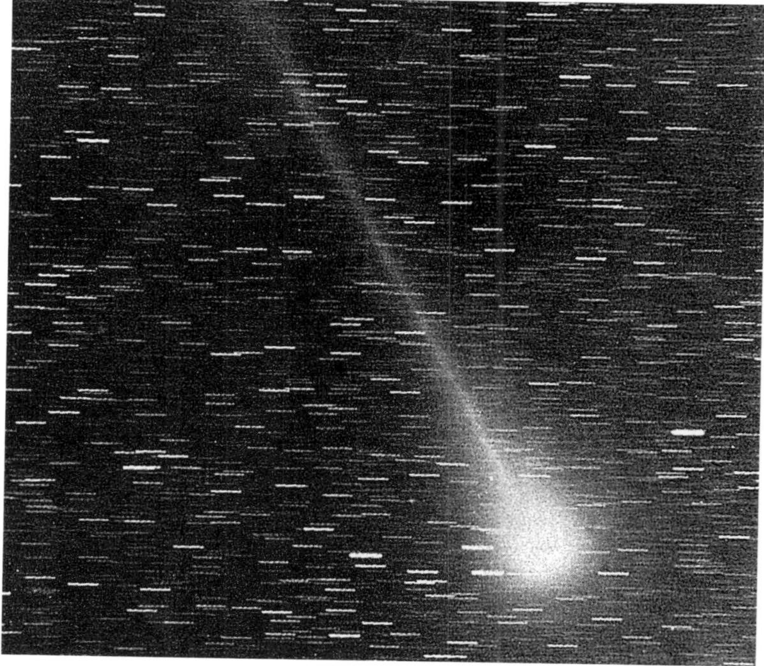

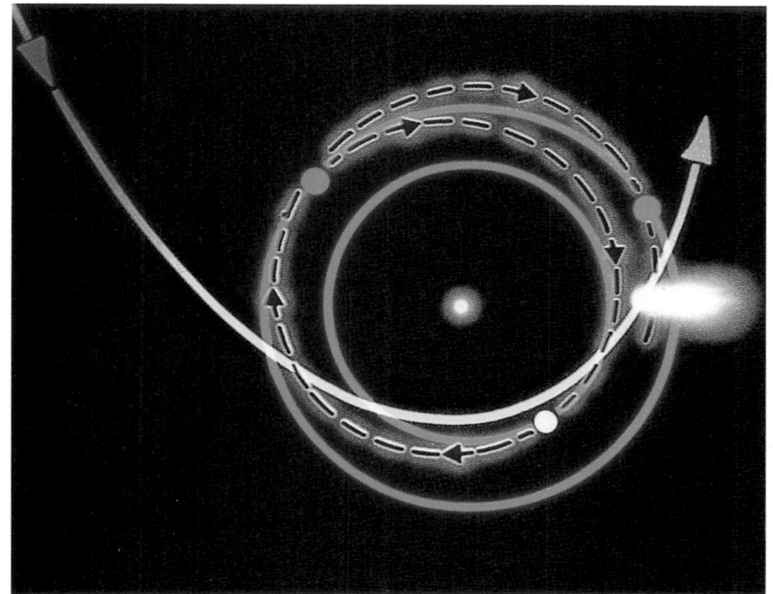

위: 금성과 지구와 핼리 혜성과 베가 우주 탐사선의 궤적. 안쪽의 파란 원은 금성의 궤도이고, 바깥쪽의 파란 원은 지구의 궤도이다. 다중색의 화살표는 핼리 혜성의 궤도이고, 검은 점선 화살표는 베가 탐사선의 궤도이다. 베가 탐사선은 지구에서 발사되어(10시 방향에서), 금성을 만나고(5시 방향), 지구의 궤도를 두 번 더 가로지른 뒤 핼리 혜성과 만난다. 조토 우주 탐사선은 행성 탐사와 관련된 임무를 맡고 있지 않기 때문에 다소 더 간단한 궤적을 사용해 핼리 혜성에 접근한다. 존 롬버그/BPS 도해.

아래: 스이세이 탐사선이 핼리 혜성에서 적당한 거리를 두고 자외선 영상 카메라로 수소 코마를 촬영하고 있다. 태양 주위의 헤일로는 태양 코로나이다. 이와사키 가즈아키 그림.

금성과 핼리 혜성으로 향하고 있는 베가 우주 탐사선. 위에 있는 커다란 구에는 풍선 장치를 포함하는 금성 대기 하강 패키지가 담겨 있다. 파란 패널들은 햇빛을 전기로 전환하는 태양광 발전기이다. 모스크바에 있는 (구)소련 과학 아카데미 부속 우주 연구소 제공.

베가 탐사 임무의 로고. 그림에서 베가 우주 탐사선은 금성 대기 하강 패키지에서 떨어져 나와 핼리 혜성으로 가는 중이다. 참가한 국가들의 국기들이 보인다. 모스크바에 있는 (구)소련 과학 아카데미 부속 우주 연구소 제공.

탑재 장비들을 통합할 때, (구)소련의 엔지니어들은 심슨에게 그의 기기에는 왜 자신들의 기기에는 모두 있는 컴퓨터 중앙 처리 장치(CPU)가 없냐고 물었다. 심슨은 웃기만 했다.

핼리 혜성과의 조우와 관련된 모든 우주 탐사 조직들은 그 결과를 전 세계 과학자들이 이용할 수 있게 하겠다고 서약했다. 이 사업들은 공동 기획으로 추진되었다. 그 덕분에 다양한 과학 장비들이 상호 보완적으로 사용되었고, 데이터가 신속히 교환될 수 있었으며, 한 탐사 사업의 결과 자료가 다른 탐사 사업의 성공을 위해 유용하게 사용될 것이다.

일본의 탐사 사업은 가장 얌전했다. 사키가케 탐사선은 핼리 혜성에 도달하기 위한 시험 단계로 여겨지므로, 핼리 혜성에 100만 킬로미터보다 더 가까이 접근하지는 않을 것이다. 비록 그렇다고 해도 사키가케 탐사선은 멀리 있는 태양풍을 측정할 예정이다. 그 데이터는 혜성이 태양풍과 상호 작용할 때 가까이서 측정해 얻은 데이터와 비교될 것이다. 반면에 스이세이 탐사선은 핼리 혜성에 20만 킬로미터 이내까지 접근할 것이다. 그 탐사선에는 가장 가까이 접근하기 전에 한 달 이상 수소 코마를 촬영할 수 있는 자외선 영상 카메라가 장착되어 있다. 수소는 혜성의 물 얼음이 분해되어 만들어지는 것이므로 우리는 혜성의 주요 휘발성 물질들이 빠져나오는 역사적인 장면을 기록으로 갖게 될 것이다.

발사 전 시험대에 놓여 있는 스이세이 탐사선. 태평양 천문학회(Astronomical Society of the Pacific) 및 일본 우주센터 제공.

핼리 혜성의 궤도는 지구의 궤도를 포함하는 황도면에 대해 162도 기울어져 있다. 그러므로 현재의 행성 간 우주 탐사선의 비행 능력을 고려하면, 혜성의 궤도가 지구의 공전 궤도면과 만나는 지점에서만 혜성에 접근할 수 있다. 이 때문에 베가 탐사선들의 궤도는 각각 1986년 3월 6일과 9일에 핼리 혜성과 만나게 된다. 베가 1호의 최단 근접 거리는 대략 1만 킬로미터로 계획되어 있고, 베가 2호의 경우에는 다소 더 짧을 것이다. 조토 탐사선은 1986년 3월 13일에 핼리 혜성의 핵과 만나 태양이 비추는 쪽의 수백 킬로미터 상공을 지나가기로 계획되어 있었다. 상대 속도가 엄청나기 때문에 이 조우는 단 몇 시간밖에 지속되지 않을 것이다. 심지어 일부 중요한 측정들은 단 몇 분만에 이루어져야 할 것이다.

그러나 혜성에서 수백 킬로미터 떨어진 지점을 지나기 위해서는 고속으로 운동하는 이 얼음덩어리의 위치가 수백 킬로미터의 정확도로 계산되어야 한다. 그러나 혜성의 궤도는 그 정도의 정확도로 알려져 있지 않다. 커다란 코마에 둘러싸인 핵을 잘 볼 수가 없을뿐더러 지구상에서는 정확한 위치를 측정하기가 어렵기 때문이다. 그래서 (구)소련과 미국과 ESA가 공동 탐사 계획을 준비하고 있다. 이 계획은 이른바 '패스파인더(Pathfinder)'라고 불린다. NASA의 전파 망원경들은 (구)소련의 협조로 우리 은하보다 훨씬 더 먼 곳에 있는 퀘이사들의 전파를 배경으로 베가 탐사선에서 보내는 전파를 듣게 될 것이다.[3] 그렇게 되면 지구에 대한 탐사선의 위치와 운동이 매우 정확히 구해질 것이다. (구)소련의 우주 과학자들은 처음 베가 탐사선이 보낸 사진들을 보고, 핼리 혜성의 핵이 가리키는 방향을 매우 정확하게 알아낼 것이다. 지구에 대한 베가 탐사선의 상대 위치와 베가 탐사선에 대한 핼리 혜성의 상대 위치를 알게 되면, 지구에 대한 핼리 혜성의 상대적 위치를 알 수 있다. 이 정보는 관측 자료들로부터 신속하게 추출되어야 한다. 그래야 조토 탐사선이 최고의 정밀한 조작을 실행할 수 있다. 조토 탐사선의 카메라들이 찍은 혜성 핵의 세부 사항들을 최대한 활용하기 위해서는 탐사선이 혜성 아주 가까이에 지나가야 한다. 그러나 만약 밤 쪽으로 지나간다면 거의 아무것도 보지 못할 것이다. 미국의 전파 망원경과 (구)소련의 우주 탐사선이 협조하지 않는다면, 조토 탐사선의 과학자들은 근접 비행을 계획할 수 없었을 것이며 벗어난 거리가 아마 1,000킬로미터 이상일 것이다. 하지만 베가 탐사선의 목표 데이터를 수신하여 조토 탐사선의 수정 궤도를 계산하는 데 이틀 정도밖에 걸리지 않는다. 이것은 시간과 혜성 간의 경쟁이다.

500킬로미터 거리에서 보이는 가장 작은 세부는 30미터 정도일 것이다. 만약 더 가까운 곳에서 사진을 찍는다면 분해능은 더 좋아질 것이다. 조토 탐사선은 핼리 혜성의 핵의 낮 쪽에 가능한 한 가까이 비행할 것이므로, 충돌할 계획은 없다 할지라도 그럴 가능성이 없지는 않다. 만약 충돌이 일어난다면, 조토 탐사선은 박살이 나서 이 혜성 전체에 흩어질 것이다. 탐사선과 혜성의 상대 속도는 초속 68킬로미터나 되기 때문이다. 만약 그러한 충돌이 있다면 지구의 기계에서 떨어져 나온 파편 몇 개가 이 혜성의 눈 속에 박혀 해왕성의 궤도 너머까지 실려 갈 것이다. 거대한 백색 고래에 묶인 에이허브(허먼 멜빌(Herman Melville)의 소설 『모비딕(*Moby-Dick*)』의 주인공 선장 — 옮긴이)의 송장처럼 말

3 금성의 대기 속으로 투하된 프랑스/(구)소련 기구들 역시 미국의 전파 망원경들이 탐지했다. 이 기구들은 약 이틀 동안 작동한 뒤 금성의 사나운 환경으로 인해 파괴되었다.

조토 우주 탐사선이 핼리 혜성의 핵으로 조심스럽게 접근한다. ESA 제공.

이다. 아마 76년 뒤에 그 혜성이 돌아오면 미래의 기술 역사가가 그 파편들을 다시 회수할지도 모를 일이다.

비록 조토 탐사선이 혜성의 핵과 충돌하지 않는다고 해도, 다른 위험들이 존재한다. 보통 우주선의 외피는 수 밀리미터 두께에 불과하다. 다른 설비가 없다면, 그러한 외피는 혜성 핵 근처에서 구멍이 뚫릴게 틀림없다. 레이더 관측 결과에 따르면, 혜성들은 어른 주먹 정도 크기나 훨씬 더 큰 입자들로 이루어진 구름으로 에워싸여 있을 수 있다. 그리고 큰 입자들보다 훨씬 많은 작은 입자들이 있을 것이다. 안전을 위해 이 우주선은 1950년대에 혜성 핵의 더러운 얼음 모형을 주장한 프레드 휘플이 최초로 제안했던 종류의 유성 범퍼를 갖고 있다. 휘플은 더 두꺼운 방패 주위를 에워싸는 얇은 외피를 옹호했는데, 이 두 층은 가장 큰 입자들을 제외한 모든 것으로부터 우주선을 보호해 준다. 조토 탐사선의 유성 범퍼는 바깥쪽 표면이 주로 알루미늄으로 이루어져 있다. 그 안쪽 표면은 폴리우레탄 거품층과 에폭시층과 마일라층으로 구성된 알루미늄 벌집인데 방탄조끼에서 쓰이는 것과 유사하다. 두 베가 우주선도 유사한 것을 갖고 있다.

핼리 혜성과의 조우에는 또 다른 방식의 국제적 공조가 이루어지고 있다. 예컨대 당신이 핼리 혜성이 근일점 주변에 머무는 몇 달 동안 핵에서 분출되는 제트나 꼬리의 구조를 매 시간 기록하는 데 관심이 있다고 하자. 이것은 우주 탐사선이 처리하기에는 너무나 많은 데이터이므로 지상에서 관측을 해야만 할 것이다. 그러나 지구가 돌고, 혜성이 뜨고 지므로, 관측자들이 지구 전역에 배치되어야 할 것이다. 그 결과 47개국의 900명이 넘는 전문 천문학자들과 수많은 아마추어 천문학자들이 협력할 수 있는 국제 핼리 관측 협회(International Halley Watch)가 조직되었다. 이는 행성 협회(Planetary Society, 지구에 있는 가장 큰 우주 모임이다.)의 사무총장인 루이스 프리드먼(Louis Friedman)이 처음 생각해 낸 것이다. 국제 핼리 관측 협회는 혜성을 관측하기 위해 전 세계적으로 조직적인 노력을 기울이는, 최초의 단체이다. 물론 지난 수 세기 동안 국제적 공조는 혜성을 이해하는 데 중요했다. 1577년의 혜성이 지구 대기 한참 위에 존재한다는 튀코의 결론(2장)과 1680년 혜성의 궤적에 대한 뉴턴의 계산(3장) 모두 기본적으로 여러 국가에서 이루어진 관측에 의존했다.

베가 탐사선과 조토 탐사선의 텔레비전 카메라는 컬러 사진을 찍어 줄 것이다. 게다가 이 카메라들은 혜성이 방출하는 특정 주파수들 — 예컨대 C_2와 CN(8장) — 에 중점적으로 반응하는 필터들을 갖고 있다. 우리는 이러한 분자 조각들이 방출한 빛으로 색이 입혀진 혜성 근접 사진들을 얻게 될 것이다. 윌리엄 허긴스가 이 사실을 알았다면 매우 기뻐했을 것이다.

비교적 최근까지도 저명한 과학자들과 사상가들조차 천체의 조성을 배우는 것을 어리석은 짓으로 여겼다. 이제 그런 시대는 지났다. 우주를 더 철저하게 직접 연구해야 한다는 생각이 오늘날에는 훨씬 더 멋져 보일 거라고 믿는다. 소행성 표면을 기세 좋게 걸어가는 것, 달에 있는 돌멩이를 손으로 들어 올리는 것, 우주 공간에 이동 정거장을 설치해 지구와 달과 태양 주위에 살아 있는 고리들을 확립하는 것, 수만 킬로미터 떨어진 거리에서 화성을 관측하는 것, 그 위성들과 심지어 화성의 표면에 착륙하는 것 …… 이보다 더 터무니없는 생각이 있을까! 그러나 역추진 운송 수단(로켓)이 발명되기만 하면 하늘을 주의 깊게 연구하는 새롭고 위대한 천문학의 시대가 시작될 것이다.

— 콘스탄틴 치올콥스키, 『역추진 운송 수단에 의한 우주 공간의 조사』, 모스크바, 1911년

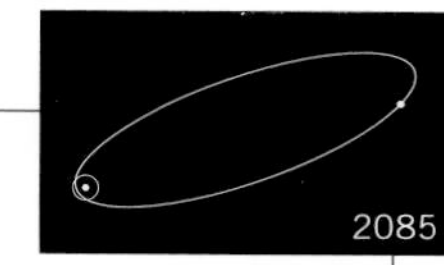

과학자들은 혜성과 조우할 때 원격 촬영한 사진들을 이용해서 분출하는 제트들의 위치를 지도로 만들고 싶었다. 이 상황은 폭설이 내리는 동안 잠깐 개인 틈을 타서 도로의 집을 보는 것과 같다. 하지만 그렇게 어렵지는 않을 것이다. 핵과 코마와 꼬리는 자외선과 가시광선과 적외선의 수많은 주파수 영역에서 조사될 것이다. 먼지 입자들의 개수와 크기도 조사될 것이다. 질량 분석기는 모분자의 성질에 대해 무언가를 알아낼 것이다. 대전 입자와 자기장은 꾸준히 관찰될 것이다. 우리는 혜성의 본질에 대한 이해가 혁명적으로 바뀔 수 있는 단계에 와 있는 것 같다. 그러나 지난 우주 탐험의 역사를 반추해 보건대, 가장 흥미로운 발견들은 우리가 미처 묻지 못한 질문들에 대해서도 답을 제공할 것이다.

21세기의 우주 비행사들이 한 혜성의 핵을 조사하고 있다. 방문객들의 우주선이 이 혜성의 운동과 보조를 맞추고 있는 사이 증발된 얼음 제트 하나가 지평선 너머에서 솟구친다. 패멀라 리 그림.

19장

위대한 함장들의 별

혜성의 물리적 조성에 대해서 우리가 어떤 견해를 받아들이든 간에, 이 천체들이 우주 경제의 측면에서 위대하고도 중요한 목적을 수행한다는 사실을 인정해야 한다. 왜냐하면 신의 완전성에 부합하는 목적이 없이, 그리고 전체적으로 이 세계의 거주자들에게 유익함이 없이, 신이 이 엄청난 수의 천체를 만들고, 그것들을 미리 정한 법칙에 따라 빠른 속도로 움직이게 하지는 않았을 것이기 때문이다.

—토머스 딕, 『천구와 천문 현상, 조물주와 무한한 세계의 예증』, 필라델피아, 1850년

인간에게는 무언가 새로운 것을 발견하면 그것을 사용하려고 하는 자연적 경향이 있다. 그것은 아마도 우리의 뇌 속에 각인되어 있는 것 같다. 지구상의 다른 동식물 어디에서도 발견되지 않는 이런 기이한 경향은 인간 성공의 중요한 원인이자, 지상에 있는 많은 것들이 약탈되는 주요 원인이다. 적어도 새들은 둥지를 더럽히지 않아야 한다는 것을 인간보다 더 잘 알고 있다.

만약 이런 경향이 계속되고 우리가 먼저 자멸하지 않는다면, 21세기에 우리는 혜성을 활용하게 될지도 모른다. 우리는 텅 빈 우주 공간과 커다란 천체들의 표면, 그리고 엄청나게 많은 작은 천체들을 방문할 것이다. 그리고 그 발견들은 미래의 탐험가들과 정착자들, 로봇과 인간 모두에게 유용하게 사용될 것이다. 이런 새로운 경기장이 제공하는 자원과 고립과 시각은 다툼이 많은 인간 종에게 좋은 영향을 미칠 수 있다. 하지만 우리의 가장 무책임한 환경 윤리가 우주로 확장될 가능성도 똑같이 있다. 달 여기저기에 흩어져 있는 인분 봉지들은 우주 기술이 잘못 사용되는 경우를 아주 생생하게 보여 주는 상징이라 할 수 있다. 스타워즈 프로그램(Star Wars program), 이른바 전략 방위 구상(Strategic Defense Initiative)은 또 다른 상징이다.

혜성의 매력 중 하나는 그 수가 굉장히 많다는 점이다. 어질러 놓고 오염시키고 말살시키려는 인간의 성향이 수세기 동안 제약 없이 계속되더라도, 이런 작은 천체들 수조 개, 심지어 태양계 행성 근방에 존재하는 수백만 개를 약탈하기란 쉽지 않을 것이다. 아마도 우리는 지구에서보다 혜성에서 더 효율적으로 윤리 감각을 훈련할 수 있을 것이다. 그러나 혜성을 철저히 이해하지 않은 채 혜성을 '이용하기' 시작하는 것은 그 결과가 무엇이든 완전히 어리석은 일이 될 것이다. 그 후에는 심지어 혜성 전체를 갈아서 재처리하는 것에 대한 논쟁이 있을 수 있다. 왜냐하면 수만 년 뒤에 단주기 혜성 대부분은, 먼저 행성과 충돌하거나 분해되거나 소행성으로 변하지 않을 경우, 태양계에서 벗어날 것이기 때문이다. 따라서 전장 핵 전술이라는 훨씬 더 과격한 주

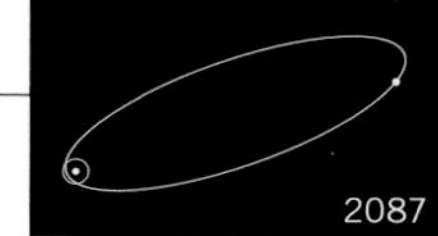

제에서만큼은 아니더라도, 확실히 "사용하지 않으면 아예 못쓰게 된다(use 'em or lose 'em)."라는 조언을 할 만한 정당한 이유가 있다.

그렇다면 혜성을 어떻게 '이용'할 수 있을까? 만약 혜성이 지구에 위협이 된다면 그것을 파괴하거나 궤도를 변경시킬 수도 있고, 자원을 얻으려고 혜성을 개발할 수도 있고, 혜성을 식민지로 만들 수도 있을 것이다. 이 장에서는 이러한 가능성들에 대해 논의하려고 한다. 그러나 혜성과 우주선 사이에 일어났던 최초의 실용적 관계들 가운데 하나는 상당히 달랐다. 콘스탄틴 치올콥스키(Konstantin Tsiolkovskii)는 기구가 로켓보다 더 높이 올라갔던 시대에 살았던 러시아의 천재 교사였다. 세기 전환기에 썼던 일련의 글에서, 그는 로켓 엔진이 결국 어떻게 인간 종을 우주로 실어 나를 것인지에 대해 대략적인 밑그림을 그렸다. 소련의 우주 프로그램에 미친 그의 영향은 지금까지 분명하게 남아 있으며, 치올콥스키의 흉상이 모스크바에 있는 (구)소련 과학 아카데미 부속 우주 연구소의 로비를 장식하고 있다. 『역추진 운송수단에 의한 우주 공간의 조사(*Investigation of World Spaces by Reaction Vehicles*)』라는 1911년의 저서에서 그는 이렇게 썼다.

> 혜성은 오랫동안 지구에 종말을 가져올 것으로 예상되어 왔지만, 어떤 이유로 이런 종말의 가능성은 대단히 적다. 그럼에도 이런 일은 내일 일어날 수도, 수조 년 뒤에 일어날 수도 있다. (하지만) 혜성을 비롯해서 대단히 있을 법하지 않지만 끔찍한 뜻밖의 적들이 (외계의) 식민지를 만들었던 모든 생물을 일격에 때려눕히기란 다소 어려울 것이다.

치올콥스키는 혜성이 행성의 생명체들을 파괴할 수도 있지만, 그런 일이 많은 곳에서 동시에 일어나지는 않는다고 말한다. 그러므로 인간 종의 장기적인 생존을 보장하기 위해서 우리는 태양계를 식민지로 만들어야 할 것이다. 그러나 이 주장은 대격변들이 혜성우 — 별이나 성간 구름의 산발적 통과, 혹은 혹시라도 존재한다면 네메시스로

토성계 혜성을 묘사한 상상도. 1936년에 발행된 당대 최고의 공상 과학 잡지 중 하나에서. MIT 공상 과학 도서관 제공.

인해 유발되는 — 로 인해 발생하는 것으로 밝혀지면 설득력을 일부 잃는다. (인접한 수십 개의 세계의 천문학자들이 내부 오르트 구름에서 대파괴를 일으킬 수 있는 어떤 적색 왜성을 추적하다가 거주 세계 각각에 충돌할 정도로 많은 혜성 무리가 이 행성들 쪽으로 접근하는 것을 발견했다고 상상해 보자.)

그러나 치올콥스키의 개략적인 요지는 확실히 타당하다. 자립적인 인간 존재가 살고 있는 세계가 많을수록, 임의의 재난으로 우리 종이 멸종할 가능성은 작아진다는 것이다. 치올콥스키는 인간들이 그의 시대 이후 두 세대쯤 지나서 그가 문명을 파괴할 거라고 그렇게 확신했던 로켓 모터를 사용할 수 있을 거라고 상상하지 못했다. 로켓의 역사는 그러한 많은 아이러니를 갖고 있다. 우주 식민지에 관한 치올콥스키의 주장은 지구의 핵전쟁이 쓸데없이 걱정하는 일부 사람들이 말마따나 무섭지는 않을 것이라고 주장하는 데 이용될 것이다.

인간이 지구와 충돌할 궤도에 놓여 있는 혜성에 대해 무언가를 할 수 있어야 한다는 생각은 소행성이나 혜성을 포획해서 인간의 이익을 위해 사용한다는 개념처럼 공상 과학 속에 많은 선례들을 갖고 있다. 장 케로우앙(Jean Kerouan)의 20세기 초 소설인 『혜성 사냥꾼(*Les Chasseurs de Cometes*)』에서 그레인저 교수는 지구의 궤도로 진입해서 기후와 농업에 광범위한 영향을 미칠 가상의 혜성 스완리를 다른 방향으로 돌릴 광선총을 발명한다. 그러나 그의 위험한 조수가 미국 억만장자의 현금 다발과 그의 계획을 몰래 훔친 뒤 칸 재이건이라는 이름을 차용해서 고향 몽골의 티베트 변경에서 이 광선총을 조립한다. 그 결과, 칸 재이건은 지구를 볼모로 혜성의 방향을 돌려서 지구와 충돌시키겠다고 협박한다. 그러나 그레인저와 영혼 전송에 정통한 티베트 인 라마가 그 사악한 음모를 저지하고 혜성의 궤도를 달 쪽으로 바꾼다. 그리고 그 혜성이 굉장한 힘으로 달에 충돌하면서 우리의 자연 위성이 오랜 지질학적 수면 상태에서 깨어난다. 칸 제이건을 빼고, 모든 사람들이 사태 해결에 만족한다. 이 이야기는 1940년 이전에 유행

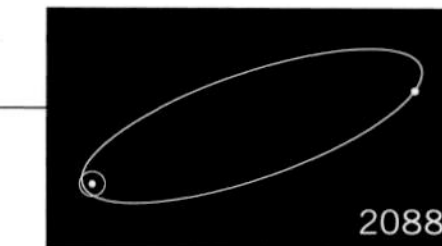

하던 싸구려 공상 과학의 전형이다.

유사한 사건이 R. W. 우드(R. W. Wood)와 A. 트레인(A. Train)이 1917년에 쓴 소설인 『두 번째 달(*The Second Moon*)』에서도 등장한다(우드는 존스 홉킨스 대학교의 광학 교수이자 당대의 탁월한 물리학자였다.). 그 이야기는 다음과 같다. 메두사라는 소행성의 궤도가 우연히 어떤 혜성과의 근접 조우로 섭동되어 미국과 충돌할 예정이다. 우주선 하나가 메두사를 한낱 화구로 만들어 버리는 막 발명된 광선총을 가지고 급파된다. 그 궤도는 다행히 잘 변경되고, 지구 주변의 안전한 궤도로 물러난다. 소행성의 남아 있는 부분은 훗날 유용하게 쓰일 것이다.[1]

1만 년 정도마다 축구장 크기의 혜성이나 소행성이 지구에 충돌한다. 이 충돌 에너지는 10메가톤으로 대형 핵무기의 하나와 맞먹고 히로시마를 파괴했던 폭탄보다 1,000배 더 강력하다. 충분한 방사능이 없기 때문에, 이 폭발은 그에 필적하는 파괴력을 가진 핵무기의 폭발보다 다소 덜 치명적일 것이다. 또 지구상에 무작위로 충돌하기 때문에 그것이 도시에 떨어질 확률도 더 낮을 것이다. 그것이 육지에 떨어진다면 그 결과 생기는 분화구는 지름이 1킬로미터는 족히 될 것이다. 충돌 분화구 자체를 제외하면 그 피해는 미미할 것이다. 그러한 천체가 인구가 밀집한 지역에 떨어질 확률이 낮기 때문에, 그런 우발 사건에 대비하거나 그것을 반격할 특별한 노력을 기울이는 것이 정당화될지는 불분명하다.

그러나 100만 년 정도마다 지름이 1킬로미터인 혜성이나 소행성이 우연히 지구에 충돌할 것이다. 이 충돌 에너지는 이제 1만 메가톤으로 TNT 100억 톤에 상응한다. (만약 화학 폭발물 100억 톤을 정육면체로 모은다면, 한 면이 1킬로미터가 넘을 것이다. 이는 300층의 높이까지 TNT로 가득 채워진 작은 도시 하나 정도다.) 이것은 인간들이 대체로 지구에 두고 싶어 하는 것 같은 핵무기 전체의 출력보다 아주 약간 작다. (세계의 무기 저장량은 이

1 이 책이 출간되었을 때 로널드 레이건(Ronald Ragan)은 감수성이 예민한 7살이었지만, 이것이 이 미래 대통령의 전략적 사고에 영향을 미쳤다는 증거는 없다.

충돌 직전에 있는 뉴욕 메트로폴리탄 지역 상공의 작은 혜성 핵. 마이클 캐럴 그림.

제 1만 3000메가톤을 초과한다). 이 정도 폭발이면 대기로 올라가는 입자들이 너무나 많아 심각한 기후 결과들이 초래될 것이다.[2] 6500만 년 전 공룡과 대부분의 종을 멸종시킨 원인(16장)으로 보이는 충돌이 그러했듯 말이다.

만약 그러한 사건이 평균적으로 100만 년마다 한 번씩 일어난다면 그런 일이 다음 해에 일어날 확률은 100만분의 1이다. 그러나 100만분의 1의 확률은 대략 어떤 사람이 여객기를 타고 가다가 사고를 당할 확률과 같다. 많은 사람들은 그런 위험을 진지하게 생각한다. 따라서 첫째로 언젠가 지구에 충돌할지도 모를 인근 혜성들과 지구로 접근하는 소행성들의 개체수를 철저히 조사하고, 둘째로 현존하는 기술로 지구에 충돌할 가능성이 대단히 높다고 확인된 천체의 궤도를 변경하거나 그것을 파괴할 방법을 궁리하는 것이 현명하다.

2 더 긴 기간을 고려할수록 훨씬 더 파괴적인 충돌을 예상할 수 있다. 대형 혜성 핵의 크기와 맞먹는, 지름이 10킬로미터 되는 천체들의 충돌은 대략 1억 년마다 한 번씩 일어난다. 그 폭발력은 현재 지구상에 있는 모든 핵무기들을 한 장소에서 동시에 폭발시켰을 때 초래될 파괴력보다 1,000배는 더 크다.

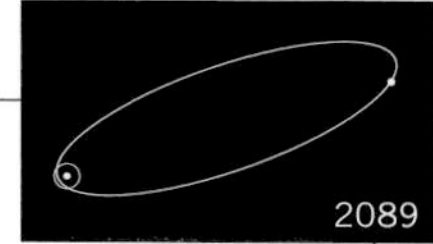

그러한 천체들은 캘리포니아의 팔로마 산 천문대에 있는 슈미트 망원경 같은 지상 광각 망원경으로 탐색된다. 거기서 미국의 천문학자 엘리너 헬린(Eleanor Helin)이 연간 몇 개씩 그런 천체들을 발견하고 있다. 그러나 이 연구는 슬프게도 연구비 지원을 거의 받지 못하고 있다. 지름이 1킬로미터 정도 되는 근접 천체들이 아마도 2,000개는 있겠지만, 그중 수십 개만 알려져 있다. 그리고 지름이 100미터 정도인 천체는 수십만 개가 있지만 그중 몇 개만 알려져 있을 뿐이다. 그리고 그들

믿을 수 없게도 작은 혜성 핵 하나가 맨해튼 섬에 정면충돌한 모습. 마이클 캐럴 그림.

무심결에 혜성을 방문한 용맹스러운 사람들. 쥘 베른(Jules Verne)의 『엑토르 세바닥(*Hector Servadac*)』에서.

모두가 최근에야 발견되었다. 지구의 이웃에 있는 천체들, 특히 그중에서 가장 크고 가장 어두운 것들의 발견율을 촉진하는 것은 좋은 과학일 뿐만 아니라, 유진 슈메이커가 강조했듯이 신중하게 처신하는 것이기도 하다. (크고 밝은 천체들 대부분은 이미 발견되었다.)

정도를 벗어난 혜성이나 소행성에 대해서 무언가를 '하는 것'과 관련해서, 일부 급진적인 연구들이 그간 수행되어 왔다. 1967년에 '고등 우주 시스템 엔지니어링(Advanced Space Systems Engineering)'이라는 대학원 프로그램 과정에서 매사추세츠 공과 대학교(MIT)의 한 학생이 선구적인 연구를 수행했다. 그 프로젝트의 주제는 이듬해에 지구에서 600만 킬로미터 이내로 지나갈 예정인 지구 근접 소행성 이카루스(Icarus)였다. 그 연구에서 그랬듯, 이카루스가 지구를 향해 똑바로 접근한다고 가정해 보자. 우리가 그것에 대해 무엇을 할 수 있을까? 후속 연구들은 프로젝트 이카루스의 대략적인 결론들을 확인했다. 대학원 세미나로는 이례적으로, 이 과정의 교수/학생 공동 연구가 책으로 출간되었고, 고예산의 할리우드 영화로도 만들어졌다.[3]

이전 세대의 광선총을 버리고, MIT 공학자들은 고출력의 핵무기와 새턴(Saturn) 5호 로켓을 선택했다. 폭발력이 클수록 그 결과 생기는 분화구도 커진다. 그러나 일단 분화구의 깊이가 침입하는 물체의 크기에 필적하면, 제한 반환점에 도달하게 된다. 그럼에도 고출력 무기들은 천체를 많은 조각으로 쪼갤 것이다. 이런 식으로 MIT 팀은 이카루스가 100메가톤 정도의 작은 폭발력으로도 '파괴'될 수 있다고 보았다. 물론 수천 메가톤이 들어갈 가능성이 더 크기는 하다. 이는 현존하는 세계 무기 저장량의 상당 부분에 해당하는 파괴력이다. 그러나 충돌 궤도에 있는 대형 혜성을 수백 혹은 수천 조각으로 쪼개는 일이 행성의 거주자들에게 많은 영향을 미칠지는 분명하지 않다. 침입하는 물체가 '분해'되어 위협이 제거되는 것은 공상 과학 영화에서나 있을

3 그 영화는 '유성'이라는 잘못된 제목이 붙었다. '운석'이라는 말은 규모가 작게 들렸던 것 같다.

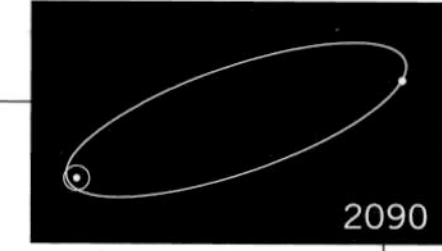

혜성 탐험가들이 혜성을 떠나 지구 가까이에 접근한 후 기구를 타고 유럽 쪽으로 내려가고 있다. 이 그림은 쥘 베른의 소설『멀리 혜성에서(*Off on a Comet*)』(『엑토르 세바닥』의 영어 번역본 — 옮긴이)에 실린 프랑크 R. 파울(Frank R. Paul)의 판화로《어메이징 스토리(*Amazing Stories*)》(2호, 1929년 6월)에 실렸다.

법한 일이다. 실제로 모든 조각들은 계속해서 원래의 질량 중심을 가지고 움직일 것이고, 많은 것들은 지구와 충돌해 우리가 그대로 내버려 둘 때보다 훨씬 더 광범위한 지역을 파괴할 것이다. 혜성이나 소행성을 그저 지구에 근접하지 못하는 새로운 궤도로 보내는 것이 더 일리 있다. 이것 역시 MIT 팀이 증명했듯 핵무기로 가능하다.

우리가 충돌이라는 절박한 현실을 깨닫고 지구로 운명적인 접근

혜성이 아주 가까운 거리에서 지나갔다.…… 그들은 하인들을 불러 장비들을 챙겨 그 위로 뛰어 올라갔다.

— 볼테르, 『미크로메가스(*Micromegas*)』, 1752년

을 하고 있는 이 침입자의 방향을 바꿀 수 있는 마지막 순간에 처했다고 상상해 보자. 그러면 높은 출력이, 어쩌면 수천 메가톤의 출력이 필요할지도 모른다. 당신은 이 혜성 핵의 표면에 핵무기들을 설치하고 그것들을 즉시 폭발시킬 것이다.[4] 증발한 얼음과 먼지와 유기물이 핵의 한쪽에서 우주로 뻗어 나간다. 혜성은 단시간 지속되지만 아주 효과적인, 전례가 없는 엄청난 규모의 로켓 모터가 된다. 혜성이 이런 식으로 가속되거나 감속되어 그 궤도가 변하면 지구는 위험에서 벗어날 수 있을 것이다. 그러나 이런 충돌에 대해 결정적인 예고를 미리 얻는다면 더 좋을 것이다. 그러면 훨씬 더 작은 폭발들을 근일점이나 원일점에 일어나게 해서 그 문제를 잘 처리할 수 있을 것이다. 속도의 작은 변화가 연속적인 궤도에서 증폭될 것이다. 이런 식으로 하면 필요한 공격이 굉장히 작아져서 핵폭탄보다는 전통적인 비핵무기로도 충분할 것이다. 혹은 문제의 소행성이나 혜성에 부착되어 혜성 물질을 이용해 연료와 산화제와 반응 물질을 만드는 로켓 엔진 하나만 있어도 처리가 가능할지 모른다. 이 문제에 대한 더 명석한 해법은 이 선구적인 MIT 연구 후에 발견되었다. 여기에서 교훈은 다음과 같다. 작은 지식이 수천 메가톤의 가치가 있다.

소행성과 혜성의 지구 충돌을 막기 위해 이들의 궤도를 변경하는 문제를 고려해 보았으니, 다른 목적을 위해 궤도를 조정하는 일도 생각해 볼 수 있다. 인류가 광산에서 채굴을 할 수 있기 전에 야금술에 쓸 철을 얻을 수 있는 곳은 오직 운석뿐이었다. 이 사실은 철을 뜻하는 말과 하늘을 뜻하는 말이 관련되어 있는 많은 언어들에서 전해지고 있다(라틴 어 siderus는 영어의 sidereal과 마찬가지로 별이나 별자리라는 뜻의 말에서 유래하며, 철을 뜻하는 그리스 어는 sideros이다.). 수십억 년 전 소행성 하나가 녹아서 암석질의 맨틀 밑에 니켈과 철로 이루어진 핵을 형성한다.

4 이 혜성이나 소행성에 무슨 일이 일어나든, 이 반응은 지구의 거만한 핵무기 비축에 깊은 상처를 만드는 바람직한 부작용을 얻게 될 것이다. 그것은 충돌 궤도에 놓인 평범한 소행성이나 혜성과 똑같은 종류의 위협이 될 것이다. 중요한 문제는 우리 인간들이 우리의 집을 위협이 없는 상태로 정돈할 수 있는가 하는 것이다.

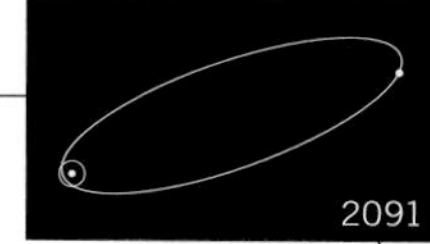

그 후 또 다른 소행성과의 격렬한 충돌로 맨틀이 제거되고 금속 핵만 남는다. 그리고 잇따른 충돌로 철 조각이 우주 공간으로 날아간다. 수백만 년 뒤 이 철 조각이 지구에 떨어져 어떤 부족을 깜짝 놀라게 하고 기술과 문명의 발달에 촉진제 역할을 한다. 우리 인류는 이미 외계의 자원을 연구해 본 경험이 있다.

소행성(그리고 아마도 혜성)에는 지구보다 백금족 금속(17장 참조)이 상대적으로 더 풍부하므로, 가까운 작은 천체들을 채광할 경제적 동기는 일단 충족되는 것 같다. 지름이 100미터인 소행성의 질량은 100만 톤에 달한다. 지구 근처에는 그런 것들이 수십만 개가 있다. 이용할 수 있는 금속, 특히 그중에서도 니켈과 백금족 금속들이 점점 감소하고 있는 어떤 행성에서는 이러한 사실이 소행성을 상업적으로 활용하려는 중요한 동기가 될 수도 있다. 로켓 엔진을 소행성에 부착시킨 후 점화시켜 그 궤도를 변화시킨다. 어쩌면 달이나 가까운 행성의 중력을 이용한 '스윙바이(swing-by)' 기술을 통해 소행성을 지구 주위의 알맞은 궤도로 옮길 수도 있을 것이다. 그곳에서 소행성은 분해되고 거대한 화물 우주선이 고가의 금속들을 지구로 실어 나를 것이다.

순전히 경제적인 관점에서 본 문제는 다음과 같다. 소행성을 포획하고 분해하여 그 물질을 지구로 수송하는 데 드는 비용이, 이미 지구상에 있지만 다루기가 어려운 퇴적층이나 더 깊은 곳에 묻혀 있는 광석들을 채취하는 데 드는 비용보다 더 적게 드는가 하는 점이다. 지구 궤도에 거대한 구조물을 건설하면 우주 채광 산업의 상업적 이익이 가장 명백해질 것이다. 그러한 구조물은 의약품이나 특수 금속의 제조, 과학 연구, 행성 간 여행의 중간 기착지 등 여러 가지 목적으로 정당화될 수 있다. 우리가 그렇게 어리석어서는 안 되겠지만 우주에 무기 체계(weapon system)를 도입한다는 명분으로 그럴 수도 있다. 그런데 이러한 구조물을 짓는 데 쓸 재료를 중력적 인력을 거슬러 지구에서 가져가는 비용이 엄청날 것이다. 그렇다면 이미 저 위에 존재하는 물질을 활용하는 게 훨씬 더 낫다. 달은 이미 지구 주위의 궤도 안에

그러한 땅이 있는 곳에는 유익한 일이 수없이 많을 것이다.

— 크리스토퍼 콜럼버스(Christopher Columbus), 『첫 번째 항해록(*Journal of the First Voyage*)』, 1492년 11월 27일

있지만 슬프게도 많은 중요한 물질들, 특히 물과 유기물이 고갈된 것처럼 보인다. 만약 우리 인류가 향후 100년 뒤에 대형 궤도 건조물들을 짓는다면, 소행성들과 혜성들을 원료로 쓰는 게 이치에 맞다. 그 과정에서 우리는 그 세계들에서 거주하면서 그것들을 내행성계에 마음대로 옮기는 데 상당한 경험을 쌓게 될 것이다. 그리고 이러한 능력은 향후 놀라운 앞날을 열어 줄 것이다.

이미 말했듯이 지름이 100미터 정도인 수십만 개의 작은 세계들이 지구의 궤도를 가로지르고 있다. 이들 대부분은 혜성의 파편들이다. 그들 각각은 도심 속에 있는 블록 하나 정도의 크기에 불과하지만 모두 합치면 전체 면적이 약 1만 제곱킬로미터에 달한다. 만약 내부 오르트 구름과 외부 오르트 구름 속에 수백조 개의 혜성 핵이 있다면, 이 혜성들의 총 표면적은 지구만 한 행성 수억 개에 상응한다. 편리하게도 수억 개의 지구가 우리의 뒷마당에 정렬되어 있다니 정말 황홀한 전망이 아닐 수 없다.

혜성은 너무나 천천히 여행하고 있어서 지금의 기술로도 하나쯤은 따라잡을 수 있을 것이다. 혜성이 외부 오르트 구름을 출발해서 지구에 도달하는 데 100만 년이 넘게 걸린다. 보이저호가 오르트 구름을 가로지르는 데는 1만 년 정도면 충분하다. 어쩌면 미래의 기술은

트로이(Troy) 소행성. 이 사진에는 지구(파란색 점)의 궤도와 목성(주황색 점)의 궤도가 나타나 있으며, 두 행성 모두 태양(노란색 점) 주위를 돌고 있다. 목성의 궤도에서 그 앞으로 60도와 그 뒤로 60도가 행성 간 부스러기들이 모이는 지역이다. 이 지역은 라그랑주 지점(Lagrargian Point)이라고 불리는데, 비교적 안정적인 위치들에 속한다. 소행성체와 혜성체 상당량이 이곳에서 미래의 탐험가들을 기다리고 있다. 존 롬버그/BPS 도해.

그 통과 시간을 인간의 수명보다 짧게 단축시킬지도 모른다. 훨씬 더 먼 미래에 인간이 살 곳을 계획한다고 하면, 지금으로서는 혜성을 이용할 가능성이 가장 크다. 그러나 몇 제곱킬로미터밖에 안 되는 혜성에는 많은 사람이 살 수 없을 것이므로 우리는 사람들이 드문드문 살고 있는 수많은 작은 세계들을 상상해야만 한다. 그러나 도대체 어떤 의미에서 혜성이 거주하기에 적당한 곳일 수 있다는 것일까?

확실히 혜성에서는 생명에 필요한 모든 분자들을 찾을 수 있다. 지구에 사는 대부분의 다른 생명 형태들과 마찬가지로 인간은 주로 물로 이루어져 있으며, 외행성계에 있는 몇몇 위성들을 제외하고는 혜성보다 물이 더 풍부한 천체는 알려져 있지 않다. 또한 혜성은 농업과 생명 공학에 유용한 다량의 유기 분자들을 비롯해서 실용적인 목적에 쓰이는 암석과 금속을 풍부하게 포함하고 있다. 많은 양의 물은 호흡에 필요한 산소가 쉽게 추출될 수 있음을 의미한다. 그리고 센타우르 로켓(Centaur, 미국의 재점화 가능형 액체 연료 엔진으로 인공위성, 우주 탐사선 발사 등에 사용된다. — 옮긴이)의 보조 추진 장치처럼 작동하는 로켓은 액체 수소와 산소가 고갈된 뒤에도 혜성의 표면에서 쉽게 연료를 공급받을 수 있을 것이다. 이런 면들을 모두 고려할 때 혜성은 암석질 또는 금속질 소행성보다 훨씬 더 바람직한 기지이자 거주지이다.

하지만 지구 생명체 거의 대부분은 태양 에너지로 살아간다. 식물은 햇빛을 수확하고 동물은 식물을 수확한다. 내행성계에는 햇빛이 충분하나 지구와 화성을 제외하면 물이 전혀 없다. 외행성계에는 반대로 (얼어붙은) 물이 풍부하고 햇빛이 부족하다. 토성계에서 구름이 없는 천체의 적도 지역은 한낮에도 지구의 해질녘보다 밝지 않다. 빛이 없는 곳에는 물이 있고, 물이 없는 곳에는 빛이 있다. 이는 오래 전에 미국의 과학 소설가 아이작 아시모프(Isaac Asimov)가 강조했던 점이다.

현대의 첨단 기술 덕분에 우리는 태양계의 이러한 문제들을 극복할 수 있는 다양한 방법을 상상해 볼 수 있다. 혜성들(그리고 토성의 고리에서 나온 얼음 덩어리들)을 내행성계로 불러오거나 끌어들여서 그 표면

당신의 혜성이 태양에서 멀리 떨어져 있을 때는 함께 모여 있어야 한다. 하늘에서 왼쪽 위에 네 개의 대형 위성을 갖고 있는 목성이 보인다. 쥘 베른의 『엑토르 세바닥』에서.

에서 얼음을 채취할 수도 있고, 가까이 있는 소멸한 혜성의 경우 퇴적물을 뚫고 들어가 핵에서 얼음을 직접 채굴할 수도 있을 것이다. 그렇게 구한 물을 해리시켜 로켓의 연료와 산화제를 만들거나, 산소를 만들어 우주 공간 또는 다른 지구형 행성에 있는 인간의 전진 기지에 공급할 것이다. 혜성에서 얻을 수 있는 물의 양은 실로 엄청나서, 건조한 행성에서 특정 지역을 엄선해 이 물을 공급하여 전에는 황량했던 세계에 생명을 퍼뜨리는 것을 상상할 수 있을 정도다. 죽은 혜성이나 탄소질 소행성의 유기물을 고운 가루로 분쇄해서 생명체를 성장시키는 데 사용할 수 있으며, 공룡의 멸종이나 핵겨울을 일으키는 것과 똑같은 방식(16장 참조)으로 지옥과 같은 금성의 뜨거운 기후를 온화하게 변화시킬 수도 있을 것이다. 얼음 핵을 가진 소멸한 혜성들은 이미 아주 가까이에 와 있을지도 모르므로, 그들은 향후 100년이나 200년 동안 인류의 우주 개발에 핵심 요소가 될 수도 있다.

혜성이 직접 공급하지 못하는 생물학적 요소들은 열, 온기, 에너지, 그리고 동력이다. 이러한 요소들은 대개 혜성이 태양에 가까이 올 때만 공급된다. 우리는 태양 가까이에 있는 — 아마도 토성의 궤도만큼 멀리 떨어져 있는 — 어떤 혜성의 표면과 그 주위에 엄청난 수의 태양광 패널이 줄지어 있는 모습을 쉽게 상상할 수 있다. 더 나아가 혜성 기지에 동력을 공급하는 대형 핵융합 반응로들을 예상할 수 있다. 만약 일부 전문가들의 예측대로 다음 세기 중반에 물 자체만으로 발전이 가능한 핵융합 반응로들을 상업적으로 이용할 수 있다면 이들은 혜성 기지의 이상적인 동력원이 될 것이다. 얼어붙은 무거운 물, HDO와 D_2O(여기에서 D는 핵 안에 양성자뿐만 아니라 중성자도 갖고 있는 무거운 형태의 수소인 중수소를 나타낸다.)뿐만 아니라 일반적인 물 얼음이 혜성에 풍부하기 때문이다.

영국 물리학자 프리먼 다이슨(Freeman Dyson)은 낭만적이고도 친환경적인 아이디어를 제안했다. 그는 유전 공학을 통해 언젠가 태양에서 멀리 떨어진 혜성에서 엄청난 크기의 특별한 나무를 자라게 할 수

지금으로부터 수세기 후 토성 근처에서 혜성의 핵들이 유전자 공학으로 만들어진 거대한 나무 모양의 형태들을 떠받치고 있다. 존 롬버그 그림.

있을 거라고 말한다. 이 나무는 유기물이 풍부한 눈에 뿌리를 내리고 나뭇잎들이 빈약한 햇빛을 충분히 모을 수 있을 정도로 크게 자랄 것이다. 물론 이 아이디어가 성립하려면 열이 차단되고 기체가 인접한 우주 공간으로 빠져나가지 않아야 하는 등 다양한 필요조건들이 충족되어야 한다. 중력이 작아서 나무의 성장이 무게의 제한을 받지 않으므로 다이슨은 이 나무들이 자신들이 뿌리 내리고 있는 혜성 자체보다 더 커질 수 있다고 상상했다(447쪽 참조). 광합성에서 생성되는 산소는 "뿌리로 운반되는 과정에서 나무 기둥에 있는 인간들의 거주 지역에 공급될 것이다." 다소 낙관적으로 들리기는 해도 이런 계획이 전혀 불가능해 보이지는 않는다. 그러나 태양에서 너무 멀리 떨어진 곳, 예컨대 오르트 구름 안에서는 그런 과감한 방법들도 무익할 것이다. 그곳은 햇빛이 너무나 약해서 생물학적 순환과 온기 유지를 위해 핵융합 반응로 같은 무언가가 필요할 것이다.

고립이 다양성을 촉진하는 것은 사회적 관계에서뿐만 아니라 생물학에서도 통용되는 법칙이다. 먼 미래에 사람이 겨우 수백 명씩만 살고 있는 수백 만 개의 혜성을 상상해 보자. 오르트 구름 안에서 전파 메시지가 한 혜성에서 다른 혜성으로 가려면 광속이라도 하루 이상이 걸린다. 그 정도면 이 많은 천체들 사이에서 어느 정도의 문화적 동질성을 유지할 수는 있겠지만, 서로 자주 왕래할 수가 없기 때문에, 문화와 행동 규범이 서서히 분화하다가 결국에는 사회적, 정치적, 종교적, 그 밖의 관점들이 엄청 다양해질 것이다. 이는 어쩌면 인류에게 대단히 유익한 발전일지도 모른다. 그러나 개개의 민족 국가들에게는 어떤 이득이 생길지는 의문이다. 현재로서는 민족 국가들이 그 비용을 부담할 수 있는 유일한 주체인데, 지금까지의 역사를 보면 민족 국가들은 인류의 안녕보다 자국의 단기적 이득을 선호해 왔다. 따라서 인류가 대다수가 혜성들에 흩어져 살게 될 시대는 여러 가지 이유 때문에 요원하다. 그러나 앞으로 우주 기술이 계속 발전한다면 우리는 거주지와 물과 유기 물질이 풍부한 혜성에 갈 수 있을 것이다.

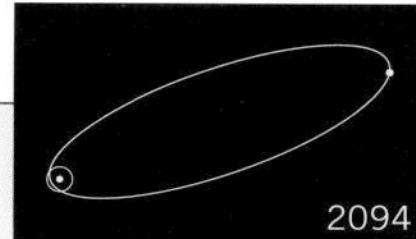

조림된 혜성

나는 이번에는 생명의 거주지로서의 은하에 대한 낙관적인 견해를 제안한다. 저 밖에는 살아 있는 세포의 기본적 성분인 물과 탄소와 질소가 풍부하게 공급되는 무수한 혜성이 존재한다. 혜성이 태양에 가까이 올 때 우리는 이들 모두가 우리의 존재에 필요한 모든 요소를 갖고 있음을 알 수 있다. 혜성에 부족한 것은 인간 정착에 필수조건이라고 할 수 있는 두 가지 요소인 온기와 공기뿐이다. 그러나 이제 생명 공학이 우리를 도와줄 것이다. 우리는 혜성에서 나무를 자라게 할 수 있을 것이다.…… 지름이 16킬로미터인 혜성에서 나무는 수백 킬로미터나 자라서 혜성 자체 면적보다 수천 배 넓은 면적으로 태양 에너지를 모을 수 있다. 멀리서 보면 이 혜성은 마치 줄기와 잎이 엄청난 크기로 뻗어 나오는 작은 감자처럼 보일 것이다. 먼 훗날 혜성에 살게 될 날이 오면 인간은 자신들이 조상의 수목 생활로 돌아와 있음을 깨닫게 될 것이다. 우리는 혜성에 지구만큼이나 아름다운 환경을 만들기 위해 나무뿐만 아니라 다양한 종류의 동식물을 가져갈 것이다. 우리는 그 식물들을 잘 키워야 한다. 그러면 그 씨앗들이 우주의 바다를 가로질러 아직 방문한 적 없는 혜성에 새 생명을 전파할지도 모른다.

— 프리먼 다이슨, 『세계, 육체, 그리고 악령(*The World, the Flesh and the Devil*)』,
런던 버크벡 칼리지에서 J. D. 버널(J. D. Bernal)의 세 번째 강연.
『외계 지적 생명체와의 대화(*Communication with Extraterrestrial Intelligence(CETI)*)』
(칼 세이건 편집, MIT 출판부, 1973년)로 재발행.

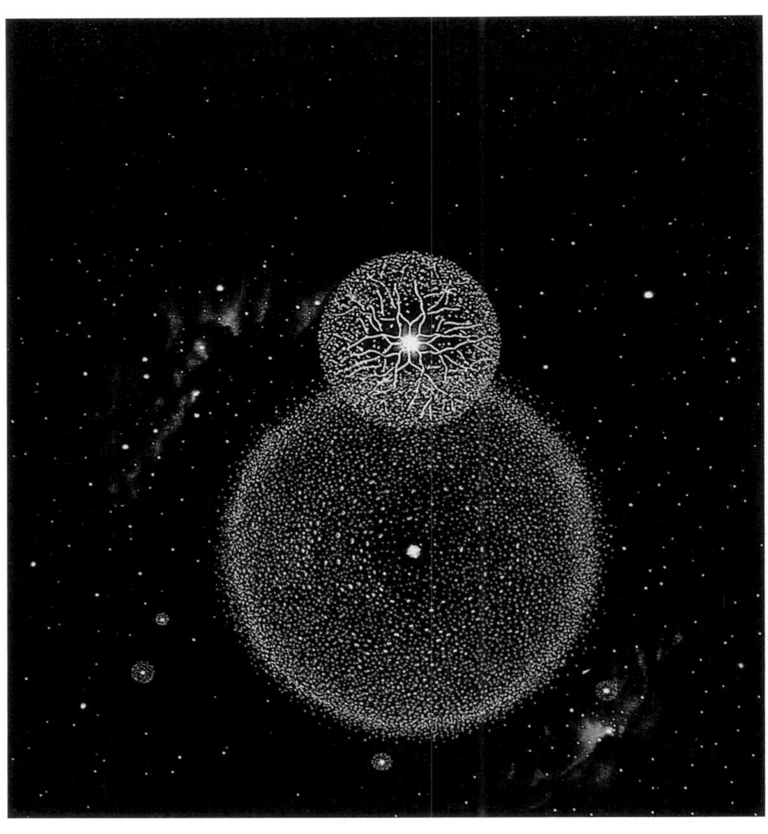

조림된 혜성 하나가 오르트 구름을 떠나 별들로 향하고 있다. 존 롬버그 그림.

창조주가 그렇게 엄청난 수의 멋진 혜성을 만들어 냈을 때에는 무수한 지적 생명체들의 거주지로 쓰라는 뜻이 있었을 것이다.…… 만약 이러한 입장이 받아들여진다면, 우리는 접근하는 혜성을 공포의 대상이나 재앙의 전조가 아니라 신의 제국의 새로운 영역을 조사할 수백만의 행복한 존재들을 실어 나르는, 우리와는 다른 구조를 가진 멋진 세계로 생각해야 할 것이다.……

— 토머스 딕(Thomas Dick), 『천구와 천문 현상, 조물주와 무한한 세계의 예증(*The Sidereal Heavens and Other Subjects Connected with Astronomy, as Illustrative of the Character of the Deity and of an Infinity of Worlds*)』, 필라델피아, 1850년

우리가 먼 미래에 가까운 작은 천체뿐만 아니라 멀리 오르트 구름에 있는 혜성에서도 살게 된다면, 우리는 느린 걸음이지만 가장 가까운 별까지 절반 정도 간 셈이다. 거기까지 도달했다면 그다음에는 자연스럽게 우리 은하의 다른 영역으로 진출할 수 있게 될 것이다. 만약 오르트 구름에 사람이 살게 된다면 우리 은하의 식민지 건설은 자동적으로 이루어질 것이다. 개개의 혜성은 너무나 느슨하게 구속되어 있어서 지나가는 별들로 인한 우연한 중력적 섭동 때문에 엄청나게 많은 혜성들이 태양의 구속에서 벗어날 것이다(11장, 16장 참조). 그 뒤 이 혜성들은 성간 공간을 홀로 천천히 떠돈다. 먼 미래에는 사람이 사는 오르트 구름의 혜성이 태양의 중력에서 벗어나 적어도 우리 은하의 가까운 지역에 인류의 씨를 뿌리기 시작할 것이다.

지구 질량의 40~50배나 되는 혜성 물질이 오르트 구름의 형성

이후 지금까지 이 구름에서 분출되었을 것이다. 목성과 토성 부근에 수많은 작은 얼음덩어리들이 가득 차 있었을 때는 태양계의 행성 영역에서 훨씬 더 많은 물질이 뿜어져 나왔을 게 틀림없다(12장 참조). 그 질량을 어림해 보면 지구 질량의 100배에서 무려 1,000배까지 이른다. 바로 우리 옆에 존재했던 물질들이 이제는 별들 사이를 날아가고 있는 것이다. 이 물질들은 수십억 년 동안 근처를 지나는 천체들이 야기하는 무작위적인 섭동을 받으며, 우리 은하 곳곳에 퍼진다.[5] 그러나 우리가 아는 한, 지금까지 이 모든 혜성에는 생명이 존재한 적이 없다.

지금까지 태양의 중력 영향권 밖에 있는 궤도에서 혜성이 관측된

5 때로 혜성 하나가 다른 행성계의 안쪽 지역으로 잠깐 들어가 외계의 하늘을 질주하면서 우리와는 매우 다른 생명체에게 공포와 경이가 뒤섞인 감정을 불러일으킬지도 모른다.

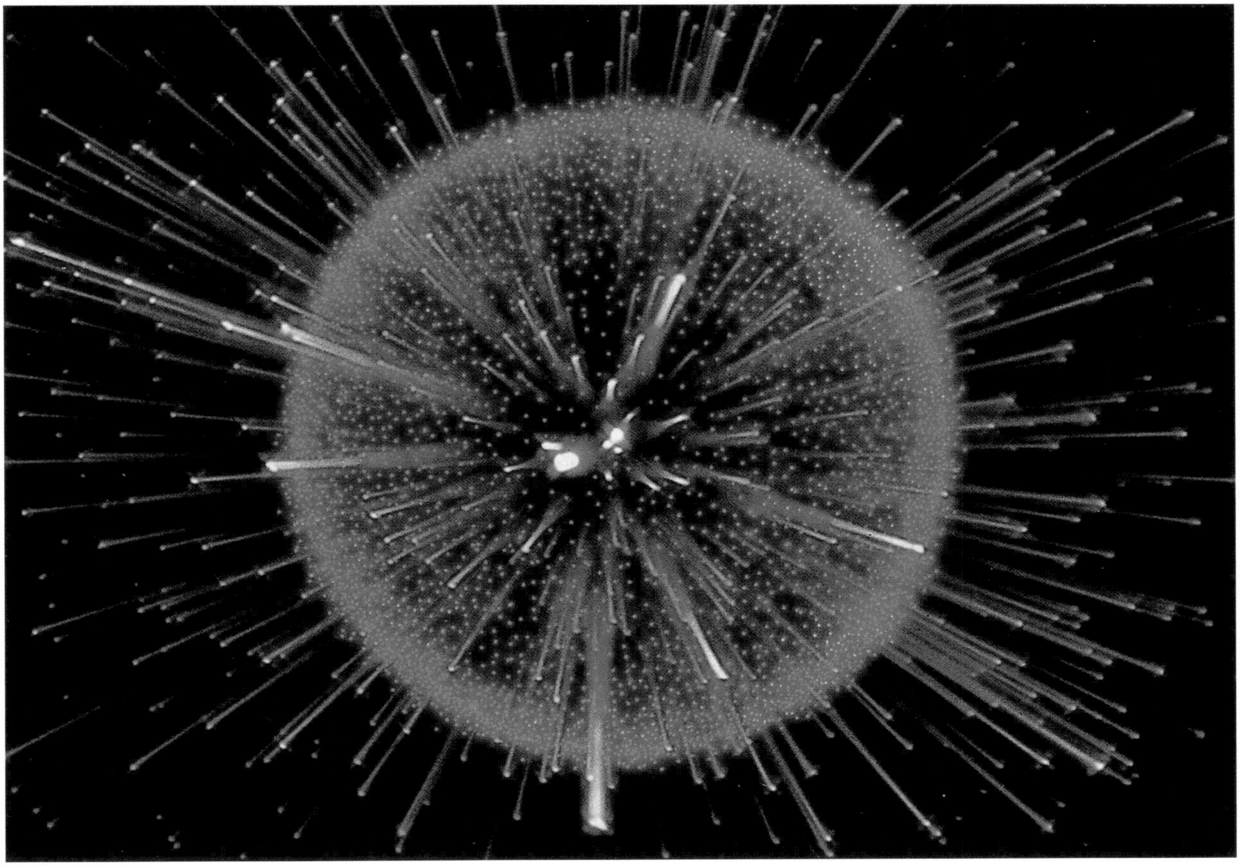

오르트 구름의 혜성들은 자연적으로 천천히 성간 공간으로 빠져나가지만, 먼 미래에는 인간의 기술로 그 속도가 빨라질 것이다. 존 롬버그/BPS 도해.

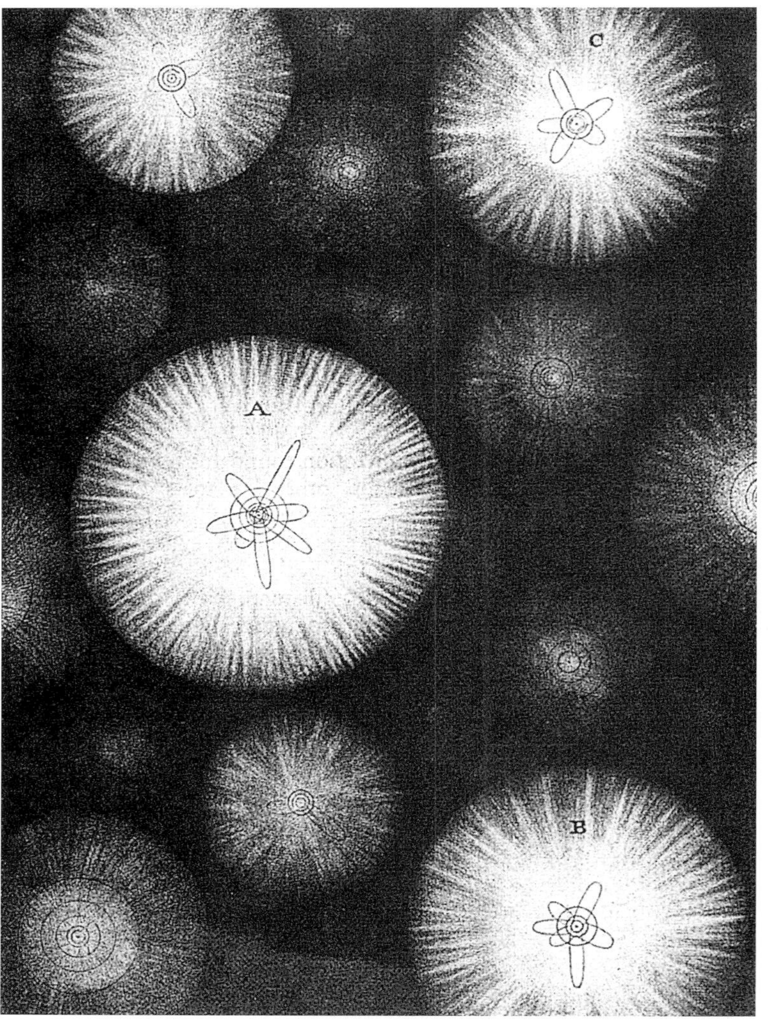

수많은 태양들이 장미꽃 모양의 혜성 궤도로 에워싸여 있다고 생각한 토머스 라이트의 상상도. 그의 책, 『우주에 관한 독창적 이론, 또는 새로운 가설』(1750년)에서. 마이클 A. 호스킨 제공.

적은 한 번도 없다. 그러나 조만간 그러한 혜성도 관측될 것이다. 우리는 태양계 혜성들이 태양이나 주요 행성들의 옆을 근접 통과한 뒤 성간 공간으로 날아갔다고 결론 내렸다. 특히 가까운 별들 주위에서 부스러기 고리가 발견(12장 참조)되는 것으로 미루어 보아, 하늘에 있는 별 대부분도 유사하게 혜성 구름에 둘러싸여 있고 거기에서도 혜성들이 성간 공간으로 방출되고 있다고 생각해 볼 수 있다.[6]

6 코넬 대학교 천체 물리학자인 마틴 해위트(Martin Harwit)와 E. E. 샐피터(E. E. Salpeter)는 위성에서 관측된 하늘의 감마선 폭발들이 혜성과 중성자별과의 충돌 때문이라고 주장했다. 만약 이것이 사실이라면, 혜성들이 많은 별들을 에워싸고 있어야 한다. 왜냐하면 아직 설명되지 않은 이러한 폭발들이 하늘 곳곳에서 여전히 일어나고 있기 때문이다.

뉴턴은 다른 별들을 감싸고 있는 혜성들을 상상한 최초의 인물이었던 것 같다.

> 태양과 행성과 혜성으로 이루어진 이 가장 아름다운 체제는 지적이고 강력한 신의 계획과 통제를 따를 때에만 만들어질 수 있다. 만약 붙박이별들도 이런 유사한 체제를 갖는다면, 이 역시 현명한 계획에 따라 만들어진 것이며, 이 모두는 신의 지배를 받는다.

그리고 라플라스는 "쌍곡선 궤도로 움직이면서 계에서 계로 돌아다닐 수 있는" 혜성들을 상상했다. 그러나 우주 공간은 텅 비어 있으며 별들은 멀리 떨어져 있다. 만약 우리 은하에 있는 모든 별이 우리 같은 오르트 구름을 갖고 있다면, 그리고 우리와 동일한 혜성 방출률을 갖고 있다면, 성간 혜성은 평균적으로 수백 년마다 이곳에 도달할

쌍성계에서 두 갈래로 갈라진 혜성의 꼬리가 만들어지는 모습. 두 별은 성질이 다르지만 너무 가까이 붙어 있어서 물질이 서로 흐른다. 돈 데이비스 그림.

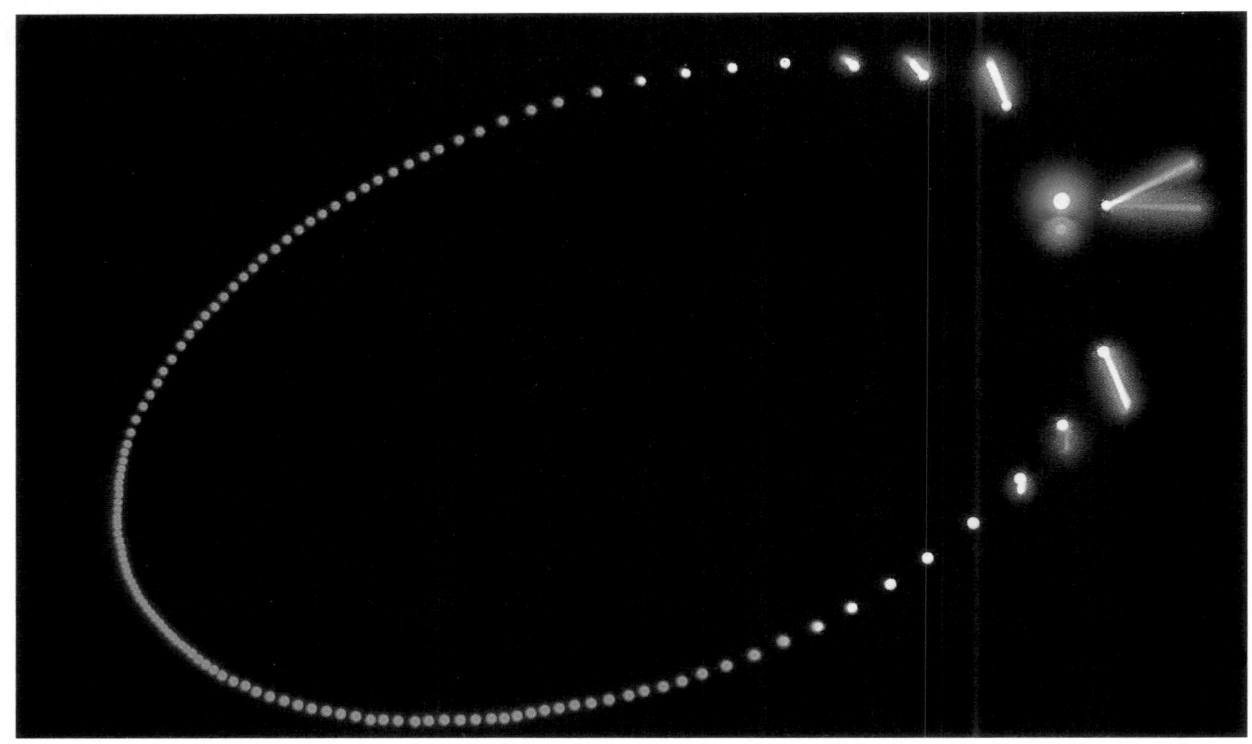

혜성이 붉은 별과 푸른 별로 이루어진 쌍성계의 주위를 돌고 있다. 꼬리의 길이와 색깔과 크기가 궤도상의 위치에 따라 변한다. 455쪽 그림에서는, 혜성이 멀리 떨어진 쌍성의 주위를 8자 모양의 궤도로 돌고 있다. 이번에도 궤도상 위치에 따라 다양한 꼬리의 모양을 볼 수 있다. 존 롬버그/BPS 도해.

것이다. 천문학자들은 그 혜성을 간절히 기다리고 있다.

시간이 지나면서 우리 은하는 점점 더 많은 성간 혜성을 획득한다. 우리 은하의 모든 별이 태양처럼 45억 년마다 1,000개씩 지구 질량의 혜성을 성간 공간으로 내보낸다면, 별들 사이의 우주 공간에는 태양 질량의 1억 배에 달하는 혜성들이 발견되지 않은 채 떠다니고 있을 것이다. 이 질량은 엄청 커 보이지만, 사실 우리 은하 전체 질량의 1,000분의 1밖에 되지 않는다.

우리 은하를 채우는 혜성 집단은 분명 존재하고 있는 것 같다. 혜성은 모든 원시별(하나의 항성으로 진화할 성간 기체나 먼지 덩어리 — 옮긴이) 주위의 유입 원반에서 형성되는 것 같다. 만약 태양계가 전형적인 경우라면 모든 별은 혜성 같은 것을 수조 개씩 성간 공간으로 몰아낼 것이다. 이런 혜성의 방출은 비록 그 별의 일생 동안 지속되기는 해도 주로 성운 단계에서 일어난다. 만약 수천억 개의 별이 있고 그 별 각각이 혜성과 같은 무언가를 수조 개씩 방출해 왔다면, 우리 은하에 있는 성간 혜성의 수는 우주에 있는 별들의 수보다 많은 10^{24}(1,000,000,000,000,000,000,000,000)개 정도가 된다(여전히 별들에 구속되어 있는 혜성들의 수는 더 많을 것이다.). 수많은 성간 혜성은 지금쯤 은하의 나선팔 내부와 사이에 무작위로 분포되어 있을 것이다. 별에서 아주 멀리 떨어져 있는 이 혜성들 사이의 평균 거리는 수십 천문단위 정도로 외부 오르트 구름에 있는 혜성들의 간격과 거의 같다.

그러면 우리 은하는 혜성들로 이루어진 거대하고 납작한 원반으로 묘사될 수 있다. 거기에는 훨씬 더 거대하지만 더 적은 수의 성간 구름들, 별들, 그리고 그들의 행성들이 박혀 있다. 별 부근에는 혜성이 더 많이 모여 있다. 따라서 우리 은하의 어떤 장소에서도 혜성은 가까운 거리에 있을 것이며, 이는 우리가 이미 방문한 적이 있는 행성까지의 거리보다도 짧은 것이다. 진보된 문명을 이룩한 생명체들에게는 순식간에 은하를 가로지르는 성간 특급 열차 같은 운송 수단이 있을지도 모른다. 하지만 혜성은 우리 같은 낙후된 문명도 노면 전차를 건설할 수 있도록 기회를 준다. 그래서 우리는 몇 년 동안 칙칙폭폭 대며 우주

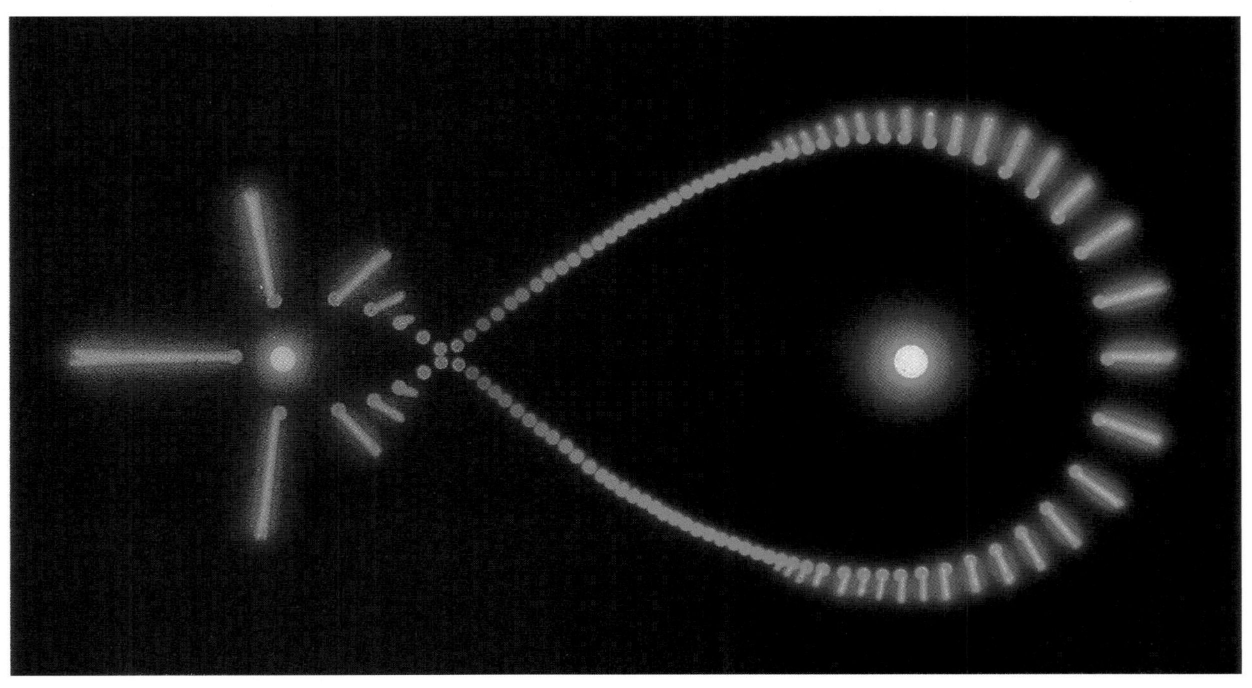

"우리는 결코 우리 종족이 지구 문제에 완전히 흥미를 잃게 해서는 안 됩니다." 그가 말했다. "그들은 여전히 지구의 자손들입니다. 그들도 언젠가는 지구로 돌아갈 것이며, 설사 결코 돌아가지 못한다고 해도, 기억과 기분 좋은 추억으로 우리의 소중한 모세계에 애착을 갖도록 해야 합니다."

— 쥘 베른, 『엑토르 세바닥』, 파리, 1878년

를 가로질러 가다가 한 혜성에 착륙해 탐사를 하고 다시 재정비를 한 뒤 다음 혜성을 찾아 떠날 수 있을 것이다. 중요한 문제는 가까이 있는 성간 혜성들을 발견해서 목록으로 만드는 일이다. 이 탐험가들은 어쩌면 대형 레이더 망원경을 가져갔을지도 모른다.

태양의 오르트 구름과 다른 별들의 혜성 구름에 있는 혜성들은 병합되거나 섞일지도 모른다. 두 별이 충분히 가까이 있다면 이 별들에게 번갈아 구속되며 8자 모양의 궤도를 도는 혜성도 있을지 모른다. 이런 혜성은 다른 별로 가는 징검다리가 될 것이다. 리자가 『톰 아저씨의 오두막(*Uncle Tom's Cabin*)』에서 떠다니는 얼음덩어리를 밟고 거친 강을 건널 수 있었던 것처럼 말이다.

혜성을 식민지로 만들지 못한다고 해도, 우리는 훗날 명왕성 너머의 우주를 탐험할 것이므로, 혜성에서 부족한 연료를 채우는 것이 사리에 맞을 것이다. 혜성은 여전히 다른 별로 나아가는 징검다리가 될 것이다. 아마도 궁극적으로 혜성 자체가 다른 항성계로 가는 우주선이 될 것이다. 그리하여 수천 세대가 걸려 새로운 별에 도달하면 잠들었던 혜성의 숲이 오랫동안 잊었던 햇빛에 잠에서 깨어날 것이다. 이런 기대는 독일의 천문학자 람베르트가 18세기에 묘사한 상황을 상기시킨다.

> 따라서 어떤 특정한 계에도 구속되지 않고 모두에게 공통인, 이 세계 저 세계를 돌아다니며 우주여행을 하는 혜성을 상상할 수 있다.…… 자연을 작은 단위에서 관찰하는 것처럼, 보다 커다란 시각에서 자연을 관찰하려는 천문학자들, 그런 천문학자들이 살고 있는 여행하는 천체들을 마음속에 그려 보는 건 즐거운 일이다.…… 이런 혜성의 1년은 이들이 하나의 태양에서 또 다른 태양까지 가는 거리를 기준으로 결정될 것이다. 이런 혜성이 한창 여행을 하고 있을 때는 겨울이다. 근일점을 통과할 때마다 여름이, 새로운 세계로 들어갈 때마다 봄이 온다. 이 세계를 떠날 때는 가을이 시작된다.

이 이야기에는 인간적인 부분이 전혀 없으며, 심지어 식민지화의 충동도 없다. 우리는 혜성 구름이 둘러싼 별들을 민들레라고 상상해 볼 수 있다. 주기적으로 혹은 일시적으로 씨앗을 흩뿌려 어떤 지역의 생명체들을 은하의 다른 지역으로 퍼져 나가게 하는 것이다. 때로 씨앗 하나가 자유 의지로 여행을 떠난다. 만약 모든 기술 문명들이 확실한 자기 파괴적 속성을 갖고 있지 않다면, 생명체가 서식하는 혜성 구름들이 퍼져 나가다가 성간 공간의 어딘가에서 서로 만나게 될 것 같다. 오르트 구름을 탐사하다가 외계 기술 문명을 입증하는 어떤 떠돌이 천체 하나를 발견할 수도 있지 않을까?

이곳과 가장 가까운 별 사이에는 엄청난 수의 혜성 부스러기들이 흩어져 있다. 이들 가운데 일부는 지름이 수백 킬로미터 혹은 수천 킬로미터나 된다. 만약 인접한 별들 사이에 수백조 개의 혜성이 있다면 아무리 진보된 문명이라도 밖으로 팽창해 나가는 속도는 느릴 수밖에 없다. 우리가 태양계에서 외계 방문객의 증거를 찾을 수 없었던 것은 바로 이 때문일지 모른다. 우리 은하는 너무나 흥미롭고, 그들은 아직 우리를 발견하지 못했다.

우리는 인류의 역사상 처음으로 혜성 여행을 시작한 시대에 살고 있다. 이제 태양에서 엄청난 거리까지 넓게 퍼져 있는 한층 다양한 혜성들을 조사하기 위해 더 정교한 탐사 사업이 이루어질 것이다. 언젠가는 — 어쩌면 다음 세기에 — 이 우주선들이 인간을 실어 나를 것이다. 우리는 혜성에 살게 될 테고, 로켓 엔진과 뉴턴 법칙의 도움으로 이 혜성들을 조종하게 될 것이다. 만약 그러한 날이 온다면, 우리는 !쿵 족의 믿음이 옳았음을 완전히 보여 줄 수 있을 것이다. !쿵 족은 혜성을 길조로 여긴 유일한 문화권이었다. !쿵 족의 언어로 혜성은 '위대한 함장들의 별'이다.

화성에 있는 기지에서 두 인간이 2061년 7월에 핼리 혜성의 귀환을 보고 있다. 지구는 하늘에 떠 있는 밝은 파란색 광점이다. 기지 건물에는 거주자들의 고향 행성이 그려져 있다. 돈 데이비스 그림.

20장

한 줌의 티끌

나는 1577년의 혜성에 대해 많이 들었고, 어머니께서는 그것을 보여 주기 위해 나를 데리고 높은 장소로 올라가셨다.

— 요하네스 케플러, 「여섯 살에 있었던 일을 회상하며」

전체적으로 생각할 때 천문학은 인간 정신의 가장 아름다운 순간이자, 인간 지성의 가장 숭고한 기록이다. 인간은 오감과 이기심의 환영에 속아 오랫동안 스스로를 천체 운동의 중심으로 생각했으니, 인간의 자만이 그런 환영들이 불어넣는 헛된 공포들 때문에 혼쭐이 난 것은 당연했다. 많은 시대의 노력으로 마침내 세계를 덮고 있는 장막이 벗겨졌다. 인간은 무한한 우주에서 눈에 띄지 않을 정도로 작은 태양계 안에 있는, 거의 알아차릴 수도 없을 정도로 작은 행성에 살고 있다. 이 발견이 가져온 숭고한 결과들이 우주 안에서 이렇게 제한된 장소만을 할당받은 인간을 위로해 줄지도 모른다.

— 피에르시몽 라플라스 후작, 『세계의 체계』 1부 6장, 1796년

핼리 혜성의 32번 근일점 통과

기원전	239년	3월	30일
기원전	163년	10월	5일
기원전	86년	8월	2일
기원전	11년	10월	5일
	66년	1월	26일
	141년	3월	20일
	218년	5월	17일
	295년	4월	20일
	374년	2월	16일
	451년	6월	24일
	530년	9월	25일
	607년	3월	13일
	684년	9월	28일
	760년	5월	22일
	837년	2월	27일
	912년	7월	9일
	989년	9월	9일
	1066년	3월	23일
	1145년	4월	22일
	1222년	10월	1일
	1301년	10월	23일
	1378년	11월	9일
	1456년	6월	9일
	1531년	8월	25일
	1607년	10월	27일
	1882년	9월	15일
	1759년	3월	13일
	1835년	11월	16일
	1910년	4월	20일
	1986년	2월	9일
	2061년	7월	28일
	2134년	3월	27일

마지막 둘을 제외한 이 모든 출현은 지구 천문학자들이 기록했다.

혜성은 지구 생명의 창조자이자 보호자이며 파괴자일 것이다. 공룡에게는 혜성이 공포와 증오의 대상일지 모른다. 그러나 우리 인간 입장에서는 혜성을 긍정적인 대상으로 보는 것이 더 적절하다. 혜성은 지구에 생명의 물질을 가져온 존재, 바다를 만들어 준 존재, 경쟁자를 제거하고 우리 포유동물 조상들의 성공을 가능케 했던 매개자, 우리 인류의 미래를 위한 전진 기지, 그리고 대규모의 폭발과 지구의 기후 변화에 대한 시기적절한 암시를 주는 존재이다.

또한 혜성은 지금까지 알려진 우주의 가장 큰 부분을 차지하는 몹시 추운 성간의 밤에서 온 방문객이다. 더 나아가 혜성은 커다란 시계와 같아서 수십 년 간격으로 혹은 수억 년 간격으로 매번 근일점을 지날 때마다 우리에게 뉴턴식 우주의 조화와 아름다움을, 그리고 시공간에 있어서 우리 존재의 왜소함을 일깨워 준다. 만약 어떤 밝은 혜성의 주기가 우연히도 어떤 인간의 수명과 똑같다면 우리는 그것에 더 개인적인 의미를 부여한다. 혜성은 우리의 유한한 운명을 상기시킨다.

새로운 세기의 다른 수백 명의 어린 소녀들과 마찬가지로 나는 돌진하고 있는 우주의 사자를 보기 위해, 춥고 잎이 떨어진 봄철의 사시나무들 밑에서 아버지의 팔에 안겨 있었다. 아버지께서 그때 내게 해 주신 말씀은 어렸을 때의 가장 소중한 기억 중 하나가 되었다. "네가 자라서 노인이 되면……" 아버지는 한밤의 장관에서 눈을 떼지 않은 채 조심스럽게 말했다. "넌 저것을 또다시 보게 될 거야. 75년 후에 다시 오거든. 잊지 말거라." 아버지가 내 귀에 대고 속삭였다. "난 이미 저 세상으로 간 뒤겠지만 넌 저것을 보게 될 거야. 그 시간 동안 저것은 저 멀리 어딘가에 있는 어두운 곳을 여행하겠지." 아버지가 한 손을 들판의 푸른 지평선 쪽으로 뻗었다. "저것은 다시 돌아올 거야. 화려한 빛을 발하면서 수백만 킬로미터를 달려올 거야."

나는 무슨 말인지도 모른 채 아버지의 목을 꼭 잡고 하늘을 바라보았다. 아버지는 우리 둘만 남았을 때 내 귀에 대고 한 번 더 속삭였다. "잊지

바빌로니아 제국 말기의 점토판. 기원전 164년에 출현한 핼리 혜성에 대해서 설형 문자로 기술되어 있다. 이것은 바빌로니아의 체계적인 천문학과 점성술 교재로, 일부를 해석해 보면 다음과 같다. "이전에 플레이아데스성단과 황소자리 지역의 아누의 길 동쪽에서 나타났던 혜성이 서쪽으로 …… 에아의 길을 따라 지나갔다." 영국 박물관 제공.

말거라. 넌 그저 조심스럽게 기다리기만 하면 돼. 넌 78세나 79세가 되겠지. 넌 아마 그때까지 살아서 나 대신 저걸 보게 될 거야." 아버지는 타고난 예지력으로 다소 슬프게 속삭였다.[1]

우리 시대의 핼리 혜성은 아주 독특한 존재다. 그것은 매우 밝고 주기적이며, 수세대에 걸쳐 멋진 장관을 연출하며 지나간 역사와 다가올 시대를 이어 붙인다. 우리는 핼리 혜성을 보며 과거와 미래와 별개로 존재한다는 환상에서 깨어나 시간에 종속된 인간 종을 자각한다. 당신은 눈을 들어 핼리 혜성을 본다. 아마 실제로는 아마도 쌍안경으로 보고 있을 것이다. 어쩌면 당신은 핼리가 메리와 결혼식을 올린 뒤의 여름에 보았던 것과 똑같은 혜성[2]을 보는 걸지도 모른다. 이것은 기

1 로렌 아이슬리의 『보이지 않는 피라미드(*The Invisible Pyramid*)』(뉴욕, 1970년)에서 발췌한 것이다. 우리는 로렌 아이슬리가 살아서 그것을 보았기를 바란다.

2 '거의 똑같은' 혜성일 것이다. 1682년 근일점 통과 후 이 혜성의 핵이 수 미터에 이르는 얼음을 잃어버렸기 때문이다.

(핼리 혜성)은 장주기 궤도에서 현재의 궤도로 변경된지 얼마 안 되어 아직 지치지는 않았을 것이다. 그 궤도는 이제 어떤 커다란 행성에도 가까이 다가오지 않으므로 그 포획이 최근의 사건일 리는 없다. 그러나 수천 년의 공전 기간 동안 약간의 섭동들이 축적되면 원래의 포획 지점에 대한 모든 흔적을 지워 버릴 만큼 그 궤도를 바꾸기에 충분하다.

— 헨리 노리스 러셀, 『태양계의 기원』, 뉴욕, 1935년

원전 239년까지 거슬러 올라가서, 중국의 천문학자들이 조심스럽게 언급했던 바로 그 혜성이다. 이 혜성은 점토판, 비단, 대나무 종이, 양피지, 인쇄용지, 그리고 컴퓨터 디스크에 묘사되어 왔다. 이것이 바로 !쿵 족이라는 수렵 채집인들을 기쁘게 하고 지구상에 널리 퍼져 있는 거의 모든 문명들을 두려움에 떨게 했던 혜성이다. 우리는 이 혜성을 다른 많은 사람들과 공유하고 있다.

100만 년 전, 우리의 조상들이 사냥감을 사냥하고 집짓는 방법을 알아내고 있을 때, 지나가는 별이 태양을 감싸고 있는 혜성 구름으로 중력적 파동을 보냈다. 그러자 얼음으로 이루어진 작은 원시 천체 하나가 태양 쪽으로 기울어 떨어졌다. 1만 년이나 2만 년 전, 우리의 조상들이 위스콘신 빙하 시대에 대처하고 있을 때, 이 혜성이 마침내 태양계의 행성 영역에 도달해 주요 행성들 가운데 하나의 옆으로 가까이 지나간 뒤 현재 궤도로 운동하게 되었다. 이제 이 혜성은 76년마다 한 번씩 금성보다 더 가까이 태양에 갔다가 해왕성보다 더 멀리 태양에서 멀어진다. 이 혜성은 지난 1만 년 동안 대략 76년마다 한 번씩 나타나 지구인들의 넋을 빼놓고는 다시 어둠 속으로 사라졌다.

76년은 몇 세대 정도이므로 핼리 혜성은 인류의 흥망성쇠를 밝혀 주는 일종의 박자기라 할 수 있다. 1910년의 핼리 혜성은 비행기가 발명된 이후 처음으로, 핵무기가 개발되기 전에 마지막으로 출현한 혜성이었다. 최근에 우리는 자멸하는 방법들을 마련했다. 핼리 혜성이 다음번에 지구 가까이 오는 2061년까지 얼마나 많은 인간이 남아 있을지 정말로 의문이다.

우리가 직면한 위험들은 오늘날 우리 행성이 언어, 문화, 과학, 상업 면에서 통합되는 과정의 일부이다. 둘 다 동일한 기술적 진보로 인해 추진된다. 이 중대하고도 위기에 취약한 시대에 우리는 우연히 핵무기를 널리 사용할 수 있게 되었다. 현재의 변화 속도를 감안한다면 지금과 2061년 사이에 인간 종이 전환점에 도달할 가능성은 충분해 보인다.

혜성이 언제 하늘을 휩쓸고 지나가면서
이 사악한 지도자들을 붙잡아 꽁꽁 묶어 두겠는가?

— 두보(杜甫), 「귀주의 가을」, 해더 스미스와 시에 용 옮김

760년에 출현한 핼리 혜성은 중국 실록에 기록되어 있다.

우리가 그때까지 생존한다면 핼리 혜성의 다음 출현까지는 비교적 쉽게 보낼 수 있다. 그다음 근일점 통과일은 2134년 3월이며, 이때 핼리 혜성과 지구는 매우 가까울 것이다. 1910년에 조우했을 때 거리의 절반도 되지 않는 0.09AU, 즉 1400만 킬로미터 이내로 들어올 것이며, 그렇게 되면 이 혜성은 가장 밝은 별보다도 더 밝을 것이다. 만약 함께 기념할 사람들이 있다면, 2061년과 2134년은 비로소 제정신을 차린 인류의 용기와 지성, 그리고 함께 추구한 인류 공동 과제의 성공을 축하하는 해가 되어야 할 것이다.

모두가 알고 있듯이 우리 각각의 내면에서는 이해심과 창의력과 성장, 그리고 맹목적 애국주의와 폭력과 공포의 성향들이 경쟁하며 싸운다. 세계의 운명이 달려 있는 이러한 전쟁은 티끌 한 줌으로도 설명될 수 있다. 당신 앞에 있는 공기 속에서 춤추고 있는 한 물질 입자가 가진 역사를 생각해 보자. 이 알갱이는 수십억 년 전에 은하수 은하 반대편에 있는 어떤 별에서 나온 물질로부터 형성되어, 어둠 속에서 무한히 긴 세월을 배회하다가 50억 년 전쯤 형성되고 있던 태양계 성운 안으로 들어간다. 그리고 나서 우주의 물질 덩어리 안에 있는 다른 유사한 알갱이들에 붙어서 결국에는 천왕성과 해왕성 부근에서 수조 개의 혜성들 중 하나가 되고 이후 오르트 구름으로 방출되었다가 수천 년 전에 중력적 섭동 작용으로 내행성계로 들어온다. 아직은 얼음 입자 속에 갇힌 상태로 혜성 꼬리에서 분출되어 행성 간 우주 공간에 있는 미세 행성체처럼 배회하다가, 수년 전에 우연히 지구로 끌려 들어와 그 대기로 부드럽게 가라앉는다. 이제 그 알갱이들은 장중한 우주여행의 흔적은 조금도 없이 공기 중에서 햇빛을 받으며 위아래로 움직이고 있다.

이제 조금 더 크지만 유사한 역사를 갖는 또 다른 먼지 알갱이를 생각해 보자. 이 먼지는 지구의 대기 속으로 질주해 완전히 타 버리면서 주위의 공기를 이온화시키지만 그 자체는 분자들과 원자들로 분해된다. 이 물질 조각들이 유성의 꼬리를 만든다. 그 꼬리가 잠깐 빛나는

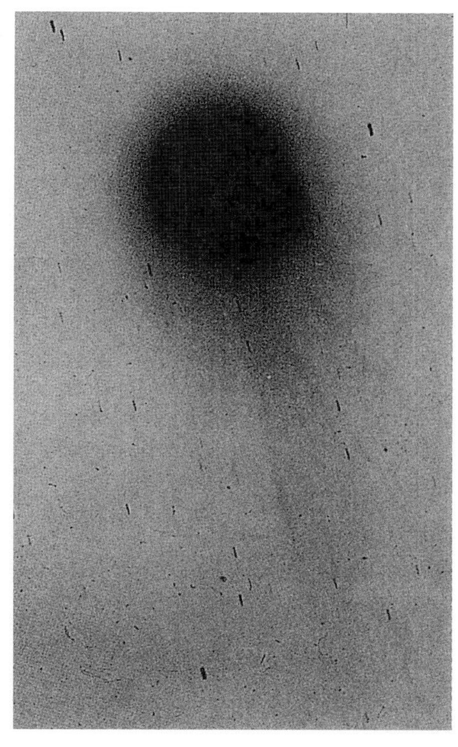

1910년의 핼리 혜성. 이집트 헬완 천문대 촬영. NASA 제공.

이 놀라운 천체를 본 모든 사람이, 보통 천문학자가 하늘에 멋진 빛줄기를 드리우는 이 아름답고 신비로운 천체를 대하는 것과 똑같이 의기양양하고 경이에 찬 감정 — 혹자는 거의 숭배에 가까운 — 으로 대한다는 사실을 알았더라면 대단히 만족스러웠을 것이다.

— 당시의 탁월한 관측 천문학자 E. E. 바너드, 1910년의 핼리 혜성에 대하여

(1680년의 혜성은) 플램스티드와 카시니가 절묘한 기술로 관측했다. 그리고 베르누이(Bernoulli)와 뉴턴과 핼리의 수학과 과학이 그 공전 법칙들을 조사했다. (이 혜성이 다음에 돌아오는) 2355년에 시베리아나 아메리카의 황무지에 있는 미래의 훌륭한 천문학자들이 그들의 계산을 증명할 것이다.

— 에드워드 기번, 『로마 제국 쇠망사(*The Decline and Fall of the Roman Empire*)』 43장, 1777년

기번이 미국의 독립 전쟁 전날, 미국과 러시아의 현재 영토가 먼 훗날 천문학적 발견의 중심지가 될 것이라고 예측하는 글을 썼다는 사실은 그가 그렇게도 감탄하면서 혜성의 주기적 귀환을 계산했던 것만큼이나 인상적이다. 그러나 24세기에는 천문학의 새로운 중심이 아마도 화성이나 혜성 그 자체에 있을 것이다.

1910년의 핼리 혜성. 아르헨티나 국립 천문대 촬영. 미국 의회 도서관의 루스 S. 프라이태그 제공.

것처럼 보이기도 하는데, 어쩌면 밑에서 기쁘게 바라보는 사람들에게 호응하는 것인지도 모른다. 그러나 찬찬히 생각하면 이러한 유성조차 쓸모를 찾을 수 있다. 유성이 잠깐 남기는 이온 꼬리는 매우 높은 주파수를 가진 전파를 반사한다. 특정 시점에 대기에 엄청나게 많은 유성 꼬리들 — 대부분이 너무 희미해서 육안으로는 보이지 않는다. — 이 있게 되면 지구를 에워싸는 일종의 반사면이 만들어지는데, 여기서 적당한 주파수를 가진 전파들이 반사된다. 각 이온 꼬리의 지속 시간이 1초도 되지 않으므로 전파 메시지는 아주 빨리 보내져야 한다. 이것은 결국 유성 폭발 통신(Meteor Burst Communication)이라는 새로운 기술 분야로 이어진다.

아주 손쉬운 통신 수단이 이미 존재하는데 왜 그런 기술이 필요할까? 대(對)위성 공격 무기를 개발하려는 군비 경쟁이 시작된 이래로 통신 위성은 핵전쟁에서 가장 먼저 공격받을 대상이 되었기 때문이다. 따라서 유성 폭발 통신은 핵전쟁을 위해 개발되고 있다고 볼 수 있다. 그 전쟁에 혜성도 징집된 것이다. 분노한 신의 경고로 여겨졌던 혜성이 난생 처음으로 실질적 가치를 갖게 되었다. 하지만 아직 혜성이 발탁된 적은 없다. 세계 지식 산업이 유사한 서비스를 제공하고 있으며, 지구의 과학자 절반이 각국의 군사 기관에서 일하고 있다.

핼리 혜성의 방문은 매번 희망과 공포를 불러일으키는 사건이었다. 그때마다 거의 기도 의례가 행해졌다. 우리는 자손의 미래를 위해 반드시 조심스럽게 보전되어야만 하는 취약한 행성에 살고 있다. 우리는 무한히 광대하고 오래된 우주에서 티끌에 지나지 않는 어떤 세계를 잠시 지키는 관리자에 불과하다. 그러므로 우리는 다른 모든 것에 앞서 인류와 지구를 위해 활동할 수 있어야 한다.

그러면 앞으로 다가올 수많은 밤 동안 지구의 하늘을 꾸미는 혜성들의 장관을 목격할 인간들이 존재할 것이다.

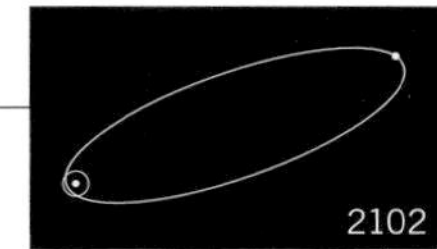

전 세계의 문화적 사건으로서의 혜성 (465~467쪽). 미국 의회 도서관의 루스 S. 프라이태그 제공.

哈雷彗星今昔
张钰哲著
知识出版社

BIRD'S Custard
ATTRACTS
THE WORLD
BIRD'S CUSTARD has a never-failing charm for every taste.
Insist on the best! Always the best! The best is BIRD'S!
The Original & only Genuine

The Comet
Two Step
March
by Chas. E. Duffield
5
PUBLISHED BY · CHAS. E. DUFFIELD · CHAMBERSBURG, PA.

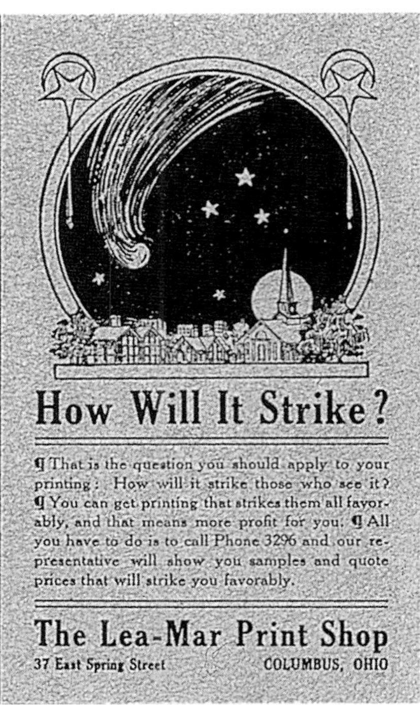
How Will It Strike?
¶ That is the question you should apply to your printing: How will it strike those who see it? ¶ You can get printing that strikes them all favorably, and that means more profit for you. ¶ All you have to do is to call Phone 3296 and our representative will show you samples and quote prices that will strike you favorably.
The Lea-Mar Print Shop
37 East Spring Street
COLUMBUS, OHIO

A Wonder from the East
HALLEY'S COMET is as supreme among celestial sights as Shem-el-Nessim is among delightful scents, but while Halley's Comet is a fleeting visitor
Shem-el-Nessim Regd
SCENT of ARABY
has come to stay. It is indeed an inspiration in perfume and should be used throughout the toilet..........
2/6 4/6 and 8/6 per bottle. Of all Chemists & Perfumers
J. GROSSMITH & SON,
DISTILLERS OF PERFUMES, NEWGATE ST LONDON, E.C.

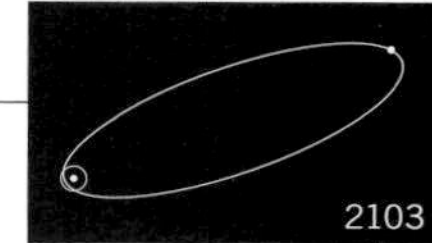

HALLEY'S COMET.

WILLIAM II.—"The end of the world? Impossible! I have given no such order." —*Pasquino* (Turin).

1910년 핼리 혜성. 로웰 천문대 촬영.

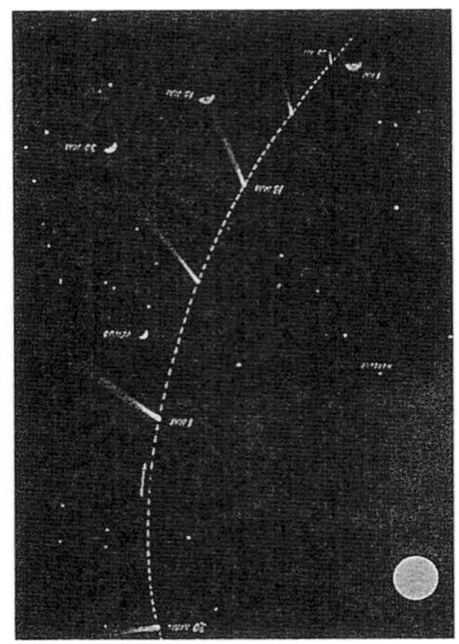

1910년 출현 당시 핼리 혜성의 꼬리 위치. 프랑스 잡지 《릴뤼스트하시옹(*L'illustration*)》에 실린 뤼시앵 루도(Lucien Rudaux)의 그림. 미국 의회 도서관의 루스 S. 프라이태그 제공.

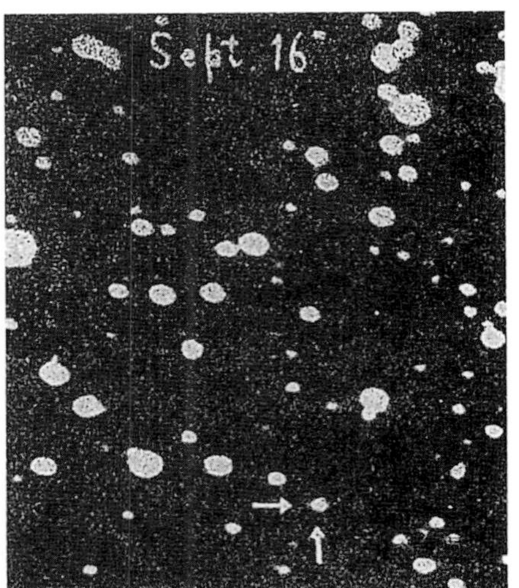

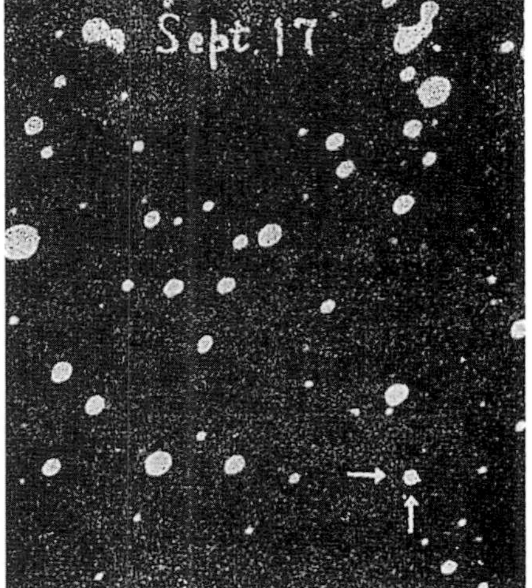

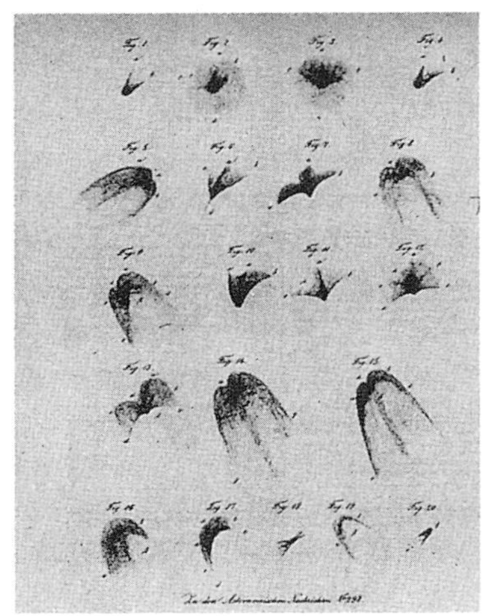

1835년 하인리히 슈바베가 그린 20개의 핼리 혜성 스케치. 미국 의회 도서관의 루스 S. 프라이태그 제공.

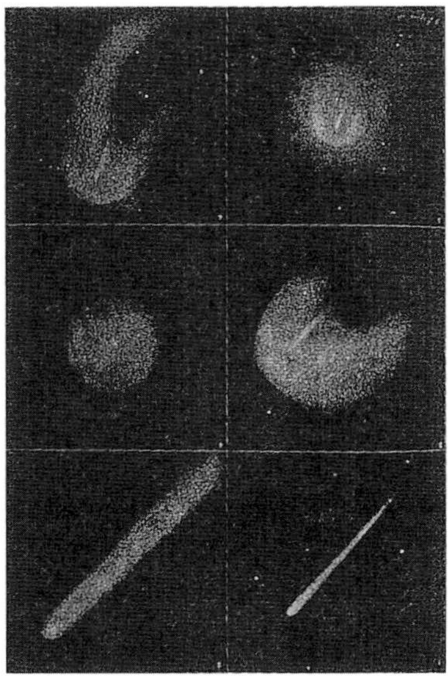

1835년 출현 당시 존 허셜이 그린 핼리 혜성의 6가지 형태. 아메데 기유맹의 『혜성의 세계』(파리, 1868년)에서.

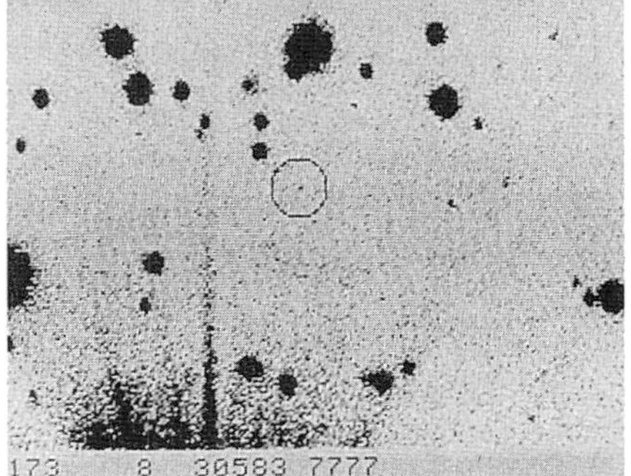

1909년 9월과 1982년 10월에 처음 발견한 핼리 혜성 사진. 캘리포니아 공과 대학교 촬영.

1812년의 혜성

그것은 또렷했고 서리처럼 희었다. 더럽고 빛이 거의 비치지 않는 거리 위로, 까만 지붕들 위로, 별이 총총 빛나는 검은 하늘이 펼쳐져 있었다. 하늘을 올려다보기만 했는데도 피에르는 세속적인 모든 것이, 그의 영혼이 막 구제받아 올라간 하늘과 비교해 얼마나 탐욕스럽고 치욕스럽게 느껴졌는지를 지워 버릴 수 없었다. 아밧 광장으로 들어서자 별이 총총 빛나는 광대한 밤하늘이 눈에 들어왔다. 광장의 거의 한 가운데에 있는 프레치스텐카 대로 위로 별들이 사방을 에워싸고 있지만, 지구에 가깝다는 사실과 하얀빛과 위로 들어 올려진 긴 꼬리로 별들과 구별되는, 1812년의 거대하고 밝은 혜성이 반짝이고 있었다. 온갖 종류의 고통과 종말의 전조가 된다고 하는 바로 그 혜성이었다. 그러나 피에르에게는 빛나는 긴 꼬리를 가진 저 혜성이 어떤 공포도 불러일으키지 않았다. 대신 그는 그 궤도에서 상상할 수도 없는 속도로 광대한 우주를 여행하다가 마치 지구를 관통하는 화살처럼 갑자기 어떤 특별한 지점에 고정된 채 꼬리를 똑바로 세우고 무수한 다른 반짝이는 별들 사이에서 하얀빛을 발하고 있는 이 밝은 혜성을 눈물 어린 눈으로 기쁘게 바라보고 있었다. 피에르에게는 이 혜성이 마치 그의 온화하고 고양된 영혼이 새로운 삶으로 태어나는 것을 축복해 주는 것 같았다.

— 레프 톨스토이(Lev Tolstoi), 『전쟁과 평화(*War and Peace*)』 8장 22쪽

이것은 실제로는 1811년의 대혜성에 대한 언급이었다. 이 혜성은 1812년 초에도 희미하게 남아 여전히 육안으로 볼 수 있었다. 그러나 1811년의 늦가을에는 아주 멋진 천체였다.

혜성은 태양에 접근해 수백 번 정도 깜박거리다가 불꽃 주위로 날아든 나방들처럼 죽어 버린다. 그러나 태양계의 주위에는 막대한 혜성 창고가 대기하고 있다. 현재의 대륙 분포가 알아볼 수 없을 정도로 바뀔 때에도, 지구가 팽창하는 태양에 먹힐 때에도, 노망이 든 우리의 별이 새카맣게 타 버린 이 행성의 잔재에 희미한 빛을 비출 때에도, 성간의 어둠에서 막 도착한 어린 혜성이 무모하게 근일점을 통과하면 하늘은 여전히 밝아질 것이다. 태양계의 다른 행성들도 죽고, 인류의 후손은 오래전에 떠났거나 멸종했을 때에도 혜성은 여전히 이곳을 찾아올 것이다.

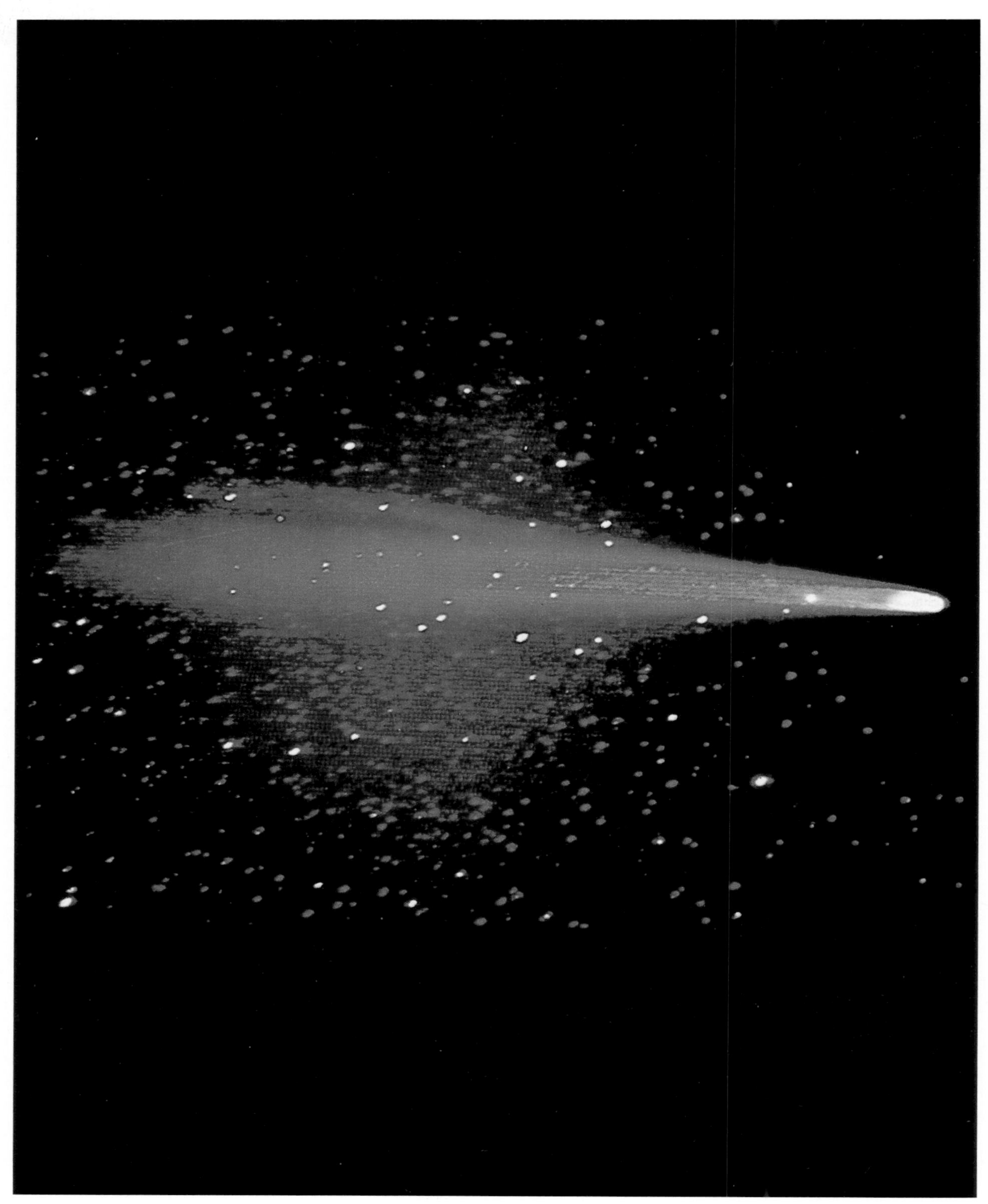

컴퓨터로 색을 입힌 1910년의 핼리 혜성 사진. 미국 국립 광학 천문대/로웰 천문대 제공.

부록——혜성의 궤도와 유성우

부록 1. 대표적인 장주기 혜성들의 궤도

혜성	이름	근일점 거리(AU)
1811 Ⅰ	대혜성	1.035
1844 Ⅲ	대혜성	0.251
1858 Ⅵ	도나티	0.578
1861 Ⅱ	대혜성	0.822
1881 Ⅲ	대혜성	0.735
1882 Ⅱ	대혜성	0.008
1908 Ⅲ	모어하우스	0.945
1910 Ⅰ	대혜성	0.129
1937 Ⅳ	휘플	1.734
1943 Ⅰ	휘플-페트케-테브자체	1.354
1957 Ⅲ	아랑-롤랑	0.316
1957 Ⅴ	무르코스	0.355
1962 Ⅷ	휴메이슨	2.133
1965 Ⅷ	이케야-세키	0.008
1969 Ⅸ	타고-사토-코사카	0.473
1973 Ⅶ	코호우텍	0.142
1976 Ⅵ	웨스트	3.277
1980b	보웰(Bowell)	3.364

장주기 혜성들의 근일점 통과는 태양에 매우 가까운 경우(0.008AU)에서부터 목성과 화성 궤도 사이에 있는 소행성대의 중간(1.4~5AU)까지 다양하다. 지구 관측자들에게 알려지지 않은 더 먼 근일점을 갖는 장주기 혜성들이 많이 있을 것이다.(B. 마스든과 E. 로머, 『혜성(*Comet*)』, L. 윌케닝(L. Wilkening) 편집, 애리조나 대학교 출판부, 1982년)

부록 2. 대표적인 단주기 혜성들의 궤도

혜성 이름	근일점 통과	경사각	근일점 거리(AU)	이심률	주기(년)
오테르마(Oterma)	1983년 6월	1.94	5.4709	0.2430	19.4
크롬멜린(Crommelin)	1984년 2월	29.10	0.7345	0.9192	27.4
자코비니-지너	1985년 9월	31.88	1.0282	0.7076	6.59
핼리	1986년 2월	162.23	0.5871	0.9673	76.0
휘플	1986년 6월	9.94	3.0775	0.2606	8.49
엥케	1987년 7월	11.93	0.3317	0.8499	3.29
보렐리(Borrelly)	1987년 12월	30.32	1.3567	0.6242	6.86
템펠 2(Tempel 2)	1988년 9월	12.43	1.3834	0.5444	5.29
템펠 1(Tempel 1)	1989년 1월	10.54	1.4967	0.5197	5.50
더레스트(d'Arrest)	1989년 2월	19.43	1.2921	0.6246	6.39
퍼라인-무르코스(Perrine-Mrkos)	1989년 3월	17.82	1.2977	0.6378	6.78
템펠-스위프트(Tempel-Swift)	1989년 4월	13.17	1.588	0.5391	6.40
슈바스만-바흐만 1	1989년 10월	9.37	5.7718	0.0447	14.9
코프(Kopff)	1990년 1월	4.72	1.5851	0.5430	6.46
터틀-자코비니-크레삭 (Tuttle-Giacobini-kresák)	1990년 2월	9.23	1.0680	0.6557	5.46
혼다-무르코스-파이두사코바 (Honda-Mrkos-Pajdusakova)	1990년 9월	4.23	0.5412	0.8219	5.30
빌트 2(Wild 2)	1990년 12월	3.25	1.5779	0.5410	6.37
아랑-리고	1991년 10월	17.89	1.4378	0.6001	6.82
파예(Faye)	1991년 11월	9.09	1.5934	0.5782	7.34

여기에 제시된 혜성들의 경사각은 2도 미만에서(지구와 행성들을 포함하는 황도면에 거의 들어와 있다.) 162도(핼리 혜성)까지 다양하다. 90도 경사는 태양 주위의 궤도를 도는 혜성이 황도면에 수직해서 태양 주변을 돈다는 것을 의미하며, 162도 경사는 그 궤도가 황도면에서 180−162=18도 기울어져 있지만 행성들의 공전 방향과 반대 방향으로 돈다는 것을 의미한다. 제시된 혜성 궤도의 이심률은 원에 매우 가까운 0.04에서 매우 길게 늘어져 있는 0.97(핼리 혜성)까지 다양하다.(B. 마스든과 E. 로머, 『혜성(*Comet*)』, L. 윌케닝(L. Wilkening) 편집, 애리조나 대학교 출판부, 1982년)

부록 3. 육안 관측이 가능한 20세기 말의 주요 유성우

유성우 위치	최대 강도의 유성우 예상 날짜	단일 관측자 시간당 발생 빈도수	지구와의 조우 속도(km/s)	최대 강도의 4분의 1 정도로 지속되는 평균 시간(일)	관련 혜성
사분의자리	1월 3일	40	41	1.1	?
거문고자리	4월 22일	15	48	2	1861 Ⅰ
물병자리 에타별	5월 4일	20	65	3	핼리
물병자리 델타별 남쪽	7월 28일	20	41	7	?
페르세우스자리	8월 12일	50	60	4.6	1862 Ⅲ
오리온자리	10월 21일	25	66	2	핼리
황소자리 남쪽	11월 3일	15	28	-	엥케
사자자리	11월 17일	15	71	-	1866 Ⅰ
쌍둥이자리	12월 14일	50	50	2.6	(1983 TB)?
작은곰자리	12월 22일	15	34	2	터틀

P. M. 밀먼(P. M. Millman), 『관측자의 핸드북(*Observer's Handbook*)』, 캐나다 왕립 천문 학회, 1985년.

부록 4. 더 많은 정보

참고 문헌에 나와 있는 저서들 이외에 행성 협회, 태평양 천문 협회, 국제 핼리 관측 협회에서 혜성에 관한 더 많은 정보를 얻을 수 있다.

더 깊이 탐구해 보고 싶은 독자들을 위한 다른 자료들로는 지역 천문관이나 《하늘과 망원경》, 《천문학(*Astronomy*)》 같은 유명한 과학 정기 간행물들이 있다.

28쪽에서 보여 주는 다양한 시대, 다양한 문화에서 묘사된 혜성에 대한 설명은 다음과 같다.

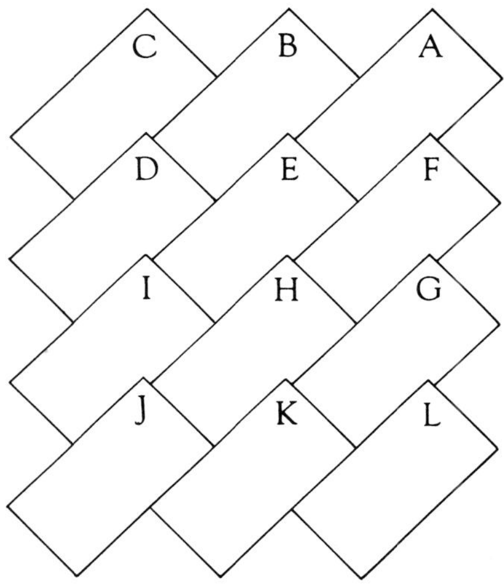

(A)기원전 168년 비단에 그려진 중국의 그림. (B)1066년 봄에 핼리 혜성의 출현을 기록한 바이외 태피스트리. (C)1145년경 에드윈(Eadwine) 수사가 이 시기에 출현한 핼리 혜성에 대한 기술들을 바탕으로 그림. 양피지 필사본『에드윈 시편(*Eadwine Psalter*)』에서. (D)조토가 1304년에 그린 프레스코화 「동방 박사의 경배」에서 묘사된 핼리 혜성. 회반죽에 칠해진 황금 안료가 다 벗겨져 붉은 점착물이 드러나 있다. (E)684년 출현한 핼리 혜성.『뉘른베르크 연대기』(1493년)에서. (F)1500년대에 몬테수마 2세가 보았던 밝은 혜성을 묘사한 아스텍의 그림. 디에고 두란의『인도와 새 스페인의 역사(*Historia de las Indias de Nueva España*)』(여기서 인도와 새 스페인은 각각 아메리카 대륙과 멕시코를 의미한다. — 옮긴이)에서. (G)1577년의 대혜성을 표현한 터키 족의 그림. (H)플리니우스가 말한 검 형태의 혜성. 헤벨리우스의『혜성지』(1668년)에서. (I)혜성의 여러 형태 중 하나. 헤벨리우스의『혜성지』(1668년)에서. (J)1700년대 구멍 뚫린 디자인의 연철로 만들어진 일본도의 칼코등이에서 혜성으로 추정되는 세부 묘사. (K)1910년 5월에 촬영한 핼리 혜성을 기초로 그린 삽화. 칠레 산티아고의 크리스토발 언덕에 있는 릭 천문대 남반구 관측소에서. (L)1980년 1월 10일에 관측된 브래드필드(Bradfield) 혜성. 고더드 우주 센터에서 컴퓨터로 화질을 향상시켰다.

옮긴이의 말——다시 찾아온 혜성

오래전 대만에 거주하고 있을 당시 신문과 방송에서 새로운 혜성 출현에 대한 소식을 접하고 우리 가족은 차를 몰고 대설산이라는 곳으로 향했다. 그리고 대여섯 시간의 오랜 운전 끝에 올라선 산의 정상에서 마침내 하늘을 가로지르는 하쿠다케 혜성의 아름다운 자태를 감상할 수 있었다. 도시의 불빛이 전혀 없었던 터라 별들과 은하수는 금방이라도 쏟아져 내릴 듯 반짝거렸고 혜성의 은빛 꼬리는 황홀하기까지 했다. 그렇게 특별한 장관을 연출하는 비교적 커다란 혜성은 그리 흔하지 않았으므로 그 광경을 직접 목격할 수 있었던 것은 큰 행운이 아닐 수 없었다.

수천 년이라는 혜성 관측 기록의 역사에도 불구하고 혜성의 본질이 과학적으로 이해된 것은 얼마 되지 않는다. 혜성이 과연 무엇인지 또 어디에서 오는지, 그리고 혜성의 존재가 태양계의 역사에 어떤 의미를 갖는지 우리가 알게 된 것은 아주 최근에 들어서였으며 그들이 온 곳에 얼마나 더 많은 혜성들이 존재하는지는 아직도 밝혀지지 않고 있다. 광대한 우주의 심연뿐 아니라 우리 태양계 근처의 일들도 우리에게는 여전히 미지의 세계인 것이다.

혜성은 그저 우주를 구성하는 여러 천체 가운데 하나가 아니다. 이 책은 혜성이 지구의 진화와 모든 생명체의 역사에서 아주 중요했던 존재였으며 앞으로도 계속 중요할 존재임을 강조한다. 또 오랫동안 공포와 재앙의 상징으로만 여겨졌던 혜성이 먼 훗날 인류에게 큰 번영을 가져다 줄 유용하고 고마운 존재가 될 수도 있음을 일깨워 준다.

혜성 연구는 지난 수십 년 동안 큰 발전을 이루었다. 지금도 세계 곳곳에서는 끊임없이 밤하늘을 살피며 차갑고 황량한 우주 공간에서 우리를 찾아오는 혜성의 비밀을 풀려는 많은 사람들의 노력이 계속되고 있다.

이번에 칼 세이건 서거 20주기(2016년 12월 20일)를 맞아 출간되는 『혜성』은 1985년 랜덤하우스에서 펴낸 초판본을 다시 번역한 것이다. 옮긴이는 2003년에 해냄에서 출간된 1997년 『혜성』 개정판의 번역을 맡았던 인연으로 이 책을 번역하게 되었다. 이 책은 1997년의 개정판보다 훨씬 더 풍부한 그림과 사진을 담고 있을 뿐만 아니라 『코스모스』, 『창백한 푸른 점』에 이어 칼 세이건의 '우주적 상상력'을 만날 수 있는 대표 저작이라고 할 수 있다. 칼 세이건은 이 책에서 그동안 발견된 사실들의 열거에 그치지 않고 이러한 노력의 과정과 배경을 차분히 설명해 준다. 따라서 많은 독자들은 이 책을 통해 단순한 지식의 습득을 넘어 과학 하는 마음과 과학적으로 사고하는 방법을 배울 수 있으리라 기대된다.

일반인에게 과학을 소개하고 이해시키는 데 매우 성공적인 삶을 살았던 칼 세이건의 수려한 필체와 자상한 세부 묘사가 경우에 따라 우리말로 제대로 옮겨지지 않은 부분이 분명히 있을 것이다. 이는 모두 옮긴이의 부족함 탓이니 너그러운 마음으로 이해해 주기 바란다.

2016년 12월

김혜원

참고 문헌

일반인을 위한 혜성 관련 도서

Asimov, Isaac. *Asimov's Guide to Halley's Comet. Walker*, New York, 1985.

Brandt, John C., ed. *Comets: Readings from Scientific American*. W. H. Freeman, San Francisco, 1981.

Brandt, John C. *Introduction to Comets*. Cambridge University Press, Cambridge, 1981.

Calder, Nigel, *The Comet Is Coming*! Viking Press, New York, 1980.

Chapman, Robert D., and John C. Brandt. *The Comet Book: A Guide for the Return of Halley's Comet*. Jones and Bartlett, Boston, 1984.

Comets: *Career Oriented Modules to Explore through Pictures in Science*. National Science Teachers Association, 1984.

Dahlquist, Raf and Theresa Dahlquist. *Mr. Halley and His Comet*. Polestar, Canoga Park, CA, 1985. A charmingly illustrated children's book in rhyme.

Flaste, Richard, Holcomb Noble, Walter Sullivan, and John Noble Wilford. *The New York Times Guide to Return of Halley's Comet*. Times Books, New York, 1985.

"Halley's Comet" *The Planetary Report*, 5, 3, May/June, 1985.

Halley Watch Amateur Observers's Manual for Scientific Comet Studies. Hillside, NJ: Enslow Publishers, 1983.

Krupp, E. C. *The Comet and you*. Macmillan, New York, 1985. For children.

Littman, Mark, and Donald K. Yeomans. *Comet Halley-Once in a Lifetime*. American Chemical Society, Washington, D. C. , 1985.

Moore, Patrick. *Comets*. Scribner's, New York, 1976.

Moore, Patrick, and J. Mason. *The Return of Halley's Comet*. W. W. Norton, New York, 1984.

Mumford, George. *Everyone;s Complete Guide to Helley's Comet*. Sky Publishing Co., Cambridge, 1985.

Pasachoff, Jay M., and Donald H. Menzel. *A Field Guide to the Stars and Planets*. Chapter11, Houghton Mifflin, Boston, 1983.

Rahe, Jurgen, Bertram Donn, and Karl Würm. *Atlas of Cometary Forms: Structures Near the Nucleus*. NASA Special Publication 198. U. S. Government Printing Office, Washington, D. C. 1969.

Reddy, F. *Once in a Lifetime: Your Guide to Halley's Comet*. Astromedia, Milwaukee, 1985.

Richer, Nikolaus Benjamin. *The Nature of Comets*. Methuen, London, 1963.

The Royal Institution Library of Science: Astronomy. Vols. 1 and 1, Bernard Lovell, ed. Elsevier, New York, 1970. A compilation of Friday-evening discourses on astronomy at the Royal Institution, London, from the middle nineteenth century, including several interesting early talks on meteors and comets.

Seargent, David A. *Comets: Vagabonds of Space*. Doubleday, New York, 1982.

Stasiuk, Garry, and Dwight Gruber. *The Comet Handbook*. Stasiuk Enterprises, 1984.

Wilkening, L., ed. *Comets*. University of Arizona Press, Tucson, 1982. While Technical, this collection of review paper is the single most comprehensive reference on all aspects of comets now in existence.

각 장에 소개된 주요 논문들

2장

Dreyer, J. L. E. *A History of Astronomy from Thales to Kepler*. Cambridge University Press, Cambridge, 1906.

Hasegawa, Ichiro. "Catalogue of Ancient and Naked-Eye Comets." *Vistas in Astronomy 24*, 59, 1980.

Hellman, C. Doris. *The Comet of 1577: Its Place in the History of Astronomy*. Columbia University Press, New York, 1944.

Lagercrantz, Sture. "Traditional Beliefs in Africa Concerning Meteors, Comets, and Shooting Stars." In *Festschrift fur Ad. E. Jensen*. Klaus Renner Verlag, Munich, 1964.

Leon-Portilla, Miguel, ed. *The Broken Spears: The Aztec Account of the Conquest of Mexico*. Beacon Press, Boston, 1962.

Sarton, George. *A History of Science*, Vol. 1. Harvard University Press, Boston, 1952.

Stein, J., S.J. "Calixte Ⅲ et la comète de Halley." *Specola Astronomica Vaticana*⊠. Tipografia Poliglotta Vaticana, Rome, 1909.

Thirndike, Lynn. *A History of Magic and Experimental Science*. Vol. 4. Columbia University Press, New York, 1934.

Wen wu. "Ma Wang Tui Po shu 'T'ien wen ch'i hsiang tsa chan' nei jung chien she" and "Ma Wang Tui Han ts'ad po shu chung to hui hsing t'u," Wen wu ch'u pan she, Beijing, Vol. 2, pp. 1-9, 1978.

Yake, Ho Peng. "Ancient and Medieval Observations of Comets and Novas in Chinese Sources." *Vistas in Astronomy 5*, 127, 1962.

Ze-zong, Xi "The cometary Atlas in the Silk Book of the Han Tomb at Mawangdui." *Chinese Astronomy and Astrophysics 8*, 1, 1984.

3장

Barker, Thomas, *Of the Discoveries Concerning Comets*. Whiston and White, London, 1757.

Eddington, Arthur Stanley. "Halley's Obsevations on Halley's Comet, 1682." *Nature 83*, 373, 1910.

Freitag, Ruth S. *Halley's Comet: A Bibliography*. Library of Congress, Washington, D. C., 1984.

MacPike, Eugene, ed. *Correspondence and Papers of Edmond Halley*. Clarendon Press. Oxford, 1932.

Ronan, Colin. *Edmond Halley: Genius in Eclipse*. Doubleday, New York, 1969.

Stephenson, F.R., K. K. C. yao, and H. Hunger. "Records of Halley's Comet on Babylonian Tablets." *Nature 314*, 587, 1985.

Walter, David L. "Medallic Memorials of the Great Comets and the Popular Superstitions Connected with Their Appearance." Scott Stamp and Coin Company, New York, 1893.

Westfall, Richard S. *Never at Rest: A Biography of Isaac Newton*. Cambridge University Press, Cambridge, 1980.

White, Andrew Dickson. "A History of the Doctrine of Comets." *Papers of the American Historical Association 2*, 2. G. P. Putnam, New York, 1887.

4장

Lalande, J. J. "Madame Nicole-Reine Etable de la Briere Lepaute." In *Astronomical Bibliography with a History of Astronomy between 1781 and 1802*. Paris, 1803.

Paulsen, Friedrich. *Immanuel Kant: His Life and Doctrine*. English translation by J. E. Creighton and Albert Lefevre. Frederick Ungar, New York, 1963 [Original printing 1899].

Wright, Thomas, *An Original Theory of the Universe*, Macdonald, London, 1971 [Original printing 1750]. This edition has a very uswful introduction, written by Michael A. Hoskin, to both Thomas Wright and his book.

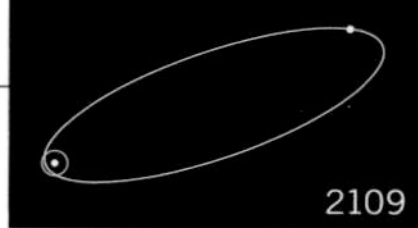

6장

Feynman, Richard P., Robert B. Leighton, and Matthew Sands. *The Feynman Lectures on physics*. Addison-Wesley, Reading, Mass, 1963. Our discussion of the physics of ice is partly based upon these remarkable lectures.

Hallett, John. "How Snow Crystals Grow." *American Scientist 72*, 582, 1984.

Patterson, W. S. B. *The Physics of Glaciers*. Pergamon Press, Oxford, 1969.

Whipple, F. L. "A Comet Model Ⅰ. The Acceleration of Comet Encke." *Astrophysical Journal 111*, 375, 1950.

_________. "A Comet Model Ⅱ. Physical Relations for Comets and Meteors." *Astrophysical Journal 113*, 464, 1951.

7장

Fanale, F., and James Salvail. "An Idealized Short-Period Comet Model: Surface Insolation, H2O Flux, Dust Flux, and Mantle Evolution," *Icarus 60*, 476, 1984.

Hughes, David W. "Cometary Outbursts: A Brief Survey. "*Quarterly Journal of the Royal Astronomical Society 16*, 410, 1975.

8장

Khare, B. N., and Carl Sagan. "Experimental Interstellar Organic Chemistry: Preliminary Findings." In *Molecules in the Galactic Environment*, M. A. Gordon and L. E. Snyder, eds. John Wiley, New York, 1973.

Metz, Jerred. *Halley's Comet, 1910: Fire in the Sky*. Singing Bone Press, St. Louis, 1985.

Mitchell, G F., S. S. Prasad, and W. T. Huntress. "Chemical Model Calculations of C2, C3, CH, CN, OH, and NH2 Abundances in Cometary Comas." *Astrophysical Journal 244*, 1087, 1981.

Swings, P. "Le Spectre de la Comète d'Encke 1947 i." *Annales d'Astrophysique 11*, 1, 1948.

Wood, John, and Sherwood Chang, eds. *The Cosmic History of the Biogenic Elements and Compounds*. NASA Special Publication 476, 1985.

9장

Barnard, E. E. "On the Anomalous Tails of Comets." *Astrophysical Journal 22*, 249, 1905.

Biermann, L. "Solar Corpuscular Radiation and the Interplanetary Gas." *Observatory 77*, 109, 1957.

Biermann, L. and R. Lüst. "Comets: Structure and Dynamics of Tails." Chapter 18 of *The Solar System*, Vol. 4. G. P. Kuiper and B. M. Middle-hurst, eds. University of Chicago Press. Chicago, 1963.

Henry, George E. "Radiation Pressure." *Scientific American 196*, 99-108, 1957

Van Allen, James A. "Interplanetary Particles and Fields." In *The Solar System*, A Scientific American book. W. H. Freeman, San Francisco, 1975.

10장

Donnell, Ignatius. *Ragnarok: The Age of Fire and Gravel*. University Books, New York, 1970 [Original printing 1883].

Goblet d'Alviella, Comte Eugène. *The Migration of Symbols*. University Books, New York, 1959 [Original printing 1891].

Goldsmith, Donald, ed. *Scientists Confront Velikovsky: Evidence Against Velikovsky's theory of "Worlds in Collision*." W. W. Norton, New York, 1977.

Nuttall, Zelia. "*The Fundamental Principles of Old and New World Civilizations: A Comparative Research Based on a Study of the Ancient Mexican Religious, Sociological and Calendrical Systems*." Archaeological and Ethnological Papers of the Peabody Museum. Harvard University, Vol. 2, 1901.

Wilson, Thomas. *The Swastika: The Earliest Known Symbol, and Its Migration; With Observation on the Migration of Certain Industries in Prehisroric Times*. Smithsonian Institution, Washington, D. C., 1896.

11장

Chebotarev, G. A. "On the Dynamical Limits of the Solar System." *Soviet Astronomy-AJ8*, 787, 1965.

Oort, J. H. "The Structure of the Cloud of Comets Surrounding the Solar System, and a Hypothesis Concerning Its Origin." *Bulletin of the Astronomical Institutes of the Netherlands 11*, 91, 1950.

_________. "Empirical Data in the Origin of Comets." chapter 20 in G. P. Kuiper and B. M. Middlehurst, eds., *the Solar System*, vol. 4. University of Chicago Press. Chicago, 1963.

Öpik, E. "Notes on Stellar Perturbations of Nealy Parabolic Orbits." *Proceeding of the American Academy of Arts and Science 67*, 169, 1932.

Russell, Henry Norris. *The Solar System and Its Origin*. Macmillan, New York, 1935.

Van Woerkom, A. J. J. "On the Origin of Comaets." *Bulletin of the Astronomical Institutes of the Netherlands 10*, 445, 1948.

12장

Biermann, L., and K. W. Michel. "On the Origin of Cometary Nuclei in the Presolar Mebula." *The Moon and the Planets 18*, 447, 1978.

Fenandez, Julio A. "Mass Removed by the Outer Planets in the Early Solar System." *Icarus 34*, 173, 1978.

Fenandez, J. A., and W. H. Ip. "On the Time Evolution of the Cometary Influx in the Region of the Terrestrial Planets." *Icarus 54*, 337, 1983.

Goldreich, P., and W. R. Ward. "The Formation of Planetesimals." *Astrophysical Journal 183*, 1051, 1973.

Helmholtz, H. "On the Origin of the Planetary System." Lecture delivered by H. Helmholtz in Heidelberg and Cologne, 1871. Published in *Popular Articles on Scientific Subjects* by H. Helmholtz. D. Appleton and Company, New York, 1881.

Safronov, V. S. "Evolution of the Protoplanetary Cloud and the Formation of the Earth and the Planets." English-Language version of the original Russian book published by Israel Program for Scientific Translations, Jerusalem, 1972.

Wetherill, George W. "Evolution of the Earth's Planetesimal Swarm Subsequent to the Formation of the Earth and Moon." *Proceedings of the Eighth Lunar Science Conference*, p. 1, 1977.

13장

Ball, Robert. *the Story of the Heavens*, rev, ed. Cassell and Company, London, 1900.

Keesing's Contemporary Archives. May 21-28, 17425-17429, 1960.

Von Humboldt, Alexander. "Events of the Night of Eleventh November, 1799." *Personal Narrative of Travels to the Equinoctial Regions of America During the Years 1799 to 1804*, Vol. 1. George Bell and Son, London, 1889.

14장

Gold, Thomas, and Steven Soter. "Cometary Impact and the Magnetization of the Moon." *Planetary and Space Sciences 24*, 45, 1976.

Kerr, Richard A. "Could an Asteroid Be A Comet in Disguise?" *Science 227*, February 22, 1985.

Marsden, B. G. "The Sungrazing Comet Croup." *Astronomical Journal 72*, 1170, 1967.

Michels, D. J., N. R. Sheeley, R. A. Howard, and M. J. Koomen. "Observations of a Comet on Collision Course With the Sun." *Science 25*, 1097, 1982.

Öpik, Ernst. "The Stray Bodies in the Solar System. Prat 1. The Survival of Cometary Nuclei in the Asteroids." *Advances in Astronomy and Astrophysics 2*, 219, 1963.

_________. "The Stray Bodies in the Solar System. Part 2. The Cometary Origin of Meteorites." *Advances in Astronomy and Astrophysics 4*, 301, 1966.

Shoemaker, Eugene M., and Ruth F. Wolfe. "Cratering Timescales for the Galilean Satellites Galilean Satellites." Chapter 10 in *The Satellites of Jupiter*, David Morrison, ed. University of Arizona Press, Tucson, 1982.

Shul'man, L. M. "The Evolution of Cometary Nuclei." In G. A. Chebotarev et al., eds. The Motion, *Evolution of Orbits, and Origin of Comets*. D. Reidel, Holland, 1972.

Turco, R. P., O. B. Toon, C. Park, R. C. Whitten, J. B. Pollack, and p. Noerdlinger. "An Analysis of the Physical, Chemical, Optical and Historical Impacte of the 1908 Tunguska Meteor Fall." *Icarus 50*, 1, 1982.

wetherill, George W. "Occurrence of Giant Impacts During the Growth of the Terrestrial Planets." *Science 228*, 877, 1985.

15장

Alvarez, Luis W., Walter Alvarez, Frank Asaro, and Helen V. Michel. "Extraterrestrial Cause for the Cretaceous-Tertiary Extinction." *Science 208*, 1095, 1980.

Gould, Stephen Jay. "Sex, Drugs, Disaster, and the Extinction of the Dinosaurs." *Discover*, March 1984, p. 67.

Hills, J. G. "Comet Showers and the Steady-State Infall of Comets from the Oort Cloud." *Astronomical Journal 86*, 1730, 1981.

National Museum of natural Sciences and National Research Council of Canada, Syllogeus Series Number 12. "Cretaceous-Tertiary Extinctions and Possible Terrestrial and Extraterrestrial Causes: Proceedings of a Workshop Hold in Ottawa, Canada, 16, 17 November, 1976." National Museums of Canada, Ottawa, Canada, March 1977.

Offocer, Charles B., and Charles L. Drake. "Terminal Cretaceous Environmental Events." *Science 227*, 1161, 1985.

Pollack, James B, Owen B. Toon, Thomas P. Ackerman, Christopher P. Mckay, and Richard P. Turco. "Environmental Effects of an Impact-Generated Dust Cloud: Implications for the Cretaceous-Tertiary Extinctions." *Science 219*, 287, 1983.

Sepkoski, J. John, Jr. "Mass Extinctions in the Phanerozoic Oceans: A Review." *Geological Society of America, Special Paper 190*, 283, 1982.

_________ . "A Kinetic Model of Phanerozoic Taxonomic Diversity. Ⅲ. Post-Paleozoic Families and Mass Extinctions." *Paleobiology* 10, 246, 1984.

_________ . "Phanerozoic Overview of Mass Extinction." In *Pattern and Process in the History of Life*, D. M. Raup and D. Jablonski, eds. Springer-Verlag, Berlin, 1986.

Shoemaker, Eugene M. "Asteroid and Comet Bombardment of Earth." *Annual Review of Earth and Planetary Science 11*, 461,1983.

Steel, Rodney, and Anthony Harvey, eds. *The Encyclopedia of Prehistoric Life*. McGraw-Hill, New York, 1979.

"The Fossil Record and Evolution: Readings from *Scientific American*." W. H. Freeman, San Francisco, 1982.

Urey, Harold C. "Cometary Collisions and Geological Periods." *Nature 242*, 32, 1973.

16장

Alvarez, Walter, Frank Asaro, Helen V. Michel, and Luis W. Alvarez. "Iridium Anomaly Approximately Synchronous with Terminal Eocene Extinctions." *Science 216*, 886, 1982.

"A Talk with Eugene Shoemaker." Interview by Charlene Anderson, *The Planetary Report 5* (1) 7, January/February, 1985.

Davis, Marc, Piet Hut, and Richard A. Muller. "Extinction of Species by Periodic Comet Showers."*Nature 308*, 715, 1984.

Gould, Stephen Jay. "Continuity." *Natural History*, April 1984, p. 4.■

_________ . "The Cosmic Dance of Siva." *Natural History*, August 1984, p. 4.■

Hills, J. G. "Dynamical Constraints on the Mass and Perihelion Distance of Nemesis and the Stability of Its Orbit." *Nature 311*, 636, 1984.

Hoffman, Antoni. "Patterns of Family Extinction Depend on Definition and Geological Timescale." *Nature 315*, 659, 1985.

Rampino, Michael, and Richard Stothers. "Geological Rhythms and Cometary Impacts." *Science 226*, 1427, 1984.

_________ . "Terrestrial Mass Extinctions, Cometary Impacts. and the Sun's Motion Perpendicular to the Galactic Plane." *Nature 308*, 709, 1984.

Raup, David M, and J. John Sepkoski, Jr. "Periodicity of Extinctions in the Geologic Past." *Proceedings of the National Academy of Science of the U. S. A. 81*, 801, 1984.

Schwartz, Richard D, and Philip B. James. "Periodic Mass Extinctions and the Sun's Oscillations about the Galactic Plane." *Nature 308*,

■Collected in Stephen Jay Gould, *The Flamingo's Smile: Reflections in Natural History*, W. W. Norton, New York, 1985.

712, 1984.

Smoluchowski, R, J, N. Bahcall, and M. S. Matthews, eds. *The Galaxy and the Solar System*. University of Arizona Press, Tucson, 1985.

Thaddeus, Patrick, and Gary A. Chanan. "Cometary Impacts, Molecular Clouds, and the Motion of the Sun Perpendicular to the Galactic Plane." *Nature 314*, 73, 1985.

Whitmire, Daniel, and Albert A. Jackson. "Are Periodic Mass Extinctions Driven by a Distant Solar Companion?" *Nature 308*, 713, 1984.

17장

Bar-Nun, A, A. Lazcano-Araujo, and J. Oro. "Could Life Have Evolved in Cometary Nuclei?" *Origins of Life 11*, 387, 1981.

Forster, T. *Atmospheric Causes of Epidemic Diseases*. London, 1829.

Hobbs, R. W., and J. M. Hollis. "Probing the Presently Tenuous Link between Comets and the Origin of Life." *Origins of Life 12*, 125, 1982.

Hoyle, Fred. "Comets-A Matter of Life and Death." *Wistas in Astronomy 24*, 123, 1980.

Hoyle, Fred, and Chandra Wichramasinghe. *Diseases from Space*. Harper, New York, 1979.

Irvine, W. M. S. B. Leschine, and F. P. schloerb. "Thermal History, Chemical Composition and Relationship of Comets to the Origin of Life." *Nature 283*, 748, 1980.

Oro, J. "Comets and the Formation of Biochemical Compounds on the primitive Earth."*Nature 190*, 7389, 1961.

Sales-Guyon de Montlivault, *Conjectures sur la réunion de la lune à la terre, et des satellites en général a leur planète principale; à l'aide desquelles on essaie d'expliquer la cause et les effets du déluge, la disparition totale d'anciennes espèces vivantes et organiques, et la formation soudaine ou apparition d'autres espèces nouvelles et de l'homme lui-même sur la globe terrestre*. Paris: Adrien Egron, 1821.

Shomaker, Eugron M. "Asteroid and Comet Bombardment of the Earth." *Annual Review of Earth and Planetary Sciences 11*, 461, 1983.

Wallis, Max. "Radiogenic Melting of Primordial Comet Ineriors." *Nature 284*, 431, 1980.

18장

Gay, Peter. Education of the Senses. Oxford University Press, New York, 1984.

"Halley's Comet from a Balloon." *Aeronautics 6*, 204, June 1910.

Morrison, David, et al. *Planetary Exploration Through the Year 2000: A Core Program*. National Aeronautics and Space Administration, U. S. Government Printing Office, Washington, D. C. , 1983.

Neugebauer, M., et, al., eds. *Space Missions to Comets*. NASA Conference Publication 2089, 1979.

Newburn, Ray L., and Jurgen Rahe. "The International Halley Watch." *Journal of the British Interplanetary Society 37*, 28, 1984.

Newsletters of the International Halley Watch. Periodicals Produced by the NASA Jet Propulsion Laboratory, Publications 410, since August 1, 1982.

Planetary Society Fact Sheets on Hally Comet Spacecraft, available from The Planetary Society, 65 North Catalina Avenue, Pasadena, CA 91106. "Report of the Comet Rendezvous Science Working Group." NASA Technical Memorandum 87564, 1985.

Sagdeev, R. Z., et al. "Cometary Probe of the Venera-Halley Mission." *Advances in Space Research 2*, 83, 1983.

Wilford, John Noble. "U. S. and Soviet Cooperating on Collection of Comet Dust." *New York Times*, December 21, 1984.

Yeomans, Donald K., and John C. Brandt. "The Comet Giacobini-Zinner Handbook: An Observer's Guide." NASA/JPL Publication 400-254, 1985.

19장

Dyson, Freeman. "The World, the Flesh, and the Devil." Third J. D. Bernal Lecture, Delivered at Brikbeck College, London. Reprinted in C. Sagan, ed. *Communication with Extraterrestrial Intelligence(CETI)*, MIT Press, Cambridge, MA, 1973.

Gaffey, Michael J., and Thomas B. McCord. "Mining Outer Space." *Technology Review 79*(7), 51, June 1977.

Harwit, Marin, and E. E. Salpeter. "Radiation from Comets near Neutron Stars." *Astrophysical Journal 186*, L37, 1973.

MIT Student Project in Systems Engineering, "Project Icarus." MIT Press, Cambridge, MA, 1968.

20장

Arkin, William M, and Richard W. Fieldhouse. *Nuclear Battlefields: Global Links in the Arms Race*. Ballinger, Cambridge, MA, 1985.

Cruikshank, D. P., W. K. Hartmann, and D. J. Tholen. "Colour, Albedo, and Nucleus Sizs of Halley's Comet." *Nature 315*, 122, 1985.

Newburn, Ray L, and Donald K. Yeomans. "Halley's Comet." *Annual Review of Earth and Planetary Science 10*, 297, 1982.

찾아보기

옮긴이 **김혜원**

연세 대학교 천문 기상학과를 졸업하고 동대학원에서 이학 석사 학위를 받았다.『우주여행, 시간여행』으로 제 15회 과학 기술 도서상 번역상을 수상했으며, 현재 전문 번역가로 활동하고 있다. 옮긴 책으로『해리포터』시리즈를 비롯해『애니모프』시리즈,『델토라 왕국』시리즈,『4퍼센트 우주』,『시크릿 유니버스』,『1마일 속의 우주』,『아름다운 밤하늘』,『고대 야생 동물 대탐험』,『여섯 개의 수』,『세균전쟁』,『알베르트 아인슈타인』,『하버드 대학의 공부벌레들』,『진화하는 진화론』등이 있다.

사이언스 클래식 30

1판 1쇄 펴냄 2016년 12월 20일
1판 2쇄 펴냄 2024년 2월 29일

지은이 칼 세이건, 앤 드루얀
옮긴이 김혜원
펴낸이 박상준
펴낸곳 (주)사이언스북스

출판등록 1997. 3. 24.(제16-1444호)
(06027) 서울특별시 강남구 도산대로1길 62
대표전화 515-2000, 팩시밀리 515-2007
편집부 517-4263, 팩시밀리 514-2329
www.sciencebooks.co.kr

ISBN 978-89-8371-817-4 03440